浙江省通用安装工程预算定额

（2018 版）

第二册　热力设备安装工程

中国计划出版社

2018　北　京

总　说　明

一、《浙江省通用安装工程预算定额》(2018 版)共分十三册,包括:

第一册　机械设备安装工程

第二册　热力设备安装工程

第三册　静置设备与工艺金属结构制作、安装工程

第四册　电气设备安装工程

第五册　建筑智能化工程

第六册　自动化控制仪表安装工程

第七册　通风空调工程

第八册　工业管道工程

第九册　消防工程

第十册　给排水、采暖、燃气工程

第十一册　通信设备及线路工程

第十二册　刷油、防腐蚀、绝热工程

第十三册　通用项目和措施项目工程

二、《浙江省通用安装工程预算定额》(2018 版)(以下简称本定额)是完成规定计量单位分项工程计价所需的人工、材料、施工机械台班的消耗量标准,是统一本省安装工程预算工程量计算规则、项目划分、计量单位的依据;是指导设计概算、施工图预算、投标报价的编制以及工程合同价约定、竣工结算办理、工程计价纠纷调解处理、工程造价鉴定等的依据。全部使用国有资金或国有资金投资为主的工程建设项目,编制招标控制价应执行本定额。

三、本定额是在《通用安装工程消耗量定额》TY 02 - 31 - 2015、《通用安装工程工程量计算规范》GB 50856—2013、《浙江省安装工程预算定额》(2010 版)的基础上,依据国家、省有关现行产品标准、设计规范、施工验收规范、技术操作规程、质量评定标准和安全操作规程,同时参考行业、地方标准,以及有代表性的工程设计、施工资料和其他相关资料,结合本省实际情况编制的。

四、本定额适用于浙江省行政区域范围内新建、扩建、改建项目中的安装工程。

五、本定额是按目前大多数施工企业在安全条件下采用的施工方法、机械化装备程度、合理的工期、施工工艺和劳动组织条件制定的,反映了社会平均消耗量水平。

六、本定额是按下列正常的施工条件进行编制的:

1. 设备、材料、成品、半成品、构件完整无损,符合质量标准和设计要求,附有合格证书和试验记录。

2. 安装工程和土建工程之间的交叉作业正常。

3. 安装地点、建筑物、设备基础、预留孔洞等均符合安装要求。

4. 水、电供应均能满足安装施工正常使用。

5. 正常的气候、地理条件和施工环境。

七、本定额工作内容扼要地说明了主要工序,次要工序虽未一一列出,定额均已考虑。

八、本定额未包括的项目,可按浙江省其他相应工程计价定额计算,如仍缺项的,应编制地区性补充定额或一次性补充定额,并按规定履行申报手续。

九、人工工日消耗量及单价的确定:

1. 本定额的人工工日不分列工种和技术等级,一律以综合工日表示,内容包括基本用工、超运距用

工、辅助用工和人工幅度差。

2. 综合工日的单价按二类日工资单价135元计。

十、材料消耗量的确定：

1. 本定额中的材料消耗量包括直接消耗在安装工作内容中的主要材料、辅助材料和零星材料等，并计入了相应损耗，其内容和范围包括：从工地仓库、现场集中堆放地点或现场加工地点到操作或安装地点的运输损耗、施工操作损耗、施工现场堆放损耗。

2. 定额基价不包括主要材料价格，主要材料价格应根据括号内所列的用量，按实际价格结算。

3. 对用量很少、影响基价很小的零星材料合并为其他材料费，计入材料费内。

4. 施工措施性消耗部分，周转性材料按不同施工方法、不同材质分别列出一次使用量和一次摊销量。

5. 材料单价按《浙江省建筑安装材料基期价格》(2018版)编制。

6. 除另有说明外，施工用水、电(包括试验、空载、试车用水和用电)已全部进入基价，建设单位在施工中应装表计量，由施工单位自行支付水、电费。

十一、施工机械台班消耗量及单价的确定：

1. 本定额的机械台班消耗量是按正常合理的机械配备和大多数施工企业的机械化装备程度综合取定的。

2. 施工机械台班单价按《浙江省建设工程施工机械台班费用定额》(2018版)编制。

3. 本定额的施工仪器仪表消耗量是按正常施工工效综合取定的。

十二、关于水平和垂直运输：

1. 设备：包括自安装现场指定堆放地点运至安装地点的水平和垂直运输。

2. 材料、成品、半成品：包括自施工单位现场仓库或现场指定堆放地点运至安装地点的水平和垂直运输。

3. 垂直运输基准面：室内以室内地平面为基准面，室外以安装现场地平面为基准面。

十三、关于各项费用的执行原则：本定额各项技术措施费一律按本定额第十三册《通用项目和措施项目工程》相关规定执行。

十四、本定额的基价不包括进项税。

十五、本定额中注有“××以内”或“××以下”者均包括××本身，“××以外”或“××以上”者，均不包括××本身。

十六、本说明未尽事宜，详见各册和各章说明。

十七、本定额由浙江省建设工程造价管理总站负责解释与管理。

目　　录

第五章 燃煤供应设备安装工程

第六章 燃油供应设备安装工程

第七章 除渣、除灰设备安装工程

第八章 发电厂水处理专用设备安装工程

第九章　脱硫、脱硝设备安装工程

第十章　炉墙保温与砌筑、耐磨衬砌工程

第十一章　工业与民用锅炉安装工程

第十二章　热力设备调试工程

册　说　明

一、第二册《热力设备安装工程》(以下简称本册定额)适用于新建、扩建、改建项目中单台锅炉额定蒸发量小于220t/h火力发电、供热工程中热力设备安装及调试工程。包括:锅炉、锅炉附属设备、锅炉辅助设备、汽轮发电机、汽轮发电机附属设备、汽轮发电机辅助设备、燃煤供应设备、燃油供应设备、除渣与除灰设备、发电厂水处理专用设备、脱硫与脱销设备、炉墙保温与砌筑、发电厂耐磨衬砌、工业与民用锅炉等安装与热力设备调试内容。

二、本册定额编制的主要依据有:

1.《小型火力发电厂设计规范》GB 50049—2011;

2.《机械设备安装工程施工及验收通用规范》GB 50231—2009;

3.《锅炉安装工程施工及验收规范》GB 50273—2009;

4.《现场设备、工业管道焊接工程施工质量验收规范》GB 50683—2011;

5.《秸秆发电厂设计规范》GB 50762—2012;

6.《通用安装工程工程量计算规范》GB 50856—2013;

7.《电力安全工作规程　第1部分:热力和机械》GB 26164.1—2010;

8.《固定式压力容器安全技术监察规程》TSG 21—2016;

9.《锅炉安全技术监察规程》TSG G0001—2012;

10.《生活垃圾焚烧处理工程技术规范》CJJ 90—2009;

11.《全国统一安装工程基础定额》GJD 201-2006~GJD 209-2006;

12.《建设工程劳动定额　安装工程》LD/T 74.1~4-2008;

13.《通用安装工程消耗量定额》TY 02-31-2015;

14.《浙江省安装工程预算定额》(2010版);

15.《浙江省建设工程施工机械台班费用定额》(2018版);

16.《浙江省建筑安装材料基期价格》(2018版);

17.相关标准图集和技术手册。

三、本册定额除各章另有说明外,均包括下列工作内容:施工准备、设备与器材及工器具的场内运输、开箱检查、安装、设备单体调整试验、结尾清理、配合质量检验、不同工种间交叉配合、临时移动水源与电源等工作内容。

四、本册定额中热力设备主机是指锅炉、汽轮发电机,附属设备是指随主设备配套的设备,辅助设备是指为主设备运行服务的设备。

1.锅炉附属设备:包括磨煤机、风机等设备;汽轮发电机附属设备包括:电动给水泵、凝结水泵等设备。

2.锅炉辅助设备:包括排污扩容器、暖风机等设备;汽轮发电机辅助设备包括:除氧器、水箱、加热器等设备。

五、下列内容执行其他册相应定额:

1. 单台额定蒸发量≥220t/h及以上锅炉及其配套辅机、单机容量≥50MW汽轮发电机及其配套辅机设备安装,执行电力行业相应定额。

2.发电与供热工程通用设备安装,如空气压缩机、小型风机、水泵、油泵、桥吊、电动葫芦等,执行本定额第一册《机械设备安装工程》相应定额。

3. 发电与供热工程各种管道与阀门及其附件安装执行本定额第八册《工业管道工程》相应定额，油漆、防腐、绝热执行本定额第十二册《刷油、防腐蚀、绝热工程》相应定额。

4. 随热力设备供货且需要独立安装的电气设备、电缆、滑触线、电缆支架与桥架及槽盒的安装，执行本定额第四册《电气设备安装工程》相应定额。

六、发电与供热设备分系统调试、整套启动调试、特殊项目测试与性能验收试验单独执行本册定额第十二章“热力设备调试工程”相应定额子目。

1. 单体调试是指设备或装置安装完成后未与系统连接时，根据设备安装施工验收规范，为确认其是否符合产品出厂标准和满足实际使用条件而进行的单机试运转或单体调试工作。单体调试项目的界限是设备没有与系统连接，设备和系统断开时的单独调试。

2. 分系统调试是指工程的各系统在设备单机试运转或单体调试合格后，为使系统达到整套启动所必须具备的条件而进行的调试工作。分系统调试项目的界限是设备已经与系统连接，设备和系统连接在一起进行的调试。

3. 整套启动调试是指工程各系统调试合格后，根据启动试运规程、规范，在工程投料试运前以及试运期间，对工程整套工艺运行生产以及全部安装结果的验证、检验所进行的调试。整套启动调试项目的界限是工程各系统间连接，系统和系统连接在一起进行的调试。

七、本册定额中安装所用螺栓是按照厂家配套供应考虑，定额不包括安装所用螺栓费用。如果工程实际由安装单位采购配置安装所用螺栓时，根据实际安装所用螺栓用量加 3% 损耗率计算螺栓费用。

第一章
锅炉安装工程

说　　明

一、本章内容包括锅炉钢结构(炉架、平台、扶梯、栏杆、金属结构、不锈钢结构),汽包,水冷系统,过热器系统、省煤器系统,空气预热器系统,本体管道系统,吹灰器,炉排,燃烧装置,炉底除灰渣装置安装及锅炉水压试验,锅炉风压试验,烘炉、煮炉,锅炉酸洗,蒸汽严密性试验及安全门调整等安装工程;不包括露天锅炉的特殊防护措施,炉墙砌筑与保温工作内容。

二、关于下列各项费用的规定:

1. 汽包安装包括汽包及其内部装置、汽包底座、膨胀指示器安装以及膨胀指示器支架配制,不包括膨胀指示器制作(按照设备供货考虑)。锅炉采用双汽包配置时,执行相应定额乘以系数1.4。

2. 临时管道需要进行保温时,执行本定额第十二册《刷油、防腐蚀、绝热工程》相应定额乘以系数1.3(该系数综合考虑了永久保温与临时保温差异及保温材料拆除费用;临时保温保护层主材用量按照其永久保温保护层材料量25%计算,临时保温绝热主材用量按照其永久保温绝热材料量50%计算)。

3. 本章定额是按照锅炉设计压力 $P<9.8$MPa 编制,当工程锅炉设计 $P\geq9.8$MPa 时,水冷系统、过热系统、省煤器系统安装及锅炉水压试验定额乘以系数1.12(该系数综合考虑了焊材、检测等费用调整)。

三、有关说明:

1. 定额综合考虑了焊接或螺栓连接、合金管件焊前的预热及焊后热处理、不同形式的无损检验、受热面焊缝质量抽查和补焊、检验与抽查过程中配合用工。执行定额时,不得因方法、技术条件不同而调整。

2. 定额中包括校管平台、组合支架或平台、临时梯子与平台、硬支撑的搭拆,包括临时加固铁构件的制作、安装、拆除,包括设备、平台、扶梯等安装后补漆。

3. 锅炉平台、扶梯安装是指锅炉本体所属平台、扶梯、栏杆及栏板的安装,包括随锅炉供货的平台扶梯和根据安装设计配制的平台扶梯;不包括由建筑结构设计的相邻锅炉之间及锅炉与主厂房之间的连接平台扶梯的安装。

4. 锅炉钢结构安装包括钢架拉结件、护板、框架、桁架、金属内外墙板、密封条、联箱罩壳、炉顶罩壳、灰斗、旋风筒、连接烟(风)道、省煤器支撑梁、各类门孔(含引出管)、由锅炉厂家供应的炉顶雨水系统(檐沟、水斗、水口、虹吸装置、水落管)及锅炉零星构件安装。不包括下列工作内容,工程实际发生时,执行相应定额。

(1)省煤器支撑梁的通风管安装;

(2)支撑梁耐火可塑料浇注;

(3)炉墙砌筑用的小型铁件(炉墙支撑件、拉钩、耐火塑料挂钩)安装;

(4)金属结构制作;

(5)除锈、刷油漆。

5. 锅炉不锈钢结构定额主要适用于循环流化床锅炉中的不锈钢钢结构安装,亦适用于其他炉型中的不锈钢钢结构构件及配件安装。

6. 水冷壁安装包括普通水冷壁组件及联箱、降水管、汽水引出管、管系支吊架、联箱支座或吊杆、水冷壁固定装置安装。

7. 过热器安装综合考虑了低温和高温过热器或前部和后部过热器安装,包括蛇形管排及组件、联箱、减温器、蒸汽联络管、联箱支座或吊杆、管排定位或支架铁件、防磨装置、管系支吊架安装。

8. 省煤器安装包括蛇形管排及管段、联箱、水联络管、联箱支座或吊杆、管排支吊铁件、防磨装置、管系支吊架安装。

9. 水冷壁、过热器、省煤器安装定额中包括管道通球试验、组件水压试验、安装后整体外形尺寸的检查调整、蛇形管排地面单排水压试验、表面式减温器抽芯检查与水压试验、混合式减温器内部清理、炉膛四周与顶棚管及穿墙管处的铁件及密封铁板密封焊接、膨胀指示器安装及其支架配制等工作内容,不包括膨胀指示器制作(按照设备供货考虑)。

10. 空气预热器安装包括管式预热器本体(管箱)、框架、护板、伸缩节、连通管及连接法兰、本体烟道挡板及其操作装置、防磨套管及密封结构安装;包括管箱本体渗油试验及一般性缺陷处理;不包括管箱上防磨套管间的可塑料浇注,工程发生时,执行本册定额第十章“炉墙保温与砌筑、耐磨衬砌工程”相应定额。

11. 本体管道系统安装是指由制造厂定型设计并随锅炉供货的省煤器至汽包的给水管、事故放水管、再循环管、定期排污、连续排污、汽水取样、加药、联箱疏水、放水及冲洗管、放空气管、加温水管、启动加热管、安全门、水位计、汽水阀门及传动装置、法兰孔板、过滤器、取样冷却器、压力表等及其管道支吊架的安装。

12. 本体管道系统安装定额中包括下列工作内容:

(1)管道坡口加工、对口焊接;

(2)随锅炉本体供货的阀门、安全门、水位计、取样冷却器的检查及水压试验;

(3)脉冲安全门支架、取样冷却器水槽及支架的配制与安装。

不包括下列工作内容,工程实际发生时,执行相应的定额。

(1)重油或轻油点火管路与阀门及油枪的安装;

(2)安全门排汽管与点火排汽管及消音器的安装;

(3)给水操作平台阀门及管件安装。

13. 吹灰器安装定额包括吹灰器安装与调整,含吹灰器管路、阀门、支吊架及吹灰管路的蒸汽吹洗系统安装。

14. 炉排安装适用于燃煤链条炉炉排安装,燃烧其他介质的锅炉炉排可参照执行。锅炉炉排安装包括炉排、传动机(包括轨道、风室、煤闸门及挡灰装置等)安装、试转及调整。

15. 燃烧装置安装包括燃烧器及其支架、托架、平衡装置安装。助燃油装置安装包括重油或轻油点火管路与阀门及油枪的安装,不包括燃油锅炉燃烧器安装。

16. 炉底除灰渣装置安装包括水冷或风冷灰渣室、灰渣斗内装置安装,含护板框架结构、除渣槽、排渣门、浇渣喷嘴、水封槽等安装。

17. 锅炉水压试验是指锅炉本体汽、水系统的水压试验,包括水压试验用临时管路安装与拆除、临时固定件安装与割除、汽水管道临时封堵及支吊架加固与拆除、水压前进行一次 0.2 ~ 0.3MPa 气压试验、水压试验后对一般缺陷处理。

18. 锅炉风压试验是指锅炉本体燃烧室及尾部烟道(包括空气预热器)的风压试验。包括试验前对炉膛内部清理检查、孔门封闭、风压试验后对缺陷处理。

19. 烘炉、煮炉、锅炉酸洗包括临时加药箱与管路及临时炉箅的制作、安装、拆除,包括烘炉、煮炉、锅炉酸洗换水冲洗,包括停炉检修及缺陷消除。不包括给水管路的冲洗、附属机械静态与动态联动试验、配合锅炉汽水管路冲洗。

20. 蒸汽严密性试验及安全门调整包括炉膛与烟风道内部清理、蒸汽严密性试验,安全门锁定与恢复、安全门调整、缺陷消除;包括临时管路的安装与拆除、临时固定件的安装与割除、汽水管道临时封堵与拆除。

工程量计算规则

一、锅炉本体设备钢结构安装根据设计图示尺寸，按照成品重量以“t”为计量单位。计算组装、拼装、安装连接螺栓的重量，不计算焊条重量、下料及加工制作损耗量、设备包装材料、临时加固铁构件等重量。

1. 钢结构炉架安装重量：包括燃烧室本体及尾部对流井的立柱、横梁、柱梁间连接铁件、斜撑、垂直拉结件（小柱）、框架结构等重量。随锅炉厂供应的电梯井架计算重量，并入钢结构炉架安装重量中。

2. 锅炉平台、扶梯安装重量：包括锅炉本体所属平台、扶梯、栏杆及栏板、按照设计配制的平台扶梯重量，不包括由建筑结构设计的相邻锅炉之间及锅炉与主厂房之间的连接平台扶梯的重量。

3. 金属结构安装重量：包括钢结构拉结件，护板，框架，桁架，金属内、外墙板，密封条，联箱罩壳，炉顶罩壳，灰斗，连接烟（风）道，省煤器支撑梁，各类孔门，锅炉露天布置时炉顶雨水系统及锅炉零星构件重量，不包括省煤器支撑梁的通风管重量，不计算炉墙、保温中的支撑件、拉钩、挂钩、保温钉等重量。锅炉露天布置时，随锅炉厂家供应的铝合金、塑料等非黑色金属结构炉顶雨水系统（檐沟、水斗、水口、虹吸装置、水落管）按照其重量 3 倍计算安装重量。

（1）钢结构拉结件（俗称“钢结构拉条”）系指非主体结构系统内部使用，承受构件间拉力的系杆、水平支撑、斜十字形杆、对拉螺栓、U 形螺栓等构件。

（2）护板系指 Π 形布置锅炉冷灰斗护板、斜烟道护板、炉膛及对流井连续的转折罩等。

（3）框架系指浇制耐热混凝土墙的框架、斜炉顶框架、框架之间的密封铁板。

（4）金属内、外墙板：内墙板系指密封炉顶耐热混凝土与保温层之间的埋置金属板，外墙板系指炉顶四周的金属板或波形板、与外墙板连接的铁构件、各部位埋置铁件与支撑等。

（5）联箱罩壳系指各个联箱罩壳和构架及铁件。

（6）炉顶罩壳系指炉顶盖板和构件及铁件。

（7）灰斗系指 Π 形布置锅炉斜烟道（对流过热器下部）灰斗、对流井出口灰斗、内部平台和落灰管。

（8）各种孔门系指人孔、窥视孔、防爆门、防护短管、打焦孔、点火孔等门及引出管。

（9）黑色金属结构炉顶雨水系统系指铁制或钢制的檐沟、水斗、水口、虹吸装置、水落管等。

（10）锅炉零星构件系指上述项目以外且需要计算重量的锅炉组成构件。

4. 同一构件或配件出现不同材质时，应分别计算工程量。

二、汽包安装根据锅炉结构形式，按照锅炉台数以“套”为计量单位。锅炉采用双汽包配置时，按照一套计算工程量。

三、水冷系统、过热器系统、省煤器系统、空气预热器系统安装根据设计图示尺寸，按照成品重量以“t”为计量单位。不计算焊条、下料及加工制作损耗量、设备包装材料、临时加固铁构件重量。

1. 水冷系统安装重量：包括水冷壁管、上下联箱、拉钩装置及组件的重量，侧水冷壁上联箱支座或吊架组件的重量，前、后水冷壁中段和下联箱部位冷拉装置的重量，降水管及支吊装置的重量，升汽管（水冷壁上联箱至汽包导汽管）及支吊装置的重量。

2. 过热器系统安装重量：包括蛇形管排、进出口联箱、蒸汽连通管、表面式减温器或喷水减温器及减温器进出口管路和各个部位的支吊装置、梳形定位板、连接铁件等重量。

3. 省煤器系统安装重量：包括蛇形管排、管夹、防磨铁、支吊架、进出口联箱及支座、出口联箱至汽包的给水管和吊架等重量。区分低温和高温省煤器时，应计算低温段出口联箱至高温段进出口联箱连通管的重量，并入省煤器系统安装重量中。

4. 空气预热器安装重量：包括管箱及支座、护板、连通管、伸缩节及槽钢框架、密封装置、管箱防磨套管等重量。

四、本体管道系统安装根据设计图示尺寸,按照成品重量以"t"为计量单位。不计算焊条、下料及加工制作损耗量、管道包装材料、临时加固铁构件重量。计算随本体设备供货的本体管路重量,超出部分属于扩大供货,其重量执行本定额第八册《工业管道工程》相应定额,并执行管道定额计算安装费。本体管道包括:

1. 事故放水管:由汽包接出至两只串联阀门止。

2. 定期排污管:由水冷壁下联箱接出至两只串联阀门止。

3. 连续排污管:由汽包接出至两只串联阀门止。

4. 省煤器再循环管:由汽包至省煤器进口联箱止。包括电动阀门和支吊架。

5. 疏、放水及冲洗管:从有关联箱接出至两只串联阀门止。

6. 放空气管:由各放空气管接出至两只串联阀门止。

7. 取样管:由各取样点接出至两只串联阀门止。包括冷却器及中间管路、取样槽和支架。

8. 水位计、安全门、点火排汽电动门。

9. 加药管路:由汽包接出至两只串联阀门止。

10. 就地表计和阀门。

五、吹灰器安装根据设备工作原理,按照设计图示数量以"台"或"套"为计量单位。

六、炉排安装根据设计图示尺寸,按照成品重量以"t"为计量单位。不计算焊条、下料及加工制作损耗量、设备包装材料、临时加固铁构件重量。计算炉排重量范围包括:炉排、传动机、轨道、风室、煤闸门、挡灰装置、进煤斗、落煤管、炉排前侧封板、后部拉紧装置、前后拱金属结构、检修孔门等。

七、燃烧装置安装根据单台装置重量,按照锅炉数量以"个"或"台"为计量单位。

八、炉底除灰渣装置安装根据锅炉类型,按照成品重量以"t"为计量单位。不计算焊条、下料及加工制作损耗量、设备包装材料、临时加固铁构件重量。计算炉底除灰渣重量范围包括:双向或单向水力(气力)排渣槽、护板框架结构、斜出灰槽、出灰门及操作机构、浇渣喷嘴系统、排渣槽水封、打渣孔门、灰渣斗及格栅、灰斗上部水封等。流化床锅炉炉底除灰渣装置中不锈钢耐磨件计算重量,并入炉底除灰渣装置重量中。

九、锅炉水压试验、锅炉风压试验根据锅炉试运大纲的技术要求,按照锅炉数量以"台"为计量单位。

十、烘炉、煮炉、锅炉酸洗、蒸汽严密性试验根据锅炉安装的技术要求,按照锅炉数量以"台"为计量单位。

一、锅炉本体设备安装

1. 钢结构安装

工作内容：检查、组合、吊装、找正、固定。

计量单位：t

				2-1-1	2-1-2	2-1-3	2-1-4
定额编号				2-1-1	2-1-2	2-1-3	2-1-4
项目				钢结构炉架			
				锅炉蒸发量(t/h)			
				≤50	≤75	≤150	<220
基价（元）				1616.05	1405.89	1255.36	985.55
其中	人工费（元）			796.37	692.01	648.95	527.72
	材料费（元）			345.69	310.12	240.44	195.46
	机械费（元）			473.99	403.76	365.97	262.37
	名称	单位	单价(元)	消耗量			
人工	二类人工	工日	135.00	5.899	5.126	4.807	3.909
材料	型钢 综合	kg	3.84	28.178	35.955	16.150	13.130
	镀锌铁丝 ϕ2.0~4.0	kg	5.01	1.590	1.148	0.595	0.484
	热轧光圆钢筋 综合	kg	3.97	4.552	3.978	7.353	5.977
	中厚钢板 综合	kg	3.71	17.196	13.005	15.300	12.439
	扒钉	kg	3.73	0.889	0.612	0.340	0.276
	尼龙砂轮片 ϕ100×16×3	片	1.29	1.178	0.673	0.757	0.615
	低碳钢焊条 综合	kg	6.72	8.966	5.508	4.769	3.877
	索具螺旋扣 M16×250	套	8.62	0.108	0.138	0.060	0.051
	枕木 2500×250×200	根	159.00	0.195	0.115	0.111	0.090
	氧气	m^3	3.62	7.153	5.967	5.270	4.285
	乙炔气	kg	7.60	2.363	1.966	1.743	1.417
	其他材料费	元	1.00	6.78	6.08	4.71	3.83
机械	履带式起重机 15t	台班	702.00	0.298	0.263	0.218	0.157
	汽车式起重机 8t	台班	648.48	0.158	0.180	0.025	0.017
	门座吊 30t	台班	521.56	—	—	0.113	0.081
	载货汽车 8t	台班	411.20	0.031	0.032	0.065	0.047
	电动卷扬机－单筒慢速 50kN	台班	186.39	0.018	0.032	0.016	0.011
	交流弧焊机 32kV·A	台班	92.84	0.984	0.553	0.785	0.563
	直流弧焊机 20kW	台班	78.72	0.662	0.385	0.421	0.302
	电焊条烘干箱 60×50×75(cm^3)	台班	16.84	0.164	0.097	0.122	0.087

工作内容:编号、组合、安装、找正、固定。 计量单位:t

定额编号				2-1-5	2-1-6	2-1-7	2-1-8
项目				锅炉平台、扶梯			
				锅炉蒸发量(t/h)			
				≤50	≤75	≤150	<220
基价(元)				1787.81	1691.67	1674.42	1631.82
其中	人工费(元)			1019.79	969.03	885.06	797.45
	材料费(元)			289.17	231.04	239.45	271.03
	机械费(元)			478.85	491.60	549.91	563.34
名称		单位	单价(元)	消耗量			
人工	二类人工	工日	135.00	7.554	7.178	6.556	5.907
材料	型钢 综合	kg	3.84	6.596	5.236	6.297	7.129
	镀锌铁丝 ϕ2.0~4.0	kg	5.01	0.298	0.286	0.306	0.346
	热轧光圆钢筋 综合	kg	3.97	0.612	0.728	1.074	1.217
	中厚钢板 综合	kg	3.71	8.594	6.984	6.800	7.699
	麻绳	kg	7.51	0.170	0.136	0.136	0.154
	尼龙砂轮片 ϕ100×16×3	片	1.29	2.176	1.666	2.088	2.363
	低碳钢焊条 综合	kg	6.72	10.965	8.711	9.738	11.025
	碳钢气焊条 ϕ2 以内	kg	10.34	0.204	0.136	0.238	0.269
	枕木 2500×250×200	根	159.00	0.051	0.041	0.041	0.046
	氧气	m^3	3.62	14.884	11.614	10.479	11.864
	乙炔气	kg	7.60	5.653	4.413	3.985	4.512
	碳素结构钢镀锌焊接钢管 *DN*25×3.2	m	11.38	3.298	2.720	2.917	3.303
	其他材料费	元	1.00	5.67	4.53	4.70	5.31
机械	履带式起重机 15t	台班	702.00	0.230	0.267	0.205	0.200
	汽车式起重机 8t	台班	648.48	0.029	0.053	0.025	0.026
	门座吊 30t	台班	521.56	—	—	0.135	0.144
	载货汽车 5t	台班	382.30	0.022	0.027	0.049	0.051
	摇臂钻床 25mm	台班	8.50	0.215	0.200	0.186	0.193
	交流弧焊机 32kV·A	台班	92.84	3.050	2.727	3.164	3.278
	电焊条烘干箱 60×50×75(cm^3)	台班	16.84	0.308	0.273	0.316	0.327

工作内容：组合、起吊、安装、找正、固定。　　　　**计量单位**：t

定额编号				2-1-9	2-1-10	2-1-11	2-1-12	2-1-13
项目				锅炉　金属结构				锅炉不锈钢结构
				锅炉蒸发量(t/h)				
				≤50	≤75	≤150	<220	
基　价（元）				1856.38	1794.45	1733.41	1685.67	5120.73
其中	人工费（元）			1226.75	1106.19	989.96	860.76	1961.42
	材料费（元）			212.88	244.98	268.25	299.29	2037.63
	机械费（元）			416.75	443.28	475.20	525.62	1121.68
	名　称	单位	单价(元)	消耗量				
人工	二类人工	工日	135.00	9.087	8.194	7.333	6.376	14.529
材料	型钢 综合	kg	3.84	6.231	16.499	23.197	25.876	23.197
	镀锌铁丝 ϕ2.0～4.0	kg	5.01	1.666	1.530	1.275	1.422	1.275
	热轧光圆钢筋 综合	kg	3.97	0.723	—	—	—	—
	中厚钢板 综合	kg	3.71	3.825	11.135	4.675	5.215	4.675
	铈钨棒	g	0.40	—	—	—	—	40.401
	不锈钢氩弧焊丝 1Cr18Ni9Ti ϕ3	kg	41.38	—	—	—	—	11.263
	铬不锈钢电焊条	kg	38.79	—	—	—	—	29.138
	低碳钢焊条 综合	kg	6.72	11.900	9.869	9.316	10.392	—
	索具螺旋扣 M16×250	套	8.62	0.417	0.153	0.391	0.437	0.391
	枕木 2500×250×200	根	159.00	0.068	0.026	0.119	0.133	0.119
	铅油(厚漆)	kg	7.33	1.250	0.366	0.612	0.683	0.612
	氩气	m^3	7.00	—	—	—	—	26.401
	氧气	m^3	3.62	8.645	8.577	9.682	10.800	9.682
	乙炔气	kg	7.60	2.856	2.831	3.196	3.565	3.196
	石棉扭绳 ϕ4～5 烧失量 24%	kg	2.27	1.250	0.366	0.646	0.721	0.646
	其他材料费	元	1.00	4.17	4.80	5.26	5.87	39.95
机械	履带式起重机 15t	台班	702.00	0.180	0.086	0.250	0.279	0.250
	汽车式起重机 8t	台班	648.48	0.034	0.057	—	—	—
	门座吊 30t	台班	521.56	—	—	0.078	0.079	0.080
	载货汽车 5t	台班	382.30	0.040	0.043	0.086	0.095	0.086
	电动卷扬机－单筒慢速 50kN	台班	186.39	0.127	0.414	0.143	0.159	0.143
	电动葫芦－单速 2t	台班	23.79	0.267	0.215	0.357	0.399	0.357
	交流弧焊机 32kV·A	台班	92.84	2.360	2.615	2.021	2.255	0.795
	直流弧焊机 20kW	台班	78.72	—	—	—	—	9.645
	电焊条烘干箱 60×50×75(cm^3)	台班	16.84	0.233	0.264	0.200	0.223	0.200

2.汽包安装

工作内容:检查、起吊、安装、找正、固定;内部装置安装。 计量单位:套

定额编号				2-1-14	2-1-15	2-1-16	2-1-17
项目				锅炉蒸发量(t/h)			
				≤50	≤75	≤150	<220
基价(元)				**8619.72**	**11839.16**	**13770.01**	**14998.23**
其中	人工费(元)			6293.84	8669.57	9493.88	11060.42
	材料费(元)			569.98	688.78	690.87	804.97
	机械费(元)			1755.90	2480.81	3585.26	3132.84
	名称	单位	单价(元)	消耗量			
人工	二类人工	工日	135.00	46.621	64.219	70.325	81.929
材料	型钢 综合	kg	3.84	24.361	40.894	41.633	48.503
	镀锌铁丝 ϕ2.0~4.0	kg	5.01	2.040	4.930	5.015	5.843
	中厚钢板 综合	kg	3.71	3.060	3.485	3.485	4.060
	黑铅粉	kg	17.00	1.275	1.275	1.275	1.486
	橡胶板 δ5~10	kg	5.09	5.780	6.503	6.503	7.575
	石棉橡胶板 低压 δ0.8~6	kg	5.26	2.550	3.230	3.230	3.763
	石棉橡胶板 高压 δ0.5~8	kg	6.90	1.020	1.037	1.105	1.288
	白布	kg	11.64	1.471	1.479	1.556	1.812
	铁砂布 0#~2#	张	1.03	11.050	10.200	10.200	11.883
	低碳钢焊条 综合	kg	6.72	5.959	5.899	5.874	6.843
	钢丝刷子	把	2.59	1.700	1.700	1.700	1.981
	索具螺旋扣 M16×250	套	8.62	1.700	2.550	1.700	1.981
	枕木 2500×250×200	根	159.00	1.275	1.275	1.275	1.486
	酚醛调和漆	kg	11.29	0.553	0.553	0.850	0.990
	氧气	m^3	3.62	12.325	16.150	16.405	19.112
	乙炔气	kg	7.60	4.072	5.330	5.415	6.308
	其他材料费	元	1.00	11.18	13.51	13.55	15.78
机械	履带式起重机 15t	台班	702.00	0.965	0.714	1.038	0.907
	履带式起重机 25t	台班	757.92	—	0.679	—	—
	汽车式起重机 16t	台班	875.04	0.179	0.221	0.295	0.258
	门座吊 30t	台班	521.56	—	—	2.143	1.872
	载货汽车 5t	台班	382.30	0.215	0.322	0.476	0.416
	电动卷扬机-单筒慢速 30kN	台班	177.60	0.714	1.500	—	—
	电动卷扬机-单筒慢速 50kN	台班	186.39	0.893	1.857	2.857	2.497
	交流弧焊机 32kV·A	台班	92.84	3.472	3.379	4.857	4.244
	电动空气压缩机 6m^3/min	台班	224.45	0.443	0.436	0.619	0.541
	轴流通风机 7.5kW	台班	45.40	2.615	2.615	3.705	3.237
	电焊条烘干箱 60×50×75(cm^3)	台班	16.84	0.350	0.336	0.486	0.425

3. 水冷系统安装

工作内容: 检查、通球、组合、起吊、固定、安装、无损检验、热处理等。　　　**计量单位:** t

定额编号				2-1-18	2-1-19	2-1-20	2-1-21
项目				锅炉蒸发量(t/h)			
				≤50	≤75	≤150	<220
基价(元)				**3765.86**	**3535.16**	**3321.80**	**2891.58**
其中	人工费(元)			2107.08	2021.36	1909.85	1613.93
	材料费(元)			788.17	721.09	591.11	535.56
	机械费(元)			870.61	792.71	820.84	742.09
	名称	单位	单价(元)	消耗量			
人工	二类人工	工日	135.00	15.608	14.973	14.147	11.955
材料	型钢 综合	kg	3.84	43.930	42.942	24.621	20.300
	镀锌铁丝 φ2.0~4.0	kg	5.01	3.499	4.866	2.280	2.061
	中厚钢板 综合	kg	3.71	8.098	10.653	15.098	17.830
	铅板 80×300×3	kg	19.83	0.359	0.323	0.297	0.268
	铈钨棒	g	0.40	29.796	27.357	11.496	10.392
	塑料暗袋 80×300	副	13.02	0.672	0.597	0.546	0.494
	白布	kg	11.64	0.199	0.207	0.077	0.069
	麻绳	kg	7.51	0.435	0.390	0.249	0.225
	双头螺栓带螺母 M16×100~125	10套	35.34	0.229	0.249	0.096	0.087
	尼龙砂轮片 φ100×16×3	片	1.29	2.750	2.868	3.899	3.525
	铁砂布 0#~2#	张	1.03	3.568	3.183	0.968	0.875
	低碳钢焊条 综合	kg	6.72	5.730	4.891	8.392	7.690
	碳钢气焊条 φ2 以内	kg	10.34	0.053	0.050	0.038	0.035
	氩弧焊丝	kg	26.72	0.298	0.274	0.115	0.104
	钢锯条	条	2.59	3.820	3.316	3.832	3.464
	索具螺旋扣 M16×250	套	8.62	0.405	0.207	0.163	0.150
	枕木 2500×250×200	根	159.00	0.153	0.108	0.077	0.069
	白油漆	kg	20.60	0.138	0.124	0.115	0.104
	冰醋酸 98%	ml	0.01	24.899	22.250	20.377	18.420
	硫代硫酸钠	g	0.01	239.071	213.650	195.662	176.872
	硫酸铝钾	g	0.01	14.944	13.355	12.234	11.059
	甲氨基酚硫酸盐	g	118.00	0.703	0.481	0.240	0.130
	硼酸	g	0.06	7.472	6.682	6.112	5.525
	无水碳酸钠	g	0.02	31.874	28.484	26.086	23.581
	无水亚硫酸钠	g	0.02	64.283	56.082	51.368	46.435

续前

定额编号				2-1-18	2-1-19	2-1-20	2-1-21
项目				锅炉蒸发量(t/h)			
				≤50	≤75	≤150	<220
材料	溴化钾	g	0.03	2.659	2.371	2.175	1.966
	对苯二酚	g	13.62	5.845	5.223	4.780	4.321
	氩气	m^3	7.00	1.329	1.244	0.517	0.468
	氧气	m^3	3.62	9.749	9.028	8.325	7.860
	乙炔气	kg	7.60	3.912	3.374	2.989	2.910
	压敏胶粘带	m	0.69	7.969	7.121	6.524	5.897
	软胶片 80×300	张	2.06	13.859	12.385	11.343	10.253
	增感屏 80×300	副	37.33	0.695	0.622	0.565	0.511
	碳素结构钢流体无缝钢管 综合	kg	4.74	1.688	2.769	2.146	1.940
	紫铜管 ϕ4~13	kg	54.31	0.206	0.099	0.115	0.104
	像质计	个	43.10	0.672	0.597	0.546	0.494
	贴片磁铁	副	2.07	0.267	0.240	0.220	0.199
	英文字母铅码	套	155.00	0.435	0.390	0.364	0.329
	水	m^3	4.27	0.351	0.539	0.383	0.346
	号码铅字	套	1.03	0.435	0.390	0.364	0.329
	其他材料费	元	1.00	15.45	14.14	11.59	10.50
机械	履带式起重机 15t	台班	702.00	0.297	0.270	0.268	0.242
	汽车式起重机 8t	台班	648.48	0.240	0.194	—	—
	门座吊 30t	台班	521.56	—	—	0.125	0.114
	载货汽车 5t	台班	382.30	0.122	0.099	0.131	0.119
	载货汽车 8t	台班	411.20	—	—	0.066	0.059
	电动卷扬机－单筒慢速 30kN	台班	177.60	0.244	0.080	0.028	0.025
	普通车床 400×1000	台班	34.62	0.087	0.080	0.022	0.020
	摇臂钻床 25mm	台班	8.50	0.044	0.047	—	—
	空气锤 150kg	台班	61.39	0.031	—	—	—
	空气锤 400kg	台班	144.18	—	0.028	0.006	0.005
	试压泵 60MPa	台班	23.30	0.031	0.028	0.033	0.030
	交流弧焊机 32kV·A	台班	92.84	0.873	1.307	1.292	1.168
	直流弧焊机 20kW	台班	78.72	1.747	1.421	2.425	2.192
	电动空气压缩机 $6m^3$/min	台班	224.45	0.192	0.227	0.214	0.193
	电焊条烘干箱 60×50×75(cm^3)	台班	16.84	0.262	0.274	0.373	0.337
	X 光片脱水烘干机 ZTH－340	台班	64.73	0.074	0.066	0.060	0.054
	X 射线探伤机 穿透厚度 4~40mm	台班	130.00	1.074	0.957	0.876	0.792

4. 过热器系统安装

工作内容:检查、通球、组合、起吊、固定、安装、无损检验、热处理等。 **计量单位**:t

定额编号				2-1-22	2-1-23	2-1-24	2-1-25
项目				锅炉蒸发量(t/h)			
				≤50	≤75	≤150	<220
基价(元)				**3654.73**	**3320.55**	**3329.46**	**2867.38**
其中	人工费(元)			2341.31	2207.25	2108.16	1935.63
	材料费(元)			675.30	501.17	531.18	433.87
	机械费(元)			638.12	612.13	690.12	497.88
名称		单位	单价(元)	消耗量			
人工	二类人工	工日	135.00	17.343	16.350	15.616	14.338
材料	型钢 综合	kg	3.84	18.955	16.911	14.900	12.173
	镀锌铁丝 ϕ2.0~4.0	kg	5.01	1.590	2.532	1.760	1.438
	中厚钢板 综合	kg	3.71	4.998	4.545	0.700	0.572
	铅板 80×300×3	kg	19.83	0.289	0.205	0.250	0.204
	铈钨棒	g	0.40	18.700	12.708	16.000	13.072
	石棉橡胶板 高压 δ0.5~8	kg	6.90	0.323	0.127	—	—
	塑料暗袋 80×300	副	13.02	0.544	0.381	0.460	0.376
	白布	kg	11.64	0.102	0.098	0.100	0.082
	麻绳	kg	7.51	0.170	0.098	0.100	0.082
	双头螺栓带螺母 M16×100~125	10套	35.34	0.128	0.098	0.100	0.082
	扒钉	kg	3.73	0.434	0.391	0.340	0.278
	尼龙砂轮片 ϕ100×16×3	片	1.29	0.765	1.056	1.080	0.882
	铁砂布 0#~2#	张	1.03	3.409	2.297	2.650	2.165
	低碳钢焊条 综合	kg	6.72	3.400	3.040	2.620	2.140
	低合金钢耐热焊条 综合	kg	7.07	—	—	0.880	0.719
	碳钢气焊条 ϕ2 以内	kg	10.34	1.394	0.665	0.840	0.686
	氩弧焊丝	kg	26.72	0.187	0.127	0.170	0.139
	索具螺旋扣 M16×250	套	8.62	0.162	0.078	0.020	0.015
	枕木 2500×250×200	根	159.00	0.162	0.088	0.020	0.016
	白油漆	kg	20.60	0.111	0.078	0.090	0.073
	冰醋酸 98%	ml	0.01	20.341	13.998	17.030	13.914
	硫代硫酸钠	g	0.01	195.305	134.387	163.530	133.607
	硫酸铝钾	g	0.01	12.206	8.397	10.220	8.350
	甲氨基酚硫酸盐	g	118.00	1.199	0.821	1.000	0.817
	硼酸	g	0.06	6.103	4.203	5.110	4.175
	无水碳酸钠	g	0.02	26.044	17.918	21.800	17.811
	无水亚硫酸钠	g	0.02	51.272	38.210	42.930	35.074
	溴化钾	g	0.03	2.168	1.496	1.820	1.487
	对苯二酚	g	13.62	4.777	3.284	4.000	3.268

续前

定额编号				2-1-22	2-1-23	2-1-24	2-1-25
项目				锅炉蒸发量(t/h)			
				≤50	≤75	≤150	<220
材料	氩气	m^3	7.00	0.850	0.577	0.740	0.604
	氧气	m^3	3.62	14.365	9.775	10.400	8.497
	乙炔气	kg	7.60	5.457	3.715	3.950	3.228
	压敏胶粘带	m	0.69	6.511	4.477	5.450	4.453
	石棉布 烧失量 32%	kg	4.19	—	1.232	1.720	1.405
	石棉扭绳 φ4~5 烧失量 24%	kg	2.27	—	0.596	0.880	0.719
	软胶片 80×300	张	2.06	11.322	7.791	9.480	7.746
	增感屏 80×300	副	37.33	0.570	0.391	0.470	0.384
	碳素结构钢流体无缝钢管 综合	kg	4.74	1.989	2.014	2.000	1.634
	紫铜管 φ4~13	kg	54.31	0.119	0.117	0.090	0.073
	像质计	个	43.10	0.544	0.381	0.460	0.376
	镍铬电阻丝 φ3.2	kg	4.31	—	0.176	0.200	0.164
	贴片磁铁	副	2.07	0.221	0.147	0.180	0.147
	英文字母铅码	套	155.00	0.357	0.244	0.300	0.245
	水	m^3	4.27	0.145	0.098	0.120	0.098
	号码铅字	套	1.03	0.357	0.244	0.300	0.245
	其他材料费	元	1.00	13.24	9.83	10.42	8.51
机械	履带式起重机 15t	台班	702.00	0.172	0.230	0.295	0.213
	汽车式起重机 8t	台班	648.48	0.150	0.107	—	—
	门座吊 30t	台班	521.56	—	—	0.095	0.069
	载货汽车 5t	台班	382.30	—	0.049	0.057	0.041
	载货汽车 8t	台班	411.20	0.050	—	—	—
	电动卷扬机-单筒慢速 30kN	台班	177.60	0.400	0.336	—	—
	电动卷扬机-单筒慢速 50kN	台班	186.39	—	—	0.114	0.082
	电动葫芦-单速 2t	台班	23.79	0.150	0.304	—	—
	电动葫芦-单速 3t	台班	26.36	—	—	0.400	0.288
	普通车床 400×1000	台班	34.62	—	—	0.038	0.028
	普通车床 630×1400	台班	61.49	0.022	0.033	—	—
	牛头刨床 650mm	台班	30.54	—	—	0.010	0.007
	空气锤 150kg	台班	61.39	0.022	0.025	0.029	0.021
	中频加热处理机 50kW	台班	38.98	—	0.107	0.171	0.124
	试压泵 60MPa	台班	23.30	0.065	0.025	0.229	0.165
	交流弧焊机 32kV·A	台班	92.84	1.086	0.436	0.495	0.357
	直流弧焊机 20kW	台班	78.72	—	1.019	1.219	0.879
	电动空气压缩机 $6m^3/min$	台班	224.45	0.200	0.198	0.248	0.178
	电焊条烘干箱 60×50×75(cm^3)	台班	16.84	0.107	0.147	0.171	0.124
	X 光片脱水烘干机 ZTH-340	台班	64.73	0.093	0.066	0.086	0.062
	X 射线探伤机 穿透厚度 4~40mm	台班	130.00	1.286	0.888	1.219	0.879

5. 省煤器系统安装

工作内容：检查、通球、组合、起吊、固定、安装、无损检验、热处理等。　　**计量单位：**t

定额编号				2-1-26	2-1-27	2-1-28	2-1-29
项目				锅炉蒸发量(t/h)			
				≤50	≤75	≤150	<220
基价（元）				**3465.16**	**3322.52**	**2999.76**	**2810.07**
其中	人工费（元）			2305.94	2256.80	1885.82	1676.70
	材料费（元）			516.89	445.14	539.04	552.76
	机械费（元）			642.33	620.58	574.90	580.61
名称		单位	单价(元)	消耗量			
人工	二类人工	工日	135.00	17.081	16.717	13.969	12.420
材料	型钢 综合	kg	3.84	11.798	14.280	21.420	21.968
	镀锌铁丝 $\phi2.0\sim4.0$	kg	5.01	1.870	1.238	1.326	1.360
	中厚钢板 综合	kg	3.71	13.787	5.236	19.295	19.789
	铅板 80×300×3	kg	19.83	0.179	0.167	0.170	0.174
	铈钨棒	g	0.40	11.900	10.710	4.250	4.359
	石棉橡胶板 高压 $\delta0.5\sim8$	kg	6.90	0.119	0.083	0.068	0.070
	塑料暗袋 80×300	副	13.02	0.332	0.309	0.315	0.322
	白布	kg	11.64	0.153	0.060	0.119	0.122
	双头螺栓带螺母 M16×100~125	10套	35.34	0.026	0.048	0.111	0.114
	扒钉	kg	3.73	0.281	0.286	0.213	0.218
	尼龙砂轮片 $\phi100\times16\times3$	片	1.29	1.479	1.250	1.275	1.308
	铁砂布 0#~2#	张	1.03	1.853	1.833	3.791	3.888
	低碳钢焊条 综合	kg	6.72	5.474	3.951	4.684	4.804
	碳钢气焊条 $\phi2$ 以内	kg	10.34	0.136	0.428	0.893	0.915
	氩弧焊丝	kg	26.72	0.094	0.083	0.043	0.044
	索具螺旋扣 M16×250	套	8.62	0.434	0.226	0.281	0.286
	枕木 2500×250×200	根	159.00	0.128	0.083	0.196	0.201
	白油漆	kg	20.60	0.068	0.060	0.068	0.070
	酚醛调和漆	kg	11.29	0.111	0.060	0.068	0.070
	冰醋酸 98%	ml	0.01	12.206	11.436	11.535	11.830
	硫代硫酸钠	g	0.01	117.156	109.825	110.704	113.538
	硫酸铝钾	g	0.01	7.327	6.866	7.225	7.410
	甲氨基酚硫酸盐	g	118.00	0.723	0.678	0.680	0.698
	硼酸	g	0.06	3.664	3.439	3.460	3.548
	无水碳酸钠	g	0.02	15.623	14.649	14.765	15.142

续前

定额编号				2-1-26	2-1-27	2-1-28	2-1-29
项目				锅炉蒸发量(t/h)			
				≤50	≤75	≤150	<220
材料	无水亚硫酸钠	g	0.02	30.753	28.941	29.062	29.806
	溴化钾	g	0.03	1.301	1.226	1.233	1.264
	对苯二酚	g	13.62	2.865	2.689	2.703	2.772
	氩气	m^3	7.00	0.451	0.405	0.179	0.183
	氧气	m^3	3.62	11.042	12.543	10.549	10.819
	乙炔气	kg	7.60	4.199	4.772	4.012	4.115
	压敏胶粘带	m	0.69	3.902	3.665	3.689	3.784
	软胶片 80×300	张	2.06	6.792	6.367	6.418	6.582
	增感屏 80×300	副	37.33	0.340	0.321	0.323	0.331
	碳素结构钢流体无缝钢管 综合	kg	4.74	5.823	1.131	0.085	0.087
	紫铜管 ϕ4~13	kg	54.31	0.085	0.060	0.085	0.087
	像质计	个	43.10	0.332	0.309	0.315	0.322
	贴片磁铁	副	2.07	0.128	0.119	0.128	0.131
	英文字母铅码	套	155.00	0.213	0.202	0.204	0.209
	水	m^3	4.27	0.264	0.393	0.272	0.279
	号码铅字	套	1.03	0.213	0.202	0.204	0.209
	其他材料费	元	1.00	10.14	8.73	10.57	10.84
机械	履带式起重机 15t	台班	702.00	0.290	0.350	0.215	0.212
	门座吊 30t	台班	521.56	—	—	0.071	0.067
	载货汽车 5t	台班	382.30	0.071	—	0.071	0.073
	载货汽车 8t	台班	411.20	—	0.100	0.071	0.073
	电动卷扬机-单筒慢速 30kN	台班	177.60	0.106	—	—	—
	电动葫芦-单速 2t	台班	23.79	0.264	0.240	0.100	0.103
	普通车床 400×1000	台班	34.62	—	0.020	0.022	0.022
	牛头刨床 650	台班	30.54	—	0.011	0.014	0.014
	摇臂钻床 25mm	台班	8.50	0.071	0.100	—	—
	空气锤 150kg	台班	61.39	—	—	0.014	0.014
	试压泵 60MPa	台班	23.30	0.379	0.170	0.200	0.205
	交流弧焊机 32kV·A	台班	92.84	2.086	1.730	1.772	1.817
	电动空气压缩机 $6m^3$/min	台班	224.45	0.338	0.270	0.250	0.256
	电焊条烘干箱 60×50×75(cm^3)	台班	16.84	0.207	0.170	0.179	0.183
	X 光片脱水烘干机 ZTH-340	台班	64.73	0.057	0.050	0.050	0.051
	X 射线探伤机 穿透厚度 4~40mm	台班	130.00	0.772	0.730	0.728	0.747

6. 空气预热器系统安装

工作内容：检查、组合、起吊、安装、找正、固定。　　　　计量单位：t

定额编号				2-1-30	2-1-31	2-1-32
项目				锅炉蒸发量(t/h)		
				≤75	≤150	<220
基价（元）				914.72	853.90	799.19
其中	人工费（元）			556.20	445.23	416.61
	材料费（元）			91.98	78.34	73.31
	机械费（元）			266.54	330.33	309.27
名称		单位	单价(元)	消耗量		
人工	二类人工	工日	135.00	4.120	3.298	3.086
材料	型钢 综合	kg	3.84	4.740	2.850	2.668
	镀锌铁丝 φ2.0～4.0	kg	5.01	0.410	0.750	0.702
	中厚钢板 综合	kg	3.71	2.220	2.230	2.087
	低碳钢焊条 综合	kg	6.72	4.810	4.230	3.959
	碳钢气焊条 φ2 以内	kg	10.34	0.080	0.100	0.094
	索具螺旋扣 M16×250	套	8.62	0.050	0.020	0.018
	枕木 2500×250×200	根	159.00	0.020	0.030	0.028
	铅油(厚漆)	kg	7.33	0.170	0.310	0.290
	氧气	m^3	3.62	3.550	2.550	2.387
	乙炔气	kg	7.60	1.350	0.970	0.908
	石棉扭绳 φ4～5 烧失量 24%	kg	2.27	0.250	0.240	0.225
	其他材料费	元	1.00	1.80	1.54	1.44
机械	履带式起重机 15t	台班	702.00	0.143	0.124	0.116
	汽车式起重机 8t	台班	648.48	0.038	0.038	0.036
	门座吊 30t	台班	521.56	—	0.048	0.045
	载货汽车 5t	台班	382.30	0.057	0.057	0.053
	电动卷扬机－单筒慢速 50kN	台班	186.39	—	0.076	0.071
	交流弧焊机 32kV·A	台班	92.84	1.267	1.667	1.560
	电焊条烘干箱 60×50×75(cm^3)	台班	16.84	0.124	0.171	0.160

7. 本体管道系统安装

工作内容:坡口加工、对口焊接、起吊、安装、无损检验、热处理等。 **计量单位:**t

	定额编号			2-1-33	2-1-34	2-1-35	2-1-36
	项目			锅炉蒸发量(t/h)			
				≤50	≤75	≤150	<220
	基价(元)			**6711.01**	**6192.90**	**5395.09**	**4899.14**
其中	人工费(元)			4488.21	3986.69	3444.66	3052.89
	材料费(元)			1142.24	971.61	908.53	845.76
	机械费(元)			1080.56	1234.60	1041.90	1000.49
	名称	单位	单价(元)	消耗量			
人工	二类人工	工日	135.00	33.246	29.531	25.516	22.614
材料	型钢 综合	kg	3.84	85.400	64.400	56.300	48.700
	镀锌铁丝 ϕ2.0~4.0	kg	5.01	4.510	2.780	3.680	3.533
	铅板 80×300×3	kg	19.83	0.240	0.170	0.200	0.192
	铈钨棒	g	0.40	38.000	36.000	34.000	32.640
	石棉橡胶板 高压 δ0.5~8	kg	6.90	1.190	0.350	0.450	0.432
	塑料暗袋 80×300	副	13.02	0.440	0.320	0.370	0.355
	白布	kg	11.64	1.640	1.220	0.990	0.950
	麻绳	kg	7.51	—	0.220	0.250	0.240
	尼龙砂轮片 ϕ100×16×3	片	1.29	2.810	3.490	3.010	2.890
	铁砂布 0#~2#	张	1.03	6.120	6.150	4.600	4.416
	低碳钢焊条 综合	kg	6.72	10.600	17.100	14.300	13.728
	不锈钢焊条 综合	kg	37.07	0.550	0.370	0.210	0.202
	碳钢气焊条 ϕ2 以内	kg	10.34	3.420	1.780	2.350	2.256
	氩弧焊丝	kg	26.72	0.380	0.220	0.340	0.326
	钢锯条	条	2.59	28.500	25.080	20.600	19.776
	黄砂 净砂(中粗砂)	t	102.00	0.110	0.100	0.090	0.086
	白油漆	kg	20.60	0.090	0.070	0.080	0.077
	酚醛调和漆	kg	11.29	0.250	0.270	0.210	0.202
	油浸石棉盘根 编织 ϕ6~10(250℃)	kg	17.93	0.790	0.770	0.600	0.576
	金属清洗剂	kg	11.03	0.383	0.289	0.241	0.231
	机油 综合	kg	2.91	0.780	0.700	0.570	0.547
	黄甘油	kg	10.78	0.290	—	—	—
	冰醋酸 98%	ml	0.01	16.150	11.730	13.570	13.027
	硫代硫酸钠	g	0.01	155.080	112.640	130.240	125.030
	硫酸铝钾	g	0.01	9.690	7.040	8.140	7.814
	甲氨基酚硫酸盐	g	118.00	0.650	0.450	0.380	0.320
	硼酸	g	0.06	4.850	3.520	4.070	3.907
	无水碳酸钠	g	0.02	20.680	15.020	17.370	16.675

续前

定额编号				2-1-33	2-1-34	2-1-35	2-1-36
项目				锅炉蒸发量(t/h)			
				≤50	≤75	≤150	<220
材料	无水亚硫酸钠	g	0.02	40.710	29.570	34.190	32.822
	溴化钾	g	0.03	1.720	1.250	1.450	1.392
	对苯二酚	g	13.62	3.790	2.750	3.180	3.053
	氩气	m^3	7.00	1.700	1.000	1.550	1.488
	氧气	m^3	3.62	30.400	19.800	21.400	20.544
	乙炔气	kg	7.60	11.550	7.520	8.130	7.805
	压敏胶粘带	m	0.69	5.170	3.750	4.340	4.166
	石棉布 烧失量 32%	kg	4.19	1.100	1.540	0.980	0.941
	石棉扭绳 ϕ4~5 烧失量 24%	kg	2.27	1.190	0.710	0.630	0.605
	软胶片 80×300	张	2.06	8.990	6.530	7.550	7.248
	增感屏 80×300	副	37.33	0.450	0.330	0.380	0.365
	钢齿形垫 综合	片	10.34	0.300	0.800	0.700	0.672
	像质计	个	43.10	0.440	0.320	0.370	0.355
	硬铜绞线 TJ-120	kg	50.00	—	1.360	0.980	0.941
	贴片磁铁	副	2.07	0.170	0.130	0.150	0.144
	英文字母铅码	套	155.00	0.290	0.210	0.240	0.230
	水	m^3	4.27	0.110	0.080	0.090	0.086
	号码铅字	套	1.03	0.290	0.210	0.240	0.230
	其他材料费	元	1.00	22.40	19.05	17.81	16.58
机械	履带式起重机 15t	台班	702.00	0.103	0.201	0.106	0.104
	汽车式起重机 8t	台班	648.48	0.104	0.268	—	—
	门座吊 30t	台班	521.56	—	—	0.233	0.221
	载货汽车 5t	台班	382.30	0.133	0.181	0.181	0.174
	电动卷扬机-单筒慢速 30kN	台班	177.60	0.200	0.210	0.038	0.037
	电动葫芦-单速 3t	台班	26.36	0.448	1.143	0.914	0.878
	普通车床 400×1000	台班	34.62	0.333	0.429	0.476	0.457
	摇臂钻床 25mm	台班	8.50	0.476	0.476	0.476	0.457
	坡口机 2.2kW	台班	32.22	0.105	0.171	0.295	0.283
	中频加热处理机 50kW	台班	38.98	—	0.086	0.057	0.055
	试压泵 60MPa	台班	23.30	0.476	0.781	0.533	0.512
	交流弧焊机 32kV·A	台班	92.84	4.457	5.533	4.781	4.590
	直流弧焊机 20kW	台班	78.72	0.305	0.286	0.286	0.274
	电动空气压缩机 $6m^3$/min	台班	224.45	1.105	0.352	0.429	0.411
	鼓风机 $18m^3$/min	台班	41.62	0.076	—	—	—
	电焊条烘干箱 60×50×75(cm^3)	台班	16.84	0.448	0.552	0.476	0.457
	X 光片脱水烘干机 ZTH-340	台班	64.73	0.086	0.057	0.067	0.064
	X 射线探伤机 穿透厚度 4~40mm	台班	130.00	0.850	0.838	0.971	0.933

8. 吹灰器安装

工作内容:检查、组合、安装、找正、固定、单体调试。

定额编号				2-1-37	2-1-38
项目				蒸汽吹灰器	声波吹灰器
计量单位				台	套
基价(元)				**545.84**	**1030.46**
其中	人工费(元)			501.26	939.20
	材料费(元)			20.47	47.69
	机械费(元)			24.11	43.57
	名称	单位	单价(元)	消耗量	
人工	二类人工	工日	135.00	3.713	6.957
材料	镀锌铁丝 综合	kg	5.40	0.437	0.869
	镀锌铁丝 ϕ2.0~4.0	kg	5.01	0.120	—
	型钢 综合	kg	3.84	—	6.032
	中厚钢板 综合	kg	3.71	0.420	0.400
	石棉橡胶板 低压 δ0.8~6	kg	5.26	0.030	—
	双头螺栓带螺母 M16×100~125	10套	35.34	0.100	—
	普低钢焊条 J507 ϕ3.2	kg	7.34	—	0.721
	低碳钢焊条 综合	kg	6.72	0.120	—
	氧气	m^3	3.62	1.050	1.620
	乙炔气	kg	7.60	0.430	0.661
	石棉扭绳 综合	kg	2.27	—	0.543
	碳素结构钢流体无缝钢管 综合	kg	4.74	0.840	—
	其他材料费	元	1.00	0.40	0.94
机械	门座吊 30t	台班	521.56	0.029	0.029
	载货汽车 10t	台班	476.15	—	0.010
	电动卷扬机-单筒慢速 50kN	台班	186.39	—	0.019
	摇臂钻床 25mm	台班	8.50	0.019	—
	交流弧焊机 32kV·A	台班	92.84	0.095	—
	直流弧焊机 40kW	台班	102.79	—	0.196

9. 炉排、燃烧装置安装

工作内容：检查、组合、安装、找正、固定、单体调试。

定额编号				2-1-39	2-1-40	2-1-41	2-1-42
项目				链条炉炉排	煤粉炉燃烧装置(t)		
					≤1	≤5	≤10
计量单位				t	个		
基价(元)				**3187.13**	**2653.68**	**7003.85**	**8558.54**
其中	人工费(元)			2419.88	2025.54	5178.60	6281.69
	材料费(元)			406.17	204.39	394.60	468.95
	机械费(元)			361.08	423.75	1430.65	1807.90
	名称	单位	单价(元)	消耗量			
人工	二类人工	工日	135.00	17.925	15.004	38.360	46.531
材料	型钢 综合	kg	3.84	4.500	5.525	8.925	9.350
	镀锌铁丝 ϕ2.0~4.0	kg	5.01	0.500	4.573	8.534	9.809
	热轧光圆钢筋 综合	kg	3.97	—	—	—	2.125
	中厚钢板 综合	kg	3.71	21.000	6.800	11.050	13.600
	紫铜板 综合	kg	58.27	0.040	—	—	—
	聚氯乙烯薄膜	m^2	0.86	0.300	—	—	—
	白布	kg	11.64	0.588	—	—	0.850
	羊毛毡 6~8	m^2	50.86	0.030	—	—	—
	麻绳	kg	7.51	—	—	0.425	0.595
	尼龙砂轮片 ϕ100×16×3	片	1.29	0.480	—	—	—
	铁砂布 0#~2#	张	1.03	3.000	—	—	—
	低碳钢焊条 综合	kg	6.72	1.600	8.925	17.425	20.825
	碳钢气焊条 ϕ2 以内	kg	10.34	—	0.213	0.213	0.213
	斜垫铁 综合	kg	8.62	20.000	—	—	—
	索具螺旋扣 M16×250	套	8.62	—	0.425	0.850	—
	酚醛调和漆	kg	11.29	0.100	—	—	—
	金属清洗剂	kg	11.03	0.233	—	—	—
	溶剂汽油	kg	5.40	2.000	—	—	—
	机油 综合	kg	2.91	7.500	—	—	—
	铅油(厚漆)	kg	7.33	0.500	0.425	1.020	1.700
	黄甘油	kg	10.78	1.700	—	—	—
	氧气	m^3	3.62	5.280	9.384	19.763	21.973
	乙炔气	kg	7.60	1.742	3.570	7.514	8.347
	密封胶	kg	11.12	0.800	—	—	—
	石棉扭绳 ϕ4~5 烧失量 24%	kg	2.27	1.000	0.425	1.275	1.700
	青壳纸 δ0.1~1.0	kg	4.31	0.200	—	—	—
	其他材料费	元	1.00	7.96	4.01	7.74	9.20
机械	履带式起重机 15t	台班	702.00	0.077	0.243	0.529	0.593
	汽车式起重机 8t	台班	648.48	—	0.057	0.308	0.286
	汽车式起重机 16t	台班	875.04	0.095	—	—	—
	门式起重机 30t	台班	692.75	—	—	—	0.314
	门座吊 30t	台班	521.56	—	—	0.215	0.322
	载货汽车 5t	台班	382.30	0.076	0.057	—	—
	载货汽车 8t	台班	411.20	—	—	0.286	0.300
	电动卷扬机-单筒慢速 30kN	台班	177.60	0.667	—	—	—
	电动卷扬机-单筒慢速 50kN	台班	186.39	—	—	1.429	1.429
	普通车床 400×1000	台班	34.62	0.024	—	—	—
	牛头刨床 650mm	台班	30.54	0.095	—	—	—
	摇臂钻床 25mm	台班	8.50	—	0.215	—	—
	试压泵 60MPa	台班	23.30	—	0.036	0.036	0.036
	交流弧焊机 32kV·A	台班	92.84	0.762	2.029	3.836	4.550
	电动空气压缩机 0.6m^3/min	台班	33.06	0.019	—	—	—
	电焊条烘干箱 60×50×75(cm^3)	台班	16.84	0.076	0.200	0.386	0.458

工作内容:检查、组合、安装、找正、固定、单体调试。

定额编号				2-1-43	2-1-44	2-1-45	2-1-46
项目				流化床炉燃烧装置		助燃油装置	
				锅炉蒸发量(t/h)		重量(t)	
				≤150	<220	≤0.6	≤1.5
计量单位				台		个	
基价(元)				**8988.01**	**11623.95**	**2830.95**	**7549.07**
其中	人工费(元)			4205.39	5438.34	2025.54	5178.60
	材料费(元)			1051.31	1359.53	240.44	464.22
	机械费(元)			3731.31	4826.08	564.97	1906.25
	名称	单位	单价(元)	消耗量			
人工	二类人工	工日	135.00	31.151	40.284	15.004	38.360
材料	型钢 综合	kg	3.84	173.165	223.930	6.500	10.500
	镀锌铁丝 综合	kg	5.40	5.784	7.480	—	—
	镀锌铁丝 ϕ2.0~4.0	kg	5.01	—	—	5.380	10.040
	中厚钢板 综合	kg	3.71	—	—	8.000	13.000
	麻绳	kg	7.51	—	—	—	0.500
	普低钢焊条 J507 ϕ3.2	kg	7.34	25.488	32.960	—	—
	低碳钢焊条 综合	kg	6.72	—	—	10.500	20.500
	碳钢气焊条 ϕ2 以内	kg	10.34	—	—	0.250	0.250
	索具螺旋扣 M16×250	套	8.62	—	—	0.500	1.000
	金属清洗剂	kg	11.03	0.655	0.847	—	—
	铅油(厚漆)	kg	7.33	—	—	0.500	1.200
	氧气	m^3	3.62	20.825	26.930	11.040	23.250
	乙炔气	kg	7.60	8.529	11.030	4.200	8.840
	石棉扭绳 ϕ4~5 烧失量 24%	kg	2.27	—	—	0.500	1.500
	其他材料费	元	1.00	20.61	26.66	4.71	9.10
机械	履带式起重机 15t	台班	702.00	—	—	0.324	0.705
	履带式起重机 50t	台班	1364.92	1.130	1.462	—	—
	汽车式起重机 8t	台班	648.48	—	—	0.076	0.410
	门式起重机 30t	台班	692.75	0.244	0.315	—	—
	门座吊 30t	台班	521.56	1.105	1.429	—	0.286
	载货汽车 5t	台班	382.30	—	—	0.076	—
	载货汽车 8t	台班	411.20	—	—	—	0.381
	平板拖车组 20t	台班	835.65	0.736	0.952	—	—
	电动卷扬机-单筒慢速 50kN	台班	186.39	1.473	1.905	—	1.905
	摇臂钻床 25mm	台班	8.50	—	—	0.286	—
	试压泵 60MPa	台班	23.30	—	—	0.048	0.048
	交流弧焊机 32kV·A	台班	92.84	—	—	2.705	5.114
	直流弧焊机 40kW	台班	102.79	5.277	6.824	—	—
	电焊条烘干箱 60×50×75(cm^3)	台班	16.84	0.688	0.890	0.267	0.514

10. 炉底除灰渣装置安装

工作内容：检查、组合、安装、找正、固定、单体调试。　　**计量单位：**t

定额编号				2-1-47	2-1-48	2-1-49	2-1-50
项目				链条炉	煤粉炉		
					锅炉蒸发量(t/h)		
					≤75	≤150	<220
基价（元）				**5391.78**	**2253.29**	**2430.73**	**2308.98**
其中	人工费（元）			4218.21	1723.41	1697.09	1769.99
	材料费（元）			631.66	166.61	226.64	200.92
	机械费（元）			541.91	363.27	507.00	338.07
名称		单位	单价(元)	消耗量			
人工	二类人工	工日	135.00	31.246	12.766	12.571	13.111
材料	型钢 综合	kg	3.84	10.540	5.585	4.840	4.291
	镀锌铁丝 ϕ2.0～4.0	kg	5.01	4.250	0.901	1.440	1.277
	中厚钢板 综合	kg	3.71	27.285	3.417	2.910	2.580
	镀锌薄钢板 综合	kg	4.46	1.190	—	—	—
	紫铜板 综合	kg	58.27	0.340	—	—	—
	耐油石棉橡胶板 δ1	kg	11.21	1.275	—	—	—
	白布	kg	11.64	3.400	—	—	—
	羊毛毡 1～5	m^2	18.97	0.085	—	—	—
	铁砂布 0#～2#	张	1.03	6.800	—	—	—
	低碳钢焊条 综合	kg	6.72	3.400	7.344	10.860	9.628
	碳钢气焊条 ϕ2 以内	kg	10.34	0.680	—	—	—
	枕木 2500×250×200	根	159.00	—	—	0.070	0.062
	酚醛调和漆	kg	11.29	3.927	—	—	—
	手喷漆	kg	12.93	0.111	—	—	—
	酚醛防锈漆	kg	6.90	0.425	—	—	—
	松节油	kg	7.76	1.598	—	—	—
	金属清洗剂	kg	11.03	1.031	—	—	—
	溶剂汽油	kg	5.40	9.690	—	—	—
	机油 综合	kg	2.91	13.430	—	—	—
	铅油(厚漆)	kg	7.33	2.550	0.740	0.870	0.771
	黄甘油	kg	10.78	2.125	—	—	—
	红丹粉	kg	11.90	0.340	—	—	—
	氧气	m^3	3.62	7.650	10.455	14.210	12.598
	乙炔气	kg	7.60	2.907	3.970	5.400	4.787
	密封胶	kg	11.12	6.800	—	—	—
	石棉扭绳 ϕ4～5 烧失量 24%	kg	2.27	1.700	0.842	1.160	1.029
	其他材料费	元	1.00	12.39	3.27	4.44	3.94
机械	履带式起重机 15t	台班	702.00	—	0.136	0.200	0.134
	汽车式起重机 8t	台班	648.48	0.357	0.071	—	—
	门座吊 30t	台班	521.56	—	—	0.029	0.020
	载货汽车 5t	台班	382.30	0.179	—	0.076	0.050
	电动卷扬机－单筒慢速 30kN	台班	177.60	0.357	0.107	0.152	0.101
	普通车床 400×1000	台班	34.62	—	0.143	0.238	0.158
	摇臂钻床 25mm	台班	8.50	0.357	—	—	—
	交流弧焊机 32kV·A	台班	92.84	1.857	2.093	3.038	2.021
	电焊条烘干箱 60×50×75(cm^3)	台班	16.84	0.186	0.207	0.305	0.203

工作内容：检查、组合、安装、找正、固定、单体调试。 **计量单位：**t

定额编号				2-1-51	2-1-52	2-1-53
项目				流化床炉		
				锅炉蒸发量(t/h)		
				≤75	≤150	<220
基价(元)				**3125.14**	**3253.07**	**3373.74**
其中	人工费(元)			2068.07	2036.34	2123.96
	材料费(元)			528.24	627.15	650.79
	机械费(元)			528.83	589.58	598.99
名称		单位	单价(元)	消耗量		
人工	二类人工	工日	135.00	15.319	15.084	15.733
材料	型钢 综合	kg	3.84	5.585	4.114	2.651
	镀锌铁丝 φ2.0~4.0	kg	5.01	0.901	1.224	1.277
	中厚钢板 综合	kg	3.71	3.417	2.474	2.580
	不锈钢氩弧焊丝 1Cr18Ni9Ti φ3	kg	41.38	6.817	8.126	8.517
	铬不锈钢电焊条	kg	38.79	1.564	1.972	2.091
	低碳钢焊条 综合	kg	6.72	7.344	9.231	9.628
	枕木 2500×250×200	根	159.00	—	0.060	0.062
	铅油(厚漆)	kg	7.33	0.740	0.740	0.771
	氩气	m^3	7.00	1.683	1.879	1.972
	氧气	m^3	3.62	10.455	12.079	12.598
	乙炔气	kg	7.60	3.970	4.590	4.787
	石棉扭绳 φ4~5 烧失量 24%	kg	2.27	0.842	0.986	1.029
	其他材料费	元	1.00	10.36	12.30	12.76
机械	履带式起重机 15t	台班	702.00	0.181	0.200	0.178
	汽车式起重机 8t	台班	648.48	0.095	—	—
	门座吊 30t	台班	521.56	—	0.029	0.026
	载货汽车 5t	台班	382.30	—	0.076	0.067
	电动卷扬机－单筒慢速 30kN	台班	177.60	0.143	0.152	0.135
	普通车床 400×1000	台班	34.62	0.190	0.238	0.211
	直流弧焊机 20kW	台班	78.72	3.856	4.632	5.069
	电焊条烘干箱 60×50×75(cm^3)	台班	16.84	0.276	0.305	0.270

二、锅炉水压试验

工作内容：临时管路安拆、上水、升压、加药、放水、缺陷处理。 **计量单位**：台

定额编号				2-1-54	2-1-55	2-1-56	2-1-57
项目				锅炉蒸发量(t/h)			
				≤50	≤75	≤150	<220
基价(元)				**6514.09**	**8409.89**	**12497.29**	**15617.75**
其中	人工费(元)			4257.23	5193.59	7106.27	9486.72
	材料费(元)			1863.21	2757.00	4450.20	5188.91
	机械费(元)			393.65	459.30	940.82	942.12
名称		单位	单价(元)	消耗量			
人工	二类人工	工日	135.00	31.535	38.471	52.639	70.272
材料	型钢 综合	kg	3.84	78.540	111.690	175.200	198.808
	镀锌铁丝 $\phi2.0\sim4.0$	kg	5.01	2.771	3.876	6.280	7.126
	中厚钢板 综合	kg	3.71	3.400	5.100	8.000	9.078
	耐油石棉橡胶板 $\delta1$	kg	11.21	3.026	3.239	4.230	4.800
	尼龙砂轮片 $\phi100\times16\times3$	片	1.29	2.117	2.278	4.480	5.084
	低碳钢焊条 综合	kg	6.72	6.741	8.058	13.250	15.036
	碳钢气焊条 $\phi2$ 以内	kg	10.34	0.765	0.952	1.510	1.714
	紫铜电焊条 T107 $\phi3.2$	kg	78.02	0.017	0.017	0.020	0.023
	铜焊粉	kg	30.17	0.009	0.009	0.010	0.011
	石棉盘根 $\phi6\sim10$	kg	6.64	0.850	0.850	1.400	1.589
	氨水	kg	1.19	37.400	68.850	117.000	132.766
	联氨 40%	kg	11.72	37.400	68.850	117.000	132.766
	氧气	m^3	3.62	13.201	16.320	26.320	29.866
	乙炔气	kg	7.60	5.015	6.205	10.000	11.348
	碳素结构钢镀锌焊接钢管 *DN*25×3.2	m	11.38	13.218	15.343	24.360	27.643
	碳素结构钢流体无缝钢管 综合	kg	4.74	53.550	78.540	132.000	149.787
	紫铜管 $\phi4\sim13$	kg	54.31	0.238	0.238	0.360	0.409
	截止阀 J41T-16 *DN*50	个	194.00	0.850	0.850	1.000	1.135
	平焊法兰 1.6MPa *DN*50	片	28.79	1.700	1.700	2.000	2.270
	水	m^3	4.27	16.150	30.600	52.000	69.700
	软化水	t	3.10	24.650	45.900	78.000	108.800
	电	kW·h	0.78	72.250	107.100	180.000	239.700
	其他材料费	元	1.00	36.53	54.06	87.26	101.74
机械	试压泵 60MPa	台班	23.30	1.429	2.143	3.810	3.815
	交流弧焊机 32kV·A	台班	92.84	2.964	3.193	7.114	7.124
	电动空气压缩机 $6m^3$/min	台班	224.45	0.357	0.479	0.800	0.801
	电焊条烘干箱 60×50×75(cm^3)	台班	16.84	0.300	0.322	0.714	0.716

三、锅炉风压试验

工作内容:清理、检查、孔门封闭,风压试验,缺陷处理。 **计量单位**:台

定额编号				2-1-58	2-1-59	2-1-60	2-1-61
项目				锅炉蒸发量(t/h)			
				≤50	≤75	≤150	<220
基价(元)				**3594.15**	**4990.90**	**7699.77**	**9948.66**
其中	人工费(元)			2095.20	2667.47	2952.59	4402.22
	材料费(元)			1262.25	1881.90	4047.25	4819.14
	机械费(元)			236.70	441.53	699.93	727.30
名称		单位	单价(元)	消耗量			
人工	二类人工	工日	135.00	15.520	19.759	21.871	32.609
材料	镀锌铁丝 ϕ2.0~4.0	kg	5.01	1.275	2.125	3.000	3.802
	中厚钢板 综合	kg	3.71	2.550	2.975	4.000	5.069
	低碳钢焊条 综合	kg	6.72	3.400	5.950	8.000	10.139
	碳钢气焊条 ϕ2 以内	kg	10.34	0.170	0.213	0.300	0.380
	铅油(厚漆)	kg	7.33	2.125	2.550	3.500	4.436
	滑石粉	kg	1.07	85.000	136.000	200.000	253.470
	氧气	m^3	3.62	3.825	5.100	7.000	8.871
	乙炔气	kg	7.60	1.454	1.938	2.660	3.371
	石棉扭绳 ϕ4~5 烧失量 24%	kg	2.27	2.125	2.550	3.500	4.436
	电	kW·h	0.78	1360.000	2023.000	4600.000	5440.000
	其他材料费	元	1.00	24.75	36.90	79.36	94.49
机械	普通车床 400×1000	台班	34.62	0.071	0.071	0.095	0.107
	交流弧焊机 32kV·A	台班	92.84	1.429	3.215	4.762	5.325
	电焊条烘干箱 60×50×75(cm^3)	台班	16.84	0.100	0.193	0.286	0.266
	鼓风机 $18m^3$/min	台班	41.62	2.400	3.300	6.000	5.400

四、烘炉、煮炉

工作内容:点火前准备;燃料、药品搬运,烘炉测温、取样点设置、检查;缺陷处理。 **计量单位:**台

				2-1-62	2-1-63	2-1-64	2-1-65
定额编号				2-1-62	2-1-63	2-1-64	2-1-65
项目				锅炉蒸发量(t/h)			
				≤50	≤75	≤150	<220
基价(元)				**23880.40**	**29562.15**	**39590.98**	**43678.16**
其中	人工费(元)			13286.70	15684.57	17563.10	18984.38
	材料费(元)			8257.29	11023.09	19627.08	22622.98
	机械费(元)			2336.41	2854.49	2400.80	2070.80
	名称	单位	单价(元)	消耗量			
人工	二类人工	工日	135.00	98.420	116.182	130.097	140.625
材料	轻油	t	—	(12.000)	(26.000)	(52.000)	(80.000)
	软化水	t	—	(257.000)	(540.000)	(1080.000)	(1450.000)
	型钢 综合	kg	3.84	102.000	136.000	68.000	79.900
	中厚钢板 综合	kg	3.71	144.500	178.500	220.000	221.000
	镀锌铁丝 ϕ2.0~4.0	kg	5.01	3.825	4.250	5.000	4.888
	石棉橡胶板 中压 δ0.6~8	kg	5.86	2.380	2.720	3.500	3.421
	铁砂布 0#~2#	张	1.03	5.100	5.950	8.000	7.820
	低碳钢焊条 综合	kg	6.72	18.275	23.630	20.100	21.930
	碳钢气焊条 ϕ2 以内	kg	10.34	1.020	1.275	1.500	1.466
	钢锯条	条	2.59	10.200	12.750	15.000	14.663
	水位计玻璃板	块	8.62	2.550	2.550	3.000	2.933
	油浸石棉盘根 编织 ϕ6~10(250℃)	kg	17.93	2.372	2.465	3.000	2.933
	机油 综合	kg	2.91	2.040	2.805	4.200	4.106
	氨水	kg	1.19	1.947	4.276	8.770	8.573
	联氨 40%	kg	11.72	0.612	1.335	2.740	2.678
	磷酸三钠	kg	2.65	102.765	144.755	287.700	281.227
	氢氧化钠(烧碱)	kg	2.59	317.050	453.050	854.000	834.785
	氧气	m^3	3.62	32.385	35.955	38.900	34.255
	乙炔气	kg	7.60	13.770	15.385	17.200	15.980
	碳素结构钢流体无缝钢管 综合	kg	4.74	69.700	83.300	110.000	107.525
	木柴	kg	0.16	2550.000	4250.000	—	—
	水	m^3	4.27	123.250	140.250	178.000	178.500
	电	kW·h	0.78	5525.000	7437.500	17000.000	20825.000
	其他材料费	元	1.00	161.91	216.14	384.84	443.59
机械	履带式起重机 15t	台班	702.00	0.143	0.215	—	—
	门座吊 30t	台班	521.56	—	—	0.390	0.337
	载货汽车 5t	台班	382.30	2.143	2.858	0.762	0.657
	普通车床 400×1000	台班	34.62	0.215	0.215	0.286	0.247
	交流弧焊机 32kV·A	台班	92.84	13.214	14.929	16.667	14.375
	电动空气压缩机 6m^3/min	台班	224.45	0.714	0.857	1.429	1.232
	电焊条烘干箱 60×50×75(cm^3)	台班	16.84	1.322	1.493	1.667	1.438

五、锅炉酸洗

工作内容:临时系统安装、酸洗、拆除,过程检查、记录,废液处理。 **计量单位**:台

定额编号				2-1-66	2-1-67
项目				盐酸清洗	EDTA 钠铵盐清洗
				150≤锅炉蒸发量(t/h)<220	
基价(元)				**151747.40**	**235597.24**
其中	人工费(元)			35003.48	24167.57
	材料费(元)			107925.38	203863.04
	机械费(元)			8818.54	7566.63
名称		单位	单价(元)	消耗量	
人工	二类人工	工日	135.00	259.285	179.019
材料	软化水	t	—	(1680.000)	(1680.000)
	温度计 0~100℃	支	23.41	1.530	1.870
	弹簧压力表 Y-100 0~1.6MPa	只	56.03	1.530	1.870
	压力表 0~2.5MPa ϕ50	只	6.90	0.383	0.468
	仪表接头	套	3.02	2.295	2.805
	镀锌铁丝 综合	kg	5.40	7.650	5.965
	型钢 综合	kg	3.84	351.135	408.000
	中厚钢板 综合	kg	3.71	482.715	822.970
	钨棒	kg	254.00	58.820	48.280
	橡胶板 δ5~10	kg	5.09	120.870	260.185
	石棉橡胶板 低压 δ0.8~6	kg	5.26	1.989	2.758
	白布	m	4.57	1.033	—
	纱布	张	1.29	26.775	30.855
	普低钢焊条 J507 ϕ3.2	kg	7.34	36.380	46.410
	尼龙砂轮片 ϕ100	片	1.29	27.540	15.428
	碳钢氩弧焊丝	kg	12.93	1.683	1.234
	枕木 2500×200×160	根	155.00	1.913	2.338
	聚四氟乙烯盘根	kg	10.34	1.913	—
	橡胶盘根 低压	kg	40.73	5.508	—
	油浸石棉盘根 编织 ϕ4~5(450℃)	kg	42.24	2.678	3.600
	黄油钙基脂	kg	9.66	3.060	—
	氨水	kg	1.19	589.050	—
	联氨 40%	kg	11.72	160.650	855.100
	磷酸氢二钠	kg	5.22	241.400	—
	磷酸三钠	kg	2.65	346.800	—
	氯化钠	kg	0.53	1874.250	—
	氢氧化钠(烧碱)	kg	2.59	6681.000	2358.750
	乌洛托品	kg	10.43	—	98.175
	亚硝酸钠	kg	2.41	696.150	—
	盐酸	kg	0.82	8032.500	—

续前

定额编号				2-1-66	2-1-67
项目				盐酸清洗	EDTA 钠铵盐清洗
				150≤锅炉蒸发量(t/h)<220	
材料	柠檬酸	kg	4.48	321.300	—
	漂白粉 综合	kg	3.71	1338.750	—
	渗透剂 500mL	瓶	39.14	—	45.050
	洗涤剂	kg	5.92	16.065	—
	氩气	m^3	7.00	5.049	3.703
	氧气	m^3	3.62	177.310	159.630
	乙炔气	kg	7.60	123.505	109.140
	石棉编绳 综合	kg	14.05	10.710	4.114
	聚氨酯泡沫塑料板	m^3	647.00	—	0.884
	碳素结构钢流体无缝钢管 51~70×4.7~7	kg	4.74	2422.296	2040.000
	压制弯头 *DN*100	个	11.28	19.890	5.610
	压制弯头 *DN*150	个	29.75	10.710	—
	压制弯头 *DN*200	个	61.55	—	11.220
	截止阀 J41T-16 *DN*100	个	440.00	21.420	6.630
	止回阀 H44T-10 *DN*100	个	207.00	2.295	—
	平焊法兰 1.6MPa *DN*100	副	90.86	59.670	17.000
	平焊法兰 1.6MPa *DN*200	副	193.00	12.240	17.000
	封头	个	4.31	15.300	26.180
	转子流量计 TZB-25 1000t/min	支	1803.00	0.765	0.425
	衬胶隔膜阀 G40J-10 *DN*50	个	293.00	3.825	—
	缓蚀剂盐酸缓蚀剂	kg	13.19	65.025	—
	衬胶隔膜阀 G40J-10 *DN*100	个	431.00	0.765	2.975
	EDTA 试剂 99.5%	kg	21.38	—	4760.000
	缓蚀剂氢氟酸缓蚀剂 F-102	kg	14.40	—	416.500
	除油剂(A5)	kg	10.69	—	1853.000
	汽油 综合	kg	6.12	10.928	—
	水	m^3	4.27	272.000	272.000
	电	kW·h	0.78	14875.000	13430.000
	其他材料费	元	1.00	2116.18	3997.31
机械	履带式起重机 50t	台班	1364.92	1.336	1.429
	汽车式起重机 25t	台班	996.58	1.222	—
	载货汽车 10t	台班	476.15	—	4.286
	平板拖车组 20t	台班	835.65	2.443	0.714
	电动卷扬机-单筒慢速 30kN	台班	177.60	1.222	3.572
	中频加热处理机 50kW	台班	38.98	0.611	—
	耐腐蚀泵 80mm	台班	125.79	3.572	—
	试压泵 60MPa	台班	23.30	1.072	—
	直流弧焊机 40kW	台班	102.79	28.445	21.900
	鼓风机 $8m^3$/min	台班	26.17	2.143	1.358
	耐腐蚀泵 50mm	台班	51.95	0.322	0.746
	电焊条烘干箱 60×50×75(cm^3)	台班	16.84	1.418	1.125

六、蒸汽严密性试验及安全门调整

工作内容：清理、检查、蒸汽严密性试验、安全门锁定及恢复、安全门调整、缺陷消除。　　　　**计量单位：**台

定额编号				2-1-68	2-1-69	2-1-70	2-1-71
项目				锅炉蒸发量(t/h)			
				≤50	≤75	≤150	<220
基价（元）				**15930.06**	**20095.29**	**31158.67**	**47400.04**
其中	人工费（元）			6361.74	8368.38	11467.17	15215.85
	材料费（元）			6200.59	7691.30	14490.87	24202.50
	机械费（元）			3367.73	4035.61	5200.63	7981.69
	名称	单位	单价(元)	消耗量			
人工	二类人工	工日	135.00	47.124	61.988	84.942	112.710
材料	轻油	t	—	(13.500)	(28.500)	(57.000)	(76.500)
	软化水	t	—	(275.000)	(560.000)	(1210.000)	(1780.000)
	型钢 综合	kg	3.84	22.100	32.300	48.450	65.550
	中厚钢板 综合	kg	3.71	10.200	12.750	14.450	19.550
	普低钢焊条 J507 ϕ3.2	kg	7.34	—	—	12.283	16.618
	低碳钢焊条 综合	kg	6.72	6.630	8.925	—	—
	氧气	m^3	3.62	19.635	27.710	34.680	46.920
	乙炔气	kg	7.60	6.970	9.435	14.201	19.213
	碳素结构钢流体无缝钢管 综合	kg	4.74	51.000	63.750	100.300	144.800
	水	m^3	4.27	134.300	159.800	289.000	450.000
	电	kW·h	0.78	6375.000	7888.000	15300.000	26100.000
	其他材料费	元	1.00	121.58	150.81	284.13	474.56
机械	履带式起重机 15t	台班	702.00	2.858	3.286	—	—
	履带式起重机 50t	台班	1364.92	—	—	2.858	4.381
	载货汽车 5t	台班	382.30	2.143	2.858	—	—
	载货汽车 10t	台班	476.15	—	—	1.072	1.643
	交流弧焊机 32kV·A	台班	92.84	2.145	2.610	—	—
	直流弧焊机 40kW	台班	102.79	—	—	1.877	2.878
	电动空气压缩机 $6m^3/min$	台班	224.45	1.429	1.643	—	—
	电动空气压缩机 $10m^3/min$	台班	394.85	—	—	1.429	2.190
	电焊条烘干箱 60×50×75(cm^3)	台班	16.84	1.322	1.493	1.905	3.510

第二章
锅炉附属、辅助设备安装工程

说　　明

一、本章内容包括煤粉系统设备、风机、除尘器、锅炉辅助设备及金属结构安装,锅炉附属与辅助设备的支架、平台、扶梯、栏杆安装,烟风煤管道等安装工程。

二、有关说明:

1. 设备安装定额中包括电动机安装、设备安装后补漆、配合灌浆、就地一次仪表安装、设备水位计(表)及护罩安装。就地一次仪表的表计、表管、玻璃管、阀门等均按照设备成套供货考虑。不包括下列工作内容,工程实际发生时,执行相应定额。

(1)电动机的检查、接线及空载试转;

(2)整套设备的电气联锁试验;

(3)支吊架、平台、扶梯、栏杆、防雨罩、基础框架及地脚螺栓、电动机吸风筒等金属结构配制、组合、安装与油漆及主材费;

(4)设备保温及油漆、基础灌浆;

(5)风门、人孔门等配制。

2. 油循环系统设备所需的润滑油按照设备供货考虑,定额中包括油过滤工作内容。

3. 定额中包括设备本体冷却水管、油管安装,不包括管路酸洗。单独配制冷却水管、油管的制作费及主材费需要另行计算。

4. 磨煤机安装根据设备类型分别执行相应定额。

(1)钢球磨煤机安装包括主轴承检修平台搭拆、平台板与球面台板研磨及组装、传动机与减速机组装、端盖与筒体组装、台板与罐体及大齿轮安装、筒体内钢瓦与出入口短管及密封装置安装、罐体隔音罩与固定隔音罩及齿轮罩安装、装钢球,包括油箱、油泵、滤油器、冷油器、随设备供应的油管及附件清洗与安装及油过滤等。

(2)风扇磨煤机安装包括轴承座检查、风轮装配、油泵检查、冷油器水压试验及安装、伸缩节与煤粉分离器挡板调整及安装。

(3)中速磨煤机安装包括减速机检查及组装、弹簧装置安装、减速机安装、煤粉分离器及附件安装、随设备供应的附件设备等。

5. 给煤机安装根据设备类型分别执行相应定额。

(1)电磁振动给煤机安装包括给煤簸箕与电磁振动器组装。

(2)埋刮板式给煤机安装包括减速机及刮板组装、机体与减速机安装。

(3)皮带式给煤机安装包括皮带构架安装、前后滚筒与托辊安装、减速机及拉紧装置安装、皮带敷设及胶接、导煤槽等安装。

6. 叶轮给粉机安装包括机体散件组装、安装。

7. 螺旋输粉机安装包括减速机组装、机壳及螺旋叶片安装、吊瓦研刮、落粉管与闸板门及机壳盖板等安装。定额中输粉机整台安装长度按照10m考虑,实际长度大于10m时,执行安装长度调整定额。调整单位为每10m,长度小于10m按照10m计算。

8. 测粉装置安装包括标尺、绞车、滑轮、浮漂等手动测粉装置安装。定额中包括钢丝绳用量。本定额适用于粉煤灰综合利用中的煤灰测量装置安装。

9. 煤粉分离器安装包括设备本体、操作装置、防爆门及人孔门安装。

10. 风机安装定额适用于排粉风机、石灰石粉输送风机、送风机、引风机、流化风机、烟气再循环风机等离心式或轴流式风机安装及电动空气压缩机安装。

(1)离心式风机安装包括轴承组装、轴承冷却水室水压试验,包括叶轮装置、风壳、轴承、转子、喇叭口安装与间隙调整以及进口调节挡板校验与安装及转子静平衡试验。

(2)轴流式风机安装包括机壳、主轴承、转子、进气室、扩压器、封闭装置、动(静)叶调节器、空冷器、联轴器外壳、罩壳等安装,包括润滑油系统安装与试验及调整、冷油器及空冷器水压漏检等。

(3)电动空气压缩机安装包括下列工作内容:

1)气缸塞与冷却器水压试验、安装;

2)油泵、滤气器、卸荷阀、机体、皮带轮、皮带与罩壳安装;

3)空气干燥器、储气罐及附件安装与单体调试。

11. 除尘器安装根据设备类型分别执行相应定额。定额中包括校正平台的搭拆,不包括旋风子除尘器内衬砌筑及灰斗下方导向挡板及落灰管的配制。

(1)旋风式单筒除尘器安装包括蜗壳、分离筒、导烟管、顶盖、排灰筒等组合、安装。

(2)旋风式多管除尘器安装包括设备本体、芯子、灰斗、排灰装置等组合、安装。

布袋除尘器安装包括过滤室、灰斗、进烟烟道、入口挡板门、滤袋与袋笼、净气室、脉冲清洗系统、出口离线阀、导向挡板、落灰管、箱式冲灰器的安装以及布袋除尘壳体、灰斗等部位焊缝的渗透试验。

(3)电除尘器安装包括下列工作内容:

1)侧墙板、柱、梁、阴阳极板、上部盖板、灰斗、进出喇叭口、保温箱组合、安装;

2)阴阳极振打装置安装、漏风试验、振打试验;

3)配合电场带电升压试验及试验后的缺陷消除;

4)锁气器、导向挡板、落灰管、箱式冲灰器的安装;

5)电除尘壳体、灰斗等部位焊缝的渗油试验。

(4)电袋复合除尘器安装包括烟气预处理室、高压静电除尘室、脉冲布袋除尘室、灰斗、除灰装置、振打装置、清洗系统等安装以及电袋复合除尘壳体、灰斗等部位焊缝的渗透试验。

12. 排污扩容器、疏水扩容器安装包括本体及随本体供货附件安装、调整。

13. 消音器安装包括消音器及附件组合、安装。

14. 暖风器安装包括暖风器及附件组合、安装,不包括管路系统安装。

15. 金属结构安装定额适用于锅炉附属、辅助设备安装所用的支撑框架与梁柱、支架、吊架、护板、密封板、罩壳、设备露天布置的防雨罩及排雨水系统、平台、栏杆、扶梯等构件组合、安装。定额中不包括上述构件的配制、除锈与刷油漆。

16. 烟、风、煤管道安装包括各种管道、防爆门、人孔门、伸缩节、支吊架、各种挡板闸门、锁气器、传动操作装置、木块及木屑分离器、配风箱、法兰、补偿器、混合器等组装、安装及管道安装焊缝渗透试验、管道风压试验及缺陷消除。

(1)定额中不包括烟、风、煤管道与附件及支架的配制,工程应用时,执行本定额第三册《静置设备与工艺金属结构制作安装工程》相应定额。

(2)定额中不包括管道保温与油漆、内部防腐、防磨衬里,工程实际发生时,执行相应定额。

(3)制粉系统蒸汽消防管道、煤粉仓煤粉放空管道根据材质执行本定额第八册《工业管道工程》相应定额。

工程量计算规则

一、磨煤机、给煤机、叶轮给粉机，螺旋输粉机、煤粉分离器根据工艺系统布置，按照设计图示数量以“台”为计量单位。测粉装置按照设计安装数量以“套”为计量单位。

二、风机根据工艺系统布置，按照设计图示数量以“台”为计量单位。

三、单筒旋风式除尘器根据工艺系统布置，按照设计图示数量以“个”为计量单位。

四、多管旋风式除尘器根据设计图示尺寸，按照成品重量以“t”为计量单位。不计算焊条、下料及加工制作损耗量、设备包装材料、临时加固铁构件重量。计算多管旋风式除尘器重量范围包括：设备本体、芯子、灰斗、排灰装置，不计算支架、护板等重量。

五、袋式除尘器、电除尘器根据设计图示尺寸，按照成品重量以“t”为计量单位。不计算焊条、下料及加工制作损耗量、设备包装材料、临时加固铁构件重量。

1. 计算布袋除尘器重量范围包括过滤室、灰斗、进烟烟道、入口挡板门、滤袋与袋笼、净气室、脉冲清洗系统、出口离线阀、导向挡板、落灰管、箱式冲灰器等。

2. 计算电除尘器重量范围包括侧墙板、柱、梁、阴阳极板、上部盖板、灰斗、进出喇叭口、保温箱、阴阳极振打装置、锁气器、导向挡板、落灰管、箱式冲灰器等。

3. 计算电袋复合除尘器重量范围包括烟气预处理室、高压静电除尘室、脉冲布袋除尘室、灰斗、除灰装置、振打装置、清洗系统等。

六、排污扩容器、疏水扩容器、暖风器根据工艺系统布置，按照设计图示数量以“台”为计量单位。消音器按照设计安装数量以“台”为计量单位。

七、金属结构安装根据设计图示尺寸，按照成品重量以“t”为计量单位。计算组装、拼装连接螺栓的重量，不计算焊条、下料及加工制作损耗量、设备包装材料、临时加固铁构件重量。计算金属结构安装重量的范围包括：锅炉附属、辅助设备安装所用的支撑框架与梁柱、支架、吊架、护板、密封板、罩壳、设备露天布置的防雨罩及排雨水系统、平台、栏杆、扶梯等。

双曲线煤斗、方煤斗按照成品重量以“t”为计量单位。计算组装、拼装连接螺栓的重量，不计算焊条、下料及加工制作损耗量、设备包装材料、临时加固铁构件重量。

八、烟道、风道、煤管道安装根据设计断面形式及钢板厚度，按照成品重量以“t”为计量单位。计算补偿器、伸缩节、加劲肋、组装与拼装连接螺栓、包角焊接所用的钢板与角钢等重量，不计算焊条、下料及加工制作损耗量、设备包装材料、临时加固铁构件重量。

1. 冷风道安装重量范围：包括从吸风口起经送风机至空气预热器或暖风器入口止。计算重量时包括风道各部件，即吸风口滤网、人孔门、送风机出口闸板门、支吊架等。

2. 热风道安装重量范围包括：从空气预热器出口起至燃烧器（二次风）止，或从空气预热器出口起至磨煤机进口止，或从空气预热器出口起至送风管混合器进口（采用热风送粉）止。计算重量时包括管道伸缩节、风门及挡板、操作装置、热风集箱、支吊架等。

3. 制粉管道安装重量范围：包括从磨煤机出口起经粗粉分离器、细粉分离器至煤粉仓止，或从磨煤机出口起经粗粉分离器至排粉风机入口止，或从磨煤机出口起至回粉管（回到磨煤机）。计算重量时包括管道、伸缩节、锁气器、木屑分离器、吸潮管、挡板、防爆门、支吊架等。

4. 热风送粉管道安装重量范围：包括从混合器（给粉机出口）起至燃烧器（二次风）止。排粉风机送粉从出口起经混合器至燃烧器（二次风）止，或从排粉风机出口起至燃烧器（三次风）止。计算重量时包括管道、吹扫孔、补偿器、支吊架等。

5. 直吹式送粉管道从磨煤机上部分离器出口起至燃烧器（二次风）止。计算重量时包括管道、弯头、支吊架等。

6. 原煤管道安装重量范围:包括从原煤斗下部接口起经给煤机至磨煤机进口止。计算重量时包括管道、煤闸门、落导流装置等。

7. 烟道安装重量范围:包括从空气预热器出口起经除尘器、引风机至混凝土烟道或砖烟道或烟囱入口止。计算重量时包括烟道、伸缩节、防爆门、人孔门、风机出口闸板、旁路烟道等。钢结构烟道支架单独计算工程量,根据设计专业图纸执行相应定额。

一、煤粉系统设备安装

1.磨煤机安装

工作内容:基础检查、设备安装、配合二次灌浆、单体调试。 **计量单位:**台

定额编号				2-2-1	2-2-2	2-2-3	2-2-4	2-2-5	2-2-6
项目				钢球磨煤机			中速磨煤机	风扇磨煤机	
				出力(t/h)					
				≤5	≤10	≤20		≤10	≤20
基价(元)				**63923.58**	**68779.13**	**76466.51**	**36988.97**	**11189.64**	**15970.93**
其中	人工费(元)			52104.74	55230.12	61021.49	31257.63	8581.14	13189.50
	材料费(元)			5156.39	6452.47	7841.72	2562.82	1776.03	1876.14
	机械费(元)			6662.45	7096.54	7603.30	3168.52	832.47	905.29
	名称	单位	单价(元)	消耗量					
人工	二类人工	工日	135.00	385.961	409.112	452.011	231.538	63.564	97.700
材料	型钢 综合	kg	3.84	93.500	144.500	238.000	12.750	25.500	25.500
	镀锌铁丝 ϕ2.0~4.0	kg	5.01	15.300	15.300	15.300	3.400	1.530	1.530
	中厚钢板 综合	kg	3.71	116.450	238.000	289.000	85.000	59.500	59.500
	镀锌薄钢板 综合	kg	4.46	5.100	5.100	5.100	0.850	0.425	0.425
	紫铜板 综合	kg	58.27	1.615	1.615	1.615	0.255	0.170	0.170
	紫铜棒 ϕ16~80	kg	58.27	3.400	3.400	3.400	—	—	—
	橡胶板 δ5~10	kg	5.09	0.765	0.765	0.850	—	—	—
	耐油石棉橡胶板 δ1	kg	11.21	1.700	1.700	1.700	—	0.298	0.298
	橡胶垫 δ2	m^2	30.17	2.380	2.635	2.890	—	—	—
	聚氯乙烯薄膜	m^2	0.86	3.825	3.995	4.250	1.700	0.850	0.850
	聚四氟乙烯生料带 26×0.1	m	0.43	1.870	1.870	2.040	—	0.298	0.298
	白布	kg	11.64	20.048	20.473	20.983	1.020	—	—
	羊毛毡 6~8	m^2	50.86	1.972	1.972	1.972	0.085	0.068	0.077
	麻绳	kg	7.51	4.250	4.250	4.250	—	—	—
	尼龙砂轮片 ϕ100×16×3	片	1.29	0.850	0.850	0.850	—	—	—
	铁砂布 0#~2#	张	1.03	59.500	66.300	73.100	8.500	7.650	8.500
	低碳钢焊条 综合	kg	6.72	25.500	27.200	28.900	9.350	2.125	2.125
	碳钢气焊条 ϕ2 以内	kg	10.34	2.040	2.040	2.040	—	—	—
	紫铜电焊条 T107 ϕ3.2	kg	78.02	0.170	0.170	0.170	—	—	—
	钢锯条	条	2.59	38.250	39.950	42.500	—	—	—
	钢丝刷子	把	2.59	3.400	3.400	3.400	—	—	—
	铜网 综合	m^2	42.07	0.850	0.850	0.850	—	0.340	0.425
	斜垫铁 综合	kg	8.62	25.500	39.100	52.700	170.000	119.000	127.500
	黄砂 净砂(中粗砂)	m^3	158.00	1.275	1.275	1.275	—	—	—

续前

定额编号				2-2-1	2-2-2	2-2-3	2-2-4	2-2-5	2-2-6
项目				钢球磨煤机			中速磨煤机	风扇磨煤机	
				出力(t/h)					
				≤5	≤10	≤20		≤10	≤20
材料	枕木 2500×250×200	根	159.00	7.225	7.650	8.925	—	—	—
	酚醛磁漆	kg	12.07	2.550	2.550	2.550	0.425	0.298	0.298
	酚醛调和漆	kg	11.29	34.000	39.950	46.750	11.798	2.125	2.210
	手喷漆	kg	12.93	0.850	0.850	1.020	1.275	0.978	0.978
	酚醛防锈漆	kg	6.90	6.205	7.480	9.010	3.400	2.380	2.465
	石油沥青	kg	2.67	25.500	29.750	34.000	—	—	—
	松节油	kg	7.76	4.165	5.100	6.120	1.904	0.340	0.357
	溶剂汽油	kg	5.40	13.090	17.595	23.970	3.060	4.250	4.675
	铅油(厚漆)	kg	7.33	2.550	2.550	2.550	2.125	1.530	1.530
	黄甘油	kg	10.78	11.050	12.750	15.300	3.400	—	—
	红丹粉	kg	11.90	2.210	2.295	2.465	0.170	—	—
	天那水	kg	7.50	0.680	0.765	0.850	1.020	0.808	0.808
	脱化剂	kg	8.02	7.650	7.650	7.650	—	—	—
	氧气	m^3	3.62	35.700	79.900	106.250	33.150	21.250	23.800
	乙炔气	kg	7.60	12.750	17.850	39.100	10.940	7.013	7.854
	密封胶	kg	11.12	12.750	12.750	12.750	5.950	5.100	5.100
	石棉扭绳 ϕ6~10 烧失量 24%	kg	2.27	2.550	2.550	2.550	2.550	1.870	1.870
	石棉纸	kg	0.86	—	—	—	2.040	—	—
	青壳纸 δ0.1~1.0	kg	4.31	0.680	0.765	0.850	0.255	0.255	0.255
	硬铜绞线 TJ-120	kg	50.00	—	—	—	0.170	—	—
	滤油纸 300×300	张	0.35	476.000	663.000	731.000	—	—	—
	水	m^3	4.27	3.060	3.060	3.060	—	9.690	9.775
	其他材料费	元	1.00	101.11	126.52	153.76	50.25	34.82	36.79
机械	履带式起重机 15t	台班	702.00	1.286	1.393	1.536	—	—	—
	汽车式起重机 8t	台班	648.48	0.714	0.714	0.786	1.429	0.536	0.572
	门式起重机 30t	台班	692.75	1.072	1.143	1.214	0.357	—	—
	载货汽车 5t	台班	382.30	1.429	1.500	1.571	1.429	0.536	0.572
	平板拖车组 30t	台班	965.81	0.643	0.714	0.786	—	—	—
	电动卷扬机-单筒慢速 50kN	台班	186.39	9.643	10.429	11.214	5.714	0.857	1.000
	交流弧焊机 32kV·A	台班	92.84	7.857	8.572	9.286	3.929	1.072	1.143
	直流弧焊机 20kW	台班	78.72	1.429	1.429	1.429	—	—	—
	电动空气压缩机 0.6m^3/min	台班	33.06	0.714	0.714	0.714	0.357	0.572	0.643
	电动空气压缩机 10m^3/min	台班	394.85	1.072	1.072	1.072	—	—	—
	电焊条烘干箱 60×50×75(cm^3)	台班	16.84	0.929	1.000	1.072	0.393	0.107	0.114
	滤油机 LX100 型	台班	44.32	6.428	6.428	6.428	—	—	—

2. 给煤机安装

工作内容:基础检查、设备安装、配合二次灌浆、单体调试。 **计量单位**:台

定额编号				2-2-7	2-2-8	2-2-9	2-2-10
项目				电磁振动给煤机		埋刮板式给煤机	
				ZG-10	ZG-20	MG-10	MG-20
基价(元)				**1412.68**	**1541.57**	**7166.94**	**8245.67**
其中	人工费(元)			1086.08	1201.91	5989.68	6884.06
	材料费(元)			69.44	76.10	321.45	372.44
	机械费(元)			257.16	263.56	855.81	989.17
名称		单位	单价(元)	消耗量			
人工	二类人工	工日	135.00	8.045	8.903	44.368	50.993
材料	型钢 综合	kg	3.84	8.500	10.200	2.550	3.400
	中厚钢板 综合	kg	3.71	—	—	4.250	5.950
	镀锌薄钢板 综合	kg	4.46	—	—	0.425	0.510
	紫铜板 综合	kg	58.27	—	—	0.128	0.153
	聚氯乙烯薄膜	m^2	0.86	—	—	0.850	0.850
	白布	kg	11.64	0.255	0.255	1.700	1.700
	羊毛毡 6~8	m^2	50.86	—	—	0.026	0.026
	铁砂布 0#~2#	张	1.03	1.275	1.275	5.950	6.800
	低碳钢焊条 综合	kg	6.72	0.850	0.850	3.400	3.400
	碳钢气焊条 ϕ2 以内	kg	10.34	—	—	0.340	0.340
	斜垫铁 综合	kg	8.62	—	—	7.225	7.820
	酚醛磁漆	kg	12.07	—	—	0.340	0.340
	酚醛调和漆	kg	11.29	0.085	0.085	2.210	2.295
	手喷漆	kg	12.93	0.034	0.034	0.043	0.043
	松节油	kg	7.76	—	—	0.179	0.187
	溶剂汽油	kg	5.40	—	—	1.700	3.485
	铅油(厚漆)	kg	7.33	0.850	0.850	—	2.380
	黄甘油	kg	10.78	—	—	3.400	3.400
	天那水	kg	7.50	0.026	0.026	—	—
	氧气	m^3	3.62	2.550	2.550	3.315	3.825
	乙炔气	kg	7.60	0.850	0.850	1.105	1.275
	密封胶	kg	11.12	—	—	5.100	5.100
	石棉扭绳 ϕ6~10 烧失量 24%	kg	2.27	0.850	0.850	2.975	3.400
	青壳纸 δ0.1~1.0	kg	4.31	—	—	0.680	0.765
	其他材料费	元	1.00	1.36	1.49	6.30	7.30
机械	汽车式起重机 8t	台班	648.48	0.143	0.143	0.500	0.572
	载货汽车 5t	台班	382.30	0.143	0.143	0.500	0.572
	电动卷扬机-单筒慢速 30kN	台班	177.60	0.428	0.464	1.143	1.286
	交流弧焊机 32kV·A	台班	92.84	0.357	0.357	1.429	1.786
	电动空气压缩机 $0.6m^3/min$	台班	33.06	—	—	0.071	0.071
	电焊条烘干箱 $60\times50\times75(cm^3)$	台班	16.84	0.036	0.036	0.143	0.179

工作内容:基础检查、设备安装、配合二次灌浆、单体调试。 **计量单位**:台

定额编号				2-2-11	2-2-12	2-2-13	2-2-14
项目				皮带式给煤机		电子重力式给煤机	
						出力(t/h)	
				$B=500$mm	$B=600$mm	≤10	≤20
基价(元)				**6717.16**	**7632.42**	**4759.23**	**5473.92**
其中	人工费(元)			5167.26	5976.18	3559.28	4093.20
	材料费(元)			1000.46	1081.34	378.56	435.35
	机械费(元)			549.44	574.90	821.39	945.37
名称		单位	单价(元)	消耗量			
人工	二类人工	工日	135.00	38.276	44.268	26.365	30.320
材料	型钢 综合	kg	3.84	34.000	34.000	3.400	3.910
	钢丝绳 ϕ14.1~15	kg	6.45	—	—	4.250	4.888
	中厚钢板 综合	kg	3.71	17.000	25.500	2.550	2.933
	镀锌薄钢板 综合	kg	4.46	0.595	0.595	—	—
	紫铜板 综合	kg	58.27	0.170	0.170	—	—
	白布	kg	11.64	2.125	2.125	—	—
	羊毛毡 6~8	m^2	50.86	0.043	0.051	—	—
	纱布	张	1.29	—	—	2.550	2.933
	普低钢焊条 J507 ϕ3.2	kg	7.34	—	—	1.080	1.242
	铁砂布 0#~2#	张	1.03	5.950	6.800	—	—
	低碳钢焊条 综合	kg	6.72	4.250	5.100	—	—
	碳钢气焊条 ϕ2 以内	kg	10.34	0.340	0.340	—	—
	钢丝刷子	把	2.59	0.850	0.850	—	—
	斜垫铁 综合	kg	8.62	51.000	51.000	1.700	1.955
	枕木 2500×200×160	根	155.00	—	—	1.700	1.955
	酚醛调和漆	kg	11.29	7.395	9.614	—	—
	手喷漆	kg	12.93	0.043	0.051	—	—
	酚醛防锈漆	kg	6.90	0.425	0.425	—	—
	松节油	kg	7.76	1.275	1.658	—	—
	溶剂汽油	kg	5.40	5.185	6.120	—	—
	铅油(厚漆)	kg	7.33	0.425	0.425	—	—
	黄甘油	kg	10.78	1.700	1.700	—	—
	黄油钙基脂	kg	9.66	—	—	1.700	1.955
	生胶	kg	17.59	1.105	1.275	—	—
	清洗剂 500mL	瓶	3.74	—	—	1.530	1.760
	氧气	m^3	3.62	3.825	4.335	1.445	1.662
	乙炔气	kg	7.60	1.275	1.445	0.587	0.675
	密封胶	kg	11.12	5.100	5.100	—	—
	石棉扭绳 ϕ6~10 烧失量 24%	kg	2.27	0.850	0.850	—	—
	青壳纸 δ0.1~1.0	kg	4.31	1.360	1.700	—	—
	电炉丝 220V 2000W	条	4.31	0.850	0.850	—	—
	牛皮纸	m^2	6.03	1.700	1.700	—	—
	其他材料费	元	1.00	19.62	21.20	7.42	8.54
机械	履带式起重机 50t	台班	1364.92	—	—	0.357	0.411
	汽车式起重机 8t	台班	648.48	0.393	0.393	—	—
	载货汽车 5t	台班	382.30	0.393	0.393	—	—
	载货汽车 10t	台班	476.15	—	—	0.357	0.411
	电动卷扬机-单筒慢速 30kN	台班	177.60	0.393	0.432	—	—
	电动卷扬机-单筒慢速 50kN	台班	186.39	—	—	0.714	0.821
	交流弧焊机 32kV·A	台班	92.84	0.786	0.982	—	—
	直流弧焊机 40kW	台班	102.79	—	—	0.302	0.347
	电动空气压缩机 0.6m^3/min	台班	33.06	0.008	0.008	—	—
	电焊条烘干箱 60×50×75(cm^3)	台班	16.84	0.078	0.098	—	—

3. 叶轮给粉机安装

工作内容：基础检查、设备安装、配合二次灌浆、单体调试。 **计量单位：**台

定额编号				2-2-15	2-2-16	2-2-17
项目				叶轮给粉机		
				出力(t/h)		
				≤1.5	≤3	≤6
基价（元）				**1672.15**	**2066.87**	**2187.00**
其中	人工费（元）			1269.14	1662.53	1776.74
	材料费（元）			38.64	39.97	45.89
	机械费（元）			364.37	364.37	364.37
名称		单位	单价(元)	消耗量		
人工	二类人工	工日	135.00	9.401	12.315	13.161
材料	紫铜棒 φ16～80	kg	58.27	0.255	0.255	0.255
	白布	m	4.57	0.383	0.459	0.536
	纱布	张	1.29	3.400	3.400	4.250
	普低钢焊条 J507 φ3.2	kg	7.34	0.357	0.357	0.357
	黄油钙基脂	kg	9.66	0.425	0.425	0.595
	清洗剂 500mL	瓶	3.74	0.765	0.893	1.020
	氧气	m^3	3.62	0.935	0.935	1.190
	乙炔气	kg	7.60	0.388	0.388	0.497
	石棉扭绳 综合	kg	2.27	0.425	0.638	0.850
	其他材料费	元	1.00	0.76	0.78	0.90
机械	汽车式起重机 25t	台班	996.58	0.179	0.179	0.179
	载货汽车 10t	台班	476.15	0.107	0.107	0.107
	电动卷扬机－单筒慢速 30kN	台班	177.60	0.714	0.714	0.714
	直流弧焊机 40kW	台班	102.79	0.080	0.080	0.080

4. 螺旋输粉机安装

工作内容:基础检查、设备安装、配合二次灌浆、单体调试。

定额编号				2-2-18	2-2-19	2-2-20	2-2-21
项目				螺旋输粉机			螺旋输粉机安装长度调整
				出力(t/h)			
				≤5	≤10	≤20	
计量单位				台			每 10m
基价(元)				**4664.46**	**5520.89**	**6715.95**	**1829.52**
其中	人工费(元)			3683.21	4514.81	5646.38	1101.74
	材料费(元)			184.35	189.33	233.08	147.18
	机械费(元)			796.90	816.75	836.49	580.60
名称		单位	单价(元)	消耗量			
人工	二类人工	工日	135.00	27.283	33.443	41.825	8.161
材料	钢丝绳 ϕ14.1~15	kg	6.45	5.100	5.238	5.238	—
	型钢 综合	kg	3.84	4.760	4.888	8.730	9.428
	中厚钢板 综合	kg	3.71	3.400	3.492	3.492	—
	紫铜板 综合	kg	58.27	—	—	—	0.105
	纱布	张	1.29	6.800	6.984	6.984	3.666
	普低钢焊条 J507 ϕ3.2	kg	7.34	2.890	2.968	5.675	2.226
	斜垫铁 综合	kg	8.62	3.400	3.492	3.492	6.285
	黄油钙基脂	kg	9.66	2.975	3.056	3.056	0.524
	清洗剂 500mL	瓶	3.74	2.550	2.619	2.619	0.597
	氧气	m^3	3.62	2.890	2.968	3.492	2.619
	乙炔气	kg	7.60	1.174	1.205	2.043	1.105
	石棉扭绳 综合	kg	2.27	—	—	—	0.681
	其他材料费	元	1.00	3.61	3.71	4.57	2.89
机械	履带式起重机 50t	台班	1364.92	0.357	0.367	0.367	0.367
	载货汽车 10t	台班	476.15	0.357	0.367	0.367	0.008
	电动卷扬机-单筒慢速 30kN	台班	177.60	—	—	—	0.367
	电动卷扬机-单筒慢速 50kN	台班	186.39	0.458	0.458	0.458	—
	直流弧焊机 40kW	台班	102.79	0.528	0.542	0.734	0.104

5. 测粉装置安装

工作内容：手摇绞车，设备与附件安装、固定；标尺刻度调整、校定。　　**计量单位**：套

定额编号				2-2-22	2-2-23
项目				标尺比例	
				1:1	1:2
基价（元）				**4141.47**	**4455.80**
其中	人工费（元）			2784.78	3064.37
	材料费（元）			1023.56	1023.56
	机械费（元）			333.13	367.87
名称		单位	单价(元)	消耗量	
人工	二类人工	工日	135.00	20.628	22.699
材料	型钢 综合	kg	3.84	126.578	126.578
	镀锌铁丝 φ2.0～4.0	kg	5.01	3.492	3.492
	钢丝绳 φ4.2	kg	6.45	7.857	7.857
	中厚钢板 综合	kg	3.71	78.566	78.566
	低碳钢焊条 综合	kg	6.72	8.730	8.730
	黄甘油	kg	10.78	0.262	0.262
	氧气	m^3	3.62	15.713	15.713
	乙炔气	kg	7.60	5.185	5.185
	其他材料费	元	1.00	20.07	20.07
机械	电动卷扬机－单筒慢速 50kN	台班	186.39	0.161	0.161
	普通车床 400×1000	台班	34.62	1.345	1.614
	摇臂钻床 25mm	台班	8.50	0.269	0.269
	交流弧焊机 32kV·A	台班	92.84	2.690	2.959
	电焊条烘干箱 60×50×75(cm^3)	台班	16.84	0.269	0.296

6. 煤粉分离器安装

工作内容:设备检查,组合焊接,吊装就位、固定;调节挡板或套筒调整,指示标定。 **计量单位:**台

定额编号				2-2-24	2-2-25	2-2-26	2-2-27
项目				粗粉分离器			
				直径(mm)			
				≤2000	≤2200	≤2800	≤3400
基价(元)				**3959.18**	**4817.46**	**6178.68**	**8033.11**
其中	人工费(元)			2812.86	3422.93	4374.00	5686.20
	材料费(元)			257.30	309.63	416.84	541.90
	机械费(元)			889.02	1084.90	1387.84	1805.01
名称		单位	单价(元)	消耗量			
人工	二类人工	工日	135.00	20.836	25.355	32.400	42.120
材料	型钢 综合	kg	3.84	8.545	10.681	13.967	18.157
	中厚钢板 综合	kg	3.71	6.901	8.627	12.940	16.822
	镀锌薄钢板 综合	kg	4.46	0.822	1.027	1.232	1.602
	低碳钢焊条 综合	kg	6.72	9.284	11.605	15.097	19.626
	酚醛调和漆	kg	11.29	1.643	2.054	2.568	3.338
	金属清洗剂	kg	11.03	0.192	0.239	0.239	0.311
	机油 综合	kg	2.91	0.411	0.514	0.514	0.668
	铅油(厚漆)	kg	7.33	2.054	2.054	2.568	3.338
	氧气	m^3	3.62	12.160	14.378	20.745	26.969
	乙炔气	kg	7.60	4.016	4.745	6.850	8.905
	石棉扭绳 ϕ3 烧失量 24%	kg	2.27	7.189	7.703	9.243	12.016
	其他材料费	元	1.00	5.05	6.07	8.17	10.63
机械	履带式起重机 15t	台班	702.00	0.313	0.333	0.469	0.610
	门座吊 30t	台班	521.56	0.636	0.822	0.939	1.221
	载货汽车 5t	台班	382.30	0.235	0.293	0.391	0.509
	电动卷扬机-单筒慢速 50kN	台班	186.39	0.059	0.078	0.117	0.153
	交流弧焊机 32kV·A	台班	92.84	2.504	3.130	4.206	5.468
	电焊条烘干箱 60×50×75(cm^3)	台班	16.84	0.254	0.313	0.421	0.547

工作内容：设备检查，组合焊接，吊装就位、固定；调节挡板或套筒调整，指示标定。　　**计量单位**：台

定额编号				2-2-28	2-2-29	2-2-30
项目				细粉分离器		
				直径(mm)		
				≤1600	≤1850	≤2350
基价（元）				**3795.23**	**4120.61**	**5446.52**
其中	人工费（元）			2536.38	2754.00	3271.19
	材料费（元）			271.20	300.05	366.95
	机械费（元）			987.65	1066.56	1808.38
名称		单位	单价(元)	消耗量		
人工	二类人工	工日	135.00	18.788	20.400	24.231
材料	型钢 综合	kg	3.84	7.189	7.189	9.243
	镀锌铁丝 φ2.0～4.0	kg	5.01	4.622	5.649	6.676
	中厚钢板 综合	kg	3.71	5.135	5.135	6.162
	镀锌薄钢板 综合	kg	4.46	4.930	5.340	6.162
	低碳钢焊条 综合	kg	6.72	14.378	16.432	20.540
	铅油(厚漆)	kg	7.33	1.027	1.130	1.541
	氧气	m^3	3.62	10.270	11.297	13.351
	乙炔气	kg	7.60	3.389	3.728	4.406
	石棉扭绳 φ3 烧失量24%	kg	2.27	3.081	3.286	4.108
	其他材料费	元	1.00	5.32	5.88	7.20
机械	履带式起重机 15t	台班	702.00	0.469	0.469	0.548
	门式起重机 30t	台班	692.75	—	—	0.264
	门座吊 30t	台班	521.56	0.587	0.685	1.174
	载货汽车 5t	台班	382.30	0.196	0.196	0.548
	电动卷扬机－单筒慢速 50kN	台班	186.39	—	—	0.264
	交流弧焊机 32kV·A	台班	92.84	2.934	3.228	3.912
	电焊条烘干箱 60×50×75(cm^3)	台班	16.84	0.293	0.323	0.391

二、风 机 安 装

1. 排粉风机安装

工作内容:基础检查、设备安装、配合二次灌浆、单体调试。 **计量单位:**台

定额编号				2-2-31	2-2-32	2-2-33
项目				叶轮直径(mm)		
				≤1000	≤1300	≤1800
基价(元)				**8274.87**	**9311.79**	**14696.02**
其中	人工费(元)			5538.78	6157.49	9717.57
	材料费(元)			2017.23	2312.17	3649.00
	机械费(元)			718.86	842.13	1329.45
	名称	单位	单价(元)	消耗量		
人工	二类人工	工日	135.00	41.028	45.611	71.982
材料	型钢 综合	kg	3.84	113.484	130.943	206.654
	中厚钢板 综合	kg	3.71	69.836	78.566	123.992
	镀锌薄钢板 综合	kg	4.46	0.437	0.437	0.689
	紫铜板 综合	kg	58.27	0.174	0.174	0.275
	橡胶板 δ5~10	kg	5.09	0.437	0.524	0.826
	橡胶垫 δ2	m^2	30.17	0.088	0.088	0.138
	聚氯乙烯薄膜	m^2	0.86	1.746	1.746	2.756
	聚四氟乙烯生料带 26×0.1	m	0.43	0.262	0.262	0.413
	白布	kg	11.64	1.310	1.746	2.756
	羊毛毡 6~8mm	m^2	50.86	0.035	0.061	0.096
	铁砂布 0#~2#	张	1.03	5.238	6.984	11.021
	低碳钢焊条 综合	kg	6.72	3.492	4.365	6.888
	钢锯条	条	2.59	3.492	4.365	6.888
	斜垫铁 综合	kg	8.62	104.754	122.213	192.877
	酚醛磁漆	kg	12.07	0.437	0.437	0.689
	酚醛调和漆	kg	11.29	0.105	0.114	0.179
	手喷漆	kg	12.93	0.830	0.838	1.323
	酚醛防锈漆	kg	6.90	1.091	1.091	1.722
	松节油	kg	7.76	0.174	0.174	0.275
	金属清洗剂	kg	11.03	0.407	0.407	0.643
	溶剂汽油	kg	5.40	4.365	5.238	8.266
	机油 综合	kg	2.91	0.873	0.873	1.378
	铅油(厚漆)	kg	7.33	0.873	0.873	1.378
	黄甘油	kg	10.78	1.310	1.310	2.066
	天那水	kg	7.50	0.611	0.699	1.102
	氧气	m^3	3.62	20.951	23.570	37.198
	乙炔气	kg	7.60	6.914	7.778	12.275
	密封胶	kg	11.12	5.238	5.238	8.266
	石棉扭绳 φ6~10 烧失量 24%	kg	2.27	1.310	1.310	2.066
	石棉纸	kg	0.86	0.349	0.437	0.689
	青壳纸 δ0.1~1.0	kg	4.31	1.047	1.222	1.929
	水	m^3	4.27	7.053	7.053	11.132
	其他材料费	元	1.00	39.55	45.34	71.55
机械	履带式起重机 15t	台班	702.00	0.220	0.220	0.347
	汽车式起重机 8t	台班	648.48	0.220	0.293	0.463
	载货汽车 5t	台班	382.30	0.220	0.293	0.463
	电动卷扬机-单筒慢速 50kN	台班	186.39	0.954	1.100	1.736
	交流弧焊机 32kV·A	台班	92.84	1.614	1.834	2.894
	电动空气压缩机 0.6m^3/min	台班	33.06	0.220	0.220	0.347
	电焊条烘干箱 60×50×75(cm^3)	台班	16.84	0.161	0.184	0.290

2. 石灰石粉输送风机安装

工作内容：基础检查、设备安装、配合二次灌浆、单体调试。 **计量单位**：台

定额编号				2-2-34	2-2-35	2-2-36	2-2-37	2-2-38	2-2-39
项目				罗茨风机			电动空气压缩机		
				功率(kW)			重量(t)		
				≤30	≤50	≤100	≤3	≤5	≤10
基价（元）				**2444.66**	**3149.74**	**3259.61**	**5827.09**	**8403.25**	**10875.88**
其中	人工费（元）			1616.36	1939.55	2155.14	5126.09	7176.47	9495.23
	材料费（元）			606.97	856.88	809.26	373.89	615.78	687.09
	机械费（元）			221.33	353.31	295.21	327.11	611.00	693.56
名称		单位	单价(元)	消耗量					
人工	二类人工	工日	135.00	11.973	14.367	15.964	37.971	53.159	70.335
材料	型钢 综合	kg	3.84	34.373	48.526	45.830	—	—	—
	镀锌铁丝 φ2.0~4.0	kg	5.01	—	—	—	2.619	4.313	3.492
	中厚钢板 综合	kg	3.71	20.624	29.115	27.498	1.091	1.797	2.183
	镀锌薄钢板 综合	kg	4.46	0.115	0.162	0.153	—	—	—
	紫铜板 综合	kg	58.27	0.046	0.065	0.061	0.026	0.043	0.043
	橡胶板 δ5~10	kg	5.09	0.137	0.194	0.183	—	—	—
	耐油橡胶板	kg	11.21	—	—	—	1.091	1.797	1.746
	石棉橡胶板 高压 δ0.5~8	kg	6.90	—	—	—	2.183	3.595	4.365
	橡胶垫 δ2	m^2	30.17	0.023	0.032	0.031	—	—	—
	聚氯乙烯薄膜	m^2	0.86	0.458	0.647	0.611	0.655	1.078	1.310
	聚四氟乙烯生料带 26×0.1	m	0.43	0.069	0.097	0.092	—	—	—
	白布	kg	11.64	0.458	0.647	0.611	1.833	3.019	3.666
	羊毛毡 6~8mm	m^2	50.86	0.016	0.023	0.021	—	—	—
	铁砂布 0#~2#	张	1.03	1.833	2.588	2.444	—	—	—
	低碳钢焊条 综合	kg	6.72	1.146	1.618	1.528	0.184	0.302	0.550
	碳钢气焊条 φ2 以内	kg	10.34	—	—	—	0.043	0.072	0.131
	钢锯条	条	2.59	1.146	1.618	1.528	—	—	—
	铜丝布	m	42.07	—	—	—	0.043	0.072	0.088
	平垫铁 综合	kg	3.78	—	—	—	11.530	18.990	21.971
	斜垫铁 综合	kg	8.62	32.081	45.291	42.775	5.342	8.799	9.470
	钩头成对斜垫铁 Q195-Q235 1#	kg	6.03	—	—	—	5.489	9.041	9.246
	丝绸布	m	8.62	—	—	—	1.310	2.157	2.619
	酚醛磁漆	kg	12.07	0.115	0.162	0.153	—	—	—
	酚醛调和漆	kg	11.29	0.030	0.042	0.040	—	—	—

续前

定额编号				2-2-34	2-2-35	2-2-36	2-2-37	2-2-38	2-2-39
项目				罗茨风机			电动空气压缩机		
				功率(kW)			重量(t)		
				≤30	≤50	≤100	≤3	≤5	≤10
材料	漆片 各种规格	kg	38.79	—	—	—	0.218	0.359	0.437
	手喷漆	kg	12.93	0.220	0.310	0.293	—	—	—
	酚醛防锈漆	kg	6.90	0.286	0.404	0.382	—	—	—
	松节油	kg	7.76	0.046	0.065	0.061	—	—	—
	透平油	kg	28.45	—	—	—	0.873	1.438	1.746
	金属清洗剂	kg	11.03	0.107	0.151	0.143	2.139	3.523	3.850
	溶剂汽油	kg	5.40	1.375	1.941	1.833	—	—	—
	机油 综合	kg	2.91	0.229	0.323	0.306	1.764	2.904	3.527
	铅油(厚漆)	kg	7.33	0.229	0.323	0.306	—	—	—
	黄甘油	kg	10.78	0.344	0.485	0.458	0.176	0.290	0.353
	二硫化钼	kg	77.59	—	—	—	0.655	1.078	1.310
	天那水	kg	7.50	0.183	0.259	0.245	—	—	—
	酒精	kg	7.07	—	—	—	0.437	0.719	0.873
	氧气	m^3	3.62	6.187	8.735	8.249	0.445	0.733	0.891
	乙炔气	kg	7.60	2.042	2.883	2.722	0.149	0.244	0.297
	密封胶	kg	11.12	1.375	1.941	1.833	—	—	—
	石棉编绳 综合	kg	14.05	—	—	—	2.619	4.313	4.365
	石棉扭绳 ϕ6~10 烧失量 24%	kg	2.27	0.344	0.485	0.458	—	—	—
	石棉纸	kg	0.86	0.115	0.162	0.153	—	—	—
	凡尔砂	kg	34.91	—	—	—	0.082	0.135	0.017
	青壳纸 δ0.1~1.0	kg	4.31	0.321	0.453	0.428	0.218	0.359	0.437
	水	m^3	4.27	1.852	2.614	2.469	—	—	—
	其他材料费	元	1.00	11.90	16.80	15.87	7.33	12.07	13.47
机械	履带式起重机 15t	台班	702.00	0.058	0.092	0.077	—	—	—
	汽车式起重机 8t	台班	648.48	0.077	0.123	0.103	—	—	—
	汽车式起重机 16t	台班	875.04	—	—	—	0.220	0.411	0.514
	载货汽车 5t	台班	382.30	0.077	0.123	0.103	—	—	—
	载货汽车 8t	台班	411.20	—	—	—	0.147	0.274	0.367
	电动卷扬机-单筒慢速 50kN	台班	186.39	0.289	0.462	0.385	0.293	0.548	0.367
	弧焊机 综合	台班	66.69	—	—	—	0.293	0.548	0.367
	交流弧焊机 32kV·A	台班	92.84	0.481	0.770	0.642	—	—	—
	电动空气压缩机 0.6m^3/min	台班	33.06	0.058	0.092	0.077	—	—	—
	电焊条烘干箱 60×50×75(cm^3)	台班	16.84	0.048	0.077	0.064	—	—	—

3. 送风机安装

工作内容：基础检查、设备安装、配合二次灌浆、单体调试。　　　　**计量单位：**台

定额编号				2-2-40	2-2-41	2-2-42
项目				离心式		
				功率(kW)		
				≤240	≤400	≤800
基价（元）				**5298.39**	**7841.46**	**8495.43**
其中	人工费（元）			2760.62	4546.94	5509.76
	材料费（元）			2022.33	2598.88	2433.45
	机械费（元）			515.44	695.64	552.22
名称		单位	单价(元)	消耗量		
人工	二类人工	工日	135.00	20.449	33.681	40.813
材料	型钢 综合	kg	3.84	113.484	143.780	139.672
	镀锌铁丝 ϕ2.0～4.0	kg	5.01	1.746	2.568	2.183
	中厚钢板 综合	kg	3.71	52.377	71.890	69.836
	镀锌薄钢板 综合	kg	4.46	0.437	0.514	0.437
	紫铜板 综合	kg	58.27	0.105	0.164	0.174
	聚氯乙烯薄膜	m^2	0.86	0.873	1.027	0.873
	聚四氟乙烯生料带 26×0.1	m	0.43	—	—	0.262
	白布	kg	11.64	0.524	0.822	0.873
	羊毛毡 6～8mm	m^2	50.86	0.026	0.041	0.043
	铁砂布 0#～2#	张	1.03	6.111	8.216	8.730
	低碳钢焊条 综合	kg	6.72	2.183	2.568	2.619
	钢锯条	条	2.59	5.238	7.189	6.984
	斜垫铁 综合	kg	8.62	113.484	143.780	130.943
	酚醛磁漆	kg	12.07	0.305	0.411	0.437
	酚醛调和漆	kg	11.29	2.793	3.492	3.492
	手喷漆	kg	12.93	0.568	0.719	0.699
	松节油	kg	7.76	0.480	0.616	0.568
	溶剂汽油	kg	5.40	3.929	5.135	5.238
	机油 综合	kg	2.91	26.189	32.864	33.172
	铅油(厚漆)	kg	7.33	2.183	3.081	2.619
	黄甘油	kg	10.78	0.873	1.232	1.047
	天那水	kg	7.50	0.437	0.514	0.437
	氧气	m^3	3.62	13.094	17.459	15.713
	乙炔气	kg	7.60	4.321	5.761	5.185
	密封胶	kg	11.12	2.619	3.081	2.619
	石棉扭绳 ϕ6～10 烧失量 24%	kg	2.27	3.056	4.108	3.492
	青壳纸 δ0.1～1.0	kg	4.31	0.873	1.232	1.047
	水	m^3	4.27	5.238	7.189	6.111
	其他材料费	元	1.00	39.65	50.96	47.71
机械	汽车式起重机 8t	台班	648.48	0.220	0.293	0.220
	载货汽车 5t	台班	382.30	0.220	0.293	0.220
	电动卷扬机－单筒慢速 30kN	台班	177.60	1.137	1.565	1.247
	交流弧焊机 32kV·A	台班	92.84	0.917	1.223	1.100
	电焊条烘干箱 60×50×75(cm^3)	台班	16.84	0.095	0.127	0.110

4. 引风机安装

工作内容:基础检查、设备安装、配合二次灌浆、单体调试。　　　　计量单位:台

定额编号				2-2-43	2-2-44	2-2-45	2-2-46
项目				离心式			
				功率(kW)			
				≤300	≤500	≤800	≤1200
基价(元)				**4626.45**	**9877.18**	**11626.00**	**12297.51**
其中	人工费(元)			2513.30	6308.28	7377.35	8336.39
	材料费(元)			1587.65	2685.62	3183.50	3057.78
	机械费(元)			525.50	883.28	1065.15	903.34
名称		单位	单价(元)	消耗量			
人工	二类人工	工日	135.00	18.617	46.728	54.647	61.751
材料	型钢 综合	kg	3.84	78.566	123.240	154.050	147.965
	中厚钢板 综合	kg	3.71	43.648	69.836	82.160	78.915
	紫铜板 综合	kg	58.27	0.088	0.123	0.144	0.138
	聚氯乙烯薄膜	m^2	0.86	1.746	2.054	2.054	1.973
	白布	kg	11.64	0.873	1.541	1.849	1.776
	羊毛毡 6~8mm	m^2	50.86	0.035	0.062	0.062	0.060
	铁砂布 0#~2#	张	1.03	6.984	8.216	9.243	8.878
	低碳钢焊条 综合	kg	6.72	1.746	4.108	5.135	4.933
	碳钢气焊条 $\phi2$ 以内	kg	10.34	0.873	1.541	1.849	1.776
	钢锯条	条	2.59	6.984	8.216	9.243	8.878
	斜垫铁 综合	kg	8.62	87.295	154.050	184.860	177.558
	酚醛磁漆	kg	12.07	0.349	0.411	0.411	0.394
	酚醛调和漆	kg	11.29	1.310	1.643	1.849	1.776
	手喷漆	kg	12.93	0.873	1.130	1.232	1.184
	松节油	kg	7.76	0.201	0.257	0.288	0.276
	溶剂汽油	kg	5.40	4.365	6.162	7.189	6.905
	机油 综合	kg	2.91	26.189	39.026	43.134	41.430
	铅油(厚漆)	kg	7.33	2.619	3.081	3.081	2.960
	黄甘油	kg	10.78	0.873	1.541	1.849	1.776
	天那水	kg	7.50	0.873	1.130	1.232	1.184
	氧气	m^3	3.62	6.984	18.486	20.540	19.729
	乙炔气	kg	7.60	2.654	7.025	7.805	7.497
	密封胶	kg	11.12	2.619	6.162	6.162	5.919
	石棉扭绳 $\phi6$~10 烧失量 24%	kg	2.27	3.492	4.108	4.108	3.946
料	石棉纸	kg	0.86	0.437	0.719	0.924	0.887
	青壳纸 $\delta0.1$~1.0	kg	4.31	0.873	1.232	1.438	1.381
	水	m^3	4.27	5.238	7.189	7.189	6.905
	其他材料费	元	1.00	31.13	52.66	62.42	59.96
机械	汽车式起重机 8t	台班	648.48	0.220	0.391	0.489	0.415
	载货汽车 5t	台班	382.30	0.220	0.391	0.489	0.415
	电动卷扬机-单筒慢速 30kN	台班	177.60	1.100	1.663	1.858	1.575
	交流弧焊机 32kV·A	台班	92.84	1.100	1.956	2.445	2.072
	电焊条烘干箱 60×50×75(cm^3)	台班	16.84	0.074	0.196	0.245	0.207

5. 回料(流化)风机安装

工作内容:基础检查、设备安装、配合二次灌浆、单体调试。　　　　**计量单位:**台

定额编号				2-2-47	2-2-48	2-2-49
项目				离心式		
				功率(kW)		
				≤30	≤50	≤100
基价(元)				**2313.23**	**3239.16**	**3264.59**
其中	人工费(元)			1256.72	2207.93	2213.19
	材料费(元)			793.76	798.96	811.79
	机械费(元)			262.75	232.27	239.61
名称		单位	单价(元)	消耗量		
人工	二类人工	工日	135.00	9.309	16.355	16.394
材料	型钢 综合	kg	3.84	39.283	36.664	39.283
	中厚钢板 综合	kg	3.71	21.824	20.776	20.951
	紫铜板 综合	kg	58.27	0.044	0.037	0.037
	聚氯乙烯薄膜	m^2	0.86	0.873	0.611	0.524
	白布	kg	11.64	0.436	0.458	0.471
	羊毛毡 6～8mm	m^2	50.86	0.017	0.018	0.016
	铁砂布 0#～2#	张	1.03	3.492	2.444	2.357
	低碳钢焊条 综合	kg	6.72	0.873	1.222	1.309
	碳钢气焊条 ϕ2 以内	kg	10.34	0.436	0.458	0.471
	钢锯条	条	2.59	3.492	2.444	2.357
	斜垫铁 综合	kg	8.62	43.648	45.830	47.139
	酚醛磁漆	kg	12.07	0.175	0.122	0.105
	酚醛调和漆	kg	11.29	0.655	0.489	0.471
	手喷漆	kg	12.93	0.436	0.336	0.314
	松节油	kg	7.76	0.100	0.076	0.073
	溶剂汽油	kg	5.40	2.182	1.833	1.833
	机油 综合	kg	2.91	13.094	11.610	10.999
	铅油(厚漆)	kg	7.33	1.309	0.917	0.786
	黄甘油	kg	10.78	0.436	0.458	0.471
	天那水	kg	7.50	0.436	0.336	0.314
	氧气	m^3	3.62	3.492	5.500	5.238
	乙炔气	kg	7.60	1.327	2.090	1.990
	密封胶	kg	11.12	1.309	1.833	1.571
	石棉扭绳 ϕ6～10 烧失量 24%	kg	2.27	1.746	1.222	1.048
	石棉纸	kg	0.86	0.218	0.214	0.236
	青壳纸 δ0.1～1.0	kg	4.31	0.436	0.367	0.367
	水	m^3	4.27	2.619	2.139	1.833
	其他材料费	元	1.00	15.56	15.67	15.92
机械	汽车式起重机 8t	台班	648.48	0.110	0.103	0.110
	载货汽车 5t	台班	382.30	0.110	0.103	0.110
	电动卷扬机－单筒慢速 30kN	台班	177.60	0.550	0.437	0.418
	交流弧焊机 32kV·A	台班	92.84	0.550	0.513	0.550
	电焊条烘干箱 60×50×75(cm^3)	台班	16.84	0.037	0.051	0.055

三、除尘器安装

1. 旋风式除尘器安装

工作内容:基础检查、配合二次灌浆、设备安装、单体调试。

定额编号				2-2-50	2-2-51	2-2-52
项目				单筒		多管
				直径(mm)		
				≤900	≤1400	
计量单位				个		t
基价(元)				**1023.23**	**1410.13**	**1204.41**
其中	人工费(元)			527.72	748.98	819.72
	材料费(元)			69.68	101.15	111.19
	机械费(元)			425.83	560.00	273.50
名称		单位	单价(元)	消耗量		
人工	二类人工	工日	135.00	3.909	5.548	6.072
材料	型钢 综合	kg	3.84	3.081	4.108	2.054
	镀锌铁丝 ϕ2.0~4.0	kg	5.01	0.257	—	—
	中厚钢板 综合	kg	3.71	1.541	—	—
	橡胶板 δ5~10	kg	5.09	—	2.054	4.108
	低碳钢焊条 综合	kg	6.72	3.081	4.519	3.595
	碳钢气焊条 ϕ2 以内	kg	10.34	—	0.257	—
	钢锯条	条	2.59	—	2.054	2.568
	铅油(厚漆)	kg	7.33	1.232	2.568	3.697
	氧气	m^3	3.62	2.568	2.568	3.595
	乙炔气	kg	7.60	0.852	0.852	1.222
	石棉扭绳 ϕ3 烧失量 24%	kg	2.27	1.746	—	—
	其他材料费	元	1.00	1.37	1.98	2.18
机械	履带式起重机 15t	台班	702.00	0.044	0.044	0.088
	履带式起重机 20t	台班	719.78	0.455	0.602	—
	载货汽车 5t	台班	382.30	0.044	0.044	0.074
	电动卷扬机-单筒慢速 50kN	台班	186.39	—	—	0.536
	交流弧焊机 32kV·A	台班	92.84	0.536	0.836	0.881
	电焊条烘干箱 60×50×75(cm^3)	台班	16.84	0.051	0.081	0.103

2. 袋式除尘器、电除尘器安装

工作内容:基础检查、配合二次灌浆、设备安装、单体调试。　　　　**计量单位:**t

定额编号				2-2-53	2-2-54	2-2-55
项目				布袋式除尘器	电除尘器	电袋复合除尘器
基价(元)				**1953.56**	**1717.14**	**1792.63**
其中	人工费(元)			1070.01	1160.06	1033.02
	材料费(元)			143.37	164.08	118.65
	机械费(元)			740.18	393.00	640.96
	名称	单位	单价(元)	消耗量		
人工	二类人工	工日	135.00	7.926	8.593	7.652
材料	型钢 综合	kg	3.84	2.978	10.009	2.465
	镀锌铁丝 ϕ1.2～1.8	kg	5.78	—	0.616	—
	中厚钢板 综合	kg	3.71	5.957	—	4.930
	热轧薄钢板 Q235B 综合	kg	3.97	—	5.632	—
	石棉橡胶板 中压 δ0.6～8	kg	5.86	—	0.051	—
	羊毛毡 6～8mm	m^2	50.86	—	0.010	—
	铁砂布 0#～2#	张	1.03	—	3.081	—
	低碳钢焊条 综合	kg	6.72	5.212	4.817	4.313
	枕木 2500×200×160	根	155.00	—	0.103	—
	金属清洗剂	kg	11.03	—	0.112	—
	机油 综合	kg	2.91	—	0.082	—
	铅油(厚漆)	kg	7.33	3.723	0.154	3.081
	黄甘油	kg	10.78	—	0.072	—
	二硫化钼	kg	77.59	—	0.021	—
	氧气	m^3	3.62	5.361	5.751	4.437
	乙炔气	kg	7.60	1.772	2.013	1.467
	石棉编绳 ϕ6	kg	14.05	—	0.216	—
	石棉扭绳 ϕ3 烧失量 24%	kg	2.27	5.212	—	4.313
	石棉纸	kg	0.86	—	0.031	—
	其他材料费	元	1.00	2.81	3.22	2.33
机械	履带式起重机 15t	台班	702.00	0.164	—	—
	履带式起重机 25t	台班	757.92	—	0.144	0.141
	自升式塔式起重机 400kN·m	台班	572.07	0.238	0.131	0.202
	平板拖车组 40t	台班	1071.11	0.137	0.070	0.117
	电动卷扬机－单筒慢速 30kN	台班	177.60	—	0.068	—
	电动卷扬机－单筒慢速 50kN	台班	186.39	1.000	—	0.857
	交流弧焊机 32kV·A	台班	92.84	1.643	1.284	1.408
	电焊条烘干箱 60×50×75(cm^3)	台班	16.84	0.192	0.158	0.164

四、锅炉辅助设备安装

1.排污扩容器安装

工作内容:本体与附件安装、固定、调整,内部清理、孔盖封闭。

计量单位:台

定额编号				2-2-56	2-2-57	2-2-58	2-2-59	2-2-60	2-2-61
项目				定期排污扩容器			连续排污扩容器		
				容积(m^3)					
				≤2	≤5	≤10	≤1	≤2	≤5
基价(元)				**1787.06**	**2102.18**	**2429.99**	**2459.20**	**2888.31**	**3682.11**
其中	人工费(元)			1180.85	1389.29	1515.65	1789.29	2210.36	2658.96
	材料费(元)			133.94	157.59	171.58	133.38	140.55	180.24
	机械费(元)			472.27	555.30	742.76	536.53	537.40	842.91
名称		单位	单价(元)	消耗量					
人工	二类人工	工日	135.00	8.747	10.291	11.227	13.254	16.373	19.696
材料	型钢 综合	kg	3.84	13.618	16.021	13.351	12.016	12.016	16.021
	石棉橡胶板 高压 δ0.5~8	kg	6.90	1.702	2.003	2.670	2.054	2.568	3.081
	低碳钢焊条 J422 综合	kg	4.74	1.929	2.270	2.724	2.844	3.178	3.631
	斜垫铁 综合	kg	8.62	5.674	6.676	8.319	5.032	5.032	6.676
	氧气	m^3	3.62	1.475	1.736	2.216	2.016	2.310	2.804
	乙炔气	kg	7.60	0.511	0.601	0.774	0.828	0.938	1.187
	其他材料费	元	1.00	2.63	3.09	3.36	2.62	2.76	3.53
机械	履带式起重机 15t	台班	702.00	0.416	0.489	0.685	0.391	0.391	0.685
	载货汽车 10t	台班	476.15	0.249	0.293	0.391	0.196	0.196	0.391
	电动卷扬机-单筒慢速 50kN	台班	186.39	—	—	—	0.489	0.489	0.489
	弧焊机 综合	台班	66.69	0.484	0.569	0.617	0.645	0.658	0.752
	电动空气压缩机 $6m^3$/min	台班	224.45	0.131	0.154	0.154	0.154	0.154	0.154

2. 疏水扩容器安装

工作内容：本体与附件安装、固定、调整，内部清理、孔盖封闭。 **计量单位**：台

定额编号				2-2-62	2-2-63	2-2-64
项目				容积(m^3)		
				≤0.5	≤1	≤3
基价（元）				**683.05**	**878.04**	**1112.71**
其中	人工费（元）			421.07	578.88	736.83
	材料费（元）			98.22	141.28	184.63
	机械费（元）			163.76	157.88	191.25
名称		单位	单价(元)	消耗量		
人工	二类人工	工日	135.00	3.119	4.288	5.458
材料	型钢 综合	kg	3.84	11.802	17.704	23.605
	石棉橡胶板 高压 δ0.5～8	kg	6.90	1.476	1.771	2.213
	低碳钢焊条 J422 综合	kg	4.74	1.510	2.009	2.508
	斜垫铁 综合	kg	8.62	2.793	4.277	5.675
	氧气	m^3	3.62	1.419	1.771	2.122
	乙炔气	kg	7.60	0.581	0.725	0.870
	其他材料费	元	1.00	1.93	2.77	3.62
机械	履带式起重机 15t	台班	702.00	—	0.121	0.158
	汽车式起重机 25t	台班	996.58	0.110	—	—
	载货汽车 10t	台班	476.15	0.051	0.075	0.088
	电动卷扬机－单筒慢速 50kN	台班	186.39	0.110	0.110	0.110
	弧焊机 综合	台班	66.69	0.083	0.133	0.151
	电动空气压缩机 $6m^3/min$	台班	224.45	0.017	0.035	0.035

3. 消音器安装

工作内容：支架组装；本体安装、固定、调整。　　　　计量单位：台

定额编号				2-2-65	2-2-66	2-2-67
项目				锅炉排气中压级消音器(t)		锅炉排气高压级消音器(t)
				≤0.5	≤0.8	
基价（元）				**1746.16**	**2157.04**	**2405.98**
其中	人工费（元）			1168.70	1402.52	1602.86
	材料费（元）			93.45	109.35	129.73
	机械费（元）			484.01	645.17	673.39
名称		单位	单价(元)	消耗量		
人工	二类人工	工日	135.00	8.657	10.389	11.873
材料	型钢 综合	kg	3.84	4.365	5.238	6.111
	镀锌铁丝 ϕ2.0~4.0	kg	5.01	0.873	1.047	1.310
	中厚钢板 综合	kg	3.71	0.873	1.047	1.746
	石棉橡胶板 中压 δ0.6~8	kg	5.86	0.873	1.047	—
	石棉橡胶板 高压 δ0.5~8	kg	6.90	—	—	1.310
	低碳钢焊条 综合	kg	6.72	4.365	4.888	5.675
	酚醛调和漆	kg	11.29	1.484	1.746	1.484
	氧气	m^3	3.62	2.619	3.142	4.365
	乙炔气	kg	7.60	0.864	1.039	1.441
	其他材料费	元	1.00	1.83	2.14	2.54
机械	汽车式起重机 8t	台班	648.48	0.154	0.245	0.205
	门式起重机 30t	台班	692.75	0.184	—	—
	门座吊 30t	台班	521.56	0.220	0.499	0.558
	载货汽车 5t	台班	382.30	0.081	0.127	0.108
	交流弧焊机 32kV·A	台班	92.84	1.174	1.878	2.201
	电焊条烘干箱 60×50×75(cm^3)	台班	16.84	0.117	0.186	0.225

工作内容:支架组装;本体安装、固定、调整。　　**计量单位**:台

定额编号				2-2-68	2-2-69	2-2-70
项目				送风机入口消音器		
				风机功率(kW)		
				≤240	≤400	≤800
基价(元)				**3547.22**	**4256.53**	**4906.76**
其中	人工费(元)			2323.08	2787.62	3380.40
	材料费(元)			222.87	267.45	324.88
	机械费(元)			1001.27	1201.46	1201.48
名称		单位	单价(元)	消耗量		
人工	二类人工	工日	135.00	17.208	20.649	25.040
材料	型钢 综合	kg	3.84	25.420	30.504	38.130
	低碳钢焊条 J422 综合	kg	4.74	13.879	16.655	20.824
	氧气	m^3	3.62	6.268	7.522	9.445
	乙炔气	kg	7.60	2.553	3.064	3.265
	石棉扭绳 综合	kg	2.27	5.731	6.877	6.333
	其他材料费	元	1.00	4.37	5.24	6.37
机械	履带式起重机 15t	台班	702.00	0.367	0.440	0.367
	汽车式起重机 20t	台班	942.85	0.293	0.352	0.367
	载货汽车 10t	台班	476.15	0.147	0.176	0.147
	电动卷扬机－单筒慢速 50kN	台班	186.39	0.734	0.881	0.734
	直流弧焊机 40kW	台班	102.79	2.535	3.042	3.804

4. 暖风器安装

工作内容:检查、组装、安装、固定、密封。 **计量单位:**台

定额编号				2-2-71	2-2-72	2-2-73
项目				NT 型暖风器		其他型暖风器
				单排管	双排管	
基价(元)				2183.80	2619.23	888.79
其中	人工费(元)			1733.54	2080.22	708.62
	材料费(元)			97.70	117.16	77.11
	机械费(元)			352.56	421.85	103.06
	名称	单位	单价(元)	消耗量		
人工	二类人工	工日	135.00	12.841	15.409	5.249
材料	型钢 综合	kg	3.84	9.183	11.020	1.746
	镀锌铁丝 ϕ2.0~4.0	kg	5.01	—	—	0.376
	中厚钢板 综合	kg	3.71	—	—	2.488
	石棉橡胶板 低压 δ0.8~6	kg	5.26	0.851	1.022	—
	低碳钢焊条 J422 综合	kg	4.74	4.369	5.243	—
	低碳钢焊条 综合	kg	6.72	—	—	2.619
	枕木 2500×200×160	根	155.00	0.023	0.027	—
	枕木 2500×250×200	根	159.00	—	—	0.061
	酚醛调和漆	kg	11.29	—	—	0.777
	铅油(厚漆)	kg	7.33	—	—	0.280
	氧气	m^3	3.62	4.290	5.148	1.833
	乙炔气	kg	7.60	1.756	2.108	0.603
	石棉扭绳 综合	kg	2.27	1.276	1.532	—
	石棉扭绳 ϕ3 烧失量 24%	kg	2.27	—	—	0.437
	碳素结构钢流体无缝钢管 综合	kg	4.74	—	—	1.572
	其他材料费	元	1.00	1.92	2.30	1.51
机械	履带式起重机 15t	台班	702.00	0.074	0.088	0.022
	汽车式起重机 16t	台班	875.04	0.171	0.205	—
	载货汽车 5t	台班	382.30	—	—	0.008
	载货汽车 10t	台班	476.15	0.074	0.088	—
	电动卷扬机-单筒慢速 50kN	台班	186.39	0.402	0.482	0.132
	试压泵 60MPa	台班	23.30	—	—	0.132
	弧焊机 综合	台班	66.69	0.612	0.734	—
	交流弧焊机 32kV·A	台班	92.84	—	—	0.602
	电焊条烘干箱 60×50×75(cm^3)	台班	16.84	—	—	0.059

五、金属结构安装

工作内容：检查、组装、安装、固定。 **计量单位：**t

	定额编号			2-2-74	2-2-75	2-2-76	2-2-77	2-2-78
	项目			除尘器钢结构支架	平台、扶梯、栏杆钢结构	设备支架钢结构		
						重量(t)		
						≤0.5	≤2	>2
	基价（元）			**1896.51**	**1965.93**	**1755.25**	**1712.26**	**1988.41**
其中	人工费（元）			1467.32	1539.27	1317.74	990.63	1485.95
	材料费（元）			138.93	127.82	94.75	100.83	78.95
	机械费（元）			290.26	298.84	342.76	620.80	423.51
	名称	单位	单价(元)	消耗量				
人工	二类人工	工日	135.00	10.869	11.402	9.761	7.338	11.007
材料	型钢 综合	kg	3.84	2.619	5.311	3.541	1.860	3.710
	镀锌铁丝 ϕ2.0～4.0	kg	5.01	1.746	—	—	—	—
	热轧薄钢板 Q235B 综合	kg	3.97	—	—	—	0.712	3.929
	中厚钢板 综合	kg	3.71	3.492	1.682	1.346	—	—
	石棉橡胶板 低压 δ0.8～6	kg	5.26	—	—	—	1.012	0.568
	低碳钢焊条 J422 综合	kg	4.74	—	8.103	5.402	2.836	3.563
	砂轮片 综合	片	7.08	—	0.334	0.334	—	—
	尼龙砂轮片 ϕ100	片	1.29	—	0.184	0.184	—	—
	低碳钢焊条 综合	kg	6.72	6.984	—	—	—	—
	枕木 2500×200×160	根	155.00	—	0.068	0.054	0.334	0.011
	铅油(厚漆)	kg	7.33	0.873	—	—	—	—
	氧气	m^3	3.62	7.857	6.992	5.596	2.881	3.506
	乙炔气	kg	7.60	2.593	2.870	2.298	0.186	1.437
	石棉扭绳 综合	kg	2.27	—	—	—	2.864	1.039
	石棉扭绳 ϕ3 烧失量 24%	kg	2.27	1.310	—	—	—	—
	其他材料费	元	1.00	2.72	2.51	1.86	1.98	1.55
机械	履带式起重机 50t	台班	1364.92	—	—	—	0.146	0.074
	汽车式起重机 16t	台班	875.04	—	—	—	0.136	0.220
	汽车式起重机 25t	台班	996.58	—	0.070	0.111	—	—
	门式起重机 10t	台班	447.22	—	0.056	0.089	—	—
	载货汽车 10t	台班	476.15	—	0.017	0.031	0.075	0.074
	电动卷扬机－单筒慢速 50kN	台班	186.39	0.587	0.282	0.440	1.162	0.332
	弧焊机 综合	台班	66.69	—	2.150	1.433	0.753	0.493
	交流弧焊机 32kV·A	台班	92.84	1.614	—	—	—	—
	载货汽车 5t	台班	382.30	0.074	—	—	—	—
	电焊条烘干箱 60×50×75(cm^3)	台班	16.84	0.161	—	—	—	—

工作内容:检查、组装、安装、固定。

计量单位:套

定额编号					2-2-79	2-2-80	2-2-81	2-2-82	2-2-83
项目					双曲线煤斗(t)		方煤斗(t)		
					2 以下	3 以下	1 以下	2 以下	3 以下
基价(元)					4570.51	5141.61	2213.08	2784.95	3259.26
其中	人工费(元)				2549.21	2818.94	1262.25	1521.05	1782.14
	材料费(元)				441.39	508.84	182.21	219.44	256.88
	机械费(元)				1579.91	1813.83	768.62	1044.46	1220.24
	名称		单位	单价(元)	消耗量				
人工	二类人工		工日	135.00	18.883	20.881	9.350	11.267	13.201
材料	型钢 综合		kg	3.84	11.025	13.230	5.334	6.426	7.518
	热轧薄钢板 Q235B 综合		kg	3.97	0.350	0.420	0.840	1.015	1.190
	氧气		m^3	3.62	21.896	24.948	9.450	11.410	13.370
	石棉扭绳 $\phi 3$ 烧失量 24%		kg	2.27	1.197	1.232	1.526	1.841	2.156
	乙炔气		m^3	8.90	7.224	8.232	3.122	3.766	4.410
	电焊条		kg	4.31	39.480	45.031	10.640	12.810	14.980
	热轧光圆钢筋 综合		kg	3.97	2.450	2.520	2.590	3.115	3.647
	镀锌铁丝		kg	6.55	5.600	6.090	3.150	3.780	4.424
	黄油		kg	9.05	0.336	0.336	0.350	0.420	0.490
	机油 综合		kg	2.91	0.168	0.168	0.175	0.210	0.245
	煤油		kg	3.79	0.672	0.672	0.469	0.560	0.658
	铅油		kg	5.60	0.896	0.917	1.183	1.421	1.666
	枕木 2000×200×200		根	138.00	0.105	0.175	—	—	—
	其他材料费		元	1.00	9.24	10.66	4.08	4.91	5.75
机械	交流弧焊机 32kV·A		台班	92.84	9.360	10.688	2.912	3.512	4.112
	门座吊 30t		台班	521.56	0.232	0.296	0.176	0.208	0.248
	履带式起重机 15t		台班	702.00	0.256	0.288	0.160	0.304	0.352
	载货汽车 5t		台班	382.30	0.240	0.272	0.160	0.304	0.352
	电动卷扬机-单筒慢速 50kN		台班	186.39	1.624	1.840	1.224	1.472	1.720
	电焊条烘干箱 60×50×75(cm^3)		台班	16.84	0.936	1.072	0.288	0.352	0.408

六、烟道、风道、煤管道安装

工作内容：管道及支吊架组合、焊接；各种门、孔安装；焊缝渗透试验；风压试验后缺陷消除。 **计量单位**：t

定额编号				2-2-84	2-2-85	2-2-86	2-2-87
项目				矩形断面		圆形断面	
				钢板厚度(mm)			
				≤4	>4	≤4	>4
基价（元）				**1215.91**	**1099.01**	**1202.42**	**1132.79**
其中	人工费（元）			821.07	721.31	827.01	693.90
	材料费（元）			99.16	86.52	108.18	134.46
	机械费（元）			295.68	291.18	267.23	304.43
名称		单位	单价(元)	消耗量			
人工	二类人工	工日	135.00	6.082	5.343	6.126	5.140
材料	镀锌铁丝 综合	kg	5.40	0.761	0.587	0.934	0.708
	钢丝绳 ϕ14.1～15	kg	6.45	0.012	0.012	0.013	0.024
	型钢 综合	kg	3.84	6.142	4.028	6.354	8.445
	低碳钢焊条 J422 综合	kg	4.74	7.333	7.800	7.773	11.180
	枕木 2500×200×160	根	155.00	0.027	0.027	0.029	0.027
	渗透剂 500mL	瓶	39.14	0.310	0.210	0.380	0.260
	氧气	m^3	3.62	2.618	2.375	2.874	3.962
	乙炔气	kg	7.60	1.070	0.968	1.177	1.625
	石棉扭绳 综合	kg	2.27	0.337	0.343	0.427	0.602
	其他材料费	元	1.00	1.94	1.70	2.12	2.64
机械	履带式起重机 50t	台班	1364.92	0.056	0.056	0.023	0.020
	汽车式起重机 25t	台班	996.58	0.022	0.014	0.023	0.010
	自升式塔式起重机 800kN·m	台班	621.91	0.025	0.025	0.027	0.025
	平板拖车组 20t	台班	835.65	0.045	0.030	0.048	0.030
	电动卷扬机－单筒慢速 50kN	台班	186.39	0.338	0.406	0.358	0.613
	弧焊机 综合	台班	66.69	1.164	1.212	1.285	1.603
	电焊条烘干箱 60×50×75(cm^3)	台班	16.84	0.210	0.218	0.213	0.320

工作内容:管道及支吊架组合、焊接;各种门、孔安装;焊缝渗透试验;风压试验后缺陷消除。 **计量单位**:t

定额编号				2-2-88	2-2-89	2-2-90
项目				送粉管道 φ		原煤管道
				≤159	≤273	
基价(元)				**1675.57**	**1640.10**	**1554.56**
其中	人工费(元)			1058.81	1025.19	913.28
	材料费(元)			121.72	119.87	237.24
	机械费(元)			495.04	495.04	404.04
	名称	单位	单价(元)	消耗量		
人工	二类人工	工日	135.00	7.843	7.594	6.765
材料	型钢 综合	kg	3.84	4.059	3.646	8.108
	镀锌铁丝 综合	kg	5.40	0.708	0.708	—
	镀锌铁丝 φ2.0~4.0	kg	5.01	—	—	2.681
	钢丝绳 φ14.1~15	kg	6.45	0.025	0.025	—
	中厚钢板 综合	kg	3.71	—	—	0.185
	热轧薄钢板 Q235B 综合	kg	3.97	3.797	3.341	—
	低碳钢焊条 J422 综合	kg	4.74	11.739	12.325	—
	低碳钢焊条 综合	kg	6.72	—	—	14.450
	枕木 2500×200×160	根	155.00	0.027	0.027	—
	枕木 2500×250×200	根	159.00	—	—	0.077
	渗透剂 500mL	瓶	39.14	—	—	0.120
	机油 综合	kg	2.91	—	—	0.074
	铅油(厚漆)	kg	7.33	—	—	0.404
	黄甘油	kg	10.78	—	—	0.148
	氧气	m^3	3.62	3.498	3.306	10.981
	乙炔气	kg	7.60	1.431	1.356	3.623
	石棉扭绳 综合	kg	2.27	0.580	0.613	—
	石棉扭绳 φ3 烧失量 24%	kg	2.27	—	—	0.542
	其他材料费	元	1.00	2.39	2.35	4.65
机械	履带式起重机 15t	台班	702.00	—	—	0.020
	履带式起重机 50t	台班	1364.92	0.025	0.025	—
	汽车式起重机 25t	台班	996.58	0.010	0.010	—
	门座吊 30t	台班	521.56	—	—	0.032
	自升式塔式起重机 800kN·m	台班	621.91	0.010	0.010	—
	载货汽车 5t	台班	382.30	—	—	0.035
	平板拖车组 20t	台班	835.65	0.069	0.069	—
	电动卷扬机-单筒慢速 50kN	台班	186.39	1.238	1.238	0.471
	弧焊机 综合	台班	66.69	2.315	2.315	—
	交流弧焊机 32kV·A	台班	92.84	—	—	2.860
	电焊条烘干箱 60×50×75(cm^3)	台班	16.84	0.115	0.115	0.393

第三章
汽轮发电机安装工程

说　　明

一、本章内容包括汽轮机本体、汽轮机本体管道、发电机本体等安装工程。

二、有关说明：

1. 汽轮发电机本体安装是按照采用厂房内桥式起重机施工考虑的，实际施工与其不同时，应根据实际使用的机械台班用量和单价调整安装机械费。

2. 汽轮机本体安装包括下列工作内容，不包括汽轮机叶片频率测定。

(1)汽轮机、调速系统、主汽门、联合汽门等安装；

(2)找正用千斤顶、转子吊马、中心线架、转子支撑架等专用工具制作；

(3)基础临时栏杆、设备临时堆放架搭设与拆除；

(4)汽轮机低压缸排气口临时木盖板敷设；

(5)假轴的折旧摊销费用。

3. 汽轮机本体管道安装包括随汽轮机本体设备供应的管道、管件、阀门、支吊架安装以及直径≤76mm 管道煨弯与支吊架制作、管道系统水压试验。不包括蒸汽管道吹洗、非厂供的本体管道(整套设计或补充设计)安装。定额综合考虑了不同形式汽轮机结构，执行定额时，不做调整。

(1)汽轮机本体管道包括随汽轮机本体设备供应的导汽管、汽封疏水管、蒸汽管、油管。

(2)非汽轮发电机配套供应的油管安装，执行相应的管道安装定额乘以系数 2.2。

(3)定额不包括汽轮机本体管道无损检测，工程实际发生时，执行本定额第八册《工业管道工程》相应定额。

4. 发电机本体安装包括发电机、励磁机、副励磁机、空气冷却器、发电机本体消防水管道安装及发电机空气冷却器水压试验和风道安装。不包括发电机及励磁机的电气部分检查、干燥、接线及电气调整试验。

工程量计算规则

一、汽轮机本体、发电机本体根据设备性能,按照设计安装数量以“台”为计量单位。

二、汽轮机本体管道安装根据汽轮发电机容量与本体管道供货重量,按照汽轮发电机数量以“台”为计量单位。

三、汽轮发电机整套空负荷试运根据汽轮机型号,按照汽轮发电机数量以“台”为计量单位。

一、汽轮机本体安装

1. 背压式汽轮机安装

工作内容：基础检查，垫铁配制、安装，设备解体、组合、安装，地脚螺栓安装，管路、支吊架配制、安装等。

计量单位：台

定额编号				2-3-1	2-3-2	2-3-3	2-3-4
项目				单机容量(MW)			
				≤6	≤15	≤25	≤35
基价（元）				**132521.52**	**166654.35**	**212155.93**	**310766.46**
其中	人工费（元）			55039.37	81644.63	112208.63	164366.42
	材料费（元）			66292.94	67367.36	72194.12	105748.91
	机械费（元）			11189.21	17642.36	27753.18	40651.13
名称		单位	单价(元)	消耗量			
人工	二类人工	工日	135.00	407.699	604.775	831.175	1217.529
材料	型钢 综合	kg	3.84	272.000	376.550	756.500	1108.144
	镀锌铁丝 φ0.1～0.5	kg	6.74	0.170	0.170	0.298	0.436
	镀锌铁丝 φ2.0～4.0	kg	5.01	20.400	23.800	33.150	48.559
	热轧光圆钢筋 综合	kg	3.97	17.000	18.275	21.505	31.501
	方钢 综合	kg	4.05	4.250	4.250	5.100	7.471
	中厚钢板 综合	kg	3.71	119.000	168.683	436.050	638.739
	镀锌薄钢板 综合	kg	4.46	1.700	2.125	2.125	3.113
	不锈钢板 304 δ0.05～0.5	kg	15.09	1.360	1.658	2.975	4.358
	黄铜棒 φ7～80	kg	52.45	1.700	1.700	2.550	3.735
	紫铜棒 φ16～80	kg	58.27	2.550	2.550	3.400	4.980
	白铅粉	kg	12.66	0.850	0.850	0.850	1.245
	黑铅粉	kg	17.00	2.593	2.933	5.525	8.093
	弹簧钢	kg	4741.00	12.750	12.750	12.750	18.676
	橡胶板 δ5～10	kg	5.09	1.530	2.295	3.060	4.482
	石棉橡胶板 高压 δ0.5～8	kg	6.90	1.530	4.165	8.245	12.078
	耐油石棉橡胶板 δ0.8	kg	11.21	2.550	2.550	4.590	6.724
	橡胶棒 φ35	kg	18.71	0.425	0.425	0.850	1.245
	聚氯乙烯薄膜	m^2	0.86	2.380	2.380	2.975	4.358
	有机玻璃 δ8	m^2	41.38	0.045	0.045	0.072	0.106
	白布	kg	11.64	7.540	8.972	12.556	18.392
	圆钉 50～75mm	kg	4.74	1.020	1.275	1.275	1.867
	尼龙砂轮片 φ100×16×3	片	1.29	9.350	11.050	14.450	21.167
	铁砂布 0#～2#	张	1.03	110.500	136.000	221.000	323.728
	低碳钢焊条 综合	kg	6.72	28.900	33.856	60.350	88.403
	碳钢气焊条 φ2 以内	kg	10.34	2.295	2.295	3.230	4.731
	钢锯条	条	2.59	20.400	20.400	38.250	56.029
	钢丝刷子	把	2.59	2.550	3.400	4.250	6.225
	板枋材	m^3	2069.00	0.170	0.221	0.366	0.536
	硝基腻子	kg	7.67	1.700	2.125	1.700	2.491
	油性清漆	kg	12.93	0.128	0.128	1.700	2.491
	手喷漆	kg	12.93	4.250	5.100	6.375	9.338
	鱼油	kg	20.69	4.590	5.780	10.200	14.941
	金属清洗剂	kg	11.03	15.471	19.636	27.174	39.805

续前

定额编号				2-3-1	2-3-2	2-3-3	2-3-4
项目				单机容量(MW)			
				≤6	≤15	≤25	≤35
材料	溶剂汽油	kg	5.40	5.100	7.225	8.925	13.074
	汽轮机油	kg	9.91	11.645	12.325	19.465	28.513
	黄甘油	kg	10.78	1.870	2.125	3.400	4.980
	红丹粉	kg	11.90	3.851	3.961	4.930	7.222
	二硫化钼	kg	77.59	1.360	1.785	2.465	3.611
	磷酸三钠	kg	2.65	1.700	2.550	3.400	4.980
	硼砂	kg	4.22	0.043	0.043	0.043	0.062
	天那水	kg	7.50	3.400	4.250	5.100	7.471
	脱化剂	kg	8.02	4.250	4.675	5.950	8.716
	氧气	m^3	3.62	52.020	60.835	106.080	155.389
	乙炔气	kg	7.60	19.771	23.120	40.307	59.043
	密封胶	kg	11.12	35.700	35.700	51.000	74.707
	石棉布 烧失量 32%	kg	4.19	—	—	2.975	4.358
	凡尔砂	kg	34.91	0.043	0.043	0.043	0.062
	碳素结构钢流体无缝钢管 综合	kg	4.74	12.750	12.750	89.250	130.736
	保险丝 5A	轴	7.33	2.550	3.400	4.250	6.225
	酚醛层压板 10~20	m^2	90.52	0.255	0.255	0.425	0.622
	硬铜绞线 TJ-120	kg	50.00	—	—	1.275	1.867
	面粉	kg	6.03	4.888	5.950	7.863	11.518
	隔电纸	m^2	6.90	1.360	1.615	1.700	2.491
	油刷 65mm	把	3.28	3.400	3.400	4.250	6.225
	木炭	kg	2.41	17.000	17.000	17.000	24.902
	其他材料费	元	1.00	1299.86	1320.93	1415.57	2073.51
机械	汽车式起重机 8t	台班	648.48	0.257	0.700	0.608	0.890
	汽车式起重机 16t	台班	875.04	0.286	—	—	—
	门式起重机 30t	台班	692.75	—	1.058	1.058	1.549
	桥式起重机 20t	台班	372.34	21.186	—	—	—
	桥式起重机 30t	台班	440.74	—	27.550	—	—
	桥式起重机 50t	台班	555.96	—	—	37.507	54.941
	载货汽车 5t	台班	382.30	0.257	0.700	0.608	0.890
	载货汽车 8t	台班	411.20	0.286	0.257	—	—
	平板拖车组 15t	台班	793.59	—	0.286	—	—
	平板拖车组 20t	台班	835.65	—	0.515	—	—
	平板拖车组 40t	台班	1071.11	—	—	1.058	1.549
	普通车床 400×1000	台班	34.62	3.572	3.929	4.358	6.383
	外圆磨床 200×500	台班	82.26	0.357	0.357	0.357	0.524
	牛头刨床 650mm	台班	30.54	2.143	2.236	2.858	4.185
	台式钻床 16mm	台班	3.90	1.429	1.429	2.143	3.139
	空气锤 75kg	台班	31.76	0.714	0.714	1.429	2.093
	中频加热处理机 100kW	台班	98.69	—	—	0.714	1.046
	交流弧焊机 32kV·A	台班	92.84	9.107	11.793	18.572	27.204
	电动空气压缩机 $1m^3/min$	台班	48.22	0.714	1.072	1.072	1.570
	电动空气压缩机 $6m^3/min$	台班	224.45	6.786	8.150	9.679	14.177
	电焊条烘干箱 60×50×75(cm^3)	台班	16.84	—	1.178	1.857	2.720
	台式砂轮机 φ250	台班	4.65	3.929	5.357	7.857	11.510

2. 抽凝式汽轮机安装

工作内容：基础检查，垫铁配制、安装，设备解体、组合、安装，地脚螺栓安装，管路、支吊架配制、安装等。 **计量单位：**台

定额编号				2-3-5	2-3-6	2-3-7	2-3-8
项目				单抽			
				单机容量(MW)			
				≤6	≤15	≤25	≤35
基价（元）				**134419.27**	**165466.93**	**215246.42**	**297470.62**
其中	人工费（元）			59974.16	78543.27	114359.18	158044.50
	材料费（元）			61813.55	69394.55	74229.37	102587.64
	机械费（元）			12631.56	17529.11	26657.87	36838.48
名称		单位	单价(元)	消耗量			
人工	二类人工	工日	135.00	444.253	581.802	847.105	1170.700
材料	型钢 综合	kg	3.84	306.850	367.200	606.603	838.324
	镀锌铁丝 ϕ0.1～0.5	kg	6.74	0.179	0.179	0.255	0.353
	镀锌铁丝 ϕ2.0～4.0	kg	5.01	21.573	24.310	36.380	50.278
	热轧光圆钢筋 综合	kg	3.97	13.175	17.952	22.780	31.482
	方钢 综合	kg	4.05	5.525	5.525	5.525	7.636
	中厚钢板 综合	kg	3.71	119.850	168.300	288.278	398.399
	镀锌薄钢板 综合	kg	4.46	1.751	2.193	5.355	7.401
	不锈钢板 304 δ0.05～0.5	kg	15.09	1.445	1.615	2.474	3.419
	黄铜棒 ϕ7～80	kg	52.45	1.700	1.700	2.805	3.877
	紫铜棒 ϕ16～80	kg	58.27	3.315	2.550	3.740	5.169
	白铅粉	kg	12.66	0.876	0.876	0.893	1.233
	黑铅粉	kg	17.00	2.771	2.882	4.684	6.473
	弹簧钢	kg	4741.00	11.730	13.175	13.430	18.561
	橡胶板 δ5～10	kg	5.09	1.615	2.125	3.230	4.464
	石棉橡胶板 高压 δ0.5～8	kg	6.90	2.125	6.545	7.395	10.220
	耐油石棉橡胶板 δ0.8	kg	11.21	3.315	3.315	3.485	4.816
	橡胶棒 ϕ35	kg	18.71	0.595	0.425	0.935	1.292
	聚氯乙烯薄膜	m^2	0.86	1.700	2.550	3.400	4.699
	有机玻璃 δ8	m^2	41.38	0.063	0.045	0.072	0.099
	白布	kg	11.64	8.662	8.747	12.577	17.381
	圆钉 50～75mm	kg	4.74	1.454	1.292	2.287	3.160
	尼龙砂轮片 ϕ100×16×3	片	1.29	11.900	11.900	12.750	17.621
	铁砂布 0#～2#	张	1.03	116.450	133.450	219.300	303.073
	低碳钢焊条 综合	kg	6.72	30.600	34.000	54.528	75.357
	碳钢气焊条 ϕ2 以内	kg	10.34	2.363	2.295	2.338	3.231
	钢锯条	条	2.59	26.350	20.400	37.400	51.687
	钢丝刷子	把	2.59	2.550	3.400	4.250	5.874
	板枋材	m^3	2069.00	0.221	0.230	0.357	0.493
	硝基腻子	kg	7.67	1.700	2.125	2.720	3.759
	油性清漆	kg	12.93	0.128	0.170	0.187	0.258
	手喷漆	kg	12.93	4.250	6.375	7.480	10.338
	鱼油	kg	20.69	5.185	5.695	6.715	9.280
	金属清洗剂	kg	11.03	16.661	19.319	27.838	38.472
	溶剂汽油	kg	5.40	6.503	5.100	8.330	11.512
	汽轮机油	kg	9.91	12.920	12.155	19.261	26.619

续前

定额编号				2-3-5	2-3-6	2-3-7	2-3-8
项目				单抽			
				单机容量(MW)			
				≤6	≤15	≤25	≤35
材料	黄甘油	kg	10.78	1.097	2.006	3.460	4.781
	红丹粉	kg	11.90	4.063	3.902	6.086	8.411
	二硫化钼	kg	77.59	1.479	1.394	2.474	3.419
	磷酸三钠	kg	2.65	1.700	2.550	4.250	5.874
	硼砂	kg	4.22	0.060	0.060	0.060	0.082
	天那水	kg	7.50	3.400	5.100	6.290	8.693
	脱化剂	kg	8.02	4.837	4.769	6.231	8.611
	氧气	m^3	3.62	55.080	59.160	97.189	134.315
	乙炔气	kg	7.60	20.927	22.483	36.933	51.041
	密封胶	kg	11.12	35.700	35.700	51.000	70.482
	石棉布 烧失量 32%	kg	4.19	—	—	2.975	4.111
	凡尔砂	kg	34.91	0.060	0.085	0.128	0.176
	碳素结构钢流体无缝钢管 综合	kg	4.74	12.750	12.750	93.500	129.217
	保险丝 5A	轴	7.33	2.550	3.400	4.250	5.874
	酚醛层压板 10~20	m^2	90.52	0.340	0.255	0.468	0.646
	硬铜绞线 TJ-120	kg	50.00	—	—	1.275	1.762
	面粉	kg	6.03	5.610	5.848	7.446	10.290
	隔电纸	m^2	6.90	1.403	1.581	1.700	2.349
	油刷 65mm	把	3.28	3.400	3.400	4.250	5.874
	木炭	kg	2.41	17.510	17.510	17.850	24.669
	其他材料费	元	1.00	1212.03	1360.68	1455.48	2011.52
机械	汽车式起重机 8t	台班	648.48	0.436	0.693	0.986	1.362
	汽车式起重机 20t	台班	942.85	0.286	—	—	—
	门式起重机 30t	台班	692.75	—	1.058	1.058	1.461
	桥式起重机 20t	台班	372.34	23.800	—	—	—
	桥式起重机 30t	台班	440.74	—	28.450	—	—
	桥式起重机 50t	台班	555.96	—	—	35.915	49.634
	载货汽车 5t	台班	382.30	0.436	0.693	0.986	1.362
	载货汽车 8t	台班	411.20	—	0.257	—	—
	平板拖车组 15t	台班	793.59	0.286	0.286	—	—
	平板拖车组 20t	台班	835.65	—	0.515	—	—
	平板拖车组 30t	台班	965.81	—	—	1.058	1.461
	普通车床 400×1000	台班	34.62	3.428	3.643	4.186	5.785
	外圆磨床 200×500	台班	82.26	0.500	0.357	0.464	0.642
	牛头刨床 650mm	台班	30.54	2.214	2.214	3.000	4.146
	台式钻床 16mm	台班	3.90	1.429	1.429	2.143	2.962
	空气锤 75kg	台班	31.76	0.736	0.736	1.500	2.073
	中频加热处理机 100kW	台班	98.69	—	—	0.714	0.987
	交流弧焊机 32kV·A	台班	92.84	9.643	10.429	16.307	22.537
	电动空气压缩机 1m^3/min	台班	48.22	0.714	1.072	1.072	1.481
	电动空气压缩机 6m^3/min	台班	224.45	7.143	6.536	8.400	11.609
	电焊条烘干箱 60×50×75(cm^3)	台班	16.84	0.965	1.043	1.628	2.251
	台式砂轮机 ϕ250	台班	4.65	3.929	5.000	8.572	11.846

工作内容:基础检查,垫铁配制、安装,设备解体、组合、安装,地脚螺栓安装,管路、支吊架配制、安装等。**计量单位**:台

定额编号				2-3-9	2-3-10	2-3-11
项目				双抽		
				单机容量(MW)		
				≤15	≤25	≤35
基价(元)				**170208.40**	**215246.42**	**316404.37**
其中	人工费(元)			81236.12	114359.18	168106.19
	材料费(元)			70999.61	74229.37	109114.64
	机械费(元)			17972.67	26657.87	39183.54
名称		单位	单价(元)	消耗量		
人工	二类人工	工日	135.00	601.749	847.105	1245.231
材料	型钢 综合	kg	3.84	375.700	606.603	891.696
	镀锌铁丝 ϕ0.1~0.5	kg	6.74	0.196	0.255	0.375
	镀锌铁丝 ϕ2.0~4.0	kg	5.01	24.905	36.380	53.478
	热轧光圆钢筋 综合	kg	3.97	18.301	22.780	33.487
	方钢 综合	kg	4.05	5.525	5.525	8.122
	中厚钢板 综合	kg	3.71	170.850	288.278	423.763
	镀锌薄钢板 综合	kg	4.46	2.236	5.355	7.872
	不锈钢板 304 δ0.05~0.5	kg	15.09	1.658	2.474	3.636
	黄铜棒 ϕ7~80	kg	52.45	2.125	2.805	4.123
	紫铜棒 ϕ16~80	kg	58.27	2.975	3.740	5.498
	白铅粉	kg	12.66	0.893	0.893	1.312
	黑铅粉	kg	17.00	2.967	4.684	6.885
	弹簧钢	kg	4741.00	13.430	13.430	19.742
	橡胶板 δ5~10	kg	5.09	2.125	3.230	4.748
	石棉橡胶板 高压 δ0.5~8	kg	6.90	6.630	7.395	10.871
	耐油石棉橡胶板 δ0.8	kg	11.21	3.315	3.485	5.123
	橡胶棒 ϕ35	kg	18.71	0.468	0.935	1.374
	聚氯乙烯薄膜	m^2	0.86	2.550	3.400	4.998
	有机玻璃 δ8	m^2	41.38	0.049	0.072	0.106
	白布	kg	11.64	9.223	12.577	18.488
	圆钉 50~75mm	kg	4.74	1.386	2.287	3.361
	尼龙砂轮片 ϕ100×16×3	片	1.29	12.750	12.750	18.743
	铁砂布 $0^{\#}$~$2^{\#}$	张	1.03	139.400	219.300	322.368
	低碳钢焊条 综合	kg	6.72	34.000	54.528	80.154
	碳钢气焊条 ϕ2 以内	kg	10.34	2.338	2.338	3.436
	钢锯条	条	2.59	22.100	37.400	54.977
	钢丝刷子	把	2.59	3.400	4.250	6.248
	板枋材	m^3	2069.00	0.323	0.357	0.524
	硝基腻子	kg	7.67	2.236	2.720	3.998
	油性清漆	kg	12.93	0.187	0.187	0.275
	手喷漆	kg	12.93	6.715	7.480	10.996
	鱼油	kg	20.69	5.950	6.715	9.871
	金属清洗剂	kg	11.03	20.034	27.838	40.922
	溶剂汽油	kg	5.40	5.593	8.330	12.245

续前

定额编号				2-3-9	2-3-10	2-3-11
项目				双抽		
				单机容量(MW)		
				≤15	≤25	≤35
材料	汽轮机油	kg	9.91	12.665	19.261	28.314
	黄甘油	kg	10.78	2.066	3.460	5.086
	红丹粉	kg	11.90	4.029	6.086	8.946
	二硫化钼	kg	77.59	1.437	2.474	3.636
	磷酸三钠	kg	2.65	3.400	4.250	6.248
	硼砂	kg	4.22	0.060	0.060	0.088
	天那水	kg	7.50	5.355	6.290	9.246
	脱化剂	kg	8.02	4.998	6.231	9.159
	氧气	m^3	3.62	61.200	97.189	142.866
	乙炔气	kg	7.60	23.256	36.933	54.290
	密封胶	kg	11.12	35.700	51.000	74.969
	石棉布 烧失量 32%	kg	4.19	—	2.975	4.373
	凡尔砂	kg	34.91	0.094	0.128	0.187
	碳素结构钢流体无缝钢管 综合	kg	4.74	12.750	93.500	137.443
	保险丝 5A	轴	7.33	3.400	4.250	6.248
	酚醛层压板 10~20mm	m^2	90.52	0.281	0.468	0.687
	硬铜绞线 TJ-120	kg	50.00	—	1.275	1.874
	面粉	kg	6.03	6.129	7.446	10.945
	隔电纸	m^2	6.90	1.607	1.700	2.499
	油刷 65mm	把	3.28	3.400	4.250	6.248
	木炭	kg	2.41	17.850	17.850	26.240
	其他材料费	元	1.00	1392.15	1455.48	2139.50
机械	汽车式起重机 8t	台班	648.48	0.700	0.986	1.449
	门式起重机 30t	台班	692.75	1.058	1.058	1.554
	桥式起重机 30t	台班	440.74	29.165	—	—
	桥式起重机 50t	台班	555.96	—	35.915	52.793
	载货汽车 5t	台班	382.30	0.700	0.986	1.449
	载货汽车 8t	台班	411.20	0.257	—	—
	平板拖车组 15t	台班	793.59	0.286	—	—
	平板拖车组 20t	台班	835.65	0.515	—	—
	平板拖车组 30t	台班	965.81	—	1.058	1.554
	普通车床 400×1000	台班	34.62	3.714	4.186	6.153
	外圆磨床 200×500	台班	82.26	0.428	0.464	0.683
	牛头刨床 650mm	台班	30.54	2.214	3.000	4.410
	台式钻床 16mm	台班	3.90	1.429	2.143	3.150
	空气锤 75kg	台班	31.76	0.750	1.500	2.205
	中频加热处理机 100kW	台班	98.69	—	0.714	1.050
	交流弧焊机 32kV·A	台班	92.84	10.715	16.307	23.972
	电动空气压缩机 $1m^3/min$	台班	48.22	1.143	1.072	1.575
	电动空气压缩机 $6m^3/min$	台班	224.45	6.857	8.400	12.348
	电焊条烘干箱 60×50×75(cm^3)	台班	16.84	1.072	1.628	2.394
	台式砂轮机 ϕ250	台班	4.65	7.143	8.572	12.600

二、汽轮机本体管道安装

1. 导汽管道、汽封疏水管道安装

工作内容：管子清扫、切割；坡口加工，对口焊接、安装，法兰焊接与连接，支吊架安装、调整和固定，压力试验等。

计量单位：台

定额编号				2-3-12	2-3-13	2-3-14	2-3-15
项目				单机容量(MW)			
				≤6		≤15	
				重量(t)			
				≤0.3	≤0.7	≤0.5	≤1.1
基价（元）				**2253.65**	**4893.87**	**2784.11**	**9970.04**
其中	人工费（元）			1677.24	3981.29	1998.00	7952.04
	材料费（元）			229.14	630.07	318.86	1272.38
	机械费（元）			347.27	282.51	467.25	745.62
名称		单位	单价(元)	消耗量			
人工	二类人工	工日	135.00	12.424	29.491	14.800	58.904
材料	型钢 综合	kg	3.84	4.582	52.700	4.301	109.140
	镀锌铁丝 ϕ2.0～4.0	kg	5.01	0.969	9.350	2.111	23.205
	黑铅粉	kg	17.00	—	0.383	0.293	0.581
	石棉橡胶板 高压 δ0.5～8	kg	6.90	0.935	2.550	0.704	1.882
	白布	kg	11.64	1.369	0.893	1.750	1.346
	尼龙砂轮片 ϕ100×16×3	片	1.29	1.105	2.125	1.760	5.100
	铁砂布 0#～2#	张	1.03	—	1.700	—	3.060
	低碳钢焊条 综合	kg	6.72	5.100	5.763	6.266	16.932
	合金钢焊丝	kg	21.55	—	2.219	—	3.060
	钢锯条	条	2.59	1.700	27.200	2.933	39.270
	黄砂 净砂(中粗砂)	t	102.00	—	0.221	—	0.806
	石英砂 综合	m^3	1553.00	0.064	—	0.086	—
	油浸石棉盘根 编织 ϕ4～5(450℃)	kg	42.24	—	0.221	—	0.235
	金属清洗剂	kg	11.03	—	0.111	—	0.122
	机油 综合	kg	2.91	—	0.476	—	0.689
	铅油(厚漆)	kg	7.33	—	0.034	0.010	0.020
	黄甘油	kg	10.78	—	0.230	—	0.138
	红丹粉	kg	11.90	—	0.060	—	0.071
	氧气	m^3	3.62	6.120	19.992	10.557	42.962
	乙炔气	kg	7.60	2.329	7.599	4.008	16.325
	石棉布 烧失量 32%	kg	4.19	0.111	—	0.245	—
	凡尔砂	kg	34.91	—	0.128	—	0.138
	其他材料费	元	1.00	4.49	12.35	6.25	24.95
机械	汽车式起重机 8t	台班	648.48	0.086	0.008	0.131	0.047
	桥式起重机 20t	台班	372.34	0.022	—	—	—
	桥式起重机 30t	台班	440.74	—	—	0.058	0.026
	载货汽车 5t	台班	382.30	0.029	0.008	0.058	0.047
	电动卷扬机－单筒慢速 50kN	台班	186.39	—	—	—	0.043
	电动葫芦－单速 5t	台班	31.49	—	0.458	—	0.515
	试压泵 60MPa	台班	23.30	—	0.179	—	0.578
	直流弧焊机 20kW	台班	78.72	1.571	2.900	1.684	7.328
	电动空气压缩机 $6m^3$/min	台班	224.45	0.650	0.100	0.887	0.262
	电焊条烘干箱 60×50×75(cm^3)	台班	16.84	0.158	0.293	0.173	0.733

工作内容:管子清扫、切割;坡口加工,对口焊接、安装,法兰焊接与连接,支吊架安装、调整和固定,压力试验等。

计量单位:台

定额编号				2-3-16	2-3-17	2-3-18	2-3-19
项目				单机容量(MW)			
				≤25		≤35	
				重量(t)			
				≤1.5	≤3.1	≤3.0	≤4.5
基价(元)				**9646.80**	**25725.88**	**15190.31**	**36910.35**
其中	人工费(元)			6978.29	20213.69	10988.46	29002.19
	材料费(元)			1032.42	3137.42	1624.95	4501.58
	机械费(元)			1636.09	2374.77	2576.90	3406.58
	名称	单位	单价(元)	消耗量			
人工	二类人工	工日	135.00	51.691	149.731	81.396	214.831
材料	型钢 综合	kg	3.84	8.798	261.520	13.853	375.225
	镀锌铁丝 ϕ2.0～4.0	kg	5.01	7.713	61.583	12.145	88.358
	黑铅粉	kg	17.00	1.173	1.539	1.847	2.209
	石棉橡胶板 高压 δ0.5～8	kg	6.90	5.865	5.367	9.235	7.700
	白布	kg	11.64	1.320	4.150	2.078	5.953
	尼龙砂轮片 ϕ100×16×3	片	1.29	7.038	17.595	11.082	25.245
	铁砂布 $0^{\#}$～$2^{\#}$	张	1.03	—	8.798	—	12.623
	低碳钢焊条 综合	kg	6.72	47.800	58.254	75.269	83.582
	合金钢焊丝	kg	21.55	—	5.865	—	8.415
	钢锯条	条	2.59	8.798	83.576	13.853	119.914
	黄砂 净砂(中粗砂)	t	102.00	—	0.953	—	1.368
	石英砂 综合	m^3	1553.00	0.147	—	0.231	—
	油浸石棉盘根 编织 ϕ4～5(450℃)	kg	42.24	—	0.880	—	1.262
	金属清洗剂	kg	11.03	—	0.411	—	0.589
	机油 综合	kg	2.91	1.203	1.818	1.893	2.609
	铅油(厚漆)	kg	7.33	0.088	0.059	0.139	0.084
	黄甘油	kg	10.78	—	0.396	—	0.568
	红丹粉	kg	11.90	—	0.206	—	0.295
	氧气	m^3	3.62	42.228	110.849	66.496	159.044
	乙炔气	kg	7.60	16.041	42.125	25.259	60.441
	石棉布 烧失量 32%	kg	4.19	0.880	—	1.386	—
	凡尔砂	kg	34.91	—	0.366	—	0.526
	其他材料费	元	1.00	20.24	61.52	31.86	88.27
机械	汽车式起重机 8t	台班	648.48	0.320	0.148	0.505	0.212
	桥式起重机 50t	台班	555.96	0.345	0.025	0.543	0.035
	载货汽车 5t	台班	382.30	0.222	0.148	0.350	0.212
	电动葫芦－单速 5t	台班	31.49	—	1.072	—	1.538
	试压泵 60MPa	台班	23.30	—	2.760	—	3.960
	直流弧焊机 20kW	台班	78.72	9.783	24.766	15.406	35.534
	电动空气压缩机 $6m^3$/min	台班	224.45	1.627	0.530	2.561	0.761
	电焊条烘干箱 60×50×75(cm^3)	台班	16.84	0.986	2.477	1.553	3.554

2. 蒸汽管道、油管道安装

工作内容:管子清扫、切割;坡口加工,对口焊接、安装,法兰焊接与连接,支吊架安装、调整和固定,压力试验等。

计量单位:台

定额编号				2-3-20	2-3-21	2-3-22	2-3-23
项目				单机容量(MW)			
				≤6		≤15	
				重量(t)			
				≤0.2	≤0.8	≤0.3	≤1.1
基价(元)				**2423.49**	**11288.41**	**2777.96**	**14740.80**
其中	人工费(元)			2024.46	8939.70	2312.42	11396.16
	材料费(元)			318.22	1134.56	352.64	1805.52
	机械费(元)			80.81	1214.15	112.90	1539.12
	名称	单位	单价(元)	消耗量			
人工	二类人工	工日	135.00	14.996	66.220	17.129	84.416
材料	型钢 综合	kg	3.84	28.688	68.085	33.150	57.120
	镀锌铁丝 $\phi0.7\sim1.0$	kg	6.74	—	0.316	—	0.595
	镀锌铁丝 $\phi2.0\sim4.0$	kg	5.01	4.769	—	4.378	—
	黑铅粉	kg	17.00	0.032	0.383	0.230	0.512
	石棉橡胶板 高压 $\delta0.5\sim8$	kg	6.90	0.440	—	0.587	—
	耐油石棉橡胶板 $\delta0.8$	kg	11.21	—	1.561	—	2.338
	聚氯乙烯薄膜	m^2	0.86	—	1.056	—	1.220
	白布	kg	11.64	0.517	4.978	0.604	6.188
	尼龙砂轮片 $\phi100\times16\times3$	片	1.29	0.638	5.610	0.850	8.687
	铁砂布 $0^{\#}\sim2^{\#}$	张	1.03	—	1.020	—	2.380
	低碳钢焊条 综合	kg	6.72	1.466	10.200	2.134	23.800
	碳钢气焊条 $\phi2$ 以内	kg	10.34	1.556	1.199	1.479	1.053
	钢锯条	条	2.59	19.125	11.220	19.550	11.305
	黄砂 净砂(中粗砂)	t	102.00	0.122	—	0.145	—
	石英砂 综合	m^3	1553.00	—	0.271	—	0.524
	丝绸布	m	8.62	—	1.056	—	1.220
	酚醛调和漆	kg	11.29	—	2.591	—	3.624
	酚醛防锈漆	kg	6.90	—	4.080	—	5.712
	油浸石棉盘根 编织 $\phi4\sim5$(450℃)	kg	42.24	0.134	—	0.170	—
	油麻盘根 $\phi6\sim25$	kg	12.93	—	0.408	—	0.333
	金属清洗剂	kg	11.03	0.074	0.155	0.088	0.153
	机油 综合	kg	2.91	0.242	1.061	0.298	2.166
	汽轮机油	kg	9.91	—	0.734	—	0.863
	铅油(厚漆)	kg	7.33	—	—	—	0.030
	黄甘油	kg	10.78	0.089	—	0.102	—
	红丹粉	kg	11.90	0.089	0.668	0.051	1.505
	氧气	m^3	3.62	10.340	20.318	10.923	42.769
	乙炔气	kg	7.60	3.927	7.721	4.148	16.249
	凡尔砂	kg	34.91	0.089	0.077	0.102	0.089
	其他材料费	元	1.00	6.24	22.25	6.91	35.40
机械	汽车式起重机 8t	台班	648.48	—	0.128	—	0.150
	桥式起重机 20t	台班	372.34	—	0.005	—	—
	桥式起重机 30t	台班	440.74	—	—	—	0.010
	载货汽车 5t	台班	382.30	—	0.017	—	0.025
	电动葫芦-单速 5t	台班	31.49	0.300	0.215	0.371	0.175
	试压泵 60MPa	台班	23.30	0.113	1.843	0.143	1.100
	直流弧焊机 20kW	台班	78.72	0.707	7.903	1.058	11.300
	电动空气压缩机 $6m^3/min$	台班	224.45	0.053	1.950	0.057	2.175
	电焊条烘干箱 $60\times50\times75(cm^3)$	台班	16.84	0.070	0.788	0.107	1.130

工作内容:管子清扫、切割;坡口加工,对口焊接、安装,法兰焊接与连接,支吊架安装、调整和固定,压力试验等。

计量单位:台

定额编号				2-3-24	2-3-25	2-3-26	2-3-27
项目				单机容量(MW)			
				≤25		≤35	
				重量(t)			
				≤0.5	≤2.2	≤1.0	≤4.0
基价(元)				**5228.02**	**16918.98**	**8588.03**	**29452.15**
其中	人工费(元)			4346.06	13546.85	7138.26	23582.34
	材料费(元)			460.64	1530.40	756.66	2663.74
	机械费(元)			421.32	1841.73	693.11	3206.07
	名称	单位	单价(元)	消耗量			
人工	二类人工	工日	135.00	32.193	100.347	52.876	174.684
材料	型钢 综合	kg	3.84	36.230	66.300	59.509	115.415
	镀锌铁丝 ϕ0.7~1.0	kg	6.74	—	0.536	—	0.932
	镀锌铁丝 ϕ2.0~4.0	kg	5.01	4.189	—	6.880	—
	黑铅粉	kg	17.00	0.734	0.531	1.206	0.925
	石棉橡胶板 高压 δ0.5~8	kg	6.90	1.469	—	2.412	—
	耐油石棉橡胶板 δ0.8	kg	11.21	—	2.996	—	5.216
	聚氯乙烯薄膜	m^2	0.86	—	1.823	—	3.174
	白布	kg	11.64	1.414	8.500	2.323	14.797
	尼龙砂轮片 ϕ100×16×3	片	1.29	2.720	7.353	4.468	12.799
	铁砂布 0#~2#	张	1.03	—	1.700	—	2.960
	低碳钢焊条 综合	kg	6.72	7.752	24.055	12.733	41.875
	碳钢气焊条 ϕ2 以内	kg	10.34	1.115	1.386	1.832	2.412
	钢锯条	条	2.59	21.760	14.025	35.741	24.415
	石英砂 综合	m^3	1553.00	—	0.327	—	0.569
	丝绸布	m	8.62	—	1.823	—	3.174
	酚醛调和漆	kg	11.29	—	5.993	—	10.432
	酚醛防锈漆	kg	6.90	—	9.520	—	16.572
	油浸石棉盘根 编织 ϕ4~5(450℃)	kg	42.24	0.571	—	0.938	—
	油麻盘根 ϕ6~25	kg	12.93	—	0.676	—	1.176
	金属清洗剂	kg	11.03	0.254	0.226	0.417	0.394
	机油 综合	kg	2.91	0.952	2.474	1.564	4.306
	汽轮机油	kg	9.91	—	1.275	—	2.219
	铅油(厚漆)	kg	7.33	—	0.021	—	0.037
	黄甘油	kg	10.78	0.272	—	0.447	—
	红丹粉	kg	11.90	0.163	1.492	0.268	2.597
	氧气	m^3	3.62	13.056	25.500	21.445	44.390
	乙炔气	kg	7.60	4.950	9.690	8.131	16.868
	凡尔砂	kg	34.91	0.272	0.106	0.447	0.185
	其他材料费	元	1.00	9.03	30.01	14.84	52.23
机械	汽车式起重机 8t	台班	648.48	0.068	0.239	0.113	0.416
	桥式起重机 50t	台班	555.96	0.046	0.032	0.075	0.056
	载货汽车 5t	台班	382.30	0.068	0.061	0.113	0.106
	电动葫芦-单速 5t	台班	31.49	0.983	0.350	1.614	0.609
	试压泵 60MPa	台班	23.30	0.663	2.850	1.089	4.961
	直流弧焊机 20kW	台班	78.72	3.474	10.571	5.707	18.403
	电动空气压缩机 $6m^3$/min	台班	224.45	—	3.200	—	5.570
	电焊条烘干箱 60×50×75(cm^3)	台班	16.84	0.343	1.058	0.563	1.841

3.逆止阀控制水管道、抽汽管道安装

工作内容:管子清扫、切割;坡口加工,对口焊接、安装,法兰焊接与连接,支吊架安装、调整和固定,压力试验等。

计量单位:台

定额编号				2-3-28	2-3-29	2-3-30	2-3-31
项目				单机容量(MW)			
				≤6	≤15	≤25	≤35
基价(元)				**3004.58**	**8233.94**	**8798.27**	**10158.56**
其中	人工费(元)			2397.33	6568.56	6932.93	8004.96
	材料费(元)			261.30	715.86	1384.38	1598.42
	机械费(元)			345.95	949.52	480.96	555.18
名称		单位	单价(元)	消耗量			
人工	二类人工	工日	135.00	17.758	48.656	51.355	59.296
材料	型钢 综合	kg	3.84	15.300	41.922	149.260	172.340
	镀锌铁丝 φ2.0~4.0	kg	5.01	2.822	7.732	5.950	6.870
	黑铅粉	kg	17.00	0.179	0.489	0.485	0.559
	石棉橡胶板 中压 δ0.6~8	kg	5.86	1.785	4.891	1.148	1.325
	白布	kg	11.64	0.850	2.329	0.995	1.148
	尼龙砂轮片 φ100×16×3	片	1.29	1.615	4.425	2.805	3.239
	铁砂布 0#~2#	张	1.03	1.700	4.658	1.700	1.963
	低碳钢焊条 综合	kg	6.72	9.240	25.316	11.093	12.808
	碳钢气焊条 φ2 以内	kg	10.34	—	—	4.369	5.045
	钢锯条	条	2.59	3.400	9.316	56.100	64.775
	黄砂 净砂(中粗砂)	t	102.00	—	—	0.978	1.129
	橡胶石棉盘根 编织 φ4~5(250℃)	kg	42.24	—	—	0.306	0.354
	油浸石棉盘根 编织 φ4~5(450℃)	kg	42.24	0.570	1.561	—	—
	金属清洗剂	kg	11.03	0.201	0.549	0.167	0.192
	机油 综合	kg	2.91	0.400	1.095	0.850	0.982
	铅油(厚漆)	kg	7.33	0.043	0.116	0.043	0.049
	红丹粉	kg	11.90	0.051	0.139	0.102	0.118
	氧气	m^3	3.62	8.262	22.638	51.510	59.475
	乙炔气	kg	7.60	3.145	8.617	19.576	22.602
	凡尔砂	kg	34.91	0.085	0.233	0.102	0.118
	其他材料费	元	1.00	5.12	14.04	27.14	31.34
机械	汽车式起重机 8t	台班	648.48	0.071	0.196	—	—
	桥式起重机 20t	台班	372.34	0.100	0.274	—	—
	载货汽车 5t	台班	382.30	0.071	0.196	—	—
	电动葫芦-单速 5t	台班	31.49	0.278	0.764	—	—
	试压泵 60MPa	台班	23.30	0.636	1.742	0.172	0.198
	交流弧焊机 32kV·A	台班	92.84	2.243	6.146	3.908	4.511
	电动空气压缩机 $6m^3/min$	台班	224.45	—	—	0.479	0.553
	电焊条烘干箱 60×50×75(cm^3)	台班	16.84	0.221	0.607	0.393	0.454

三、发电机本体安装

工作内容:基础检查,垫铁配制、安装,设备解体、组合、安装,地脚螺栓安装,管路、支吊架配制、安装等。

计量单位:台

定额编号				2-3-32	2-3-33	2-3-34	2-3-35
项目				单机容量(MW)			
				≤6	≤15	≤25	≤35
基价(元)				28131.68	34271.03	48277.96	63724.18
其中	人工费(元)			22090.19	26545.05	36446.63	48109.41
	材料费(元)			1916.92	2079.00	2622.99	3459.84
	机械费(元)			4124.57	5646.98	9208.34	12154.93
名称		单位	单价(元)	消耗量			
人工	二类人工	工日	135.00	163.631	196.630	269.975	356.366
材料	型钢 综合	kg	3.84	52.700	52.700	77.350	102.102
	镀锌铁丝 ϕ2.0~4.0	kg	5.01	12.750	12.750	15.300	20.196
	热轧光圆钢筋 综合	kg	3.97	9.095	8.245	8.670	11.444
	中厚钢板 综合	kg	3.71	178.500	200.685	230.605	304.399
	镀锌薄钢板 综合	kg	4.46	2.550	4.250	5.440	7.181
	不锈钢板 304 δ0.05~0.5	kg	15.09	0.978	1.148	1.318	1.739
	橡胶板 δ5~10	kg	5.09	0.170	0.255	0.255	0.337
	石棉橡胶板 中压 δ0.6~8	kg	5.86	17.213	17.213	24.863	32.819
	聚氯乙烯薄膜	m^2	0.86	1.700	1.700	2.550	3.366
	白布	kg	11.64	2.332	2.666	2.731	3.605
	羊毛毡 1~5mm	m^2	18.97	1.700	1.870	2.635	3.478
	尼龙砂轮片 ϕ100×16×3	片	1.29	3.400	3.400	4.250	5.610
	铁砂布 0#~2#	张	1.03	44.200	53.550	53.550	70.686
	低碳钢焊条 综合	kg	6.72	5.100	5.780	6.630	8.752
	紫铜电焊条 T107 ϕ3.2	kg	78.02	0.255	0.255	0.255	0.337
	钢丝刷子	把	2.59	1.700	2.550	2.550	3.366
	板枋材	m^3	2069.00	0.043	0.043	0.060	0.078
	酚醛调和漆	kg	11.29	2.550	2.550	2.720	3.590
	硝基腻子	kg	7.67	1.488	1.530	1.955	2.581
	手喷漆	kg	12.93	4.250	4.624	5.610	7.405
	金属清洗剂	kg	11.03	2.578	2.975	3.868	5.106
	机油 综合	kg	2.91	1.700	1.700	2.550	3.366
	汽轮机油	kg	9.91	2.465	2.465	3.910	5.161
	铅油(厚漆)	kg	7.33	0.850	0.850	0.850	1.122
	黄甘油	kg	10.78	0.850	0.850	1.275	1.683

续前

定额编号				2-3-32	2-3-33	2-3-34	2-3-35
项目				单机容量(MW)			
				≤6	≤15	≤25	≤35
材料	红丹粉	kg	11.90	0.298	0.298	0.340	0.449
	磷酸三钠	kg	2.65	1.700	1.700	2.550	3.366
	硼砂	kg	4.22	0.085	0.085	0.085	0.112
	天那水	kg	7.50	3.944	4.029	5.066	6.687
	脱化剂	kg	8.02	1.700	2.125	3.400	4.488
	氧气	m^3	3.62	25.500	28.560	34.680	45.778
	乙炔气	kg	7.60	9.690	10.855	13.175	17.391
	环氧树脂胶合剂	kg	9.31	0.085	0.170	0.170	0.224
	密封胶	kg	11.12	2.550	2.550	5.950	7.854
	碳素结构钢流体无缝钢管 综合	kg	4.74	17.000	17.000	25.500	33.660
	绝缘棒	kg	51.72	0.425	0.595	0.850	1.122
	面粉	kg	6.03	0.425	0.425	0.680	0.898
	油刷 65mm	把	3.28	2.550	3.400	3.400	4.488
	其他材料费	元	1.00	37.59	40.76	51.43	67.84
机械	履带式起重机 15t	台班	702.00	0.059	—	0.507	0.670
	履带式起重机 30t	台班	865.31	—	0.629	0.136	0.179
	履带式起重机 50t	台班	1364.92	—	—	0.179	0.236
	桥式起重机 20t	台班	372.34	8.086	—	—	—
	桥式起重机 30t	台班	440.74	—	8.858	—	—
	桥式起重机 50t	台班	555.96	—	—	11.429	15.086
	载货汽车 5t	台班	382.30	0.343	0.329	—	—
	载货汽车 8t	台班	411.20	0.114	0.128	—	—
	载货汽车 15t	台班	653.04	0.128	—	—	—
	平板拖车组 30t	台班	965.81	—	0.172	—	—
	平板拖车组 40t	台班	1071.11	—	—	0.507	0.670
	平板拖车组 60t	台班	1360.78	—	—	0.179	0.236
	普通车床 400×1000	台班	34.62	0.357	0.357	1.429	1.886
	外圆磨床 200×500	台班	82.26	—	—	0.714	0.943
	台式钻床 16mm	台班	3.90	0.714	1.429	2.143	2.828
	试压泵 60MPa	台班	23.30	1.072	1.072	1.429	1.886
	交流弧焊机 32kV·A	台班	92.84	1.964	2.321	3.393	4.478
	电动空气压缩机 $1m^3/min$	台班	48.22	0.357	0.428	0.500	0.660
	电动空气压缩机 $6m^3/min$	台班	224.45	2.500	2.500	3.750	4.950
	电焊条烘干箱 60×50×75(cm^3)	台班	16.84	0.200	0.236	0.343	0.452
	台式砂轮机 ϕ250	台班	4.65	1.429	2.143	2.858	3.772

四、汽轮发电机组整套空负荷试运转

工作内容:各附属机械起动投入,暖管、暖机、升速、超速试验、调速系统动态调整,配合发电机调整,停机后安装问题处理。

计量单位:套

定额编号				2-3-36	2-3-37	2-3-38	2-3-39
项目				汽轮发电机组整套空负荷试运转			
				单、双抽汽式			
				单机容量(MW)			
				≤6	≤15	≤25	≤35
基价(元)				**36000.71**	**38449.40**	**40486.01**	**46559.28**
其中	人工费(元)			29153.79	30415.23	31816.80	36589.32
	材料费(元)			3408.44	4136.42	4348.81	5001.21
	机械费(元)			3438.48	3897.75	4320.40	4968.75
名称		单位	单价(元)	消耗量			
人工	二类人工	工日	135.00	215.954	225.298	235.680	271.032
材料	蒸汽	t	—	(300.000)	(630.000)	(1100.000)	(1265.000)
	除盐水	t	—	(120.000)	(200.000)	(300.000)	(345.000)
	水	t	—	(80.000)	(140.000)	(250.000)	(287.500)
	电	kW·h	—	(4510.000)	(10760.000)	(18010.000)	(20711.500)
	汽轮机油	kg	—	(237.000)	(437.000)	(767.000)	(882.050)
	型钢 综合	kg	3.84	51.000	59.500	68.000	78.200
	角钢 Q235B 综合	kg	3.97	32.045	38.454	38.454	44.222
	镀锌薄钢板 综合	kg	4.46	47.600	71.400	83.300	95.795
	黄铜棒 ϕ7~80	kg	52.45	7.650	8.500	8.500	9.775
	紫铜棒 ϕ16~80	kg	58.27	7.650	8.500	8.500	9.775
	耐油橡胶板	kg	11.21	12.750	17.000	17.000	19.550
	石棉橡胶板 高压 δ0.5~8	kg	6.90	5.100	6.800	6.800	7.820
	聚氯乙烯薄膜	m^2	0.86	0.425	0.425	0.425	0.489
	六角带帽螺栓 M8×75	10套	4.40	1.020	1.020	1.020	1.173
	尼龙砂轮片 ϕ100×16×3	片	1.29	3.825	3.825	4.250	4.888
	铁砂布 $0^{\#}$~$2^{\#}$	张	1.03	17.000	21.250	25.500	29.325
	低碳钢焊条 综合	kg	6.72	19.550	25.500	25.500	29.325

续前

定　额　编　号				2-3-36	2-3-37	2-3-38	2-3-39
项　　目				汽轮发电机组整套空负荷试运转			
				单、双抽汽式			
				单机容量(MW)			
				≤6	≤15	≤25	≤35
材料	焊锡丝 综合	kg	86.21	0.850	0.850	0.850	0.978
	铜丝布 16 目	m	42.07	1.870	1.870	1.870	2.151
	钢丝 ϕ0.7～1.0	kg	5.31	17.000	21.250	21.250	24.438
	钢锯条	条	2.59	17.000	21.250	25.500	29.325
	密封胶	kg	11.12	13.600	13.600	13.600	15.640
	溶剂汽油	kg	5.40	17.000	34.000	34.000	39.100
	金属清洗剂	kg	11.03	11.333	18.889	18.889	21.723
	氧气	m^3	3.62	12.240	18.360	18.360	21.114
	乙炔气	kg	7.60	4.038	6.061	6.061	6.970
	碳素结构钢流体无缝钢管 51～70×4.7～7	kg	4.74	33.303	33.303	35.224	40.508
	耐油胶管 综合	m	10.34	8.500	8.500	8.500	9.775
	冲压弯头 *DN*80	个	15.52	5.100	5.100	5.100	5.865
	平焊法兰 1.6MPa *DN*65	片	34.40	5.100	5.100	5.100	5.865
	面粉	kg	6.03	1.700	1.700	1.700	1.955
	滤油纸 300×300	张	0.35	510.000	595.000	697.000	801.550
	油浸石棉铜丝盘根 编织 ϕ3(450℃)	kg	28.97	2.125	2.125	2.550	2.933
	白布	kg	11.64	12.244	18.741	22.991	26.439
	其他材料费	元	1.00	66.83	81.11	85.27	98.06
机械	载货汽车 5t	台班	382.30	0.150	0.225	0.225	0.259
	桥式起重机 20t	台班	372.34	3.000	—	—	—
	桥式起重机 30t	台班	440.74	—	3.000	—	—
	桥式起重机 50t	台班	555.96	—	—	3.000	3.450
	普通车床 400×1000	台班	34.62	2.250	3.000	3.000	3.450
	滤油机 LX100 型	台班	44.32	9.000	13.500	14.250	16.388
	电焊机 综合	台班	115.00	13.875	13.875	14.250	16.388
	电焊条烘干箱 60×50×75(cm^3)	台班	16.84	1.388	1.388	1.425	1.639
	电动空气压缩机 6m^3/min	台班	224.45	0.750	0.750	0.750	0.863

工作内容:各附属机械起动投入,暖管、暖机、升速、超速试验、调速系统动态调整,配合发电机调整,停机后安装问题处理。

计量单位:套

定额编号				2-3-40	2-3-41	2-3-42	2-3-43
项目				汽轮发电机组整套空负荷试运转			
				背压式			
				单机容量(MW)			
				≤6	≤15	≤25	≤35
基价(元)				**26862.24**	**31089.39**	**33706.67**	**38763.11**
其中	人工费(元)			21795.35	24822.86	26984.48	31032.18
	材料费(元)			1628.41	2325.03	2401.79	2762.18
	机械费(元)			3438.48	3941.50	4320.40	4968.75
	名称	单位	单价(元)	消耗量			
人工	二类人工	工日	135.00	161.447	183.873	199.885	229.868
材料	蒸汽	t	—	(220.000)	(463.000)	(800.000)	(920.000)
	除盐水	t	—	(100.000)	(180.000)	(250.000)	(287.500)
	水	t	—	—	(260.000)	(470.000)	(540.500)
	电	kW·h	—	(2010.000)	(4010.000)	(5010.000)	(5761.500)
	汽轮机油	kg	—	(232.000)	(432.000)	(762.000)	(876.300)
	型钢 综合	kg	3.84	59.500	59.500	59.500	68.425
	角钢 Q235B 综合	kg	3.97	26.486	38.454	38.454	44.222
	镀锌薄钢板 综合	kg	4.46	47.600	71.400	83.300	95.795
	紫铜棒 ϕ16~80	kg	58.27	—	4.250	4.250	4.888
	石棉橡胶板 中压 δ0.6~8	kg	5.86	3.400	6.800	6.800	7.820
	聚氯乙烯薄膜	m^2	0.86	0.425	0.425	0.425	0.489
	六角带帽螺栓 M8×75	10套	4.40	1.020	1.020	1.020	1.173
	尼龙砂轮片 ϕ100×16×3	片	1.29	3.825	3.825	4.250	4.888
	铁砂布 0#~2#	张	1.03	8.500	8.500	17.000	19.550
	低碳钢焊条 综合	kg	6.72	17.000	19.550	21.250	24.438
	焊锡丝 综合	kg	86.21	0.425	0.850	0.850	0.978
	铜丝布 16 目	m	42.07	0.935	1.870	1.870	2.151
	密封胶	kg	11.12	10.200	11.900	13.600	15.640
	氧气	m^3	3.62	12.240	18.360	18.360	21.114
	乙炔气	kg	7.60	4.038	6.061	6.061	6.970
	碳素结构钢流体无缝钢管 综合	kg	4.74	25.500	38.454	27.200	31.280
	冲压弯头 *DN*80	个	15.52	5.100	5.100	5.100	5.865
	平焊法兰 1.6MPa *DN*65	片	34.40	5.100	5.100	5.100	5.865
	面粉	kg	6.03	1.700	1.700	1.700	1.955
	滤油纸 300×300	张	0.35	467.500	552.500	595.000	684.250
	油浸石棉铜丝盘根 编织 ϕ3(450℃)	kg	28.97	1.700	2.125	2.550	2.933
	白布	kg	11.64	2.995	3.744	4.493	5.167
	其他材料费	元	1.00	31.93	45.59	47.09	54.16
机械	载货汽车 5t	台班	382.30	0.150	0.225	0.225	0.259
	桥式起重机 20t	台班	372.34	3.000	—	—	—
	桥式起重机 30t	台班	440.74	—	3.000	—	—
	桥式起重机 50t	台班	555.96	—	—	3.000	3.450
	普通车床 400×1000	台班	34.62	2.250	3.000	3.000	3.450
	滤油机 LX100 型	台班	44.32	9.000	13.500	14.250	16.388
	电焊机 综合	台班	115.00	13.875	14.250	14.250	16.388
	电焊条烘干箱 60×50×75(cm^3)	台班	16.84	1.388	1.425	1.425	1.639
	电动空气压缩机 $6m^3$/min	台班	224.45	0.750	0.750	0.750	0.863

第四章

汽轮发电机附属、辅助设备安装工程

说　明

一、本章内容包括电动给水泵，凝结水泵，循环水泵，循环水、补给水入口设备，凝汽器，除氧器及水箱，热交换器，射水抽气器，油系统设备，胶球清洗装置，减温减压装置，柴油发电机组等安装工程。

二、有关说明：

1. 汽轮发电机附属与辅助设备安装定额包括基础框架、轴瓦冷却水管道、就地一次仪表及附件、设备水位表等安装以及配合灌浆、水位计保护罩制作和安装、对轮保护罩配制与安装。不包括下列工作内容：

(1)电动机检查、接线与空负荷试验；

(2)平台、梯子、栏杆、基础框架、地脚螺栓的配制；

(3)基础灌浆。

2. 轴承冷却水管、一次仪表、表管、阀门及表盘等部件费用按照设备成套供货考虑。

3. 水泵安装定额包括水泵及电动机安装。

4. 循环水、补给水入口设备安装包括旋转滤网、清污机、拦污栅、钢闸门安装。

(1)旋转滤网安装定额包括上部骨架、导轨、减速传动机构、拉紧调节装置、链条与滚轮、网板与链条、喷嘴与排水槽等组装、安装、调整、临时吊笼的制作和安装；

(2)清污机安装定额包括设备解体、组装、安装；

(3)拦污栅安装定额包括轨道、拦污栅组装与安装；

(4)钢闸门安装定额包括钢闸门导槽、钢闸门、配套附件等安装。

5. 凝汽器安装定额是按照壳体整体供货组合安装考虑的。定额中包括凝汽器端盖拆装、管孔板的清扫、冷凝管穿管与胀管及切割翻边与焊接、凝汽器汽侧灌水试验、喉部临时封闭、弹簧座安装与调整、水位调整器安装及支架配制安装、水位计连通管配制安装、热水井安装、凝汽器本体上安全阀的检查与安装及调整等。定额不包括凝汽器水位调整器的汽、水侧连接管道安装，凝汽器水封管及放水管安装。凝汽器整体供货不需要现场穿管时，执行定额乘以系数0.65。

6. 除氧器及水箱安装定额是按照大气式除氧器考虑的，当工程采用压力式除氧器时，执行相应的大气式除氧器定额乘以系数1.05计算其安装费。定额中包括除氧器水箱托架安装、水箱体组合与安装、人孔盖安装、除氧器本体组装、水位调节阀安装、消音管及水箱内梯子安装、蒸汽压力调节阀检查与安装及调整、水封装置或溢水装置安装。定额不包括蒸汽压力调整阀的自动调整装置安装。

7. 热交换器安装定额适用于不同介质热交换器安装工程。定额包括加热器本体安装、加热器水压试验、疏水器及危机泄水器安装、配套附件与支架安装等。定额不包括疏水器及危机泄水器支架制作、疏水器与加热器间汽与水侧连接管道安装、加热器空气门及空气管的配制与安装、加热器液压保护装置阀门及管道系统安装、加热器水侧出入口自动阀安装、电磁阀与快速电动闸阀电气系统接线及调整。

8. 射水抽气器安装定额包括抽气器本体组装与安装、水侧与混合侧水压试验、逆止阀安装与灌水试验等。定额不包括抽气器的空气管、射水管或蒸汽管安装。

9. 油箱安装定额是按照成品供货安装考虑的，不包括现场配制，工程实际发生时，应参照相应定额计算配制费。定额包括油箱本体安装、油箱支吊架安装、法兰及放油阀门安装、油箱内部及滤网清扫、注油器与过滤阀安装、油位计安装以及油箱支吊架制作与刷油漆。

10. 冷油器安装定额包括冷油器本体安装、放油与放空气阀门安装、冷油器水压试验等。定额不包括排烟风机及风管安装。

11. 滤油器、滤水器安装定额包括设备本体及支架组装与安装、水压试验等。定额不包括滤油器支架制作。

12. 胶球清洗装置安装定额包括装球室与收球网组合安装、液压系统安装、一二次滤网组合安装。定额不包括胶球清洗装置的胶球泵安装、胶球清洗装置与凝汽器连接的管道安装。

13. 减温减压装置安装定额包括由制造厂供应的减压阀、调节阀、安全阀、减温器、扩散管,配套管道、支吊架的组装和安装。

14. 柴油发电机组安装定额包括柴油发电机本体安装、油箱与管道及配件安装、冷却装置安装、基础槽钢框架的制作与安装。定额不包括与设备本体非同一底座的其他设备、启动装置、仪表盘等安装与调试。

工程量计算规则

一、电动给水泵、凝结水泵、循环水泵安装根据泵流量或所配电动机容量，按照设计工艺系统配置安装数量以“台”为计量单位。

二、旋转滤网安装根据网板宽度及安装高度，按照设计工艺系统配置安装数量以“台”为计量单位。

三、清污机安装根据网板清污宽度，按照设计工艺系统配置安装数量以“套”为计量单位。

四、拦污栅、钢闸门安装根据设计图示尺寸，按照成品重量以“t”为计量单位。计算组装、拼装连接螺栓的重量，不计算焊条重量，不计算下料及加工制作损耗量，不计算设备包装材料、临时加固铁构件重量。

1. 计算拦污栅安装重量的范围包括轨道、拦污栅等。

2. 计算钢闸门安装重量的范围包括钢闸门导槽、钢闸门、配套附件等。

五、凝汽器、除氧器及水箱、热交换器、射水抽气器、油箱、冷油器、滤油器、滤水器、减温减压器、柴油发电机的安装根据设备出力或规格，按照设计工艺系统配置安装数量以“台”为计量单位。

六、胶球清洗装置根据循环水入口管直径，按照设计工艺系统配置安装数量以“套”为计量单位，一个装球室与一个收球网为一套。

一、电动给水泵安装

工作内容:基础检查,垫铁配置安装,设备检查、测量、调整、组合安装等。　　计量单位:台

	定额编号			2-4-1	2-4-2	2-4-3	2-4-4	2-4-5	2-4-6
	项目			流量(t/h)					
				≤50	≤75	≤100	≤150	≤200	≤300
	基价(元)			**8676.77**	**10075.55**	**11520.11**	**14837.71**	**19007.44**	**24480.11**
其中	人工费(元)			7546.50	8724.92	9943.97	12807.72	16407.36	21130.88
	材料费(元)			615.57	785.53	823.98	1061.25	1359.65	1751.01
	机械费(元)			514.70	565.10	752.16	968.74	1240.43	1598.22
	名称	单位	单价(元)	消耗量					
人工	二类人工	工日	135.00	55.900	64.629	73.659	94.872	121.536	156.525
材料	型钢 综合	kg	3.84	5.100	5.100	5.950	7.664	9.818	12.644
	中厚钢板 综合	kg	3.71	60.350	81.600	82.450	106.196	136.043	175.206
	镀锌薄钢板 综合	kg	4.46	2.040	3.400	3.400	4.379	5.610	7.225
	不锈钢板 304 δ0.05~0.5	kg	15.09	0.680	0.680	0.680	0.876	1.122	1.445
	紫铜板 综合	kg	58.27	0.170	0.170	0.170	0.219	0.281	0.361
	黑铅粉	kg	17.00	0.340	0.425	0.425	0.547	0.701	0.904
	聚氯乙烯薄膜	m^2	0.86	1.700	1.700	1.700	2.190	2.805	3.613
	白布	kg	11.64	0.442	0.459	0.502	0.647	0.829	1.068
	铁砂布 0#~2#	张	1.03	7.650	7.650	9.350	12.043	15.428	19.869
	低碳钢焊条 综合	kg	6.72	0.850	1.700	1.700	2.190	2.805	3.613
	碳钢气焊条 φ2 以内	kg	10.34	0.425	0.510	0.510	0.657	0.842	1.084
	钢锯条	条	2.59	4.250	5.100	5.100	6.569	8.415	10.838
	酚醛磁漆	kg	12.07	0.170	0.170	0.170	0.219	0.281	0.361
	硝基腻子	kg	7.67	0.272	0.340	0.510	0.657	0.842	1.084
	手喷漆	kg	12.93	0.833	1.020	1.530	1.970	2.525	3.251
	橡胶石棉盘根 编织 φ6~25(250℃)	kg	37.07	2.550	3.655	3.655	4.707	6.031	7.767
	金属清洗剂	kg	11.03	0.397	0.397	0.496	0.638	0.819	1.054
	溶剂汽油	kg	5.40	1.700	2.550	2.550	3.284	4.208	5.419
	汽轮机油	kg	9.91	7.225	8.925	10.625	13.685	17.531	22.579
	铅油(厚漆)	kg	7.33	0.425	0.425	0.425	0.547	0.701	0.904
	红丹粉	kg	11.90	0.255	0.340	0.340	0.438	0.561	0.723
	天那水	kg	7.50	0.680	0.850	1.275	1.642	2.104	2.710
	氧气	m^3	3.62	5.100	5.100	5.100	6.569	8.415	10.838
	乙炔气	kg	7.60	1.938	1.938	1.938	2.496	3.198	4.118
	密封胶	kg	11.12	2.550	2.550	2.550	3.284	4.208	5.419
	青壳纸 δ0.1~1.0	kg	4.31	5.100	5.950	5.950	7.664	9.818	12.644
	其他材料费	元	1.00	12.07	15.40	16.16	20.81	26.66	34.33
机械	汽车式起重机 8t	台班	648.48	0.164	0.164	0.272	0.350	0.448	0.577
	桥式起重机 20t	台班	372.34	0.714	—	—	—	—	—
	桥式起重机 30t	台班	440.74	—	0.714	—	—	—	—
	桥式起重机 50t	台班	555.96	—	—	0.714	0.920	1.178	1.518
	载货汽车 8t	台班	411.20	0.093	0.093	0.136	0.175	0.224	0.289
	普通车床 400×1000	台班	34.62	1.072	1.072	1.429	1.840	2.357	3.036
	牛头刨床 650mm	台班	30.54	1.429	1.429	1.429	1.840	2.357	3.036
	交流弧焊机 32kV·A	台班	92.84	0.179	0.179	0.179	0.230	0.295	0.380
	电动空气压缩机 $6m^3$/min	台班	224.45	0.029	0.036	0.057	0.074	0.095	0.122
	电焊条烘干箱 60×50×75(cm^3)	台班	16.84	0.022	0.022	0.022	0.028	0.035	0.046

二、凝结水泵安装

工作内容:基础检查,垫铁配置安装,检查、测量、调整、组合安装等。 计量单位:台

定额编号				2-4-7	2-4-8	2-4-9	2-4-10
项目				功率(kW)			
				≤10	≤15	≤25	≤50
基价(元)				**2471.56**	**2833.05**	**3334.21**	**3860.99**
其中	人工费(元)			2184.57	2318.22	2711.48	3013.74
	材料费(元)			210.44	358.23	388.84	427.79
	机械费(元)			76.55	156.60	233.89	419.46
	名称	单位	单价(元)	消耗量			
人工	二类人工	工日	135.00	16.182	17.172	20.085	22.324
材料	中厚钢板 综合	kg	3.71	17.000	51.000	51.000	51.000
	不锈钢板 304 δ0.05~0.5	kg	15.09	0.425	0.680	0.680	0.850
	紫铜板 综合	kg	58.27	0.085	0.085	0.085	0.085
	黑铅粉	kg	17.00	0.085	0.085	0.085	0.085
	橡胶板 δ5~10	kg	5.09	2.550	2.550	5.100	5.100
	聚氯乙烯薄膜	m^2	0.86	0.425	0.425	0.425	0.425
	白布	kg	11.64	0.158	0.158	0.167	0.167
	铁砂布 0#~2#	张	1.03	3.400	3.400	4.250	5.100
	低碳钢焊条 综合	kg	6.72	0.425	0.425	0.425	0.425
	碳钢气焊条 ϕ2 以内	kg	10.34	0.850	0.850	0.850	1.700
	钢锯条	条	2.59	1.700	1.700	1.700	1.700
	硝基腻子	kg	7.67	0.034	0.043	0.051	0.068
	手喷漆	kg	12.93	0.102	0.136	0.170	0.204
	橡胶石棉盘根 编织 ϕ6~25(250℃)	kg	37.07	0.595	0.680	0.680	0.765
	金属清洗剂	kg	11.03	0.397	0.298	0.397	0.595
	溶剂汽油	kg	5.40	1.700	1.275	1.700	2.550
	汽轮机油	kg	9.91	1.955	3.400	4.590	5.440
	铅油(厚漆)	kg	7.33	0.170	0.170	0.170	0.170
	红丹粉	kg	11.90	0.085	0.085	0.085	0.085
	天那水	kg	7.50	0.085	0.128	0.128	0.170
	氧气	m^3	3.62	2.550	2.550	2.550	2.550
	乙炔气	kg	7.60	0.969	0.969	0.969	0.969
	密封胶	kg	11.12	1.700	1.700	1.700	1.700
	保险丝 5A	轴	7.33	—	—	—	0.017
	青壳纸 δ0.1~1.0	kg	4.31	0.170	0.170	0.255	1.190
	面粉	kg	6.03	—	—	—	0.425
	其他材料费	元	1.00	4.13	7.02	7.62	8.39
机械	汽车式起重机 8t	台班	648.48	0.043	0.043	0.043	0.093
	桥式起重机 20t	台班	372.34	—	0.215	—	—
	桥式起重机 30t	台班	440.74	—	—	0.357	—
	桥式起重机 50t	台班	555.96	—	—	—	0.536
	载货汽车 5t	台班	382.30	0.022	0.022	0.022	0.050
	普通车床 400×1000	台班	34.62	0.357	0.357	0.357	0.357
	牛头刨床 650mm	台班	30.54	0.357	0.357	0.357	0.357
	交流弧焊机 32kV·A	台班	92.84	0.179	0.179	0.179	0.179
	电动空气压缩机 $6m^3/min$	台班	224.45	—	—	—	0.008
	电焊条烘干箱 60×50×75(cm^3)	台班	16.84	0.022	0.022	0.022	0.022

三、循环水泵安装

工作内容:基础检查,垫铁配置安装,检查、测量、调整、组合安装等。 **计量单位:**台

定额编号				2-4-11	2-4-12	2-4-13	2-4-14	2-4-15
项目				流量(t/h)				
				≤500	≤1000	≤2000	≤3500	≤5000
基价(元)				**3917.74**	**5081.18**	**6489.95**	**7198.67**	**8284.69**
其中	人工费(元)			3129.44	3968.06	5122.98	5473.98	6175.31
	材料费(元)			590.97	805.32	895.38	1065.15	1200.49
	机械费(元)			197.33	307.80	471.59	659.54	908.89
名称		单位	单价(元)	消耗量				
人工	二类人工	工日	135.00	23.181	29.393	37.948	40.548	45.743
材料	型钢 综合	kg	3.84	51.000	76.500	76.500	76.500	85.000
	镀锌铁丝 ϕ2.0~4.0	kg	5.01	0.850	0.850	0.850	0.850	0.850
	中厚钢板 综合	kg	3.71	34.000	51.000	59.500	68.000	68.000
	镀锌薄钢板 综合	kg	4.46	0.680	1.360	1.360	2.040	2.040
	不锈钢板 304 δ0.05~0.5	kg	15.09	0.085	0.170	0.170	0.340	0.595
	紫铜板 综合	kg	58.27	0.085	0.128	0.128	0.128	0.128
	黑铅粉	kg	17.00	0.043	0.043	0.085	0.085	0.170
	橡胶板 δ5~10	kg	5.09	1.275	2.550	2.975	3.400	5.100
	聚氯乙烯薄膜	m^2	0.86	0.850	0.850	0.850	1.275	1.275
	白布	kg	11.64	0.241	0.325	0.333	0.342	0.425
	铁砂布 0#~2#	张	1.03	3.400	5.100	5.100	5.950	6.800
	低碳钢焊条 综合	kg	6.72	0.425	0.425	0.850	0.850	1.275
	碳钢气焊条 ϕ2 以内	kg	10.34	0.638	0.850	0.850	0.850	0.850
	钢锯条	条	2.59	1.700	2.550	3.400	3.400	4.250
	板枋材	m^3	2069.00	—	—	—	0.043	0.043
	硝基腻子	kg	7.67	0.085	0.102	1.360	0.170	0.204
	手喷漆	kg	12.93	0.255	0.340	0.476	0.680	0.680
	橡胶石棉盘根 编织 ϕ6~25(250℃)	kg	37.07	1.445	1.785	1.785	1.785	2.890

续前

定额编号				2-4-11	2-4-12	2-4-13	2-4-14	2-4-15
项目				流量(t/h)				
				≤500	≤1000	≤2000	≤3500	≤5000
材料	金属清洗剂	kg	11.03	0.397	0.397	0.397	0.992	1.388
	溶剂汽油	kg	5.40	1.700	1.700	1.700	4.250	5.950
	汽轮机油	kg	9.91	2.125	2.380	2.380	3.400	3.400
	铅油(厚漆)	kg	7.33	0.425	0.510	0.765	0.765	1.360
	黄甘油	kg	10.78	0.850	0.850	0.850	1.700	2.550
	红丹粉	kg	11.90	0.085	0.085	0.085	0.085	0.085
	天那水	kg	7.50	0.213	0.255	0.340	0.510	0.510
	氧气	m^3	3.62	2.550	2.550	5.950	5.950	6.800
	乙炔气	kg	7.60	0.969	0.969	2.261	2.261	2.584
	密封胶	kg	11.12	1.700	1.700	1.700	1.700	1.700
	碳素结构钢焊接钢管 *DN*20×2.8	m	5.73	3.145	4.250	6.375	6.800	7.650
	镀锌弯头 *DN*20	个	2.63	1.700	3.400	3.400	3.400	3.400
	截止阀 J11T-16K *DN*20	个	27.59	1.700	1.700	1.700	1.700	1.700
	保险丝 5A	轴	7.33	0.085	0.170	0.170	0.170	0.170
	青壳纸 δ0.1~1.0	kg	4.31	0.510	0.510	0.510	0.510	0.510
	面粉	kg	6.03	0.170	0.170	0.255	0.255	0.340
	其他材料费	元	1.00	11.59	15.79	17.56	20.89	23.54
机械	汽车式起重机 8t	台班	648.48	0.112	0.154	0.154	0.214	0.326
	桥式起重机 20t	台班	372.34	0.129	—	—	—	—
	桥式起重机 30t	台班	440.74	—	0.214	—	—	—
	桥式起重机 50t	台班	555.96	—	—	0.428	0.643	0.857
	载货汽车 8t	台班	411.20	0.060	0.077	0.077	0.112	0.171
	普通车床 400×1000	台班	34.62	0.857	0.857	0.857	0.857	0.857
	牛头刨床 650mm	台班	30.54	—	0.857	0.857	1.286	1.715
	交流弧焊机 32kV·A	台班	92.84	0.214	0.214	0.428	0.428	0.643
	电动空气压缩机 $6m^3$/min	台班	224.45	0.009	0.017	0.017	0.026	0.026
	电焊条烘干箱 60×50×75(cm^3)	台班	16.84	0.026	0.026	0.043	0.043	0.068
	台式砂轮机 φ250	台班	4.65	—	0.428	0.428	0.428	0.428

四、循环水、补给水入口设备安装

1.旋转滤网安装

工作内容:骨架校正、安装;导轨安装;减速传动机构检查及安装,拉紧调节装置组装及调整;相关附件组合安装等。

计量单位:台

定额编号				2-4-16	2-4-17	2-4-18	2-4-19	2-4-20
项目				网板宽度				
				2m	2.5m	3m	3.5m	4m
				高度 10m				
基价(元)				**18818.41**	**19484.05**	**20129.14**	**20506.75**	**21528.92**
其中	人工费(元)			13420.62	13970.48	14520.60	14740.52	15510.56
	材料费(元)			1285.86	1340.60	1399.97	1471.83	1527.13
	机械费(元)			4111.93	4172.97	4208.57	4294.40	4491.23
	名称	单位	单价(元)	消耗量				
人工	二类人工	工日	135.00	99.412	103.485	107.560	109.189	114.893
材料	型钢 综合	kg	3.84	114.400	124.000	134.400	144.000	153.600
	不锈钢板 304 δ0.05~0.5	kg	15.09	0.300	0.300	—	0.300	0.300
	聚氯乙烯板 δ8	m^2	217.00	1.740	1.740	1.740	1.740	1.740
	羊毛毡 6~8mm	m^2	50.86	0.020	0.020	0.020	0.020	0.020
	铁砂布 0#~2#	张	1.03	6.777	6.113	6.395	18.000	18.000
	低碳钢焊条 综合	kg	6.72	12.750	12.750	12.750	12.750	12.750
	不锈钢焊条 A102 φ3.2	kg	31.90	2.820	2.900	2.980	3.000	3.000
	酚醛调和漆	kg	11.29	3.000	3.800	4.600	5.400	6.000
	酚醛防锈漆	kg	6.90	3.000	3.800	4.600	5.400	6.000
	金属清洗剂	kg	11.03	2.473	2.473	2.473	2.613	2.707
	油漆溶剂油	kg	3.79	0.500	0.600	0.700	0.800	0.900
	机油 综合	kg	2.91	5.000	5.000	5.000	5.000	5.000
	黄甘油	kg	10.78	3.000	3.000	3.000	3.000	3.000
	聚酰胺树脂	kg	34.66	0.740	0.740	0.740	0.740	0.740
	氧气	m^3	3.62	14.400	14.400	15.200	15.200	16.000
	乙炔气	kg	7.60	5.040	5.040	5.320	5.320	5.600
	密封胶	kg	11.12	0.800	0.800	0.800	0.800	0.800
	其他材料费	元	1.00	25.21	26.29	27.45	28.86	29.94
机械	汽车式起重机 8t	台班	648.48	0.981	0.981	0.981	0.981	1.133
	载货汽车 5t	台班	382.30	0.486	0.486	0.486	0.486	0.562
	电动卷扬机-单筒慢速 50kN	台班	186.39	12.667	12.857	13.048	13.238	13.429
	普通车床 400×2000	台班	49.85	0.952	0.952	0.952	0.952	0.952
	交流弧焊机 32kV·A	台班	92.84	9.495	9.771	9.771	10.314	10.676

2. 清污机安装

工作内容：清污机及其附件检查、检修、安装等。　　**计量单位：**套

定额编号				2-4-21	2-4-22
项目				清污宽度(m)	
				≤2.5	≤4
基价（元）				**27058.90**	**35252.73**
其中	人工费（元）			16626.06	23860.31
	材料费（元）			1023.57	1192.16
	机械费（元）			9409.27	10200.26
名称		单位	单价(元)	消耗量	
人工	二类人工	工日	135.00	123.156	176.743
材料	镀锌铁丝 综合	kg	5.40	0.760	0.950
	型钢 综合	kg	3.84	50.000	55.000
	热轧薄钢板 Q235B 综合	kg	3.97	4.750	4.750
	中厚钢板 综合	kg	3.71	19.000	26.000
	白布	m	4.57	0.855	1.283
	普低钢焊条 J507 ϕ3.2	kg	7.34	24.220	24.220
	枕木 2500×200×160	根	155.00	1.140	1.235
	黄油钙基脂	kg	9.66	1.900	1.900
	清洗剂 500mL	瓶	3.74	3.705	4.275
	氧气	m^3	3.62	48.640	68.115
	乙炔气	kg	7.60	19.918	23.836
	其他材料费	元	1.00	20.07	23.38
机械	汽车式起重机 20t	台班	942.85	7.619	8.095
	载货汽车 15t	台班	653.04	2.619	3.143
	直流弧焊机 40kW	台班	102.79	5.014	5.014

3. 拦污栅、钢闸门安装

工作内容：清理、吊装、就位，配套附件安装等。　　**计量单位：**t

定额编号				2-4-23	2-4-24
项目				拦污栅	钢闸门
基价（元）				**442.74**	**314.47**
其中	人工费（元）			317.39	190.49
	材料费（元）			30.87	29.50
	机械费（元）			94.48	94.48
名称		单位	单价(元)	消耗量	
人工	二类人工	工日	135.00	2.351	1.411
材料	型钢 综合	kg	3.84	2.850	2.850
	中厚钢板 综合	kg	3.71	3.800	3.800
	普低钢焊条 J507 ϕ3.2	kg	7.34	0.250	0.250
	枕木 2500×200×160	根	155.00	0.010	0.010
	氧气	m^3	3.62	0.285	0.095
	乙炔气	kg	7.60	0.105	0.019
	其他材料费	元	1.00	0.61	0.58
机械	汽车式起重机 20t	台班	942.85	0.048	0.048
	载货汽车 10t	台班	476.15	0.095	0.095
	交流弧焊机 32kV·A	台班	92.84	0.043	0.043

五、凝汽器安装

1. 铜管凝汽器安装

工作内容:基础检查,设备就位,找正;与汽缸连接;相关配套附件安装等。　　计量单位:台

定额编号				2-4-25	2-4-26	2-4-27	2-4-28	2-4-29
项目				冷凝面积(m^2)				
				≤600	≤1000	≤1200	≤2000	≤2500
基价(元)				**8348.02**	**26263.02**	**29544.79**	**33280.41**	**39933.15**
其中	人工费(元)			5986.85	22168.76	24939.90	26995.55	32394.60
	材料费(元)			1022.87	1682.44	1891.67	2665.65	3197.36
	机械费(元)			1338.30	2411.82	2713.22	3619.21	4341.19
名称		单位	单价(元)	消耗量				
人工	二类人工	工日	135.00	44.347	164.213	184.740	199.967	239.960
材料	型钢 综合	kg	3.84	4.313	6.375	7.172	9.563	11.475
	镀锌铁丝 ϕ2.0~4.0	kg	5.01	4.830	4.973	5.594	5.674	6.809
	中厚钢板 综合	kg	3.71	69.000	117.938	132.680	199.538	239.445
	黑铅粉	kg	17.00	0.992	0.925	1.040	0.479	0.574
	石棉橡胶板 低压 δ0.8~6	kg	5.26	7.763	18.488	20.798	12.336	14.803
	白布	kg	11.64	0.398	0.419	0.470	0.464	0.557
	铁砂布 0#~2#	张	1.03	69.000	80.963	91.083	89.888	107.865
	低碳钢焊条 综合	kg	6.72	7.504	9.371	10.543	43.988	52.785
	碳钢气焊条 ϕ2 以内	kg	10.34	0.604	0.510	0.574	0.638	0.765
	钢丝刷子	把	2.59	—	11.475	12.910	12.750	15.300
	木板	m^3	1667.00	—	0.077	0.086	0.109	0.130
	酚醛调和漆	kg	11.29	4.313	4.463	5.021	6.535	7.841
	松节油	kg	7.76	0.345	0.344	0.387	0.510	0.612
	鱼油	kg	20.69	1.294	1.275	1.435	—	—
	金属清洗剂	kg	11.03	2.214	1.830	2.059	1.979	2.374
	汽轮机油	kg	9.91	0.130	1.275	1.435	1.466	1.760
	铅油(厚漆)	kg	7.33	1.725	2.359	2.654	2.741	3.290

续前

定额编号				2-4-25	2-4-26	2-4-27	2-4-28	2-4-29
项目				冷凝面积(m^2)				
				≤600	≤1000	≤1200	≤2000	≤2500
材料	黄甘油	kg	10.78	—	11.475	12.910	12.750	15.300
	红丹粉	kg	11.90	0.561	0.542	0.610	0.032	0.038
	氧气	m^3	3.62	12.938	9.881	11.117	21.038	25.245
	乙炔气	kg	7.60	4.916	3.755	4.224	7.994	9.593
	石棉扭绳 ϕ6~10 烧失量 24%	kg	2.27	0.949	1.020	1.148	1.339	1.607
	碳素结构钢镀锌焊接钢管 *DN*50×3.8	m	22.12	0.535	1.244	1.399	1.244	1.492
	水	m^3	4.27	69.000	89.250	100.406	159.375	191.250
	其他材料费	元	1.00	20.06	32.99	37.09	52.27	62.69
机械	履带式起重机 25t	台班	757.92	—	—	—	0.282	0.338
	汽车式起重机 8t	台班	648.48	—	1.032	1.161	1.170	1.403
	汽车式起重机 16t	台班	875.04	0.428	—	—	—	—
	汽车式起重机 20t	台班	942.85	—	0.365	0.411	—	—
	桥式起重机 20t	台班	372.34	1.397	—	—	—	—
	桥式起重机 30t	台班	440.74	—	1.445	1.625	—	—
	桥式起重机 50t	台班	555.96	—	—	—	1.892	2.270
	载货汽车 5t	台班	382.30	—	0.344	0.387	—	—
	载货汽车 15t	台班	653.04	0.214	—	—	—	—
	平板拖车组 20t	台班	835.65	—	0.186	0.209	—	—
	平板拖车组 40t	台班	1071.11	—	—	—	0.523	0.627
	普通车床 400×1000	台班	34.62	0.466	0.344	0.387	0.344	0.413
	牛头刨床 650mm	台班	30.54	0.466	0.344	0.387	0.344	0.413
	台式钻床 16mm	台班	3.90	—	0.344	0.387	0.344	0.413
	电动单级离心清水泵 50mm	台班	29.31	—	1.238	1.393	1.376	1.652
	交流弧焊机 32kV·A	台班	92.84	1.397	2.065	2.322	7.914	9.495
	电动空气压缩机 $6m^3$/min	台班	224.45	0.620	0.963	1.084	0.963	1.156
	电焊条烘干箱 60×50×75(cm^3)	台班	16.84	0.019	0.020	0.023	0.791	0.949
	台式砂轮机 ϕ250	台班	4.65	0.931	1.376	1.548	1.376	1.652

2. 不锈钢管凝汽器安装

工作内容:基础检查;设备就位,找正;与汽缸连接;相关配套附件安装等。　　计量单位:台

定额编号				2-4-30	2-4-31	2-4-32	2-4-33	2-4-34
项目				冷凝面积(m^2)				
				≤600	≤1000	≤1200	≤2000	≤2500
基价(元)				**25683.80**	**32917.38**	**37181.18**	**42150.73**	**50530.83**
其中	人工费(元)			23009.40	26588.66	30053.84	32520.83	38999.61
	材料费(元)			1196.48	2752.67	3118.45	4352.11	5216.78
	机械费(元)			1477.92	3576.05	4008.89	5277.79	6314.44
名称		单位	单价(元)	消耗量				
人工	二类人工	工日	135.00	170.440	196.953	222.621	240.895	288.886
材料	型钢 综合	kg	3.84	5.000	10.000	11.280	15.000	18.000
	镀锌铁丝 φ2.0~4.0	kg	5.01	5.600	7.800	8.798	8.900	10.680
	中厚钢板 综合	kg	3.71	80.000	185.000	208.680	313.000	375.600
	黑铅粉	kg	17.00	1.150	1.450	1.636	0.750	0.900
	铈钨棒	g	0.40	30.000	40.000	50.000	60.000	70.000
	石棉橡胶板 低压 δ0.8~6	kg	5.26	9.000	29.000	32.712	19.350	23.220
	白布	kg	11.64	0.461	0.656	0.740	0.727	0.872
	铁砂布 0#~2#	张	1.03	8.000	127.000	143.256	141.000	169.200
	低碳钢焊条 综合	kg	6.72	8.700	14.700	16.582	69.000	82.800
	碳钢气焊条 φ2 以内	kg	10.34	0.700	0.800	0.902	1.000	1.200
	不锈钢焊丝	kg	47.41	0.600	0.800	1.000	1.200	1.400
	钢丝刷子	把	2.59	—	18.000	20.304	20.000	24.000
	木板	m^3	1667.00	—	0.120	0.135	0.170	0.204
	酚醛调和漆	kg	11.29	5.000	7.000	7.896	10.250	12.300
	松节油	kg	7.76	0.400	0.540	0.609	0.800	0.960
	鱼油	kg	20.69	1.500	2.000	2.256	—	—
	金属清洗剂	kg	11.03	2.567	2.870	3.237	3.103	3.724
	汽轮机油	kg	9.91	0.150	2.000	2.256	2.300	2.760
	铅油(厚漆)	kg	7.33	2.000	3.700	4.174	4.300	5.160
	黄甘油	kg	10.78	—	18.000	20.304	20.000	24.000

续前

定额编号				2-4-30	2-4-31	2-4-32	2-4-33	2-4-34
项目				冷凝面积(m^2)				
				≤600	≤1000	≤1200	≤2000	≤2500
材料	红丹粉	kg	11.90	0.650	0.850	0.959	0.050	0.060
	氩气	m^3	7.00	6.300	8.400	10.500	12.600	14.700
	氧气	m^3	3.62	15.000	15.500	17.484	33.000	39.600
	乙炔气	kg	7.60	5.700	5.890	6.644	12.540	15.048
	石棉扭绳 ϕ6~10 烧失量 24%	kg	2.27	1.100	1.600	1.805	2.100	2.520
	碳素结构钢镀锌焊接钢管 *DN*50×3.8	m	22.12	0.620	1.950	2.200	1.950	2.340
	水	m^3	4.27	80.000	140.000	157.920	250.000	300.000
	其他材料费	元	1.00	23.46	53.97	61.15	85.34	102.29
机械	履带式起重机 25t	台班	757.92	—	—	—	0.390	0.469
	汽车式起重机 8t	台班	648.48	—	1.429	1.611	1.619	1.943
	汽车式起重机 16t	台班	875.04	0.438	—	—	—	—
	汽车式起重机 20t	台班	942.85	—	0.505	0.569	—	—
	桥式起重机 20t	台班	372.34	1.429	—	—	—	—
	桥式起重机 30t	台班	440.74	—	2.000	2.256	—	—
	桥式起重机 50t	台班	555.96	—	—	—	2.619	3.143
	载货汽车 5t	台班	382.30	—	0.476	0.537	—	—
	载货汽车 15t	台班	653.04	0.219	—	—	—	—
	平板拖车组 20t	台班	835.65	—	0.257	0.290	—	—
	平板拖车组 40t	台班	1071.11	—	—	—	0.724	0.869
	普通车床 400×1000	台班	34.62	0.476	0.476	0.537	0.476	0.571
	牛头刨床 650mm	台班	30.54	0.476	0.476	0.537	0.476	0.571
	台式钻床 16mm	台班	3.90	—	0.476	0.537	0.476	0.571
	电动单级离心清水泵 50mm	台班	29.31	—	1.714	1.934	1.905	2.286
	交流弧焊机 32kV·A	台班	92.84	1.429	2.857	3.223	10.952	13.143
	氩弧焊机 500A	台班	97.67	1.914	2.438	2.505	2.752	3.095
	电动空气压缩机 $6m^3$/min	台班	224.45	0.286	1.333	1.504	1.333	1.600
	电焊条烘干箱 60×50×75(cm^3)	台班	16.84	0.019	0.029	0.032	1.095	1.314
	台式砂轮机 ϕ250	台班	4.65	0.952	1.905	2.149	1.905	2.286

六、除氧器及水箱安装

工作内容:基础检查,设备组合、起吊、拖运、就位、固定、附件安装等。　　计量单位:台

定额编号				2-4-35	2-4-36	2-4-37	2-4-38	2-4-39
项目				大气式				
				水箱容积(m^3)				
				≤25	≤40	≤55	≤75	≤110
基价(元)				**10433.35**	**12413.80**	**14895.37**	**15657.76**	**18789.30**
其中	人工费(元)			8506.76	10005.12	12006.09	12874.82	15449.94
	材料费(元)			781.81	916.80	1100.12	1320.25	1584.28
	机械费(元)			1144.78	1491.88	1789.16	1462.69	1755.08
	名称	单位	单价(元)	消耗量				
人工	二类人工	工日	135.00	63.013	74.112	88.934	95.369	114.444
材料	型钢 综合	kg	3.84	8.075	9.775	11.730	10.625	12.750
	镀锌铁丝 ϕ2.0~4.0	kg	5.01	12.750	14.450	17.340	17.000	20.400
	中厚钢板 综合	kg	3.71	51.000	59.500	71.400	68.000	81.600
	黑铅粉	kg	17.00	0.170	0.213	0.255	0.255	0.306
	石棉橡胶板 低压 δ0.8~6	kg	5.26	3.060	3.825	4.590	4.590	5.508
	白布	kg	11.64	0.281	0.340	0.408	0.629	0.755
	低碳钢焊条 综合	kg	6.72	14.875	17.000	20.400	21.250	25.500
	碳钢气焊条 ϕ2 以内	kg	10.34	0.255	0.340	0.408	0.425	0.510
	汽包漆	kg	13.52	12.750	15.980	19.176	32.980	39.576
	金属清洗剂	kg	11.03	0.754	0.912	1.095	1.587	1.904
	溶剂汽油	kg	5.40	0.255	0.323	0.388	0.578	0.694
	汽轮机油	kg	9.91	0.043	0.043	0.051	0.850	1.020
	铅油(厚漆)	kg	7.33	0.128	0.128	0.153	0.170	0.204
	红丹粉	kg	11.90	0.043	0.043	0.051	0.043	0.051
	氧气	m^3	3.62	15.300	17.850	21.420	28.050	33.660
	乙炔气	kg	7.60	5.814	6.783	8.140	10.659	12.791
	石棉扭绳 ϕ6~10 烧失量 24%	kg	2.27	0.255	0.255	0.306	0.340	0.408
	凡尔砂	kg	34.91	0.026	0.026	0.031	0.026	0.031
	碳素结构钢镀锌焊接钢管 *DN*15×2.8	m	6.07	10.455	10.455	12.546	9.605	11.526
	碳素结构钢流体无缝钢管 25×4	m	8.60	1.054	1.377	1.652	1.615	1.938
	其他材料费	元	1.00	15.33	17.98	21.57	25.89	31.06
机械	履带式起重机 10t	台班	589.37	0.350	—	—	—	—
	履带式起重机 15t	台班	702.00	—	0.422	0.506	0.428	0.515
	汽车式起重机 20t	台班	942.85	0.179	0.357	0.428	—	—
	自升式塔式起重机 400kN·m	台班	572.07	—	—	—	0.357	0.428
	载货汽车 8t	台班	411.20	0.357	—	—	—	—
	平板拖车组 30t	台班	965.81	—	0.207	0.248	0.215	0.257
	电动卷扬机-单筒慢速 50kN	台班	186.39	1.964	1.964	2.357	2.143	2.572
	普通车床 400×1000	台班	34.62	0.357	0.536	0.643	0.536	0.643
	直流弧焊机 20kW	台班	78.72	2.500	2.858	3.428	3.572	4.286
	电动空气压缩机 6m^3/min	台班	224.45	0.179	0.179	0.215	0.179	0.215
	电焊条烘干箱 60×50×75(cm^3)	台班	16.84	0.250	0.357	0.428	0.357	0.428
	台式砂轮机 ϕ250	台班	4.65	0.714	0.714	0.857	1.072	1.286

七、热交换器安装

1. 高压热交换器安装

工作内容：基础检查，设备检查、拖运、起吊就位、安装，水压试验等。　　**计量单位：**台

定额编号				2-4-40	2-4-41	2-4-42	2-4-43
项目				热交换面积(m^2)			
				≤65	≤100	≤200	≤260
基价（元）				**3580.93**	**4391.15**	**6544.06**	**7553.75**
其中	人工费（元）			2774.66	3456.14	5052.51	5976.86
	材料费（元）			241.39	275.74	338.85	361.23
	机械费（元）			564.88	659.27	1152.70	1215.66
名称		单位	单价(元)	消耗量			
人工	二类人工	工日	135.00	20.553	25.601	37.426	44.273
材料	镀锌铁丝 φ2.0~4.0	kg	5.01	0.850	1.275	1.700	1.700
	中厚钢板 综合	kg	3.71	22.100	30.600	40.800	41.650
	紫铜棒 φ16~80	kg	58.27	0.170	0.170	0.170	0.170
	黑铅粉	kg	17.00	0.510	0.510	0.978	0.978
	石棉橡胶板 低压 δ0.8~6	kg	5.26	11.135	11.135	12.070	15.640
	低碳钢焊条 综合	kg	6.72	2.210	2.210	2.210	2.210
	碳钢气焊条 φ2 以内	kg	10.34	0.680	0.680	0.680	0.680
	油浸石棉盘根 扭制 φ11~25	kg	24.14	0.213	0.213	0.425	0.425
	金属清洗剂	kg	11.03	0.119	0.119	0.238	0.238
	汽轮机油	kg	9.91	0.213	0.213	0.425	0.425
	红丹粉	kg	11.90	0.085	0.085	0.128	0.128
	氧气	m^3	3.62	6.375	6.375	6.375	6.375
	乙炔气	kg	7.60	2.423	2.423	2.423	2.423
	凡尔砂	kg	34.91	0.009	0.009	0.009	0.009
	其他材料费	元	1.00	4.73	5.41	6.64	7.08
机械	履带式起重机 10t	台班	589.37	0.164	0.172	—	—
	履带式起重机 20t	台班	719.78	—	—	0.257	0.293
	桥式起重机 30t	台班	440.74	0.629	—	—	—
	桥式起重机 50t	台班	555.96	—	0.629	1.164	1.164
	载货汽车 5t	台班	382.30	0.143	—	—	—
	平板拖车组 20t	台班	835.65	—	0.086	—	—
	平板拖车组 30t	台班	965.81	—	—	0.128	—
	平板拖车组 40t	台班	1071.11	—	—	—	0.150
	普通车床 400×1000	台班	34.62	1.072	1.072	1.429	1.429
	试压泵 60MPa	台班	23.30	0.357	0.357	0.714	0.714
	交流弧焊机 32kV·A	台班	92.84	0.536	0.536	0.536	0.536
	电动空气压缩机 $6m^3/min$	台班	224.45	0.179	0.179	0.357	0.357
	电焊条烘干箱 60×50×75(cm^3)	台班	16.84	0.057	0.057	0.057	0.057

2. 低压热交换器安装

工作内容:基础检查,设备检查、拖运、起吊就位、安装,水压试验等。 **计量单位:**台

	定额编号			2-4-44	2-4-45	2-4-46	2-4-47
	项目			热交换面积(m^2)			
				≤40	≤60	≤90	≤130
	基价(元)			**3109.38**	**3344.05**	**3526.78**	**4312.87**
其中	人工费(元)			2177.96	2345.49	2433.92	3128.49
	材料费(元)			375.91	404.53	441.67	486.18
	机械费(元)			555.51	594.03	651.19	698.20
	名称	单位	单价(元)	消耗量			
人工	二类人工	工日	135.00	16.133	17.374	18.029	23.174
材料	镀锌铁丝 φ2.0~4.0	kg	5.01	1.700	2.550	2.550	3.400
	中厚钢板 综合	kg	3.71	51.000	55.250	63.750	66.300
	紫铜板 综合	kg	58.27	0.425	0.425	0.425	0.765
	黑铅粉	kg	17.00	0.340	0.340	0.340	0.425
	石棉橡胶板 低压 δ0.8~6	kg	5.26	6.885	7.650	7.650	8.075
	低碳钢焊条 综合	kg	6.72	1.275	1.275	1.275	1.275
	碳钢气焊条 φ2 以内	kg	10.34	0.255	0.425	0.425	0.425
	紫铜电焊条 T107 φ3.2	kg	78.02	0.425	0.425	0.425	0.425
	金属清洗剂	kg	11.03	0.238	0.298	0.317	0.357
	汽轮机油	kg	9.91	0.128	0.170	0.170	0.170
	铅油(厚漆)	kg	7.33	0.043	0.085	0.085	0.085
	红丹粉	kg	11.90	0.043	0.043	0.043	0.043
	硼砂	kg	4.22	0.170	0.170	0.170	0.170
	氧气	m^3	3.62	6.800	6.800	7.650	7.650
	乙炔气	kg	7.60	2.584	2.584	2.907	2.907
	石棉扭绳 φ4~5 烧失量 24%	kg	2.27	0.043	0.425	0.043	0.043
	凡尔砂	kg	34.91	0.026	0.026	0.026	0.026
	碳素结构钢镀锌焊接钢管 *DN*32×3.5	m	14.69	0.612	0.612	0.612	1.020
	其他材料费	元	1.00	7.37	7.93	8.66	9.53
机械	履带式起重机 10t	台班	589.37	0.122	0.164	0.122	0.172
	桥式起重机 30t	台班	440.74	0.714	0.714	—	—
	桥式起重机 50t	台班	555.96	—	—	0.714	0.714
	载货汽车 5t	台班	382.30	0.107	0.143	—	—
	平板拖车组 20t	台班	835.65	—	—	0.065	0.086
	普通车床 400×1000	台班	34.62	1.072	1.072	1.072	1.072
	交流弧焊机 32kV·A	台班	92.84	0.536	0.536	0.536	0.536
	电动空气压缩机 6m^3/min	台班	224.45	0.179	0.179	0.179	0.179
	电焊条烘干箱 60×50×75(cm^3)	台班	16.84	0.057	0.057	0.057	0.057

3. 其他热交换器安装

工作内容：基础检查，设备检查、拖运、起吊就位、安装，水压试验等。　　　　计量单位：台

定额编号				2-4-48	2-4-49	2-4-50	2-4-51
项目				热交换面积(m^2)			
				≤20	≤50	≤80	≤120
基价（元）				2177.56	2336.96	2794.10	3128.66
其中	人工费（元）			1515.51	1554.93	1969.11	2205.23
	材料费（元）			249.60	290.16	271.37	303.88
	机械费（元）			412.45	491.87	553.62	619.55
名称		单位	单价(元)	消耗量			
人工	二类人工	工日	135.00	11.226	11.518	14.586	16.335
材料	镀锌铁丝 ϕ2.0～4.0	kg	5.01	1.700	1.700	1.700	1.904
	中厚钢板 综合	kg	3.71	34.000	38.250	38.250	42.840
	紫铜板 综合	kg	58.27	0.425	0.765	0.425	0.476
	黑铅粉	kg	17.00	0.255	0.340	0.383	0.428
	橡胶板 δ5～10	kg	5.09	2.856	2.856	2.856	3.199
	石棉橡胶板 低压 δ0.8～6	kg	5.26	1.343	1.726	1.726	1.933
	低碳钢焊条 综合	kg	6.72	1.275	1.275	1.275	1.428
	碳钢气焊条 ϕ2 以内	kg	10.34	0.425	0.425	0.425	0.476
	橡胶石棉盘根 编织 ϕ4～5(250℃)	kg	42.24	0.170	0.170	0.170	0.190
	金属清洗剂	kg	11.03	0.198	0.218	0.278	0.311
	汽轮机油	kg	9.91	0.170	0.170	0.170	0.190
	铅油(厚漆)	kg	7.33	0.128	0.128	0.128	0.143
	红丹粉	kg	11.90	0.043	0.085	0.085	0.095
	氧气	m^3	3.62	3.825	3.825	3.825	4.284
	乙炔气	kg	7.60	1.454	1.454	1.454	1.628
	碳素结构钢镀锌焊接钢管 *DN*32×3.5	m	14.69	0.612	0.612	0.612	0.685
	其他材料费	元	1.00	4.89	5.69	5.32	5.96
机械	履带式起重机 10t	台班	589.37	0.122	0.164	0.229	0.256
	桥式起重机 50t	台班	555.96	0.357	0.357	0.357	0.400
	载货汽车 8t	台班	411.20	—	0.086	0.143	0.160
	电动卷扬机－单筒慢速 50kN	台班	186.39	0.179	0.179	0.179	0.200
	普通车床 400×1000	台班	34.62	1.072	1.072	1.072	1.200
	交流弧焊机 32kV·A	台班	92.84	0.536	0.536	0.536	0.600
	电动空气压缩机 6m^3/min	台班	224.45	0.093	0.179	0.179	0.200
	电焊条烘干箱 60×50×75(cm^3)	台班	16.84	0.057	0.057	0.057	0.064

工作内容:基础检查,设备检查、拖运、起吊就位、安装,水压试验等。 **计量单位**:台

定额编号				2-4-52	2-4-53	2-4-54	2-4-55
项目				热交换面积(m^2)			
				≤180	≤240	≤350	≤500
基价(元)				**3598.43**	**3910.90**	**4224.09**	**4693.14**
其中	人工费(元)			2536.11	2756.57	2977.16	3307.91
	材料费(元)			349.48	379.89	410.31	455.91
	机械费(元)			712.84	774.44	836.62	929.32
名称		单位	单价(元)	消耗量			
人工	二类人工	工日	135.00	18.786	20.419	22.053	24.503
材料	镀锌铁丝 φ2.0~4.0	kg	5.01	2.190	2.380	2.570	2.856
	中厚钢板 综合	kg	3.71	49.266	53.550	57.834	64.260
	紫铜板 综合	kg	58.27	0.547	0.595	0.643	0.714
	黑铅粉	kg	17.00	0.493	0.536	0.578	0.643
	橡胶板 δ5~10	kg	5.09	3.679	3.998	4.318	4.798
	石棉橡胶板 低压 δ0.8~6	kg	5.26	2.223	2.416	2.609	2.899
	低碳钢焊条 综合	kg	6.72	1.642	1.785	1.928	2.142
	碳钢气焊条 φ2 以内	kg	10.34	0.547	0.595	0.643	0.714
	橡胶石棉盘根 编织 φ4~5(250℃)	kg	42.24	0.219	0.238	0.257	0.286
	金属清洗剂	kg	11.03	0.358	0.388	0.420	0.467
	汽轮机油	kg	9.91	0.219	0.238	0.257	0.286
	铅油(厚漆)	kg	7.33	0.164	0.179	0.193	0.214
	红丹粉	kg	11.90	0.110	0.119	0.128	0.143
	氧气	m^3	3.62	4.927	5.355	5.783	6.426
	乙炔气	kg	7.60	1.872	2.035	2.198	2.442
	碳素结构钢镀锌焊接钢管 DN32×3.5	m	14.69	0.788	0.857	0.926	1.029
	其他材料费	元	1.00	6.85	7.45	8.05	8.94
机械	履带式起重机 10t	台班	589.37	0.295	0.320	0.346	0.384
	桥式起重机 50t	台班	555.96	0.460	0.500	0.540	0.600
	载货汽车 8t	台班	411.20	0.184	0.200	0.216	0.240
	电动卷扬机-单筒慢速 50kN	台班	186.39	0.230	0.250	0.270	0.300
	普通车床 400×1000	台班	34.62	1.380	1.500	1.620	1.800
	交流弧焊机 32kV·A	台班	92.84	0.690	0.750	0.810	0.900
	电动空气压缩机 6m^3/min	台班	224.45	0.230	0.250	0.270	0.300
	电焊条烘干箱 60×50×75(cm^3)	台班	16.84	0.074	0.080	0.086	0.096

八、射水抽气器安装

工作内容：设备检查、组装、起吊就位，水压试验等。　　　　计量单位：台

定额编号				2-4-56	2-4-57
项目				抽气量(kg)	
				≤8.5	≤12.5
基价（元）				**1826.72**	**2260.81**
其中	人工费（元）			1432.49	1663.20
	材料费（元）			239.22	351.91
	机械费（元）			155.01	245.70
	名称	单位	单价(元)	消耗量	
人工	二类人工	工日	135.00	10.611	12.320
材料	中厚钢板 综合	kg	3.71	38.250	55.250
	黑铅粉	kg	17.00	0.340	0.510
	石棉橡胶板 低压 δ0.8～6	kg	5.26	4.590	8.415
	低碳钢焊条 综合	kg	6.72	1.700	1.700
	碳钢气焊条 $\phi 2$ 以内	kg	10.34	0.170	0.170
	酚醛调和漆	kg	11.29	—	1.700
	松节油	kg	7.76	—	0.128
	鱼油	kg	20.69	0.680	0.850
	金属清洗剂	kg	11.03	0.198	0.198
	铅油(厚漆)	kg	7.33	0.213	0.170
	红丹粉	kg	11.90	0.340	0.425
	氧气	m^3	3.62	4.250	4.250
	乙炔气	kg	7.60	1.615	1.615
	其他材料费	元	1.00	4.69	6.90
机械	履带式起重机 10t	台班	589.37	0.022	0.022
	桥式起重机 20t	台班	372.34	0.179	—
	桥式起重机 30t	台班	440.74	—	0.357
	载货汽车 5t	台班	382.30	0.022	0.022
	普通车床 400×1000	台班	34.62	0.357	0.357
	交流弧焊机 32kV·A	台班	92.84	0.357	0.357
	电动空气压缩机 $6m^3/min$	台班	224.45	0.093	0.093
	电焊条烘干箱 60×50×75(cm^3)	台班	16.84	0.036	0.036

九、油系统设备安装

1.油 箱 安 装

工作内容:基础检查,设备检查、拖运、就位、安装,配套附件安装,内部清扫等。　　　**计量单位**:台

定额编号				2-4-58	2-4-59	2-4-60	2-4-61
项目				油箱容积(m^3)			
				≤2	≤5	≤10	≤15
基价(元)				**2205.41**	**3344.94**	**4627.42**	**5654.66**
其中	人工费(元)			1774.17	2690.96	3697.11	4535.73
	材料费(元)			222.70	326.74	398.90	554.45
	机械费(元)			208.54	327.24	531.41	564.48
名称		单位	单价(元)	消耗量			
人工	二类人工	工日	135.00	13.142	19.933	27.386	33.598
材料	镀锌铁丝 ϕ2.0~4.0	kg	5.01	1.700	2.550	3.400	4.250
	中厚钢板 综合	kg	3.71	27.200	39.950	39.950	68.000
	橡胶板 δ5~10	kg	5.09	1.632	2.448	2.958	3.400
	白布	kg	11.64	1.089	1.804	2.645	3.020
	羊毛毡 1~5mm	m^2	18.97	0.340	0.510	0.680	0.850
	低碳钢焊条 综合	kg	6.72	1.700	1.700	1.700	1.700
	酚醛调和漆	kg	11.29	0.536	1.615	2.890	3.825
	松节油	kg	7.76	0.051	0.128	0.230	0.306
	金属清洗剂	kg	11.03	0.595	0.992	1.587	1.785
	汽轮机油	kg	9.91	1.700	2.125	2.975	2.975
	红丹粉	kg	11.90	0.085	0.170	0.170	0.170
	脱化剂	kg	8.02	0.510	0.850	1.275	1.700
	氧气	m^3	3.62	2.550	2.550	3.825	5.100
	乙炔气	kg	7.60	0.842	0.842	1.267	1.683
	密封胶	kg	11.12	1.700	2.550	3.400	4.250
	青壳纸 δ0.1~1	kg	4.31	0.128	0.170	0.170	0.255
	其他材料费	元	1.00	4.37	6.41	7.82	10.87
机械	履带式起重机 10t	台班	589.37	0.071	0.093	0.128	0.143
	桥式起重机 20t	台班	372.34	0.179	—	—	—
	桥式起重机 30t	台班	440.74	—	0.357	—	—
	桥式起重机 50t	台班	555.96	—	—	0.536	0.536
	载货汽车 5t	台班	382.30	0.036	0.043	—	—
	平板拖车组 20t	台班	835.65	—	—	0.071	0.100
	普通车床 400×1000	台班	34.62	0.357	0.714	0.714	0.714
	交流弧焊机 32kV·A	台班	92.84	0.357	0.357	0.357	0.357
	电动空气压缩机 $6m^3$/min	台班	224.45	0.179	0.179	0.179	0.179
	电焊条烘干箱 60×50×75(cm^3)	台班	16.84	0.036	0.036	0.036	0.036

2.冷油器安装

工作内容:基础检查,设备检查、就位、安装,水压试验等。 **计量单位:**台

定额编号				2-4-62	2-4-63	2-4-64	2-4-65
项目				冷却面积(m^2)			
				≤12.5	≤20	≤40	≤50
基价(元)				**2397.77**	**2706.51**	**3375.56**	**3596.82**
其中	人工费(元)			1844.78	2074.41	2593.89	2791.67
	材料费(元)			177.08	207.35	261.03	284.51
	机械费(元)			375.91	424.75	520.64	520.64
名称		单位	单价(元)	消耗量			
人工	二类人工	工日	135.00	13.665	15.366	19.214	20.679
材料	中厚钢板 综合	kg	3.71	21.250	25.500	29.750	34.000
	石棉橡胶板 低压 δ0.8~6	kg	5.26	3.825	4.590	5.780	5.780
	白布	kg	11.64	0.705	0.779	1.004	1.004
	低碳钢焊条 综合	kg	6.72	0.850	0.850	0.850	0.850
	酚醛调和漆	kg	11.29	0.510	0.850	1.360	1.530
	松节油	kg	7.76	0.043	0.068	0.111	0.128
	金属清洗剂	kg	11.03	0.793	0.893	0.992	0.992
	汽轮机油	kg	9.91	1.020	1.275	1.700	1.700
	铅油(厚漆)	kg	7.33	0.340	0.425	0.510	0.510
	红丹粉	kg	11.90	0.026	0.026	0.043	0.043
	氧气	m^3	3.62	1.700	1.700	2.550	3.400
	乙炔气	kg	7.60	0.561	0.561	0.842	1.122
	密封胶	kg	11.12	1.700	1.700	2.550	2.550
	青壳纸 δ0.1~1	kg	4.31	0.850	1.020	1.275	1.275
	其他材料费	元	1.00	3.47	4.07	5.12	5.58
机械	履带式起重机 10t	台班	589.37	0.029	0.029	0.022	0.022
	桥式起重机 20t	台班	372.34	0.714	—	—	—
	桥式起重机 30t	台班	440.74	—	0.714	—	—
	桥式起重机 50t	台班	555.96	—	—	0.714	0.714
	载货汽车 5t	台班	382.30	0.029	0.029	0.043	0.043
	普通车床 400×1000	台班	34.62	0.714	0.714	1.072	1.072
	交流弧焊机 32kV·A	台班	92.84	0.179	0.179	0.179	0.179
	电动空气压缩机 $6m^3$/min	台班	224.45	0.179	0.179	0.179	0.179
	电焊条烘干箱 60×50×75(cm^3)	台班	16.84	0.022	0.022	0.022	0.022

3. 滤油器、滤水器安装

工作内容:基础检查,设备解体、检查,水压试验,就位安装等。 **计量单位**:台

定额编号				2-4-66	2-4-67	2-4-68	2-4-69
项目				滤油器	滤水器		
					L－100	L－150	L－200
基价(元)				**771.38**	**436.33**	**537.43**	**650.94**
其中	人工费(元)			666.36	385.97	421.61	513.00
	材料费(元)			49.74	35.39	35.39	57.51
	机械费(元)			55.28	14.97	80.43	80.43
名称		单位	单价(元)	消耗量			
人工	二类人工	工日	135.00	4.936	2.859	3.123	3.800
材料	中厚钢板 综合	kg	3.71	—	4.250	4.250	8.500
	镀锌薄钢板 δ0.75	m^2	24.16	0.085	—	—	—
	橡胶板 δ5～10	kg	5.09	—	0.816	0.816	1.632
	耐油石棉橡胶板 δ0.8	kg	11.21	0.196	—	—	—
	白布	kg	11.64	0.757	0.085	0.085	0.085
	低碳钢焊条 综合	kg	6.72	0.255	0.425	0.425	0.425
	酚醛调和漆	kg	11.29	0.340	0.425	0.425	0.536
	松节油	kg	7.76	0.026	0.034	0.034	0.043
	金属清洗剂	kg	11.03	0.397	0.060	0.060	0.099
	汽轮机油	kg	9.91	0.510	—	—	—
	红丹粉	kg	11.90	0.085	—	—	—
	氧气	m^3	3.62	—	0.850	0.850	0.850
	乙炔气	kg	7.60	—	0.281	0.281	0.281
	密封胶	kg	11.12	1.700	—	—	—
	凡尔砂	kg	34.91	0.017	—	—	—
	其他材料费	元	1.00	0.98	0.69	0.69	1.13
机械	桥式起重机 50t	台班	555.96	—	—	0.093	0.093
	载货汽车 5t	台班	382.30	—	—	0.036	0.036
	普通车床 400×1000	台班	34.62	0.179	0.179	0.179	0.179
	交流弧焊机 32kV·A	台班	92.84	0.179	0.093	0.093	0.093
	电动空气压缩机 $6m^3$/min	台班	224.45	0.143	—	—	—
	电焊条烘干箱 60×50×75(cm^3)	台班	16.84	0.022	0.008	0.008	0.008

十、胶球清洗装置安装

工作内容：装球室、收球网检查，组合安装，液压系统安装等。　　　　**计量单位**：套

定额编号				2-4-70	2-4-71
项目				循环水入口管直径(mm)	
				≤400	≤600
基价（元）				**778.02**	**988.92**
其中	人工费（元）			380.70	507.60
	材料费（元）			18.73	33.96
	机械费（元）			378.59	447.36
名称		单位	单价(元)	消耗量	
人工	二类人工	工日	135.00	2.820	3.760
材料	橡胶板 δ3	kg	5.09	2.185	5.130
	普低钢焊条 J507 ϕ3.2	kg	7.34	0.399	0.399
	清洗剂 500mL	瓶	3.74	0.057	0.043
	氧气	m^3	3.62	0.608	0.608
	乙炔气	kg	7.60	0.249	0.249
	其他材料费	元	1.00	0.37	0.67
机械	汽车式起重机 25t	台班	996.58	0.190	0.190
	桥式起重机 15t	台班	288.92	—	0.238
	载货汽车 5t	台班	382.30	0.476	0.476
	弧焊机 综合	台班	66.69	0.109	0.109

十一、减温减压装置安装

工作内容:设备检查,就位安装,配套管道、支吊架配制安装等。　　　　计量单位:台

定额编号				2-4-72	2-4-73	2-4-74
项目				出口流量(t/h)		
				≤10	≤20	≤40
基价(元)				4285.06	4713.86	5142.61
其中	人工费(元)			2919.11	3210.98	3502.85
	材料费(元)			396.92	436.66	476.35
	机械费(元)			969.03	1066.22	1163.41
名称		单位	单价(元)	消耗量		
人工	二类人工	工日	135.00	21.623	23.785	25.947
材料	镀锌铁丝 综合	kg	5.40	1.169	1.286	1.403
	型钢 综合	kg	3.84	36.000	39.600	43.200
	钨棒	kg	254.00	0.029	0.032	0.035
	石棉橡胶板 低压 δ0.8～6	kg	5.26	3.420	3.762	4.104
	普低钢焊条 J507 φ3.2	kg	7.34	19.330	21.263	23.196
	合金钢焊丝	kg	21.55	0.590	0.649	0.708
	油浸石棉盘根 编织 φ4～5(450℃)	kg	42.24	0.266	0.293	0.319
	清洗剂 500mL	瓶	3.74	0.570	0.627	0.684
	氩气	m^3	7.00	1.767	1.944	2.120
	氧气	m^3	3.62	6.193	6.812	7.432
	乙炔气	kg	7.60	2.168	2.385	2.602
	其他材料费	元	1.00	7.78	8.56	9.34
机械	汽车式起重机 8t	台班	648.48	0.157	0.173	0.189
	桥式起重机 15t	台班	288.92	0.073	0.081	0.088
	载货汽车 5t	台班	382.30	0.157	0.173	0.189
	电动葫芦－单速 5t	台班	31.49	0.995	1.095	1.194
	直流弧焊机 40kW	台班	102.79	4.002	4.402	4.803
	电动空气压缩机 $6m^3/min$	台班	224.45	1.530	1.682	1.835

十二、柴油发电机组安装

工作内容：基础检查，设备检查、就位、安装等。　　**计量单位：**台

定额编号				2-4-75	2-4-76	2-4-77
项目				单台容量(kW)		
				≤75	≤120	≤200
基价（元）				**8097.86**	**9495.94**	**10679.10**
其中	人工费（元）			6929.15	8209.08	9275.45
	材料费（元）			316.31	347.94	379.57
	机械费（元）			852.40	938.92	1024.08
名称		单位	单价(元)	消耗量		
人工	二类人工	工日	135.00	51.327	60.808	68.707
材料	型钢 综合	kg	3.84	55.000	60.500	66.000
	中厚钢板 综合	kg	3.71	13.000	14.300	15.600
	普低钢焊条 J507 ϕ3.2	kg	7.34	3.560	3.916	4.272
	清洗剂 500mL	瓶	3.74	0.430	0.473	0.516
	氧气	m^3	3.62	3.650	4.015	4.380
	乙炔气	kg	7.60	1.280	1.408	1.536
	其他材料费	元	1.00	6.20	6.82	7.44
机械	汽车式起重机 20t	台班	942.85	0.390	0.430	0.469
	载货汽车 5t	台班	382.30	0.238	0.262	0.286
	电动卷扬机－单筒慢速 50kN	台班	186.39	0.952	1.048	1.143
	直流弧焊机 40kW	台班	102.79	0.969	1.066	1.162
	电动空气压缩机 $3m^3$/min	台班	122.54	0.952	1.048	1.143

第五章

燃煤供应设备安装工程

说　　明

一、本章内容包括抓斗上煤机、煤场机械设备、碎煤机械设备、煤计量设备、皮带运输机、输煤附属设备等安装工程。

二、有关说明:

1. 设备安装定额中包括电动机安装、随设备供货的金属构件(如支吊架、构架、附件、管道基础框架、地脚螺栓)安装、设备安装后补漆、配合灌浆、分部试运、对轮保护罩配制与安装、就地一次仪表安装。就地一次仪表的表计、表管、玻璃管、阀门等均按照设备成套供货考虑。不包括下列工作内容,工程实际发生时,执行相应的定额。

(1)电动机的检查、接线及空载试转;

(2)油箱、支架、平台、扶梯、栏杆、基础框架及地脚螺栓等金属结构配制、安装与油漆及主材费;

(3)设备轨道安装;

(4)设备保温、油漆、衬里、灌浆。

2. 卸煤机安装包括桥式抓斗、桁架式龙门抓斗、箱式龙门抓斗安装。

(1)桥式抓斗机安装定额包括大车及小车的车轮、减速机、抓斗卷筒安装,车梁、行走机构、小车、小车轨道、抓斗、司机室、平台扶梯及附件安装。定额中桥式抓斗是按照起重量10t、跨距31.5m、双箱型大车梁,双轨小车结构考虑的,其他结构桥式抓斗执行本册定额时不做调整。

(2)龙门式抓斗机安装定额包括大车及小车的车轮、减速机、抓斗卷筒、大车构架、柱梁、行走机构、小车、小车轨道、抓斗、司机室、平台扶梯及附件安装。定额中桁架式龙门抓斗是按照两端悬臂、桁架构架、双轨小车结构考虑,箱式龙门抓斗是按照两端悬臂、单箱型梁及支柱、单轨小车结构考虑,其他结构龙门抓斗执行本定额时不做调整。

3. 斗轮堆取料机安装定额包括下列工作内容:

(1)门座架、回转盘、门柱架、悬臂架、尾部配重架及进料皮带机的组合;

(2)行走机构、门座架、悬臂架、配重块、斗轮(液压马达、活动挡板、煤位批示器)及回转盘安装;

(3)悬臂皮带机的金属构架、电动滚筒转动与导向滚筒、各种托辊、缓冲器、俯仰缸、落煤管、清扫器安装及传输皮带安装及搭接;

(4)包进料皮带机的构架、电动滚筒、转动与导向滚筒、各种托辊、平稳装置、行走机构及尾部落煤管安装及传输皮带安装及搭接;

(5)油箱、油泵、油管的清理和安装;

(6)各种阀门及液压件安装;

(7)安装用组装平台搭拆。

4. 碎煤机安装定额适用于反击式碎煤机、锤击式碎煤机、环锤式碎煤机安装。定额包括转子轴承、皮带轮支承座、反击板、锤击镶块、锤头的清扫与安装以及上机体、下机体、进料斗、转子、皮带轮、锤击部件、格板及链条、皮带及电动机安装。

5. 共振筛安装定额包括底座架、筛框、轴、板弹簧、弹簧座、轴承座、橡胶缓冲器及电动机安装。

6. 汽车衡安装定额包括汽车衡配件组装、安装。不包括防雨罩安装。

7. 皮带秤安装定额包括机械式皮带秤、电子式皮带秤安装。

(1)机械式皮带秤安装定额包括机体检查与安装、杠杆装置检查与安装、记录装置安装、配合校验。

(2)电子皮带秤安装定额包括活动架、底座、秤量托辊、十字弹簧片、传感器、标准砝码秤框、平衡重块安装及配合校验。定额中不包括电子设备及其他电气装置的安装调试。

8. 皮带机安装定额包括下列工作内容:头部及尾部导向滚筒、减速机、电动机、制动器、清扫器、防尘帘及其支架安装,中部标准金属构架、槽型托辊、调整托辊、平型托辊安装,拉紧装置构架、滑槽、滚筒、小车、固定滑轮、重锤、钢丝绳、弹簧、保护栅安装,皮带敷设及铰接、导煤槽安装。

(1)定额中皮带机整台安装是按照 10m 长度考虑的;实际安装长度不同时,可按照胶带机中间构架定额进行调整。

(2)定额综合考虑了皮带机的安装弧度及斜度因素,执行定额时不做调整。

(3)皮带机非标准中间构架均按照设备成套供货考虑,当设计要求现场配制时,应另行计算其材料、制作费用。

9. 皮带机中间构架安装定额包括下列工作内容:

(1)中部非标准金属构架、槽形托辊、平行托辊安装与调整;

(2)拉紧装置构架、滑槽、滚筒、小车、固定滑轮、重锤、钢丝绳、弹簧、保护栅安装;

(3)皮带敷设及胶接、导煤槽安装;

(4)压轮装置安装与调整。

10. 皮带机伸缩装置安装定额适用于不同宽度的二工位、三工位伸缩装置安装。定额包括电动机、减速机、联轴器安装,包括地锚及锚锭、移动机架、传动轨道、行车轮、传动滚筒固定支架、移动托辊架、落煤斗、受料斗安装以及煤流挡板、调节机构安装与调整。

11. 电动卸料车安装定额包括卸料车、滚筒、减速机、电动机、三通落煤管及导煤槽安装。定额中卸料车是按照轻型卸料车考虑,当工程采用重型卸料车时,执行定额乘以系数 1.5。

12. 犁式卸煤器安装定额包括犁煤器及犁煤器落煤斗安装。

斗链式卸煤机安装的工作范围及工作内容:

(1)大车行走车轮、传动机构、链斗提升传动机构、胶带输送机传动机构及移动机构的检查;

(2)大车构架、腿梁、行走传动机构、斗链、链斗的传动提升装置、胶带输送机胶带移动装置、刮板卷扬机、电缆卷筒、司机室及平台扶梯的安装。

13. 落煤装置(煤导流装置)安装定额适用于输煤转运站落煤管设备,不适用于煤斗与煤管、煤管与煤管、煤管与磨煤机间安装的煤导流装置安装。定额包括落煤管、挡板安装,但不包括配制。

14. 机械采样装置安装定额包括构架、链子、链轮、链斗、外壳、链轮制动装置、拉紧装置、减速机及电动机安装。

15. 电磁除铁器安装包括悬挂式、传动式、带式电磁除铁器安装。定额包括不同除铁方式的设备及附件安装。如单轨吊车、分离器本体、电动滚筒、导向滚筒、上托辊、下托辊、电磁铁、电动机、减速机、主(从)动滚筒、冷却风机、弃铁皮带、支撑托辊等安装。

16. 除木器安装定额包括传动装置、除木轴、拨煤轴、减速器、振打器等安装与调整。

17. 储气罐空气炮安装定额包括贮气罐、油雾器、分水滤气器的清扫与安装及调整以及支架、附件安装。定额不包括空气炮的压缩空气气源管道安装。

18. 电磁分离器安装。

(1)悬挂式电磁分离器安装的工作范围及工作内容:分离器本体安装、单轨吊车的检查安装。

(2)传动式电磁分离器安装的工作范围及工作内容:电动滚筒、改向滚筒、上托辊、下托辊的检查,分离器整体安装。

工程量计算规则

一、抓斗上煤机、斗轮堆取料机、碎煤机、筛煤设备、汽车衡安装根据工艺系统设计流程及设备出力，按照设计安装数量以“台”为计量单位。

二、皮带秤安装根据工艺系统设计流程及设备性能，按照设计安装数量以“台”为计量单位。

三、胶带机安装根据工艺系统设计流程及带宽，按照设计安装数量以“套”为计量单位。一套安装长度为 10m，长度 >10m 计算胶带机中间构架工程量。胶带机中间构架根据胶带机安装长度，以节为计量单位。长度 >10m 的胶带机，每增加 12m 为一节，增加长度 <12m 时按 1 节计算。

四、皮带机伸缩装置、电动卸料车、犁式卸煤器、机械采样装置、电磁除铁器、除木器、储气罐空气炮安装根据工艺系统设计流程及布置，按照设计安装数量以“台”为计量单位。

五、落煤装置（煤导流装置）安装根据工艺系统设计流程及布置，按照设计图示尺寸的成品重量以“t”为计量单位。不计算下料及加工制作损耗量。计算重量时，包括落煤管及挡板等重量。

一、抓斗上煤机安装

工作内容：基础检查、设备检查、安装，平台扶梯及其他附件安装等。　　计量单位：台

定额编号				2-5-1	2-5-2	2-5-3	2-5-4	2-5-5
项目				桥式抓斗	桁架式龙门抓斗		箱式龙门抓斗	
				卸煤量 10t/h	卸煤量 5t/h			
					跨距 20m	跨距 40m	跨距 20m	跨距 40m
基价（元）				**21742.76**	**32226.10**	**44082.82**	**25651.32**	**39376.90**
其中	人工费（元）			17310.78	25755.30	35594.78	19575.41	30649.73
	材料费（元）			2253.96	2974.65	4024.89	2516.11	4195.02
	机械费（元）			2178.02	3496.15	4463.15	3559.80	4532.15
	名称	单位	单价(元)	消耗量				
人工	二类人工	工日	135.00	128.228	190.780	263.665	145.003	227.035
材料	型钢 综合	kg	3.84	11.000	16.500	27.500	16.500	22.000
	镀锌铁丝 ϕ2～4	kg	5.01	7.150	7.700	9.350	7.700	8.800
	中厚钢板 综合	kg	3.71	16.500	22.000	33.000	22.000	27.500
	镀锌薄钢板 综合	kg	4.46	0.550	0.440	0.440	0.440	0.440
	紫铜板 综合	kg	58.27	0.275	0.220	0.220	0.220	0.220
	耐油石棉橡胶板 δ0.8	kg	11.21	1.100	1.100	1.100	1.100	1.100
	聚氯乙烯薄膜	m^2	0.86	1.100	0.165	0.165	0.165	0.165
	白布	kg	11.64	2.200	2.200	2.750	2.200	2.750
	羊毛毡 6～8mm	m^2	50.86	0.055	0.055	0.055	0.055	0.055
	低碳钢焊条 综合	kg	6.72	6.600	9.900	12.100	7.700	9.900
	碳钢气焊条 ϕ2 以内	kg	10.34	0.550	0.550	1.100	0.550	1.100
	枕木 2500×250×200	根	159.00	1.650	2.750	3.850	2.750	3.850
	酚醛磁漆	kg	12.07	0.275	0.275	0.275	0.275	0.275
	酚醛调和漆	kg	11.29	65.450	103.730	148.335	72.435	171.710
	手喷漆	kg	12.93	0.462	0.209	0.374	0.176	0.209
	松节油	kg	7.76	7.425	16.280	23.287	11.374	26.961
	金属清洗剂	kg	11.03	4.364	3.594	3.851	3.594	3.851
	溶剂汽油	kg	5.40	28.600	23.100	34.100	23.100	34.100
	机油 综合	kg	2.91	137.500	132.000	143.000	132.000	143.000
	黄甘油	kg	10.78	4.400	3.850	5.500	3.850	5.500
	红丹粉	kg	11.90	0.275	0.275	0.275	0.275	0.275
	氧气	m^3	3.62	21.450	26.400	36.300	19.800	26.400
	乙炔气	kg	7.60	8.151	10.032	13.794	7.524	10.032
	密封胶	kg	11.12	5.500	5.500	5.500	5.500	5.500
	青壳纸 δ0.1～1.0	kg	4.31	1.100	1.100	1.100	1.100	1.100
	描图纸	m^2	30.17	1.100	1.100	1.100	1.100	1.100
	其他材料费	元	1.00	44.20	58.33	78.92	49.34	82.26
机械	履带式起重机 15t	台班	702.00	0.524	1.624	2.096	1.729	2.096
	履带式起重机 25t	台班	757.92	0.733	0.524	0.629	0.629	0.786
	平板拖车组 20t	台班	835.65	—	1.048	1.048	1.048	1.048
	平板拖车组 30t	台班	965.81	0.733	—	0.524	—	0.524
	电动卷扬机－单筒慢速 50kN	台班	186.39	1.048	3.143	3.143	3.143	3.143
	交流弧焊机 32kV·A	台班	92.84	3.667	5.238	5.762	4.190	5.238
	电动空气压缩机 6m^3/min	台班	224.45	0.021	0.010	0.016	0.052	0.010
	电焊条烘干箱 60×50×75(cm^3)	台班	16.84	0.367	0.524	0.524	0.419	0.524

二、煤场机械设备安装

工作内容：设备开箱、清点、检查，基础检查，设备及附件组合、就位、安装等。　　　　计量单位：台

定额编号				2-5-6	2-5-7
项目				斗轮堆取料机	
				≤DQ2010	≤DQ3025
基价（元）				133974.06	167073.35
其中	人工费（元）			103750.47	129899.97
	材料费（元）			6352.41	8876.82
	机械费（元）			23871.18	28296.56
名称		单位	单价（元）	消耗量	
人工	二类人工	工日	135.00	768.522	962.222
材料	型钢 综合	kg	3.84	66.000	77.000
	中厚钢板 综合	kg	3.71	110.000	148.500
	镀锌薄钢板 综合	kg	4.46	1.320	1.430
	紫铜板 综合	kg	58.27	0.660	0.715
	紫铜棒 ϕ16～80	kg	58.27	1.650	2.200
	黑铅粉	kg	17.00	0.275	0.330
	橡胶板 δ5～10	kg	5.09	0.131	0.131
	耐油石棉橡胶板 δ1	kg	11.21	1.100	1.375
	聚氯乙烯薄膜	kg	12.07	0.440	0.550
	羊毛毡 6～8mm	m^2	50.86	0.220	0.220
	低碳钢焊条 综合	kg	6.72	97.130	148.995
	碳钢气焊条	kg	10.34	6.600	7.700
	铜丝布 16 目	m	42.07	0.121	0.121
	斜垫铁 综合	kg	8.62	66.000	82.500
	枕木 2500×200×160	根	155.00	2.200	2.200
	酚醛调和漆	kg	11.29	176.000	275.000
	防锈漆 C53－1	kg	14.05	0.275	0.275

续前

定额编号				2-5-6	2-5-7
项目				斗轮堆取料机	
				≤DQ2010	≤DQ3025
材料	手喷漆	kg	12.93	0.506	0.660
	油浸石棉盘根 编织 ϕ11 ~25(250℃)	kg	17.93	1.650	2.200
	金属清洗剂	kg	11.03	12.834	14.503
	油漆溶剂油	kg	3.79	46.750	65.450
	机油 综合	kg	2.91	154.000	253.000
	黄甘油	kg	10.78	15.950	18.150
	红丹粉	kg	11.90	0.220	0.220
	稀释剂	kg	12.07	0.418	0.550
	研磨膏	盒	13.79	0.440	0.440
	氧气	m^3	3.62	99.000	132.000
	乙炔气	kg	7.60	33.000	44.000
	密封胶	kg	11.12	1.100	1.100
	塑料胶布带 20mm ×50m	卷	2.07	5.610	7.260
	石棉编绳 ϕ6	kg	14.05	0.550	0.825
	保险丝 5A	轴	7.33	1.650	1.650
	青壳纸 δ0.1 ~1.0	kg	4.31	1.650	2.200
	面粉	kg	6.03	5.500	5.775
	描图纸	m^2	30.17	2.750	2.750
	其他材料费	元	1.00	124.56	174.06
机械	汽车式起重机 25t	台班	996.58	11.524	12.519
	汽车式起重机 90t	台班	4278.44	1.990	2.514
	平板拖车组 40t	台班	1071.11	1.257	1.676
	电动卷扬机－单筒慢速 50kN	台班	186.39	1.571	1.571
	电动空气压缩机 0.6m^3/min	台班	33.06	0.021	0.026
	电动空气压缩机 9m^3/min	台班	346.77	0.524	1.048
	交流弧焊机 32kV·A	台班	92.84	21.890	27.885
	电焊条烘干箱 60 ×50 ×75(cm^3)	台班	16.84	1.106	1.381

工作内容:设备开箱、清点、检查,基础检查,设备及附件组合、就位、安装等。 **计量单位**:台

定额编号					2-5-8	2-5-9
项目					斗链式卸煤机	
					二排斗	四排斗
基价(元)					**26212.25**	**29705.49**
其中	人工费(元)				17703.63	19823.67
	材料费(元)				1402.29	1676.08
	机械费(元)				7106.33	8205.74
名称			单位	单价(元)	消耗量	
人工	二类人工		工日	135.00	131.138	146.842
材料	型钢 综合		kg	3.84	16.363	19.635
	紫铜棒 φ16~80		kg	58.27	0.491	0.491
	羊毛毡 6~8mm		m^2	50.86	0.033	0.033
	酚醛调和漆		kg	11.29	24.478	30.238
	机油 综合		kg	2.91	22.253	22.253
	氧气		m^3	3.62	45.161	51.051
	青壳纸 δ0.1~1.0		kg	4.31	1.964	1.964
	描图纸		m^2	30.17	1.964	1.964
	乙炔气		m^3	8.90	14.903	16.847
	电		kW·h	0.78	64.141	142.681
	电焊条		kg	4.31	24.871	27.489
	镀锌薄钢板 综合		kg	4.46	0.491	0.525
	中厚钢板 综合		kg	3.79	13.090	15.708
	镀锌铁丝		kg	6.55	4.582	5.236
	塑料布		kg	18.10	0.196	0.196
	耐油石棉橡胶板 δ0.8		kg	11.21	0.982	0.982
	黄油		kg	9.05	2.618	2.618
	煤油		kg	3.79	6.545	8.181
	汽油 综合		kg	6.12	13.090	14.726
	喷漆		kg	12.93	0.200	0.177
	酚醛磁漆		kg	12.07	0.164	0.164
	松香水		kg	4.74	3.665	4.516
	紫铜皮		kg	61.03	0.262	0.262
	密封胶		支	5.86	3.273	3.273
	枕木 2000×200×200		根	138.00	0.982	1.309
	其他材料费		元	1.00	29.39	34.98
机械	交流弧焊机 32kV·A		台班	92.84	24.000	27.200
	履带式起重机 15t		台班	702.00	6.320	7.360
	平板拖车组 20t		台班	835.65	0.480	0.560
	电焊条烘干箱 60×50×75(cm^3)		台班	16.84	2.400	2.720

三、碎煤机械设备安装

1. 碎煤机安装

工作内容:基础检查,设备开箱、检查,设备清扫、检查、安装等。　　计量单位:台

定额编号				2-5-10	2-5-11
项目				出力(t/h)	
				≤50	≤100
基价(元)				7299.60	8766.39
其中	人工费(元)			5615.33	6713.15
	材料费(元)			869.75	1045.09
	机械费(元)			814.52	1008.15
名称		单位	单价(元)	消耗量	
人工	二类人工	工日	135.00	41.595	49.727
材料	型钢 综合	kg	3.84	11.000	13.750
	镀锌铁丝 ϕ2.0~4.0	kg	5.01	2.750	2.750
	中厚钢板 综合	kg	3.71	16.500	27.500
	镀锌薄钢板 综合	kg	4.46	0.110	0.121
	紫铜板 综合	kg	58.27	0.110	0.110
	橡胶板 δ5~10	kg	5.09	0.660	0.825
	石棉橡胶板 低压 δ0.8~6	kg	5.26	0.825	0.825
	聚氯乙烯薄膜	m^2	0.86	0.275	0.275
	白布	kg	11.64	1.650	1.650
	羊毛毡 6~8mm	m^2	50.86	0.055	0.055
	铁砂布 0#~2#	张	1.03	5.500	6.600
	低碳钢焊条 综合	kg	6.72	4.400	5.500
	碳钢气焊条 ϕ2 以内	kg	10.34	0.550	0.825
	钢锯条	条	2.59	2.750	3.850
	斜垫铁 综合	kg	8.62	38.500	44.000
	木板	m^3	1667.00	0.033	0.044
	酚醛磁漆	kg	12.07	0.275	0.275

续前

定额编号				2-5-10	2-5-11
项目				出力(t/h)	
				≤50	≤100
材料	酚醛调和漆	kg	11.29	1.925	3.025
	手喷漆	kg	12.93	2.200	0.550
	酚醛防锈漆	kg	6.90	—	0.825
	松节油	kg	7.76	0.385	0.495
	金属清洗剂	kg	11.03	0.513	0.642
	溶剂汽油	kg	5.40	4.400	4.950
	机油 综合	kg	2.91	2.200	2.475
	铅油(厚漆)	kg	7.33	1.375	1.375
	黄甘油	kg	10.78	2.200	3.300
	红丹粉	kg	11.90	0.028	0.028
	天那水	kg	7.50	0.275	0.440
	氧气	m^3	3.62	13.200	16.500
	乙炔气	kg	7.60	5.016	6.270
	密封胶	kg	11.12	2.200	2.200
	石棉扭绳 φ4~5 烧失量 24%	kg	2.27	2.200	2.475
	保险丝 10A	轴	7.33	0.055	0.055
	青壳纸 δ0.1~1.0	kg	4.31	0.275	0.275
	面粉	kg	6.03	0.275	0.550
	描图纸	m^2	30.17	0.550	0.550
	其他材料费	元	1.00	17.05	20.49
机械	履带式起重机 25t	台班	757.92	0.210	0.262
	汽车式起重机 8t	台班	648.48	0.157	0.210
	载货汽车 8t	台班	411.20	0.367	0.419
	电动卷扬机-单筒慢速 50kN	台班	186.39	1.048	1.310
	交流弧焊机 32kV·A	台班	92.84	1.571	2.096
	电动空气压缩机 $6m^3$/min	台班	224.45	0.262	0.262
	电焊条烘干箱 60×50×75(cm^3)	台班	16.84	0.157	0.210

2. 筛煤设备安装

工作内容:基础检查,设备开箱、检查,设备清扫、检查、安装等。　　计量单位:台

定额编号				2-5-12	2-5-13
项目				最大出力(t/h)	
				≤50	≤100
基价(元)				**6349.47**	**7342.51**
其中	人工费(元)			4949.78	5738.58
	材料费(元)			572.75	631.69
	机械费(元)			826.94	972.24
名称		单位	单价(元)	消耗量	
人工	二类人工	工日	135.00	36.665	42.508
材料	型钢 综合	kg	3.84	5.500	6.600
	镀锌铁丝 ϕ2.0~4.0	kg	5.01	0.550	2.200
	中厚钢板 综合	kg	3.71	13.750	16.500
	镀锌薄钢板 综合	kg	4.46	0.440	0.550
	紫铜板 综合	kg	58.27	0.110	0.110
	白布	kg	11.64	2.200	2.750
	铁砂布 0#~2#	张	1.03	4.400	5.500
	低碳钢焊条 综合	kg	6.72	1.650	2.200
	斜垫铁 综合	kg	8.62	38.500	38.500
	酚醛调和漆	kg	11.29	1.650	1.925
	松节油	kg	7.76	0.275	0.330
	溶剂汽油	kg	5.40	3.850	4.400
	黄甘油	kg	10.78	2.750	3.300
	氧气	m^3	3.62	4.950	6.600
	乙炔气	kg	7.60	1.634	2.178
	石棉扭绳 ϕ4~5 烧失量 24%	kg	2.27	0.825	1.100
	保险丝 5A	轴	7.33	0.110	0.138
	青壳纸 δ0.1~1.0	kg	4.31	0.220	0.220
	其他材料费	元	1.00	11.23	12.39
机械	履带式起重机 15t	台班	702.00	0.210	0.236
	汽车式起重机 8t	台班	648.48	0.314	0.367
	载货汽车 8t	台班	411.20	0.524	0.576
	电动卷扬机-单筒慢速 30kN	台班	177.60	1.048	1.310
	交流弧焊机 32kV·A	台班	92.84	0.786	1.048
	电焊条烘干箱 60×50×75(cm^3)	台班	16.84	0.079	0.105

四、煤计量设备安装

1. 汽车衡安装

工作内容：基础检查，设备就位、固定，配合校验等。　　　　计量单位：台

定额编号				2-5-14	2-5-15	2-5-16
项目				汽车衡(t)		
				≤30	≤50	≤100
基价（元）				2816.35	3203.69	5224.22
其中	人工费（元）			1649.84	2030.54	2665.31
	材料费（元）			116.48	119.38	180.62
	机械费（元）			1050.03	1053.77	2378.29
名称		单位	单价(元)	消耗量		
人工	二类人工	工日	135.00	12.221	15.041	19.743
材料	型钢 综合	kg	3.84	7.225	7.650	12.750
	中厚钢板 综合	kg	3.71	12.750	12.750	18.700
	低碳钢焊条 J422 综合	kg	4.74	2.720	2.975	4.250
	清洗剂 500mL	瓶	3.74	2.975	2.975	4.250
	氧气	m^3	3.62	2.040	2.040	3.060
	乙炔气	kg	7.60	1.020	1.020	1.530
	其他材料费	元	1.00	2.28	2.34	3.54
机械	汽车式起重机 25t	台班	996.58	0.714	0.714	—
	汽车式起重机 50t	台班	2353.88	—	—	0.857
	平板拖车组 20t	台班	835.65	0.357	0.357	0.357
	弧焊机 综合	台班	66.69	0.602	0.658	0.940

2. 皮带秤安装

工作内容:设备开箱、检查,设备清扫、检查、固定、安装等。 **计量单位:**台

	定额编号			2-5-17	2-5-18	2-5-19
	项目			机械式	电子式	动态链码校验装置
	基价(元)			**3296.25**	**2445.10**	**1627.77**
其中	人工费(元)			2889.54	2140.43	1269.14
	材料费(元)			130.55	87.64	145.27
	机械费(元)			276.16	217.03	213.36
	名称	单位	单价(元)	消耗量		
人工	二类人工	工日	135.00	21.404	15.855	9.401
材料	型钢 综合	kg	3.84	—	—	2.550
	中厚钢板 综合	kg	3.71	2.550	1.700	—
	紫铜板 综合	kg	58.27	—	—	0.850
	白布	kg	11.64	1.700	1.275	0.850
	羊毛毡 6~8mm	m^2	50.86	0.043	—	—
	低碳钢焊条 J422 综合	kg	4.74	—	—	4.063
	铁砂布 0#~2#	张	1.03	0.850	1.700	—
	低碳钢焊条 综合	kg	6.72	1.700	0.850	—
	酚醛调和漆	kg	11.29	1.139	1.845	—
	酚醛防锈漆	kg	6.90	0.935	—	—
	松节油	kg	7.76	0.111	0.323	—
	溶剂汽油	kg	5.40	3.400	1.700	—
	黄甘油	kg	10.78	0.510	0.850	—
	黄油	kg	9.05	0.425	—	—
	氧气	m^3	3.62	5.100	2.550	7.387
	乙炔气	kg	7.60	1.683	0.842	3.579
	面粉	kg	6.03	0.850	—	—
	其他材料费	元	1.00	2.56	1.72	2.85
机械	汽车式起重机 8t	台班	648.48	0.143	0.143	0.158
	载货汽车 5t	台班	382.30	0.071	0.071	—
	载货汽车 10t	台班	476.15	—	—	0.107
	电动卷扬机-单筒慢速 30kN	台班	177.60	0.500	0.357	—
	弧焊机 综合	台班	66.69	—	—	0.899
	交流弧焊机 32kV·A	台班	92.84	0.714	0.357	—
	电焊条烘干箱 60×50×75(cm^3)	台班	16.84	0.071	0.036	—

五、皮带运输机

工作内容：设备开箱、检查，拆装、清扫、组合、安装等。　　**计量单位**：套/10m

定额编号				2-5-20	2-5-21	2-5-22	2-5-23
项目				上煤皮带机	配仓皮带机	上煤皮带机	配仓皮带机
				带宽(mm)			
				≤650		≤800	
基价（元）				**8322.00**	**7182.13**	**12427.20**	**8042.13**
其中	人工费（元）			6035.58	5678.37	9013.14	6359.72
	材料费（元）			1495.24	857.49	2232.79	960.35
	机械费（元）			791.18	646.27	1181.27	722.06
	名称	单位	单价(元)	消耗量			
人工	二类人工	工日	135.00	44.708	42.062	66.764	47.109
材料	镀锌铁丝 ϕ2.0～4.0	kg	5.01	8.288	—	12.376	—
	中厚钢板 综合	kg	3.71	31.875	34.000	47.600	38.080
	镀锌薄钢板 综合	kg	4.46	0.638	0.170	0.952	0.190
	紫铜板 综合	kg	58.27	0.128	0.085	0.190	0.095
	耐油石棉橡胶板 δ0.8	kg	11.21	0.191	0.170	0.286	0.190
	聚氯乙烯薄膜	m^2	0.86	0.638	—	0.952	—
	白布	kg	11.64	1.499	1.000	2.239	1.119
	羊毛毡 6～8mm	m^2	50.86	0.083	0.017	0.124	0.019
	铁砂布 0#～2#	张	1.03	27.413	—	40.936	—
	低碳钢焊条 综合	kg	6.72	13.388	3.825	19.992	4.284
	碳钢气焊条 ϕ2 以内	kg	10.34	1.275	—	1.904	—
	斜垫铁 综合	kg	8.62	38.250	—	57.120	—
	酚醛磁漆	kg	12.07	0.319	0.425	0.476	0.476
	酚醛调和漆	kg	11.29	33.150	40.358	49.504	45.201
	手喷漆	kg	12.93	0.204	—	0.304	—
	松节油	kg	7.76	5.419	6.919	8.092	7.749
	金属清洗剂	kg	11.03	0.744	0.595	1.111	0.666
	溶剂汽油	kg	5.40	9.563	5.100	14.280	5.712
	机油 综合	kg	2.91	30.600	5.440	45.696	6.093
	黄甘油	kg	10.78	3.506	1.700	5.236	1.904
	生胶	kg	17.59	0.956	1.275	1.428	1.428
	天那水	kg	7.50	0.172	—	0.257	—
	氧气	m^3	3.62	22.313	4.250	33.320	4.760
	乙炔气	kg	7.60	8.479	1.403	12.662	1.571
	密封胶	kg	11.12	1.913	2.550	2.856	2.856
	石棉扭绳 ϕ6～10 烧失量 24%	kg	2.27	0.638	—	0.952	—
	青壳纸 δ0.1～1.0	kg	4.31	0.319	0.425	0.476	0.476
	电炉丝 220V 2000W	条	4.31	—	1.700	—	1.904
	面粉	kg	6.03	0.638	—	0.952	—
	描图纸	m^2	30.17	0.319	—	0.476	—
	其他材料费	元	1.00	29.32	16.81	43.78	18.83
机械	履带式起重机 15t	台班	702.00	0.214	0.215	0.320	0.240
	汽车式起重机 8t	台班	648.48	0.161	0.215	0.240	0.240
	载货汽车 8t	台班	411.20	0.161	0.215	0.240	0.240
	电动卷扬机－单筒慢速 30kN	台班	177.60	0.852	0.929	1.272	1.040
	交流弧焊机 32kV·A	台班	92.84	3.375	1.072	5.040	1.200
	电动空气压缩机 $6m^3$/min	台班	224.45	—	0.008	—	0.008
	电焊条烘干箱 60×50×75(cm^3)	台班	16.84	0.338	0.071	0.504	0.080

工作内容:设备开箱、检查,拆装、清扫、组合、安装等。

	定额编号			2-5-24	2-5-25	2-5-26	2-5-27	2-5-28
	项目			皮带机中间构架	皮带机伸缩装置	电动卸料车	犁式卸煤器	落煤装置(煤导流装置)
	计量单位			节/12m	台			t
	基价(元)			**1663.22**	**5102.78**	**4335.12**	**647.33**	**2252.92**
其中	人工费(元)			1280.88	4442.18	3353.54	472.50	1723.41
	材料费(元)			186.60	102.59	265.13	81.95	250.53
	机械费(元)			195.74	558.01	716.45	92.88	278.98
	名称	单位	单价(元)	消耗量				
人工	二类人工	工日	135.00	9.488	32.905	24.841	3.500	12.766
材料	型钢 综合	kg	3.84	—	7.225	—	3.400	—
	镀锌铁丝 ϕ2.0~4.0	kg	5.01	—	—	—	—	2.550
	中厚钢板 综合	kg	3.71	7.083	—	5.100	—	25.500
	镀锌薄钢板 综合	kg	4.46	—	—	0.595	—	—
	紫铜板 综合	kg	58.27	—	—	0.085	—	—
	聚氯乙烯薄膜	m^2	0.86	—	—	0.128	—	—
	白布	kg	11.64	—	—	0.850	1.020	—
	羊毛毡 6~8mm	m^2	50.86	—	—	0.085	—	—
	低碳钢焊条 J422 综合	kg	4.74	—	2.516	—	—	—
	铁砂布 $0^{\#}$~$2^{\#}$	张	1.03	—	—	—	1.700	—
	低碳钢焊条 综合	kg	6.72	1.417	—	0.850	1.700	4.250
	酚醛磁漆	kg	12.07	0.142	—	—	—	—
	酚醛调和漆	kg	11.29	8.217	—	4.888	0.374	3.740
	手喷漆	kg	12.93	—	—	0.085	—	—
	密封胶	L	22.24	—	0.298	—	—	—
	松节油	kg	7.76	1.417	—	0.459	—	0.638
	金属清洗剂	kg	11.03	0.166	—	—	0.198	—
	溶剂汽油	kg	5.40	1.771	—	8.500	—	—
	机油 综合	kg	2.91	—	—	9.350	—	—
	黄甘油	kg	10.78	1.063	—	2.550	0.425	—
	黄油钙基脂	kg	9.66	—	2.338	—	—	—
	生胶	kg	17.59	0.283	—	—	—	—
	清洗剂 500mL	瓶	3.74	—	2.975	—	—	—
	氧气	m^3	3.62	2.125	3.273	2.550	5.100	10.200
	乙炔气	kg	7.60	0.808	1.148	0.842	1.683	3.366
	密封胶	kg	11.12	—	—	1.700	—	—
	石棉编绳 ϕ6~10 烧失量 24%	kg	14.05	—	—	0.680	—	—
	保险丝 5A	轴	7.33	—	—	0.255	—	—
	青壳纸 δ0.1~1.0	kg	4.31	—	—	0.425	—	—
	面粉	kg	6.03	—	—	0.850	—	—
	其他材料费	元	1.00	3.66	2.01	5.20	1.61	4.91
机械	履带式起重机 15t	台班	702.00	—	—	0.286	—	—
	汽车式起重机 8t	台班	648.48	0.137	—	0.036	—	0.128
	汽车式起重机 25t	台班	996.58	—	0.286	—	—	—
	载货汽车 5t	台班	382.30	—	—	—	—	0.071
	载货汽车 8t	台班	411.20	0.077	—	0.714	—	—
	载货汽车 10t	台班	476.15	—	0.229	—	—	—
	电动卷扬机-单筒慢速 30kN	台班	177.60	0.107	0.714	0.929	0.143	—
	弧焊机 综合	台班	66.69	—	0.557	—	—	—
	交流弧焊机 32kV·A	台班	92.84	0.595	—	0.357	0.714	1.786
	电焊条烘干箱 60×50×75(cm^3)	台班	16.84	0.059	—	0.036	0.071	0.179

六、输煤附属设备安装

工作内容：设备检查，就位、调整、安装等。　　**计量单位：**台

定额编号				2-5-29	2-5-30	2-5-31	2-5-32
项目				机械采样装置	电磁除铁器	除木器	储气罐空气炮
基价（元）				**3422.94**	**2198.14**	**3890.80**	**322.02**
其中	人工费（元）			2719.04	1524.83	2865.11	253.80
	材料费（元）			313.29	98.24	426.00	3.56
	机械费（元）			390.61	575.07	599.69	64.66
名称		单位	单价(元)	消耗量			
人工	二类人工	工日	135.00	20.141	11.295	21.223	1.880
材料	型钢 综合	kg	3.84	7.344	2.550	3.944	—
	镀锌铁丝 ϕ2.0～4.0	kg	5.01	—	1.700	—	—
	中厚钢板 综合	kg	3.71	17.850	—	12.750	—
	紫铜板 综合	kg	58.27	—	—	0.085	—
	石棉橡胶板 低压 δ0.8～6	kg	5.26	—	—	—	0.281
	白布	kg	11.64	—	1.020	—	—
	铁砂布 0#～2#	张	1.03	8.500	2.550	3.400	—
	低碳钢焊条 综合	kg	6.72	5.848	1.700	1.445	0.159
	斜垫铁 综合	kg	8.62	—	—	28.900	—
	酚醛调和漆	kg	11.29	3.400	0.519	1.445	—
	松节油	kg	7.76	—	0.391	—	—
	金属清洗剂	kg	11.03	0.714	—	0.769	—
	溶剂汽油	kg	5.40	—	1.700	—	—
	油漆溶剂油	kg	3.79	0.255	—	0.247	—
	黄甘油	kg	10.78	1.071	0.255	2.474	—
	氧气	m^3	3.62	16.864	5.100	3.944	0.150
	乙炔气	kg	7.60	5.902	1.683	1.380	0.053
	石棉编绳 ϕ6	kg	14.05	—	—	0.765	—
	其他材料费	元	1.00	6.14	1.93	8.35	0.07
机械	汽车式起重机 8t	台班	648.48	—	0.357	—	—
	汽车式起重机 16t	台班	875.04	0.057	—	0.286	0.071
	载货汽车 5t	台班	382.30	—	0.357	—	—
	载货汽车 8t	台班	411.20	0.029	—	0.357	—
	电动卷扬机－单筒慢速 30kN	台班	177.60	0.257	0.786	0.786	—
	弧焊机 综合	台班	66.69	—	—	—	0.038
	交流弧焊机 32kV·A	台班	92.84	3.050	0.714	0.679	—
	电焊条烘干箱 60×50×75(cm^3)	台班	16.84	—	0.071	—	—

工作内容:设备检查,就位、调整、安装等。 **计量单位:**台

定额编号				2-5-33	2-5-34	2-5-35	2-5-36	2-5-37
项目				电磁分离器(悬挂式)		电磁分离器(传动式)		
				CF-60	CF-90	A711SD50#	A711SD65#	A711SD80#
基价(元)				**1473.33**	**1668.29**	**1815.29**	**2077.61**	**2360.78**
其中	人工费(元)			929.48	1023.57	1254.29	1434.38	1689.12
	材料费(元)			60.69	67.74	106.19	115.92	133.69
	机械费(元)			483.16	576.98	454.81	527.31	537.97
名称		单位	单价(元)	消耗量				
人工	二类人工	工日	135.00	6.885	7.582	9.291	10.625	12.512
材料	氧气	m^3	3.62	3.570	3.570	1.785	1.785	1.785
	乙炔气	m^3	8.90	1.178	1.178	0.589	0.589	0.589
	电焊条	kg	4.31	1.190	1.190	0.595	0.595	0.595
	型钢 综合	kg	3.84	1.785	2.380	4.165	4.760	5.355
	镀锌薄钢板 综合	kg	4.46	—	—	0.119	0.179	0.238
	镀锌铁丝	kg	6.55	1.190	1.190	1.190	1.190	1.428
	铁砂布 0# ~2#	张	1.03	1.785	1.785	2.380	2.380	2.975
	红丹粉	kg	11.90	—	—	0.060	0.060	0.060
	黄油	kg	9.05	0.179	0.238	0.893	0.952	1.012
	机油 综合	kg	2.91	—	—	1.785	1.785	2.678
	汽油 综合	kg	6.12	1.190	1.190	2.975	3.273	3.570
	保险丝 5A	轴	7.33	—	—	0.060	0.060	0.060
	青壳纸 δ0.1~1.0	kg	4.31	—	—	0.190	0.190	0.238
	酚醛调和漆	kg	11.29	0.363	0.714	0.315	0.393	0.518
	松香水	kg	4.74	0.274	0.298	0.238	0.298	0.363
	紫铜皮	kg	61.03	—	—	0.060	0.060	0.089
	绝缘垫 δ2	m^2	18.97	—	—	0.119	0.119	0.149
	羊毛毡 6~8mm	m^2	50.86	—	—	0.238	0.238	0.238
	密封胶	支	5.86	—	—	1.190	1.785	2.380
	其他材料费	元	1.00	1.37	1.52	2.01	2.18	2.52
机械	交流弧焊机 32kV·A	台班	92.84	0.600	0.600	0.300	0.300	0.300
	汽车式起重机 8t	台班	648.48	0.300	0.360	0.300	0.360	0.360
	载货汽车 5t	台班	382.30	0.300	0.360	0.300	0.360	0.360
	电动卷扬机-单筒慢速 30kN	台班	177.60	0.660	0.840	0.660	0.720	0.780
	电焊条烘干箱 60×50×75(cm^3)	台班	16.84	0.060	0.060	0.030	0.030	0.030

第六章

燃油供应设备安装工程

说　　明

一、本章内容包括卸油装置、油罐、油过滤器、油水分离装置等安装工程。

二、有关说明：

1. 鹤式卸油装置安装定额包括鹤式卸油支架组装、滑轮组及手动绞车安装、卸油胶皮管连接、卸油泵安装、电动机安装、泵本体附件与管道及润滑冷却装置等清洗与安装。

2. 油罐安装定额是按照成品供货安装考虑的，不包括现场配制，工程实际发生时，应参照相应定额计算配制费。定额包括油罐本体、支吊架、法兰及阀门、油位计等安装。定额不包括油箱支吊架制作及油漆、自动液位信号装置的安装。

3. 油过滤器、油水分离装置安装定额包括设备清理、组装、安装及表面补油漆。定额不包括设备制作和保温。

4. 燃油加热器安装工作范围及工作内容：设备解体、清理、组装、就位、固定、垫铁配制及表面油漆。不包括设备的制作和保温。

工程量计算规则

一、卸油装置、油罐安装根据工艺系统设计流程及布置,按照设计安装数量以“台”为计量单位。

二、油过滤器、油水分离装置、燃油加热器安装根据工艺系统设计流程及设备出力,按照设计安装数量以“台”为计量单位。其范围包括设备、设备支架、框架、平台、扶梯、栏杆的安装,不包括制作。

一、卸油装置及油罐安装

工作内容：基础检查，设备检查、安装等。　　　　计量单位：台

定额编号				2-6-1	2-6-2
项目				鹤式卸油装置	油罐容积≤$40m^3$
基价（元）				**1964.12**	**5221.13**
其中	人工费（元）			1507.82	2993.09
	材料费（元）			217.72	988.91
	机械费（元）			238.58	1239.13
名称		单位	单价（元）	消耗量	
人工	二类人工	工日	135.00	11.169	22.171
材料	镀锌铁丝 φ2.0～4.0	kg	5.01	—	10.000
	中厚钢板 综合	kg	3.71	—	15.000
	热轧薄钢板 Q235B 综合	kg	3.97	4.400	—
	石棉橡胶板 低压 δ0.8～6	kg	5.26	—	5.000
	耐油石棉橡胶板 δ1	kg	11.21	0.550	—
	四氟带	kg	87.93	—	0.010
	白布	kg	11.64	—	0.120
	低碳钢焊条 J422 综合	kg	4.74	3.278	—
	铁砂布 0#～2#	张	1.03	—	9.000
	低碳钢焊条 综合	kg	6.72	—	10.000
	碳钢气焊条 φ2 以内	kg	10.34	—	0.400
	钢锯条	条	2.59	—	3.000
	酚醛调和漆	kg	11.29	—	20.600
	松节油	kg	7.76	—	1.650
	黄油钙基脂	kg	9.66	0.550	—
	清洗剂 500mL	瓶	3.74	0.099	—
	氧气	m^3	3.62	2.860	18.000
	乙炔气	kg	7.60	0.990	6.840
	水	m^3	4.27	—	90.000
	脚手架钢管	kg	3.62	7.480	—
	木脚手板	m^3	1124.00	0.110	—
	其他材料费	元	1.00	4.27	19.39
机械	汽车式起重机 16t	台班	875.04	0.210	0.695
	门式起重机 30t	台班	692.75	—	0.219
	平板拖车组 10t	台班	731.50	—	0.286
	弧焊机 综合	台班	66.69	0.822	—
	交流弧焊机 32kV·A	台班	92.84	—	2.857
	电焊条烘干箱 60×50×75（cm^3）	台班	16.84	—	0.286

二、油过滤器安装

工作内容:设备检查、组装、就位、安装等。　　　　计量单位:台

定额编号				2-6-3	2-6-4
项目				出力(t/h)	
				≤5	≤10
基价(元)				668.18	886.46
其中	人工费(元)			564.84	771.80
	材料费(元)			76.79	81.52
	机械费(元)			26.55	33.14
名称		单位	单价(元)	消耗量	
人工	二类人工	工日	135.00	4.184	5.717
材料	型钢 综合	kg	3.84	0.850	0.850
	镀锌铁丝 φ2.0～4.0	kg	5.01	0.425	0.595
	中厚钢板 综合	kg	3.71	0.425	0.425
	黑铅粉	kg	17.00	0.043	0.060
	耐酸橡胶板 δ2	kg	11.21	0.085	0.128
	白布	kg	11.64	0.085	0.085
	铁砂布 0#～2#	张	1.03	0.850	0.850
	低碳钢焊条 综合	kg	6.72	0.340	0.510
	斜垫铁 综合	kg	8.62	6.800	6.800
	酚醛调和漆	kg	11.29	0.170	0.255
	机油 综合	kg	2.91	0.128	0.170
	氧气	m^3	3.62	0.255	0.383
	乙炔气	kg	7.60	0.085	0.128
	其他材料费	元	1.00	1.51	1.60
机械	交流弧焊机 32kV·A	台班	92.84	0.286	0.357

三、油水分离装置安装

工作内容：基础检查，设备就位、安装等。　　　　计量单位：台

定额编号				2-6-5	2-6-6	2-6-7	2-6-8
项目				出力(m^3/h)			
				≤2	≤3	≤5	≤8
基价（元）				**2392.46**	**2795.31**	**3510.47**	**4138.72**
其中	人工费（元）			2118.69	2471.99	3178.17	3707.91
	材料费（元）			32.54	39.69	46.74	62.38
	机械费（元）			241.23	283.63	285.56	368.43
名称		单位	单价(元)	消耗量			
人工	二类人工	工日	135.00	15.694	18.311	23.542	27.466
材料	型钢 综合	kg	3.84	2.500	2.700	3.000	3.500
	中厚钢板 综合	kg	3.71	3.100	3.900	4.700	6.300
	低碳钢焊条 J422 综合	kg	4.74	1.500	1.800	2.000	2.800
	氧气	m^3	3.62	0.600	0.900	1.200	1.800
	乙炔气	kg	7.60	0.200	0.300	0.400	0.600
	其他材料费	元	1.00	0.64	0.78	0.92	1.22
机械	叉式起重机 3t	台班	404.69	0.500	0.600	0.600	0.800
	弧焊机 综合	台班	66.69	0.583	0.612	0.641	0.670

工作内容:基础检查,设备就位、安装等。 **计量单位:**台

定额编号				2-6-9	2-6-10	2-6-11
项目				燃油加热器 加热面积(m²)		
				10	20	30
基价(元)				**1311.00**	**1571.71**	**1815.78**
其中	人工费(元)			743.58	878.85	1026.54
	材料费(元)			28.78	34.60	42.85
	机械费(元)			538.64	658.26	746.39
名称		单位	单价(元)	消耗量		
人工	二类人工	工日	135.00	5.508	6.510	7.604
材料	氧气	m^3	3.62	1.250	1.428	1.785
	乙炔气	m^3	8.90	0.411	0.470	0.589
	电焊条	kg	4.31	0.833	0.952	1.190
	型钢 综合	kg	3.84	0.595	0.595	0.893
	中厚钢板 综合	kg	3.79	0.298	0.298	0.417
	铁砂布 0#~2#	张	1.03	0.595	1.190	1.190
	耐酸石棉橡胶板 δ2	kg	11.21	0.179	0.208	0.238
	黑铅粉	kg	17.00	0.060	0.060	0.089
	机油 综合	kg	2.91	0.238	0.298	0.357
	酚醛调和漆	kg	11.29	0.714	0.952	1.131
	松香水	kg	4.74	0.119	0.161	0.179
	其他材料费	元	1.00	0.64	0.77	0.94
机械	交流弧焊机 32kV·A	台班	92.84	0.560	0.640	0.800
	履带式起重机 15t	台班	702.00	0.480	0.560	0.664
	汽车式起重机 8t	台班	648.48	0.088	0.136	0.136
	载货汽车 5t	台班	382.30	0.048	0.072	0.072
	内燃空气压缩机 $6m^3/min$	台班	417.52	0.160	0.192	0.192
	试压泵 60MPa	台班	23.30	0.280	0.376	0.376
	电焊条烘干箱 60×50×75(cm^3)	台班	16.84	0.056	0.064	0.080

第七章

除渣、除灰设备安装工程

说　　明

一、本章内容包括机械除渣设备、水力除灰渣设备、气力除灰设备等安装工程。水力除灰渣系统中的设备安装执行机械除渣设备安装定额。

二、有关说明：

1. 设备安装定额中包括电动机安装、随设备供货的金属构件(如支吊架、平台、梯子、栏杆、基础框架、地脚螺栓等)安装、设备安装后补漆、配合灌浆、就地一次仪表安装、设备水位计(表)及护罩安装。就地一次仪表的表计、表管、玻璃管、阀门等均按照设备成套供货考虑。

不包括下列工作内容，工程实际发生时，执行相应定额。

(1)电动机的检查、接线及空载试转；

(2)支吊架、平台、扶梯、栏杆、基础框架及地脚螺栓、电动机吸风筒等金属结构配制、组合、安装与油漆及主材费；

(3)设备保温、油漆、衬里；

(4)灌浆。

2. 机械除渣设备安装包括除渣机、带式排渣机、碎渣机、斗式提升机、渣仓、渣井等安装。

(1)除渣机安装定额包括设备本体、冷渣器、减速机、电动机、内置式碎渣机及其附件安装。

(2)带式排渣机安装定额包括机体、冷渣器、减速机、内置式碎渣机、电动机及附件安装。

(3)碎渣机安装定额包括设备本体、减速机、电动机、水灰箱、金属分离器及其附件安装。

(4)斗式提升机安装定额包括壳体、牵引件(输送链)、料斗、驱动轮(头轮)、改向轮(尾轮)、拉紧装置、导向装置、加料口(入料口)和卸料口(出料口)及附件安装。定额综合考虑了环链、板链和皮带三种结构安装方式，执行定额时不因提升重量和结构形式而调整。

(5)刮板捞渣机、带式排渣机安装定额根据出力按照基准长度进行编制，工程实际安装长度(斜长)大于定额标准时，长度每增加 10m 计算一个增加段，长度增加 <10m 时亦计算一个增加段。

(6)渣仓、渣井安装定额包括本体及附件安装。定额不包括渣仓、渣井配制。

3. 水力除灰渣设备安装包括水力喷射器、箱式冲灰器、砾石过滤器、灰渣沟插板门、浓缩机、浓缩机钢池、脱水仓、渣缓冲罐等安装。

(1)水力喷射器安装定额包括喷射器清理、安装、试射。

(2)箱式冲灰器安装定额包括箱体清扫、安装。

(3)砾石过滤器安装定额包括支架组装、罐体及附件安装、砾石装填等。

(4)灰渣沟插板门安装定额包括门本体、滑道及附件安装。

(5)浓缩池安装定额包括搅拌装置、耙架、传动装置、耙架提升装置、给料装置、卸料装置和附件安装。不包括浓缩机钢池及附件安装。

(6)浓缩机钢池安装定额包括钢池及附件安装，定额不包括混凝土浓缩池浇制。定额综合了不同规格、不同结构的钢池，执行定额时不做调整。

(7)脱水仓安装定额包括脱水仓本体、管道及附件安装。

(8)渣缓冲罐安装定额包括渣罐清扫、安装、渗漏检查。

4. 气力除灰设备安装包括负压风机、灰斗气化风机、布袋收尘器、袋式排气过滤器、加热器、仓泵、灰斗、加湿搅拌器、干灰散装机、空气斜槽、电动灰斗门、锁气器等安装。

(1)负压风机、灰斗气化风机安装定额包括本体及附件、管道、润滑装置、空气干燥器等清洗、安装，防护罩安装以及配套电动机安装。

(2)布袋收尘器、排气过滤器安装定额包括设备清理、布袋套装、空气联箱及附属阀门的安装,本体组合及安装。

(3)加热器安装定额包括本体清扫、整体安装。

(4)仓泵安装定额包括本体清扫、气密试验、本体阀门与自动料位指示器安装、饲料机清理与安装。

(5)灰斗安装定额包括灰斗清理、安装、密封试验。

(6)加湿搅拌机安装定额包括减速机、钢轨及齿条、传动架、槽、中心筒、大耙、小耙、副耙等的清理与安装。

(7)干灰散装机安装定额包括手动棒阀、电动扇形阀、卷扬装置、伸缩卸料装置、收尘软管等安装。

(8)空气斜槽安装定额包括槽体、弯槽、端盖板、出料溜槽、进料溜槽、通槽及载气阀安装及调整。定额不包括鼓风机安装。

(9)电动灰斗门安装定额包括各类门清扫与安装、电动机安装。

(10)电动锁气器安装定额包括本体清扫、气密试验、安装及电动机安装。

工程量计算规则

一、马丁式除渣机、螺旋输渣机、刮板捞渣机、带式排渣机、碎渣机安装根据工艺系统设计流程及设备出力,按照设计安装数量以“台”为计量单位。

二、斗式提升机安装根据工艺系统设计流程及提升高度,按照设计安装数量以“台”为计量单位。

三、渣仓安装根据设计布置及图示尺寸,按照成品重量以“t”为计量单位。不计算下料及加工制作损耗量。

四、渣井安装根据设计布置,按照设计安装数量以“座”为计量单位。

五、水力喷射器、箱式冲灰器安装根据工艺系统设计流程及设备出力,按照设计安装数量以“台”为计量单位。

六、砾石过滤器、灰渣沟插板门、浓缩机安装根据工艺系统设计流程及设备流量直径或操作直径,按照设计安装数量以“台”为计量单位。

七、浓缩机钢池、脱水仓安装根据设计布置及图示尺寸,按照成品重量以“t”为计量单位。不计算下料及加工制作损耗量,计算附件重量。

八、渣缓冲罐安装根据工艺系统设计流程及设备出力,按照设计安装数量以“台”为计量单位。

九、负压风机、灰斗气化风机安装根据工艺系统设计流程及配套电动机功率,按照设计安装数量以“台”为计量单位。

十、布袋收尘器、排气过滤器、加热器、仓泵、加湿搅拌器、干灰散装机、电动锁气器安装根据工艺系统设计流程及设备出力,按照设计安装数量以“台”为计量单位。

十一、气化板、灰斗、空气斜槽、闸板门、电动三通门安装根据工艺系统设计流程及设备规格,按照设计安装数量以“台、件、个、支”为计量单位。

一、机械除渣设备安装

1. 除渣机安装

工作内容:基础检查、铲平,垫铁配制及安装,开箱、搬运、检查、安装等。 计量单位:台

				2-7-1	2-7-2	2-7-3	2-7-4	2-7-5
定额编号				2-7-1	2-7-2	2-7-3	2-7-4	2-7-5
项目				马丁式除渣机		螺旋输渣机		
				出力(t/h)				
				≤6	≤10	≤6	≤10	≤20
基价(元)				**4128.40**	**5733.87**	**3158.28**	**4859.51**	**6030.62**
其中	人工费(元)			3271.19	4543.16	2502.63	3850.20	4810.19
	材料费(元)			508.83	706.76	389.34	598.92	736.45
	机械费(元)			348.38	483.95	266.31	410.39	483.98
	名称	单位	单价(元)	消耗量				
人工	二类人工	工日	135.00	24.231	33.653	18.538	28.520	35.631
材料	型钢 综合	kg	3.84	17.910	24.874	13.702	21.080	25.160
	热轧薄钢板 Q235B 综合	kg	3.97	23.109	32.096	17.680	27.200	34.000
	镀锌薄钢板 综合	kg	4.46	0.867	1.204	0.663	1.020	1.275
	紫铜板 综合	kg	58.27	0.217	0.301	0.166	0.255	0.340
	聚氯乙烯薄膜	kg	12.07	1.733	2.407	1.326	2.040	2.550
	羊毛毡 6~8mm	m^2	50.86	0.050	0.071	0.039	0.060	0.085
	铁砂布 0#~2#	张	1.03	4.333	6.018	3.315	5.100	5.950
	低碳钢焊条 综合	kg	6.72	0.917	1.274	0.702	1.080	1.445
	酚醛调和漆	kg	11.29	3.322	4.614	2.542	3.910	4.973
	防锈漆 C53-1	kg	14.05	0.578	0.802	0.442	0.680	0.850
	手喷漆	kg	12.93	0.029	0.040	0.022	0.034	0.051
	金属清洗剂	kg	11.03	2.106	2.926	1.612	2.479	2.975
	油漆溶剂油	kg	3.79	0.252	0.351	0.194	0.298	0.400
	机油 综合	kg	2.91	36.831	51.153	28.178	43.350	51.000
	铅油(厚漆)	kg	7.33	1.589	2.207	1.216	1.870	2.550
	黄甘油	kg	10.78	2.311	3.210	1.768	2.720	3.400
	红丹粉	kg	11.90	0.145	0.201	0.111	0.170	0.255
	稀释剂	kg	12.07	0.029	0.040	0.022	0.034	0.043
	氧气	m^3	3.62	5.777	8.024	4.420	6.800	8.160
	乙炔气	kg	7.60	2.022	2.808	1.547	2.380	2.856
	密封胶	kg	11.12	1.083	1.505	0.829	1.275	1.700
	石棉纸	kg	0.86	4.621	6.419	3.536	5.440	6.800
	青壳纸 δ0.1~1.0	kg	4.31	0.217	0.301	0.166	0.255	0.340
	水	m^3	4.27	4.333	6.018	3.315	5.100	6.120
	其他材料费	元	1.00	9.98	13.86	7.63	11.74	14.44
机械	汽车式起重机 16t	台班	875.04	0.152	0.211	0.116	0.179	0.215
	载货汽车 10t	台班	476.15	0.152	0.211	0.116	0.179	0.215
	电动卷扬机-单筒慢速 30kN	台班	177.60	0.534	0.742	0.409	0.629	0.714
	交流弧焊机 32kV·A	台班	92.84	0.491	0.683	0.376	0.578	0.679
	电动空气压缩机 0.6m^3/min	台班	33.06	0.055	0.076	0.042	0.065	0.071
	电焊条烘干箱 60×50×75(cm^3)	台班	16.84	0.045	0.068	0.038	0.060	0.076

工作内容：基础检查、铲平，垫铁配制及安装，开箱、搬运、检查、安装等。

定额编号				2-7-6	2-7-7	2-7-8	2-7-9
项目				刮板捞渣机			
				出力(t/h)			每增加 10m
				≤6	≤10	≤20	
				≤15m	≤20m	≤30m	
计量单位				台			段
基价（元）				**3790.87**	**5831.57**	**7235.08**	**1596.75**
其中	人工费（元）			3003.08	4620.24	5772.20	1332.72
	材料费（元）			467.17	718.66	883.72	49.13
	机械费（元）			320.62	492.67	579.16	214.90
名称		单位	单价(元)	消耗量			
人工	二类人工	工日	135.00	22.245	34.224	42.757	9.872
材料	型钢 综合	kg	3.84	16.442	25.296	30.192	5.219
	钢丝绳 ϕ14.1～15	kg	6.45	—	—	—	0.788
	热轧薄钢板 Q235B 综合	kg	3.97	21.216	32.640	40.800	0.682
	镀锌薄钢板 综合	kg	4.46	0.796	1.224	1.530	—
	紫铜板 综合	kg	58.27	0.199	0.306	0.408	0.034
	聚氯乙烯薄膜	kg	12.07	1.591	2.448	3.060	—
	羊毛毡 6～8mm	m^2	50.86	0.047	0.071	0.102	—
	铁砂布 0#～2#	张	1.03	3.978	6.120	7.140	—
	低碳钢焊条 综合	kg	6.72	0.842	1.295	1.734	1.406
	酚醛调和漆	kg	11.29	3.050	4.692	5.967	—
	防锈漆 C53－1	kg	14.05	0.530	0.816	1.020	—
	手喷漆	kg	12.93	0.026	0.041	0.061	—
	密封胶	L	22.24	—	—	—	0.080
	金属清洗剂	kg	11.03	1.934	2.975	3.570	—
	油漆溶剂油	kg	3.79	0.232	0.357	0.479	—
	清洗剂 500mL	瓶	3.74	—	—	—	0.235
	机油 综合	kg	2.91	33.813	52.020	61.200	—
	铅油(厚漆)	kg	7.33	1.459	2.244	3.060	—
	黄甘油	kg	10.78	2.122	3.264	4.080	—
	黄油钙基脂	kg	9.66	—	—	—	0.206
	红丹粉	kg	11.90	0.133	0.204	0.306	—
	稀释剂	kg	12.07	0.026	0.041	0.051	—
	氧气	m^3	3.62	5.304	8.160	9.792	0.487
	乙炔气	kg	7.60	1.856	2.856	3.427	0.212
	密封胶	kg	11.12	0.995	1.530	2.040	0.080
	石棉纸	kg	0.86	4.243	6.528	8.160	—
	青壳纸 δ0.1～1.0	kg	4.31	0.199	0.306	0.408	—
	水	m^3	4.27	3.978	6.120	7.344	—
	其他材料费	元	1.00	9.16	14.09	17.33	0.96
机械	汽车式起重机 16t	台班	875.04	0.140	0.215	0.257	0.014
	汽车式起重机 25t	台班	996.58	—	—	—	0.123
	载货汽车 10t	台班	476.15	0.140	0.215	0.257	0.115
	电动卷扬机－单筒慢速 30kN	台班	177.60	0.491	0.755	0.857	0.078
	弧焊机 综合	台班	66.69	—	—	—	0.166
	交流弧焊机 32kV·A	台班	92.84	0.452	0.695	0.815	—
	电动空气压缩机 0.3m^3/min	台班	25.61	—	—	—	0.006
	电动空气压缩机 0.6m^3/min	台班	33.06	0.050	0.077	0.086	—
	电焊条烘干箱 60×50×75(cm^3)	台班	16.84	0.038	0.060	0.071	0.014

2. 带式排渣机安装

工作内容:基础检查、铲平,垫铁配制及安装;开箱、搬运、检查、安装等。

定额编号				2-7-10	2-7-11	2-7-12	2-7-13
项目				出力4~8t/h	出力6~10t/h	出力8~20t/h	每增加10m
				≤15m	≤20m	≤30m	
计量单位				台			段
基价(元)				**3512.79**	**4329.25**	**6357.73**	**1756.58**
其中	人工费(元)			2961.63	3484.08	5360.45	1480.68
	材料费(元)			100.88	139.60	182.53	50.42
	机械费(元)			450.28	705.57	814.75	225.48
名称		单位	单价(元)	消耗量			
人工	二类人工	工日	135.00	21.938	25.808	39.707	10.968
材料	钢丝绳 φ14.1~15	kg	6.45	1.752	2.424	3.171	0.876
	型钢 综合	kg	3.84	11.598	16.052	20.992	5.799
	热轧薄钢板 Q235B 综合	kg	3.97	1.515	2.097	2.742	0.757
	紫铜板 综合	kg	58.27	0.076	0.105	0.137	0.038
	低碳钢焊条 J422 综合	kg	4.74	3.125	4.324	5.655	1.562
	密封胶	L	22.24	0.178	0.246	0.321	0.088
	黄油钙基脂	kg	9.66	0.456	0.632	0.827	0.229
	清洗剂 500mL	瓶	3.74	0.521	0.721	0.943	0.260
	氧气	m^3	3.62	1.082	1.498	1.958	0.541
	乙炔气	kg	7.60	0.471	0.651	0.852	0.235
	其他材料费	元	1.00	1.98	2.74	3.58	0.99
机械	汽车式起重机 16t	台班	875.04	0.031	0.048	0.056	0.016
	汽车式起重机 25t	台班	996.58	0.247	0.387	0.446	0.123
	载货汽车 10t	台班	476.15	0.254	0.399	0.461	0.128
	电动卷扬机-单筒慢速 30kN	台班	177.60	0.173	0.271	0.314	0.086
	弧焊机 综合	台班	66.69	0.368	0.577	0.666	0.184
	电动空气压缩机 0.3m^3/min	台班	25.61	0.011	0.018	0.020	0.006
	电焊条烘干箱 60×50×75(cm^3)	台班	16.84	0.030	0.050	0.064	0.015

3. 碎渣机安装

工作内容：基础检查、铲平，垫铁配制及安装；开箱、搬运、检查、安装等。 **计量单位：**台

定额编号				2-7-14	2-7-15	2-7-16
项目				出力(t/h)		
				≤6	≤10	≤20
基价（元）				**2774.22**	**3781.83**	**5043.09**
其中	人工费（元）			2068.07	2820.02	3760.16
	材料费（元）			553.89	755.34	1007.11
	机械费（元）			152.26	206.47	275.82
名称		单位	单价(元)	消耗量		
人工	二类人工	工日	135.00	15.319	20.889	27.853
材料	型钢 综合	kg	3.84	2.880	3.927	5.236
	热轧薄钢板 Q235B 综合	kg	3.97	21.973	29.963	39.950
	镀锌薄钢板 δ0.75	m^2	24.16	0.318	0.434	0.578
	紫铜板 综合	kg	58.27	0.061	0.083	0.111
	石棉橡胶板 低压 δ0.8～6	kg	5.26	1.075	1.466	1.955
	聚氯乙烯薄膜	kg	12.07	0.632	0.861	1.148
	羊毛毡 6～8mm	m^2	50.86	0.009	0.013	0.017
	铁砂布 0#－2#	张	1.03	2.104	2.869	3.825
	低碳钢焊条 综合	kg	6.72	0.538	0.734	0.978
	斜垫铁 综合	kg	8.62	25.245	34.425	45.900
	酚醛调和漆	kg	11.29	7.480	10.200	13.600
	防锈漆 C53－1	kg	14.05	0.140	0.191	0.255
	手喷漆	kg	12.93	0.061	0.083	0.111
	酚醛防锈漆	kg	6.90	4.675	6.375	8.500
	金属清洗剂	kg	11.03	0.343	0.468	0.625
	油漆溶剂油	kg	3.79	2.104	2.869	3.825
	机油 综合	kg	2.91	4.208	5.738	7.650
	铅油(厚漆)	kg	7.33	0.314	0.428	0.570
	黄甘油	kg	10.78	0.935	1.275	1.700
	红丹粉	kg	11.90	0.065	0.089	0.119
	氧气	m^3	3.62	2.842	3.876	5.168
	乙炔气	kg	7.60	0.949	1.295	1.726
	密封胶	kg	11.12	0.295	0.402	0.536
	水	m^3	4.27	4.441	6.056	8.075
	其他材料费	元	1.00	10.86	14.81	19.75
机械	汽车式起重机 16t	台班	875.04	0.079	0.107	0.143
	载货汽车 10t	台班	476.15	0.079	0.107	0.143
	电动卷扬机－单筒慢速 30kN	台班	177.60	0.134	0.182	0.243
	交流弧焊机 32kV·A	台班	92.84	0.224	0.305	0.407
	电动空气压缩机 0.6m^3/min	台班	33.06	0.028	0.038	0.050

4. 斗式提升机安装

工作内容:基础检查、铲平,垫铁配制及安装;开箱、搬运、检查、安装等。 计量单位:台

定额编号				2-7-17	2-7-18	2-7-19
项目				提升高度(m)		
				≤15	≤24	>24
基价(元)				**5716.88**	**9235.10**	**10405.87**
其中	人工费(元)			3515.27	5678.51	6356.21
	材料费(元)			527.11	851.52	978.60
	机械费(元)			1674.50	2705.07	3071.06
名称		单位	单价(元)	消耗量		
人工	二类人工	工日	135.00	26.039	42.063	47.083
材料	钢丝绳 φ14.1~15	kg	6.45	11.934	19.278	23.758
	型钢 综合	kg	3.84	8.619	13.923	15.470
	中厚钢板 综合	kg	3.71	16.907	27.311	31.493
	紫铜板 综合	kg	58.27	0.176	0.284	0.320
	紫铜棒 φ16~80	kg	58.27	0.328	0.530	0.602
	耐油石棉橡胶板 δ1	kg	11.21	0.656	1.060	1.204
	低碳钢焊条 J422 综合	kg	4.74	14.255	23.027	25.968
	枕木 2500×200×160	根	155.00	0.656	1.060	1.204
	黄油钙基脂	kg	9.66	1.750	2.827	3.210
	氧气	m^3	3.62	19.260	31.113	35.305
	乙炔气	kg	7.60	6.760	10.919	12.393
	其他材料费	元	1.00	10.34	16.70	19.19
机械	汽车式起重机 25t	台班	996.58	1.078	1.742	1.978
	载货汽车 10t	台班	476.15	0.669	1.080	1.230
	电动卷扬机-单筒慢速 30kN	台班	177.60	0.608	0.981	1.114
	弧焊机 综合	台班	66.69	2.604	4.207	4.743

5. 渣仓、渣井安装

工作内容：基础检查、铲平，垫铁配制及安装；开箱、搬运、检查、安装等。

				2-7-20	2-7-21
定额编号				2-7-20	2-7-21
项目				渣仓	渣井
计量单位				t	座
基价（元）				**1753.70**	**2208.76**
其中	人工费（元）			1250.10	1519.16
	材料费（元）			122.68	151.55
	机械费（元）			380.92	538.05
	名称	单位	单价(元)	消耗量	
人工	二类人工	工日	135.00	9.260	11.253
材料	型钢 综合	kg	3.84	7.854	8.670
	低碳钢焊条 J422 综合	kg	4.74	10.664	11.730
	氧气	m^3	3.62	6.290	9.350
	乙炔气	kg	7.60	2.210	3.400
	其他材料费	元	1.00	2.41	2.97
机械	履带式起重机 50t	台班	1364.92	0.022	—
	汽车式起重机 25t	台班	996.58	0.150	0.050
	载货汽车 10t	台班	476.15	0.150	0.043
	电动卷扬机 - 单筒慢速 30kN	台班	177.60	—	1.829
	弧焊机 综合	台班	66.69	1.949	2.143

二、水力除灰渣设备安装

1. 水力喷射器安装

工作内容:设备检查、组装、安装。

计量单位:台

定额编号				2-7-22	2-7-23	2-7-24
项目				出力(t/h)		
				≤6	≤10	≤20
基价(元)				1012.67	1265.02	1721.81
其中	人工费(元)			893.57	1116.86	1535.63
	材料费(元)			46.22	57.78	71.61
	机械费(元)			72.88	90.38	114.57
名称		单位	单价(元)	消耗量		
人工	二类人工	工日	135.00	6.619	8.273	11.375
材料	型钢 综合	kg	3.84	1.795	2.244	2.805
	中厚钢板 综合	kg	3.71	2.543	3.179	4.208
	橡胶板 δ3	kg	5.09	1.496	1.870	2.057
	低碳钢焊条 J422 综合	kg	4.74	1.272	1.590	1.992
	黄油钙基脂	kg	9.66	0.299	0.374	0.468
	聚四氟乙烯生料带 宽40	m	0.43	0.112	0.140	0.175
	氧气	m^3	3.62	1.945	2.431	2.992
	乙炔气	kg	7.60	0.673	0.842	1.047
	酚醛调和漆 各色	kg	11.29	0.022	0.028	0.047
	其他材料费	元	1.00	0.91	1.13	1.40
机械	汽车式起重机 8t	台班	648.48	0.026	0.032	0.039
	叉式起重机 3t	台班	404.69	0.032	0.039	0.063
	电动卷扬机-单筒慢速 30kN	台班	177.60	0.063	0.079	0.079
	弧焊机 综合	台班	66.69	0.478	0.597	0.746

2. 箱式冲灰器安装

工作内容：基础检查，设备及附件安装。　　　　计量单位：台

定额编号				2-7-25	2-7-26	2-7-27
项目				出力(t/h)		
				≤6	≤10	≤20
基价(元)				833.73	1248.43	1872.41
其中	人工费(元)			651.92	978.08	1467.05
	材料费(元)			70.87	103.89	155.86
	机械费(元)			110.94	166.46	249.50
名称		单位	单价(元)	消耗量		
人工	二类人工	工日	135.00	4.829	7.245	10.867
材料	型钢 综合	kg	3.84	0.918	1.377	2.066
	热轧薄钢板 Q235B 综合	kg	3.97	1.530	2.295	3.443
	低碳钢焊条 综合	kg	6.72	2.593	3.893	5.840
	酚醛调和漆	kg	11.29	1.275	1.700	2.550
	铅油(厚漆)	kg	7.33	0.383	0.574	0.861
	氧气	m^3	3.62	2.746	4.118	6.178
	乙炔气	kg	7.60	0.961	1.445	2.168
	石棉编绳 $\phi6$	kg	14.05	0.570	0.854	1.282
	其他材料费	元	1.00	1.39	2.04	3.06
机械	电动卷扬机-单筒慢速 50kN	台班	186.39	0.257	0.386	0.578
	交流弧焊机 32kV·A	台班	92.84	0.679	1.018	1.527

3. 砾石过滤器安装

工作内容:设备检查、组装、安装、调整。

计量单位:台

定额编号				2-7-28	2-7-29	2-7-30
项目				直径 ϕ		
				≤800	≤1000	≤1200
基价(元)				1401.52	2184.68	2275.84
其中	人工费(元)			1070.15	1649.97	1780.25
	材料费(元)			75.71	144.16	131.28
	机械费(元)			255.66	390.55	364.31
名称		单位	单价(元)	消耗量		
人工	二类人工	工日	135.00	7.927	12.222	13.187
材料	镀锌铁丝 ϕ1.2~1.8	kg	5.78	0.357	0.956	1.071
	热轧薄钢板 Q235B 综合	kg	3.97	5.330	9.588	8.925
	耐酸橡胶板 δ3	kg	11.21	1.777	3.596	2.635
	石棉橡胶板 低压 δ0.8~6	kg	5.26	0.204	0.281	0.400
	三色塑料带 综合	kg	9.74	0.009	0.013	0.009
	铁砂布 0#~2#	张	1.03	0.850	1.199	0.850
	低碳钢焊条 综合	kg	6.72	0.757	1.237	1.131
	酚醛调和漆	kg	11.29	0.179	0.395	0.408
	橡胶石棉盘根 编织 ϕ6~25(250℃)	kg	37.07	0.179	0.242	0.357
	金属清洗剂	kg	11.03	0.031	0.057	0.062
	机油 综合	kg	2.91	0.085	0.115	0.085
	铅油(厚漆)	kg	7.33	0.179	0.242	0.179
	氧气	m^3	3.62	2.134	4.794	4.267
	乙炔气	kg	7.60	0.747	1.678	1.493
	其他材料费	元	1.00	1.48	2.83	2.57
机械	汽车式起重机 8t	台班	648.48	0.150	0.203	0.221
	载货汽车 5t	台班	382.30	0.150	0.203	0.221
	电动卷扬机-单筒慢速 30kN	台班	177.60	0.371	0.503	0.371
	试压泵 60MPa	台班	23.30	0.114	0.150	0.186
	交流弧焊机 32kV·A	台班	92.84	0.350	0.953	0.714

4. 灰渣沟插板门安装

工作内容：检查、安装、调整。　　　　计量单位：台

				2-7-31	2-7-32	2-7-33
定额编号				2-7-31	2-7-32	2-7-33
项目				*DN*200 以内	*DN*300 以内	*DN*500 以内
基价（元）				**157.06**	**293.89**	**528.64**
其中	人工费（元）			150.12	279.86	503.96
	材料费（元）			4.90	7.45	13.38
	机械费（元）			2.04	6.58	11.30
名称		单位	单价(元)	消耗量		
人工	二类人工	工日	135.00	1.112	2.073	3.733
材料	石棉橡胶板 中压 δ0.6～8	kg	5.86	0.230	0.323	0.581
	低碳钢焊条 综合	kg	6.72	0.111	0.179	0.321
	酚醛调和漆	kg	11.29	0.094	0.153	0.275
	黄甘油	kg	10.78	0.153	0.230	0.413
	其他材料费	元	1.00	0.10	0.15	0.26
机械	叉式起重机 3t	台班	404.69	—	0.008	0.013
	交流弧焊机 32kV·A	台班	92.84	0.022	0.036	0.065

5. 浓缩机安装

工作内容:基础检查;设备检查、组装、安装、固定、调整。

定额编号				2-7-34	2-7-35	2-7-36	2-7-37	2-7-38
项目				浓缩池直径 ϕ(m)				浓缩机钢池
				≤6	≤9	≤12	≤15	
计量单位				台				t
基价(元)				**17932.34**	**22142.78**	**27545.47**	**35225.06**	**1409.99**
其中	人工费(元)			10735.20	13212.59	16491.33	20993.72	893.57
	材料费(元)			2832.21	3511.21	4338.30	5844.53	122.33
	机械费(元)			4364.93	5418.98	6715.84	8386.81	394.09
名称		单位	单价(元)	消耗量				
人工	二类人工	工日	135.00	79.520	97.871	122.158	155.509	6.619
材料	型钢 综合	kg	3.84	61.991	76.296	95.370	123.420	2.712
	钢丝 ϕ0.1~0.5	kg	5.35	0.183	0.224	0.281	0.374	—
	钢丝绳 ϕ14.1~15	kg	6.45	1.823	2.244	2.805	4.675	—
	热轧薄钢板 Q235B δ4.0	kg	3.72	68.085	88.060	103.020	136.680	2.244
	镀锌薄钢板 综合	kg	4.46	0.912	1.122	1.403	2.338	—
	紫铜板 综合	kg	58.27	0.061	0.075	0.094	0.281	—
	黑铅粉	kg	17.00	0.183	0.224	0.281	0.468	—
	耐油石棉橡胶板 δ1	kg	11.21	0.183	0.224	0.281	0.374	—
	聚氯乙烯薄膜	kg	12.07	0.729	0.898	1.122	1.590	—
	白布	m^2	5.34	6.564	8.078	10.098	16.830	—
	低碳钢焊条 J422 综合	kg	4.74	36.380	46.410	55.165	75.395	3.852
	砂轮片 ϕ150	片	7.76	0.912	1.122	1.403	2.805	—
	尼龙砂轮片 ϕ100	片	1.29	—	—	—	—	0.468
	斜垫铁 综合	kg	8.62	171.360	210.885	262.548	329.885	—
	枕木 2500×200×160	根	155.00	0.183	0.224	0.281	0.468	0.019
	醇酸磁漆	kg	15.52	0.912	1.122	1.403	2.805	—
	红丹防锈漆	kg	6.90	2.431	2.992	3.740	7.480	—
	酚醛防锈漆(各种颜色)	kg	7.76	—	—	—	—	6.452
	金属清洗剂	kg	11.03	1.135	1.397	1.745	2.836	0.065
	溶剂汽油 200#	kg	5.40	2.249	2.768	3.460	5.470	1.683
	黄油钙基脂	kg	9.66	2.431	2.992	3.740	6.545	—
	红丹粉	kg	11.90	0.183	0.224	0.281	0.468	—
	氧气	m^3	3.62	26.520	32.385	40.375	53.125	3.086
	乙炔气	kg	7.60	9.095	11.543	14.340	19.210	1.094
	密封胶	kg	11.12	0.912	1.122	1.403	2.057	—
	酚醛调和漆 各色	kg	11.29	24.310	29.920	37.400	60.775	—
	其他材料费	元	1.00	55.53	68.85	85.06	114.60	2.40
机械	汽车式起重机 25t	台班	996.58	2.783	3.420	4.283	5.363	0.236
	平板拖车组 20t	台班	835.65	1.328	1.634	2.043	2.593	0.118
	弧焊机 综合	台班	66.69	7.223	9.675	11.100	13.125	0.904

6. 脱水仓、缓冲罐安装

工作内容：基础检查、铲平，垫铁配制及安装；开箱、搬运、检查、安装等。

				2-7-39	2-7-40	2-7-41	2-7-42
定额编号				2-7-39	2-7-40	2-7-41	2-7-42
项目				脱水仓	渣缓冲罐(m^3)		
					≤5	≤10	≤15
计量单位				t	台		
基价（元）				**1499.28**	**776.87**	**1048.23**	**1477.36**
其中	人工费（元）			1035.72	456.98	685.26	1028.03
	材料费（元）			108.83	65.08	73.88	97.55
	机械费（元）			354.73	254.81	289.09	351.78
名称		单位	单价(元)	消耗量			
人工	二类人工	工日	135.00	7.672	3.385	5.076	7.615
材料	型钢 综合	kg	3.84	7.480	—	—	—
	热轧薄钢板 Q235B 综合	kg	3.97	—	7.480	9.350	11.220
	石棉橡胶板 低压 δ0.8～6	kg	5.26	—	2.805	2.805	3.740
	纱布	张	1.29	—	1.870	2.805	4.675
	低碳钢焊条 J422 综合	kg	4.74	5.476	1.590	1.590	2.384
	尼龙砂轮片 φ100	片	1.29	2.824	—	—	—
	枕木 2500×200×160	根	155.00	0.187	—	—	—
	清洗剂 500mL	瓶	3.74	0.224	—	—	—
	氧气	m^3	3.62	2.955	1.496	1.496	2.244
	乙炔气	kg	7.60	1.034	0.524	0.524	0.785
	其他材料费	元	1.00	2.13	1.28	1.45	1.91
机械	履带式起重机 50t	台班	1364.92	0.030	—	—	—
	汽车式起重机 25t	台班	996.58	0.112	0.179	0.179	0.215
	载货汽车 10t	台班	476.15	—	0.107	0.179	0.215
	平板拖车组 20t	台班	835.65	0.095	—	—	—
	弧焊机 综合	台班	66.69	1.841	0.382	0.382	0.527

三、气力除灰设备安装

1. 负压风机安装

工作内容:基础检查、铲平,垫铁配制及安装;开箱、搬运、检查、安装等。　　计量单位:台

定额编号				2-7-43	2-7-44	2-7-45
项目				负压风机		
				功率(kW)		
				≤15	≤30	≤50
基价(元)				**996.39**	**1916.67**	**2729.96**
其中	人工费(元)			888.30	1776.74	2538.27
	材料费(元)			72.44	88.36	109.04
	机械费(元)			35.65	51.57	82.65
名称		单位	单价(元)	消耗量		
人工	二类人工	工日	135.00	6.580	13.161	18.802
材料	热轧薄钢板 Q235B 综合	kg	3.97	0.340	0.468	0.748
	紫铜板 综合	kg	58.27	0.047	0.047	0.094
	石棉橡胶板 低压 δ0.8~6	kg	5.26	0.468	0.655	0.935
	低碳钢焊条 J422 综合	kg	4.74	0.327	0.439	0.531
	平垫铁 综合	kg	3.78	1.955	2.380	2.890
	枕木 2500×200×160	根	155.00	0.187	0.187	0.213
	密封胶	L	22.24	0.187	0.323	0.468
	黄油钙基脂	kg	9.66	0.850	1.275	1.700
	清洗剂 500mL	瓶	3.74	0.425	1.020	1.275
	氧气	m^3	3.62	0.748	0.748	0.748
	乙炔气	kg	7.60	0.262	0.262	0.298
	石棉编绳 综合	kg	14.05	0.561	0.748	0.748
	其他材料费	元	1.00	1.42	1.73	2.14
机械	叉式起重机 5t	台班	409.00	0.079	0.079	0.118
	电动卷扬机-单筒慢速 50kN	台班	186.39	—	0.079	0.158
	弧焊机 综合	台班	66.69	0.050	0.068	0.074

2. 灰斗气化风机安装

工作内容：基础检查、铲平，垫铁配制及安装；开箱、搬运、检查、安装等。

定额编号				2-7-46	2-7-47	2-7-48	2-7-49
项目				灰斗气化风机			气化板
				功率(kW)			150×300
				≤10	≤20	≤30	
计量单位				台			件
基价（元）				**727.97**	**1253.96**	**1694.38**	**131.39**
其中	人工费（元）			634.50	1142.24	1522.94	126.90
	材料费（元）			44.50	62.08	89.59	3.16
	机械费（元）			48.97	49.64	81.85	1.33
名称		单位	单价(元)	消耗量			
人工	二类人工	工日	135.00	4.700	8.461	11.281	0.940
材料	热轧薄钢板 Q235B 综合	kg	3.97	0.281	0.595	0.765	—
	紫铜板 综合	kg	58.27	0.019	0.028	0.047	—
	石棉橡胶板 低压 δ0.8~6	kg	5.26	0.374	0.468	0.561	0.255
	低碳钢焊条 J422 综合	kg	4.74	0.162	0.315	0.383	0.128
	平垫铁 综合	kg	3.78	1.428	2.125	2.125	—
	枕木 2500×200×160	根	155.00	0.094	0.094	0.187	—
	密封胶	L	22.24	0.187	0.425	0.595	—
	黄油钙基脂	kg	9.66	0.281	0.553	0.850	—
	清洗剂 500mL	瓶	3.74	0.850	0.850	0.850	0.051
	氧气	m^3	3.62	0.748	0.825	0.969	0.153
	乙炔气	kg	7.60	0.262	0.288	0.340	0.053
	石棉编绳 综合	kg	14.05	0.281	0.510	0.680	—
	其他材料费	元	1.00	0.87	1.22	1.76	0.06
机械	叉式起重机 5t	台班	409.00	0.079	0.079	0.118	—
	电动卷扬机－单筒慢速 50kN	台班	186.39	0.079	0.079	0.158	—
	弧焊机 综合	台班	66.69	0.029	0.039	0.062	0.020

3. 布袋收尘器、排气过滤器安装

工作内容:开箱、搬运、检查、安装等。　　　　计量单位:台

定额编号				2-7-50	2-7-51	2-7-52	2-7-53	2-7-54
项目				布袋收尘器(m^2)			袋式排气过滤器(m^2)	
				≤30	≤50	≤100	≤10	≤20
基价(元)				**1787.61**	**2749.74**	**4230.27**	**1053.82**	**1620.62**
其中	人工费(元)			1394.15	2144.88	3299.94	660.02	1015.34
	材料费(元)			105.70	162.70	250.21	84.13	129.49
	机械费(元)			287.76	442.16	680.12	309.67	475.79
名称		单位	单价(元)	消耗量				
人工	二类人工	工日	135.00	10.327	15.888	24.444	4.889	7.521
材料	型钢 综合	kg	3.84	1.659	2.553	3.927	1.934	2.975
	中厚钢板 综合	kg	3.71	10.774	16.575	25.500	9.945	15.300
	耐油石棉橡胶板 δ1	kg	11.21	0.355	0.547	0.842	0.276	0.425
	低碳钢焊条 J422 综合	kg	4.74	2.015	3.100	4.769	1.034	1.590
	枕木 2500×200×160	根	155.00	0.079	0.122	0.187	0.055	0.085
	密封胶	L	22.24	0.474	0.729	1.122	0.304	0.468
	黄油钙基脂	kg	9.66	0.395	0.608	0.935	0.111	0.170
	氧气	m^3	3.62	2.015	3.100	4.769	1.763	2.712
	乙炔气	kg	7.60	0.707	1.088	1.674	0.614	0.944
	石棉扭绳 综合	kg	2.27	1.975	3.039	4.675	1.216	1.870
	其他材料费	元	1.00	2.07	3.19	4.91	1.65	2.54
机械	汽车式起重机 25t	台班	996.58	0.181	0.278	0.428	0.186	0.286
	载货汽车 10t	台班	476.15	0.106	0.163	0.250	0.163	0.250
	弧焊机 综合	台班	66.69	0.446	0.686	1.055	0.229	0.352
	电动空气压缩机 $6m^3$/min	台班	224.45	0.121	0.186	0.286	0.140	0.215

4. 灰电加热器安装

工作内容：开箱、搬运、检查、安装等。　　　　**计量单位：**台

定额编号				2-7-55	2-7-56	2-7-57
项目				灰电加热器(m^3/min)		
				≤3	≤5	≤10
基价（元）				**698.28**	**1073.83**	**1394.04**
其中	人工费（元）			577.53	888.30	1142.24
	材料费（元）			63.76	97.99	130.83
	机械费（元）			56.99	87.54	120.97
名称		单位	单价(元)	消耗量		
人工	二类人工	工日	135.00	4.278	6.580	8.461
材料	中厚钢板 综合	kg	3.71	5.249	8.075	10.625
	耐油石棉橡胶板 δ1	kg	11.21	0.972	1.496	1.777
	低碳钢焊条 J422 综合	kg	4.74	0.620	0.954	1.187
	枕木 2500×200×160	根	155.00	0.122	0.187	0.281
	清洗剂 500mL	瓶	3.74	0.111	0.170	0.255
	氧气	m^3	3.62	1.580	2.431	2.992
	乙炔气	kg	7.60	0.547	0.842	1.047
	其他材料费	元	1.00	1.25	1.92	2.57
机械	汽车式起重机 12t	台班	748.60	0.028	0.043	0.065
	电动卷扬机－单筒慢速 50kN	台班	186.39	0.140	0.215	0.286
	弧焊机 综合	台班	66.69	0.149	0.229	0.285

5. 仓泵、灰斗安装

工作内容:开箱、搬运、检查、安装等。 计量单位:台

定额编号				2-7-58	2-7-59	2-7-60
项目				仓泵(m^3/h)		
				≤0.5	≤1	≤1.5
基价(元)				**3177.21**	**3433.13**	**4185.34**
其中	人工费(元)			2469.83	2681.64	3185.06
	材料费(元)			224.62	248.51	303.96
	机械费(元)			482.76	502.98	696.32
	名称	单位	单价(元)	消耗量		
人工	二类人工	工日	135.00	18.295	19.864	23.593
材料	型钢 综合	kg	3.84	4.250	4.250	5.100
	热轧带肋钢筋 HRB400 ϕ10	kg	3.94	1.700	1.700	2.550
	镀锌铁丝 ϕ2.0~4.0	kg	5.01	3.825	4.675	5.525
	中厚钢板 综合	kg	3.71	4.250	4.250	5.100
	镀锌薄钢板 综合	kg	4.46	4.080	4.420	5.100
	低碳钢焊条 综合	kg	6.72	11.900	13.600	17.000
	铅油(厚漆)	kg	7.33	0.850	0.935	1.275
	氧气	m^3	3.62	8.500	9.350	11.050
	乙炔气	kg	7.60	2.805	3.086	3.647
	石棉扭绳 ϕ3 烧失量 24%	kg	2.27	2.550	2.720	3.400
	其他材料费	元	1.00	4.40	4.87	5.96
机械	履带式起重机 15t	台班	702.00	0.270	0.270	0.338
	载货汽车 5t	台班	382.30	0.143	0.143	0.400
	电动卷扬机-单筒慢速 50kN	台班	186.39	0.193	0.193	0.193
	交流弧焊机 32kV·A	台班	92.84	2.143	2.357	2.858
	电焊条烘干箱 60×50×75(cm^3)	台班	16.84	0.215	0.236	0.286

工作内容：开箱、搬运、检查、安装等。　　**计量单位：**个

定　额　编　号				2-7-61
项　　　目				灰斗
基　价（元）				**3344.80**
其中	人工费（元）			2690.82
	材料费（元）			326.74
	机械费（元）			327.24
名　称		单位	单价(元)	消耗量
人工	二类人工	工日	135.00	19.932
材料	镀锌铁丝 ϕ2.0～4.0	kg	5.01	2.550
	中厚钢板 综合	kg	3.71	39.950
	橡胶板 δ5～10	kg	5.09	2.448
	白布	kg	11.64	1.804
	羊毛毡 1～5mm	m^2	18.97	0.510
	低碳钢焊条 综合	kg	6.72	1.700
	酚醛调和漆	kg	11.29	1.615
	松节油	kg	7.76	0.128
	金属清洗剂	kg	11.03	0.992
	汽轮机油	kg	9.91	2.125
	红丹粉	kg	11.90	0.170
	脱化剂	kg	8.02	0.850
	氧气	m^3	3.62	2.550
	乙炔气	kg	7.60	0.842
	密封胶	kg	11.12	2.550
	青壳纸 δ0.1～1.0	kg	4.31	0.170
	其他材料费	元	1.00	6.41
机械	履带式起重机 10t	台班	589.37	0.093
	桥式起重机 30t	台班	440.74	0.357
	载货汽车 5t	台班	382.30	0.043
	普通车床 400×1000	台班	34.62	0.714
	交流弧焊机 32kV·A	台班	92.84	0.357
	电动空气压缩机 6m^3/min	台班	224.45	0.179
	电焊条烘干箱 60×50×75(cm^3)	台班	16.84	0.036

6. 加湿搅拌机安装

工作内容:基础检查,开箱、搬运、检查、安装等。

计量单位:台

定额编号				2-7-62	2-7-63	2-7-64
项目				出力(m^3/h)		
				≤10	≤20	≤50
基价(元)				**1884.32**	**2899.28**	**4460.30**
其中	人工费(元)			1555.07	2392.34	3680.64
	材料费(元)			53.12	81.75	125.77
	机械费(元)			276.13	425.19	653.89
名称		单位	单价(元)	消耗量		
人工	二类人工	工日	135.00	11.519	17.721	27.264
材料	型钢 综合	kg	3.84	3.052	4.696	7.225
	中厚钢板 综合	kg	3.71	1.221	1.879	2.890
	橡胶板 δ3	kg	5.09	0.898	1.381	2.125
	白布	m	4.57	1.221	1.879	2.890
	低碳钢焊条 J422 综合	kg	4.74	0.934	1.437	2.210
	平垫铁 综合	kg	3.78	0.862	1.326	2.040
	斜垫铁 综合	kg	8.62	1.149	1.768	2.720
	金属清洗剂	kg	11.03	0.469	0.722	1.111
	氧气	m^3	3.62	0.431	0.663	1.020
	乙炔气	kg	7.60	0.179	0.276	0.425
	其他材料费	元	1.00	1.04	1.60	2.47
机械	汽车式起重机 16t	台班	875.04	0.121	0.186	0.286
	汽车式起重机 25t	台班	996.58	0.036	0.056	0.086
	载货汽车 10t	台班	476.15	0.121	0.186	0.286
	电动卷扬机 - 单筒慢速 30kN	台班	177.60	0.362	0.557	0.857
	弧焊机 综合	台班	66.69	0.187	0.287	0.443

7. 干灰散装机安装

工作内容：开箱、搬运、检查、安装等。　　　　**计量单位：**台

定额编号				2-7-65	2-7-66	2-7-67
项目				出力(m^3/h)		
				≤10	≤20	≤50
基价（元）				**1449.36**	**2231.82**	**3431.93**
其中	人工费（元）			1072.44	1649.84	2538.27
	材料费（元）			86.66	133.31	205.08
	机械费（元）			290.26	448.67	688.58
名称		单位	单价(元)	消耗量		
人工	二类人工	工日	135.00	7.944	12.221	18.802
材料	型钢 综合	kg	3.84	12.570	19.338	29.750
	中厚钢板 综合	kg	3.71	0.718	1.105	1.700
	橡胶板 δ3	kg	5.09	1.580	2.431	3.740
	白布	m	4.57	0.898	1.381	2.125
	低碳钢焊条 J422 综合	kg	4.74	2.011	3.094	4.760
	金属清洗剂	kg	11.03	0.336	0.516	0.793
	氧气	m^3	3.62	1.257	1.934	2.975
	乙炔气	kg	7.60	0.539	0.829	1.275
	其他材料费	元	1.00	1.70	2.61	4.02
机械	汽车式起重机 16t	台班	875.04	0.060	0.093	0.143
	汽车式起重机 25t	台班	996.58	0.024	0.038	0.057
	载货汽车 10t	台班	476.15	0.060	0.093	0.143
	电动卷扬机－单筒慢速 30kN	台班	177.60	0.905	1.393	2.143
	弧焊机 综合	台班	66.69	0.368	0.566	0.869

8. 空气斜槽安装

工作内容:开箱、搬运、检查、安装、调整。

计量单位:台

定额编号				2-7-68	2-7-69
项目				斜槽规格	
				B=250mm L=18.5m	B=400mm L=26.5m
基价(元)				**1937.46**	**3592.85**
其中	人工费(元)			1270.08	2350.22
	材料费(元)			265.13	551.50
	机械费(元)			402.25	691.13
名称		单位	单价(元)	消耗量	
人工	二类人工	工日	135.00	9.408	17.409
材料	中厚钢板 综合	kg	3.71	0.944	1.335
	石棉橡胶板 中压 δ0.6~8	kg	5.86	1.029	1.666
	砂轮片 ϕ200	片	10.34	0.340	0.723
	尼龙砂轮片 ϕ100×16×3	片	1.29	4.871	8.611
	低碳钢焊条 综合	kg	6.72	25.211	56.712
	氧气	m^3	3.62	7.361	13.422
	乙炔气	kg	7.60	2.576	4.698
	X 射线胶片 80×300	张	6.50	1.700	3.400
	水	m^3	4.27	3.256	4.658
	其他材料费	元	1.00	5.20	10.81
机械	汽车式起重机 8t	台班	648.48	0.071	0.071
	载货汽车 8t	台班	411.20	0.071	0.164
	试压泵 60MPa	台班	23.30	0.036	0.050
	交流弧焊机 32kV·A	台班	92.84	3.436	6.093
	X 射线探伤机 最大穿透力 75mm	台班	101.00	0.071	0.107

9. 电动灰斗门安装

工作内容:检查、安装、调整。

计量单位:只

定额编号				2-7-70	2-7-71	2-7-72
项目				闸板门		
				300×300	400×400	500×500
基价(元)				**315.73**	**351.52**	**431.86**
其中	人工费(元)			299.97	329.94	400.14
	材料费(元)			8.53	13.05	18.72
	机械费(元)			7.23	8.53	13.00
名称		单位	单价(元)	消耗量		
人工	二类人工	工日	135.00	2.222	2.444	2.964
材料	石棉橡胶板 中压 δ0.6~8	kg	5.86	0.425	0.723	1.122
	低碳钢焊条 综合	kg	6.72	0.179	0.255	0.357
	酚醛调和漆	kg	11.29	0.170	0.281	0.425
	黄甘油	kg	10.78	0.255	0.340	0.425
	其他材料费	元	1.00	0.17	0.26	0.37
机械	叉式起重机 3t	台班	404.69	0.008	0.008	0.014
	交流弧焊机 32kV·A	台班	92.84	0.043	0.057	0.079

工作内容：检查、安装、调整。

计量单位：只

定额编号				2-7-73	2-7-74	2-7-75
项目				电动三通门		
				300×300	400×400	500×500
基价（元）				**493.26**	**631.69**	**776.72**
其中	人工费（元）			469.94	600.08	730.08
	材料费（元）			12.36	19.35	28.45
	机械费（元）			10.96	12.26	18.19
名称		单位	单价(元)	消耗量		
人工	二类人工	工日	135.00	3.481	4.445	5.408
材料	石棉橡胶板 中压 δ0.6～8	kg	5.86	0.595	1.020	1.615
	低碳钢焊条 综合	kg	6.72	0.238	0.323	0.468
	酚醛调和漆	kg	11.29	0.298	0.553	0.850
	黄甘油	kg	10.78	0.340	0.425	0.527
	其他材料费	元	1.00	0.24	0.38	0.56
机械	叉式起重机 3t	台班	404.69	0.014	0.014	0.022
	交流弧焊机 32kV·A	台班	92.84	0.057	0.071	0.100

10. 电动锁气器安装

工作内容：开箱、搬运、检查、安装、调整。

计量单位：台

定额编号				2-7-76	2-7-77	2-7-78	2-7-79
项目				电动锁气器(m^3/h)			
				≤6	≤15	≤20	≤25
基价（元）				**436.90**	**672.01**	**748.58**	**807.78**
其中	人工费（元）			338.04	519.89	579.96	618.17
	材料费（元）			33.80	51.99	59.19	67.55
	机械费（元）			65.06	100.13	109.43	122.06
名称		单位	单价(元)	消耗量			
人工	二类人工	工日	135.00	2.504	3.851	4.296	4.579
材料	型钢 综合	kg	3.84	0.486	0.748	0.833	0.910
	热轧薄钢板 Q235B 综合	kg	3.97	0.807	1.241	1.386	1.530
	低碳钢焊条 综合	kg	6.72	1.409	2.168	2.355	2.576
	酚醛调和漆	kg	11.29	0.166	0.255	0.425	0.680
	铅油(厚漆)	kg	7.33	0.205	0.315	0.349	0.383
	黄甘油	kg	10.78	0.166	0.255	0.298	0.340
	氧气	m^3	3.62	1.459	2.244	2.491	2.737
	乙炔气	kg	7.60	0.511	0.785	0.872	0.958
	石棉编绳 φ6	kg	14.05	0.304	0.468	0.519	0.570
	其他材料费	元	1.00	0.66	1.02	1.16	1.32
机械	叉式起重机 5t	台班	409.00	0.014	0.022	0.022	0.029
	电动卷扬机－单筒慢速 50kN	台班	186.39	0.140	0.215	0.236	0.257
	交流弧焊机 32kV·A	台班	92.84	0.358	0.550	0.608	0.671

第八章

发电厂水处理专用设备
安 装 工 程

说　明

一、本章内容包括钢筋混凝土池内设备、水处理设备、水处理辅助设备、汽水取样设备、炉内水处理装置、铜管凝汽器镀膜装置、油处理设备等安装工程。

二、有关说明：

1. 设备安装定额中包括本体安装、填料装填、电动机安装、随设备供货的金属构件(如平台、梯子、栏杆)安装、设备与管道安装后补漆、配合灌浆、配合防腐施工、就地一次仪表安装、设备水位计(表)及护罩安装。就地一次仪表的表计、表管、玻璃管、阀门以及各种填料(石英砂、磺化煤、无烟煤、活性炭、焦炭、树脂、瓷环、塑料环等)均按照设备成套供货考虑。

不包括下列工作内容,工程实际发生时,执行相应的定额。

(1)电动机的检查、接线及空载试转;

(2)支吊架、平台、扶梯、栏杆等金属结构配制、组装、安装与油漆及主材费;

(3)设备保温及油漆、基础灌浆,设备接口法兰以外管道安装及管道支吊架配制与安装;

(4)各种填料的化学稳定性试验、箱罐填料材料费。

2. 钢筋混凝土池内设备安装定额包括随设备供货安装在池体范围内的平台、梯子、栏杆、反应室、导流窗、集水槽、取样槽等、各种管道、管件、阀门的安装。不包括混凝土预制构件安装,池与池或池体外部平台、梯子、栏杆的安装,池体范围各部件及池壁的防腐和油漆。

(1)加速澄清池安装定额包括转动机械、刮泥机的安装与调整。

(2)水力循环澄清池、虹吸式滤池、重力无阀滤池安装定额包括喷嘴安装与调整。

3. 水处理设备安装包括澄清设备、过滤设备、电渗析器、软化器、衬胶离子交换器、除二氧化碳器、反渗透装置等安装,设备及随设备供应的管道、管件、阀门等安装及设备本体范围内平台、梯子、栏杆安装,滤板与滤帽(水嘴)的精选与安装、填料运搬与筛分及装填、衬里设备防腐层的检验、设备试运前灌水或水压试验。

(1)澄清设备安装定额包括澄清器本体组装焊接、空气分离器安装。定额不包括澄清器顶部小室的搭设。

(2)机械过滤设备安装定额是按照填石英砂垫层考虑的,定额综合考虑了不同形式的排水系统及不同的装填高度,执行定额时不做调整。

(3)电渗析器安装定额中不包括本体塑料(或衬里)管道、管件、阀门的安装,浓盐水泵、精密过滤器的安装;工程实际发生时,执行相应定额。

(4)软化器安装定额综合考虑了填料的不同装填高度,执行定额时不做调整。

(5)衬胶离子交换器安装包括阴阳离子交换器、体外再生罐、树脂贮存罐的安装。

执行阴阳离子交换器安装定额,当树脂装填高度大于定额标准时,高度每增加 1m 定额乘以系数 1.3,高度增加 <1m 时不予调整。

安装体内再生的阴阳混合离子交换器时,执行相应定额乘以系数 1.1;采用体外再生的阴阳混合离子交换器时,无论是逆流再生还是浮床运行的设备,执行相应定额时均不做调整。

安装带有空气擦洗装置的体外再生罐时,执行相应定额乘以系数 1.1。

(6)除二氧化碳器安装定额包括风机安装,不包括风道的制作与安装,平台、梯子、栏杆的制作与安装。执行除二氧化碳器安装定额,当填料装填高度大于定额时,每增加 1m 定额乘以系数 1.2,增加不足 1m 时不予调整。

(7)反渗透装置安装定额包括卷膜式、中空式反渗透装置的设备及附件安装,精密过滤器安装定额包括精密过滤器及附件安装。

4. 水处理辅助设备安装包括酸碱贮存罐、溶液箱、计量器、搅拌器、吸收器、树脂捕捉器、水箱等安装。

(1)酸碱贮存罐(槽)安装定额不包括罐(槽)体及附件内外壁防腐。

(2)喷射器安装定额适用于酸、碱、盐、石灰、凝聚剂、蒸汽、树脂输送等各种类型、材质、规格的喷射器安装,定额中包括喷嘴的调整和支架的配制及安装。

(3)安装带有电动搅拌装置时,执行相应定额乘以系数 1.2。

(4)吸收器、树脂捕捉器安装定额不包括管道安装。

(5) 水箱安装定额是按照成品供货安装考虑的,不包括现场配制,工程实际发生时,应参照相应定额计算配制费。定额包括水箱本体安装、水箱支吊架安装、法兰及阀门安装、水位计安装等以及自动液位信号底座的开孔与安装。定额不包括水箱支吊架制作及油漆,自动液位信号装置的安装。

5. 汽水取样设备安装定额包括取样器内部清理与安装、取样架的配制与安装,但不包括取样架主材。

6. 炉内水处理装置、铜管凝汽器镀膜装置安装定额包括系统的药液制备、计量、输送和起重设备安装。

7. 油处理设备安装定额包括油箱内部清理、箱体及附件的安装、依附在箱体上各类平台与梯子及栏杆安装。定额不包括箱体及附件以外的其他设施装置的安装,依附在箱体上各类平台与梯子及栏杆的制作及油漆,油处理设备内部的除锈与防腐。

工程量计算规则

一、钢筋混凝土池内设备安装根据工艺系统设计流程及设备出力,按照设计安装数量以“台”为计量单位。

二、水处理设备安装根据工艺系统设计流程及设备出力,按照设计安装数量以“台”为计量单位。

三、水处理辅助设备安装根据工艺系统设计流程及设备出力,按照设计安装数量以“台”为计量单位。

四、汽水取样设备安装根据工艺系统设计流程布置,按照设计安装数量以“套”为计量单位。每一套均应包括取样器、冷却器、取样阀、连通管路。

五、炉内水处理装置安装根据工艺系统设计流程布置,按照设计安装数量以“套”为计量单位。每一套均应包括溶液箱(计量箱)、搅拌器、计量泵、配套附件。

六、铜管凝汽器镀膜装置安装,按照实际安装数量以“套”为计量单位。每一套均应包括溶液箱(计量箱)、搅拌器、计量泵、配套附件。

七、油处理设备安装根据工艺系统设计流程布置,按照设计安装数量以“台”为计量单位。

一、钢筋混凝土池内设备安装

工作内容:设备检查、安装,附件安装等。 计量单位:台

定额编号				2-8-1	2-8-2	2-8-3	2-8-4	2-8-5	2-8-6
项目				机械加速澄清池			水力循环澄清池		
				出力 80t/h	出力 120t/h	出力 200t/h	出力 40t/h	出力 60t/h	出力 120t/h
基价(元)				**7627.22**	**8784.49**	**9849.21**	**1822.29**	**2258.24**	**3360.27**
其中	人工费(元)			4503.74	5254.74	5855.76	948.24	1159.38	1924.02
	材料费(元)			1017.15	1288.35	1613.27	370.99	528.29	798.11
	机械费(元)			2106.33	2241.40	2380.18	503.06	570.57	638.14
	名称	单位	单价(元)	消耗量					
人工	二类人工	工日	135.00	33.361	38.924	43.376	7.024	8.588	14.252
材料	镀锌铁丝 ϕ2.0~4.0	kg	5.01	8.500	12.750	12.750	4.250	8.500	8.500
	中厚钢板 综合	kg	3.71	8.500	12.750	17.000	8.500	8.500	8.500
	石棉橡胶板 低压 δ0.8~6	kg	5.26	3.400	4.250	5.100	2.550	3.400	4.250
	四氟带	kg	87.93	0.009	0.009	0.009	0.009	0.009	0.009
	白布	kg	11.64	0.850	0.850	1.020	—	—	—
	羊毛毡 6~8mm	m^2	50.86	0.085	0.085	0.085	—	—	—
	油麻丝	kg	20.69	—	—	—	2.040	2.550	4.590
	尼龙砂轮片 ϕ100×16×3	片	1.29	3.400	3.400	5.100	0.850	0.850	0.850
	铁砂布 0#~2#	张	1.03	1.700	1.700	1.700	—	—	—
	低碳钢焊条 综合	kg	6.72	34.000	40.800	40.800	1.700	1.700	2.550
	碳钢气焊条 ϕ2 以内	kg	10.34	0.850	1.275	1.700	0.425	0.425	0.425
	钢锯条	条	2.59	4.250	6.800	6.800	3.400	3.400	3.400
	斜垫铁 综合	kg	8.62	10.200	10.200	13.600	—	—	—
	复合硅酸盐水泥 P·C 32.5R 综合	kg	0.32	—	—	—	10.200	11.900	22.100
	酚醛调和漆	kg	11.29	0.425	0.425	0.425	0.170	0.213	0.638
	金属清洗剂	kg	11.03	1.190	1.190	1.190	—	—	—
	齿轮油 20#	kg	13.88	3.400	3.400	4.250	—	—	—
	黄甘油	kg	10.78	0.680	0.680	0.850	—	—	—
	氧气	m^3	3.62	34.000	40.800	40.800	6.800	10.200	13.600
	乙炔气	kg	7.60	12.920	15.504	15.504	2.584	3.876	5.168
	石棉	kg	3.92	—	—	—	4.080	5.100	8.925
	青壳纸 δ0.1~1.0	kg	4.31	0.850	0.850	0.850	—	—	—
	毛刷	把	2.16	1.700	1.700	1.700	—	—	—
	水	m^3	4.27	57.800	86.700	144.500	38.250	59.500	98.600
	其他材料费	元	1.00	19.94	25.26	31.63	7.27	10.36	15.65
机械	汽车式起重机 8t	台班	648.48	1.786	1.786	2.000	0.357	0.357	0.357
	载货汽车 5t	台班	382.30	0.714	0.714	0.714	0.357	0.357	0.357
	交流弧焊机 32kV·A	台班	92.84	7.143	8.572	8.572	1.429	2.143	2.858
	电焊条烘干箱 60×50×75(cm^3)	台班	16.84	0.714	0.857	0.857	0.143	0.215	0.286

工作内容：设备检查、安装，附件安装等。　　　　**计量单位**：台

定额编号					2-8-7	2-8-8	2-8-9
项目					虹吸式滤池		重力无阀滤池
					出力(t/h)		
					≤180	≤360	≤80
基价（元）					**17376.02**	**26732.32**	**5098.34**
其中	人工费（元）				10366.11	15947.96	3647.03
	材料费（元）				3557.58	5473.18	420.73
	机械费（元）				3452.33	5311.18	1030.58
名称			单位	单价(元)	消耗量		
人工	二类人工		工日	135.00	76.786	118.133	27.015
材料	镀锌铁丝 ϕ2.0~4.0		kg	5.01	6.630	10.200	8.500
	中厚钢板 综合		kg	3.71	74.588	114.750	8.500
	石棉橡胶板 低压 δ0.8~6		kg	5.26	9.945	15.300	1.275
	四氟带		kg	87.93	0.011	0.017	0.017
	油麻丝		kg	20.69	24.863	38.250	—
	尼龙砂轮片 ϕ100×16×3		片	1.29	4.420	6.800	3.400
	低碳钢焊条 综合		kg	6.72	35.360	54.400	15.300
	碳钢气焊条 ϕ2 以内		kg	10.34	2.763	4.250	1.700
	钢锯条		条	2.59	14.365	22.100	3.400
	复合硅酸盐水泥 P·C 32.5R 综合		kg	0.32	122.103	187.850	—
	酚醛调和漆		kg	11.29	0.276	0.425	0.213
	金属清洗剂		kg	11.03	1.031	1.587	0.397
	氧气		m^3	3.62	35.360	54.400	10.200
	乙炔气		kg	7.60	13.437	20.672	3.876
	石棉		kg	3.92	53.040	81.600	—
	水		m^3	4.27	423.768	651.950	28.900
	其他材料费		元	1.00	69.76	107.32	8.25
机械	汽车式起重机 8t		台班	648.48	3.343	5.143	0.572
	载货汽车 5t		台班	382.30	1.523	2.343	1.072
	交流弧焊机 32kV·A		台班	92.84	7.429	11.429	2.643
	电焊条烘干箱 60×50×75(cm^3)		台班	16.84	0.743	1.143	0.264

二、水处理设备安装

1. 澄清设备安装

工作内容:基础检查,开箱、搬运、检查、安装等。 **计量单位:**台

定额编号				2-8-10	2-8-11	2-8-12	2-8-13	2-8-14	2-8-15
项目				澄清器		压力式混合器			
				出力(t/h)		直径(mm)			
				≤50	≤100	≤800	≤1000	≤1250	≤1600
基价(元)				**19877.54**	**30264.13**	**1007.73**	**1046.82**	**1061.84**	**1387.77**
其中	人工费(元)			6584.76	10384.74	650.03	667.58	677.70	863.46
	材料费(元)			1756.50	2838.71	116.85	138.39	143.29	184.51
	机械费(元)			11536.28	17040.68	240.85	240.85	240.85	339.80
名称		单位	单价(元)	消耗量					
人工	二类人工	工日	135.00	48.776	76.924	4.815	4.945	5.020	6.396
材料	镀锌铁丝 ϕ2.0~4.0	kg	5.01	42.500	68.000	2.550	3.400	3.400	4.250
	中厚钢板 综合	kg	3.71	34.000	51.000	6.800	8.500	8.500	10.200
	耐酸橡胶板 δ3	kg	11.21	—	—	1.700	1.700	1.700	2.550
	石棉橡胶板 低压 δ0.8~6	kg	5.26	1.700	2.550	—	—	—	—
	四氟带	kg	87.93	0.017	0.026	0.009	0.009	0.009	0.009
	白布	kg	11.64	0.085	0.119	0.425	0.425	0.425	0.638
	尼龙砂轮片 ϕ100×16×3	片	1.29	2.550	5.100	—	—	—	—
	铁砂布 0#~2#	张	1.03	8.500	11.900	—	—	—	—
	低碳钢焊条 综合	kg	6.72	54.400	81.600	1.700	1.700	1.700	1.700
	碳钢气焊条 ϕ2 以内	kg	10.34	1.020	1.275	—	—	—	—
	钢锯条	条	2.59	5.100	6.800	3.400	3.400	3.400	5.100
	酚醛调和漆	kg	11.29	20.400	30.770	1.870	2.805	3.230	4.420
	松节油	kg	7.76	1.632	2.465	—	—	—	—
	金属清洗剂	kg	11.03	0.595	0.992	—	—	—	—
	氧气	m^3	3.62	54.400	81.600	1.700	1.700	1.700	1.700
	乙炔气	kg	7.60	20.672	31.008	0.561	0.561	0.561	0.561
	毛刷	把	2.16	1.700	1.700	—	—	—	—
	水	m^3	4.27	85.000	170.000	—	—	—	—
	其他材料费	元	1.00	34.44	55.66	2.29	2.71	2.81	3.62
机械	汽车式起重机 8t	台班	648.48	1.067	1.333	0.190	0.190	0.190	0.286
	汽车式起重机 40t	台班	1517.63	4.762	7.143	—	—	—	—
	门式起重机 30t	台班	692.75	0.990	1.238	—	—	—	—
	载货汽车 5t	台班	382.30	0.952	1.905	0.190	0.190	0.190	0.286
	载货汽车 8t	台班	411.20	0.990	1.238	—	—	—	—
	交流弧焊机 32kV·A	台班	92.84	22.857	34.286	0.476	0.476	0.476	0.476
	电焊条烘干箱 60×50×75(cm^3)	台班	16.84	2.286	3.429	0.048	0.048	0.048	0.048

工作内容:基础检查,开箱、搬运、检查、安装等。　　　　**计量单位**:台

定额编号				2-8-16	2-8-17
项目				重力式双阀滤池	重力式多阀滤池
				出力(t/h)	
				≤80	
基价(元)				**5220.96**	**6830.37**
其中	人工费(元)			3545.51	4963.41
	材料费(元)			760.64	893.22
	机械费(元)			914.81	973.74
名称		单位	单价(元)	消耗量	
人工	二类人工	工日	135.00	26.263	36.766
材料	镀锌铁丝 ϕ2.0~4.0	kg	5.01	8.500	8.500
	中厚钢板 综合	kg	3.71	42.500	42.500
	石棉橡胶板 低压 δ0.8~6	kg	5.26	2.550	2.550
	四氟带	kg	87.93	0.009	0.009
	白布	kg	11.64	0.043	0.060
	尼龙砂轮片 ϕ100×16×3	片	1.29	3.400	3.400
	铁砂布 0#~2#	张	1.03	4.250	5.950
	低碳钢焊条 综合	kg	6.72	20.400	20.400
	碳钢气焊条 ϕ2 以内	kg	10.34	0.900	1.275
	钢锯条	条	2.59	3.400	3.400
	酚醛调和漆	kg	11.29	10.370	14.875
	松节油	kg	7.76	0.850	0.850
	金属清洗剂	kg	11.03	0.198	0.198
	氧气	m^3	3.62	13.600	20.400
	乙炔气	kg	7.60	5.168	7.752
	水	m^3	4.27	35.700	42.500
	其他材料费	元	1.00	14.91	17.51
机械	汽车式起重机 8t	台班	648.48	0.357	—
	汽车式起重机 12t	台班	748.60	—	0.357
	载货汽车 8t	台班	411.20	0.357	—
	载货汽车 10t	台班	476.15	—	0.357
	电动卷扬机－单筒慢速 50kN	台班	186.39	1.429	1.429
	交流弧焊机 32kV·A	台班	92.84	2.858	2.858
	电焊条烘干箱 60×50×75(cm^3)	台班	16.84	0.286	0.286

2. 机械过滤设备安装

工作内容:基础检查,垫铁配制及安装,开箱、搬运、检查、安装等。 **计量单位**:台

定额编号				2-8-18	2-8-19	2-8-20	2-8-21
项目				单流式			
				直径(mm)			
				≤800	≤1000	≤1250	≤1600
基价(元)				**1779.06**	**2137.12**	**2469.47**	**3045.29**
其中	人工费(元)			1321.38	1614.47	1852.88	2299.05
	材料费(元)			138.94	175.09	208.05	236.60
	机械费(元)			318.74	347.56	408.54	509.64
名称		单位	单价(元)	消耗量			
人工	二类人工	工日	135.00	9.788	11.959	13.725	17.030
材料	镀锌铁丝 ϕ2.0~4.0	kg	5.01	2.856	3.808	4.012	5.245
	中厚钢板 综合	kg	3.71	6.800	8.500	8.500	10.200
	黑铅粉	kg	17.00	0.043	0.043	0.043	0.043
	耐酸橡胶板 δ3	kg	11.21	1.896	2.933	3.783	3.783
	四氟带	kg	87.93	0.009	0.009	0.009	0.009
	白布	kg	11.64	0.255	0.306	0.306	0.315
	铁砂布 0#~2#	张	1.03	1.700	1.700	1.700	2.550
	低碳钢焊条 综合	kg	6.72	1.700	1.700	2.550	2.550
	碳钢气焊条 ϕ2 以内	kg	10.34	0.170	0.170	0.255	0.255
	钢锯条	条	2.59	3.400	3.400	3.400	5.100
	酚醛调和漆	kg	11.29	1.700	2.380	2.720	3.570
	橡胶石棉盘根 编织 ϕ11~25(250℃)	kg	17.93	0.170	0.340	0.340	0.340
	松节油	kg	7.76	0.136	0.187	0.221	0.289
	金属清洗剂	kg	11.03	0.030	0.060	0.060	0.060
	溶剂汽油	kg	5.40	0.128	0.255	0.255	0.255
	机油 综合	kg	2.91	0.085	0.085	0.085	0.085
	红丹粉	kg	11.90	0.043	0.043	0.043	0.043
	氧气	m^3	3.62	3.400	3.400	5.100	5.100
	乙炔气	kg	7.60	1.292	1.292	1.938	1.938
	其他材料费	元	1.00	2.72	3.43	4.08	4.64
机械	汽车式起重机 8t	台班	648.48	0.215	0.215	0.215	0.286
	载货汽车 5t	台班	382.30	0.286	0.357	0.428	0.572
	试压泵 60MPa	台班	23.30	0.107	0.179	0.179	0.179
	交流弧焊机 32kV·A	台班	92.84	0.714	0.714	1.072	1.072
	电焊条烘干箱 60×50×75(cm^3)	台班	16.84	0.071	0.071	0.107	0.107

工作内容：基础检查，垫铁配制及安装，开箱、搬运、检查、安装等。　　**计量单位**：台

定额编号				2-8-22	2-8-23	2-8-24	2-8-25
项目				双流式			
				直径(mm)			
				≤800	≤1000	≤1250	≤1600
基价（元）				**2130.76**	**2402.92**	**2715.41**	**3245.27**
其中	人工费（元）			1574.51	1780.65	2046.06	2437.97
	材料费（元）			169.92	207.12	227.06	263.91
	机械费（元）			386.33	415.15	442.29	543.39
名称		单位	单价(元)	消耗量			
人工	二类人工	工日	135.00	11.663	13.190	15.156	18.059
材料	镀锌铁丝 ϕ2.0～4.0	kg	5.01	2.890	3.876	4.012	5.245
	中厚钢板 综合	kg	3.71	6.800	8.500	8.500	10.200
	黑铅粉	kg	17.00	0.043	0.043	0.043	0.043
	耐酸橡胶板 δ3	kg	11.21	1.896	2.975	3.783	3.783
	四氟带	kg	87.93	0.009	0.009	0.009	0.017
	白布	kg	11.64	0.255	0.340	0.340	0.340
	铁砂布 0#～2#	张	1.03	1.700	1.700	1.700	1.700
	低碳钢焊条 综合	kg	6.72	2.550	2.550	3.400	3.400
	碳钢气焊条 ϕ2 以内	kg	10.34	0.340	0.340	0.340	0.510
	钢锯条	条	2.59	3.400	3.400	3.400	3.400
	酚醛调和漆	kg	11.29	1.700	2.380	2.720	3.570
	橡胶石棉盘根 编织 ϕ11～25(250℃)	kg	17.93	0.170	0.340	0.340	0.340
	松节油	kg	7.76	0.136	0.187	0.221	0.289
	金属清洗剂	kg	11.03	0.030	0.060	0.060	0.060
	溶剂汽油	kg	5.40	0.128	0.255	0.255	0.255
	机油 综合	kg	2.91	0.085	0.085	0.085	0.085
	红丹粉	kg	11.90	0.043	0.043	0.043	0.043
	氧气	m^3	3.62	6.800	6.800	6.800	8.500
	乙炔气	kg	7.60	2.584	2.584	2.584	3.230
	凡尔砂	kg	34.91	0.017	0.017	0.017	0.017
	其他材料费	元	1.00	3.33	4.06	4.45	5.17
机械	汽车式起重机 8t	台班	648.48	0.215	0.215	0.215	0.286
	载货汽车 5t	台班	382.30	0.286	0.357	0.428	0.572
	试压泵 60MPa	台班	23.30	0.107	0.179	0.179	0.179
	交流弧焊机 32kV·A	台班	92.84	1.429	1.429	1.429	1.429
	电焊条烘干箱 60×50×75(cm^3)	台班	16.84	0.143	0.143	0.143	0.143

3. 电渗析器安装

工作内容:开箱、搬运、检查、安装等。

计量单位:台

定额编号				2-8-26	2-8-27
项目				电渗析器	
				出力 2 ~ 9t/h 以内	出力 10 ~ 30t/h 以内
基价(元)				**1255.08**	**1577.41**
其中	人工费(元)			767.48	1089.32
	材料费(元)			85.86	86.35
	机械费(元)			401.74	401.74
名称		单位	单价(元)	消耗量	
人工	二类人工	工日	135.00	5.685	8.069
材料	中厚钢板 综合	kg	3.71	6.800	6.800
	聚氯乙烯薄膜	m^2	0.86	0.425	0.425
	四氟带	kg	87.93	0.009	0.009
	白布	kg	11.64	0.638	0.638
	低碳钢焊条 综合	kg	6.72	0.510	0.510
	碳钢气焊条 ϕ2 以内	kg	10.34	0.425	0.425
	酚醛调和漆	kg	11.29	0.213	0.255
	氯化钠	kg	0.53	34.000	34.000
	氧气	m^3	3.62	3.400	3.400
	乙炔气	kg	7.60	1.292	1.292
	其他材料费	元	1.00	1.68	1.69
机械	汽车式起重机 8t	台班	648.48	0.357	0.357
	载货汽车 5t	台班	382.30	0.357	0.357
	交流弧焊机 32kV·A	台班	92.84	0.357	0.357
	电焊条烘干箱 60×50×75(cm^3)	台班	16.84	0.036	0.036

4. 软化器安装

工作内容：基础检查，垫铁配制及安装，开箱、搬运、检查、安装等。　　计量单位：台

定额编号				2-8-28	2-8-29	2-8-30	2-8-31	2-8-32	2-8-33
项目				钠离子软化器					
				直径(mm)					
				≤800	≤1000	≤1250	≤1600	≤1800	≤2000
基价（元）				**1528.89**	**1802.10**	**2643.68**	**3200.37**	**3578.27**	**4249.09**
其中	人工费（元）			1064.48	1228.37	1946.57	2355.48	2611.85	3152.93
	材料费（元）			145.67	200.71	233.51	278.47	317.81	357.47
	机械费（元）			318.74	373.02	463.60	566.42	648.61	738.69
名称		单位	单价(元)	消耗量					
人工	二类人工	工日	135.00	7.885	9.099	14.419	17.448	19.347	23.355
材料	镀锌铁丝 ϕ2.0～4.0	kg	5.01	2.754	3.808	3.825	5.525	5.882	7.115
	中厚钢板 综合	kg	3.71	6.800	8.500	8.500	10.200	10.200	12.750
	黑铅粉	kg	17.00	0.043	0.043	0.043	0.043	0.043	0.085
	耐酸橡胶板 δ3	kg	11.21	2.746	5.296	5.483	5.678	8.228	8.415
	四氟带	kg	87.93	0.009	0.009	0.009	0.009	0.009	0.017
	白布	kg	11.64	0.221	0.221	0.315	0.400	0.400	0.408
	铁砂布 0#～2#	张	1.03	1.700	1.700	2.550	3.400	3.400	4.250
	低碳钢焊条 综合	kg	6.72	1.700	2.550	2.550	3.400	3.400	4.250
	碳钢气焊条 ϕ2 以内	kg	10.34	0.170	0.170	0.170	0.255	0.255	0.255
	钢锯条	条	2.59	1.700	1.700	3.400	3.400	3.400	3.400
	酚醛调和漆	kg	11.29	1.870	2.550	3.230	4.420	5.100	5.950
	橡胶石棉盘根 编织 ϕ11～25(250℃)	kg	17.93	0.170	0.170	0.340	0.510	0.510	0.638
	松节油	kg	7.76	0.153	0.204	0.255	0.340	0.408	0.476
	金属清洗剂	kg	11.03	0.030	0.030	0.060	0.099	0.099	0.099
	溶剂汽油	kg	5.40	0.128	0.128	0.255	0.425	0.425	0.425
	机油 综合	kg	2.91	0.085	0.085	0.128	0.170	0.170	0.213
	红丹粉	kg	11.90	0.043	0.043	0.043	0.043	0.043	0.085
	氧气	m^3	3.62	3.400	3.400	5.100	5.100	5.100	5.100
	乙炔气	kg	7.60	1.292	1.292	1.938	1.938	1.938	1.938
	凡尔砂	kg	34.91	0.009	0.009	0.017	0.017	0.017	0.017
	其他材料费	元	1.00	2.86	3.94	4.58	5.46	6.23	7.01
机械	汽车式起重机 8t	台班	648.48	0.215	0.215	0.215	0.286	0.286	0.286
	载货汽车 5t	台班	382.30	0.286	0.428	0.572	0.714	0.929	0.857
	载货汽车 8t	台班	411.20	—	—	—	—	—	0.286
	试压泵 60MPa	台班	23.30	0.107	0.107	0.179	0.286	0.286	0.286
	交流弧焊机 32kV·A	台班	92.84	0.714	0.714	1.072	1.072	1.072	1.072
	电焊条烘干箱 60×50×75(cm^3)	台班	16.84	0.071	0.071	0.107	0.107	0.107	0.107

工作内容:基础检查,垫铁配制及安装,开箱、搬运、检查、安装等。　　计量单位:台

	定额编号			2-8-34	2-8-35
	项目			食盐溶解过滤器	
				直径(mm)	
				≤426	≤670
	基价(元)			**733.43**	**841.14**
其中	人工费(元)			475.61	579.42
	材料费(元)			74.18	78.08
	机械费(元)			183.64	183.64
	名称	单位	单价(元)	消耗量	
人工	二类人工	工日	135.00	3.523	4.292
材料	镀锌铁丝 ϕ2.0~4.0	kg	5.01	0.850	0.850
	中厚钢板 综合	kg	3.71	4.250	5.100
	黑铅粉	kg	17.00	0.043	0.043
	耐酸橡胶板 δ3	kg	11.21	1.700	1.700
	石棉橡胶板 低压 δ0.8~6	kg	5.26	0.196	0.196
	四氟带	kg	87.93	0.009	0.009
	白布	kg	11.64	0.213	0.213
	铁砂布 0#~2#	张	1.03	0.850	0.850
	低碳钢焊条 综合	kg	6.72	0.850	0.850
	酚醛调和漆	kg	11.29	0.111	0.170
	橡胶石棉盘根 编织 ϕ11~25(250℃)	kg	17.93	0.170	0.170
	金属清洗剂	kg	11.03	0.030	0.030
	溶剂汽油	kg	5.40	0.128	0.128
	机油 综合	kg	2.91	0.085	0.085
	红丹粉	kg	11.90	0.043	0.043
	氧气	m^3	3.62	2.550	2.550
	乙炔气	kg	7.60	0.842	0.842
	凡尔砂	kg	34.91	0.009	0.009
	其他材料费	元	1.00	1.45	1.53
机械	汽车式起重机 8t	台班	648.48	0.143	0.143
	载货汽车 5t	台班	382.30	0.143	0.143
	试压泵 60MPa	台班	23.30	0.107	0.107
	交流弧焊机 32kV·A	台班	92.84	0.357	0.357
	电焊条烘干箱 60×50×75(cm^3)	台班	16.84	0.036	0.036

5. 衬胶离子交换器安装

工作内容：基础检查，垫铁配制及安装，开箱、搬运、检查、安装等。 计量单位：台

定额编号				2-8-36	2-8-37	2-8-38	2-8-39	2-8-40	2-8-41
项目				阴阳离子交换器					
				直径(mm)					
				≤800	≤1000	≤1250	≤1600	≤1800	≤2000
				树脂高 1.6m			树脂高 2m		
基价（元）				**1744.01**	**1922.10**	**2341.60**	**2935.71**	**3307.35**	**3798.40**
其中	人工费（元）			1139.54	1259.42	1608.39	2035.80	2287.17	2601.72
	材料费（元）			231.62	289.83	303.58	342.05	378.85	410.22
	机械费（元）			372.85	372.85	429.63	557.86	641.33	786.46
名称		单位	单价(元)	消耗量					
人工	二类人工	工日	135.00	8.441	9.329	11.914	15.080	16.942	19.272
材料	镀锌铁丝 ϕ2.0～4.0	kg	5.01	2.754	3.723	3.910	5.270	5.525	6.681
	中厚钢板 综合	kg	3.71	6.800	8.500	8.500	10.200	10.200	12.750
	耐酸橡胶板 δ3	kg	11.21	2.550	5.100	5.100	5.100	7.650	7.650
	四氟带	kg	87.93	0.009	0.009	0.009	0.009	0.009	0.009
	尼龙绳 综合	kg	64.91	0.085	0.170	0.170	0.255	0.255	0.340
	白布	kg	11.64	0.170	0.170	0.170	0.170	0.170	0.170
	白麻绳 ϕ26	kg	18.10	5.100	5.100	5.100	5.100	5.100	5.100
	铁砂布 0#～2#	张	1.03	0.850	1.700	1.700	2.550	2.550	2.550
	低碳钢焊条 综合	kg	6.72	2.125	2.550	2.550	2.550	2.550	2.550
	不锈钢焊条 A102 ϕ3.2	kg	31.90	0.170	0.170	0.170	0.170	0.170	0.170
	硬聚氯乙烯焊条 ϕ4	kg	18.97	0.170	0.170	0.170	0.170	0.170	0.170
	钢锯条	条	2.59	1.700	1.700	3.400	3.400	3.400	3.400
	酚醛调和漆	kg	11.29	1.700	2.380	3.060	4.590	5.100	5.950
	松节油	kg	7.76	0.136	0.187	0.247	0.366	0.425	0.476
	氧气	m^3	3.62	1.700	1.700	1.700	1.700	1.700	1.700
	乙炔气	kg	7.60	0.561	0.561	0.561	0.561	0.561	0.561
	其他材料费	元	1.00	4.54	5.68	5.95	6.71	7.43	8.04
机械	汽车式起重机 8t	台班	648.48	0.215	0.215	0.215	0.286	0.286	0.286
	载货汽车 5t	台班	382.30	0.286	0.286	0.428	0.643	0.857	0.929
	载货汽车 8t	台班	411.20	—	—	—	—	—	0.286
	试压泵 60MPa	台班	23.30	0.179	0.179	0.286	0.286	0.357	0.357
	交流弧焊机 32kV·A	台班	92.84	0.714	0.714	0.714	0.714	0.714	0.714
	电动空气压缩机 0.6m^3/min	台班	33.06	1.586	1.586	1.586	1.586	1.586	1.586
	电焊条烘干箱 60×50×75(cm^3)	台班	16.84	0.071	0.071	0.071	0.071	0.071	0.071

工作内容:基础检查,垫铁配制及安装,开箱、搬运、检查、安装等。 **计量单位**:台

定额编号				2-8-42	2-8-43	2-8-44	2-8-45
项目				体外再生罐			
				直径(mm)			
				≤800	≤1000	≤1250	≤1600
基价(元)				**1655.05**	**1800.31**	**2035.81**	**2419.78**
其中	人工费(元)			1070.15	1132.79	1359.86	1604.88
	材料费(元)			239.20	294.67	303.10	339.23
	机械费(元)			345.70	372.85	372.85	475.67
	名称	单位	单价(元)	消耗量			
人工	二类人工	工日	135.00	7.927	8.391	10.073	11.888
材料	镀锌铁丝 $\phi2.0\sim4.0$	kg	5.01	2.550	3.400	3.400	4.250
	中厚钢板 综合	kg	3.71	6.800	8.500	8.500	10.200
	耐酸橡胶板 $\delta3$	kg	11.21	2.550	5.100	5.100	5.100
	四氟带	kg	87.93	0.009	0.009	0.009	0.009
	尼龙绳 综合	kg	64.91	0.085	0.170	0.170	0.255
	白布	kg	11.64	0.085	0.085	0.085	0.085
	白麻绳 $\phi26$	kg	18.10	5.100	5.100	5.100	5.100
	铁砂布 0#~2#	张	1.03	0.850	1.700	1.700	2.550
	低碳钢焊条 综合	kg	6.72	2.550	2.550	2.550	2.550
	不锈钢焊条 A102 $\phi3.2$	kg	31.90	0.170	0.170	0.170	0.170
	硬聚氯乙烯焊条 $\phi4$	kg	18.97	0.170	0.170	0.170	0.170
	钢锯条	条	2.59	3.400	3.400	3.400	3.400
	酚醛调和漆	kg	11.29	1.870	2.635	3.315	4.845
	松节油	kg	7.76	0.170	0.196	0.272	0.425
	氧气	m^3	3.62	1.700	1.700	1.700	1.700
	乙炔气	kg	7.60	0.561	0.561	0.561	0.561
	其他材料费	元	1.00	4.69	5.78	5.94	6.65
机械	汽车式起重机 8t	台班	648.48	0.215	0.215	0.215	0.286
	载货汽车 5t	台班	382.30	0.215	0.286	0.286	0.428
	试压泵 60MPa	台班	23.30	0.179	0.179	0.179	0.286
	交流弧焊机 32kV·A	台班	92.84	0.714	0.714	0.714	0.714
	电动空气压缩机 $0.6m^3/min$	台班	33.06	1.586	1.586	1.586	1.586
	电焊条烘干箱 $60\times50\times75(cm^3)$	台班	16.84	0.071	0.071	0.071	0.071

工作内容：基础检查，垫铁配制及安装，开箱、搬运、检查、安装等。　　**计量单位：**台

定额编号				2-8-46	2-8-47	2-8-48	2-8-49
项目				树脂贮存罐			
				直径(mm)			
				≤800	≤1000	≤1250	≤1600
基价（元）				**1311.16**	**1431.10**	**1635.24**	**2009.26**
其中	人工费（元）			734.13	780.98	975.92	1216.89
	材料费（元）			231.33	277.27	286.47	316.70
	机械费（元）			345.70	372.85	372.85	475.67
名称		单位	单价(元)	消耗量			
人工	二类人工	工日	135.00	5.438	5.785	7.229	9.014
材料	镀锌铁丝 ϕ2.0~4.0	kg	5.01	2.550	3.400	3.400	4.250
	中厚钢板 综合	kg	3.71	6.800	8.500	8.500	10.200
	耐酸橡胶板 δ3	kg	11.21	2.550	5.100	5.100	5.100
	四氟带	kg	87.93	0.009	0.009	0.009	0.009
	白布	kg	11.64	0.085	0.085	0.085	0.085
	白麻绳 ϕ26	kg	18.10	5.100	5.100	5.100	5.100
	铁砂布 0#~2#	张	1.03	0.850	0.850	1.700	2.550
	低碳钢焊条 综合	kg	6.72	2.550	2.550	2.550	2.550
	不锈钢焊条 A102 ϕ3.2	kg	31.90	0.170	0.170	0.170	0.170
	硬聚氯乙烯焊条 ϕ4	kg	18.97	0.170	0.170	0.170	0.170
	钢锯条	条	2.59	2.550	2.550	2.550	2.550
	酚醛调和漆	kg	11.29	1.870	2.380	3.060	4.590
	松节油	kg	7.76	0.170	0.187	0.247	0.366
	氧气	m^3	3.62	1.700	1.700	1.700	1.700
	乙炔气	kg	7.60	0.561	0.561	0.561	0.561
	其他材料费	元	1.00	4.54	5.44	5.62	6.21
机械	汽车式起重机 8t	台班	648.48	0.215	0.215	0.215	0.286
	载货汽车 5t	台班	382.30	0.215	0.286	0.286	0.428
	试压泵 60MPa	台班	23.30	0.179	0.179	0.179	0.286
	交流弧焊机 32kV·A	台班	92.84	0.714	0.714	0.714	0.714
	电动空气压缩机 0.6m^3/min	台班	33.06	1.586	1.586	1.586	1.586
	电焊条烘干箱 60×50×75(cm^3)	台班	16.84	0.071	0.071	0.071	0.071

6. 除二氧化碳器安装

工作内容:基础检查,垫铁配制及安装,开箱、搬运、检查、安装等。　　计量单位:台

定额编号				2-8-50	2-8-51	2-8-52	2-8-53	2-8-54	2-8-55
项目				填料高 2m			填料高 2.5m		
				直径(mm)					
				≤630	≤800	≤1000	≤1250	≤1400	≤1600
基价(元)				**1371.29**	**1554.30**	**1769.74**	**2279.94**	**2468.59**	**2704.64**
其中	人工费(元)			826.74	979.83	1149.80	1433.30	1553.04	1718.96
	材料费(元)			204.65	212.78	231.10	306.78	348.17	363.63
	机械费(元)			339.90	361.69	388.84	539.86	567.38	622.05
名称		单位	单价(元)	消耗量					
人工	二类人工	工日	135.00	6.124	7.258	8.517	10.617	11.504	12.733
材料	型钢 综合	kg	3.84	5.100	5.100	5.100	8.500	8.500	8.500
	镀锌铁丝 ϕ2.0~4.0	kg	5.01	2.550	2.550	2.550	5.100	5.100	5.100
	中厚钢板 综合	kg	3.71	10.200	10.200	11.900	11.900	11.900	11.900
	耐酸橡胶板 δ3	kg	11.21	0.510	0.510	0.510	0.850	0.850	0.850
	白布	kg	11.64	1.275	1.275	1.275	1.785	1.785	1.785
	羊毛毡 6~8	m^2	50.86	0.009	0.009	0.017	0.017	0.026	0.026
	铁砂布 0#~2#	张	1.03	0.850	0.850	1.700	2.550	2.550	2.550
	低碳钢焊条 综合	kg	6.72	0.850	0.850	0.850	1.700	1.700	1.700
	不锈钢焊条 A102 ϕ3.2	kg	31.90	0.170	0.170	0.170	0.170	0.170	0.170
	斜垫铁 综合	kg	8.62	6.800	6.800	6.800	6.800	10.200	10.200
	酚醛调和漆	kg	11.29	1.445	1.870	2.380	3.230	3.740	4.250
	松节油	kg	7.76	0.119	0.153	0.187	0.255	0.298	0.340
	金属清洗剂	kg	11.03	0.099	0.099	0.099	0.198	0.198	0.198
	溶剂汽油	kg	5.40	0.425	0.425	0.425	0.850	0.850	0.850
	黄甘油	kg	10.78	0.085	0.085	0.085	0.170	0.170	0.170
	氧气	m^3	3.62	1.700	1.700	1.700	3.400	3.400	3.400
	乙炔气	kg	7.60	0.646	0.646	0.646	1.292	1.292	1.292
	毛刷	把	2.16	0.850	0.850	0.850	0.850	0.850	0.850
	水	m^3	4.27	1.020	1.700	2.720	4.250	5.355	7.480
	其他材料费	元	1.00	4.01	4.17	4.53	6.02	6.83	7.13
机械	汽车式起重机 8t	台班	648.48	0.186	0.186	0.186	0.186	0.186	0.186
	汽车式起重机 16t	台班	875.04	0.143	0.143	0.143	0.215	0.215	0.215
	载货汽车 5t	台班	382.30	0.158	0.215	0.286	0.428	0.500	0.643
	交流弧焊机 32kV·A	台班	92.84	0.357	0.357	0.357	0.714	0.714	0.714
	电焊条烘干箱 60×50×75(cm^3)	台班	16.84	0.036	0.036	0.036	0.071	0.071	0.071

7. 反渗透装置安装

工作内容：基础检查，垫铁配制及安装，开箱、搬运、检查、安装等。　　　　**计量单位：**台

定额编号				2-8-56	2-8-57	2-8-58	2-8-59
项目				卷膜式		中空式	
				出力(t/h)			
				≤30	≤60	≤50	≤100
基价（元）				**2251.24**	**2728.02**	**2716.99**	**4168.20**
其中	人工费（元）			1297.08	1729.08	1485.00	2876.04
	材料费（元）			207.88	252.66	307.07	367.24
	机械费（元）			746.28	746.28	924.92	924.92
名称		单位	单价(元)	消耗量			
人工	二类人工	工日	135.00	9.608	12.808	11.000	21.304
材料	型钢 综合	kg	3.84	6.800	10.200	10.200	13.600
	镀锌铁丝 ϕ1.2～1.8	kg	5.78	1.122	1.292	1.292	1.615
	中厚钢板 综合	kg	3.71	11.475	15.300	22.950	30.600
	耐酸橡胶板 δ3	kg	11.21	0.850	0.850	1.700	1.700
	白布	kg	11.64	0.674	0.674	0.674	0.674
	低碳钢焊条 综合	kg	6.72	1.445	1.445	2.890	2.890
	不锈钢焊条 A102 ϕ3.2	kg	31.90	0.638	0.638	1.190	1.190
	硬聚氯乙烯焊条 ϕ4	kg	18.97	0.298	0.298	0.595	0.595
	甘油	kg	9.83	3.400	4.250	3.400	4.250
	洗衣粉	kg	8.62	3.400	4.250	1.700	2.550
	氧气	m^3	3.62	2.040	2.040	4.080	4.080
	乙炔气	kg	7.60	0.714	0.714	1.428	1.428
	其他材料费	元	1.00	4.08	4.95	6.02	7.20
机械	汽车式起重机 12t	台班	748.60	0.714	0.714	0.714	0.714
	载货汽车 8t	台班	411.20	0.357	0.357	0.714	0.714
	普通车床 630×2000	台班	71.33	0.357	0.357	0.357	0.357
	试压泵 60MPa	台班	23.30	0.357	0.357	0.357	0.357
	交流弧焊机 32kV·A	台班	92.84	0.336	0.336	0.679	0.679

工作内容:基础检查,垫铁配制及安装,开箱、搬运、检查、安装等。 **计量单位:**台

定额编号				2-8-60	2-8-61	2-8-62
项目				精密过滤器		
				直径(mm)		
				≤400	≤600	≤800
基价(元)				**1910.74**	**2188.97**	**2512.35**
其中	人工费(元)			1431.95	1634.04	1926.05
	材料费(元)			119.01	163.31	194.68
	机械费(元)			359.78	391.62	391.62
名称		单位	单价(元)	消耗量		
人工	二类人工	工日	135.00	10.607	12.104	14.267
材料	镀锌铁丝 $\phi1.2\sim1.8$	kg	5.78	0.646	0.969	0.969
	热轧薄钢板 Q235B 综合	kg	3.97	4.590	6.120	6.120
	镀锌薄钢板 综合	kg	4.46	0.850	1.275	1.700
	耐酸橡胶板 $\delta3$	kg	11.21	1.700	1.700	2.125
	白布	kg	11.64	0.674	0.674	0.674
	铁砂布 $0^{\#}\sim2^{\#}$	张	1.03	1.700	1.700	1.700
	低碳钢焊条 综合	kg	6.72	1.445	2.168	2.168
	不锈钢焊条 A102 $\phi3.2$	kg	31.90	0.680	1.190	1.615
	酚醛调和漆	kg	11.29	1.190	1.530	1.700
	油漆溶剂油	kg	3.79	0.094	0.119	0.136
	氧气	m^3	3.62	2.720	4.080	5.440
	乙炔气	kg	7.60	0.952	1.428	1.904
	其他材料费	元	1.00	2.33	3.20	3.82
机械	汽车式起重机 8t	台班	648.48	0.286	0.286	0.286
	载货汽车 5t	台班	382.30	0.286	0.286	0.286
	普通车床 630×2000	台班	71.33	0.357	0.357	0.357
	试压泵 60MPa	台班	23.30	0.357	0.357	0.357
	交流弧焊机 32kV·A	台班	92.84	0.336	0.679	0.679

三、水处理辅助设备安装

1. 酸碱贮存罐安装

工作内容：基础检查、铲平，垫铁配制及安装，开箱、搬运、检查、安装等。　　计量单位：台

定额编号				2-8-63	2-8-64	2-8-65	2-8-66	2-8-67
项目				容积(m^3)				容积(m^3)
				≤8	≤16	≤20	≤40	≤60
基价（元）				**902.14**	**1195.17**	**1546.68**	**1759.66**	**2347.08**
其中	人工费（元）			488.57	703.08	807.03	914.76	1412.78
	材料费（元）			88.59	103.70	149.04	170.92	179.95
	机械费（元）			324.98	388.39	590.61	673.98	754.35
	名称	单位	单价(元)	消耗量				
人工	二类人工	工日	135.00	3.619	5.208	5.978	6.776	10.465
材料	镀锌铁丝 ϕ2.0～4.0	kg	5.01	2.550	4.250	6.800	6.800	6.800
	中厚钢板 综合	kg	3.71	8.500	10.200	13.600	13.600	14.300
	耐酸橡胶板 δ3	kg	11.21	1.700	1.700	3.400	5.100	5.950
	白布	kg	11.64	0.425	0.425	0.425	0.425	0.425
	低碳钢焊条 综合	kg	6.72	0.850	0.850	0.850	0.850	0.850
	酚醛调和漆	kg	11.29	0.213	0.213	0.213	0.425	0.298
	氧气	m^3	3.62	1.700	1.700	1.700	1.700	1.190
	乙炔气	kg	7.60	0.561	0.561	0.561	0.561	0.561
	其他材料费	元	1.00	1.74	2.03	2.92	3.35	3.53
机械	电动卷扬机－单筒慢速 30kN	台班	177.60	0.357	0.714	1.429	1.429	1.600
	交流弧焊机 32kV·A	台班	92.84	0.357	0.357	0.357	0.357	0.400
	汽车式起重机 8t	台班	648.48	0.215	0.215	0.286	—	—
	汽车式起重机 16t	台班	875.04	—	—	—	0.286	0.320
	载货汽车 8t	台班	411.20	0.215	0.215	0.286	—	—
	载货汽车 10t	台班	476.15	—	—	—	0.286	0.320
	电焊条烘干箱 60×50×75(cm^3)	台班	16.84	0.036	0.036	0.036	0.036	0.040

2. 溶液箱(计量箱)计量器安装

工作内容:开箱、搬运、检查、安装等。 **计量单位:**台

定额编号				2-8-68	2-8-69	2-8-70
项目				容积(m^3)		
				≤0.5	≤1.5	≤3
基价(元)				**504.10**	**581.42**	**702.42**
其中	人工费(元)			218.03	284.58	365.99
	材料费(元)			79.52	90.29	117.09
	机械费(元)			206.55	206.55	219.34
名称		单位	单价(元)	消耗量		
人工	二类人工	工日	135.00	1.615	2.108	2.711
材料	镀锌铁丝 $\phi2.0\sim4.0$	kg	5.01	2.550	3.400	5.100
	中厚钢板 综合	kg	3.71	4.250	5.950	7.650
	耐酸橡胶板 $\delta3$	kg	11.21	0.850	0.850	1.700
	白布	kg	11.64	0.425	0.425	0.425
	铁砂布 $0^{\#}\sim2^{\#}$	张	1.03	0.850	0.850	0.850
	低碳钢焊条 综合	kg	6.72	0.850	0.850	0.850
	酚醛调和漆	kg	11.29	1.530	1.530	1.700
	松节油	kg	7.76	0.085	0.085	0.085
	氧气	m^3	3.62	1.700	1.700	1.700
	乙炔气	kg	7.60	0.561	0.561	0.561
	其他材料费	元	1.00	1.56	1.77	2.30
机械	汽车式起重机 8t	台班	648.48	0.143	0.143	0.143
	载货汽车 5t	台班	382.30	0.143	0.143	0.143
	电动卷扬机-单筒慢速 30kN	台班	177.60	0.143	0.143	0.215
	交流弧焊机 32kV·A	台班	92.84	0.357	0.357	0.357
	电焊条烘干箱 60×50×75(cm^3)	台班	16.84	0.036	0.036	0.036

工作内容：开箱、搬运、检查、安装等。　　　　**计量单位：**台

定额编号				2-8-71	2-8-72	2-8-73
项目				胶囊计量器		喷射器
				直径(mm)		
				≤300	≤670	
基价（元）				**270.93**	**416.97**	**452.44**
其中	人工费（元）			164.97	253.80	321.84
	材料费（元）			39.75	61.13	96.85
	机械费（元）			66.21	102.04	33.75
	名称	单位	单价(元)	消耗量		
人工	二类人工	工日	135.00	1.222	1.880	2.384
材料	型钢 综合	kg	3.84	—	—	6.800
	镀锌铁丝 综合	kg	5.40	0.910	1.400	—
	中厚钢板 综合	kg	3.71	4.876	7.500	8.500
	橡胶板 δ3	kg	5.09	1.300	2.000	—
	耐酸橡胶板 δ3	kg	11.21	—	—	0.850
	白布	kg	11.64	—	—	0.213
	普低钢焊条 J507 φ3.2	kg	7.34	0.553	0.850	—
	尼龙砂轮片 φ100×16×3	片	1.29	—	—	0.850
	低碳钢焊条 综合	kg	6.72	—	—	1.275
	氧气	m^3	3.62	0.845	1.300	2.550
	乙炔气	kg	7.60	0.293	0.450	0.842
	其他材料费	元	1.00	0.78	1.20	1.90
机械	汽车式起重机 25t	台班	996.58	0.037	0.057	—
	载货汽车 10t	台班	476.15	0.037	0.057	—
	交流弧焊机 32kV·A	台班	92.84	—	—	0.357
	直流弧焊机 40kW	台班	102.79	0.114	0.176	—
	电焊条烘干箱 60×50×75(cm^3)	台班	16.84	—	—	0.036

3. 搅拌器安装

工作内容:基础检查;开箱、搬运、检查、安装等。 计量单位:台

定额编号				2-8-74	2-8-75
项目				容积(m^3)	
				≤3	≤8
基价(元)				**819.38**	**1079.34**
其中	人工费(元)			337.10	574.83
	材料费(元)			80.54	102.77
	机械费(元)			401.74	401.74
名称		单位	单价(元)	消耗量	
人工	二类人工	工日	135.00	2.497	4.258
材料	镀锌铁丝 φ2.0~4.0	kg	5.01	0.850	1.700
	中厚钢板 综合	kg	3.71	6.800	9.350
	四氟带	kg	87.93	0.009	0.009
	白布	kg	11.64	0.425	0.425
	铁砂布 0#~2#	张	1.03	0.850	0.850
	低碳钢焊条 综合	kg	6.72	0.850	0.850
	酚醛调和漆	kg	11.29	1.530	2.210
	松节油	kg	7.76	0.085	0.136
	金属清洗剂	kg	11.03	0.159	0.159
	黄甘油	kg	10.78	0.170	0.170
	氧气	m^3	3.62	2.550	2.550
	乙炔气	kg	7.60	0.842	0.842
	其他材料费	元	1.00	1.58	2.02
机械	汽车式起重机 8t	台班	648.48	0.357	0.357
	载货汽车 5t	台班	382.30	0.357	0.357
	交流弧焊机 32kV·A	台班	92.84	0.357	0.357
	电焊条烘干箱 60×50×75(cm^3)	台班	16.84	0.036	0.036

4. 吸收器安装

工作内容：基础检查，开箱、搬运、检查、安装等。　　　　**计量单位：**台

定额编号				2-8-76	2-8-77	2-8-78
项目				泡沫吸收器	吸收器	
					直径(mm)	
				≤600	≤266	≤362
基价（元）				**1236.31**	**179.65**	**185.48**
其中	人工费（元）			728.46	145.13	145.13
	材料费（元）			126.66	34.52	40.35
	机械费（元）			381.19	—	—
名称		单位	单价(元)	消耗量		
人工	二类人工	工日	135.00	5.396	1.075	1.075
材料	镀锌铁丝 ϕ2.0～4.0	kg	5.01	3.400	—	—
	中厚钢板 综合	kg	3.71	11.050	—	—
	耐酸橡胶板 δ3	kg	11.21	1.700	2.890	3.400
	四氟带	kg	87.93	0.009	—	—
	白布	kg	11.64	0.170	—	—
	铁砂布 $0^{\#}$～$2^{\#}$	张	1.03	0.850	—	—
	低碳钢焊条 综合	kg	6.72	1.700	—	—
	碳钢气焊条 ϕ2 以内	kg	10.34	0.850	—	—
	酚醛调和漆	kg	11.29	1.020	0.128	0.128
	松节油	kg	7.76	0.085	—	—
	氧气	m^3	3.62	1.700	—	—
	乙炔气	kg	7.60	0.646	—	—
	其他材料费	元	1.00	2.48	0.68	0.79
机械	汽车式起重机 8t	台班	648.48	0.357	—	—
	载货汽车 5t	台班	382.30	0.215	—	—
	交流弧焊机 32kV·A	台班	92.84	0.714	—	—
	电焊条烘干箱 60×50×75(cm^3)	台班	16.84	0.071	—	—

5. 树脂捕捉器安装

工作内容：开箱、搬运、检查、安装、调整。 计量单位：台

定额编号				2-8-79	2-8-80	2-8-81
项目				直径(mm)		
				≤133	≤219	≤273
基价(元)				293.62	356.95	385.31
其中	人工费(元)			180.77	231.53	247.32
	材料费(元)			82.51	91.67	100.83
	机械费(元)			30.34	33.75	37.16
名称		单位	单价(元)	消耗量		
人工	二类人工	工日	135.00	1.339	1.715	1.832
材料	型钢 综合	kg	3.84	3.825	4.250	4.675
	镀锌铁丝 ϕ2.0～4.0	kg	5.01	0.765	0.850	0.935
	中厚钢板 综合	kg	3.71	3.060	3.400	3.740
	耐酸橡胶板 δ3	kg	11.21	3.060	3.400	3.740
	白布	kg	11.64	0.077	0.085	0.094
	低碳钢焊条 综合	kg	6.72	0.765	0.850	0.935
	酚醛调和漆	kg	11.29	0.115	0.128	0.140
	氧气	m^3	3.62	1.530	1.700	1.870
	乙炔气	kg	7.60	0.505	0.561	0.617
	其他材料费	元	1.00	1.62	1.80	1.98
机械	交流弧焊机 32kV·A	台班	92.84	0.321	0.357	0.393
	电焊条烘干箱 60×50×75(cm^3)	台班	16.84	0.032	0.036	0.040

6.水箱安装

工作内容:基础检查、铲平,垫铁配制及安装,开箱、搬运、检查、安装等。　　计量单位:台

定额编号				2-8-82	2-8-83	2-8-84	2-8-85
项目				容积(m^3)			
				10	20	30	40
基价（元）				**1190.99**	**1552.09**	**2109.07**	**4254.92**
其中	人工费（元）			572.00	779.36	1044.23	2422.71
	材料费（元）			195.41	315.41	442.62	744.29
	机械费（元）			423.58	457.32	622.22	1087.92
名称		单位	单价(元)	消耗量			
人工	二类人工	工日	135.00	4.237	5.773	7.735	17.946
材料	镀锌铁丝 φ2.0~4.0	kg	5.01	2.550	4.250	5.100	8.000
	中厚钢板 综合	kg	3.71	4.250	5.950	7.650	12.000
	石棉橡胶板 低压 δ0.8~6	kg	5.26	2.550	2.550	2.550	5.000
	四氟带	kg	87.93	0.009	0.009	0.009	0.010
	白布	kg	11.64	0.085	0.085	0.085	0.100
	铁砂布 0#~2#	张	1.03	2.550	3.400	4.250	7.000
	低碳钢焊条 综合	kg	6.72	2.550	4.250	5.100	8.000
	碳钢气焊条 φ2 以内	kg	10.34	0.255	0.255	0.298	0.350
	钢锯条	条	2.59	2.550	2.550	2.550	3.000
	酚醛调和漆	kg	11.29	4.930	7.480	10.030	16.000
	松节油	kg	7.76	0.391	0.595	0.799	1.280
	氧气	m^3	3.62	2.550	5.100	10.200	15.000
	乙炔气	kg	7.60	0.969	1.938	3.876	5.700
	水	m^3	4.27	10.200	20.400	30.600	60.000
	其他材料费	元	1.00	3.83	6.18	8.68	14.59
机械	汽车式起重机 8t	台班	648.48	0.215	0.215	0.215	—
	平板拖车组 10t	台班	731.50	0.143	0.143	0.215	0.286
	交流弧焊机 32kV·A	台班	92.84	0.357	0.714	1.072	1.905
	门式起重机 30t	台班	692.75	0.093	0.093	0.143	0.190
	汽车式起重机 16t	台班	875.04	0.093	0.093	0.143	0.648
	电焊条烘干箱 60×50×75(cm^3)	台班	16.84	0.036	0.071	0.107	0.190

工作内容:基础检查、铲平,垫铁配制及安装,开箱、搬运、检查、安装等。　　计量单位:台

定额编号				2-8-86	2-8-87	2-8-88	2-8-89
项目				容积(m^3)			
				50	75	100	150
基价(元)				2172.41	2643.30	3072.09	4397.04
其中	人工费(元)			738.45	912.33	1113.35	1371.60
	材料费(元)			520.30	690.06	880.02	1153.38
	机械费(元)			913.66	1040.91	1078.72	1872.06
名称		单位	单价(元)	消耗量			
人工	二类人工	工日	135.00	5.470	6.758	8.247	10.160
材料	铁砂布 0# ~2#	张	1.03	4.900	6.300	7.700	8.400
	钢锯条	条	2.59	2.100	2.100	2.800	2.800
	酚醛调和漆	kg	11.29	11.200	14.420	18.480	20.580
	氧气	m^3	3.62	10.500	12.600	12.600	15.400
	水	m^3	4.27	42.000	63.000	84.000	126.000
	乙炔气	m^3	8.90	3.990	4.788	4.788	5.852
	碳钢气焊条	kg	10.34	0.245	0.280	0.280	0.350
	电焊条	kg	4.31	5.600	7.000	9.800	11.900
	热轧薄钢板 Q235B 综合	kg	3.97	8.400	10.500	14.700	18.200
	镀锌铁丝	kg	6.55	5.600	7.000	9.800	11.900
	石棉橡胶板 中压 δ0.6~8	kg	5.86	3.500	3.500	3.500	4.900
	松香水	kg	4.74	0.896	1.155	1.477	1.645
	聚四氟乙烯带 1×30	kg	68.97	0.007	0.007	0.007	0.007
	其他材料费	元	1.00	8.57	11.03	13.62	17.18
机械	平板拖车组 10t	台班	731.50	0.240	0.240	0.240	0.400
	交流弧焊机 32kV·A	台班	92.84	1.600	2.400	2.800	3.200
	门式起重机 30t	台班	692.75	0.160	0.184	0.184	0.368
	汽车式起重机 16t	台班	875.04	0.544	0.584	0.584	1.168
	电焊条烘干箱 60×50×75(cm^3)	台班	16.84	0.160	0.240	0.280	0.320

四、汽水取样设备安装

工作内容：开箱、搬运、检查、安装等。　　　　计量单位：套

定额编号				2-8-90
项目				成套取样装置
基价（元）				1727.42
其中	人工费（元）			1214.73
	材料费（元）			151.17
	机械费（元）			361.52
名称		单位	单价(元)	消耗量
人工	二类人工	工日	135.00	8.998
材料	镀锌铁丝 综合	kg	5.40	0.850
	中厚钢板 综合	kg	3.71	4.250
	麻绳	kg	7.51	2.074
	普低钢焊条 J507 $\phi3.2$	kg	7.34	2.533
	不锈钢焊条 综合	kg	37.07	0.850
	油浸石棉铜丝盘根 编织 $\phi3$(450℃)	kg	28.97	0.255
	氧气	m^3	3.62	3.230
	乙炔气	kg	7.60	1.139
	碳素结构钢焊接钢管 $DN50\times3.8$	kg	3.88	8.500
	塑料排水管	m	0.22	6.630
	其他材料费	元	1.00	2.96
机械	汽车式起重机 25t	台班	996.58	0.079
	门座吊 30t	台班	521.56	0.179
	载货汽车 10t	台班	476.15	0.215
	直流弧焊机 40kW	台班	102.79	0.847

五、炉内水处理装置安装

工作内容:开箱、搬运、检查、安装等。 计量单位:套

定额编号				2-8-91	2-8-92	2-8-93
项目				溶液箱		
				容积(m^3)		
				≤1×2	≤2×1	≤4×0.6
基价(元)				**4490.26**	**6447.65**	**9727.64**
其中	人工费(元)			3797.42	5794.47	8782.29
	材料费(元)			167.12	140.73	275.37
	机械费(元)			525.72	512.45	669.98
名称		单位	单价(元)	消耗量		
人工	二类人工	工日	135.00	28.129	42.922	65.054
材料	型钢 综合	kg	3.84	12.750	12.750	17.000
	中厚钢板 综合	kg	3.71	8.500	5.950	12.750
	耐酸橡胶板 δ3	kg	11.21	1.275	1.275	1.700
	聚四氟乙烯生料带 26×0.1	m	0.43	3.825	3.825	7.650
	聚四氟乙烯垫	kg	10.95	0.003	0.003	0.008
	低碳钢焊条 综合	kg	6.72	2.550	2.125	5.355
	不锈钢焊条 A102 ϕ3.2	kg	31.90	0.850	0.425	1.700
	酚醛调和漆	kg	11.29	0.425	0.425	0.425
	聚四氟乙烯盘根	kg	10.34	0.255	0.255	0.765
	氧气	m^3	3.62	2.550	2.550	5.100
	乙炔气	kg	7.60	0.850	0.850	1.785
	其他材料费	元	1.00	3.28	2.76	5.40
机械	汽车式起重机 8t	台班	648.48	0.357	0.357	0.357
	载货汽车 5t	台班	382.30	0.357	0.357	0.357
	电动卷扬机-单筒慢速 30kN	台班	177.60	0.357	0.357	0.357
	普通车床 400×1000	台班	34.62	0.357	0.357	0.357
	交流弧焊机 32kV·A	台班	92.84	0.857	0.714	2.372
	电焊条烘干箱 60×50×75(cm^3)	台班	16.84	0.143	0.143	0.357

六、铜管凝汽器镀膜装置安装

工作内容：开箱、搬运、检查、安装等。　　　　计量单位：套

定额编号				2-8-94	2-8-95	2-8-96
项目				溶液箱		
				容积(m^3)		
				≤2×4	≤2×2.5	≤2×1.6
基价（元）				**4952.35**	**4347.14**	**4157.11**
其中	人工费（元）			4008.69	3643.52	3468.96
	材料费（元）			237.36	169.24	153.77
	机械费（元）			706.30	534.38	534.38
名称		单位	单价(元)	消耗量		
人工	二类人工	工日	135.00	29.694	26.989	25.696
材料	型钢 综合	kg	3.84	17.000	12.750	12.750
	中厚钢板 综合	kg	3.71	12.750	8.500	5.950
	耐酸橡胶板 δ3	kg	11.21	1.700	1.275	1.275
	低碳钢焊条 综合	kg	6.72	5.525	3.400	2.550
	不锈钢焊条 A102 ϕ3.2	kg	31.90	0.850	0.850	0.850
	酚醛调和漆	kg	11.29	0.425	0.213	0.213
	氧气	m^3	3.62	5.100	3.400	3.400
	乙炔气	kg	7.60	1.785	0.850	0.850
	其他材料费	元	1.00	4.65	3.32	3.02
机械	汽车式起重机 8t	台班	648.48	0.357	0.357	0.357
	载货汽车 5t	台班	382.30	0.357	0.357	0.357
	电动卷扬机－单筒慢速 30kN	台班	177.60	0.357	0.357	0.357
	普通车床 400×1000	台班	34.62	0.357	0.357	0.357
	交流弧焊机 32kV·A	台班	92.84	2.372	0.857	0.857
	电焊条烘干箱 60×50×75(cm^3)	台班	16.84	2.514	0.657	0.657

七、油处理设备安装

工作内容:基础检查,垫铁配制及安装,开箱、搬运、检查、安装等。 计量单位:台

定额编号				2-8-97	2-8-98	2-8-99	2-8-100	2-8-101	2-8-102
项目				露天油箱					
				容积(m^3)					
				≤10	≤20	≤30	≤40	≤60	≤80
基价(元)				**1225.37**	**1441.59**	**1677.95**	**2484.35**	**2846.95**	**3265.39**
其中	人工费(元)			705.11	865.76	986.58	1413.72	1708.70	1978.29
	材料费(元)			198.57	253.67	293.56	292.17	359.79	405.74
	机械费(元)			321.69	322.16	397.81	778.46	778.46	881.36
名称		单位	单价(元)	消耗量					
人工	二类人工	工日	135.00	5.223	6.413	7.308	10.472	12.657	14.654
材料	镀锌铁丝 φ2~4	kg	5.01	4.250	4.250	5.100	5.600	7.000	8.400
	中厚钢板 综合	kg	3.71	5.100	6.800	8.500	9.800	14.000	16.800
	耐油石棉橡胶板 δ2	kg	11.21	2.550	2.550	2.550	2.100	2.100	2.100
	四氟带	kg	87.93	0.009	0.017	0.017	0.017	0.017	0.017
	白布	kg	11.64	1.700	2.550	2.550	2.550	2.550	2.550
	尼龙砂轮片 φ100×16×3	片	1.29	1.000	1.700	1.700	1.700	2.100	2.800
	铁砂布 0#~2#	张	1.03	5.100	7.650	10.200	9.100	11.900	13.300
	低碳钢焊条 综合	kg	6.72	1.700	1.700	1.700	—	—	—
	碳钢气焊条 φ2 以内	kg	10.34	0.170	0.170	0.170	0.210	0.210	0.210
	钢锯条	条	2.59	2.550	2.550	2.550	2.800	2.800	2.800
	酚醛调和漆	kg	11.29	5.525	8.500	10.795	10.570	14.140	16.380
	氧气	m^3	3.62	2.550	2.550	2.550	4.200	4.200	4.200
	乙炔气	kg	7.60	0.969	0.969	0.969	1.550	1.550	1.550
	其他材料费	元	1.00	3.89	4.97	5.76	5.73	7.05	7.96
机械	直流弧焊机 20kW	台班	78.72	0.351	0.357	0.357	0.800	0.800	0.800
	门式起重机 30t	台班	692.75	0.071	0.071	0.071	0.080	0.080	0.080
	汽车式起重机 8t	台班	648.48	0.286	0.286	0.357	—	—	—
	汽车式起重机 16t	台班	875.04	—	—	—	0.640	0.640	0.720
	载货汽车 8t	台班	411.20	0.143	0.143	0.215	0.240	0.240	0.320
	电焊条烘干箱 60×50×75(cm^3)	台班	16.84	0.036	0.036	0.036	0.080	0.080	0.080

工作内容:基础检查;垫铁配制及安装;开箱、搬运、检查、安装等。

定额编号				2-8-103	2-8-104	2-8-105	2-8-106	2-8-107
项目				中间油箱	贮气罐 容积(m^3)			取样冷却器
				容积(m^3)	0.7 以下	2.5 以下	6 以下	
				≤2				
计量单位				台				个
基价(元)				**557.92**	**1073.90**	**1251.60**	**1610.33**	**445.50**
其中	人工费(元)			155.52	573.75	727.52	999.54	401.63
	材料费(元)			102.46	74.06	97.99	132.82	19.58
	机械费(元)			299.94	426.09	426.09	477.97	24.29
名称		单位	单价(元)	消耗量				
人工	二类人工	工日	135.00	1.152	4.250	5.389	7.404	2.975
材料	镀锌铁丝 ϕ2~4	kg	5.01	1.000	0.700	1.400	2.100	—
	中厚钢板 综合	kg	3.71	6.000	4.200	5.600	7.700	0.070
	耐油石棉橡胶板 δ2	kg	11.21	1.500	1.750	2.100	2.100	0.154
	四氟带	kg	87.93	0.010	0.007	0.007	0.007	—
	白布	kg	11.64	0.500	0.140	0.140	0.140	0.021
	尼龙砂轮片 $\phi100\times16\times3$	片	1.29	1.000	—	—	—	—
	铁砂布 0#~2#	张	1.03	1.000	0.700	0.700	1.400	0.350
	低碳钢焊条 综合	kg	6.72	2.000	0.700	1.400	1.400	0.525
	碳钢气焊条 ϕ2 以内	kg	10.34	0.100	—	—	—	—
	钢锯条	条	2.59	2.000	2.100	2.100	2.800	—
	酚醛调和漆	kg	11.29	1.300	0.875	1.400	3.150	0.420
	氧气	m^3	3.62	2.000	1.400	1.400	1.400	0.910
	乙炔气	kg	7.60	0.760	0.739	0.739	0.739	0.482
	松香水	kg	4.74	—	0.049	0.091	0.210	0.077
	型钢 综合	kg	3.84	—	—	—	—	0.175
	黑铅粉	kg	17.00	—	—	—	—	0.014
	机油 综合	kg	2.91	—	—	—	—	0.035
	其他材料费	元	1.00	2.01	1.45	1.92	2.60	0.38
机械	直流弧焊机 20kW	台班	78.72	0.476	—	—	—	0.200
	门式起重机 30t	台班	692.75	0.095	—	—	—	—
	汽车式起重机 8t	台班	648.48	0.190	0.400	0.400	0.480	—
	载货汽车 5t	台班	382.30	0.190	0.240	0.240	0.240	—
	电焊条烘干箱 $60\times50\times75$(cm^3)	台班	16.84	0.048	0.040	0.040	0.040	—
	交流弧焊机 32kV·A	台班	92.84	—	0.800	0.800	0.800	—
	内燃空气压缩机 $6m^3$/min	台班	417.52	—	—	—	—	0.016
	试压泵 60MPa	台班	23.30	—	—	—	—	0.080

第九章
脱硫、脱硝设备安装工程

说　明

一、本章内容包括发电与供热项目工程中脱硫装置、脱硫辅助设备、脱硝装置、脱硝辅助设备等安装工程。

二、有关说明：

1. 脱硫设备安装。

(1)设备安装定额中，包括随设备本体配套的设备螺栓框架、地脚螺栓、底座、支架、平台、防护罩、减振器、管道、阀门等安装与单体调试以及配合设备基础灌浆等。

(2)定额中不包括下列工作内容，工程实际发生时，执行相应的定额。

1)设备平台、扶梯、栏杆、基础预埋框架、地脚螺栓、支架、底座、防护罩、减振器等配制；

2)设备间非厂供连接管道与冷却水等管道以及管道支架的安装；

3)设备的保温、防腐与耐磨内衬；

4)设备金属表面除锈、油漆；

5)设备基础灌浆。

(3)吸收塔、贮仓制作安装包括本体及附件的配制、组装、安装工作内容。配制包括对原材料检查、下料、坡口、打磨、单件焊接等工作内容。当材料为成品供应时，应相应扣减配制费。

(4)吸收塔内部装置安装包括支撑件等钢结构以及塔内除雾器、喷淋层、喷嘴、导流板、滤网的安装和内部连接管道的安装、人孔门的研磨与封闭等内容。吸收塔内部装置全部按照设备供货考虑。定额以入塔烟气对应的锅炉容量和三层喷淋装置为1套，当设计的喷淋装置层数不同时，每增减一层，相应定额增减20%。

(5)脱硫附属机械及辅助设备安装包括设备配套电动机安装，不包括电动机检查接线及空转调试。

(6)烟气换热器(GGH)安装包括GGH本体、传动装置、密封装置、检测装置、传热元件、进出口短管及连接法兰、油循环系统、干燥装置、冲洗装置等安装。

(7)外置式除雾器本体制作安装包括除雾器入口法兰至除雾器出口法兰止金属结构的制作，除雾器壳体、内部金属结构加固、支撑等下料、配制、组合、安装，与壳体连接的接管座、人孔门、平台扶梯金属结构等制作与安装。

(8)外置式除雾器内部件安装包括外置式除雾器入口法兰至出口法兰间，壳体内全部设备及结构(含非金属的部件)的安装，除雾器内部件、冲洗系统、水槽的组合与安装以及随设备供货的管道、阀门、管件、金属结构等安装。

(9)真空皮带脱水机安装包括机架、料斗、橡胶滤带、真空装置、进料装置、调偏装置、驱动装置、洗涤装置、排液装置、信号装置及本机的连接管路等安装。

(10)石膏仓卸料装置安装包括筒仓排放装置、平面滑动板、液压系统、传动系统等组合安装。

2. 脱硝设备安装。

(1)设备安装定额中，包括随设备本体配套的管道、仪表与阀门安装和单体调试以及配合设备基础灌浆等。

(2)定额中不包括下列工作内容，工程实际发生时，执行相应的安装定额。

1)设备间管道及支吊架的配制、安装；

2)随设备供货的平台、梯子、栏杆安装；

3)设备、管道的保温和油漆；

4)设备基础灌浆。

(3)脱硝反应器本体制作安装包括壳体制作与安装,包括反应器内金属梁、烟气整流装置、密封装置、隔板、滤网、人孔门、接管座等组合安装及标识牌安装。

(4)催化剂模块安装包括催化剂装运、就位,反应器内催化剂定位及密封等。

(5) 氨气 - 热空气混合器、稀释风机安装包括设备本体的安装及随设备供应的混合器、加热器、烟道连接管道、阀门和附件等安装。

(6)脱硝区域钢结构、平台扶梯、烟道、风机等安装执行本册其他章节相应定额。

(7)起吊设施、管道及支吊架的安装执行其他安装册相应定额。

(8)氨区设备安装是以液氨为脱硝介质编制的,其他脱硝介质的设备安装根据出力与状态,参照相应的液氨设备安装定额执行。

(9)氨区废水泵和管道及支吊架的安装执行其他安装册相应定额。

3. 老厂进行环保设施改建、扩建时,脱硫与脱硝设备安装执行本章定额乘以系数 1.15。

4. 本章定额是综合考虑了不同的设备出力、不同的布置方式、不同的设备型号编制的,执行定额时不做调整。

工程量计算规则

一、根据脱硫、脱硝工艺布置系统图，按照定额计量单位计算工程量。

二、脱硫设备安装。

1. 吸收塔本体、贮仓根据图示尺寸，按照本体及附件的成品重量以“t”为计量单位，不计算吸收塔内部装置、焊条、油漆重量。制作与安装用的垫铁、加工操作平台、临时措施型钢等不计算工程量。

2. 一炉一塔布置的脱硫系统，吸收塔内部装置根据单台锅炉额定蒸发量，按照吸收塔座数以“套”为计量单位；多炉一塔布置的脱硫系统，吸收塔内部装置根据入塔烟气总量，折算成锅炉额定蒸发量所对应的吸收塔座数以“套”为计量单位。当多台锅炉总容量大于220t/h且配置一座吸收塔时，按照锅炉容量220t/h进行折算，不足锅炉容量220t/h时，按照锅炉容量150t/h进行折算，不足锅炉容量150t/h时，按照锅炉容量150t/h计算一套。

3. 脱硫辅机设备不分设备出力，按照辅机设备台数计算工程量。

4. 烟气换热器(GGH)以冷烟入口至热烟出口间装置为一套计算工程量。

5. 外置式除雾器内部件以外置式除雾器入口法兰至出口法兰间装置为一套计算工程量。

三、脱硝设备安装。

1. 脱硝反应器本体制作安装根据图示尺寸，按照成品重量计算工程量，不计算焊条、油漆重量。制作安装用的垫铁、加工操作平台、临时措施型钢等不计算工程量。

2. 催化剂模块根据系统布置的图示尺寸，按照实际安装催化剂模块的外轮廓体积计算工程量，不扣除模块间间隙所占体积。

3. 脱硝辅机设备不分设备出力，按照辅机设备台数计算工程量。

一、脱硫设备安装

1. 吸收塔、贮仓制作与安装

工作内容:基础检查、中心线校核,设备基础框架、地脚螺栓、支架安装,下料、配制、分片组对、焊接,场内运搬、清点、分类复核、检查、水压试验等。

计量单位:t

定额编号				2-9-1	2-9-2	2-9-3
项目				吸收塔	石灰石粉仓	石膏贮仓
基价(元)				**2878.94**	**3567.13**	**3763.03**
其中	人工费(元)			1717.74	2481.30	2679.62
	材料费(元)			292.06	280.21	291.28
	机械费(元)			869.14	805.62	792.13
名称		单位	单价(元)	消耗量		
人工	二类人工	工日	135.00	12.724	18.380	19.849
材料	型钢 综合	kg	—	(1111.772)	(1090.187)	(1093.899)
	镀锌铁丝 综合	kg	5.40	0.282	0.478	0.564
	中厚钢板 综合	kg	3.71	1.452	0.792	1.834
	花篮螺栓 M16×250	个	10.34	0.029	0.048	0.055
	低碳钢焊条 J422 综合	kg	4.74	28.161	21.013	28.411
	普低钢焊条 J507 ϕ3.2	kg	7.34	—	7.126	—
	砂轮片 ϕ200	片	10.34	1.694	2.030	2.401
	枕木 2500×200×160	根	155.00	0.029	0.024	0.031
	环氧富锌漆	kg	13.79	6.515	5.055	5.979
	氧气	m^3	3.62	4.518	2.864	3.822
	乙炔气	kg	7.60	1.586	1.002	1.338
	软胶片 80×300	张	2.06	2.610	2.134	2.134
	其他材料费	元	1.00	5.73	5.49	5.71
机械	履带式起重机 50t	台班	1364.92	0.099	0.098	0.087
	履带式起重机 150t	台班	3951.89	0.020	0.014	0.018
	汽车式起重机 25t	台班	996.58	0.234	0.184	0.227
	门式起重机 30t	台班	692.75	0.114	0.092	0.115
	载货汽车 5t	台班	382.30	—	—	0.002
	平板拖车组 10t	台班	731.50	0.035	0.029	—
	平板拖车组 20t	台班	835.65	0.017	0.014	—
	卷板机 20×2000	台班	54.54	0.185	0.152	0.182
	剪板机 20×2000	台班	122.84	0.119	0.108	0.128
	弧焊机 综合	台班	66.69	3.944	4.654	3.980
	探伤机	台班	32.04	0.176	0.143	0.141
	X 射线探伤机 穿透厚度 4~40	台班	130.00	0.074	—	—

2. 吸收塔内部装置安装

工作内容：清理、检查、组装、安装、调整。　　　　**计量单位：**套

定额编号				2-9-4	2-9-5
项目				锅炉蒸发量(t/h)	
				≤150	<220
基价（元）				**51825.31**	**76579.16**
其中	人工费（元）			42728.99	60915.38
	材料费（元）			3472.04	6021.44
	机械费（元）			5624.28	9642.34
名称		单位	单价(元)	消耗量	
人工	二类人工	工日	135.00	316.511	451.225
材料	型钢 综合	kg	3.84	184.450	327.250
	中厚钢板 综合	kg	3.71	59.500	102.000
	橡胶板 δ5～10	kg	5.09	87.550	187.000
	白布	kg	11.64	2.678	4.590
	普低钢焊条 J507 φ3.2	kg	7.34	42.160	74.205
	尼龙砂轮片 φ100	片	1.29	184.450	260.100
	不锈钢焊条 综合	kg	37.07	13.388	22.950
	氧气	m^3	3.62	21.420	36.720
	乙炔气	kg	7.60	7.497	12.852
	氯丁橡胶粘接剂	kg	14.81	3.273	5.610
	水	m^3	4.27	66.938	114.750
	角磨片 φ25	片	4.14	117.300	175.950
	其他材料费	元	1.00	68.08	118.07
机械	履带式起重机 40t	台班	1242.97	0.375	0.643
	载货汽车 15t	台班	653.04	1.000	1.715
	电动卷扬机－单筒慢速 50kN	台班	186.39	10.000	17.143
	直流弧焊机 40kW	台班	102.79	12.750	21.857
	电动空气压缩机 $6m^3/min$	台班	224.45	4.750	8.143
	轴流通风机 7.5kW	台班	45.40	5.250	9.000
	鼓风机 $8m^3/min$	台班	26.17	1.000	1.715

3. 脱硫辅机设备安装

工作内容:基础检查、中心线校核,垫铁配制,设备检查、运搬、清点、分类复核、安装、检查、水压试验、单体调试。

定额编号				2-9-6	2-9-7	2-9-8	2-9-9
项目				增压风机	烟气换热器(GGH)	浆液循环泵	离心式烟气冷却泵
计量单位				台	套	台	
基价(元)				**5666.29**	**27622.52**	**4943.25**	**1875.32**
其中	人工费(元)			4484.70	17852.54	4435.43	1770.53
	材料费(元)			656.42	2835.65	189.08	61.32
	机械费(元)			525.17	6934.33	318.74	43.47
名称		单位	单价(元)	消耗量			
人工	二类人工	工日	135.00	33.220	132.241	32.855	13.115
材料	镀锌铁丝 综合	kg	5.40	—	—	0.382	0.234
	热轧光圆钢筋 HPB300 综合	kg	3.98	—	—	—	0.570
	型钢 综合	kg	3.84	3.910	74.460	—	0.915
	中厚钢板 综合	kg	3.71	24.310	42.245	—	0.570
	镀锌薄钢板 综合	kg	4.46	—	—	0.637	—
	紫铜板 综合	kg	58.27	0.132	—	—	0.061
	紫铜棒 ϕ16~80	kg	58.27	—	4.208	—	—
	石棉橡胶板 低压 δ0.8~6	kg	5.26	—	1.721	—	0.620
	聚氯乙烯薄膜	kg	12.07	—	3.290	—	—
	白布	m	4.57	0.421	4.208	—	0.222
	羊毛毡 6~8mm	m^2	50.86	0.105	0.643	—	—
	纱布	张	1.29	4.590	24.310	4.774	2.219
	低碳钢焊条 J422 综合	kg	4.74	—	—	—	0.785
	普低钢焊条 J507 ϕ3.2	kg	7.34	5.661	12.580	0.551	—
	尼龙砂轮片 ϕ100	片	1.29	—	18.785	—	—
	平垫铁 综合	kg	3.78	—	—	7.045	0.773
	斜垫铁 综合	kg	8.62	43.860	—	11.429	1.553
	枕木 2500×200×160	根	155.00	—	6.120	0.024	0.008

续前

定额编号				2-9-6	2-9-7	2-9-8	2-9-9
项目				增压风机	烟气换热器（GGH）	浆液循环泵	离心式烟气冷却泵
材料	密封胶	L	22.24	—	1.377	—	—
	金属清洗剂	kg	11.03	—	—	0.669	0.248
	黄油钙基脂	kg	9.66	0.922	6.503	0.728	0.601
	氧气	m^3	3.62	10.007	77.204	4.296	0.933
	乙炔气	kg	7.60	3.503	27.024	1.504	0.321
	石棉扭绳 综合	kg	2.27	5.738	6.120	—	—
	油浸石棉盘根 编制 ϕ6～10（250℃）	kg	15.95	—	—	—	0.291
	碳素结构钢流体无缝钢管 51～70×4.7～7	kg	4.74	—	25.628	—	—
	滤油纸 300×300	张	0.35	—	106.250	—	—
	水	m^3	4.27	3.060	—	—	—
	角磨片 ϕ25	片	4.14	—	34.808	—	—
	其他材料费	元	1.00	12.87	55.60	3.71	1.20
机械	履带式起重机 40t	台班	1242.97	—	—	0.134	—
	履带式起重机 50t	台班	1364.92	0.215	3.086	—	—
	汽车式起重机 25t	台班	996.58	—	0.772	—	—
	叉式起重机 3t	台班	404.69	—	—	0.167	—
	叉式起重机 5t	台班	409.00	—	—	—	0.036
	门座吊 30t	台班	521.56	—	—	—	0.018
	载货汽车 5t	台班	382.30	—	—	—	0.012
	载货汽车 8t	台班	411.20	—	—	0.167	—
	载货汽车 15t	台班	653.04	0.230	—	—	—
	平板拖车组 20t	台班	835.65	—	1.415	—	—
	电动卷扬机－单筒慢速 50kN	台班	186.39	—	—	—	0.012
	弧焊机 综合	台班	66.69	—	—	—	0.188
	直流弧焊机 40kW	台班	102.79	0.793	4.403	0.155	—
	电动空气压缩机 $10m^3/min$	台班	394.85	—	0.675	—	—
	滤油机 LX100 型	台班	44.32	—	1.157	—	—

工作内容：基础检查、中心线校核，垫铁配制，设备检查、运搬、清点、分类复核、安装、检查、水压试验、单体调试。

定额编号				2-9-10	2-9-11	2-9-12	2-9-13	2-9-14
项目				外置式除雾器本体制作安装	外置式除雾器内部件安装	氧化风机	石灰石湿磨	石灰石干磨
计量单位				t	套	台		
基价（元）				**3278.60**	**15137.24**	**3660.63**	**26946.50**	**26483.00**
其中	人工费（元）			2474.82	12107.88	3026.84	21748.50	21519.95
	材料费（元）			230.60	1226.26	353.39	2426.61	1923.89
	机械费（元）			573.18	1803.10	280.40	2771.39	3039.16
名称		单位	单价(元)	消耗量				
人工	二类人工	工日	135.00	18.332	89.688	22.421	161.100	159.407
材料	型钢 综合	t	—	(1.091)	—	—	—	—
	型钢 综合	kg	3.84	—	63.113	—	20.502	10.710
	热轧带肋钢筋 HRB400 $\phi10$	kg	3.94	—	—	—	8.815	14.748
	镀锌铁丝 综合	kg	5.40	0.347	0.367	—	3.060	2.754
	钢丝 $\phi0.1\sim0.5$	kg	5.35	—	—	—	0.128	0.037
	热轧光圆钢筋 HPB300 综合	kg	3.98	—	0.896	—	—	—
	热轧薄钢板 Q235B 综合	kg	3.97	—	—	—	11.382	27.693
	中厚钢板 综合	kg	3.71	—	17.978	16.524	176.589	38.005
	镀锌薄钢板 综合	kg	4.46	—	—	—	0.184	1.274
	紫铜板 综合	kg	58.27	—	—	0.061	0.422	0.187
	紫铜棒 $\phi16\sim80$	kg	58.27	—	—	—	0.689	0.180
	橡胶板 $\delta5\sim10$	kg	5.09	—	35.573	—	—	—
	橡胶板 $\delta3$	kg	5.09	—	—	—	0.551	1.272
	石棉橡胶板 低压 $\delta0.8\sim6$	kg	5.26	—	—	—	0.134	0.640
	耐油石棉橡胶板 $\delta1$	kg	11.21	—	—	—	0.961	1.527
	聚氯乙烯薄膜	kg	12.07	—	—	—	0.930	0.414
	白布	m	4.57	—	—	0.138	0.744	0.918
	白布	kg	11.64	—	0.765	—	0.046	0.055
	羊毛毡 6~8mm	m^2	50.86	—	—	—	0.394	—
	羊毛毡 12~15mm	m^2	65.52	—	—	—	—	0.969
	麻绳	kg	7.51	—	—	—	1.132	0.303
	纱布	张	1.29	—	—	1.230	20.196	14.688
	低碳钢焊条 J422 综合	kg	4.74	21.923	1.094	—	5.958	9.860
	普低钢焊条 J507 $\phi3.2$	kg	7.34	—	18.360	1.306	6.377	3.611
	砂轮片 $\phi200$	片	10.34	0.902	—	—	—	—
	尼龙砂轮片 $\phi100$	片	1.29	—	79.560	—	—	—
	不锈钢焊条 综合	kg	37.07	—	3.825	—	—	—
	碳钢气焊条 $\phi2$ 以内	kg	10.34	—	—	—	0.937	0.434
	平垫铁 综合	kg	3.78	—	—	—	1.117	0.670

续前

定额编号				2-9-10	2-9-11	2-9-12	2-9-13	2-9-14
项目				外置式除雾器本体制作安装	外置式除雾器内部件安装	氧化风机	石灰石湿磨	石灰石干磨
材料	斜垫铁 综合	kg	8.62	—	—	25.704	104.958	114.750
	黄砂 净砂(中粗砂)	m^3	158.00	—	—	—	0.150	0.080
	枕木 2500×200×160	根	155.00	0.136	0.012	—	1.465	0.221
	铜丝布 16 目	m^2	42.07	—	—	—	—	0.046
	环氧富锌漆	kg	13.79	5.202	—	—	—	—
	密封胶	L	22.24	—	—	—	0.017	0.167
	金属清洗剂	kg	11.03	—	—	0.431	2.856	1.458
	黄油钙基脂	kg	9.66	—	—	0.615	4.896	3.978
	氧气	m^3	3.62	2.890	7.501	4.122	6.630	27.590
	乙炔气	kg	7.60	1.012	2.619	1.444	2.474	9.676
	氯丁橡胶粘接剂	kg	14.81	—	1.002	—	0.303	0.337
	石棉编绳 综合	kg	14.05	—	—	—	0.303	0.122
	石棉扭绳 综合	kg	2.27	—	—	0.462	1.585	5.569
	滤油纸 300×300	张	0.35	—	—	—	48.450	—
	水	m^3	4.27	—	19.125	2.479	0.496	0.734
	角磨片 ϕ25	片	4.14	—	40.545	—	0.138	—
	其他材料费	元	1.00	4.52	24.04	6.93	47.58	37.72
机械	履带式起重机 40t	台班	1242.97	—	0.108	—	—	—
	履带式起重机 50t	台班	1364.92	0.057	—	—	0.206	—
	履带式起重机 150t	台班	3951.89	0.014	—	—	—	—
	汽车式起重机 25t	台班	996.58	0.143	—	0.052	0.646	1.478
	叉式起重机 3t	台班	404.69	—	—	—	—	0.014
	叉式起重机 5t	台班	409.00	—	—	—	0.128	0.081
	门座吊 30t	台班	521.56	—	0.028	—	—	—
	载货汽车 5t	台班	382.30	0.004	0.019	—	—	—
	载货汽车 10t	台班	476.15	—	—	0.128	0.646	0.772
	载货汽车 15t	台班	653.04	—	0.324	—	—	—
	平板拖车组 20t	台班	835.65	—	—	—	—	0.325
	平板拖车组 40t	台班	1071.11	0.027	—	—	—	—
	电动卷扬机-单筒慢速 30kN	台班	177.60	—	—	0.776	—	—
	电动卷扬机-单筒慢速 50kN	台班	186.39	—	2.935	—	4.135	2.186
	弧焊机 综合	台班	66.69	4.005	2.841	—	1.978	1.782
	直流弧焊机 40kW	台班	102.79	—	3.111	0.290	4.115	1.543
	电动空气压缩机 6m^3/min	台班	224.45	—	1.350	—	—	—
	电动空气压缩机 10m^3/min	台班	394.85	—	—	—	0.203	0.515
	轴流通风机 7.5kW	台班	45.40	—	1.512	—	—	—
	滤油机 LX100 型	台班	44.32	—	—	—	1.821	—
	鼓风机 8m^3/min	台班	26.17	—	0.285	—	—	—

工作内容:基础检查、中心线校核,垫铁配制,设备检查、运搬、清点、分类复核、安装、检查、水压试验、单体调试。

计量单位:台

定额编号				2-9-15	2-9-16	2-9-17	2-9-18	2-9-19
项目				真空皮带脱水机	旋流器	石灰浆搅拌器	石膏仓卸料装置	离心脱水机
基价(元)				16123.33	2567.57	1812.71	5020.38	5319.77
其中	人工费(元)			13249.98	1884.60	1599.08	3769.34	4454.87
	材料费(元)			1252.63	265.02	33.56	125.81	368.03
	机械费(元)			1620.72	417.95	180.07	1125.23	496.87
名称		单位	单价(元)	消耗量				
人工	二类人工	工日	135.00	98.148	13.960	11.845	27.921	32.999
材料	热轧带肋钢筋 HRB400 ϕ10	kg	3.94	7.497	18.360	—	—	—
	镀锌铁丝 综合	kg	5.40	2.950	0.459	0.306	0.040	0.796
	钢丝 ϕ0.1~0.5	kg	5.35	0.104	—	—	—	—
	不锈钢扁钢 综合	kg	15.95	0.020	—	—	—	0.004
	型钢 综合	kg	3.84	4.590	1.530	—	0.191	1.339
	热轧薄钢板 Q235B 综合	kg	3.97	9.682	23.715	—	8.033	2.601
	中厚钢板 综合	kg	3.71	59.288	—	4.590	—	15.683
	镀锌薄钢板 综合	kg	4.46	0.685	0.383	—	—	0.184
	紫铜板 综合	kg	58.27	0.173	—	—	—	0.046
	紫铜棒 ϕ16~80	kg	58.27	—	—	—	0.268	—
	石棉橡胶板 低压 δ0.8~6	kg	5.26	0.842	—	—	—	0.226
	聚氯乙烯薄膜	kg	12.07	0.306	—	—	—	0.084
	白布	m	4.57	—	—	—	1.205	—
	白布	kg	11.64	—	—	0.191	—	—
	纱布	张	1.29	19.890	—	0.765	9.180	5.355
	低碳钢焊条 J422 综合	kg	4.74	5.891	—	—	0.118	1.607
	普低钢焊条 J507 ϕ3.2	kg	7.34	5.925	3.213	0.383	0.563	3.557
	尼龙砂轮片 ϕ100	片	1.29	3.825	—	—	—	1.022
	不锈钢焊条 综合	kg	37.07	0.015	—	—	—	—
	平垫铁 综合	kg	3.78	0.872	—	—	—	0.237
	斜垫铁 综合	kg	8.62	69.615	—	—	—	18.743

续前

定额编号				2-9-15	2-9-16	2-9-17	2-9-18	2-9-19
项目				真空皮带脱水机	旋流器	石灰浆搅拌器	石膏仓卸料装置	离心脱水机
材料	枕木 2500×200×160	根	155.00	0.077	0.191	—	0.001	0.023
	密封胶	L	22.24	0.333	—	—	—	0.092
	橡胶石棉盘根 编织 φ6～25(250℃)	kg	37.07	0.054	—	—	—	0.015
	金属清洗剂	kg	11.03	1.696	0.089	0.089	1.517	0.463
	黄油钙基脂	kg	9.66	2.942	—	—	1.607	0.796
	氧气	m^3	3.62	13.898	3.749	1.148	2.027	7.145
	乙炔气	kg	7.60	4.990	1.312	0.402	0.723	2.349
	氯丁橡胶粘接剂	kg	14.81	0.417	—	—	—	0.115
	石棉扭绳 综合	kg	2.27	0.999	2.448	—	3.347	0.272
	水	m^3	4.27	3.128	—	—	—	1.798
	其他材料费	元	1.00	24.56	5.20	0.66	2.47	7.22
机械	履带式起重机 40t	台班	1242.97	0.107	0.257	—	—	0.032
	履带式起重机 50t	台班	1364.92	—	—	—	0.338	—
	汽车式起重机 8t	台班	648.48	—	—	0.161	—	—
	汽车式起重机 25t	台班	996.58	0.643	—	—	—	0.193
	叉式起重机 5t	台班	409.00	0.081	—	—	—	0.023
	门座吊 30t	台班	521.56	—	—	—	0.002	—
	载货汽车 5t	台班	382.30	—	—	—	0.900	—
	载货汽车 8t	台班	411.20	—	—	0.161	—	—
	载货汽车 10t	台班	476.15	0.353	—	—	—	0.081
	载货汽车 12t	台班	587.20	—	0.065	—	—	—
	电动卷扬机－单筒慢速 30kN	台班	177.60	0.698	—	—	—	0.209
	电动卷扬机－单筒慢速 50kN	台班	186.39	—	—	—	1.607	—
	试压泵 60MPa	台班	23.30	0.173	—	—	—	0.052
	弧焊机 综合	台班	66.69	2.035	—	—	0.045	0.961
	直流弧焊机 40kW	台班	102.79	2.951	0.587	0.092	0.158	0.884
	电动空气压缩机 $6m^3/min$	台班	224.45	0.036	—	—	—	0.010
	轴流通风机 7.5kW	台班	45.40	1.251	—	—	—	0.377
	鼓风机 $8m^3/min$	台班	26.17	0.527	—	—	—	0.158

二、脱硝设备安装

工作内容:基础检查、中心线校核;垫铁配制;设备检查、搬运、安装、检查、分部试运单体调试。

定额编号				2-9-20	2-9-21	2-9-22	2-9-23	2-9-24
项目				脱硝反应器本体制作与安装	催化剂模块	稀释风机	氨气-热空气混合器	液氨卸料压缩机组
计量单位				t	m^3	台		
基价(元)				3756.55	191.65	4935.98	3087.90	2017.03
其中	人工费(元)			2596.73	152.28	485.46	399.74	1827.63
	材料费(元)			337.79	4.99	191.45	89.70	112.82
	机械费(元)			822.03	34.38	4259.07	2598.46	76.58
名称		单位	单价(元)	消耗量				
人工	二类人工	工日	135.00	19.235	1.128	3.596	2.961	13.538
材料	镀锌铁丝 综合	kg	5.40	0.390	0.176	0.765	0.727	0.306
	型钢 综合	kg	3.84	7.012	0.578	1.454	1.224	—
	中厚钢板 综合	kg	3.71	1.218	0.094	3.251	3.060	—
	尼龙绳 φ0.5~1	kg	69.83	—	—	1.530	—	—
	白布	kg	11.64	—	—	—	—	3.340
	麻绳	kg	7.51	—	—	0.046	—	—
	花篮螺栓 M16×250	个	10.34	0.036	—	—	—	—
	低碳钢焊条 J422 综合	kg	4.74	—	0.100	—	—	—
	普低钢焊条 J507 φ3.2	kg	7.34	25.805	—	0.976	0.880	0.226
	砂轮片 φ200	片	10.34	1.461	0.047	—	—	—
	不锈钢焊条 综合	kg	37.07	—	—	0.046	0.650	—
	平垫铁 综合	kg	3.78	—	—	—	—	2.961
	斜垫铁 综合	kg	8.62	—	—	—	—	5.508
	枕木 2500×200×160	根	155.00	0.025	—	—	—	—
	环氧富锌漆	kg	13.79	5.398	—	—	—	—
	橡胶盘根 低压	kg	40.73	—	—	1.148	0.842	—
	金属清洗剂	kg	11.03	0.086	—	—	—	0.411
	黄油钙基脂	kg	9.66	—	—	—	—	0.417
	氧气	m^3	3.62	2.144	0.059	0.497	0.497	0.191
	乙炔气	kg	7.60	0.751	0.026	0.173	0.173	0.065
	其他材料费	元	1.00	6.62	0.10	3.75	1.76	2.21
机械	履带式起重机 50t	台班	1364.92	0.075	—	1.177	—	—
	履带式起重机 150t	台班	3951.89	0.014	—	0.643	0.643	—
	汽车式起重机 25t	台班	996.58	0.189	0.014	—	—	—
	叉式起重机 5t	台班	409.00	—	—	—	—	0.084
	载货汽车 5t	台班	382.30	0.277	0.011	—	—	0.097
	平板拖车组 20t	台班	835.65	0.029	—	0.113	0.049	—
	弧焊机 综合	台班	66.69	5.186	0.012	0.113	0.065	—
	直流弧焊机 40kW	台班	102.79	—	—	—	—	0.050
	电动空气压缩机 $10m^3/min$	台班	394.85	—	0.036	—	—	—
	鼓风机 $18m^3/min$	台班	41.62	—	0.029	0.229	0.291	—

工作内容：基础检查、中心线校核；垫铁配制；设备检查、搬运、安装、检查、分部试运单体调试。 计量单位：台

定额编号				2-9-25	2-9-26	2-9-27	2-9-28	2-9-29
项目				液氨储罐	液氨蒸发器	氨气缓冲罐	氨气稀释罐	氨气存气罐
基价（元）				**2489.20**	**1208.26**	**1436.85**	**1596.43**	**995.93**
其中	人工费（元）			1599.08	913.68	1085.27	1199.34	742.50
	材料费（元）			382.58	66.90	86.86	101.91	39.34
	机械费（元）			507.54	227.68	264.72	295.18	214.09
	名称	单位	单价(元)	消耗量				
人工	二类人工	工日	135.00	11.845	6.768	8.039	8.884	5.500
材料	镀锌铁丝 综合	kg	5.40	2.192	0.918	1.109	1.109	0.574
	型钢 综合	kg	3.84	3.251	—	—	—	—
	中厚钢板 综合	kg	3.71	6.656	3.060	6.120	8.033	4.399
	橡胶板 δ3	kg	5.09	—	1.913	2.678	3.060	—
	石棉橡胶板 低压 δ0.8～6	kg	5.26	—	—	—	—	1.530
	尼龙绳 ϕ0.5～1	kg	69.83	0.264	0.134	0.168	0.168	—
	白布	kg	11.64	3.626	—	—	—	—
	麻绳	kg	7.51	3.297	1.760	1.618	1.752	—
	纱布	张	1.29	—	1.530	1.913	1.913	0.956
	低碳钢焊条 J422 综合	kg	4.74	2.831	—	—	—	—
	普低钢焊条 J507 ϕ3.2	kg	7.34	—	1.221	1.427	1.756	0.815
	砂轮片 ϕ200	片	10.34	1.836	—	—	—	—
	尼龙砂轮片 ϕ100	片	1.29	1.805	—	—	—	—
	不锈钢焊条 综合	kg	37.07	—	0.058	0.061	0.119	—
	斜垫铁 综合	kg	8.62	5.814	—	—	—	—
	枕木 2500×200×160	根	155.00	0.945	—	—	—	—
	金属清洗剂	kg	11.03	0.033	—	—	—	—
	氧气	m^3	3.62	1.025	0.624	0.624	0.624	0.624
	乙炔气	kg	7.60	0.318	0.214	0.196	0.214	0.214
	角磨片 ϕ25	片	4.14	0.689	—	—	—	—
	其他材料费	元	1.00	7.50	1.31	1.70	2.00	0.77
机械	履带式起重机 50t	台班	1364.92	0.065	—	—	—	—
	汽车式起重机 8t	台班	648.48	0.193	0.190	0.209	0.235	0.173
	载货汽车 5t	台班	382.30	—	0.209	0.122	0.135	0.152
	载货汽车 8t	台班	411.20	—	—	0.142	0.152	—
	载货汽车 15t	台班	653.04	0.274	—	—	—	—
	弧焊机 综合	台班	66.69	0.680	—	—	—	—
	直流弧焊机 40kW	台班	102.79	0.675	0.239	0.235	0.279	0.196
	电动空气压缩机 $3m^3/min$	台班	122.54	—	—	—	—	0.193

第十章

炉墙保温与砌筑、耐磨衬砌工程

说　明

一、本章内容包括敷管式、膜式炉墙砌筑，框架式炉墙砌筑，局部耐火材料砌筑，炉墙填料填塞，抹面、密封涂料，炉墙保温护壳及金属支撑件，炉墙砌筑脚手架及平台搭拆，耐磨衬砌等安装工程。

二、有关说明：

1. 本章炉墙砌筑定额适用于小于 220t/h 的轻型炉墙砌筑工程，重型炉墙砌筑、设备与管道保温绝热及油漆工程执行相应定额。

2. 炉墙砌筑定额包括局部油漆防腐、穿墙管表面涂刷沥青、膨胀缝设置、L 形钩钉焊接、铁丝网下料、吊钩安装，钢筋加工点焊及绑扎。定额不包括炉墙金属密封件安装、炉墙金属护板(波型板)支承连接件安装、脚手架搭拆。

3. 耐火可塑料定额适用于汽包底部及空气预热器伸缩节等施工部位，燃烧带敷设定额适用于炉膛高温区带钩钉的水冷壁管表面敷设，保温混凝土定额适用于炉墙节点的零星部位。

4. 炉墙填料填塞定额包括材料搬运、填塞料部位清理、按照压缩比或配比填塞、搅拌、修理。定额不包括填塞部位钢板密封焊接、脚手架搭拆。计算工程量时扣除管子穿墙部分的体积。

5. 炉墙抹面及密封涂料定额包括材料搬运，钢筋加工、焊接、绑扎、钢丝网安装与涂刷沥青以及按照配比配料、表面修理、试块制作。定额不包括脚手架搭拆。

6. 炉墙保温护壳安装定额包括咬口成型、钉口成型紧固，金属支撑件安装定额包括托砖架、支承件、连接件、压条、钢板等安装、焊接。定额不包括托砖架、支承件、连接件、压条等制作加工以及脚手架搭拆。

7. 炉墙砌筑脚手架搭拆定额适用于锅炉炉墙保温与砌筑所需全部脚手架的搭拆。定额按照锅炉容量编制，对不同炉型已做了综合考虑，执行定额时不做换算。本定额不适用于锅炉炉膛内的满堂脚手架、锅炉附属设备和锅炉本体有关保温施工的脚手架搭拆。

8. 耐磨衬砌定额适用于热力设备、管道内或外衬砌耐磨材料工程。定额包括材料搬运、调制胶泥、清洗板块、下料、养护。定额不包括铺设钢板网或钢丝网，工程设计需要时，执行相应定额另行计算。

9. 送粉管道弯头防磨及冲灰沟内衬铸石板定额单位“10m”系冲灰沟中心线的延长长度，定额对冲灰沟弯头的异形铸石板的施工已做了综合，执行时不做调整。

工程量计算规则

一、炉墙砌筑、局部耐火材料砌筑、炉墙填料填塞根据设计选用材质,按照设计图示尺寸的成品体积以“m^3”为计量单位。计算工程量时不扣除宽度小于25mm膨胀缝、单个面积小于0.02m^2孔洞、炉门喇叭口斜度、墙根交叉处的小斜坡所占体积。

二、炉墙耐火层、保温层工程量计算规则。

1.敷管式及膜式水冷壁炉墙工程量计算:

体积工程量计算式:

$$V = F \times \delta_1$$

$$\delta_1 = \frac{S \times \delta - \pi d^2/8}{S}$$

式中:V——混凝土工程量体积(m^3);

F——与水冷壁管接触部分的耐火(或保温)混凝土的外部表面积(m^2);

δ_1——混凝土层计算厚度(m);

δ——混凝土层设计厚度(m);

S——受热面管道节距(m);

d——受热面管道外径(m)。

2.管道穿墙处耐火混凝土(填料)工程量计算:

体积工程量计算式:

$$V = a \times b \times h - n \times \pi d^2/4 \times h$$

式中:V——耐火混凝土(填料)体积(m^3);

a——耐火混凝土(填料)宽度(m);

b——耐火混凝土(填料)长度(m);

h——耐火混凝土(填料)厚度(m);

d——穿墙管外径(m);

n——穿墙管数量(根)。

3.炉墙砌筑与保温制品或敷设矿物棉、泡沫石棉板工程量计算:

体积工程量计算式:

$$V = F \times \delta$$

式中:V——工程量体积(m^3);

F——敷设面积(m^2);

δ——辐射层厚度(m)。

4.计算炉墙砌筑与保温层厚度时,按照设计成品厚度计算工程量,不考虑材料的压实系数。计算炉墙砌筑与保温材料量时,应根据选用材料的性质,结合设计成品厚度计算。

三、抹面、密封涂料根据炉墙结构形式,按照设计图示尺寸的展开面积以“m^2”为计量单位。计算工程量时不扣除宽度小于25mm膨胀缝、单个面积小于0.02m^2孔洞、管道相交时预留间距、滑动支架处预留的膨胀间隙等所占面积。罩壳、突出立面或平面的部分按照展开面积计算工程量,转角、交角、交叉等重复部分及局部加强、加厚部分不增加工程量。

四、炉墙保温护壳根据材质,按照设计图示尺寸的实铺面积以“m^2”为计量单位计算工程量。计算工程量时不扣除宽度小于5mm膨胀缝、单个面积小于0.1m^2孔洞、管道相交时预留间距、滑动支架处预留的膨胀间隙等所占面积。罩壳、突出立面或平面的部分按照表面积计算工程量，不计算转角、交角、交叉、咬合、收边、接头、施工下料损耗量等。

五、金属支撑件安装根据设计布置及图示尺寸，按照成品重量以"t"为计量单位。不计算下料及加工制作损耗量，计算支撑件安装重量的范围包括：托砖架、瓦斯管、钢板、支承件、连接件、压条等。

六、耐磨衬砌根据材料种类，按照设计图示尺寸实铺面积以"m^2"为计量单位。扣除单个面积0.1m^2以上孔洞、凸出耐磨面的物体所占面积。凸出耐磨面的部件需要做耐磨时，应按照其展开面积计算，并入耐磨工程量内。

一、敷管式、膜式炉墙砌筑

1.混凝土砌筑

工作内容:材料搬运、放线下料、平台铺设,配料、搅拌、浇灌、捣打、表面处理、养生及试块制作,模板制作、安装及拆除等。

计量单位:m^3

定额编号				2-10-1	2-10-2	2-10-3	2-10-4	2-10-5
项目				磷酸盐混凝土	耐火混凝土	保温混凝土	保温混凝土	
							膜式水冷壁炉墙厚(mm)	
				炉底	直斜墙及包墙	敷管式直斜墙及包墙	≤80	≤180
基价(元)				**1801.36**	**2322.91**	**544.83**	**1675.50**	**661.45**
其中	人工费(元)			1369.98	921.65	286.88	552.96	341.69
	材料费(元)			179.08	1257.43	196.13	1019.18	261.62
	机械费(元)			252.30	143.83	61.82	103.36	58.14
名称		单位	单价(元)	消耗量				
人工	二类人工	工日	135.00	10.148	6.827	2.125	4.096	2.531
材料	保温混凝土	m^3	—	—	—	(1.060)	(1.060)	(1.060)
	磷酸盐混凝土	m^3	—	(1.100)	—	—	—	—
	耐火混凝土	m^3	—	—	(1.060)	—	—	—
	型钢 综合	kg	3.84	5.831	—	—	—	—
	热轧带肋钢筋 HRB400 ϕ10	t	3938.00	—	0.034	0.040	0.017	0.017
	镀锌铁丝 ϕ1.2~1.8	kg	5.78	5.015	—	—	—	—
	橡胶板 δ5~10	kg	5.09	0.850	—	—	—	—
	圆钉 30~45mm	kg	4.74	0.085	0.595	0.300	0.595	0.102
	低碳钢焊条 综合	kg	6.72	1.700	2.295	—	1.700	0.425
	镀锌钢丝网 ϕ3.6×40×40	m^2	31.47	1.275	31.280	—	27.370	5.440
	木板	m^3	1667.00	0.017	0.034	0.020	0.034	0.009
	胶合板 δ6	m^2	23.28	1.700	1.700	—	—	—
	其他材料费	元	1.00	3.51	24.66	3.85	19.98	5.13
机械	机动翻斗车 1t	台班	197.36	0.572	0.050	0.029	0.022	0.022
	单笼施工电梯 提升质量 1t 提升高度 75m	台班	273.67	—	0.036	0.038	0.029	0.029
	涡浆式混凝土搅拌机 350L	台班	240.50	0.215	0.221	0.190	0.143	0.143
	弧焊机 综合	台班	66.69	1.072	1.064	—	0.850	0.172
	轴流通风机 7.5kW	台班	45.40	0.357	—	—	—	—

2. 保温制品砌筑

工作内容：表面清扫、除垢及局部油漆防腐，材料搬运、铺砌、接缝、固定等。 **计量单位：**m^3

定额编号				2-10-6	2-10-7
项目				矿、岩棉超细棉缝合毡	矿棉、岩棉、泡沫石棉半硬板
基价（元）				**368.99**	**356.57**
其中	人工费（元）			134.46	122.04
	材料费（元）			189.56	189.56
	机械费（元）			44.97	44.97
名称		单位	单价(元)	消耗量	
人工	二类人工	工日	135.00	0.996	0.904
材料	岩棉板	m^3	—	(1.030)	(1.030)
	镀锌铁丝 $\phi1.2\sim1.8$	kg	5.78	6.800	6.800
	镀锌钢丝网 $\phi1.6\times20\times20$	m^2	21.55	6.800	6.800
	其他材料费	元	1.00	3.72	3.72
机械	载货汽车 5t	台班	382.30	0.010	0.010
	电动卷扬机－单筒快速 10kN	台班	172.88	0.238	0.238

二、框架式炉墙砌筑

工作内容:表面清扫、除垢及局部油漆防腐;钢筋加工、点焊或绑扎;配料、搅拌、浇灌,捣打、表面处理等。

计量单位:m^3

定额编号				2-10-8	2-10-9	2-10-10
项目				耐火混凝土	保温混凝土	保温制品
				直斜墙		
基价(元)				**2204.53**	**611.02**	**288.82**
其中	人工费(元)			787.19	252.45	84.78
	材料费(元)			1263.70	245.93	100.39
	机械费(元)			153.64	112.64	103.65
	名称	单位	单价(元)	消耗量		
人工	二类人工	工日	135.00	5.831	1.870	0.628
材料	保温制品	m^3	—	—	—	(1.060)
	保温混凝土	m^3	—	—	(1.060)	—
	耐火混凝土	m^3	—	(1.040)	—	—
	热轧带肋钢筋 HRB400 $\phi10$	t	3938.00	—	0.048	0.012
	不锈钢圆钢 $\phi6$	kg	18.53	48.110	—	—
	镀锌铁丝 $\phi1.2\sim1.8$	kg	5.78	0.544	—	8.700
	圆钉 30~45mm	kg	4.74	0.527	0.300	—
	低碳钢焊条 综合	kg	6.72	—	0.500	0.130
	不锈钢焊条 A102 $\phi2.5$ 以内	kg	31.90	5.780	—	—
	复合硅酸盐水泥 P·C 32.5R 综合	kg	0.32	17.000	—	—
	黄砂 净砂(中粗砂)	m^3	158.00	0.043	—	—
	木板	m^3	1667.00	0.034	0.020	—
	胶合板 $\delta6$	m^2	23.28	1.700	0.600	—
	石油沥青油毡 400g	m^2	3.97	12.325	—	—
	其他材料费	元	1.00	24.78	4.82	1.97
机械	机动翻斗车 1t	台班	197.36	0.050	0.029	0.029
	电动卷扬机-单筒快速 10kN	台班	172.88	—	—	0.286
	单笼施工电梯 提升质量 1t 提升高度 75m	台班	273.67	0.022	0.038	0.038
	涡浆式混凝土搅拌机 350L	台班	240.50	0.215	0.190	—
	弧焊机 综合	台班	66.69	—	0.762	0.571
	直流弧焊机 20kW	台班	78.72	1.093	—	—

三、局部耐火材料砌筑

1.炉顶砌筑

工作内容:表面清扫、除垢及局部油漆防腐;钢筋加工、点焊或绑扎;配料、搅拌、浇灌,捣打、表面处理等。

计量单位:m^3

定额编号				2-10-11	2-10-12	2-10-13	2-10-14	2-10-15	2-10-16
项目				耐火混凝土			保温混凝土		
				敷管式	膜式	框架式	敷管式	膜式	框架式
基价(元)				**2304.94**	**2679.56**	**2406.84**	**484.16**	**599.77**	**278.80**
其中	人工费(元)			1111.46	1629.99	1090.40	295.92	433.89	189.14
	材料费(元)			1001.57	881.33	1146.04	35.46	31.89	35.46
	机械费(元)			191.91	168.24	170.40	152.78	133.99	54.20
名称		单位	单价(元)	消耗量					
人工	二类人工	工日	135.00	8.233	12.074	8.077	2.192	3.214	1.401
材料	保温混凝土	m^3	—	—	—	—	(1.060)	(1.060)	(1.060)
	耐火混凝土	m^3	—	(1.060)	(1.060)	(1.060)	—	—	—
	热轧带肋钢筋 HRB400 ϕ10	t	3938.00	0.003	0.003	—	—	—	—
	不锈钢圆钢 ϕ6	kg	18.53	—	—	41.905	—	—	—
	镀锌铁丝 ϕ1.2~1.8	kg	5.78	—	—	0.595	—	—	—
	圆钉 30~45mm	kg	4.74	0.340	0.299	0.340	0.300	0.264	0.300
	低碳钢焊条 综合	kg	6.72	0.425	0.374	—	—	—	—
	不锈钢焊条 A102 ϕ2.5 以内	kg	31.90	—	—	0.425	—	—	—
	镀锌钢丝网 ϕ3.6×40×40	m^2	31.47	28.050	24.684	—	—	—	—
	黄砂 净砂(中粗砂)	m^3	158.00	—	—	0.043	—	—	—
	木板	m^3	1667.00	0.026	0.022	0.128	0.020	0.018	0.020
	胶合板 δ6	m^2	23.28	1.700	1.496	2.550	—	—	—
	石油沥青油毡 400g	m^2	3.97	—	—	12.325	—	—	—
	其他材料费	元	1.00	19.64	17.28	22.47	0.70	0.63	0.70
机械	机动翻斗车 1t	台班	197.36	0.050	0.044	0.050	0.029	0.025	0.019
	电动卷扬机-单筒快速 10kN	台班	172.88	—	—	0.043	—	—	—
	单笼施工电梯 提升质量 1t 提升高度 75m	台班	273.67	0.215	0.188	0.107	0.286	0.251	0.095
	涡浆式混凝土搅拌机 250L	台班	197.20	—	—	0.186	—	—	0.124
	涡浆式混凝土搅拌机 350L	台班	240.50	0.215	0.188	0.215	0.286	0.251	—
	弧焊机 综合	台班	66.69	1.072	0.943	—	—	—	—
	直流弧焊机 20kW	台班	78.72	—	—	0.450	—	—	—

2. 炉墙中局部浇筑耐火混凝土

工作内容:表面清扫、除垢及局部油漆防腐;钢筋加工、点焊或绑扎;配料、搅拌、浇灌,捣打、表面处理等。

计量单位:m^3

				2-10-17	2-10-18	2-10-19	2-10-20
定额编号				2-10-17	2-10-18	2-10-19	2-10-20
项目				耐火混凝土	耐火可塑料	保温混凝土	燃烧带敷设
基价(元)				**2064.56**	**3155.55**	**547.11**	**2668.69**
其中	人工费(元)			939.06	2203.47	417.42	2287.17
	材料费(元)			1010.64	837.22	—	289.47
	机械费(元)			114.86	114.86	129.69	92.05
	名称	单位	单价(元)	消耗量			
人工	二类人工	工日	135.00	6.956	16.322	3.092	16.942
材料	耐火塑料	m^3	—	—	(1.060)	—	(1.060)
	保温混凝土	m^3	—	—	—	(1.060)	—
	耐火混凝土	m^3	—	(1.060)	—	—	—
	不锈钢圆钢 ϕ6	kg	18.53	27.200	29.240	—	—
	镀锌铁丝 ϕ1.2~1.8	kg	5.78	0.680	0.595	—	—
	圆钉 30~45mm	kg	4.74	0.340	0.340	—	0.085
	不锈钢焊条 A102 ϕ2.5 以内	kg	31.90	1.275	0.680	—	—
	木板	m^3	1667.00	—	0.128	—	0.170
	木板 δ25	m^3	3103.00	0.128	—	—	—
	胶合板 δ6	m^2	23.28	0.850	0.510	—	—
	石油沥青油毡 400g	m^2	3.97	5.950	6.800	—	—
	其他材料费	元	1.00	19.82	16.42	—	5.68
机械	机动翻斗车 1t	台班	197.36	0.050	0.050	0.029	0.050
	电动卷扬机-单筒快速 20kN	台班	202.72	0.029	0.029	—	—
	单笼施工电梯 提升质量 1t 提升高度 75m	台班	273.67	0.143	0.143	0.286	0.143
	涡浆式混凝土搅拌机 350L	台班	240.50	0.179	0.179	0.190	0.179
	直流弧焊机 20kW	台班	78.72	0.215	0.215	—	—

四、炉墙填料填塞

工作内容：材料搬运、填塞料部位清理，填塞、搅拌、修理等。　　　　**计量单位**：m^3

定额编号				2-10-21	2-10-22	2-10-23	2-10-24
项目				炉墙填料填塞		高硅氧纤维	矿棉、岩棉、玻璃棉
				硅藻土或珍珠岩粉	石棉绒		
基价（元）				**194.34**	**449.76**	**609.01**	**212.11**
其中	人工费（元）			190.76	446.18	581.04	184.14
	材料费（元）			—	—	—	—
	机械费（元）			3.58	3.58	27.97	27.97
	名称	单位	单价(元)	消耗量			
人工	二类人工	工日	135.00	1.413	3.305	4.304	1.364
材料	矿渣棉（岩棉、玻璃棉）	m^3	—	—	—	—	(1.060)
	高硅氧纤维	kg	—	—	—	(202.000)	—
	石棉硅藻土	m^3	—	(1.130)	—	—	—
	石棉绒	m^3	—	—	(1.040)	—	—
	膨胀珍珠岩粉	m^3	—	(1.130)	—	—	—
机械	单笼施工电梯 提升质量1t 提升高度75m	台班	273.67	—	—	0.095	0.095
	液压升降机 9m	台班	25.07	0.080	0.080	—	—
	机动翻斗车 1t	台班	197.36	0.008	0.008	0.010	0.010

五、抹面、密封涂料

工作内容：材料搬运、绑扎、涂刷沥青，配料、搅拌、抹面、压光、表面修理及试块制作等。　　　　**计量单位**：m^2

定额编号				2-10-25	2-10-26	2-10-27	2-10-28	2-10-29	2-10-30
项目				敷管式炉墙抹面	敷管式炉墙密封涂料	膜式炉墙抹面	膜式炉墙密封涂料	框架式炉墙抹面	框架式炉顶密封涂料
基价（元）				**45.63**	**80.95**	**54.06**	**68.73**	**24.04**	**56.75**
其中	人工费（元）			15.39	50.36	28.35	42.66	21.60	35.10
	材料费（元）			24.84	24.51	21.12	20.85	—	17.16
	机械费（元）			5.40	6.08	4.59	5.22	2.44	4.49
	名称	单位	单价(元)	消耗量					
人工	二类人工	工日	135.00	0.114	0.373	0.210	0.316	0.160	0.260
材料	密封涂料	m^3	—	—	(0.021)	—	(0.018)	—	(0.015)
	抹面材料	m^3	—	(0.027)	—	(0.023)	—	(0.021)	—
	热轧光圆钢筋 综合	kg	3.97	0.400	0.320	0.340	0.272	—	0.224
	低碳钢焊条 综合	kg	6.72	0,020	0.020	0.017	0.017	—	0.014
	镀锌钢丝网 $\phi1.6\times20\times20$	m^2	21.55	1.050	1.050	0.893	0.893	—	0.735
	其他材料费	元	1.00	0.49	0.48	0.41	0.41	—	0.34
机械	机动翻斗车 1t	台班	197.36	0.001	0.001	0.001	0.001	0.001	0.001
	电动卷扬机－单筒快速 10kN	台班	172.88	—	0.001	—	0.001	—	0.001
	单笼施工电梯 提升质量1t 提升高度75m	台班	273.67	0.004	0.001	0.003	0.001	0.001	0.001
	涡浆式混凝土搅拌机 250L	台班	197.20	0.011	0.010	0.010	0.008	0.010	0.007
	弧焊机 综合	台班	66.69	0.029	0.052	0.024	0.045	—	0.037

六、炉墙保温护壳及金属支撑件安装

工作内容：实测、划线、放样、下料、扳边、圈圆、滚线、咬口成型，钉口成型紧固，支承件、连接件、压条等焊接。

定额编号				2-10-31	2-10-32	2-10-33
项目				平板钉口安装	波纹板安装	金属支撑件安装
计量单位				m²		t
基价（元）				**12.83**	**16.45**	**3694.20**
其中	人工费（元）			8.64	7.83	2798.55
	材料费（元）			0.15	4.67	377.75
	机械费（元）			4.04	3.95	517.90
	名称	单位	单价(元)	消耗量		
人工	二类人工	工日	135.00	0.064	0.058	20.730
材料	镀锌型钢 综合	t	—	—	—	(1.040)
	压型彩钢板(平面展开) 0.5mm	m²	—	—	(1.080)	—
	镀锌薄钢板 δ0.5	m²	—	(1.108)	—	—
	自攻螺钉	百个	2.59	0.015	0.005	—
	不锈钢焊条 A102 φ3.2	kg	31.90	—	—	10.625
	砂轮片 φ400	片	21.55	—	0.025	—
	尼龙砂轮片 φ100	片	1.29	—	—	1.375
	防水密封胶	支	8.62	0.013	0.013	—
	砂轮切割片 φ400	片	21.55	—	—	1.375
	羊毛毡垫圈	个	0.43	—	9.100	—
	其他材料费	元	1.00	—	0.09	7.41
机械	载货汽车 4t	台班	369.21	0.007	0.007	0.150
	单笼施工电梯 提升质量 1t 提升高度 75m	台班	273.67	0.005	0.005	0.625
	直流弧焊机 40kW	台班	102.79	—	—	2.813
	台式砂轮机 φ250	台班	4.65	—	—	0.500
	扳边机 2×1500	台班	18.14	0.005	—	—

七、炉墙砌筑脚手架及平台搭拆

工作内容：材料运搬、架子搭设、铺板、搭设栏杆、围板，脚手架拆除、材料回收、场地清理。　　计量单位：台

定额编号				2-10-34	2-10-35	2-10-36	2-10-37
项目				锅炉蒸发量(t/h)			
				≤50	≤75	≤150	<220
基价（元）				22548.48	25054.12	27837.72	30930.67
其中	人工费（元）			8419.55	9354.96	10394.46	11549.39
	材料费（元）			10856.88	12063.59	13403.98	14893.32
	机械费（元）			3272.05	3635.57	4039.28	4487.96
名称		单位	单价(元)	消耗量			
人工	二类人工	工日	135.00	62.367	69.296	76.996	85.551
材料	镀锌铁丝 综合	kg	5.40	80.190	89.100	99.000	110.000
	脚手架钢管	kg	3.62	172.481	191.646	212.940	236.600
	木脚手板	m^3	1124.00	8.529	9.477	10.530	11.700
	其他材料费	元	1.00	212.88	236.54	262.82	292.03
机械	载货汽车 10t	台班	476.15	0.271	0.301	0.334	0.371
	电动卷扬机－单筒慢速 50kN	台班	186.39	3.610	4.011	4.457	4.952
	单笼施工电梯 提升质量 1t 提升高度 75m	台班	273.67	9.026	10.029	11.143	12.381

注：脚手架钢管包括扣件。

八、耐磨衬砌

工作内容:材料搬运、底面打磨清理、内部找平,镶砌板块加工、镶砌、打孔塞焊、勾缝、焊接、打磨等。

定额编号				2-10-38	2-10-39	2-10-40
项目				衬铸石板	衬不锈钢	衬微晶板
计量单位				m^2	t	m^2
基价(元)				**84.73**	**12234.32**	**145.13**
其中	人工费(元)			64.53	8272.40	42.93
	材料费(元)			20.20	1983.09	91.88
	机械费(元)			—	1978.83	10.32
名称		单位	单价(元)	消耗量		
人工	二类人工	工日	135.00	0.478	61.277	0.318
材料	不锈钢板 综合	kg	—	—	(1080.000)	—
	铸石板 180×110×30	m^2	—	(1.100)	—	—
	微晶板	m^2	—	—	—	(1.030)
	钨棒	kg	254.00	—	0.056	—
	钻头 ϕ6~13	个	6.47	—	25.000	—
	不锈钢焊条 综合	kg	37.07	—	43.000	—
	不锈钢焊丝	kg	47.41	—	2.210	—
	氮气	m^3	2.18	—	31.860	—
	水	t	4.27	0.050	—	—
	水玻璃胶泥 1:0.15:1.2:1.1	m^3	2448.67	0.008	—	—
	环氧树脂胶泥 1:0.08:0.1:2	m^3	12868.18	—	—	0.007
	其他材料费	元	1.00	0.40	38.88	1.80
机械	载货汽车 5t	台班	382.30	—	0.328	0.027
	卷板机 20×2500	台班	84.13	—	0.264	—
	剪板机 20×2000	台班	122.84	—	0.086	—
	氩弧焊机 500A	台班	97.67	—	1.812	—
	等离子切割机 400A	台班	239.40	—	0.389	—
	等离子弧焊机 300A	台班	227.15	—	6.500	—
	电动空气压缩机 $6m^3/min$	台班	224.45	—	0.281	—
	电焊条烘干箱 60×50×75(cm^3)	台班	16.84	—	0.654	—

工作内容：材料搬运、底面打磨清理、内部找平，镶砌板块加工、镶砌、打孔塞焊、勾缝、焊接、打磨等。

定　额　编　号				2-10-41	2-10-42	2-10-43	2-10-44	2-10-45
项　　　目				送粉管道弯头防磨		冲灰沟内衬铸石板		
				外镶异型铸石板	浇灌防磨混凝土	R0125	R0150	R0175
计　量　单　位				t	m^3	10m		
基　价（元）				**746.61**	**398.23**	**943.23**	**985.60**	**1048.46**
其中	人　工　费（元）			679.32	355.73	889.38	923.81	975.38
	材　料　费（元）			1.17	1.17	41.88	47.60	56.67
	机　械　费（元）			66.12	41.33	11.97	14.19	16.41
名　称		单位	单价(元)	消　耗　量				
人工	二类人工	工日	135.00	5.032	2.635	6.588	6.843	7.225
材料	矾土水泥耐火混凝土	m^3	—	(1.680)	—	—	—	—
	防磨混凝土	m^3	—	—	(1.100)	—	—	—
	异型铸石板	t	—	(1.080)	—	—	—	—
	异型铸石板	m	—	—	—	(10.800)	(10.800)	(10.800)
	木柴	kg	0.16	7.140	7.140	—	—	—
	复合硅酸盐水泥 P·C 32.5R 综合	t	319.00	—	—	0.054	0.060	0.071
	黄砂 净砂(中粗砂)	m^3	158.00	—	—	0.155	0.179	0.214
	其他材料费	元	1.00	0.03	0.03	0.16	0.18	0.21
机械	液压升降机 9m	台班	25.07	0.180	0.120	—	—	—
	机动翻斗车 1t	台班	197.36	0.090	0.048	0.024	0.030	0.036
	双锥反转出料混凝土搅拌机 200L	台班	172.26	—	—	0.042	0.048	0.054
	双锥反转出料混凝土搅拌机 350L	台班	192.31	0.228	0.150	—	—	—

工作内容：材料搬运、底面打磨清理、内部找平，镶砌板块加工、镶砌、打孔塞焊、勾缝、焊接、打磨等。计量单位：$10m^2$

定　额　编　号				2-10-46	2-10-47	2-10-48
项　　　目				瓷板(150×75×20)内衬		
				硅质胶泥	环氧胶泥	环氧呋喃胶泥
基　价（元）				**1360.24**	**1279.64**	**1279.64**
其中	人　工　费（元）			1039.64	959.31	959.31
	材　料　费（元）			251.09	250.82	250.82
	机　械　费（元）			69.51	69.51	69.51
名　称		单位	单价(元)	消　耗　量		
人工	二类人工	工日	135.00	7.701	7.106	7.106
材料	瓷板	m^2	—	(10.600)	(10.600)	(10.600)
	胶泥	kg	—	(300.000)	—	—
	环氧胶泥	kg	—	—	(205.000)	—
	环氧呋喃胶泥	kg	—	—	—	(202.800)
	石英砂 综合	m^3	1553.00	0.161	0.161	0.161
	煤	kg	0.60	0.036	0.024	0.024
	木柴	kg	0.16	4.165	3.570	3.570
	其他材料费	元	1.00	0.37	0.20	0.20
机械	双锥反转出料混凝土搅拌机 200L	台班	172.26	0.300	0.300	0.300
	切砖机 5.5kW	台班	32.80	0.120	0.120	0.120
	喷砂除锈机 $3m^3/min$	台班	36.35	0.252	0.252	0.252
	机动翻斗车 1t	台班	197.36	0.024	0.024	0.024

工作内容:材料搬运、底面打磨清理、内部找平,镶砌板块加工、镶砌、打孔塞焊、勾缝、焊接、打磨等。 计量单位:10m²

定额编号				2-10-49	2-10-50	2-10-51
项目				铸石板(150×100×25)内衬		
				硅质胶泥	环氧胶泥	环氧呋喃胶泥
基价(元)				**1383.19**	**1303.81**	**1303.81**
其中	人工费(元)			1062.59	983.48	983.48
	材料费(元)			251.09	250.82	250.82
	机械费(元)			69.51	69.51	69.51
名称		单位	单价(元)	消耗量		
人工	二类人工	工日	135.00	7.871	7.285	7.285
材料	胶泥	kg	—	(330.000)	—	—
	环氧胶泥	kg	—	—	(226.000)	—
	环氧呋喃胶泥	kg	—	—	—	(223.300)
	铸石板 180×110×30	m²	—	(10.800)	(10.800)	(10.800)
	石英砂 综合	m³	1553.00	0.161	0.161	0.161
	煤	kg	0.60	0.036	0.024	0.024
	木柴	kg	0.16	4.165	3.570	3.570
	其他材料费	元	1.00	0.37	0.20	0.20
机械	双锥反转出料混凝土搅拌机 200L	台班	172.26	0.300	0.300	0.300
	切砖机 5.5kW	台班	32.80	0.120	0.120	0.120
	喷砂除锈机 3m³/min	台班	36.35	0.252	0.252	0.252
	机动翻斗车 1t	台班	197.36	0.024	0.024	0.024

工作内容:材料搬运、底面打磨清理、内部找平,镶砌板块加工、镶砌、打孔塞焊、勾缝、焊接、打磨等。

定额编号				2-10-52	2-10-53	2-10-54
项目				纯胶泥内衬		异型铸石板内衬
				硅质胶泥 20mm	硅质砂浆 30mm	CF-9 干式除尘器
计量单位				10m²		t
基价(元)				**739.46**	**1130.38**	**1432.62**
其中	人工费(元)			373.55	472.23	1015.61
	材料费(元)			251.03	490.40	342.83
	机械费(元)			114.88	167.75	74.18
名称		单位	单价(元)	消耗量		
人工	二类人工	工日	135.00	2.767	3.498	7.523
材料	胶泥	kg	—	(536.000)	—	(242.200)
	硅质砂浆	kg	—	—	(1017.000)	—
	异型铸石板	t	—	—	—	(1.080)
	石英砂 综合	m³	1553.00	0.161	0.315	0.220
	煤	kg	0.60	0.030	0.030	0.042
	木柴	kg	0.16	4.165	4.165	4.463
	其他材料费	元	1.00	0.31	0.52	0.43
机械	双锥反转出料混凝土搅拌机 200L	台班	172.26	0.600	0.900	0.300
	喷砂除锈机 3m³/min	台班	36.35	0.252	0.252	0.348
	机动翻斗车 1t	台班	197.36	0.012	0.018	0.030
	切砖机 5.5kW	台班	32.80	—	—	0.120

第十一章

工业与民用锅炉安装工程

说　　明

一、本章内容包括工业与民用锅炉本体设备、烟气净化设备、水处理设备、换热器、输煤设备、除渣设备等安装工程。

二、有关说明：

1. 定额包括校管与放样的组装平台、起吊加固铁件、水压试验临时管路、专用工具等周转性材料，按照摊销量计入材料费。

2. 定额包括的工作内容除各节、项已经说明者外，其共性工作内容包括如下：

(1)施工准备，施工地点范围内的设备、材料、成品、半成品、工具器具的搬运；

(2)设备开箱清点、检查、编号；

(3)基础验收、划线、铲除麻面；

(4)设备安装；

(5)水压试验、烘炉、煮炉；

(6)安全门调整；

(7)本体设备焊口无损探伤；

(8)调试、试运；

(9)移动临时水源、电源；

(10)配合质量检查、验收；

(11)超高作业增加的工作内容。

不包括电动机检查接线等电气类工作、设备基础灌浆、炉墙砌筑、保温及油漆、给水设备与鼓(引)风机安装、烟囱及烟道与风道制作安装、除尘设备安装以及锅炉电气、自动控制、遥控配风、热工、仪表的校验、调整、安装等项目。工程实际发生时，执行相应定额。

(1)锅炉本体设备安装定额中，包括锅炉单体调试以及与锅炉附属及辅助设备一起进行的系统调试和整套调试；包括锅炉及附属与辅助设备整体试运。

(2)定额中锅炉试运所消耗的水、电、燃料用量是综合考虑的，工程实际用量与定额不同时，不做调整。

(3)定额中包括消耗水、电费用，不包括消耗燃料(煤、油、气)费用。工程实际与定额不同时，可以根据定额消耗量调整其费用。

(4)锅炉安装定额中包括随锅炉本体供货的平台、栏杆、梯子、附件等安装。如需要现场配制平台、栏杆、梯子、附件等，可执行有关定额。

3. 锅炉本体设备安装包括燃煤锅炉、燃油锅炉本体设备安装。

(1)常压、立式锅炉安装适用于生产热水或蒸汽的各种常压、立式生活锅炉，不分结构形式均执行本定额。定额包括炉本体及炉本体范围内的安全阀、压力表、温度计、水位计、给水阀、蒸汽阀、排污阀等附件安装。不包括炉本体一次门以外管道安装、各种泵类与箱类安装。工程实际发生时，执行相应定额。

(2)快装成套燃煤锅炉安装适用于除锅炉辅助机械单件供货外，炉本体在生产厂家组装且砌筑、保温油漆等工序全部完成后，整体供应到现场的锅炉安装。整体锅炉包括炉本体及本体管道、主汽阀门、热水阀门、安全门、给水阀门、排污阀门、水位警报、水位计、温度计、压力表以及相配套的螺旋除灰渣机等附件。定额包括整体锅炉、上煤装置、除灰渣装置、体外省煤器等设备安装以及随锅炉生产厂家配套供货的烟道与风道系统和非标构件、配件的安装。定额不包括锅炉本体一次门以外的管道安装及其保温油漆工程,整体锅炉以外非锅炉生产厂家供应的设备和非标构件制作和安装。

(3)组装燃煤锅炉安装适用于生产厂家将锅炉本体分为上下两大件组装后出厂的蒸汽、热水燃煤锅炉安装。锅炉本体上下组件包括炉本体、本体管道、主汽阀门、热水阀门、安全门、给水阀门、排污阀门、水位警报、水位计、温度计、压力表以及相配套的附件。定额包括锅炉本体上下两大件组装与安装、上煤装置、除灰渣装置、调速箱、体外省煤器等设备安装以及随锅炉生产厂家配套供货的烟道与风道系统和非标构件、配件的安装。定额不包括锅炉本体一次门以外的管道安装及其保温油漆工程,锅炉上下两大件以外非锅炉生产厂家供应的设备和非标构件制作和安装,锅炉本体组件接口部分耐火砖砌筑、门拱砌筑、保温油漆工程。

1)定额只限于锅炉本体组件分为两大件时的安装。

2)锅炉本体下部组件包括链条炉排、底座等。如为散件供货需要在现场组合安装时,按照相应定额乘以系数 1.2。

3)炉后体外省煤器如为散件供货,需要在现场接口研磨、上弯头、组合、水压试验后安装时,应按照相应定额乘以系数 1.06。

(4)散装燃煤锅炉安装适用于通用供热锅炉安装。定额包括锅炉本体钢架、汽包、水冷壁、过热器、省煤器、空气预热器、本体管路、吹灰装置、各种门孔构件、平台、扶梯、栏杆、炉排等安装以及锅炉水压试验、烘炉、煮炉等。定额不包括炉墙砌筑、保温和油漆,锅炉辅助与附属设备、炉本体一次门以外管道与管件及阀门安装,非锅炉生产厂家随炉供货的平台、扶梯、栏杆、护板等金属构件安装,工程实际发生时,执行相应定额。

(5)整装燃油(气)锅炉安装适用于蒸发量在 0.5 ~ 20t/h 各类整装燃油(气)锅炉本体安装。整装燃油(气)锅炉包括炉本体、本体管道、阀门、管件、仪表及水位计等附件,整装燃油(气)锅炉、随炉本体配套供应的油(气)系统(含油或气、燃油泵、燃油箱、压气器、燃气罐、燃烧器、调速器等)、平台、扶梯、栏杆、电控箱等安装。定额不包括炉墙砌筑、保温和油漆,非锅炉生产厂家随炉供货的平台、扶梯、栏杆、护板等金属构件安装,整装燃油(气)炉本体一次门以外的油管道、气管道、水管道、管件、阀门安装以及保温、油漆、水压试验,整装炉的上水系统(给水泵和管路、注水器及管路)安装;工程实际发生时,执行相应定额。

(6)散装燃油(气)锅炉安装适用于蒸发量在 6 ~ 20t/h 各类散装燃油(气)锅炉(分部件供应)的本体安装。定额包括散装燃油(气)锅炉本体钢架、汽包、水冷系统、过热系统、省煤器及管路系统、本体内的水汽管道、各种钢结构、除灰装置、平台梯子栏杆、外护板、燃烧装置等安装。定额不包括炉墙砌筑、保温和油漆,散装燃油(气)锅炉的泵类、油箱、水箱类的安装,非锅炉生产厂家随炉供货的平台、扶梯、栏杆、护板等金属构件安装,散装燃油(气)炉本体一次门以外的油管道、气管道、水管道、管件、阀门安装以及保温、油漆、水压试验,整装炉的上水系统(给水泵和管路、注水器及管路)安装。工程实际发生时,执行相应定额。

(7)本章不适用于燃用特殊或特种油质(气质)的锅炉安装。定额中烘炉、煮炉是按照燃油考虑的,当采用燃气时,应扣除定额中所含燃油用量,与建设单位协商另行计算燃气费用。

4. 烟气净化设备安装包括单筒干式、多筒干式、多管干式旋风除尘器安装,适用于小于或等于 20t/h 的工业与民用锅炉配套的专用辅助设备安装工程。定额中包括设备本体、分离器、导烟管、顶盖、排灰筒及支座的组合与安装。定额不包括旋风子蜗壳制作、内衬镶砌,工程实际发生时,执行相应定额。

5. 锅炉水处理设备安装包括设备及随设备供应的管道、管件、阀门等安装,设备本体范围内的平台、梯子、栏杆安装;包括填料的运搬、筛分、装填;包括衬里设备防腐层检验、设备试运灌水或水压试验,随设备供应的盐液、缸罐、电子控制仪表等配套设备安装。定额不包括设备及管道的保温、油漆、设备灌浆、地脚螺栓配制、设备进出口第一片法兰以外的管道安装;工程实际发生时,执行相关定额。

6. 换热器安装包括设备及随设备供应的管道、管件、阀门、温度计、压力表等安装和水压试验。定额不包括设备及管道的保温、油漆、设备灌浆、地脚螺栓配制、设备进出口第一片法兰以外的管道安装。工程实际发生时，执行相应定额。

7. 输煤设备安装包括翻斗上煤机、碎煤机安装，适用于小于或等于 20t/h 工业与民用锅炉配套的专用辅助设备安装工程。

(1)翻斗上煤机安装定额包括传动装置立柱及支架平台安装、卷扬装置翻斗的组合与安装。

(2)碎煤机安装定额包括机架底座、活动齿轮、润滑系统、随设备供应的梯子与平台及栏杆等安装以及液压管路酸洗、安装。

(3)定额不包括设备框架、支架配制及油漆，电动机检查接线。

8. 除渣设备安装包括螺旋除渣机、刮板除渣机、链条除渣机安装，适用于小于或等于 20t/h 工业与民用锅炉配套的专用辅助设备安装工程，设备清洗、组装、机壳或机槽安装、渣机头部与尾部安装、传动装置及拉链安装。定额不包括设备支架、配件的配制及油漆，电动机检查接线；工程实际发生时，执行相关定额。

工程量计算规则

一、常压、立式、快装成套、组装的燃煤锅炉和整装燃油(气)锅炉根据锅炉蒸发量或供热量，按照设计安装整套数量以“台”为计量单位。

二、散装燃煤、燃油(气)锅炉根据锅炉蒸发量或供热量，按照设计图示尺寸的成品重量以“t”为计量单位。不计算焊条、下料及加工制作损耗量、设备包装材料、临时加固铁构件重量。计算随本体设备供货的本体管路与附属设备及附件重量，超出锅炉本体管路范围的管道，其重量按照管道定额规定计算，并执行管道定额计算安装费。锅炉重量的计算范围包括以下几个部分。

1. 钢架部分：包括钢架、燃烧室、省煤器及空气预热器的立柱与横梁。

2. 汽包部分：包括汽包、联箱及其支承座等。

3. 水冷壁部分：包括水冷壁管、对流管、降水管、上升管、管道支吊架、水冷壁固定装置、挂钩及拉钩等。

4. 过热器部分：包括过热器管及汽包至过热器的饱和蒸汽管、管钩、底座、支吊架等。

5. 省煤器部分：包括省煤器、锷片管、弯头、表计、进出水联箱、省煤器至汽包进水管、吹灰器、吹灰管路等。

6. 空气预热器部分：包括整体管式空气预热器、框架、风罩、折烟罩、热风管等。

7. 链式炉排部分：包括两侧墙板、前后移动轴、上下滑轨、传动链条、煤闸门、挡火器、减速箱、电动机等。

8. 本体管路部分：包括由生产厂家随本体供货的吹灰管、定期和连续排污管、压力表和水位表管、放水管以及管路配件(水位计、压力表、各类阀门)、支吊架等。

9. 平台、梯子部分：包括锅炉本体和省煤器的平台、梯子、栏杆、支架等。

10. 附件部分：包括各种烟道门、检查门、炉门、看火孔、灰渣斗、铸铁隔火板、炉顶搁条、密封装置、小构件等。

三、烟气净化、水处理、换热、输煤、除渣设备根据设备性能与出力，按照设计安装整套数量以“台”为计量单位。

一、锅炉本体设备安装

1. 常压、立式锅炉安装

工作内容:基础检查、中心线校核，垫铁配制，设备检查、运搬、清点、分类复核、安装、检查、水压试验、调试、试运。

计量单位:台

定额编号				2-11-1	2-11-2	2-11-3	2-11-4	2-11-5	2-11-6	2-11-7
项目				立式锅炉						
				蒸发量0.1t/h、供热量0.07MW	蒸发量0.2t/h、供热量0.14MW	蒸发量0.3t/h、供热量0.21MW	蒸发量0.5t/h、供热量0.35MW	蒸发量1t/h、供热量0.7MW	蒸发量1.5t/h、供热量1.05MW	蒸发量2t/h、供热量1.4MW
基价（元）				**2288.02**	**2783.90**	**3410.92**	**4287.33**	**5134.43**	**6705.88**	**8336.32**
其中	人工费（元）			1157.76	1517.67	1965.20	2603.48	3298.05	4179.06	5435.51
	材料费（元）			380.94	434.18	518.30	606.07	690.37	831.16	944.60
	机械费（元）			749.32	832.05	927.42	1077.78	1146.01	1695.66	1956.21
	名称	单位	单价(元)	消耗量						
人工	二类人工	工日	135.00	8.576	11.242	14.557	19.285	24.430	30.956	40.263
材料	烟煤	t	—	(0.320)	(0.360)	(0.400)	(0.450)	(0.500)	(0.550)	(0.600)
	型钢 综合	kg	3.84	16.728	18.590	20.655	22.950	25.500	28.390	31.535
	镀锌铁丝 ϕ2.0～4.0	kg	5.01	3.400	3.400	3.825	3.825	4.930	5.950	5.950
	低碳钢焊条 综合	kg	6.72	1.114	1.233	1.377	1.530	1.700	1.896	2.117
	斜垫铁 综合	kg	8.62	3.740	3.740	3.740	3.740	3.740	5.100	5.100
	索具螺旋扣 M16×250	套	8.62	3.400	3.400	5.950	5.950	5.950	5.950	5.950
	枕木 2500×250×200	根	159.00	0.553	0.612	0.689	0.765	0.850	0.944	1.046
	金属清洗剂	kg	11.03	0.260	0.288	0.321	0.357	0.397	0.440	0.490
	溶剂汽油	kg	5.40	1.114	1.233	1.377	1.530	1.700	1.887	2.100
	机油 综合	kg	2.91	0.553	0.612	0.689	0.765	0.850	0.944	1.046
	黄甘油	kg	10.78	0.553	0.612	0.689	0.765	0.850	0.944	1.046
	磷酸三钠	kg	2.65	8.917	9.911	11.016	12.240	13.600	15.096	16.745
	氢氧化钠（烧碱）	kg	2.59	8.917	9.911	11.016	12.240	13.600	15.096	16.745
	氧气	m^3	3.62	2.338	2.618	2.890	3.213	3.613	4.038	4.531
	乙炔气	kg	7.60	0.774	0.867	0.952	1.063	1.190	1.326	1.496
	石棉扭绳 ϕ11～25	kg	2.27	1.114	1.233	1.377	1.530	1.700	1.870	2.125
	木柴	kg	0.16	5.525	6.120	6.885	7.650	8.500	9.435	10.455
	水	m^3	4.27	3.400	5.100	6.800	10.200	12.750	17.850	22.100
	电	kW·h	0.78	51.000	74.800	100.300	149.600	187.000	261.800	323.000
	其他材料费	元	1.00	7.47	8.51	10.16	11.88	13.54	16.30	18.52
机械	汽车式起重机 8t	台班	648.48	0.993	1.100	1.214	1.407	1.429	—	—
	汽车式起重机 16t	台班	875.04	—	—	—	—	—	1.571	1.715
	电动卷扬机－单筒慢速 30kN	台班	177.60	0.379	0.422	0.515	0.608	0.886	1.393	2.072
	试压泵 6MPa	台班	20.91	0.786	0.929	1.036	1.286	1.350	1.486	1.636
	交流弧焊机 32kV·A	台班	92.84	0.229	0.257	0.286	0.322	0.357	0.450	0.564
	电焊条烘干箱 60×50×75(cm^3)	台班	16.84	0.022	0.029	0.029	0.036	0.036	0.043	0.057

2. 快装成套燃煤锅炉安装

工作内容:基础检查、中心线校核,垫铁配制,设备检查、运搬、清点、分类复核、安装、检查、水压试验、调试、试运。

计量单位:台

定额编号				2-11-8	2-11-9	2-11-10	2-11-11
项目				快装锅炉			
				蒸发量 1t/h、供热量 0.7MW	蒸发量 2t/h、供热量 1.4MW	蒸发量 4t/h、供热量 2.8MW	蒸发量 6t/h、供热量 4.2MW
基价(元)				**17839.39**	**23662.09**	**29850.06**	**37773.13**
其中	人工费(元)			12085.20	15473.70	19356.03	24579.72
	材料费(元)			1995.59	3342.07	4325.53	6102.13
	机械费(元)			3758.60	4846.32	6168.50	7091.28
	名称	单位	单价(元)	消耗量			
人工	二类人工	工日	135.00	89.520	114.620	143.378	182.072
材料	烟煤	t	—	(14.720)	(18.400)	(23.000)	(28.750)
	镀锌铁丝 $\phi2.0\sim4.0$	kg	5.01	5.800	7.250	9.060	11.330
	中厚钢板 综合	kg	3.71	42.400	68.000	100.000	140.000
	石棉橡胶板 $\delta3\sim6$	kg	5.86	1.280	1.600	2.000	2.500
	铁砂布 0#~2#	张	1.03	19.200	24.000	30.000	37.500
	低碳钢焊条 综合	kg	6.72	22.400	28.000	35.000	44.000
	斜垫铁 综合	kg	8.62	33.000	42.000	48.000	65.500
	索具螺旋扣 M16×250	套	8.62	2.560	3.200	4.000	5.000
	枕木 2500×250×200	根	159.00	3.200	4.000	5.000	6.250
	金属清洗剂	kg	11.03	1.792	2.240	2.800	3.500
	溶剂汽油	kg	5.40	4.480	5.600	7.000	8.750
	机油 综合	kg	2.91	6.400	8.000	10.000	12.500
	黄甘油	kg	10.78	3.200	4.000	5.000	6.250
	磷酸三钠	kg	2.65	29.440	36.800	46.000	57.500
	氢氧化钠(烧碱)	kg	2.59	29.440	36.800	46.000	57.500
	氧气	m^3	3.62	11.330	14.180	17.730	22.000
	乙炔气	kg	7.60	3.740	4.680	5.850	7.260
	石棉扭绳 $\phi11\sim25$	kg	2.27	14.080	17.600	22.000	27.500
	木柴	kg	0.16	416.000	520.000	650.000	812.500
	水	m^3	4.27	18.000	29.000	48.000	88.000
	电	kW·h	0.78	360.000	1400.000	1850.000	2900.000
	其他材料费	元	1.00	39.13	65.53	84.81	119.65
机械	汽车式起重机 40t	台班	1517.63	1.333	1.724	2.219	2.410
	电动卷扬机-单筒慢速 30kN	台班	177.60	4.267	5.333	6.667	8.333
	电动卷扬机-单筒慢速 50kN	台班	186.39	2.143	2.762	3.524	4.286
	试压泵 6MPa	台班	20.91	1.829	2.286	2.857	3.571
	交流弧焊机 32kV·A	台班	92.84	5.714	7.619	9.524	11.429
	电焊条烘干箱 60×50×75(cm^3)	台班	16.84	0.571	0.762	0.952	1.143

工作内容：基础检查、中心线校核，垫铁配制，设备检查、运搬、清点、分类复核、安装、检查、水压试验、调试、试运。

计量单位：台

定额编号				2-11-12	2-11-13	2-11-14
项目				快装锅炉		
				蒸发量 8t/h、供热量 5.6MW	蒸发量 10t/h、供热量 7MW	蒸发量 20t/h、供热量 14MW
基价（元）				55159.81	68949.86	85038.80
其中	人工费（元）			39327.66	49159.58	60630.12
	材料费（元）			7322.56	9153.20	11289.04
	机械费（元）			8509.59	10637.08	13119.64
名称		单位	单价(元)	消耗量		
人工	二类人工	工日	135.00	291.316	364.145	449.112
材料	烟煤	t	—	(34.500)	(43.125)	(53.188)
	镀锌铁丝 $\phi2.0\sim4.0$	kg	5.01	13.596	16.995	20.961
	中厚钢板 综合	kg	3.71	168.000	210.000	259.000
	石棉橡胶板 $\delta3\sim6$	kg	5.86	3.000	3.750	4.625
	铁砂布 0#~2#	张	1.03	45.000	56.250	69.375
	低碳钢焊条 综合	kg	6.72	52.800	66.000	81.400
	斜垫铁 综合	kg	8.62	78.600	98.250	121.175
	索具螺旋扣 M16×250	套	8.62	6.000	7.500	9.250
	枕木 2500×250×200	根	159.00	7.500	9.375	11.563
	金属清洗剂	kg	11.03	4.200	5.250	6.475
	溶剂汽油	kg	5.40	10.500	13.125	16.188
	机油 综合	kg	2.91	15.000	18.750	23.125
	黄甘油	kg	10.78	7.500	9.375	11.563
	磷酸三钠	kg	2.65	69.000	86.250	106.375
	氢氧化钠（烧碱）	kg	2.59	69.000	86.250	106.375
	氧气	m^3	3.62	26.400	33.000	40.700
	乙炔气	kg	7.60	8.712	10.890	13.431
	石棉扭绳 $\phi11\sim25$	kg	2.27	33.000	41.250	50.875
	木柴	kg	0.16	975.000	1218.750	1503.125
	水	m^3	4.27	105.600	132.000	162.800
	电	kW·h	0.78	3480.000	4350.000	5365.000
	其他材料费	元	1.00	143.58	179.47	221.35
机械	汽车式起重机 40t	台班	1517.63	2.892	3.615	4.459
	电动卷扬机－单筒慢速 30kN	台班	177.60	10.000	12.500	15.416
	电动卷扬机－单筒慢速 50kN	台班	186.39	5.143	6.429	7.929
	试压泵 6MPa	台班	20.91	4.285	5.357	6.606
	交流弧焊机 32kV·A	台班	92.84	13.715	17.144	21.144
	电焊条烘干箱 60×50×75(cm^3)	台班	16.84	1.372	1.715	2.115

3. 组装燃煤锅炉安装

工作内容:基础检查、中心线校核,垫铁配制,设备检查、运搬、清点、分类复核、安装、检查、水压试验、调试、试运。

计量单位:台

定额编号				2-11-15	2-11-16	2-11-17
项目				组装锅炉		
				蒸发量 6t/h、供热量 4.2MW	蒸发量 10t/h、供热量 7MW	蒸发量 20t/h、供热量 14MW
基价(元)				**54404.38**	**69178.51**	**89045.62**
其中	人工费(元)			35319.51	40692.92	50854.50
	材料费(元)			6662.58	10905.10	18112.34
	机械费(元)			12422.29	17580.49	20078.78
	名称	单位	单价(元)	消耗量		
人工	二类人工	工日	135.00	261.626	301.429	376.700
材料	烟煤	t	—	(45.000)	(47.000)	(59.000)
	镀锌铁丝 ϕ2.0~4.0	kg	5.01	14.400	23.000	29.000
	中厚钢板 综合	kg	3.71	140.000	188.000	209.000
	铈钨棒	g	0.40	16.000	27.000	30.000
	石棉橡胶板 δ3~6	kg	5.86	2.800	4.200	6.600
	铁砂布 0#~2#	张	1.03	38.000	55.000	84.000
	低碳钢焊条 综合	kg	6.72	45.800	68.600	82.000
	氩弧焊丝	kg	26.72	0.390	0.510	0.600
	钢锯条	条	2.59	30.000	50.000	85.000
	斜垫铁 综合	kg	8.62	65.500	102.500	240.000
	索具螺旋扣 M20×300	套	11.21	4.000	8.000	8.000
	索具螺旋扣 M16×250	套	8.62	4.000	4.000	4.000
	枕木 2500×250×200	根	159.00	7.800	11.100	14.600
	金属清洗剂	kg	11.03	4.200	6.301	9.334
	溶剂汽油	kg	5.40	11.000	20.000	30.000
	机油 综合	kg	2.91	12.500	18.000	24.000
	黄甘油	kg	10.78	6.250	8.500	11.000
	磷酸三钠	kg	2.65	58.000	65.000	72.000
	氢氧化钠(烧碱)	kg	2.59	58.000	65.000	72.000
	氩气	m^3	7.00	1.100	1.800	2.200
	氧气	m^3	3.62	47.500	117.500	147.500
	乙炔气	kg	7.60	15.680	38.780	48.680
	石棉扭绳 ϕ11~25	kg	2.27	37.500	58.000	75.500
	木柴	kg	0.16	990.000	1100.000	1400.000
	水	m^3	4.27	84.000	116.000	194.000
	电	kW·h	0.78	2800.000	5400.000	10800.000
	其他材料费	元	1.00	130.64	213.83	355.14
机械	汽车式起重机 8t	台班	648.48	5.952	8.000	10.000
	汽车式起重机 40t	台班	1517.63	2.771	—	—
	汽车式起重机 50t	台班	2353.88	—	2.981	3.086
	电动卷扬机-单筒慢速 30kN	台班	177.60	8.095	8.952	10.476
	电动卷扬机-单筒慢速 50kN	台班	186.39	2.762	4.286	4.286
	试压泵 6MPa	台班	20.91	3.810	4.762	5.714
	交流弧焊机 32kV·A	台班	92.84	23.810	29.524	36.190
	氩弧焊机 500A	台班	97.67	0.762	0.990	1.333
	电焊条烘干箱 60×50×75(cm^3)	台班	16.84	2.381	2.952	3.619

4. 散装燃煤锅炉安装

工作内容：基础检查、中心线校核，垫铁配制，设备检查、运搬、清点、分类复核、安装、检查、水压试验、调试、试运。

计量单位：t

定额编号				2-11-18	2-11-19	2-11-20	2-11-21
项目				散装锅炉			
				蒸发量 4t/h	蒸发量 6t/h	蒸发量 10t/h	蒸发量 20t/h
基价（元）				**3743.81**	**3031.49**	**2707.48**	**2451.81**
其中	人工费（元）			2258.96	1870.56	1778.90	1703.43
	材料费（元）			552.34	447.48	378.07	329.16
	机械费（元）			932.51	713.45	550.51	419.22
名称		单位	单价(元)	消耗量			
人工	二类人工	工日	135.00	16.733	13.856	13.177	12.618
材料	烟煤	t	—	(2.700)	(2.400)	(2.000)	(1.800)
	型钢 综合	kg	3.84	6.980	6.200	5.100	4.500
	热轧带肋钢筋 HRB400 ϕ10	t	3938.00	0.002	0.002	0.001	0.001
	镀锌铁丝 ϕ2.0～4.0	kg	5.01	2.000	1.500	1.400	1.300
	中厚钢板 综合	kg	3.71	6.000	5.000	4.000	3.500
	铅板 80×300×3	kg	19.83	0.066	0.050	0.033	0.025
	青铅 综合	kg	12.23	1.000	1.000	1.000	1.000
	黑铅粉	kg	17.00	0.080	0.070	0.060	0.050
	铈钨棒	g	0.40	10.000	8.500	5.340	3.840
	石棉橡胶板 δ3～6	kg	5.86	0.260	0.250	0.240	0.230
	四氟带	kg	87.93	0.040	0.030	0.020	0.010
	塑料暗袋 80×300	副	13.02	0.120	0.090	0.070	0.050
	白布	kg	11.64	0.409	0.382	0.363	0.344
	尼龙砂轮片 ϕ100×16×3	片	1.29	2.400	1.800	1.350	1.010
	铁砂布 0#～2#	张	1.03	1.900	1.800	1.700	1.550
	低碳钢焊条 综合	kg	6.72	3.500	3.200	2.850	2.600
	碳钢气焊条 ϕ2 以内	kg	10.34	0.090	0.080	0.070	0.070
	氩弧焊丝	kg	26.72	0.300	0.250	0.140	0.080
	钢锯条	条	2.59	2.300	2.200	2.100	2.000
	平垫铁 综合	kg	3.78	1.100	0.900	0.890	0.860
	斜垫铁 综合	kg	8.62	1.100	0.900	0.890	0.860
	索具螺旋扣 M16×250	套	8.62	0.200	0.190	0.180	0.150
	枕木 2500×250×200	根	159.00	0.080	0.070	0.060	0.050
	白油漆	kg	20.60	0.020	0.020	0.010	0.010
	松节油	kg	7.76	0.130	0.120	0.110	0.100
	金属清洗剂	kg	11.03	0.117	0.112	0.105	0.093
	溶剂汽油	kg	5.40	0.700	0.650	0.600	0.500
	机油 综合	kg	2.91	0.830	0.820	0.810	0.800
	铅油(厚漆)	kg	7.33	0.530	0.520	0.510	0.500
	黄甘油	kg	10.78	0.230	0.220	0.210	0.200
	冰醋酸 98%	ml	0.01	4.310	3.230	2.430	1.800
	硅酸钠 水玻璃	kg	0.70	0.540	0.520	0.500	0.480
	磷酸三钠	kg	2.65	2.000	1.800	1.750	1.800

续前

定额编号				2-11-18	2-11-19	2-11-20	2-11-21
项目				散装锅炉			
				蒸发量 4t/h	蒸发量 6t/h	蒸发量 10t/h	蒸发量 20t/h
材料	硫代硫酸钠	g	0.01	41.400	31.050	23.290	17.250
	硫酸铝钾	g	0.01	2.590	1.940	1.460	1.080
	甲氨基酚硫酸盐	g	118.00	0.250	0.190	0.140	0.110
	硼酸	g	0.06	1.290	0.970	0.730	0.540
	氢氧化钠（烧碱）	kg	2.59	2.000	1.800	1.750	1.800
	无水碳酸钠	g	0.02	5.520	4.140	3.110	2.300
	无水亚硫酸钠	g	0.02	10.880	8.150	6.110	4.530
	溴化钾	g	0.03	0.460	0.350	0.260	0.190
	对苯二酚	g	13.62	1.010	0.760	0.570	0.420
	氩气	m^3	7.00	0.650	0.500	0.420	0.360
	氧气	m^3	3.62	2.500	1.900	1.850	1.630
	乙炔气	kg	7.60	0.950	0.720	0.700	0.620
	压敏胶粘带	m	0.69	1.380	1.040	0.780	0.580
	石棉扭绳 ϕ10～13	kg	2.27	0.600	0.450	0.300	0.250
	石棉泥	kg	4.31	4.500	3.500	2.000	1.500
	软胶片 80×300	张	2.06	2.400	1.800	1.350	1.000
	增感屏 80×300	副	37.33	0.120	0.090	0.070	0.050
	碳素结构钢流体无缝钢管 32×2.5	kg	4.74	0.400	0.350	0.300	0.300
	像质计	个	43.10	0.120	0.090	0.070	0.050
	贴片磁铁	副	2.07	0.050	0.030	0.030	0.020
	英文字母铅码	套	155.00	0.080	0.060	0.040	0.030
	木柴	kg	0.16	180.000	170.000	160.000	150.000
	水	m^3	4.27	3.630	3.020	2.520	2.010
	焦炭	kg	0.71	24.000	18.000	13.000	10.000
	号码铅字	套	1.03	0.080	0.060	0.040	0.030
	砂轮切割片 ϕ400	片	21.55	0.952	0.848	0.800	0.543
	电	kW·h	0.78	191.000	137.000	121.000	110.000
	其他材料费	元	1.00	10.83	8.77	7.41	6.45
机械	汽车式起重机 8t	台班	648.48	0.286	0.190	0.095	0.076
	汽车式起重机 16t	台班	875.04	0.171	0.152	0.143	0.095
	电动卷扬机－单筒慢速 30kN	台班	177.60	1.143	0.857	0.648	0.486
	电动卷扬机－单筒慢速 50kN	台班	186.39	0.714	0.476	0.362	0.276
	试压泵 6MPa	台班	20.91	0.324	0.305	0.286	0.238
	交流弧焊机 42kV·A	台班	129.55	0.762	0.571	0.429	0.381
	直流弧焊机 20kW	台班	78.72	0.381	0.381	0.381	0.381
	氩弧焊机 500A	台班	97.67	0.190	0.162	0.114	0.086
	电动空气压缩机 0.6m^3/min	台班	33.06	0.105	0.095	0.086	0.076
	电焊条烘干箱 60×50×75(cm^3)	台班	16.84	0.114	0.095	0.086	0.076
	X 光片脱水烘干机 ZTH－340	台班	64.73	0.019	0.019	0.010	0.010
	电动胀管机	台班	53.39	1.143	1.019	0.962	0.648
	X 射线探伤机 穿透厚度 4～40	台班	130.00	0.305	0.229	0.171	0.133

5. 整装燃油(气)锅炉安装

工作内容:基础检查、中心线校核,垫铁配制,设备检查、运搬、清点、分类复核、安装、检查、水压试验、调试、试运。

计量单位:台

定额编号				2-11-22	2-11-23	2-11-24
项目				整装锅炉		
				蒸发量0.7t/h以下	蒸发量1t/h	蒸发量2t/h
基价(元)				7957.22	9248.78	11858.77
其中	人工费(元)			5195.48	6099.03	7934.49
	材料费(元)			830.42	1010.43	1507.71
	机械费(元)			1931.32	2139.32	2416.57
名称		单位	单价(元)	消耗量		
人工	二类人工	工日	135.00	38.485	45.178	58.774
材料	轻油	t	—	(3.000)	(3.200)	(6.300)
	镀锌铁丝 ϕ2.0~4.0	kg	5.01	0.850	1.700	2.550
	石棉橡胶板 低压 δ0.8~6	kg	5.26	0.425	0.425	0.850
	铁砂布 0#~2#	张	1.03	8.500	8.500	12.750
	低碳钢焊条 综合	kg	6.72	5.100	6.800	10.200
	钢锯条	条	2.59	17.000	17.000	17.000
	平垫铁 综合	kg	3.78	17.000	17.000	17.000
	枕木 2500×250×200	根	159.00	0.425	0.850	0.850
	酚醛调和漆	kg	11.29	0.425	1.275	1.700
	金属清洗剂	kg	11.03	0.496	0.694	0.992
	溶剂汽油	kg	5.40	5.950	6.375	7.650
	机油 综合	kg	2.91	1.700	2.550	2.125
	铅油(厚漆)	kg	7.33	0.425	0.850	0.850
	黄甘油	kg	10.78	0.850	0.850	0.850
	磷酸三钠	kg	2.65	12.750	12.750	23.800
	氢氧化钠(烧碱)	kg	2.59	12.750	12.750	23.800
	氧气	m^3	3.62	5.551	5.551	8.313
	乙炔气	kg	7.60	2.108	2.108	3.162
	石棉扭绳 ϕ10~13	kg	2.27	0.425	0.425	0.425
	碳素结构钢镀锌焊接钢管 *DN*25×3.2	m	11.38	21.250	21.250	21.250
	水	m^3	4.27	11.900	13.600	21.250
	电	kW·h	0.78	170.000	255.000	680.000
	其他材料费	元	1.00	16.28	19.81	29.56
机械	汽车式起重机 8t	台班	648.48	0.714	0.714	0.714
	汽车式起重机 16t	台班	875.04	0.714	0.714	—
	汽车式起重机 32t	台班	1173.35	—	—	0.714
	载货汽车 6t	台班	396.42	0.714	0.714	0.714
	电动卷扬机-单筒慢速 30kN	台班	177.60	2.143	2.858	—
	电动卷扬机-单筒慢速 50kN	台班	186.39	—	—	2.858
	试压泵 6MPa	台班	20.91	2.143	2.143	1.429
	交流弧焊机 32kV·A	台班	92.84	1.429	2.286	2.858
	电焊条烘干箱 60×50×75(cm^3)	台班	16.84	0.143	0.229	0.286

工作内容:基础检查、中心线校核,垫铁配制,设备检查、运搬、清点、分类复核、安装、检查、水压试验、调试、试运。

计量单位:台

定额编号				2-11-25	2-11-26	2-11-27
项目				整装锅炉		
				蒸发量 3t/h	蒸发量 4t/h	蒸发量 6t/h
基价(元)				**13680.19**	**15486.02**	**20882.69**
其中	人工费(元)			9148.68	10277.96	14022.18
	材料费(元)			1855.82	2331.80	3049.86
	机械费(元)			2675.69	2876.26	3810.65
	名称	单位	单价(元)	消耗量		
人工	二类人工	工日	135.00	67.768	76.133	103.868
材料	轻油	t	—	(9.500)	(13.000)	(19.500)
	镀锌铁丝 ϕ2.0~4.0	kg	5.01	3.400	4.250	5.100
	石棉橡胶板 低压 δ0.8~6	kg	5.26	0.850	0.850	0.850
	白布	kg	11.64	0.150	0.150	0.150
	铁砂布 0#~2#	张	1.03	17.000	17.000	29.750
	低碳钢焊条 综合	kg	6.72	11.900	13.600	15.300
	钢锯条	条	2.59	17.000	17.000	25.500
	平垫铁 综合	kg	3.78	17.000	17.000	17.000
	枕木 2500×250×200	根	159.00	0.850	1.275	1.275
	酚醛调和漆	kg	11.29	1.700	1.700	2.125
	金属清洗剂	kg	11.03	0.992	0.992	1.190
	溶剂汽油	kg	5.40	7.650	7.650	7.650
	机油 综合	kg	2.91	3.825	3.825	4.250
	铅油(厚漆)	kg	7.33	0.850	1.275	1.530
	黄甘油	kg	10.78	0.850	1.275	1.275
	磷酸三钠	kg	2.65	29.750	39.100	47.600
	氢氧化钠(烧碱)	kg	2.59	29.750	39.100	47.600
	氧气	m^3	3.62	8.313	11.076	18.488
	乙炔气	kg	7.60	3.162	4.208	7.030
	石棉扭绳 ϕ10~13	kg	2.27	0.425	0.425	0.425
	碳素结构钢镀锌焊接钢管 *DN*25×3.2	m	11.38	21.250	21.250	21.250
	水	m^3	4.27	25.500	35.700	71.400
	电	kW·h	0.78	1020.000	1360.000	1870.000
	其他材料费	元	1.00	36.39	45.72	59.80
机械	汽车式起重机 16t	台班	875.04	0.714	0.714	—
	汽车式起重机 32t	台班	1173.35	0.714	0.714	0.714
	汽车式起重机 40t	台班	1517.63	—	—	0.714
	载货汽车 6t	台班	396.42	0.714	0.714	1.072
	电动卷扬机-单筒慢速 50kN	台班	186.39	2.858	3.572	5.000
	试压泵 6MPa	台班	20.91	2.858	2.858	2.858
	交流弧焊机 32kV·A	台班	92.84	3.572	4.286	5.000
	电焊条烘干箱 60×50×75(cm^3)	台班	16.84	0.357	0.428	0.500

工作内容：基础检查、中心线校核，垫铁配制，设备检查、运搬、清点、分类复核、安装、检查、水压试验、调试、试运。

计量单位：台

定额编号				2-11-28	2-11-29	2-11-30
项目				整装锅炉		
				蒸发量 8t/h	蒸发量 10t/h	蒸发量 20t/h
基价（元）				**24566.77**	**28887.01**	**40466.16**
其中	人工费（元）			16874.06	19471.86	25853.18
	材料费（元）			3734.05	4626.84	8025.79
	机械费（元）			3958.66	4788.31	6587.19
	名称	单位	单价（元）	消耗量		
人工	二类人工	工日	135.00	124.993	144.236	191.505
材料	轻油	t	—	(26.500)	(29.600)	(47.500)
	镀锌铁丝 ϕ2.0～4.0	kg	5.01	6.800	8.500	12.750
	石棉橡胶板 低压 δ0.8～6	kg	5.26	1.275	1.700	2.975
	白布	kg	11.64	0.150	0.299	0.375
	铁砂布 0#～2#	张	1.03	51.000	51.000	68.000
	低碳钢焊条 综合	kg	6.72	15.300	17.000	25.500
	钢锯条	条	2.59	34.000	34.000	68.000
	平垫铁 综合	kg	3.78	25.500	25.500	30.600
	枕木 2500×250×200	根	159.00	1.700	2.550	5.100
	酚醛调和漆	kg	11.29	2.975	3.400	4.250
	金属清洗剂	kg	11.03	1.190	1.983	2.380
	溶剂汽油	kg	5.40	10.200	13.600	22.100
	机油 综合	kg	2.91	4.250	5.100	9.350
	铅油（厚漆）	kg	7.33	1.700	1.700	3.400
	黄甘油	kg	10.78	2.125	2.550	4.250
	磷酸三钠	kg	2.65	51.000	55.250	61.200
	氢氧化钠（烧碱）	kg	2.59	51.000	55.250	61.200
	氧气	m^3	3.62	22.100	27.710	43.988
	乙炔气	kg	7.60	8.398	10.532	16.720
	石棉扭绳 ϕ10～13	kg	2.27	0.425	0.850	2.550
	碳素结构钢镀锌焊接钢管 *DN*25×3.2	m	11.38	21.250	21.250	21.250
	水	m^3	4.27	81.600	102.000	153.000
	电	kW·h	0.78	2380.000	3060.000	5950.000
	其他材料费	元	1.00	73.22	90.72	157.37
机械	汽车式起重机 32t	台班	1173.35	0.714	1.072	1.072
	汽车式起重机 40t	台班	1517.63	0.714	0.714	—
	汽车式起重机 50t	台班	2353.88	—	—	1.072
	载货汽车 6t	台班	396.42	1.072	1.429	1.786
	电动卷扬机－单筒慢速 50kN	台班	186.39	5.714	6.428	6.428
	试压泵 6MPa	台班	20.91	3.572	3.572	4.286
	交流弧焊机 32kV·A	台班	92.84	5.000	6.428	8.572
	电焊条烘干箱 60×50×75（cm^3）	台班	16.84	0.500	0.643	0.857

6. 散装燃油(气)锅炉安装

工作内容:基础检查、中心线校核,垫铁配制,设备检查、运搬、清点、分类复核、安装、检查、水压试验、调试、试运。

计量单位:t

定额编号				2-11-31	2-11-32	2-11-33
项目				散装锅炉		
				蒸发量 6t/h	蒸发量 10t/h	蒸发量 20t/h
基价(元)				**2228.33**	**2462.30**	**2842.74**
其中	人工费(元)			1516.86	1607.18	1785.11
	材料费(元)			336.50	398.66	427.48
	机械费(元)			374.97	456.46	630.15
	名称	单位	单价(元)	消耗量		
人工	二类人工	工日	135.00	11.236	11.905	13.223
材料	轻油	t	—	(1.060)	(0.910)	(0.720)
	型钢 综合	kg	3.84	3.740	4.896	5.007
	镀锌铁丝 ϕ2.0～4.0	kg	5.01	0.850	0.935	1.037
	中厚钢板 综合	kg	3.71	5.100	5.228	5.279
	铅板 80×300×3	kg	19.83	0.021	0.028	0.042
	青铅 综合	kg	12.23	1.165	1.964	2.363
	石棉橡胶板 低压 δ0.8～6	kg	5.26	0.043	0.043	0.051
	塑料暗袋 80×300	副	13.02	0.043	0.060	0.077
	白布	kg	11.64	0.204	0.264	0.306
	尼龙砂轮片 ϕ100×16×3	片	1.29	0.859	1.148	1.530
	铁砂布 0#～2#	张	1.03	3.995	4.250	4.250
	低碳钢焊条 综合	kg	6.72	4.590	4.854	5.398
	氩弧焊丝	kg	26.72	0.187	0.315	0.332
	钢锯条	条	2.59	2.678	2.941	3.774
	平垫铁 综合	kg	3.78	0.595	0.655	0.944
	斜垫铁 综合	kg	8.62	0.595	0.655	0.944
	索具螺旋扣 M16×250	套	8.62	0.204	0.255	—
	枕木 2500×250×200	根	159.00	0.085	0.077	0.077
	白油漆	kg	20.60	0.009	0.009	0.017
	酚醛调和漆	kg	11.29	0.476	0.493	—
	耐火漆	kg	17.24	0.757	0.816	—
	溶剂汽油	kg	5.40	0.153	0.187	0.204
	机油 综合	kg	2.91	0.153	0.179	0.187
	铅油(厚漆)	kg	7.33	0.034	0.051	0.051
	黄甘油	kg	10.78	0.034	0.034	0.051
	冰醋酸 98%	ml	0.01	1.530	2.066	2.746
	磷酸三钠	kg	2.65	1.607	1.615	1.649
	硫代硫酸钠	g	0.01	14.663	19.797	26.393
	硫酸铝钾	g	0.01	0.918	1.241	1.649

续前

定额编号				2-11-31	2-11-32	2-11-33
项目				散装锅炉		
				蒸发量 6t/h	蒸发量 10t/h	蒸发量 20t/h
材料	甲氨基酚硫酸盐	g	118.00	0.094	0.119	0.162
	硼酸	g	0.06	0.459	0.621	0.825
	氢氧化钠（烧碱）	kg	2.59	1.607	1.615	1.649
	无水碳酸钠	g	0.02	1.955	2.644	3.519
	无水亚硫酸钠	g	0.02	3.851	5.194	6.928
	溴化钾	g	0.03	0.162	0.221	0.298
	对苯二酚	g	13.62	0.357	0.485	0.646
	氩气	m^3	7.00	0.196	0.400	0.425
	氧气	m^3	3.62	1.556	2.125	2.321
	乙炔气	kg	7.60	0.595	0.808	0.884
	压敏胶粘带	m	0.69	0.493	0.663	0.884
	石棉扭绳 ϕ11～25	kg	2.27	0.111	0.196	0.238
	软胶片 80×300	张	2.06	0.850	1.148	1.530
	增感屏 80×300	副	37.33	0.043	0.060	0.077
	碳素结构钢镀锌焊接钢管 *DN*25×3.2	m	11.38	0.425	0.476	0.561
	像质计	个	43.10	0.043	0.060	0.077
	贴片磁铁	副	2.07	0.017	0.026	0.026
	英文字母铅码	套	155.00	0.026	0.034	0.051
	水	m^3	4.27	4.344	4.786	5.304
	焦炭	kg	0.71	15.640	19.610	20.774
	号码铅字	套	1.03	0.026	0.034	0.051
	砂轮切割片 ϕ400	片	21.55	0.462	0.680	0.721
	电	kW·h	0.78	119.000	136.000	153.000
	其他材料费	元	1.00	6.60	7.82	8.38
机械	汽车式起重机 8t	台班	648.48	0.093	0.136	0.278
	汽车式起重机 16t	台班	875.04	0.100	0.100	0.114
	电动卷扬机－单筒慢速 30kN	台班	177.60	0.322	0.357	0.486
	电动卷扬机－单筒慢速 50kN	台班	186.39	0.079	0.150	0.272
	试压泵 6MPa	台班	20.91	0.172	0.186	0.200
	交流弧焊机 32kV·A	台班	92.84	0.578	0.657	0.714
	直流弧焊机 32kW	台班	97.11	0.357	0.428	0.428
	氩弧焊机 500A	台班	97.67	0.065	0.079	0.079
	电动空气压缩机 $6m^3$/min	台班	224.45	0.071	0.079	0.122
	电焊条烘干箱 60×50×75（cm^3）	台班	16.84	0.093	0.107	0.114
	X 光片脱水烘干机 ZTH－340	台班	64.73	0.008	0.008	0.014
	电动胀管机	台班	53.39	0.486	0.722	0.764
	X 射线探伤机 穿透厚度 4～40	台班	130.00	0.100	0.128	0.172

二、烟气净化设备安装

1. 单筒干式旋风除尘器安装

工作内容:基础检查、中心线校核,垫铁配制,设备检查、运搬、清点、分类复核、安装等。 计量单位:台

定额编号				2-11-34	2-11-35	2-11-36
项目				单筒干式		
				重量(t)		
				≤0.5	≤1	>1
基价(元)				1232.67	1592.83	1811.14
其中	人工费(元)			683.37	790.56	994.01
	材料费(元)			305.80	315.27	330.13
	机械费(元)			243.50	487.00	487.00
名称		单位	单价(元)	消耗量		
人工	二类人工	工日	135.00	5.062	5.856	7.363
材料	镀锌铁丝 ϕ2.0~4.0	kg	5.01	5.000	5.000	5.000
	中厚钢板 综合	kg	3.71	10.000	10.000	10.000
	低碳钢焊条 综合	kg	6.72	2.000	3.000	5.000
	平垫铁 综合	kg	3.78	6.000	6.000	6.000
	斜垫铁 综合	kg	8.62	12.000	12.000	12.000
	金属清洗剂	kg	11.03	0.467	0.700	0.700
	氧气	m^3	3.62	14.800	14.800	14.800
	乙炔气	kg	7.60	4.880	4.880	4.880
	石棉扭绳 ϕ11~25	kg	2.27	1.000	1.000	1.500
	其他材料费	元	1.00	6.00	6.18	6.47
机械	汽车式起重机 8t	台班	648.48	0.262	0.524	0.524
	电动卷扬机-单筒慢速 50kN	台班	186.39	0.262	0.524	0.524
	交流弧焊机 32kV·A	台班	92.84	0.262	0.524	0.524
	电焊条烘干箱 60×50×75(cm^3)	台班	16.84	0.026	0.052	0.052

2. 多筒干式旋风除尘器安装

工作内容:基础检查、中心线校核,垫铁配制,设备检查、运搬、清点、分类复核、安装等。　　　　**计量单位:**台

定额编号				2-11-37	2-11-38	2-11-39
项目				多筒干式		
				重量(t)		
				≤3.5	≤5	>5
基价(元)				**2198.82**	**3945.26**	**4835.35**
其中	人工费(元)			1490.94	2671.25	3354.48
	材料费(元)			376.08	942.21	1149.07
	机械费(元)			331.80	331.80	331.80
名称		单位	单价(元)	消耗量		
人工	二类人工	工日	135.00	11.044	19.787	24.848
材料	镀锌铁丝 ϕ2.0~4.0	kg	5.01	8.500	15.300	21.250
	中厚钢板 综合	kg	3.71	12.750	34.000	68.000
	铁砂布 0#~2#	张	1.03	8.500	12.750	17.000
	低碳钢焊条 综合	kg	6.72	6.800	12.750	17.000
	平垫铁 综合	kg	3.78	5.100	6.800	6.800
	斜垫铁 综合	kg	8.62	10.200	13.600	13.600
	枕木 2500×250×200	根	159.00	—	1.700	1.700
	金属清洗剂	kg	11.03	0.992	1.983	2.975
	机油 综合	kg	2.91	1.700	1.700	1.700
	黄甘油	kg	10.78	1.700	1.700	1.700
	氧气	m^3	3.62	12.750	25.526	25.526
	乙炔气	kg	7.60	4.208	8.500	8.509
	石棉扭绳 ϕ11~25	kg	2.27	2.125	2.975	4.250
	其他材料费	元	1.00	7.37	18.47	22.53
机械	汽车式起重机 8t	台班	648.48	0.357	0.357	0.357
	电动卷扬机-单筒慢速 50kN	台班	186.39	0.357	0.357	0.357
	交流弧焊机 32kV·A	台班	92.84	0.357	0.357	0.357
	电焊条烘干箱 60×50×75(cm^3)	台班	16.84	0.036	0.036	0.036

3. 多管干式旋风除尘器安装

工作内容:基础检查、中心线校核,垫铁配制,设备检查、运搬、清点、分类复核、安装等。 计量单位:台

定额编号				2-11-40	2-11-41	2-11-42
项目				多管干式		
				重量(t)		
				≤3	≤6	>6
基价(元)				**3239.34**	**5380.70**	**7592.84**
其中	人工费(元)			1993.55	2676.78	3416.58
	材料费(元)			381.35	974.39	1582.58
	机械费(元)			864.44	1729.53	2593.68
	名称	单位	单价(元)	消耗量		
人工	二类人工	工日	135.00	14.767	19.828	25.308
材料	镀锌铁丝 ϕ2.0~4.0	kg	5.01	6.800	15.300	21.250
	中厚钢板 综合	kg	3.71	10.200	42.500	68.000
	铁砂布 0#~2#	张	1.03	8.500	12.750	17.000
	低碳钢焊条 综合	kg	6.72	6.800	12.750	17.000
	平垫铁 综合	kg	3.78	6.800	6.800	6.800
	斜垫铁 综合	kg	8.62	13.600	13.600	13.600
	木板	m^3	1667.00	—	—	0.255
	枕木 2500×250×200	根	159.00	—	1.700	1.700
	金属清洗剂	kg	11.03	0.992	1.983	2.975
	机油 综合	kg	2.91	0.850	1.700	1.700
	黄甘油	kg	10.78	0.850	1.700	1.700
	氧气	m^3	3.62	12.750	25.526	25.526
	乙炔气	kg	7.60	4.208	8.500	8.500
	石棉扭绳 ϕ11~25	kg	2.27	1.700	2.975	4.250
	其他材料费	元	1.00	7.48	19.11	31.03
机械	汽车式起重机 8t	台班	648.48	0.714	1.429	2.143
	电动卷扬机-单筒慢速 50kN	台班	186.39	1.429	2.858	4.286
	交流弧焊机 32kV·A	台班	92.84	1.429	2.858	4.286
	电焊条烘干箱 60×50×75(cm^3)	台班	16.84	0.143	0.286	0.428

三、锅炉水处理设备安装

1. 浮动床钠离子交换器安装

工作内容：基础检查、中心线校核，垫铁配制，设备检查、运搬、清点、分类复核、安装、检查、水压试验、单体调试。

计量单位：台

定额编号				2-11-43	2-11-44	2-11-45	2-11-46	2-11-47
项目				软化水				
				出力(t)				
				≤2	≤4	≤6	≤10	≤12
基价（元）				**1824.23**	**2113.20**	**2372.73**	**2804.87**	**2991.34**
其中	人工费（元）			1071.90	1242.41	1379.16	1590.30	1723.55
	材料费（元）			302.64	373.86	438.97	592.00	645.22
	机械费（元）			449.69	496.93	554.60	622.57	622.57
名称		单位	单价(元)	消耗量				
人工	二类人工	工日	135.00	7.940	9.203	10.216	11.780	12.767
材料	镀锌铁丝 φ2.0～4.0	kg	5.01	2.550	3.400	3.400	4.250	4.250
	中厚钢板 综合	kg	3.71	6.800	8.500	8.500	10.200	10.200
	石棉橡胶板 低压 δ0.8～6	kg	5.26	2.550	2.975	3.400	4.250	5.100
	四氟带	kg	87.93	0.009	0.017	0.026	0.034	0.043
	铁砂布 0#～2#	张	1.03	3.400	4.250	4.250	4.250	5.100
	低碳钢焊条 综合	kg	6.72	1.530	2.125	2.550	3.400	3.400
	碳钢气焊条 φ2 以内	kg	10.34	0.298	0.425	0.510	0.595	0.425
	钢锯条	条	2.59	4.250	5.100	5.100	5.100	5.950
	平垫铁 综合	kg	3.78	6.800	6.800	6.800	10.200	10.200
	斜垫铁 综合	kg	8.62	3.400	3.400	3.400	5.100	5.100
	枕木 2500×250×200	根	159.00	0.170	0.187	0.213	0.255	0.255
	金属清洗剂	kg	11.03	0.099	0.119	0.139	0.159	0.159
	机油 综合	kg	2.91	0.170	0.170	0.255	0.340	0.383
	铅油(厚漆)	kg	7.33	0.085	0.085	0.128	0.170	0.170
	黄甘油	kg	10.78	0.085	0.085	0.128	0.170	0.170
	氯化钠	kg	0.53	85.000	127.500	170.000	255.000	297.500
	氧气	m^3	3.62	10.991	12.198	14.433	17.196	18.488
	乙炔气	kg	7.60	4.174	4.633	5.483	6.537	7.030
	石棉扭绳 φ11～25	kg	2.27	0.170	0.213	0.255	0.340	0.340
	水	m^3	4.27	3.400	6.800	10.200	17.000	20.400
	其他材料费	元	1.00	5.93	7.33	8.61	11.61	12.65
机械	汽车式起重机 8t	台班	648.48	0.357	0.428	0.500	0.572	0.572
	电动卷扬机－单筒慢速 30kN	台班	177.60	0.714	0.714	0.714	0.786	0.786
	试压泵 6MPa	台班	20.91	0.714	0.714	0.786	0.857	0.857
	直流弧焊机 32kW	台班	97.11	0.714	0.714	0.786	0.857	0.857
	电动空气压缩机 0.6m^3/min	台班	33.06	0.179	0.215	0.286	0.286	0.286
	电焊条烘干箱 60×50×75(cm^3)	台班	16.84	0.071	0.071	0.079	0.086	0.086

2. 组合式水处理设备安装

工作内容:基础检查、中心线校核,垫铁配制,设备检查、运搬、清点、分类复核、安装、检查、水压试验、单体调试。

计量单位:台

定额编号				2-11-48	2-11-49	2-11-50
项目				软化水		
				出力(t)		
				≤2	≤4	≤8
基价(元)				**880.37**	**1647.79**	**1676.00**
其中	人工费(元)			274.46	617.49	796.37
	材料费(元)			286.49	455.01	463.18
	机械费(元)			319.42	575.29	416.45
	名称	单位	单价(元)	消耗量		
人工	二类人工	工日	135.00	2.033	4.574	5.899
材料	镀锌铁丝 ϕ2.0~4.0	kg	5.01	2.550	4.050	—
	中厚钢板 综合	kg	3.71	0.850	1.350	1.292
	热轧薄钢板 Q235B δ3.0	m^2	20.30	0.850	1.350	1.275
	镀锌薄钢板 综合	kg	4.46	—	—	4.250
	石棉橡胶板 δ3~6	kg	5.86	2.550	4.050	4.250
	棕绳	kg	9.31	5.780	9.180	5.780
	铁砂布 0#~2#	张	1.03	1.700	2.700	3.400
	低碳钢焊条 综合	kg	6.72	0.340	0.540	0.850
	钢锯条	条	2.59	4.250	6.750	5.950
	斜垫铁 综合	kg	8.62	3.400	5.400	8.500
	枕木 2500×250×200	根	159.00	0.170	0.270	0.255
	金属清洗剂	kg	11.03	0.099	0.157	0.159
	机油 综合	kg	2.91	0.340	0.540	0.383
	铅油(厚漆)	kg	7.33	0.170	0.270	0.170
	黄甘油	kg	10.78	0.170	0.270	0.170
	硫酸 98%	kg	2.09	17.000	27.000	17.000
	氯化钠	kg	0.53	8.500	13.500	25.500
	聚四氟乙烯	kg	12.07	0.043	0.068	0.043
	氧气	m^3	3.62	1.700	2.700	2.550
	乙炔气	kg	7.60	0.646	1.026	0.969
	碳素结构钢焊接钢管 *DN*50×3.8	m	12.62	2.873	4.563	—
	碳素结构钢焊接钢管 *DN*80×4.0	m	28.45	—	—	1.360
	碳素结构钢焊接钢管 *DN*100×4.0	m	37.24	—	—	1.275
	水	m^3	4.27	3.400	5.400	6.800
	其他材料费	元	1.00	5.62	8.92	9.08
机械	汽车式起重机 8t	台班	648.48	0.357	0.643	0.357
	电动卷扬机-单筒慢速 30kN	台班	177.60	0.357	0.643	0.714
	试压泵 6MPa	台班	20.91	0.357	0.643	0.714
	交流弧焊机 32kV·A	台班	92.84	0.143	0.257	0.357
	电动空气压缩机 0.6m^3/min	台班	33.06	0.107	0.193	0.286
	电焊条烘干箱 60×50×75(cm^3)	台班	16.84	0.014	0.026	0.036

四、换热器安装

工作内容：基础检查、中心线校核，垫铁配制，设备检查、运搬、清点、分类复核、安装等。 **计量单位：**台

定额编号				2-11-51	2-11-52	2-11-53	2-11-54	2-11-55	2-11-56
项目				设备重量(t)					
				≤1	≤1.5	≤2	≤3	≤4	≤5
基价（元）				**1223.63**	**1618.42**	**1825.34**	**2331.07**	**2826.93**	**3469.66**
其中	人工费（元）			496.94	762.48	818.78	1044.77	1228.23	1524.69
	材料费（元）			312.25	325.43	341.69	368.89	439.07	526.38
	机械费（元）			414.44	530.51	664.87	917.41	1159.63	1418.59
名称		单位	单价(元)	消耗量					
人工	二类人工	工日	135.00	3.681	5.648	6.065	7.739	9.098	11.294
材料	型钢 综合	kg	3.84	6.800	7.650	8.500	9.350	10.200	11.050
	中厚钢板 综合	kg	3.71	46.410	48.110	50.235	54.655	61.200	67.745
	黑铅粉	kg	17.00	0.196	0.204	0.213	0.230	0.255	0.272
	石棉橡胶板 低压 δ0.8～6	kg	5.26	1.275	1.360	1.530	2.125	3.400	5.100
	低碳钢焊条 综合	kg	6.72	1.037	1.122	1.207	1.292	1.700	2.125
	平垫铁 综合	kg	3.78	6.800	6.800	6.800	6.800	10.200	13.600
	斜垫铁 综合	kg	8.62	3.400	3.400	3.400	3.400	5.100	6.800
	枕木 2500×250×200	根	159.00	0.051	0.060	0.068	0.077	0.085	0.094
	机油 综合	kg	2.91	0.128	0.153	0.170	0.187	0.204	0.221
	氧气	m^3	3.62	4.106	4.208	4.488	4.718	5.100	7.650
	乙炔气	kg	7.60	1.641	1.683	1.794	1.887	2.040	3.060
	其他材料费	元	1.00	6.12	6.38	6.70	7.23	8.61	10.32
机械	汽车式起重机 8t	台班	648.48	0.357	0.536	0.714	0.893	1.072	1.429
	电动卷扬机－单筒慢速 30kN	台班	177.60	0.714	0.714	0.714	1.072	1.429	1.429
	试压泵 6MPa	台班	20.91	0.714	0.714	0.714	0.714	1.072	1.429
	直流弧焊机 32kW	台班	97.11	0.357	0.357	0.536	1.250	1.786	1.964
	电动空气压缩机 0.6m^3/min	台班	33.06	0.179	0.179	0.215	0.286	0.357	0.428
	电焊条烘干箱 60×50×75(cm^3)	台班	16.84	0.036	0.036	0.057	0.128	0.179	0.200

五、输煤设备安装

1. 翻斗上煤机安装

工作内容:基础检查、中心线校核,垫铁配制,设备检查、运搬、清点、分类复核、安装、检查、单体调试。 计量单位:台

定额编号				2-11-57	2-11-58	2-11-59	2-11-60
项目				垂直卷扬式	倾斜卷扬式	带小车式	单斗式
基价(元)				**1791.61**	**2092.32**	**1862.36**	**5858.86**
其中	人工费(元)			869.67	1056.11	994.01	3416.58
	材料费(元)			427.70	541.97	374.11	1131.35
	机械费(元)			494.24	494.24	494.24	1310.93
名称		单位	单价(元)	消耗量			
人工	二类人工	工日	135.00	6.442	7.823	7.363	25.308
材料	型钢 综合	kg	3.84	21.250	34.000	—	115.000
	镀锌铁丝 ϕ2.0~4.0	kg	5.01	1.700	1.700	1.700	—
	中厚钢板 综合	kg	3.71	25.500	42.500	34.000	57.500
	铁砂布 0#~2#	张	1.03	—	—	—	17.250
	低碳钢焊条 综合	kg	6.72	4.250	4.250	4.250	5.750
	平垫铁 综合	kg	3.78	5.100	5.100	5.100	3.450
	斜垫铁 综合	kg	8.62	10.200	10.200	10.200	6.900
	枕木 2500×250×200	根	159.00	—	—	—	1.150
	金属清洗剂	kg	11.03	0.595	0.595	0.595	1.342
	溶剂汽油	kg	5.40	1.700	1.700	1.700	1.150
	机油 综合	kg	2.91	1.700	1.700	0.850	1.150
	黄甘油	kg	10.78	—	—	—	1.150
	氧气	m^3	3.62	12.750	12.750	12.750	17.250
	乙炔气	kg	7.60	4.208	4.208	4.208	5.693
	其他材料费	元	1.00	8.39	10.63	7.34	22.18
机械	汽车式起重机 8t	台班	648.48	0.357	0.357	0.357	0.953
	电动卷扬机-单筒慢速 30kN	台班	177.60	0.357	0.357	0.357	2.381
	交流弧焊机 32kV·A	台班	92.84	2.143	2.143	2.143	2.857
	电焊条烘干箱 60×50×75(cm^3)	台班	16.84	0.022	0.022	0.022	0.286

2. 碎煤机安装

工作内容：基础检查、中心线校核，垫铁配制，设备检查、运搬、清点、分类复核、安装、检查、单体调试。　**计量单位：**台

定额编号				2-11-61	2-11-62
项目				双辊齿式	
				直径 450×500	直径 600×750
基价（元）				**6168.32**	**6756.67**
其中	人工费（元）			4057.16	4332.96
	材料费（元）			1185.90	1285.75
	机械费（元）			925.26	1137.96
	名称	单位	单价(元)	消耗量	
人工	二类人工	工日	135.00	30.053	32.096
材料	镀锌铁丝 ϕ2.0~4.0	kg	5.01	6.325	7.763
	中厚钢板 综合	kg	3.71	37.950	36.225
	石棉橡胶板 高压 δ0.5~8	kg	6.90	3.163	2.588
	白布	kg	11.64	1.114	0.912
	羊毛毡 6~8mm	m^2	50.86	0.633	0.518
	铁砂布 0#~2#	张	1.03	18.975	15.525
	低碳钢焊条 综合	kg	6.72	9.488	10.350
	平垫铁 综合	kg	3.78	55.660	45.540
	木板 δ25	m^3	3103.00	0.063	0.052
	枕木 2500×250×200	根	159.00	1.265	2.070
	金属清洗剂	kg	11.03	2.214	2.415
	溶剂汽油	kg	5.40	3.163	5.175
	机油 综合	kg	2.91	5.060	5.175
	铅油(厚漆)	kg	7.33	1.265	2.588
	黄甘油	kg	10.78	2.530	3.105
	硫酸 98%	kg	2.09	5.060	4.140
	氢氧化钠（烧碱）	kg	2.59	5.060	4.140
	氧气	m^3	3.62	18.995	23.304
	乙炔气	kg	7.60	6.269	7.690
	其他材料费	元	1.00	23.25	25.21
机械	汽车式起重机 8t	台班	648.48	0.834	1.071
	电动卷扬机－单筒慢速 30kN	台班	177.60	0.834	1.071
	交流弧焊机 32kV·A	台班	92.84	2.500	2.679
	电焊条烘干箱 60×50×75(cm^3)	台班	16.84	0.250	0.268

六、除渣设备安装

1. 螺旋除渣机安装

工作内容:基础检查、中心线校核,垫铁配制,设备检查、运搬、清点、分类复核、安装、检查、单体调试。 **计量单位**:台

	定额编号			2-11-63	2-11-64
	项目			直径 150mm、出力 1.1t/h	直径 200mm、出力 1.2t/h
	基价(元)			**1850.74**	**2382.29**
其中	人工费(元)			1327.86	1642.28
	材料费(元)			200.24	316.06
	机械费(元)			322.64	423.95
	名称	单位	单价(元)	消耗量	
人工	二类人工	工日	135.00	9.836	12.165
材料	镀锌铁丝 ϕ2.0~4.0	kg	5.01	2.588	5.175
	中厚钢板 综合	kg	3.71	10.350	15.525
	石棉橡胶板 高压 δ0.5~8	kg	6.90	7.763	10.350
	低碳钢焊条 综合	kg	6.72	2.588	5.175
	金属清洗剂	kg	11.03	0.604	1.208
	溶剂汽油	kg	5.40	1.035	1.035
	机油 综合	kg	2.91	1.035	2.588
	黄甘油	kg	10.78	1.035	2.070
	氧气	m^3	3.62	7.763	11.644
	乙炔气	kg	7.60	2.562	3.846
	其他材料费	元	1.00	3.93	6.20
机械	汽车式起重机 8t	台班	648.48	0.268	0.268
	电动卷扬机-单筒慢速 30kN	台班	177.60	0.268	0.268
	交流弧焊机 32kV·A	台班	92.84	1.071	2.143
	电焊条烘干箱 60×50×75(cm^3)	台班	16.84	0.108	0.214

2. 刮板除渣机安装

工作内容:基础检查、中心线校核,垫铁配制,设备检查、运搬、清点、分类复核、安装、检查、单体调试。 **计量单位**:台

定额编号				2-11-65	2-11-66
项目				出渣量 1t/h	出渣量 2t/h
基价(元)				**2955.87**	**3898.48**
其中	人工费(元)			1910.12	2702.16
	材料费(元)			621.80	721.70
	机械费(元)			423.95	474.62
名称		单位	单价(元)	消耗量	
人工	二类人工	工日	135.00	14.149	20.016
材料	镀锌铁丝 ϕ2.0~4.0	kg	5.01	5.175	7.763
	中厚钢板 综合	kg	3.71	15.525	25.875
	低碳钢焊条 综合	kg	6.72	5.175	7.763
	平垫铁 综合	kg	3.78	17.595	17.595
	斜垫铁 综合	kg	8.62	35.190	35.190
	金属清洗剂	kg	11.03	1.328	1.811
	溶剂汽油	kg	5.40	1.035	1.035
	机油 综合	kg	2.91	2.588	2.588
	黄甘油	kg	10.78	2.070	2.070
	氧气	m^3	3.62	11.644	15.541
	乙炔气	kg	7.60	3.846	5.129
	其他材料费	元	1.00	12.19	14.15
机械	汽车式起重机 8t	台班	648.48	0.268	0.268
	电动卷扬机-单筒慢速 30kN	台班	177.60	0.268	0.268
	交流弧焊机 32kV·A	台班	92.84	2.143	2.679
	电焊条烘干箱 60×50×75(cm^3)	台班	16.84	0.214	0.268

3. 链条除渣机安装

工作内容:基础检查、中心线校核,垫铁配制,设备检查、运搬、清点、分类复核、安装、检查、单体调试。 **计量单位:**台

定额编号				2-11-67	2-11-68	2-11-69	2-11-70	2-11-71
项目				10	30	50	70	输送长度 50m 以内、出力
				2	4	5	8	10t/h 以内
基价(元)				**7682.14**	**12966.98**	**17992.43**	**20236.64**	**21450.59**
其中	人工费(元)			4517.91	9261.54	11492.28	13231.62	14784.66
	材料费(元)			1506.01	2047.22	3633.00	4137.87	3798.78
	机械费(元)			1658.22	1658.22	2867.15	2867.15	2867.15
名称		单位	单价(元)	消耗量				
人工	二类人工	工日	135.00	33.466	68.604	85.128	98.012	109.516
材料	镀锌铁丝 ϕ2.0~4.0	kg	5.01	5.750	11.500	14.950	17.250	23.000
	中厚钢板 综合	kg	3.71	92.000	115.000	230.000	230.000	230.000
	低碳钢焊条 综合	kg	6.72	5.750	10.925	23.000	23.000	23.000
	平垫铁 综合	kg	3.78	23.000	34.500	57.500	80.500	60.950
	斜垫铁 综合	kg	8.62	46.000	69.000	115.000	161.000	121.900
	枕木 2500×250×200	根	159.00	2.300	2.300	4.600	4.600	4.600
	金属清洗剂	kg	11.03	1.342	2.683	5.367	5.367	5.367
	溶剂汽油	kg	5.40	1.150	1.150	2.300	2.300	11.500
	机油 综合	kg	2.91	5.750	9.200	11.500	11.500	11.500
	铅油(厚漆)	kg	7.33	5.750	5.750	5.750	5.750	5.750
	黄甘油	kg	10.78	3.450	4.600	6.900	6.900	6.900
	氧气	m^3	3.62	16.560	33.327	51.785	51.785	51.785
	乙炔气	kg	7.60	5.463	10.994	17.089	17.089	17.089
	其他材料费	元	1.00	29.53	40.14	71.24	81.13	74.49
机械	汽车式起重机 8t	台班	648.48	1.190	1.190	2.381	2.381	2.381
	电动卷扬机-单筒慢速 30kN	台班	177.60	1.190	1.190	2.381	2.381	2.381
	交流弧焊机 32kV·A	台班	92.84	7.143	7.143	9.524	9.524	9.524
	电焊条烘干箱 60×50×75(cm^3)	台班	16.84	0.714	0.714	0.953	0.953	0.953

第十二章
热力设备调试工程

说　明

一、本章内容包括发电与供热项目工程中热力设备的分系统调试、整套启动调试和特殊项目测试与性能验收试验。

二、有关说明:

1. 分系统调试包括热力设备安装完毕后进行系统联动、对热力设备单体调试进行校验与修正、对相应设备与装置的配套部分进行系统调试。热力设备、装置性能试验执行特殊项目测试与性能验收试验相应的定额子目。

2. 本章所用到的电源是按照永久电源考虑的,定额中不包括调试与试验所消耗的电量,其电费已包含在其他费用(甲方费用)中。当工程需要单独计算调试与试验电费时,应按照实际表计电量计算。

3. 调试定额是按照现行的火力发电建设工程启动试运及验收规程进行编制的,定额与规程未包括的调试项目和调试内容所发生的费用,应结合技术条件及相应的规定另行计算。

4. 调试定额中已经包括熟悉资料、编制调试方案、核对设备、现场调试、填写调试记录、整理调试报告等工作内容。

5. 锅炉分系统调试分空压机系统调试、风机系统调试、锅炉冷态通风试验、冷炉空气动力场试验、燃煤系统调试、制粉系统冷态调试、石灰石粉输送系统调试、除尘器系统调试、除灰与除渣系统调试、吹灰系统调试、锅炉汽水系统调试、燃油系统调试、锅炉化学清洗、锅炉管道吹洗、安全阀门调整等部分分系统调试。

6. 汽机分系统调试分循环水系统调试、凝结水与补给水系统调试、除氧给水系统调试、机械真空泵系统调试、射水抽气器系统调试、抽汽回热与轴封汽及辅助蒸汽系统调试、发电机空气冷却系统调试、主机调节与保安系统调试、主机润滑油与顶轴油系统调试、旁路系统调试、柴油发电机系统调试等部分系统调试。

7. 水处理系统调试分预处理系统调试、补给水处理系统调试、废水处理系统调试、冲管阶段化学监督、加药系统调试、凝汽器铜管镀膜系统调试、取样装置系统调试、化学水处理试运等部分分系统调试。

(1)补给水处理系统调试不包括原水净化系统的调试,工程发生时,根据工艺系统流程参照相应定额执行。

(2)废水处理分系统调试是指对电厂生产运行产生的生活废水、生产废水处理系统的调试,不包括对焚烧垃圾废水处理、再生水处理系统的调试,工程发生时按照有关规定或参照相应定额执行。

(3)化学水处理试运定额中包括试运期间所消耗的水、氯化钠、氢氧化钠、盐酸费用,工程实际需要根据材料供应方式计算其费用。

8. 厂内热网系统调试是指热电厂围墙内供热系统的调试,不包括围墙外热力网及泵站系统的调试。热量计量装置经厂家调试合格后,不计算调试费用。

9. 脱硫系统调试不分脱硫工艺流程,根据脱硫吸收塔吸附烟气所对应的锅炉蒸发量执行定额。

10. 脱硝系统调试不分催化剂的材质和布置系统,根据锅炉蒸发量执行定额。

11. 整套启动调试分锅炉、汽轮发电机、化学三大部分。锅炉部分包括锅炉、锅炉辅助设备、锅炉附属设备及装置系统的整套启动调试,汽机部分包括汽轮发电机、汽机辅助设备、汽机附属设备及装置系统的整套启动调试,化学部分包括补给水、预处理、补给水处理、循环水处理、废水处理系统的整套启动调试。发电厂电气部分及电气装置系统的整套启动调试、发电厂热工与仪表部分及配套装置系统的整套启动调试执行其他册的相应定额。

12. 整套启动调试包括发电厂在并网发电前进行的热力部分整套调试和配合生产启动试运以及程

序校验、运行调整、状态切换、动作试验等内容。不包括在整套启动试运过程中暴露出来的设备缺陷处理或因施工质量、设计质量等问题造成的返工所增加的调试工作量。

13. 其他材料费中包括调试消耗、校验消耗材料费。

14. 锅炉分系统调试、锅炉整套启动调试定额按照燃煤考虑,燃烧其他介质的锅炉在执行本定额时应做相应调整。其中流化床锅炉乘以系数 1.1,燃生物质锅炉乘以系数 1.25,焚烧垃圾锅炉乘以系数 1.5。

工程量计算规则

一、热力系统调试根据热力工艺布置系统图，结合调试定额的工作内容进行划分，按照定额计量单位。

二、热力设备常规试验不单独计算工程量，特殊项目测试与性能验收试验根据工程需要按照实际数量计算工程量。

三、锅炉分系统调试除输煤系统调试外，其他系统根据单台锅炉蒸发量按照锅炉台数计算工程量；输煤系统调试根据上煤系统的胶带机布置，按照入主厂房的胶带机路数计算工程量。

四、汽机分系统调试根据单台汽轮发电机组容量按照台数计算工程量。

五、预处理系统、补给水处理系统调试根据单套制水系统出力按照套数计算工程量。废水处理系统根据分流或混流系统布置，按照单套处理能力的套数计算工程量。

六、冲管阶段化学监督、加药系统调试、取样装置系统调试根据单台锅炉蒸发量按照锅炉台数计算工程量。

七、凝汽器铜管镀膜系统调试根据汽轮发电机的出力按照汽机台数计算工程量。

八、化学水处理试运系统调试根据工艺系统设置，分单套处理能力，按照套数计算工程量。

九、厂内热网、脱硝系统调试根据单台锅炉蒸发量，按照锅炉台数计算工程量。

十、脱硫系统调试根据脱硫吸收塔吸附烟气所对应的锅炉蒸发量，按照吸收塔台数计算工程量。当多台锅炉总容量 >220t/h 且配置一座吸收塔时，脱硫系统调试按照锅炉容量 220t/h 进行折算，锅炉容量≤220t/h 时，按照锅炉容量 150t/h 进行折算，锅炉容量≤150t/h 时，按照锅炉容量 150t/h 计算一套。

十一、锅炉整套启动系统根据单台锅炉蒸发量，按照台数计算工程量。

十二、汽机整套启动调试根据单台汽机容量，按照台数计算工程量。

十三、特殊项目测试与性能验收试验根据技术标准的要求，按照实际测试与试验的数量计算工程量。

一、分系统调试

1. 锅炉分系统调试

(1)空压机系统调试

工作内容:①测粉装置投运中正确性、锁气器投运时密封性能确认;②粗粉分离器细度调节挡板(折向门)位置开度检查与确认;③油系统保护、风门开关及联锁校验确认;④磨煤机油泵油压及联锁保护校验;⑤装球量与电流关系、磨煤机通风量试验;⑥配合热工进行电子秤校验;⑦灭火装置、粉仓测温装置、煤粉取样装置调试;⑧制粉系统冷态通风时各部位阻力确认;⑨各煤粉管内风速均匀性测试与调试。

计量单位:台

定额编号				2-12-1	2-12-2	2-12-3	2-12-4
项目				锅炉蒸发量(t/h)			
				≤50	≤75	≤150	<220
基价(元)				**3322.96**	**4994.92**	**6976.03**	**8948.67**
其中	人工费(元)			1384.56	2087.91	2924.24	3210.03
	材料费(元)			184.10	257.10	369.39	675.66
	机械费(元)			1754.30	2649.91	3682.40	5062.98
名称		单位	单价(元)	消耗量			
人工	二类人工	工日	135.00	10.256	15.466	21.661	23.778
材料	碎布	箱	310.00	0.350	0.450	0.630	1.260
	转速信号荧光感应纸	卷	33.53	0.210	0.270	0.360	0.680
	遮挡式靠背管	个	5.09	7.160	12.870	19.210	28.390
	理化橡皮管	箱	95.00	0.300	0.400	0.600	1.100
	其他材料费	元	1.00	3.61	5.04	7.24	13.25
机械	小型工程车	台班	322.00	3.667	5.448	7.627	10.476
	数字精密压力表	台班	17.57	3.667	5.448	7.627	10.476
	笔记本电脑	台班	10.41	3.810	6.500	8.762	12.381
	红外测温仪	台班	37.00	3.572	5.572	7.619	10.476
	手持高精度数字测振仪和转速仪	台班	51.56	3.572	5.572	7.619	10.476
	数字式电子微压计	台班	42.86	3.572	5.572	7.619	10.476

(2)风机系统调试

工作内容:①连锁保护及热工信号校验;②风机调节试运;③喘振保护值整定与试验;④配合热工进行设备级和系统级程控调试;⑤风机并列运行试验;⑥轴承振动、温度测量;⑦进行动力油压调整及动叶调节试验;⑧进行液力耦合器或变频器带负荷调试。

计量单位:台

定额编号				2-12-5	2-12-6	2-12-7	2-12-8
项目				锅炉蒸发量(t/h)			
				≤50	≤75	≤150	<220
基价(元)				**7713.90**	**10108.14**	**15771.59**	**23692.20**
其中	人工费(元)			4180.28	4768.47	7719.84	11696.67
	材料费(元)			296.13	452.73	839.13	1186.25
	机械费(元)			3237.49	4886.94	7212.62	10809.28
名称		单位	单价(元)	消耗量			
人工	二类人工	工日	135.00	30.965	35.322	57.184	86.642
材料	碎布	箱	310.00	0.560	0.820	1.728	2.400
	转速信号荧光感应纸	卷	33.53	0.316	0.462	0.650	0.902
	遮挡式靠背管	个	5.09	12.320	21.730	34.560	52.000
	理化橡皮管	箱	95.00	0.457	0.669	0.940	1.306
	其他材料费	元	1.00	5.81	8.88	16.45	23.26
机械	小型工程车	台班	322.00	6.067	9.250	13.600	20.300
	笔记本电脑	台班	10.41	7.734	10.300	15.150	22.850
	红外测温仪	台班	37.00	7.334	10.850	16.300	24.450
	手持高精度数字测振仪和转速仪	台班	51.56	13.200	19.750	29.350	44.250
	数字式电子微压计	台班	42.86	5.867	8.900	13.050	19.800

(3)锅炉冷态通风试验

工作内容:①风门、烟气挡板开关方向及操作机构试验与定位;②测速管设计及配合制作;③测点选择及配合安装;④风压计布置、安装,胶皮管连接;⑤一、二、三次风固定测速管的标定;⑥一次风速调平;⑦烟气系统负压测定;⑧风流量测量装置校核。

计量单位:台

定额编号				2-12-9	2-12-10	2-12-11	2-12-12
项目				锅炉蒸发量(t/h)			
				≤50	≤75	≤150	<220
基价(元)				**5772.67**	**9010.12**	**12587.04**	**17696.09**
其中	人工费(元)			1895.40	3020.36	4299.21	6133.05
	材料费(元)			2994.64	4678.45	6452.00	9041.12
	机械费(元)			882.63	1311.31	1835.83	2521.92
名称		单位	单价(元)	消耗量			
人工	二类人工	工日	135.00	14.040	22.373	31.846	45.430
材料	皮托管 $\phi8\times1000$	只	440.00	6.500	10.200	14.100	19.800
	转速信号荧光感应纸	卷	33.53	0.451	0.587	0.722	0.902
	理化橡皮管	箱	95.00	0.640	0.832	1.024	1.280
	其他材料费	元	1.00	58.72	91.73	126.51	177.28
机械	小型工程车	台班	322.00	1.600	2.377	3.328	4.572
	笔记本电脑	台班	10.41	5.694	8.460	11.843	16.268
	红外测温仪	台班	37.00	1.720	2.555	3.577	4.914
	手持高精度数字测振仪和转速仪	台班	51.56	1.862	2.767	3.873	5.320
	数字式电子微压计	台班	42.86	3.465	5.148	7.207	9.899

(4)冷炉空气动力场试验

工作内容:①炉内网面布置;②毕托管校核与安装;③风压计安装、胶皮管连接;④燃烧器角度、水平校核与摆动试验;⑤各风机投运与总风压调整;⑥炉内动力场测量;⑦测量贴壁风速,一、二、三次风机及其他风的出口风速;⑧测量切圆大小及位置;⑨测量炉膛出口沿宽度方向的气流分布;⑩各种工况下空气动力场试验,燃烧风、辅助风风门或燃烧器一、二次风门特性试验。

计量单位:台

定额编号				2-12-13	2-12-14	2-12-15	2-12-16
项目				锅炉蒸发量(t/h)			
				≤50	≤75	≤150	<220
基价(元)				**11360.52**	**15911.29**	**21504.18**	**29280.62**
其中	人工费(元)			3035.61	4746.20	6764.85	9045.27
	材料费(元)			6812.68	8918.30	11593.91	15914.83
	机械费(元)			1512.23	2246.79	3145.42	4320.52
名称		单位	单价(元)	消耗量			
人工	二类人工	工日	135.00	22.486	35.157	50.110	67.002
材料	放烟花用电压调压器	个	—	(0.800)	(1.040)	(1.280)	(1.600)
	皮托管 $\phi8\times1000$	只	440.00	13.400	17.500	22.300	30.700
	碎布	箱	310.00	0.800	1.040	1.350	1.920
	烟花	个	5.43	9.200	13.900	30.800	45.900
	纸屑	箱	81.90	1.200	1.560	2.560	3.200
	细铁丝	m	0.43	120.000	156.000	256.000	320.000
	胶带	卷	6.12	2.000	2.600	5.120	6.400
	防护眼罩	个	3.97	2.800	4.160	5.824	8.000
	放烟花用电线	m	1.03	60.700	73.800	151.300	206.700
	放烟花用刀闸	个	21.55	0.800	1.040	1.280	1.600
	遮挡式靠背管	个	5.09	15.600	23.300	30.900	41.200
	医用口罩	个	1.29	11.400	16.900	25.700	36.100
	理化橡皮管	箱	95.00	1.453	1.889	2.324	2.906
	其他材料费	元	1.00	133.58	174.87	227.33	312.06
机械	小型工程车	台班	322.00	2.400	3.566	4.992	6.857
	叶轮式风速表	台班	10.13	9.067	13.471	18.859	25.905
	笔记本电脑	台班	10.41	8.547	12.698	17.777	24.419
	红外测温仪	台班	37.00	2.400	3.566	4.992	6.857
	手持高精度数字测振仪和转速仪	台班	51.56	4.800	7.131	9.984	13.714
	数字式电子微压计	台班	42.86	5.187	7.706	10.789	14.819

(5)输煤系统调试

工作内容:1. 卸煤系统:①卸煤机械出力试验;②输送设备空载及实载试验;③计量装置空载校验;④除铁器、木块分离器分离效果确认;⑤除尘装置调试;⑥煤样自动取样正确性确认;⑦卸煤输送系统连锁保护校验及配合程控投运试验。

2. 上煤系统:①配合进行原煤仓煤位测量正确性确认;②磁铁分离器吸铁试验;③除尘装置调试;④连锁保护校验;⑤系统联合式运;⑥配合程控投运试验。

计量单位:路

定额编号				2-12-17	2-12-18	2-12-19	2-12-20
项目				锅炉蒸发量(t/h)			
				≤50	≤75	≤150	<220
基价(元)				**3272.17**	**4865.64**	**6767.88**	**9463.91**
其中	人工费(元)			2140.83	3180.60	4452.71	6116.31
	材料费(元)			119.66	182.14	212.95	258.27
	机械费(元)			1011.68	1502.90	2102.22	3089.33
名称		单位	单价(元)	消耗量			
人工	二类人工	工日	135.00	15.858	23.560	32.983	45.306
材料	碎布	箱	310.00	0.320	0.430	0.580	0.700
	转速信号荧光感应纸	卷	33.53	0.540	1.350	0.864	1.080
	其他材料费	元	1.00	2.35	3.57	4.18	5.06
机械	小型工程车	台班	322.00	2.000	2.972	4.160	6.350
	笔记本电脑	台班	10.41	8.400	12.443	17.272	23.429
	红外测温仪	台班	37.00	2.000	2.972	4.160	5.715
	手持高精度数字测振仪和转速仪	台班	51.56	4.000	5.943	8.320	11.429

(6)制粉系统冷态调试

工作内容:制粉系统按钢球磨储仓式制粉系统,冷态调试:①测粉装置投运中正确性、锁气器投运时密封性能确认;②粗粉分离器细度调节挡板(折向门)位置开度检查与确认;③油系统保护、风门开关及连锁校验确认;④磨煤机油泵油压及联锁保护校验;⑤装球量与电流关系、磨煤机通风量试验;⑥配合热工进行电子秤校验;⑦灭火装置、粉仓测温装置、煤粉取样装置调试;⑧制粉系统冷态通风时各部位阻力确认;⑨各煤粉管内风速均匀性测试与调试。

计量单位:台

定额编号				2-12-21	2-12-22	2-12-23	2-12-24
项目				锅炉蒸发量(t/h)			
				≤50	≤75	≤150	<220
基价(元)				**3752.85**	**5143.21**	**7082.18**	**10344.68**
其中	人工费(元)			1675.08	2360.61	3359.21	5051.16
	材料费(元)			169.89	210.10	253.11	370.94
	机械费(元)			1907.88	2572.50	3469.86	4922.58
名称		单位	单价(元)	消耗量			
人工	二类人工	工日	135.00	12.408	17.486	24.883	37.416
材料	转速信号荧光感应纸	卷	33.53	0.675	0.810	0.945	1.350
	遮挡式靠背管	个	5.09	7.000	9.600	12.740	20.000
	理化橡皮管	箱	95.00	1.140	1.368	1.596	2.280
	其他材料费	元	1.00	3.33	4.12	4.96	7.27
机械	小型工程车	台班	322.00	3.334	4.500	6.067	8.572
	高速信号录波仪	台班	47.14	3.500	4.500	6.000	9.000
	笔记本电脑	台班	10.41	5.700	8.450	11.850	16.300
	红外测温仪	台班	37.00	3.334	4.500	6.067	8.572
	手持高精度数字测振仪和转速仪	台班	51.56	6.667	9.000	12.133	17.143
	数字式电子微压计	台班	42.86	3.334	4.500	6.067	8.572

(7)石灰石粉输送系统调试

工作内容:①石灰石输送风机速度控制与调节;②石灰石破碎设备试转与调整;③石灰石输送皮带试转与调整;④进行投石灰石试验;⑤进行钙硫比调整试验。

计量单位:台

定额编号				2-12-25	2-12-26	2-12-27	2-12-28
项目				锅炉蒸发量(t/h)			
				≤50	≤75	≤150	<220
基价(元)				**3135.19**	**4312.13**	**6106.03**	**8082.64**
其中	人工费(元)			2006.91	2752.25	3913.52	5160.65
	材料费(元)			86.32	116.24	145.32	212.30
	机械费(元)			1041.96	1443.64	2047.19	2709.69
名称		单位	单价(元)	消耗量			
人工	二类人工	工日	135.00	14.866	20.387	28.989	38.227
材料	碎布	箱	310.00	0.200	0.280	0.350	0.540
	转速信号荧光感应纸	卷	33.53	0.675	0.810	1.013	1.215
	其他材料费	元	1.00	1.69	2.28	2.85	4.16
机械	小型工程车	台班	322.00	2.167	2.972	4.225	5.572
	笔记本电脑	台班	10.41	3.900	6.750	9.100	12.950
	红外测温仪	台班	37.00	2.167	2.972	4.225	5.572
	手持高精度数字测振仪和转速仪	台班	51.56	4.333	5.943	8.450	11.143

(8)除尘器系统调试

工作内容:1. 电除尘器系统:①大梁与灰斗加热装置调试;②配合进行振打试验;③配合电气进行电气程控试验。

2. 布袋式除尘系统:①系统相关阀门的检查与验收;②喷吹装置与程控装置的检查与验收;③配合进行布袋预涂灰试验。

计量单位:台

定额编号				2-12-29	2-12-30	2-12-31	2-12-32
项目				锅炉蒸发量(t/h)			
				≤50	≤75	≤150	<220
基价(元)				**2894.60**	**3976.94**	**5688.64**	**7679.82**
其中	人工费(元)			1860.84	2552.04	3628.53	4785.08
	材料费(元)			206.18	287.94	413.83	756.69
	机械费(元)			827.58	1136.96	1646.28	2138.05
名称		单位	单价(元)	消耗量			
人工	二类人工	工日	135.00	13.784	18.904	26.878	35.445
材料	碎布	箱	310.00	0.392	0.504	0.706	1.411
	转速信号荧光感应纸	卷	33.53	0.235	0.302	0.403	0.762
	遮挡式靠背管	个	5.09	8.019	14.414	21.515	31.797
	理化橡皮管	箱	95.00	0.336	0.448	0.672	1.232
	其他材料费	元	1.00	4.04	5.65	8.11	14.84
机械	小型工程车	台班	322.00	1.834	2.515	3.575	4.715
	笔记本电脑	台班	10.41	7.167	10.029	17.150	19.429
	红外测温仪	台班	37.00	1.834	2.515	3.575	4.715
	手持高精度数字测振仪和转速仪	台班	51.56	1.834	2.515	3.575	4.715

(9)除灰、除渣系统调试

工作内容: 1. 除灰、除渣系统炉内:①系统内各锁气器调试;②配合电除尘灰斗出灰门程控试验。
2. 除灰、除渣系统炉外:①输灰系统联动试验和参数整定;②输渣系统联动试验和参数整定;③灰库系统联动试验和参数整定;④配合输灰、输渣和灰库系统程控调试。　　**计量单位:台**

定额编号				2-12-33	2-12-34	2-12-35	2-12-36
项目				锅炉蒸发量(t/h)			
				≤50	≤75	≤150	<220
基价(元)				**4963.45**	**5698.21**	**8099.40**	**10663.71**
其中	人工费(元)			3841.70	4390.47	6242.67	8232.03
	材料费(元)			137.29	195.06	266.46	332.38
	机械费(元)			984.46	1112.68	1590.27	2099.30
名称		单位	单价(元)	消耗量			
人工	二类人工	工日	135.00	28.457	32.522	46.242	60.978
材料	碎布	箱	310.00	0.400	0.560	0.800	1.000
	转速信号荧光感应纸	卷	33.53	0.316	0.526	0.395	0.473
	其他材料费	元	1.00	2.69	3.82	5.22	6.52
机械	小型工程车	台班	322.00	1.800	2.057	2.925	3.857
	笔记本电脑	台班	10.41	14.500	15.383	22.654	30.094
	红外测温仪	台班	37.00	1.846	2.110	2.999	3.955
	手持高精度数字测振仪和转速仪	台班	51.56	3.600	4.114	5.850	7.714

(10)吹灰系统调试

工作内容: ①配合吹灰蒸汽减压装置调试,安全阀校验与管道吹洗;②吹灰器行程与旋转试验;③吹灰时间整定;④配合吹灰器程控试验及进汽门、疏水门自动打开试验。　　**计量单位:台**

定额编号				2-12-37	2-12-38	2-12-39	2-12-40
项目				锅炉蒸发量(t/h)			
				≤50	≤75	≤150	<220
基价(元)				**4537.85**	**6242.12**	**8892.40**	**11745.22**
其中	人工费(元)			2946.24	4040.55	5745.33	7576.20
	材料费(元)			155.44	230.19	336.11	459.81
	机械费(元)			1436.17	1971.38	2810.96	3709.21
名称		单位	单价(元)	消耗量			
人工	二类人工	工日	135.00	21.824	29.930	42.558	56.120
材料	碎布	箱	310.00	0.400	0.600	0.900	1.200
	转速信号荧光感应纸	卷	33.53	0.280	0.390	0.430	0.650
	理化橡皮管	箱	95.00	0.200	0.280	0.380	0.600
	其他材料费	元	1.00	3.05	4.51	6.59	9.02
机械	小型工程车	台班	322.00	3.667	5.029	7.150	9.429
	笔记本电脑	台班	10.41	11.500	15.943	23.450	31.143
	红外测温仪	台班	37.00	3.667	5.029	7.150	9.429

(11)锅炉汽水系统调试

工作内容:锅炉汽水系统调试包括减温水系统,疏水、放气、排污、炉底加热系统调试和锅炉工作压力试验。

①过、再热器减温水管道冲洗;②疏水、放气、排污系统热工信号及连锁保护校验;③系统阀门状态确认和调整;④指导炉底加热的投用和退出;⑤参加工作压力试验工作,进行监督指导示范操作;⑥协助施工对承压部件及锅炉膨胀进行详细检查和记录。 **计量单位:**台

定额编号				2-12-41	2-12-42	2-12-43	2-12-44
项目				锅炉蒸发量(t/h)			
				≤50	≤75	≤150	<220
基价(元)				**4977.14**	**7251.80**	**10152.88**	**13805.25**
其中	人工费(元)			1308.69	1794.96	2552.04	3365.55
	材料费(元)			2245.97	3508.83	4838.98	6780.86
	机械费(元)			1422.48	1948.01	2761.86	3658.84
	名称	单位	单价(元)	消耗量			
人工	二类人工	工日	135.00	9.694	13.296	18.904	24.930
材料	皮托管 $\phi8\times1000$	只	440.00	4.875	7.650	10.575	14.850
	转速信号荧光感应纸	卷	33.53	0.338	0.440	0.541	0.677
	理化橡皮管	箱	95.00	0.480	0.624	0.768	0.960
	其他材料费	元	1.00	44.04	68.80	94.88	132.96
机械	小型工程车	台班	322.00	3.334	4.572	6.500	8.572
	笔记本电脑	台班	10.41	5.156	6.814	8.955	13.402
	红外测温仪	台班	37.00	3.334	4.572	6.500	8.572
	手持高精度数字测振仪和转速仪	台班	51.56	3.334	4.572	6.500	8.572

(12)燃油系统调试

工作内容:燃油系统调试包括卸油、储油系统和燃油系统调试。

1. 卸油、储油系统:①卸油系统及油库加热装置调试;②卸油计量装置调试;③油管路冲洗及油库废水除油处理系统调试;④污油系统调试。
2. 燃油系统:①蒸汽加热系统压力与温度调整确认;②油管路冲洗;③油泵连锁试验与低油压报警试验;④油泵出口及油系统压力调整;⑤各电磁阀泄漏试验;⑥油温度调整;⑦速断阀无介质动作试验;⑧油枪冷态雾化试 **计量单位:**台

定额编号				2-12-45	2-12-46	2-12-47	2-12-48
项目				锅炉蒸发量(t/h)			
				≤50	≤75	≤150	<220
基价(元)				**1566.92**	**2144.43**	**3051.52**	**4022.87**
其中	人工费(元)			759.92	1041.93	1481.76	1953.99
	材料费(元)			61.31	79.90	115.66	151.45
	机械费(元)			745.69	1022.60	1454.10	1917.43
	名称	单位	单价(元)	消耗量			
人工	二类人工	工日	135.00	5.629	7.718	10.976	14.474
材料	碎布	箱	310.00	0.150	0.200	0.300	0.400
	转速信号荧光感应纸	卷	33.53	0.406	0.487	0.608	0.730
	其他材料费	元	1.00	1.20	1.57	2.27	2.97
机械	小型工程车	台班	322.00	1.500	2.057	2.925	3.857
	便携式双探头超声波流量计	台班	9.56	1.500	2.057	2.925	3.857
	笔记本电脑	台班	10.41	3.667	5.029	7.150	9.429
	红外测温仪	台班	37.00	1.500	2.057	2.925	3.857
	手持高精度数字测振仪和转速仪	台班	51.56	3.000	4.114	5.850	7.714

(13)锅炉化学清洗

工作内容:锅炉化学清洗工作由锅炉专业化学专业、和汽机专业共同完成。

1. 锅炉专业:①临时系统设计及配合管道安装;②配合施工进行系统严密性检查;③过热器冲通试验;④管道冲洗;⑤系统加热;⑥酸洗、漂洗、钝化等阶段值班及回路切换;⑦进行清洗质量检查。
2. 化学专业:绘制化学清洗系统图及计算化学清洗水容积,清洗药品质量检查,配置酸洗液,水冲洗,系统加温试验,溢流调整试验,流量调整试验。

计量单位:台

	定额编号			2-12-49	2-12-50	2-12-51	2-12-52
	项目			锅炉蒸发量(t/h)			
				≤50	≤75	≤150	<220
	基价(元)			**7183.27**	**9320.37**	**11627.53**	**17644.80**
其中	人工费(元)			5652.99	7553.93	9626.85	15421.59
	材料费(元)			305.54	340.54	379.03	410.54
	机械费(元)			1224.74	1425.90	1621.65	1812.67
	名称	单位	单价(元)	消耗量			
人工	二类人工	工日	135.00	41.874	55.955	71.310	114.234
材料	砂纸	张	0.52	31.129	35.576	40.468	44.470
	酒精 工业用99.5%	kg	7.07	14.931	17.064	19.410	21.330
	转速信号荧光感应纸	卷	33.53	1.770	1.770	1.770	1.770
	酸洗分析药剂	套	6.72	8.050	9.200	10.465	11.500
	试纸	张	1.81	14.931	17.064	19.410	21.330
	取样瓶(袋)	个	2.50	14.931	17.064	19.410	21.330
	其他材料费	元	1.00	5.99	6.68	7.43	8.05
机械	小型工程车	台班	322.00	2.667	3.048	3.467	3.810
	便携式双探头超声波流量计	台班	9.56	0.309	0.353	0.402	0.441
	高精度测厚仪装置	台班	53.49	0.220	0.251	0.285	0.314
	循环冷却水动态模拟试验装置	台班	198.00	0.047	0.047	0.047	0.047
	旋转腐蚀挂片试验仪	台班	25.89	0.047	0.047	0.047	0.047
	动态盐垢沉积仪	台班	83.75	0.047	0.047	0.047	0.047
	酸洗小型试验台	台班	19.83	0.047	0.047	0.047	0.047
	笔记本电脑	台班	10.41	12.000	16.500	19.000	24.000
	标准压力发生器	台班	84.95	0.047	0.047	0.047	0.047
	红外测温仪	台班	37.00	2.374	2.713	3.086	3.391
	手持高精度数字测振仪和转速仪	台班	51.56	2.310	2.640	3.003	3.300

(14)锅炉管道吹洗

工作内容:锅炉吹管工作由锅炉专业、汽机专业和化学专业共同完成。

锅炉专业:①临时系统设计,配合安装与质量检查;②消音器、集粒器、靶板架设计及配合安装;③冲管流量与动量计算;④冲管温度与压力控制点选择;⑤临冲门开关试验;⑥冲管前各系统投运;⑦热工信号及连锁保护校验;⑧点火系统试验与投运;⑨锅炉升温升压及膨胀检查;⑩吹管阶段值班及操作指导;⑪监督噪声测量。

计量单位:台

	定额编号			2-12-53	2-12-54	2-12-55	2-12-56
	项目			锅炉蒸发量(t/h)			
				≤50	≤75	≤150	<220
	基价(元)			**6570.32**	**8896.20**	**12239.17**	**15954.13**
其中	人工费(元)			4502.79	6175.17	8780.40	11578.68
	材料费(元)			86.29	183.81	162.21	237.68
	机械费(元)			1981.24	2537.22	3296.56	4137.77
	名称	单位	单价(元)	消耗量			
人工	二类人工	工日	135.00	33.354	45.742	65.040	85.768
材料	砂纸	张	0.52	21.368	33.840	41.667	61.050
	酒精 工业用99.5%	kg	7.07	6.284	14.364	12.254	17.955
	取样瓶(袋)	个	2.50	7.500	15.000	12.254	17.955
	医用手套	副	1.64	6.284	14.364	12.254	17.955
	其他材料费	元	1.00	1.69	3.60	3.18	4.66
机械	小型工程车	台班	322.00	1.167	1.600	2.275	3.000
	便携式双探头超声波流量计	台班	9.56	2.833	3.600	4.775	6.000
	高精度测厚仪装置	台班	53.49	0.500	0.686	0.975	1.286
	高精度40通道压力采集系统	台班	166.00	1.167	1.600	2.275	3.000
	总有机碳分析仪	台班	33.22	1.667	2.000	2.500	3.000
	原子吸收分光光度计	台班	105.00	1.667	2.000	2.500	3.000
	离子色谱仪	台班	240.00	1.667	2.000	2.500	3.000
	可见分光光度计	台班	120.00	1.667	2.000	2.500	3.000
	便携式多组气体分析仪	台班	135.00	1.667	2.000	2.500	3.000
	笔记本电脑	台班	10.41	12.000	17.500	23.000	31.000
	钠离子分析仪	台班	17.02	1.750	3.500	2.625	3.500
	红外测温仪	台班	37.00	1.667	2.000	2.500	3.000
	手持高精度数字测振仪和转速仪	台班	51.56	1.667	2.000	2.500	3.000

(15)安全阀门调整

工作内容:①排气量核算;②电磁三通阀试验;③弹簧预压值核对;④脉冲管与气源管吹扫;⑤配合安全阀校验工作;⑥配合控制安全阀校验;⑦配合再热器安全阀校验;⑧安全阀电气回路校验;⑨配合蒸汽严密性试验;⑩配合一、二次汽系统受热面膨胀与支吊架、弹簧检查。

计量单位:台

定额编号				2-12-57	2-12-58	2-12-59	2-12-60
项目				锅炉蒸发量(t/h)			
				≤50	≤75	≤150	<220
基价(元)				**1656.70**	**2269.47**	**3223.55**	**4244.41**
其中	人工费(元)			837.27	1148.31	1632.96	2153.25
	材料费(元)			29.40	37.78	50.34	75.55
	机械费(元)			790.03	1083.38	1540.25	2015.61
	名称	单位	单价(元)	消耗量			
人工	二类人工	工日	135.00	6.202	8.506	12.096	15.950
材料	碎布	箱	310.00	0.080	0.100	0.130	0.200
	转速信号荧光感应纸	卷	33.53	0.120	0.180	0.270	0.360
	其他材料费	元	1.00	0.58	0.74	0.99	1.48
机械	小型工程车	台班	322.00	1.667	2.286	3.250	4.286
	安全阀整定装置	台班	73.41	1.667	2.286	3.250	4.286
	数字精密压力表	台班	17.57	1.667	2.286	3.250	4.286
	笔记本电脑	台班	10.41	3.834	5.257	7.475	8.357
	红外测温仪	台班	37.00	1.667	2.286	3.250	4.286

2. 汽机分系统调试

(1)循环冷却水系统调试

工作内容:1. 循环水系统调试:①热工信号及连锁保护校验;②循环水泵试运转及调整;③系统管道水冲洗及阀门调整;④出口蝶阀及液压装置调整;⑤旋转滤网、清污机、冲洗水泵试转及调整投运;⑥冷却水泵试运转及投运;⑦系统投运及动态调整;⑧胶球清洗装置投运及调整。

2. 辅机冷却水系统调试:①热工信号及连锁保护校验;②水泵试转及调整;③系统管道冲洗及阀门调整;④旋转滤网试转及调整;⑤冷却器投运及调整;⑥冷却。

计量单位:台

定额编号				2-12-61	2-12-62	2-12-63	2-12-64
项目				单机容量(MW)			
				≤6	≤15	≤25	≤35
基价(元)				**5584.37**	**8315.98**	**11500.06**	**16358.33**
其中	人工费(元)			2520.72	3745.04	5243.00	7201.71
	材料费(元)			123.23	168.01	220.30	304.66
	机械费(元)			2940.42	4402.93	6036.76	8851.96
	名称	单位	单价(元)	消耗量			
人工	二类人工	工日	135.00	18.672	27.741	38.837	53.346
材料	碎布	箱	310.00	0.310	0.420	0.550	0.760
	转速信号荧光感应纸	卷	33.53	0.312	0.463	0.648	0.890
	理化橡皮管	箱	95.00	0.150	0.200	0.250	0.350
	其他材料费	元	1.00	2.42	3.29	4.32	5.97
机械	小型工程车	台班	322.00	5.250	7.900	10.600	16.400
	便携式双探头超声波流量计	台班	9.56	7.667	11.391	15.947	21.905
	笔记本电脑	台班	10.41	9.834	14.810	22.734	28.095
	红外测温仪	台班	37.00	7.667	11.391	15.947	21.905
	手持高精度数字测振仪和转速仪	台班	51.56	15.333	22.781	31.893	43.809

(2)凝结水与补给水系统调试

工作内容:①热工信号及连锁保护校验;②凝结水泵试转及再循环系统调整;③系统管道水冲洗阀门调整;④凝结水补给水系统试运及凝结水箱自动补给水调节器投运调整;⑤系统投运及动态调整。

计量单位:台

定额编号				2-12-65	2-12-66	2-12-67	2-12-68
项目				单机容量(MW)			
				≤6	≤15	≤25	≤35
基价(元)				**3869.80**	**5774.97**	**8052.62**	**11063.92**
其中	人工费(元)			1705.73	2534.36	3548.07	4873.64
	材料费(元)			53.92	80.70	111.57	153.86
	机械费(元)			2110.15	3159.91	4392.98	6036.42
名称		单位	单价(元)	消耗量			
人工	二类人工	工日	135.00	12.635	18.773	26.282	36.101
材料	碎布	箱	310.00	0.100	0.150	0.200	0.280
	转速信号荧光感应纸	卷	33.53	0.312	0.463	0.648	0.890
	理化橡皮管	箱	95.00	0.120	0.180	0.270	0.360
	其他材料费	元	1.00	1.06	1.58	2.19	3.02
机械	小型工程车	台班	322.00	4.334	6.438	9.014	12.381
	便携式双探头超声波流量计	台班	9.56	4.334	6.438	9.014	12.381
	笔记本电脑	台班	10.41	6.334	11.838	13.574	18.881
	红外测温仪	台班	37.00	4.334	6.438	9.014	12.381
	手持高精度数字测振仪和转速仪	台班	51.56	8.667	12.876	18.027	24.762

(3)除氧给水系统调试

工作内容:1. 除氧给水系统:①热工信号及连锁保护校验;②系统水冲洗(给水管道、再循环管道);③系统阀门调整;④配合除氧器安全门热态校验;⑤除氧器再循环泵试转及调整;⑥系统投运及停用动态调整;⑦前置泵试转、系统冲洗及前置泵投运。

2. 电动给水泵:①热工信号及连锁保护校验;②电机带耦合器试转;③耦合器润滑油压、工作油压调整及油温调整;④泵密封水管道冲洗;⑤泵组带再循环试转;⑥减温水管道冲洗及高压给水管道冲洗。

计量单位:台

定额编号				2-12-69	2-12-70	2-12-71	2-12-72
项目				单机容量(MW)			
				≤6	≤15	≤25	≤35
基价(元)				**8368.54**	**12420.01**	**17773.09**	**23970.65**
其中	人工费(元)			5117.31	7602.93	10643.81	13889.61
	材料费(元)			66.08	95.75	136.09	177.66
	机械费(元)			3185.15	4721.33	6993.19	9903.38
名称		单位	单价(元)	消耗量			
人工	二类人工	工日	135.00	37.906	56.318	78.843	102.886
材料	碎布	箱	310.00	0.080	0.120	0.180	0.240
	转速信号荧光感应纸	卷	33.53	0.909	1.350	1.890	2.466
	理化橡皮管	箱	95.00	0.100	0.120	0.150	0.180
	其他材料费	元	1.00	1.30	1.88	2.67	3.48
机械	小型工程车	台班	322.00	5.300	7.900	11.850	18.000
	便携式双探头超声波流量计	台班	9.56	9.040	13.150	18.850	24.600
	笔记本电脑	台班	10.41	12.050	20.100	34.200	40.850
	红外测温仪	台班	37.00	9.040	13.150	18.850	24.600
	手持高精度数字测振仪和转速仪	台班	51.56	18.080	26.300	37.700	49.200

(4)机械真空泵系统调试

工作内容:①热工信号及连锁保护校验;②机械真空泵试转及调整;③气水分离箱水位自动调节装置调整;④真空系统管道冲洗及阀门调整;⑤凝汽器真空系统灌水检查;⑥水室真空泵试转及投运;⑦真空系统试抽真空及严密性检查;⑧真空系统投运及动态调整。 **计量单位:**台

定额编号				2-12-73	2-12-74	2-12-75	2-12-76
项目				单机容量(MW)			
				≤6	≤15	≤25	≤35
基价(元)				**2775.35**	**4118.24**	**5761.58**	**7910.83**
其中	人工费(元)			1442.07	2142.59	2999.57	4120.47
	材料费(元)			38.40	57.29	78.34	102.91
	机械费(元)			1294.88	1918.36	2683.67	3687.45
名称		单位	单价(元)	消耗量			
人工	二类人工	工日	135.00	10.682	15.871	22.219	30.522
材料	碎布	箱	310.00	0.060	0.090	0.120	0.150
	转速信号荧光感应纸	卷	33.53	0.568	0.843	1.181	1.622
	其他材料费	元	1.00	0.75	1.12	1.54	2.02
机械	小型工程车	台班	322.00	2.667	3.962	5.547	7.619
	笔记本电脑	台班	10.41	6.000	8.400	11.560	16.000
	红外测温仪	台班	37.00	2.667	3.962	5.547	7.619
	手持高精度数字测振仪和转速仪	台班	51.56	5.333	7.924	11.093	15.238

(5)射水抽气器系统调试

工作内容:热工信号及连锁保护校验,射水泵试转及系统调整,真空系统管道冲洗及阀门的调整,凝汽器真空系统灌水检查,真空系统试抽真空及严密性检查,真空系统投运及动态调整。 **计量单位:**台

定额编号				2-12-77	2-12-78	2-12-79	2-12-80
项目				单机容量(MW)			
				≤6	≤15	≤25	≤35
基价(元)				**2563.52**	**3808.56**	**5325.95**	**7310.26**
其中	人工费(元)			1240.65	1843.16	2580.39	3544.43
	材料费(元)			38.40	57.29	78.34	102.91
	机械费(元)			1284.47	1908.11	2667.22	3662.92
名称		单位	单价(元)	消耗量			
人工	二类人工	工日	135.00	9.190	13.653	19.114	26.255
材料	碎布	箱	310.00	0.060	0.090	0.120	0.150
	转速信号荧光感应纸	卷	33.53	0.568	0.843	1.181	1.622
	其他材料费	元	1.00	0.75	1.12	1.54	2.02
机械	小型工程车	台班	322.00	2.667	3.962	5.547	7.619
	笔记本电脑	台班	10.41	5.000	7.415	9.980	13.643
	红外测温仪	台班	37.00	2.667	3.962	5.547	7.619
	手持高精度数字测振仪和转速仪	台班	51.56	5.333	7.924	11.093	15.238

(6)抽汽回热、轴封汽、辅助蒸汽系统调试

工作内容:①热工信号及连锁保护校验;②系统管道冲洗;③低、低压加热器自动疏水装置调整及投用;④低、高压加热器危急疏水装置调整及投用;⑤抽汽逆止门控制系统调整;⑥辅助蒸汽系统安全门热态校验;⑦辅汽及轴封汽减温减压装置投运及调整;⑧系统投运及动态调整。

计量单位:台

定额编号				2-12-81	2-12-82	2-12-83	2-12-84
项目				单机容量(MW)			
				≤6	≤15	≤25	≤35
基价(元)				**4026.37**	**5595.13**	**7569.58**	**10315.54**
其中	人工费(元)			2634.93	3570.89	4697.73	6424.25
	材料费(元)			36.75	54.96	66.49	85.72
	机械费(元)			1354.69	1969.28	2805.36	3805.57
名称		单位	单价(元)	消耗量			
人工	二类人工	工日	135.00	19.518	26.451	34.798	47.587
材料	碎布	箱	310.00	0.100	0.150	0.180	0.230
	转速信号荧光感应纸	卷	33.53	0.150	0.220	0.280	0.380
	其他材料费	元	1.00	0.72	1.08	1.30	1.68
机械	小型工程车	台班	322.00	2.667	3.962	5.547	7.619
	笔记本电脑	台班	10.41	8.268	14.318	18.323	24.572
	红外测温仪	台班	37.00	4.664	6.113	9.284	12.381
	手持高精度数字测振仪和转速仪	台班	51.56	4.602	6.173	9.406	12.381

(7)发电机空气冷却系统调试

工作内容:①空冷系统气密性试验;②相关连锁保护传动;③空冷风机及相关转动机械试转;④系统冲洗、投运及动态调整。

计量单位:台

定额编号				2-12-85	2-12-86	2-12-87	2-12-88
项目				单机容量(MW)			
				≤6	≤15	≤25	≤35
基价(元)				**3673.62**	**5403.73**	**7594.65**	**10415.86**
其中	人工费(元)			2093.31	3110.13	4354.29	5981.31
	材料费(元)			51.05	76.27	97.31	128.20
	机械费(元)			1529.26	2217.33	3143.05	4306.35
名称		单位	单价(元)	消耗量			
人工	二类人工	工日	135.00	15.506	23.038	32.254	44.306
材料	碎布	箱	310.00	0.100	0.150	0.180	0.230
	转速信号荧光感应纸	卷	33.53	0.568	0.843	1.181	1.622
	其他材料费	元	1.00	1.00	1.50	1.91	2.51
机械	小型工程车	台班	322.00	2.750	3.900	5.600	7.650
	笔记本电脑	台班	10.41	8.000	12.372	16.720	23.215
	红外测温仪	台班	37.00	4.000	5.943	8.320	11.429
	手持高精度数字测振仪和转速仪	台班	51.56	8.000	11.886	16.640	22.857

(8)主机调节、保安系统调试

工作内容:①热工信号及连锁保护校验;②液压调节系统静态调试;③保安系统静态调试;④主汽门及调速汽门关闭时间测定;⑤配合电液调节控制系统静态调试;⑥控制油系统的试运及压力调整;⑦系统投运及联动调试。

计量单位:台

定额编号				2-12-89	2-12-90	2-12-91	2-12-92
项目				单机容量(MW)			
				≤6	≤15	≤25	≤35
基价(元)				**3615.16**	**5358.69**	**7504.82**	**10346.39**
其中	人工费(元)			1860.84	2764.53	3870.45	5316.57
	材料费(元)			45.34	67.81	85.44	111.92
	机械费(元)			1708.98	2526.35	3548.93	4917.90
名称		单位	单价(元)	消耗量			
人工	二类人工	工日	135.00	13.784	20.478	28.670	39.382
材料	碎布	箱	310.00	0.100	0.150	0.180	0.230
	转速信号荧光感应纸	卷	33.53	0.401	0.596	0.834	1.146
	其他材料费	元	1.00	0.89	1.33	1.68	2.19
机械	小型工程车	台班	322.00	2.550	3.750	5.300	7.400
	高速信号录波仪	台班	47.14	4.334	6.438	9.014	12.381
	笔记本电脑	台班	10.41	7.334	10.881	14.834	20.810
	红外测温仪	台班	37.00	4.334	6.438	9.014	12.381
	手持高精度数字测振仪和转速仪	台班	51.56	8.667	12.876	18.027	24.762

(9)主机润滑油、顶轴油系统调试

工作内容:1. 主机润滑油、顶轴油系统及盘车装置:①热工信号及连锁保护校验;②润滑油泵(交、直流)试转及调整;③顶轴油泵试转及调整;④顶轴油压分配及轴颈抬起高度调整;⑤排烟风机试转,油箱真空调整;⑥冷油器投用;⑦事故排油系统调试;⑧润滑油压、流量分配调整;⑨盘车装置自动及手动投运、调试。

2. 润滑油净化处理系统:热工信号及连锁保护校验,油输送泵试转及调试,净化装置调试。

计量单位:台

定额编号				2-12-93	2-12-94	2-12-95	2-12-96
项目				单机容量(MW)			
				≤6	≤15	≤25	≤35
基价(元)				**4231.57**	**6225.12**	**8653.47**	**12072.74**
其中	人工费(元)			2248.56	3340.71	4676.81	6424.25
	材料费(元)			45.34	61.49	85.44	115.09
	机械费(元)			1937.67	2822.92	3891.22	5533.40
名称		单位	单价(元)	消耗量			
人工	二类人工	工日	135.00	16.656	24.746	34.643	47.587
材料	碎布	箱	310.00	0.100	0.130	0.180	0.240
	转速信号荧光感应纸	卷	33.53	0.401	0.596	0.834	1.146
	其他材料费	元	1.00	0.89	1.21	1.68	2.26
机械	小型工程车	台班	322.00	3.100	4.450	6.050	8.900
	高速信号录波仪	台班	47.14	4.667	6.934	9.707	13.334
	笔记本电脑	台班	10.41	6.300	8.800	12.050	16.400
	红外测温仪	台班	37.00	4.667	6.934	9.707	13.334
	手持高精度数字测振仪和转速仪	台班	51.56	9.333	13.867	19.413	26.667

(10)旁路系统调试

工作内容:①旁路管道及减温水系统的冲洗;②热工信号及连锁保护校验;③系统投运及功能调整。 **计量单位**:台

定额编号				2-12-97	2-12-98	2-12-99	2-12-100
项目				单机容量(MW)			
				≤6	≤15	≤25	≤35
基价(元)				**2296.69**	**3411.13**	**4756.88**	**6534.39**
其中	人工费(元)			1240.65	1843.16	2580.39	3544.43
	材料费(元)			47.47	67.27	83.76	109.74
	机械费(元)			1008.57	1500.70	2092.73	2880.22
名称		单位	单价(元)	消耗量			
人工	二类人工	工日	135.00	9.190	13.653	19.114	26.255
材料	碎布	箱	310.00	0.100	0.150	0.180	0.240
	转速信号荧光感应纸	卷	33.53	0.180	0.240	0.360	0.480
	理化橡皮管	箱	95.00	0.100	0.120	0.150	0.180
	其他材料费	元	1.00	0.93	1.32	1.64	2.15
机械	小型工程车	台班	322.00	2.334	3.467	4.854	6.667
	笔记本电脑	台班	10.41	4.834	7.424	9.594	13.738
	红外测温仪	台班	37.00	2.334	3.467	4.854	6.667
	手持高精度数字测振仪和转速仪	台班	51.56	2.334	3.467	4.854	6.667

(11)柴油发电机系统调试

工作内容:①热工信号及连锁保护校验;②冷却水、压缩空气、润滑油等辅助系统的投运、调试;③燃料油系统冲洗及调整;④柴油发电机组整组启动及超速保护试验;⑤柴油发电机带负荷试运行。

计量单位:台

定额编号				2-12-101	2-12-102	2-12-103	2-12-104
项目				单机容量(MW)			
				≤6	≤15	≤25	≤35
基价(元)				**3132.18**	**4644.27**	**6425.50**	**8915.39**
其中	人工费(元)			1723.68	2560.68	3545.64	4924.53
	材料费(元)			45.34	58.32	75.64	96.11
	机械费(元)			1363.16	2025.27	2804.22	3894.75
名称		单位	单价(元)	消耗量			
人工	二类人工	工日	135.00	12.768	18.968	26.264	36.478
材料	碎布	箱	310.00	0.100	0.120	0.150	0.180
	转速信号荧光感应纸	卷	33.53	0.401	0.596	0.825	1.146
	其他材料费	元	1.00	0.89	1.14	1.48	1.88
机械	小型工程车	台班	322.00	2.800	4.160	5.760	8.000
	笔记本电脑	台班	10.41	6.650	9.880	13.680	19.000
	红外测温仪	台班	37.00	2.800	4.160	5.760	8.000
	手持高精度数字测振仪和转速仪	台班	51.56	5.600	8.320	11.520	16.000

3. 化学分系统调试

(1) 预处理系统调试

工作内容:预处理系统包括机械搅拌澄清池调试、压力式混合器调试、重力式滤池调试和空气擦洗滤池调试。

计量单位:套

定额编号				2-12-105	2-12-106
项目				出力(t/h)	
				≤40	>40
基价(元)				**6076.08**	**8660.83**
其中	人工费(元)			1820.61	2600.64
	材料费(元)			62.96	92.47
	机械费(元)			4192.51	5967.72
名称		单位	单价(元)	消耗量	
人工	二类人工	工日	135.00	13.486	19.264
材料	酒精 工业用99.5%	kg	7.07	4.600	6.800
	取样瓶(袋)	个	2.50	4.600	6.800
	医用手套	副	1.64	10.800	15.600
	其他材料费	元	1.00	1.23	1.81
机械	小型工程车	台班	322.00	2.600	3.550
	便携式双探头超声波流量计	台班	9.56	5.000	7.143
	总有机碳分析仪	台班	33.22	5.000	7.143
	原子吸收分光光度计	台班	105.00	5.000	7.143
	离子色谱仪	台班	240.00	5.000	7.143
	可见分光光度计	台班	120.00	5.000	7.143
	便携式多组气体分析仪	台班	135.00	5.000	7.143
	笔记本电脑	台班	10.41	5.000	10.143
	钠离子分析仪	台班	17.02	5.250	7.500

(2)补给水处理系统调试

工作内容:补给水处理系统包括过滤器调试、软化水系统调试、固定床一级除盐系统调试、真空式脱气器调试、生水加热器调试、固定床二级除盐系统调试。

计量单位:套

定额编号				2-12-107	2-12-108
项目				出力(t/h)	
				≤40	>40
基价(元)				**6313.43**	**9176.48**
其中	人工费(元)			2881.58	4407.21
	材料费(元)			160.59	215.87
	机械费(元)			3271.26	4553.40
名称		单位	单价(元)	消耗量	
人工	二类人工	工日	135.00	21.345	32.646
材料	酒精 工业用 99.5%	kg	7.07	13.213	18.876
	取样瓶(袋)	个	2.50	13.213	18.876
	医用手套	副	1.64	18.900	18.900
	其他材料费	元	1.00	3.15	4.23
机械	小型工程车	台班	322.00	3.400	4.450
	便携式双探头超声波流量计	台班	9.56	4.000	5.715
	总有机碳分析仪	台班	33.22	2.667	3.810
	离子色谱仪	台班	240.00	2.667	3.810
	红外光谱仪	台班	163.00	3.000	4.286
	电子天平(0.0001mg)	台班	17.77	3.000	4.286
	浊度仪	台班	79.53	4.000	5.715
	混凝土实验搅拌仪	台班	22.54	3.000	4.286
	余氯分析仪	台班	10.50	3.667	5.238
	笔记本电脑	台班	10.41	11.500	17.500
	台式 PH/ISE 测试仪	台班	54.59	3.000	4.286
	钠离子分析仪	台班	17.02	1.400	2.000
	红外测温仪	台班	37.00	3.667	5.238

(3)废水处理系统调试

工作内容:废水处理系统调试包括经常性废水处理系统调试和非经常性废水处理系统调试。

1. 经常性废水处理系统:①酸碱液浓度配置、暴气装置的调整、暴气率试验;②系统设备联动、循环处理、pH 值调整、分析监督。
2. 非经常性废水处理系统:①暴气装置的调整、暴气率试验;②加药剂量系统的调整;③系统设备联动、pH 中和、氧化、凝聚系统的调整;④澄清器系统调整,污泥系统调整,脱水机调整。

计量单位:套

定额编号				2-12-109	2-12-110	2-12-111
项目				处理能力(t/h)		
				≤5	≤10	≤15
基价(元)				**1714.48**	**2217.53**	**2579.09**
其中	人工费(元)			1406.43	1808.19	2009.21
	材料费(元)			18.40	33.47	52.43
	机械费(元)			289.65	375.87	517.45
名称		单位	单价(元)	消耗量		
人工	二类人工	工日	135.00	10.418	13.394	14.883
材料	酒精 工业用99.5%	kg	7.07	1.200	2.400	4.000
	取样瓶(袋)	个	2.50	1.200	2.400	4.000
	医用手套	副	1.64	4.000	6.000	8.000
	其他材料费	元	1.00	0.36	0.66	1.03
机械	便携式双探头超声波流量计	台班	9.56	5.000	6.429	7.143
	BOD 测试仪	台班	48.37	5.000	6.500	9.286

(4)冲管阶段化学监督

工作内容:①取样系统水冲洗,取样管位置校对;②热力系统、锅炉水冲洗及排污监督;③给水、炉水、蒸汽品质监督。

计量单位:台

定额编号				2-12-112	2-12-113	2-12-114	2-12-115
项目				锅炉蒸发量(t/h)			
				≤50	≤75	≤150	<220
基价(元)				**3413.50**	**5122.95**	**7075.93**	**10811.91**
其中	人工费(元)			1895.40	2866.05	3960.23	6456.51
	材料费(元)			7.75	11.52	15.94	22.14
	机械费(元)			1510.35	2245.38	3099.76	4333.26
名称		单位	单价(元)	消耗量			
人工	二类人工	工日	135.00	14.040	21.230	29.335	47.826
材料	砂纸	张	0.52	1.140	1.693	2.344	3.256
	酒精 工业用99.5%	kg	7.07	0.335	0.498	0.689	0.958
	取样瓶(袋)	个	2.50	1.120	1.664	2.304	3.200
	医用手套	副	1.64	1.120	1.664	2.304	3.200
	其他材料费	元	1.00	0.15	0.23	0.31	0.43
机械	便携式双探头超声波流量计	台班	9.56	2.934	4.358	6.035	8.381
	高精度测厚仪装置	台班	53.49	1.334	1.981	2.743	3.810
	高精度40通道压力采集系统	台班	166.00	1.400	2.100	2.800	4.000
	总有机碳分析仪	台班	33.22	1.600	2.377	3.292	4.572
	原子吸收分光光度计	台班	105.00	1.600	2.377	3.292	4.572
	离子色谱仪	台班	240.00	1.600	2.377	3.292	4.572
	可见分光光度计	台班	120.00	1.600	2.377	3.292	4.572
	便携式多组气体分析仪	台班	135.00	1.600	2.377	3.292	4.572
	笔记本电脑	台班	10.41	4.250	6.150	9.300	13.850
	钠离子分析仪	台班	17.02	1.680	2.496	3.456	4.800
	红外测温仪	台班	37.00	1.200	1.783	2.469	3.429
	手持高精度数字测振仪和转速仪	台班	51.56	0.934	1.387	1.920	2.667

(5)加药系统调试

工作内容:1. 循环水及汽水加药系统:①系统检查;②水压,药液计量箱校验;③计量泵试转、计量泵压力、安全阀调整;④计量泵流量校验。

2. 水处理系统加药试验:①水处理用离子交换树脂、垫料、凝聚剂等材料、药品的性能检测;②各类小型试验方案制定;③处理工艺效果和小型试验的实施。

计量单位:台

定额编号				2-12-116	2-12-117	2-12-118	2-12-119
项目				锅炉蒸发量(t/h)			
				≤50	≤75	≤150	<220
基价(元)				**2830.74**	**4703.86**	**7398.25**	**11484.31**
其中	人工费(元)			2537.73	4246.56	6711.93	10357.61
	材料费(元)			12.71	22.91	35.39	59.32
	机械费(元)			280.30	434.39	650.93	1067.38
名称		单位	单价(元)	消耗量			
人工	二类人工	工日	135.00	18.798	31.456	49.718	76.723
材料	酒精 工业用99.5%	kg	7.07	0.788	1.319	2.084	4.021
	取样瓶(袋)	个	2.50	0.788	1.319	2.084	4.021
	医用手套	副	1.64	3.000	6.000	9.000	12.000
	其他材料费	元	1.00	0.25	0.45	0.69	1.16
机械	便携式双探头超声波流量计	台班	9.56	0.840	1.406	2.222	3.429
	余氯分析仪	台班	10.50	0.840	1.406	2.222	3.429
	便携式精密露点仪	台班	98.29	1.400	2.343	3.703	5.715
	便携式可燃气体检漏仪	台班	14.30	8.800	12.300	16.950	30.550

(6)凝汽器铜管镀膜系统调试

工作内容:①系统检查,设备试运,镀膜工艺确定;②镀膜设备投运及调整。

计量单位:台

定额编号				2-12-120	2-12-121	2-12-122	2-12-123
项目				单机容量(MW)			
				≤6	≤15	≤25	≤35
基价(元)				**2251.35**	**3282.47**	**4477.20**	**6143.88**
其中	人工费(元)			910.17	1352.43	1872.45	2600.64
	材料费(元)			13.42	19.98	27.42	38.82
	机械费(元)			1327.76	1910.06	2577.33	3504.42
名称		单位	单价(元)	消耗量			
人工	二类人工	工日	135.00	6.742	10.018	13.870	19.264
材料	酒精 工业用99.5%	kg	7.07	1.032	1.533	2.123	2.949
	取样瓶(袋)	个	2.50	1.032	1.533	2.123	2.949
	医用手套	副	1.64	2.000	3.000	4.000	6.000
	其他材料费	元	1.00	0.26	0.39	0.54	0.76
机械	便携式双探头超声波流量计	台班	9.56	1.500	2.229	3.086	4.286
	总有机碳分析仪	台班	33.22	0.017	0.025	0.034	0.047
	原子吸收分光光度计	台班	105.00	1.667	2.476	3.429	4.762
	离子色谱仪	台班	240.00	1.667	2.476	3.429	4.762
	可见分光光度计	台班	120.00	1.500	2.229	3.086	4.286
	便携式多组气体分析仪	台班	135.00	3.999	5.479	7.086	9.286
	钠离子分析仪	台班	17.02	1.050	1.560	2.160	3.000

(7)取样装置系统调试

工作内容：装置检查，取样点核对，冷却水调整，取样系统减压阀、安全阀、高压阀调整，冷却装置调整。 **计量单位：**台

定额编号				2-12-124	2-12-125	2-12-126	2-12-127
项目				锅炉蒸发量(t/h)			
				≤50	≤75	≤150	<220
基价(元)				**602.18**	**1339.41**	**1508.99**	**1681.95**
其中	人工费(元)			387.72	886.01	996.84	1107.68
	材料费(元)			34.17	41.44	48.71	59.32
	机械费(元)			180.29	411.96	463.44	514.95
名称		单位	单价(元)	消耗量			
人工	二类人工	工日	135.00	2.872	6.563	7.384	8.205
材料	酒精 工业用99.5%	kg	7.07	2.815	3.217	3.619	4.021
	取样瓶(袋)	个	2.50	2.815	3.217	3.619	4.021
	医用手套	副	1.64	4.000	6.000	8.000	12.000
	其他材料费	元	1.00	0.67	0.81	0.96	1.16
机械	便携式双探头超声波流量计	台班	9.56	1.500	3.429	3.857	4.286
	余氯分析仪	台班	10.50	1.500	3.429	3.857	4.286
	便携式精密露点仪	台班	98.29	1.334	3.048	3.429	3.810
	便携式可燃气体检漏仪	台班	14.30	1.334	3.048	3.429	3.810

(8)化学水处理试运

工作内容：①净水、除盐水系统设备运行周期试验；②加药量、排泥周期、反冲洗强度调整；③再生工艺和酸碱耗调整；④运行水质鉴定。 **计量单位：**套

定额编号				2-12-128	2-12-129	2-12-130	2-12-131
项目				反渗透装置试运		过滤、二级纳交换系统	
				出力(t/h)			
				≤50	≤100	30～60	70～150
基价(元)				**16547.02**	**31536.84**	**18928.90**	**29130.91**
其中	人工费(元)			5393.25	10016.19	9245.61	10786.64
	材料费(元)			9687.61	19337.39	7979.52	15921.21
	机械费(元)			1466.16	2183.26	1703.77	2423.06
名称		单位	单价(元)	消耗量			
人工	二类人工	工日	135.00	39.950	74.194	68.486	79.901
材料	氯化钠	kg	0.53	—	—	2480.000	4960.000
	酒精 工业用99.5%	kg	7.07	0.688	0.983	0.688	0.983
	水	m^3	4.27	2200.000	4400.000	1500.000	3000.000
	碎布	箱	310.00	0.300	0.500	0.300	0.500
	取样瓶(袋)	个	2.50	1.400	2.000	1.400	2.000
	医用手套	副	1.64	1.400	2.000	1.400	2.000
	其他材料费	元	1.00	189.95	379.16	156.46	312.18
机械	载货汽车 5t	台班	382.30	1.000	1.500	1.000	1.500
	试压泵 60MPa	台班	23.30	0.500	0.500	0.500	0.500
	总有机碳分析仪	台班	33.22	2.667	3.810	3.000	4.286
	原子吸收分光光度计	台班	105.00	2.000	3.000	2.500	3.500
	离子色谱仪	台班	240.00	2.000	3.000	2.500	3.500
	可见分光光度计	台班	120.00	2.000	3.000	2.500	3.500
	钠离子分析仪	台班	17.02	3.150	4.500	2.800	4.000

工作内容：①净水、除盐水系统设备运行周期试验；②加药量、排泥周期、反冲洗强度调整；③再生工艺和酸碱耗调整；④运行水质鉴定。

计量单位：套

定额编号				2-12-132	2-12-133	2-12-134	2-12-135	2-12-136	2-12-137
项目				过滤、并列氢钠二级钠系统		过滤、一级除盐系统		过滤、二级除盐系统	
				出力(t/h)					
				30~60	70~150	30~60	70~150	30~60	70~150
基价（元）				**18452.93**	**32223.57**	**32565.11**	**52818.46**	**40080.23**	**68538.92**
其中	人工费（元）			6626.07	8166.96	10016.19	11557.08	775.44	1107.68
	材料费（元）			11234.73	22888.30	20224.40	37508.57	36597.97	63296.13
	机械费（元）			592.13	1168.31	2324.52	3752.81	2706.82	4135.11
	名称	单位	单价(元)	消耗量					
人工	二类人工	工日	135.00	49.082	60.496	74.194	85.608	5.744	8.205
材料	氯化钠	kg	0.53	1800.000	4000.000	—	—	—	—
	氢氧化钠（烧碱）	kg	2.59	420.000	840.000	2880.000	5040.000	4680.000	7020.000
	盐酸	kg	0.82	1700.000	4100.000	4800.000	8400.000	8800.000	13200.000
	酒精 工业用99.5%	kg	7.07	0.688	0.983	0.688	0.983	0.688	0.983
	水	m^3	4.27	1750.000	3420.000	1950.000	3900.000	3850.000	7700.000
	碎布	箱	310.00	0.300	0.500	0.300	0.500	0.300	0.500
	取样瓶(袋)	个	2.50	2.000	4.000	2.000	4.000	1.400	2.000
	医用手套	副	1.64	2.000	4.000	2.000	4.000	1.400	2.000
	其他材料费	元	1.00	220.29	448.79	396.56	735.46	717.61	1241.10
机械	载货汽车 5t	台班	382.30	1.500	3.000	2.000	4.000	3.000	5.000
	试压泵 60MPa	台班	23.30	0.500	0.500	0.500	0.500	0.500	0.500
	总有机碳分析仪	台班	33.22	0.033	0.047	3.000	4.286	3.000	4.286
	原子吸收分光光度计	台班	105.00	0.004	0.005	3.000	4.286	3.000	4.286
	离子色谱仪	台班	240.00	0.004	0.005	3.000	4.286	3.000	4.286
	可见分光光度计	台班	120.00	0.033	0.047	3.000	4.286	3.000	4.286
	钠离子分析仪	台班	17.02	0.035	0.049	3.150	4.500	3.150	4.500

4.厂内热网系统调试

工作内容:①热网供热减温减压装置投运及调整;②热网管道、蒸发站管道、加热站管道冲洗及阀门调整;③热工信号及联锁保护校验;④配合安全门热态检验;⑤热网回水及处理系统投运及调整;⑥系统投停及动态调整。

计量单位:台

定额编号				2-12-138	2-12-139	2-12-140	2-12-141
项目				锅炉蒸发量(t/h)			
				≤50	≤75	≤150	<220
基价(元)				**3388.71**	**4197.56**	**4948.73**	**5812.04**
其中	人工费(元)			2326.05	2658.29	2990.52	3322.89
	材料费(元)			79.50	92.67	93.61	125.32
	机械费(元)			983.16	1446.60	1864.60	2363.83
名称		单位	单价(元)	消耗量			
人工	二类人工	工日	135.00	17.230	19.691	22.152	24.614
材料	碎布	箱	310.00	0.100	0.120	0.150	0.180
	转速信号荧光感应纸	卷	33.53	1.400	1.600	1.350	2.000
	其他材料费	元	1.00	1.56	1.82	1.84	2.46
机械	小型工程车	台班	322.00	2.100	3.150	4.250	5.600
	笔记本电脑	台班	10.41	5.667	10.476	11.500	12.595
	红外测温仪	台班	37.00	2.800	3.650	4.250	4.850
	手持高精度数字测振仪和转速仪	台班	51.56	2.800	3.650	4.250	4.850

5. 脱硫工艺系统调试

工作内容：工艺水系统调试、烟气系统冷态调试、二氧化硫吸收系统调试、烟气换热器系统调试、石灰石粉储存及浆液制备系统调试、石膏脱水系统调试和脱硫废水处理系统调试。　　**计量单位：**套

定额编号					2-12-142	2-12-143
项目					烟气量为锅炉蒸发量(t/h)	
					≤150	<220
基价（元）					**42913.36**	**48486.44**
其中	人工费（元）				28507.41	31589.33
	材料费（元）				387.11	410.66
	机械费（元）				14018.84	16486.45
	名称		单位	单价(元)	消耗量	
人工	二类人工		工日	135.00	211.166	233.995
材料	温度计套管		个	8.84	2.000	2.000
	表计插座		个	21.55	4.000	4.000
	医用口罩		个	1.29	48.000	60.000
	取样瓶(袋)		个	2.50	20.020	22.000
	医用手套		副	1.64	16.380	18.000
	取压短管		个	6.81	2.000	2.000
	U形管夹		套	9.57	2.000	2.000
	专用吸油纸		张	1.81	5.000	5.000
	理化橡皮管		箱	95.00	1.000	1.000
	其他材料费		元	1.00	7.59	8.05
机械	小型工程车		台班	322.00	15.250	18.400
	便携式多组气体分析仪		台班	135.00	19.500	22.500
	浊度仪		台班	79.53	19.500	22.500
	标准测力仪		台班	12.09	13.000	15.000
	便携式双探头超声波流量计		台班	9.56	15.167	17.500
	精密声级计		台班	6.18	15.167	17.500
	数字压力表		台班	22.06	15.167	17.500
	笔记本电脑		台班	10.41	30.334	40.000
	BOD测试仪		台班	48.37	19.500	22.500
	红外测温仪		台班	37.00	19.500	22.500
	手持高精度数字测振仪和转速仪		台班	51.56	30.333	35.000
	数字式电子微压计		台班	42.86	15.167	17.500

6. 脱硝工艺系统调试

工作内容: 氨卸料与存储系统调试、液氨蒸发系统调试、稀释风系统、注氨系统、SCR 吹灰系统和SCR 反应器系统调试。

计量单位:台

定额编号				2-12-144	2-12-145	2-12-146	2-12-147
项目				锅炉蒸发量(t/h)			
				≤50	≤75	≤150	<220
基价(元)				**21175.80**	**27037.54**	**33326.71**	**39565.03**
其中	人工费(元)			13868.55	18491.36	23114.16	27736.97
	材料费(元)			2469.01	2815.40	3195.12	3508.19
	机械费(元)			4838.24	5730.78	7017.43	8319.87
名称		单位	单价(元)	消耗量			
人工	二类人工	工日	135.00	102.730	136.973	171.216	205.459
材料	肥皂水	kg	6.90	21.000	24.000	27.300	30.000
	医用口罩	个	1.29	30.000	40.000	50.000	60.000
	氮气	瓶	204.00	10.500	12.000	13.650	15.000
	理化橡皮管	箱	95.00	1.000	1.000	1.000	1.000
	其他材料费	元	1.00	48.41	55.20	62.65	68.79
机械	小型工程车	台班	322.00	5.000	6.000	7.500	9.000
	氨气检漏仪	台班	80.92	14.334	16.381	18.634	20.476
	便携式污染检测仪	台班	27.51	12.667	14.476	16.467	18.095
	笔记本电脑	台班	10.41	10.000	15.000	20.000	25.000
	烟气采样器	台班	22.23	7.550	9.100	11.200	14.350
	红外测温仪	台班	37.00	7.550	9.100	11.200	14.350
	手持高精度数字测振仪和转速仪	台班	51.56	15.100	18.200	22.400	28.700
	数字式电子微压计	台班	42.86	9.100	10.300	14.350	15.800

二、整套启动调试

1. 锅炉整套启动调试

工作内容：热工信号及连锁保护校验、分系统投运、点火及燃油系统试验、安全阀校验及蒸汽严密性试验、机组空负荷运行调试、低负荷调试、主要辅机设备及附属系统带负荷调试、制粉系统热态调试、燃烧调整、机组带负荷试验、带负荷锅炉相关热控自动投用试验、甩负荷试验和 72h + 24h 连续试运行。

计量单位：台

定额编号				2-12-148	2-12-149	2-12-150	2-12-151
项目				燃煤锅炉蒸发量(t/h)			
				≤50	≤75	≤150	<220
基价（元）				**30085.81**	**41696.14**	**55845.72**	**79533.37**
其中	人工费（元）			25420.23	36086.85	49345.20	71675.01
	材料费（元）			209.51	397.49	585.48	773.47
	机械费（元）			4456.07	5211.80	5915.04	7084.89
名称		单位	单价(元)	消耗量			
人工	二类人工	工日	135.00	188.298	267.310	365.520	530.926
材料	碎布	箱	310.00	0.500	1.000	1.500	2.000
	医用口罩	个	1.29	20.000	30.000	40.000	50.000
	医用手套	副	1.64	15.000	25.000	35.000	45.000
	其他材料费	元	1.00	4.11	7.79	11.48	15.17
机械	小型工程车	台班	322.00	10.000	11.429	12.857	15.000
	笔记本电脑	台班	10.41	33.667	49.905	61.140	89.000
	红外测温仪	台班	37.00	10.000	11.429	12.857	15.000
	手持高精度数字测振仪和转速仪	台班	51.56	10.000	11.429	12.857	15.000

2. 汽机整套启动调试

工作内容:热工信号及连锁保护校验、分系统投运、主机冲转前检查(冷态启动)、主机冲转、并网及空负荷技术指标控制调整、发电机冷却系统运行、主机带负荷阶段试验、汽机辅助设备及附属系统带负荷调试、轴承及转子振动测量、带负荷汽机相关热控自动投用试验、甩负荷试验和 72h+24h 连续满负荷试运行。

计量单位:台

定额编号				2-12-152	2-12-153	2-12-154	2-12-155
项目				发电单机容量(MW)机组			
				≤6	≤15	≤25	≤35
基价(元)				**22907.28**	**32526.06**	**43441.24**	**58276.64**
其中	人工费(元)			17498.43	26144.64	36086.85	50175.86
	材料费(元)			190.62	301.74	444.48	555.59
	机械费(元)			5218.23	6079.68	6909.91	7545.19
名称		单位	单价(元)	消耗量			
人工	二类人工	工日	135.00	129.618	193.664	267.310	371.673
材料	碎布	箱	310.00	0.500	0.800	1.200	1.500
	医用口罩	个	1.29	12.000	18.000	24.000	30.000
	医用手套	副	1.64	10.000	15.000	20.000	25.000
	其他材料费	元	1.00	3.74	5.92	8.72	10.89
机械	小型工程车	台班	322.00	10.500	12.000	13.500	14.286
	便携式双探头超声波流量计	台班	9.56	10.500	12.000	13.500	14.286
	高精度测厚仪装置	台班	53.49	10.500	12.000	13.500	14.286
	笔记本电脑	台班	10.41	30.500	46.000	58.500	84.286
	红外测温仪	台班	37.00	10.500	12.000	13.500	14.286
	手持高精度数字测振仪和转速仪	台班	51.56	9.100	10.400	11.700	12.381

3. 化学整套启动调试

工作内容:分系统投运、整组启动化学监督、化学热工系统投运、化学净水、补给水及废液排放系统调试和 72h+24h 连续试运行。

计量单位:台

定额编号				2-12-156	2-12-157	2-12-158	2-12-159
项目				燃煤锅炉蒸发量(t/h)			
				≤50	≤75	≤150	<220
基价(元)				**21414.64**	**17819.52**	**22854.94**	**30763.03**
其中	人工费(元)			17809.74	13874.22	18362.43	25442.37
	材料费(元)			78.16	94.14	114.61	133.74
	机械费(元)			3526.74	3851.16	4377.90	5186.92
名称		单位	单价(元)	消耗量			
人工	二类人工	工日	135.00	131.924	102.772	136.018	188.462
材料	酒精 工业用 99.5%	kg	7.07	3.495	3.994	4.494	4.993
	碎布	箱	310.00	0.100	0.120	0.150	0.180
	医用口罩	个	1.29	5.000	8.000	12.000	15.000
	取样瓶(袋)	个	2.50	3.495	3.994	4.494	4.993
	医用手套	副	1.64	3.495	3.994	4.494	4.993
	其他材料费	元	1.00	1.53	1.85	2.25	2.62
机械	小型工程车	台班	322.00	10.500	11.429	12.857	15.000
	笔记本电脑	台班	10.41	14.000	16.429	22.857	34.286

三、特殊项目测试与性能验收试验

1. 流化床锅炉燃烧试验

工作内容：①床温、床压、炉膛出口温度控制与调整；②燃料量的控制与调整；③过剩空气系数调整；④燃料粒度配比的控制与调整；⑤配风方式试验；⑥试验方案措施的制定。 **计量单位**：台

定额编号				2-12-160	2-12-161
项目				锅炉蒸发量(t/h)	
				≤75	<220
基价（元）				**3903.68**	**5795.40**
其中	人工费（元）			1938.33	2769.12
	材料费（元）			274.82	392.60
	机械费（元）			1690.53	2633.68
名称		单位	单价(元)	消耗量	
人工	二类人工	工日	135.00	14.358	20.512
材料	遮挡式靠背管	个	5.09	14.000	20.000
	理化橡皮管	箱	95.00	2.086	2.980
	其他材料费	元	1.00	5.39	7.70
机械	小型工程车	台班	322.00	3.250	5.150
	笔记本电脑	台班	10.41	8.334	11.905
	红外测温仪	台班	37.00	3.750	6.050
	手持高精度数字测振仪和转速仪	台班	51.56	5.000	7.143
	数字式电子微压计	台班	42.86	3.750	6.050

2. 流化床锅炉投石灰石试验

工作内容：①投石灰石系统设备试转及检查；②进行钙硫比调整试验；③试验方案措施的制定。 **计量单位**：台

定额编号				2-12-162	2-12-163
项目				锅炉蒸发量(t/h)	
				≤75	<220
基价（元）				**3276.22**	**4702.37**
其中	人工费（元）			1162.89	1661.45
	材料费（元）			115.08	164.39
	机械费（元）			1998.25	2876.53
名称		单位	单价(元)	消耗量	
人工	二类人工	工日	135.00	8.614	12.307
材料	遮挡式靠背管	个	5.09	9.100	13.000
	理化橡皮管	箱	95.00	0.700	1.000
	其他材料费	元	1.00	2.26	3.22
机械	小型工程车	台班	322.00	4.286	6.191
	笔记本电脑	台班	10.41	4.667	6.667
	红外测温仪	台班	37.00	4.334	6.191
	手持高精度数字测振仪和转速仪	台班	51.56	4.334	6.191
	数字式电子微压计	台班	42.86	4.334	6.191

3. 给水、减温水调节漏流量与特性试验

工作内容:①电动门、调节门检查与整定;②调节门漏流量测定;③自动调节门流量特性试验。 **计量单位:**台

定额编号					2-12-164	2-12-165
项目					锅炉蒸发量(t/h)	
					≤75	<220
基价(元)					**1873.29**	**2718.90**
其中	人工费(元)				1085.40	1550.61
	材料费(元)				91.84	127.93
	机械费(元)				696.05	1040.36
名称		单位	单价(元)		消耗量	
人工	二类人工	工日	135.00		8.040	11.486
材料	碎布	箱	310.00		0.100	0.120
	遮挡式靠背管	个	5.09		6.000	8.000
	理化橡皮管	箱	95.00		0.300	0.500
	其他材料费	元	1.00		1.80	2.51
机械	小型工程车	台班	322.00		2.000	3.000
	笔记本电脑	台班	10.41		5.000	7.143

4. 等离子点火装置调整试验

工作内容:①冷却水系统调试;②压缩空气系统调试;③一、二次风系统冷态调试;④电气系统调试(包括冷态拉弧试验);⑤图像火检系统的调试;⑥各项连锁保护的传动试验;⑦热态调整试验。 **计量单位:**台

定额编号					2-12-166	2-12-167
项目					锅炉蒸发量(t/h)	
					≤75	<220
基价(元)					**5880.99**	**8309.34**
其中	人工费(元)				4790.07	6842.88
	材料费(元)				—	—
	机械费(元)				1090.92	1466.46
名称		单位	单价(元)		消耗量	
人工	二类人工	工日	135.00		35.482	50.688
机械	小型工程车	台班	322.00		3.000	4.000
	笔记本电脑	台班	10.41		12.000	17.143

5. 微油点火装置调整试验

工作内容:①各项连锁保护的传动试验;②阀门、挡板试验;③小型雾化试验;④热态调整。　　**计量单位**:台

定额编号				2-12-168	2-12-169
项目				锅炉蒸发量(t/h)	
				≤75	<220
基价(元)				**4761.46**	**7446.98**
其中	人工费(元)			3852.36	6163.83
	材料费(元)			—	—
	机械费(元)			909.10	1283.15
	名称	单位	单价(元)	消耗量	
人工	二类人工	工日	135.00	28.536	45.658
机械	小型工程车	台班	322.00	2.500	3.500
	笔记本电脑	台班	10.41	10.000	15.000

6. 制粉系统出力测试

工作内容:①按照试验方案要求配合进行试验仪表设备安装;②系统运行方式及运行参数调整,系统隔离;③正式试验;④试验结果计算、分析、总结。　　**计量单位**:台

定额编号				2-12-170	2-12-171
项目				锅炉蒸发量(t/h)	
				≤75	<220
基价(元)				**11557.57**	**17580.49**
其中	人工费(元)			8721.81	13529.43
	材料费(元)			206.12	294.41
	机械费(元)			2629.64	3756.65
	名称	单位	单价(元)	消耗量	
人工	二类人工	工日	135.00	64.606	100.218
材料	遮挡式靠背管	个	5.09	12.286	17.552
	石棉手套	副	9.48	4.189	5.984
	防尘口罩	只	5.00	4.253	6.075
	理化橡皮管	箱	95.00	0.827	1.181
	其他材料费	元	1.00	4.04	5.77
机械	小型工程车	台班	322.00	5.000	7.143
	便携式煤粉取样装置	台班	40.51	4.132	5.903
	煤粉气流筛	台班	95.51	4.634	6.620
	笔记本电脑	台班	10.41	23.032	32.903
	数字式电子微压计	台班	42.86	3.964	5.662

7. 磨煤机单耗测试

工作内容:①按照试验方案要求配合进行试验仪表设备安装;②系统运行方式及运行参数调整,系统隔离;③正式试验;④试验结果计算、分析、总结。

计量单位:台

定额编号				2-12-172	2-12-173
项目				锅炉蒸发量(t/h)	
				≤75	<220
基价(元)				**11922.89**	**16965.84**
其中	人工费(元)			9999.72	14285.16
	材料费(元)			135.77	193.95
	机械费(元)			1787.40	2486.73
	名称	单位	单价(元)	消耗量	
人工	二类人工	工日	135.00	74.072	105.816
材料	遮挡式靠背管	个	5.09	5.600	8.000
	石棉手套	副	9.48	3.263	4.662
	防尘口罩	只	5.00	3.335	4.764
	理化橡皮管	箱	95.00	0.600	0.857
	其他材料费	元	1.00	2.66	3.80
机械	小型工程车	台班	322.00	3.400	4.650
	便携式煤粉取样装置	台班	40.51	2.667	3.810
	煤粉气流筛	台班	95.51	2.667	3.810
	笔记本电脑	台班	10.41	20.704	29.577
	数字式电子微压计	台班	42.86	2.667	3.810

8. 机组热耗测试

工作内容：①试验测点（温度、压力、流量等）安装位置讨论确认；②按照试验方案要求配合进行试验仪表设备（热电耦、变送器、电功率表等）安装；③机组明漏、内漏检查，热力系统检查及优化调整；④机组运行方式及运行参数调整，阀门隔离；⑤流量平衡试验；⑥预备性试验；⑦正式试验；⑧试验结果计算、分析、总结。

计量单位：台

定额编号				2-12-174	2-12-175
项目				发电机容量(MW)	
				≤15	≤35
基价（元）				**8042.65**	**11889.39**
其中	人工费（元）			4622.81	6934.28
	材料费（元）			844.47	1206.38
	机械费（元）			2575.37	3748.73
	名称	单位	单价(元)	消耗量	
人工	二类人工	工日	135.00	34.243	51.365
材料	砂纸	张	0.52	2.699	3.855
	凡士林	kg	2.67	0.189	0.270
	铜芯聚氯乙烯护套屏蔽软线 RVVP 2×1.0	m	1.92	210.000	300.000
	高精度热电耦补偿导线	m	3.02	140.000	200.000
	其他材料费	元	1.00	16.56	23.65
机械	小型工程车	台班	322.00	4.000	6.000
	便携式双探头超声波流量计	台班	9.56	1.987	2.838
	高精度测厚仪装置	台班	53.49	1.614	2.305
	高精度 40 通道压力采集系统	台班	166.00	4.800	6.857
	数字压力表	台班	22.06	1.594	2.276
	高精度多功能电功率采集仪	台班	53.49	1.852	2.646
	笔记本电脑	台班	10.41	12.000	15.000
	红外测温仪	台班	37.00	3.408	4.869

9. 机组轴系振动测试

工作内容：①按照试验方案要求配合进行试验仪表设备安装；②机组低速下的原始晃动监测；③机组升速和降速过程中的振动监测；④机组带负荷期间典型工况下的振动监测；⑤变排汽温度对主机振动影响试验；⑥变润滑油温对主机振动影响试验；⑦试验情况分析与总结。

计量单位：台

定额编号				2-12-176	2-12-177
项目				发电机容量(MW)	
				≤15	≤35
基价（元）				**10637.08**	**14818.29**
其中	人工费（元）			6939.27	9913.32
	材料费（元）			—	—
	机械费（元）			3697.81	4904.97
	名称	单位	单价(元)	消耗量	
人工	二类人工	工日	135.00	51.402	73.432
机械	小型工程车	台班	322.00	6.000	7.500
	振动动态信号采集分析系统	台班	84.74	15.000	21.000
	笔记本电脑	台班	10.41	22.500	32.500
	红外测温仪	台班	37.00	7.040	10.057

10. 机组供电煤耗测试

工作内容:①按照试验方案要求进行机组热力系统优化调整、运行方式及运行参数调整;②正式试验;③结合炉热效率试验、机组热耗试验结果进行计算、分析、总结。

注释:试验与炉热效率试验、机组热耗试验同期进行。若单独进行本试验,费用须在本定额基础上,加上炉热效率试验、机组热耗试验的定额。

计量单位:套

定额编号				2-12-178	2-12-179
项目				发电机容量(MW)	
				≤15	≤35
基价(元)				**9905.42**	**14162.21**
其中	人工费(元)			7742.52	11060.96
	材料费(元)			—	—
	机械费(元)			2162.90	3101.25
	名称	单位	单价(元)	消耗量	
人工	二类人工	工日	135.00	57.352	81.933
机械	小型工程车	台班	322.00	4.000	5.715
	数字压力表	台班	22.06	3.187	4.553
	高精度多功能电功率采集仪	台班	53.49	7.408	10.583
	笔记本电脑	台班	10.41	15.000	22.500
	红外测温仪	台班	37.00	6.816	9.737

11. 机组 RB 试验

工作内容:①RB 动作回路的检查确认;②最大带载能力及 RB 目标负荷等参数的检查与确认;③与其他控制系统的联调试验;④跳磨程序的连锁试验;⑤现场 RB 试验;⑥试验结果计算、分析、总结告。

计量单位:套

定额编号				2-12-180	2-12-181
项目				发电机容量(MW)	
				≤15	≤35
基价(元)				**44449.91**	**63499.64**
其中	人工费(元)			42644.07	60919.83
	材料费(元)			—	—
	机械费(元)			1805.84	2579.81
	名称	单位	单价(元)	消耗量	
人工	二类人工	工日	135.00	315.882	451.258
机械	小型工程车	台班	322.00	5.000	7.143
	标准信号发生器 8.2~10GHz	台班	14.81	3.296	4.708
	笔记本电脑	台班	10.41	14.124	20.177

12. 污染物排放测试

工作内容:①大气污染物排放浓度测试;②大气污染物排放速率测试;③水污染物排放浓度测试。　**计量单位:**样次

定额编号				2-12-182	2-12-183
项目				锅炉蒸发量(t/h)	
				≤75	<220
基价(元)				**7254.00**	**10422.69**
其中	人工费(元)			5705.78	8151.03
	材料费(元)			429.33	613.33
	机械费(元)			1118.89	1658.33
	名称	单位	单价(元)	消耗量	
人工	二类人工	工日	135.00	42.265	60.378
材料	表计插座	个	21.55	0.616	0.880
	仪表接头(不锈钢)	个	10.78	0.616	0.880
	麻丝	kg	2.76	0.616	0.880
	密封胶	kg	11.12	0.616	0.880
	石棉纸	kg	0.86	1.232	1.760
	水流指示器	只	129.00	0.616	0.880
	细铁丝	m	0.43	0.616	0.880
	防护眼罩	个	3.97	0.616	0.880
	石棉手套	副	9.48	1.232	1.760
	防尘口罩	只	5.00	2.464	3.520
	标志牌	个	0.43	0.616	0.880
	一次性耳塞	个	3.28	2.464	3.520
	硅胶管	m	4.40	30.800	44.000
	防爆插头	个	8.62	0.616	0.880
	铠装热电耦	只	51.72	0.616	0.880
	烟气取样枪	个	33.10	0.616	0.880
	清洗液 500mL	瓶	7.67	1.232	1.760
	聚四氟乙烯生料带	卷	5.00	0.616	0.880
	橡胶手套	付	10.34	1.232	1.760
	理化橡皮管	箱	95.00	0.616	0.880
	其他材料费	元	1.00	8.42	12.03
机械	小型工程车	台班	322.00	3.000	4.500
	电焊条烘干箱 $60\times50\times75(cm^3)$	台班	16.84	0.147	0.210
	便携式多组气体分析仪	台班	135.00	0.030	0.042
	电子天平(0.0001mg)	台班	17.77	0.088	0.126
	便携式电导率表	台班	7.72	0.059	0.084
	pH 测试仪	台班	7.64	0.147	0.210
	湿度采样管	台班	14.01	0.059	0.084
	热电耦精密测温仪	台班	10.54	0.147	0.210
	可拆式烟尘采样枪	台班	100.00	0.088	0.126
	粉尘快速测试仪	台班	31.59	0.088	0.126
	便携式烟气预处理器	台班	35.02	0.088	0.126
	烟尘测试仪	台班	43.16	0.088	0.126
	烟气分析仪	台班	84.18	0.088	0.126
	笔记本电脑	台班	10.41	9.000	12.000
	压力校验仪	台班	47.05	0.059	0.084
	便携式精密露点仪	台班	98.29	0.030	0.042
	BOD 测试仪	台班	48.37	0.030	0.042
	气体分析仪	台班	38.56	0.059	0.084
	气体、粉尘、烟尘采样仪校验装置	台班	21.93	0.088	0.126
	烟气采样器	台班	22.23	0.088	0.126
	烟尘浓度采样仪	台班	27.64	0.088	0.126
	加热烟气采样枪	台班	51.27	0.088	0.126
	钠离子分析仪	台班	17.02	0.059	0.084

13. 噪声测试

工作内容:①各设备噪声测试;②设备背景噪声测试;③厂界噪声测试;④各敏感点噪声测试;⑤测试结果计算、分析、总结。

计量单位:样次

定额编号				2-12-184	2-12-185
项目				锅炉蒸发量(t/h)	
				≤75	<220
基价(元)				**3833.86**	**5476.85**
其中	人工费(元)			2866.05	3898.53
	材料费(元)			18.87	26.96
	机械费(元)			948.94	1551.36
	名称	单位	单价(元)	消耗量	
人工	二类人工	工日	135.00	21.230	28.878
材料	医用口罩	个	1.29	4.620	6.600
	医用手套	副	1.64	4.620	6.600
	细纱白手套	副	1.29	3.850	5.500
	其他材料费	元	1.00	0.37	0.53
机械	小型工程车	台班	322.00	2.600	4.300
	叶轮式风速表	台班	10.13	0.367	0.524
	精密声级计	台班	6.18	3.667	5.238
	笔记本电脑	台班	10.41	8.200	12.400

14. 散热测试

工作内容:①按照试验方案要求配合进行试验仪表设备安装;②系统运行方式及运行参数调整,系统隔离;③正式试验;④测试结果计算、分析、总结。

计量单位:样次

定额编号				2-12-186	2-12-187
项目				锅炉蒸发量(t/h)	
				≤75	<220
基价(元)				**9774.20**	**14057.55**
其中	人工费(元)			8381.48	11973.56
	材料费(元)			35.73	51.04
	机械费(元)			1356.99	2032.95
	名称	单位	单价(元)	消耗量	
人工	二类人工	工日	135.00	62.085	88.693
材料	石棉手套	副	9.48	3.695	5.278
	其他材料费	元	1.00	0.70	1.00
机械	小型工程车	台班	322.00	3.250	4.900
	笔记本电脑	台班	10.41	9.300	14.400
	红外测温仪	台班	37.00	5.775	8.250

15. 粉尘测试

工作内容:①大气压测定;②风速、湿度测定;③厂区粉尘测试;④测试结果计算、分析、总结。　　计量单位:样次

				2-12-188	2-12-189
定额编号				2-12-188	2-12-189
项目				锅炉蒸发量(t/h)	
				≤75	<220
基价(元)				8243.92	11897.18
其中	人工费(元)			6934.28	10016.19
	材料费(元)			11.78	16.83
	机械费(元)			1297.86	1864.16
名称		单位	单价(元)	消耗量	
人工	二类人工	工日	135.00	51.365	74.194
材料	医用口罩	个	1.29	3.080	4.400
	医用手套	副	1.64	4.620	6.600
	其他材料费	元	1.00	0.23	0.33
机械	小型工程车	台班	322.00	3.667	5.238
	叶轮式风速表	台班	10.13	0.367	0.524
	粉尘快速测试仪	台班	31.59	0.367	0.524
	笔记本电脑	台班	10.41	9.250	13.900
	气体、粉尘、烟尘采样仪校验装置	台班	21.93	0.250	0.500

16. 除尘效率测试

工作内容:①除尘器前烟尘浓度测定;②除尘器后烟尘浓度测定;③除尘器前后烟气氧量与湿度测定;④试验结果计算、分析、总结。

计量单位:套

	定额编号			2-12-190	2-12-191
	项目			锅炉蒸发量(t/h)	
				≤75	<220
	基价(元)			**10107.73**	**14668.60**
其中	人工费(元)			8475.17	12327.53
	材料费(元)			81.26	116.10
	机械费(元)			1551.30	2224.97
	名称	单位	单价(元)	消耗量	
人工	二类人工	工日	135.00	62.779	91.315
材料	密封胶	kg	11.12	0.308	0.440
	石棉手套	副	9.48	1.232	1.760
	防尘口罩	只	5.00	2.464	3.520
	铠装热电耦	只	51.72	0.616	0.880
	烟气取样枪	个	33.10	0.616	0.880
	其他材料费	元	1.00	1.59	2.28
机械	小型工程车	台班	322.00	4.334	6.191
	电焊条烘干箱 60×50×75(cm^3)	台班	16.84	0.147	0.210
	热电耦精密测温仪	台班	10.54	0.147	0.210
	可拆式烟尘采样枪	台班	100.00	0.088	0.126
	便携式烟气预处理器	台班	35.02	0.088	0.126
	笔记本电脑	台班	10.41	12.000	18.000
	压力校验仪	台班	47.05	0.059	0.084
	气体分析仪	台班	38.56	0.059	0.084
	气体、粉尘、烟尘采样仪校验装置	台班	21.93	0.088	0.126
	烟尘浓度采样仪	台班	27.64	0.088	0.126
	加热烟气采样枪	台班	51.27	0.088	0.126
	钠离子分析仪	台班	17.02	0.059	0.084

17. 烟气监测系统测试

工作内容:①按照试验方案要求配合进行试验仪表设备安装;②系统运行方式及运行参数调整,系统隔离;③测试;④测试结果计算、分析、总结。

计量单位:试件

定额编号				2-12-192	2-12-193
项目				锅炉蒸发量(t/h)	
				≤75	<220
基价(元)				**4544.51**	**6756.32**
其中	人工费(元)			3698.19	5547.29
	材料费(元)			81.26	116.10
	机械费(元)			765.06	1092.93
名称		单位	单价(元)	消耗量	
人工	二类人工	工日	135.00	27.394	41.091
材料	密封胶	kg	11.12	0.308	0.440
	石棉手套	副	9.48	1.232	1.760
	防尘口罩	只	5.00	2.464	3.520
	铠装热电耦	只	51.72	0.616	0.880
	烟气取样枪	个	33.10	0.616	0.880
	其他材料费	元	1.00	1.59	2.28
机械	小型工程车	台班	322.00	2.000	2.857
	电焊条烘干箱 60×50×75(cm^3)	台班	16.84	0.147	0.210
	热电耦精密测温仪	台班	10.54	0.147	0.210
	可拆式烟尘采样枪	台班	100.00	0.088	0.126
	便携式烟气预处理器	台班	35.02	0.088	0.126
	笔记本电脑	台班	10.41	8.667	12.381
	压力校验仪	台班	47.05	0.059	0.084
	气体分析仪	台班	38.56	0.059	0.084
	气体、粉尘、烟尘采样仪校验装置	台班	21.93	0.088	0.126
	烟尘浓度采样仪	台班	27.64	0.088	0.126
	加热烟气采样枪	台班	51.27	0.088	0.126
	钠离子分析仪	台班	17.02	0.059	0.084

18. 炉热效率测试

工作内容:①按照试验方案要求配合进行试验仪表设备安装;②系统运行方式及运行参数调整,系统隔离;③测试;④测试结果计算、分析、总结。

计量单位:台

定额编号				2-12-194	2-12-195
项目				锅炉蒸发量(t/h)	锅炉蒸发量(220)
				≤75	<220
基价(元)				**20799.37**	**30744.60**
其中	人工费(元)			13097.97	19724.04
	材料费(元)			5258.05	7511.30
	机械费(元)			2443.35	3509.26
名称		单位	单价(元)	消耗量	
人工	二类人工	工日	135.00	97.022	146.104
材料	氮气	瓶	204.00	0.226	0.323
	石棉手套	副	9.48	4.730	6.757
	防尘口罩	只	5.00	4.803	6.861
	铠装热电耦	只	51.72	82.520	117.885
	烟气取样枪	个	33.10	20.628	29.469
	铜三通	个	6.72	5.149	7.356
	一氧化碳气体 804ppm 25L	瓶	249.00	0.041	0.058
	理化橡皮管	箱	95.00	0.468	0.668
	其他材料费	元	1.00	103.10	147.28
机械	小型工程车	台班	322.00	6.000	8.572
	烟气分析仪	台班	84.18	1.502	2.146
	隔膜式抽气泵	台班	57.53	1.717	2.452
	笔记本电脑	台班	10.41	25.000	37.500
	钠离子分析仪	台班	17.02	1.521	2.173

浙江省通用安装工程预算定额

（2018 版）

第一册　机械设备安装工程

中国计划出版社

2018　北　京

图书在版编目（CIP）数据

浙江省通用安装工程预算定额 : 2018版 : 全9本 / 浙江省建设工程造价管理总站主编. -- 北京 : 中国计划出版社, 2018.12 （2021.4重印）
ISBN 978-7-5182-0937-8

Ⅰ. ①浙… Ⅱ. ①浙… Ⅲ. ①建筑安装－建筑预算定额－浙江 Ⅳ. ①TU723.34

中国版本图书馆CIP数据核字(2018)第239296号

浙江省通用安装工程预算定额

(2018 版)

浙江省建设工程造价管理总站　主编

中国计划出版社出版发行
网址：www.jhpress.com
地址：北京市西城区木樨地北里甲 11 号国宏大厦 C 座 3 层
邮政编码：100038　电话：(010) 63906433（发行部）
北京市科星印刷有限责任公司印刷

880mm×1230mm　1/16　190.5 印张　5413 千字
2018 年 12 月第 1 版　2021 年 4 月第 4 次印刷
印数 10001—12000 册

ISBN 978-7-5182-0937-8
定价：890.00 元（全 9 本）

主编单位：浙江省建设工程造价管理总站

批准部门：浙江省住房和城乡建设厅

浙江省发展和改革委员会

浙 江 省 财 政 厅

施行日期：二 〇 一 九 年 一 月 一 日

浙江省通用安装工程预算定额
（2018 版）

主编单位：浙江省建设工程造价管理总站
参编单位：宁波市建设工程造价管理处
温州市建设工程造价管理处
湖州市建设工程造价管理站
丽水市建设工程造价管理处
浙江建设职业技术学院
浙江省工业设备安装集团有限公司
浙江省三建建设集团有限公司
浙江大有集团有限公司
浙江快达建设安装工程集团有限公司
中国化学工程第六建设有限公司
万邦工程管理咨询有限公司
浙江建正工程咨询有限公司
浙江天平投资咨询有限公司
天健（浙江）工程咨询有限公司
浙江省工程咨询有限公司
杭州源牌科技股份有限公司
浙江德方智能科技有限公司
浙江川科防保材料发展有限公司

主　　编：蔡临申　丁　锋
副 主 编：汤　捷　张跃军　周海东　范　荣　汤寿坤　朱云峰　叶肖敬　骆忠祥
参　　编：韩　烨　商嘉瑜　金秋英　叶　圣　何　颖　钱江平　纪子发　方存文
余立成　陈　莉　朱利民　余立新　伍耘湘　罗　宏　徐立伟　刘　丹
顾　　问：房国春

软件生成：成都鹏业软件股份有限公司　杜彬
数据输入：杭州品茗安控信息技术股份有限公司　裘炯

审　核：浙江省建设工程计价依据（2018版）编制工作专家组

组　长：邓文华　浙江省建设工程造价管理总站站长

副组长：赵智敏　浙江省发展和改革委员会基综办副主任
马　勇　浙江省财政厅经济建设处副处长
贾利松　浙江省住房和城乡建设厅综合计划与财务处副处长
韩　英　浙江省建设工程造价管理总站副站长
汪亚峰　浙江省建设工程造价管理总站副站长
季　挺　浙江省建设工程造价管理总站副站长

成　员：李仲尧　浙江省公共资源交易中心主任
俞富桥　浙江省财政项目预算评审中心副主任
李　锋　浙江省建筑业管理局市场监管处处长
张实现　浙江省建设工程造价管理协会原会长
陆开林　杭州市建设工程造价和投资管理办公室原主任
傅立群　宁波市建设工程造价管理处处长
季胜杰　温州市建设工程造价管理处主任
胡建明　浙江省建设工程造价管理总站副总工程师
田忠玉　浙江省建设工程造价管理总站定额管理处处长
蔡临申　浙江省建设工程造价管理总站造价信息处处长
毛红卫　浙江省建设投资集团股份有限公司副总经济师
单国良　歌山建设集团有限公司总裁助理
陈建华　万邦工程管理咨询有限公司总经理
黄志挺　建经投资咨询有限公司董事长
华钟鑫　浙江中达工程造价事务所有限公司董事长
蒋　磊　浙江耀信工程咨询有限公司董事长
史文军　浙江省建工集团有限责任公司原总经济师

审　定：浙江省建设工程计价依据（2018版）编制工作领导小组

组　长：项永丹　浙江省住房和城乡建设厅厅长

副组长：朱永斌　浙江省住房和城乡建设厅党组成员、浙江省建筑业管理局局长
周华富　浙江省发展和改革委员会副主任
邢自霞　浙江省财政厅副厅长

成　员：方建新　浙江省发展和改革委员会基综办调研员
倪学军　浙江省财政厅经济建设处处长
叶军献　浙江省建筑业管理局副局长
施卫忠　浙江省住房和城乡建设厅综合与计划财务处处长
吴伟民　浙江省建筑业管理局副局长
邓文华　浙江省建设工程造价管理总站站长

关于颁发浙江省建设工程计价依据(2018版)的通知

浙建建〔2018〕61号

各市建委(建设局)、发展改革委、财政局:

为深化工程造价管理改革,完善工程计价依据体系,健全市场起决定性作用的工程造价管理机制,合理确定和有效控制工程造价,根据省住房城乡建设厅、省发展改革委、省财政厅联合印发的《关于组织编制〈浙江省建设工程计价依据(2018版)〉的通知》(建建发〔2017〕166号)要求,由省建设工程造价管理总站负责组织编制的《浙江省建设工程计价规则》(2018版)、《浙江省房屋建筑与装饰工程预算定额》(2018版)、《浙江省通用安装工程预算定额》(2018版)、《浙江省市政工程预算定额》(2018版)、《浙江省园林绿化及仿古建筑工程预算定额》(2018版)、《浙江省建设工程施工机械台班费用定额》(2018版)、《浙江省建筑安装材料基期价格》(2018版)、《浙江省城市轨道交通工程预算定额》(2018版)等8项工程计价成果(以下简称"2018版计价依据")通过审定,现予颁发,并就有关事项通知如下,请一并贯彻执行。

一、2018版计价依据是指导投资估算、设计概算、施工图预算、招标控制价、投标报价的编制以及工程合同价约定、竣工结算办理、工程计价纠纷调解处理、工程造价鉴定等的依据。规费取费标准是投资概算和招标控制价的编制依据,投标人根据国家法律法规及自身缴纳规费的实际情况,自主确定其投标费率,但在规费政策平稳过渡期内不得低于标准费率的30%。当规费相关政策发生变化时,再另行发文规定。

二、2018版计价依据自2019年1月1日起施行。《浙江省建设工程计价规则》(2010版)、《浙江省建筑工程预算定额》(2010版)、《浙江省安装工程预算定额》(2010版)、《浙江省市政工程预算定额》(2010版)、《浙江省园林绿化及仿古建筑工程预算定额》(2010版)、《浙江省建设工程施工费用定额》(2010版)、《浙江省施工机械台班费用定额》(2010版)、《浙江省建筑安装材料基期价格》(2010版)同时停止使用。

三、凡2018年12月31日前签订工程发承包合同的项目,或者虽然工程合同在2019年1月1日以后签订,但工程招投标的开标在2018年12月31日前完成的项目,除工程合同或招标文件有特别约定外,仍按2010版计价依据规定执行。涉及后续人工费动态调整的,统一采用人工综合价格指数进行调整。

四、各级建设、发展改革、财政等部门要高度重视2018版计价依据的贯彻实施工作,造价管理机构在2018版计价依据贯彻实施中要加强管理，有效地开展监督检查工作，确保2018版计价依据的正确执行。

2018版计价依据由省建设工程造价管理总站负责解释与管理。

浙江省住房和城乡建设厅
浙江省发展和改革委员会
浙　江　省　财　政　厅
2018年11月9日

总 说 明

一、《浙江省通用安装工程预算定额》(2018 版)共分十三册,包括:

第一册　机械设备安装工程

第二册　热力设备安装工程

第三册　静置设备与工艺金属结构制作、安装工程

第四册　电气设备安装工程

第五册　建筑智能化工程

第六册　自动化控制仪表安装工程

第七册　通风空调工程

第八册　工业管道工程

第九册　消防工程

第十册　给排水、采暖、燃气工程

第十一册　通信设备及线路工程

第十二册　刷油、防腐蚀、绝热工程

第十三册　通用项目和措施项目工程

二、《浙江省通用安装工程预算定额》(2018 版)(以下简称本定额)是完成规定计量单位分项工程计价所需的人工、材料、施工机械台班的消耗量标准,是统一本省安装工程预算工程量计算规则、项目划分、计量单位的依据;是指导设计概算、施工图预算、投标报价的编制以及工程合同价约定、竣工结算办理、工程计价纠纷调解处理、工程造价鉴定等的依据。全部使用国有资金或国有资金投资为主的工程建设项目,编制招标控制价应执行本定额。

三、本定额是在《通用安装工程消耗量定额》TY 02 - 31 - 2015、《通用安装工程工程量计算规范》GB 50856—2013、《浙江省安装工程预算定额》(2010 版)的基础上,依据国家、省有关现行产品标准、设计规范、施工验收规范、技术操作规程、质量评定标准和安全操作规程,同时参考行业、地方标准,以及有代表性的工程设计、施工资料和其他相关资料,结合本省实际情况编制的。

四、本定额适用于浙江省行政区域范围内新建、扩建、改建项目中的安装工程。

五、本定额是按目前大多数施工企业在安全条件下采用的施工方法、机械化装备程度、合理的工期、施工工艺和劳动组织条件制定的,反映了社会平均消耗量水平。

六、本定额是按下列正常的施工条件进行编制的:

1. 设备、材料、成品、半成品、构件完整无损,符合质量标准和设计要求,附有合格证书和试验记录。

2. 安装工程和土建工程之间的交叉作业正常。

3. 安装地点、建筑物、设备基础、预留孔洞等均符合安装要求。

4. 水、电供应均能满足安装施工正常使用。

5. 正常的气候、地理条件和施工环境。

七、本定额工作内容扼要地说明了主要工序,次要工序虽未一一列出,定额均已考虑。

八、本定额未包括的项目,可按浙江省其他相应工程计价定额计算,如仍缺项的,应编制地区性补充定额或一次性补充定额,并按规定履行申报手续。

九、人工工日消耗量及单价的确定:

1. 本定额的人工工日不分列工种和技术等级,一律以综合工日表示,内容包括基本用工、超运距用

工、辅助用工和人工幅度差。

2. 综合工日的单价按二类日工资单价 135 元计。

十、材料消耗量的确定：

1. 本定额中的材料消耗量包括直接消耗在安装工作内容中的主要材料、辅助材料和零星材料等，并计入了相应损耗，其内容和范围包括：从工地仓库、现场集中堆放地点或现场加工地点到操作或安装地点的运输损耗、施工操作损耗、施工现场堆放损耗。

2. 定额基价不包括主要材料价格，主要材料价格应根据括号内所列的用量，按实际价格结算。

3. 对用量很少、影响基价很小的零星材料合并为其他材料费，计入材料费内。

4. 施工措施性消耗部分，周转性材料按不同施工方法、不同材质分别列出一次使用量和一次摊销量。

5. 材料单价按《浙江省建筑安装材料基期价格》(2018 版)编制。

6. 除另有说明外，施工用水、电(包括试验、空载、试车用水和用电)已全部进入基价，建设单位在施工中应装表计量，由施工单位自行支付水、电费。

十一、施工机械台班消耗量及单价的确定：

1. 本定额的机械台班消耗量是按正常合理的机械配备和大多数施工企业的机械化装备程度综合取定的。

2. 施工机械台班单价按《浙江省建设工程施工机械台班费用定额》(2018 版)编制。

3. 本定额的施工仪器仪表消耗量是按正常施工工效综合取定的。

十二、关于水平和垂直运输：

1. 设备：包括自安装现场指定堆放地点运至安装地点的水平和垂直运输。

2. 材料、成品、半成品：包括自施工单位现场仓库或现场指定堆放地点运至安装地点的水平和垂直运输。

3. 垂直运输基准面：室内以室内地平面为基准面，室外以安装现场地平面为基准面。

十三、关于各项费用的执行原则：本定额各项技术措施费一律按本定额第十三册《通用项目和措施项目工程》相关规定执行。

十四、本定额的基价不包括进项税。

十五、本定额中注有“××以内”或“××以下”者均包括××本身，“××以外”或“××以上”者，均不包括××本身。

十六、本说明未尽事宜，详见各册和各章说明。

十七、本定额由浙江省建设工程造价管理总站负责解释与管理。

目　　录

第十二章　其他机械安装及设备灌浆

册　说　明

一、第一册《机械设备安装工程》(以下简称本册定额)适用于新建、扩建、改建项目中的通用机械设备安装工程。

二、本册定额编制的主要技术依据有：

1.《输送设备安装工程施工及验收规范》GB 50270—2010；

2.《金属切削机床安装工程施工及验收规范》GB 50271—2009；

3.《锻压设备安装工程施工及验收规范》GB 50272—2009；

4.《制冷设备、空气分离设备安装工程施工及验收规范》GB 50274—2010；

5.《风机、压缩机、泵安装工程施工及验收规范》GB 50275—2010；

6.《铸造设备安装工程施工及验收规范》GB 50277—2010；

7.《起重设备安装工程施工及验收规范》GB 50278—2010；

8.《机械设备安装工程施工及验收通用规范》GB 50231—2009；

9.《通用安装工程工程量计算规范》GB 50856—2013；

10.《全国统一安装工程基础定额》GJD 201－2006～GJD 209－2006；

11.《建设工程劳动定额　安装工程》LD/T 74.1～4－2008；

12.《通用安装工程消耗量定额》TY 02－31－2015；

13.《绿色建筑工程消耗量定额》TY 01－01(02)－2017；

14.《浙江省安装工程预算定额》(2010 版)；

15.《浙江省建筑安装材料基期价格》(2018 版)；

16.《浙江省建设工程施工机械台班费用定额》(2018 版)；

17. 相关标准图集和技术手册。

三、本册定额除各章另有说明外，均包括下列工作内容：

1. 安装主要工序。

整体安装：施工准备，设备、材料及工、机具水平搬运，设备开箱检验、配合基础验收、垫铁设置，地脚螺栓安放，设备吊装就位安装、连接，设备调平找正，垫铁点焊，配合基础灌浆，设备精平对中找正，与机械本体联接的附属设备、冷却系统、润滑系统及支架防护罩等附件部件的安装，机组油、水系统管线的清洗，配合检查验收。

解体安装：施工准备，设备、材料及工、机具水平搬运，设备开箱检验、配合基础验收、垫铁设置，地脚螺栓安放，设备吊装就位、组对安装，各部间隙的测量、检查、刮研和调整，设备调平找正，垫铁点焊，配合基础灌浆，设备精平对中找正，与机械本体联接的附属设备、冷却系统、润滑系统及支架防护罩等附件部件的安装，机组油、水系统管线的清洗，配合检查验收。

解体检查：施工准备，设备本体、部件及第一个阀门以内管道的拆卸，清洗检查，换油，组装复原，间隙调整，找平找正，记录，配合检查验收。

2. 施工及验收规范中规定的调整、试验及空负荷试运转。

3. 与设备本体联体的平台、梯子、栏杆、支架、屏盘、电机、安全罩以及设备本体第一个法兰以内的成品管道等安装。

4. 工种间交叉配合的停歇时间，临时移动水、电源时间，以及配合质量检查、交工验收等工作。

5. 配合检查验收。

四、本册定额不包括下列内容:

1. 设备场外运输。

2. 因场地狭小,有障碍物等造成设备不能一次就位所引起设备、材料增加的二次搬运、装拆工作。

3. 设备基础的铲磨,地脚螺栓孔的修整、预压,以及在木砖地层上安装设备所需增加的费用。

4. 地脚螺栓孔和基础灌浆。

5. 设备、构件、零部件、附件、管道、阀门、基础、基础盖板等的制作、加工、修理、保温、刷漆及测量、检测、试验等工作。

6. 设备试运转所用的水、电、气、油、燃料等。

7. 联合试运转、生产准备试运转。

8. 专用垫铁、特殊垫铁(如螺栓调整垫铁、球型垫铁、钩头垫铁等)、地脚螺栓和设备基础的灌浆。

9. 电气系统、仪表系统、通风系统、设备本体第一个法兰以外的管道系统等的安装、调试工作,非与设备本体联体的附属设备或附件(如平台、梯子、栏杆、支架、容器、屏盘等)的制作、安装、刷油、防腐、保温等工作。

五、定额中设备地脚螺栓和连接设备各部件的螺栓、销钉、垫片及传动部分的润滑油料等按随设备配套供货考虑。

六、设备支架的制作安装,执行本定额第十三册《通用项目和措施项目工程》的相应定额。

七、制冷站(库)、空气压缩站、乙炔发生站、水压机蓄势站、制氧站等工程的系统调整费,按各站工艺系统内全部安装工程人工费的15%计算,其中人工占35%。在计算系统调整费时,必须遵守下列规定。

1. 上述系统调整费仅限于全部采用本定额中第一册《机械设备安装工程》、第三册《静置设备与工艺金属结构制作、安装工程》、第八册《工业管道工程》、第十二册《刷油、防腐蚀、绝热工程》四册内有关定额的站内工艺系统安装工程。

2. 各站内工艺系统安装工程的人工费,必须全部由上述四册中有关定额的人工费组成,如上述四册定额有缺项时,则缺项部分的人工费在计算系统调整费时应予扣除,不参加系统工程调整费的计算。

3. 由施工单位为主来实施时,方可计取系统调整费。若施工单位只配合建设单位(或制造厂)进行系统调试时,则应按实际发生的配合人工费计算。

第一章
切削设备安装

说　　明

一、本章内容包括台式及仪表机床，车床，立式车床，钻床，镗床，磨床，铣床及齿轮、螺纹加工机床，刨床、插床、拉床，超声波及电加工机床，其他机床及金属材料试验机械，木工机械，跑车带锯机，其他木工机械，带锯机保护罩制作与安装。

1. 台式及仪表机床：包括台式车床、台式刨床、台式铣床、台式磨床、台式砂轮机、台式抛光机、台式钻床、台式排钻、多轴可调台式钻床、钻孔攻丝两用台钻、钻铣机床、钻铣磨床、台式冲床、台式压力机、台式剪切机、台式攻丝机、台式刻线机、仪表车床、精密盘类半自动车床、仪表磨床、仪表抛光机、硬质合金轮修磨床、单轴纵切自动车床、仪表铣床、仪表齿轮加工机床、刨模机、宝石轴承加工机床、凸轮轴加工机床、透镜磨床和电表轴类加工机床。

2. 车床：包括单轴自动车床、多轴自动和半自动车床、六角车床、曲轴及凸轮轴车床、落地车床、普通车床、精密普通机床、仿型普通车床、马鞍车床、重型普通车床、仿型及多刀车床、联合车床、无心粗车床、轮齿、轴齿、锭齿和辊齿及铲齿车床。

3. 立式车床：包括单柱和双柱立式车床。

4. 钻床：包括深孔钻床、摇臂钻床、立式钻床、中心孔钻床、钢轨及梢轮钻床和卧式钻床。

5. 镗床：包括深孔镗床、坐标镗床、立式及卧式镗床、金刚镗床、落地镗床、镗铣床、钻镗床和镗缸机。

6. 磨床：包括外圆磨床、内圆磨床、砂轮机、珩磨机及研磨机、导轨磨床、2M 系列磨床、3M 系列磨床、专用磨床、抛光机、工具磨床、平面及端面磨床、刀具刃具磨床、曲轴、凸轮轴、花键轴和轧辊及轴承磨床。

7. 铣床、齿轮及螺纹加工机床：包括单臂及单柱铣床、龙门及双柱铣床、平面及单面铣床、仿型铣床、立式及卧式铣床、工具铣床、其他铣床、直(锥)齿轮加工机床、滚齿机、剃齿机、珩齿机、插齿机、单(双)轴花键轴铣床、齿轮磨齿机、齿轮倒角机、齿轮滚动检查机、套丝机、攻丝机、螺纹铣床、螺纹磨床、螺纹车床和丝杠加工机床。

8. 刨床、插床、拉床：包括单臂刨、龙门刨、牛头刨、龙门铣刨床、插床、拉床、刨边机和刨模机。

9. 超声波及电加工机床：包括电解加工机床、电火花加工机床、电脉冲加工机床、刻线机、超声波电加工机床和阳极机械加工机床。

10. 其他机床：包括车刀切断机、砂轮切断机、矫正切断机、带锯机、圆锯机、弓锯机、气割机、管子加工机床和金属材料试验机械。

11. 木工机械：包括木工圆锯机、截锯机、细目工带锯机、普通木工带锯机、卧式木工带锯机、排锯机、镂锯机、木工刨床、木工车床、木工铣床及开榫机、木工钻床及榫槽机、木工磨光机和木工刃具修磨机。

12. 跑车杠带锯机。

13. 其他木工设备：包括拨料器、踢木器和带锯防尘罩。

二、本章包括以下工作内容：

1. 机体安装：底座、立柱、横梁等全套设备部件安装以及润滑装置及润滑管道安装。

2. 清洗组装时结合精度检查。

3. 跑车杠带锯机跑车轨道安装。

三、本章不包括以下工作内容：

1. 设备的润滑、液压系统的管道附件加工、煨弯和阀门研磨。

2. 润滑、液压的法兰及阀门连接所用的垫圈(包括紫铜垫)加工。

3. 跑车木结构、轨道枕木、木保护罩的加工制作。

四、数控机床执行本章对应的机床子目。

五、本章内所列设备重量均为设备净重。

工程量计算规则

一、金属切削设备安装以“台”为计量单位,以设备重量“t”分列定额子目。

二、气动踢木器以“台”为计量单位。

三、带锯机保护罩制作与安装以“个”为计量单位。

一、台式及仪表机床

计量单位:台

定额编号				1-1-1	1-1-2	1-1-3
项目				设备重量(t以内)		
				0.3	0.7	1.5
基价(元)				**213.38**	**421.13**	**753.52**
其中	人工费(元)			141.89	283.77	564.84
	材料费(元)			14.23	61.12	98.12
	机械费(元)			57.26	76.24	90.56
名称		单位	单价(元)	消耗量		
人工	二类人工	工日	135.00	1.051	2.102	4.184
材料	切削设备	台	—	(1.000)	(1.000)	(1.000)
	平垫铁 综合	kg	3.78	—	1.510	2.850
	斜垫铁 Q195~Q235 1#	kg	8.62	—	2.180	3.250
	热轧薄钢板 Q235B 综合	kg	3.97	0.200	0.200	0.450
	镀锌铁丝 ϕ2.0~4.0	kg	5.01	—	0.560	0.560
	低碳钢焊条 J422 ϕ3.2	kg	4.74	—	0.210	0.210
	黄铜板 综合	kg	50.43	0.100	0.100	0.250
	木板	m^3	1667.00	0.001	0.009	0.014
	煤油	kg	3.79	1.260	1.890	2.625
	机油 综合	kg	2.91	0.101	0.152	0.253
	黄油钙基脂	kg	9.66	0.101	0.152	0.253
	其他材料费	元	1.00	0.68	2.91	4.67
机械	叉式起重机 5t	台班	409.00	0.140	0.175	0.210
	弧焊机 综合	台班	66.69	—	0.070	0.070

二、车　　床

计量单位:台

定额编号				1-1-4	1-1-5	1-1-6	1-1-7	1-1-8	1-1-9
项目				设备重量(t 以内)					
				2.0	3.0	5.0	7.0	10	15
基价(元)				**819.05**	**1141.32**	**1801.20**	**2544.56**	**3601.08**	**5108.98**
其中	人工费(元)			608.72	851.31	1227.56	1562.36	2285.82	3428.46
	材料费(元)			119.77	170.82	242.01	363.77	606.04	687.14
	机械费(元)			90.56	119.19	331.63	618.43	709.22	993.38
名称		单位	单价(元)	消耗量					
人工	二类人工	工日	135.00	4.509	6.306	9.093	11.573	16.932	25.396
材料	切削设备	台	—	(1.000)	(1.000)	(1.000)	(1.000)	(1.000)	(1.000)
	平垫铁 综合	kg	3.78	3.760	7.530	11.640	17.460	31.050	33.870
	斜垫铁 Q195~Q235 1#	kg	8.62	4.590	7.640	9.880	14.820	27.530	30.580
	热轧薄钢板 Q235B 综合	kg	3.97	0.450	0.450	0.650	1.000	1.000	1.600
	镀锌铁丝 φ2.0~4.0	kg	5.01	0.560	0.560	0.560	0.840	2.670	2.670
	低碳钢焊条 J422 φ3.2	kg	4.74	0.210	0.210	0.210	0.420	0.420	0.420
	黄铜板 综合	kg	50.43	0.250	0.250	0.300	0.400	0.400	0.600
	木板	m^3	1667.00	0.015	0.018	0.031	0.049	0.075	0.083
	道木	m^3	1034.00	—	—	—	0.006	0.007	0.007
	汽油 综合	kg	6.12	0.102	0.102	0.204	0.204	0.510	0.510
	煤油	kg	3.79	3.675	4.410	6.090	7.350	10.500	13.650
	机油 综合	kg	2.91	0.202	0.303	0.303	0.505	1.010	1.212
	黄油钙基脂	kg	9.66	0.202	0.202	0.303	0.404	0.505	0.707
	其他材料费	元	1.00	5.70	8.13	11.52	17.32	28.86	32.72
机械	载货汽车 10t	台班	476.15	—	—	0.210	0.350	0.350	0.350
	叉式起重机 5t	台班	409.00	0.210	0.280	—	—	—	—
	汽车式起重机 8t	台班	648.48	—	—	0.350	0.210	0.350	0.700
	汽车式起重机 16t	台班	875.04	—	—	—	0.350	0.350	—
	汽车式起重机 30t	台班	1038.45	—	—	—	—	—	0.350
	弧焊机 综合	台班	66.69	0.070	0.070	0.070	0.140	0.140	0.140

计量单位:台

定额编号				1-1-10	1-1-11	1-1-12	1-1-13	1-1-14	1-1-15
项目				设备重量(t以内)					
				20	25	35	50	70	100
基价(元)				**6299.96**	**7750.08**	**10148.40**	**13822.94**	**18622.99**	**25180.02**
其中	人工费(元)			4104.95	4956.39	6609.20	8918.10	11605.41	16191.23
	材料费(元)			974.66	1112.94	1335.79	1807.86	3057.65	4052.88
	机械费(元)			1220.35	1680.75	2203.41	3096.98	3959.93	4935.91
名称		单位	单价(元)	消耗量					
人工	二类人工	工日	135.00	30.407	36.714	48.957	66.060	85.966	119.935
材料	切削设备	台	—	(1.000)	(1.000)	(1.000)	(1.000)	(1.000)	(1.000)
	平垫铁 综合	kg	3.78	48.640	57.240	68.680	103.000	159.440	198.480
	斜垫铁 Q195~Q235 1#	kg	8.62	47.760	50.880	65.760	95.520	139.200	175.560
	热轧薄钢板 Q235B 综合	kg	3.97	1.600	2.500	2.500	2.500	3.000	3.000
	重轨 38kg/m	t	4422.00	—	—	—	—	0.056	0.080
	镀锌铁丝 φ2.0~4.0	kg	5.01	4.000	4.500	6.000	8.000	10.000	13.000
	低碳钢焊条 J422 φ3.2	kg	4.74	0.420	0.525	0.525	0.525	0.525	0.525
	黄铜板 综合	kg	50.43	0.600	1.000	1.000	1.000	1.500	1.500
	木板	m^3	1667.00	0.109	0.121	0.125	0.128	0.148	0.156
	道木	m^3	1034.00	0.010	0.021	0.021	0.025	0.275	0.550
	汽油 综合	kg	6.12	0.510	0.714	1.020	1.224	1.530	2.040
	煤油	kg	3.79	17.850	21.000	26.250	36.750	42.000	57.750
	机油 综合	kg	2.91	1.515	1.515	1.818	2.222	2.222	3.333
	黄油钙基脂	kg	9.66	0.707	0.808	1.212	1.414	1.616	1.818
	其他材料费	元	1.00	46.41	53.00	63.61	86.09	145.60	192.99
机械	载货汽车 10t	台班	476.15	0.350	0.350	0.350	0.700	0.700	0.700
	汽车式起重机 8t	台班	648.48	1.050	1.050	—	—	—	—
	汽车式起重机 16t	台班	875.04	—	—	1.050	1.050	1.400	2.100
	汽车式起重机 30t	台班	1038.45	0.350	—	—	0.700	0.700	1.050
	汽车式起重机 50t	台班	2353.88	—	0.350	—	—	—	—
	汽车式起重机 75t	台班	3154.17	—	—	0.350	0.350	—	—
	汽车式起重机 100t	台班	4718.03	—	—	—	—	0.350	0.350
	弧焊机 综合	台班	66.69	0.140	0.140	0.210	0.210	0.350	0.350

计量单位:台

定额编号				1-1-16	1-1-17	1-1-18	1-1-19	1-1-20
项目				设备重量(t 以内)				
				150	200	250	350	450
基价(元)				**33425.15**	**42154.71**	**50818.68**	**68017.85**	**84904.36**
其中	人工费(元)			22370.18	29346.84	36376.83	50161.82	63498.47
	材料费(元)			5565.60	6512.09	7338.62	8480.04	9576.07
	机械费(元)			5489.37	6295.78	7103.23	9375.99	11829.82
	名称	单位	单价(元)	消耗量				
人工	二类人工	工日	135.00	165.705	217.384	269.458	371.569	470.359
材料	切削设备	台	—	(1.000)	(1.000)	(1.000)	(1.000)	(1.000)
	平垫铁 综合	kg	3.78	273.510	328.290	363.800	392.200	419.590
	斜垫铁 Q195 ~ Q235 1#	kg	8.62	244.460	289.220	322.800	345.180	367.560
	热轧薄钢板 Q235B 综合	kg	3.97	4.000	4.000	6.000	6.000	8.000
	重轨 38kg/m	t	4422.00	0.120	0.160	0.200	0.280	0.360
	镀锌铁丝 ϕ2.0 ~ 4.0	kg	5.01	19.000	19.000	25.000	35.000	35.000
	低碳钢焊条 J422 ϕ3.2	kg	4.74	1.050	1.050	1.050	1.050	1.050
	黄铜板 综合	kg	50.43	2.000	2.000	3.200	3.200	4.000
	木板	m^3	1667.00	0.225	0.263	0.275	0.313	0.338
	道木	m^3	1034.00	0.688	0.688	0.688	0.825	0.963
	汽油 综合	kg	6.12	2.550	3.060	3.570	4.080	4.590
	煤油	kg	3.79	73.500	89.250	105.000	147.000	183.750
	机油 综合	kg	2.91	4.040	5.252	6.060	8.080	11.110
	黄油钙基脂	kg	9.66	2.020	2.222	2.525	3.535	4.545
	其他材料费	元	1.00	265.03	310.10	349.46	403.81	456.00
机械	载货汽车 10t	台班	476.15	1.050	1.050	1.050	1.400	1.750
	汽车式起重机 16t	台班	875.04	2.100	2.800	2.450	3.500	4.200
	汽车式起重机 30t	台班	1038.45	1.400	—	1.050	1.400	1.400
	汽车式起重机 50t	台班	2353.88	—	0.700	0.700	1.050	1.050
	汽车式起重机 100t	台班	4718.03	0.350	0.350	0.350	0.350	0.700
	弧焊机 综合	台班	66.69	0.700	0.700	1.050	1.050	1.400

三、立 式 车 床

计量单位:台

定额编号					1-1-21	1-1-22	1-1-23	1-1-24	1-1-25	1-1-26
项目					设备重量(t以内)					
					7	10	15	20	25	35
基价(元)					**3001.53**	**3647.44**	**4905.32**	**6613.48**	**7879.37**	**10514.44**
其中	人工费(元)				2126.79	2595.51	3360.29	4261.01	5119.47	6876.36
	材料费(元)				256.31	342.71	551.65	768.66	949.12	1250.91
	机械费(元)				618.43	709.22	993.38	1583.81	1810.78	2387.17
名称		单位	单价(元)		消耗量					
人工	二类人工	工日	135.00		15.754	19.226	24.891	31.563	37.922	50.936
材料	切削设备	台	—		(1.000)	(1.000)	(1.000)	(1.000)	(1.000)	(1.000)
	平垫铁 综合	kg	3.78		9.700	11.640	20.700	34.320	40.040	51.480
	斜垫铁 Q195～Q235 1#	kg	8.62		7.410	9.880	18.350	29.760	37.200	44.640
	热轧薄钢板 Q235B 综合	kg	3.97		1.000	1.000	1.600	1.600	2.500	2.500
	镀锌铁丝 ϕ2.0～4.0	kg	5.01		0.840	2.670	4.000	4.000	4.500	6.000
	低碳钢焊条 J422 ϕ3.2	kg	4.74		0.420	0.420	0.420	0.420	0.420	0.525
	黄铜板 综合	kg	50.43		0.400	0.400	0.600	0.600	1.000	1.000
	木板	m^3	1667.00		0.036	0.056	0.083	0.109	0.128	0.203
	道木	m^3	1034.00		0.004	0.007	0.007	0.010	0.014	0.014
	汽油 综合	kg	6.12		0.306	0.510	1.020	1.020	1.224	1.836
	煤油	kg	3.79		11.550	12.600	18.900	21.000	26.250	36.750
	机油 综合	kg	2.91		0.505	0.808	1.010	1.515	1.818	2.222
	黄油钙基脂	kg	9.66		0.202	0.404	0.404	0.505	0.606	0.808
	石棉橡胶板 高压 δ0.5～8	kg	6.90		—	—	—	—	0.150	0.200
	其他材料费	元	1.00		12.21	16.32	26.27	36.60	45.20	59.57
机械	载货汽车 10t	台班	476.15		0.350	0.350	0.350	0.350	0.350	0.350
	汽车式起重机 8t	台班	648.48		0.210	0.350	0.700	1.050	1.400	—
	汽车式起重机 16t	台班	875.04		0.350	0.350	—	—	—	1.260
	汽车式起重机 30t	台班	1038.45		—	—	0.350	0.700	0.700	—
	汽车式起重机 75t	台班	3154.17		—	—	—	—	—	0.350
	弧焊机 综合	台班	66.69		0.140	0.140	0.140	0.140	0.140	0.210

计量单位:台

	定额编号			1-1-27	1-1-28	1-1-29	1-1-30	1-1-31
	项目			设备重量(t 以内)				
				50	70	100	150	200
	基价(元)			**14941.24**	**19767.93**	**26403.66**	**37444.02**	**46339.13**
其中	人工费(元)			9545.99	12886.56	18335.16	26435.84	33390.63
	材料费(元)			1614.97	2058.57	2659.67	3928.29	4738.49
	机械费(元)			3780.28	4822.80	5408.83	7079.89	8210.01
	名称	单位	单价(元)	消耗量				
人工	二类人工	工日	135.00	70.711	95.456	135.816	195.821	247.338
材料	切削设备	台	—	(1.000)	(1.000)	(1.000)	(1.000)	(1.000)
	平垫铁 综合	kg	3.78	62.920	85.840	103.000	177.460	230.850
	斜垫铁 Q195～Q235 1#	kg	8.62	59.520	80.640	95.520	154.120	205.350
	热轧薄钢板 Q235B 综合	kg	3.97	2.500	3.000	3.000	4.000	4.000
	铜焊粉	kg	30.17	0.600	0.060	0.080	0.120	0.160
	镀锌铁丝 ϕ2.0～4.0	kg	5.01	8.000	10.000	13.000	19.000	19.000
	低碳钢焊条 J422 ϕ3.2	kg	4.74	0.525	0.525	0.525	1.050	1.050
	黄铜板 综合	kg	50.43	1.000	1.500	1.500	2.000	2.000
	木板	m^3	1667.00	0.253	0.150	0.156	0.200	0.219
	道木	m^3	1034.00	0.028	0.275	0.550	0.688	0.688
	汽油 综合	kg	6.12	2.346	3.060	3.570	5.100	6.120
	煤油	kg	3.79	47.250	57.750	73.500	105.000	126.000
	机油 综合	kg	2.91	2.828	3.535	4.545	7.070	8.080
	黄油钙基脂	kg	9.66	1.212	1.515	1.818	2.424	3.030
	石棉橡胶板 高压 δ0.5～8	kg	6.90	0.300	0.300	0.400	0.500	0.600
	其他材料费	元	1.00	76.90	98.03	126.65	187.06	225.64
机械	载货汽车 10t	台班	476.15	0.700	0.700	1.050	1.050	1.050
	汽车式起重机 16t	台班	875.04	1.400	1.750	2.450	2.450	2.800
	汽车式起重机 30t	台班	1038.45	—	0.700	1.050	1.050	1.050
	汽车式起重机 50t	台班	2353.88	—	—	—	0.700	1.050
	汽车式起重机 75t	台班	3154.17	0.700	0.700	—	—	—
	汽车式起重机 100t	台班	4718.03	—	—	0.350	0.350	0.350
	弧焊机 综合	台班	66.69	0.210	0.350	0.350	0.700	0.700

计量单位:台

定　额　编　号				1-1-32	1-1-33	1-1-34	1-1-35
项　　目				设备重量(t以内)			
				250	300	400	500
基　价（元）				**54427.16**	**62193.42**	**81055.22**	**99362.70**
其中	人工费（元）			39476.30	46105.74	60228.09	72534.56
	材料费（元）			5469.41	5936.50	6874.73	7878.38
	机械费（元）			9481.45	10151.18	13952.40	18949.76
名　称		单位	单价(元)	消　耗　量			
人工	二类人工	工日	135.00	292.417	341.524	446.134	537.293
材料	切削设备	台	—	(1.000)	(1.000)	(1.000)	(1.000)
	平垫铁 综合	kg	3.78	267.370	291.840	321.440	364.320
	斜垫铁 Q195~Q235 1#	kg	8.62	238.930	258.720	285.770	326.500
	热轧薄钢板 Q235B 综合	kg	3.97	6.000	6.000	6.000	8.000
	铜焊粉	kg	30.17	0.200	0.240	0.320	0.400
	镀锌铁丝 ϕ2.0~4.0	kg	5.01	25.000	25.000	35.000	35.000
	低碳钢焊条 J422 ϕ3.2	kg	4.74	1.050	1.050	1.050	1.050
	黄铜板 综合	kg	50.43	3.200	3.200	3.200	4.000
	木板	m^3	1667.00	0.231	0.250	0.338	0.363
	道木	m^3	1034.00	0.688	0.688	0.825	0.963
	汽油 综合	kg	6.12	8.160	10.200	13.260	16.320
	煤油	kg	3.79	157.500	189.000	231.000	273.000
	机油 综合	kg	2.91	10.100	12.120	15.150	18.180
	黄油钙基脂	kg	9.66	4.040	5.050	7.070	9.090
	石棉橡胶板 高压 δ0.5~8	kg	6.90	0.800	1.000	1.200	1.400
	其他材料费	元	1.00	260.45	282.69	327.37	375.16
机械	载货汽车 10t	台班	476.15	1.050	1.050	1.400	1.400
	汽车式起重机 16t	台班	875.04	2.450	2.800	2.800	3.500
	汽车式起重机 30t	台班	1038.45	1.750	2.100	5.600	9.800
	汽车式起重机 50t	台班	2353.88	0.700	0.700	0.700	0.700
	汽车式起重机 100t	台班	4718.03	0.700	0.700	0.700	0.700
	弧焊机 综合	台班	66.69	1.050	1.050	1.050	1.400

计量单位:台

定额编号				1-1-36	1-1-37	1-1-38
项目				设备重量(t 以内)		
				600	700	800
基价(元)				**118509.95**	**134104.01**	**149342.22**
其中	人工费(元)			85866.48	97650.23	107727.30
	材料费(元)			9037.79	10478.36	11981.59
	机械费(元)			23605.68	25975.42	29633.33
名称		单位	单价(元)	消耗量		
人工	二类人工	工日	135.00	636.048	723.335	797.980
材料	切削设备	台	—	(1.000)	(1.000)	(1.000)
	平垫铁 综合	kg	3.78	426.340	476.520	545.270
	斜垫铁 Q195 ~ Q235 1#	kg	8.62	380.790	431.710	464.280
	热轧薄钢板 Q235B 综合	kg	3.97	8.000	9.600	11.520
	铜焊粉	kg	30.17	0.480	0.576	0.691
	镀锌铁丝 ϕ2.0 ~ 4.0	kg	5.01	45.000	54.000	64.800
	低碳钢焊条 J422 ϕ3.2	kg	4.74	1.050	1.260	1.512
	黄铜板 综合	kg	50.43	4.000	4.800	5.760
	木板	m^3	1667.00	0.363	0.436	0.523
	道木	m^3	1034.00	1.100	1.320	1.584
	汽油 综合	kg	6.12	19.380	23.256	27.907
	煤油	kg	3.79	315.000	378.000	453.600
	机油 综合	kg	2.91	21.210	25.452	30.542
	黄油钙基脂	kg	9.66	11.110	13.332	15.998
	石棉橡胶板 高压 δ0.5 ~ 8.0	kg	6.90	1.600	1.920	2.304
	其他材料费	元	1.00	430.37	498.97	570.55
机械	载货汽车 10t	台班	476.15	1.400	1.750	1.750
	汽车式起重机 16t	台班	875.04	3.500	4.200	4.200
	汽车式起重机 30t	台班	1038.45	11.900	12.600	16.100
	汽车式起重机 50t	台班	2353.88	1.050	—	—
	汽车式起重机 75t	台班	3154.17	—	1.050	1.050
	汽车式起重机 100t	台班	4718.03	1.050	1.050	1.050
	弧焊机 综合	台班	66.69	1.400	1.750	2.100

四、钻　　床

计量单位：台

定额编号				1-1-39	1-1-40	1-1-41	1-1-42	1-1-43
项目				设备重量(t 以内)				
				1	2	3	5	7
基　价（元）				**524.82**	**817.75**	**1152.02**	**1772.93**	**2416.84**
其中	人工费（元）			381.24	613.58	876.02	1210.14	1448.96
	材料费（元）			81.65	113.61	156.81	231.16	349.45
	机械费（元）			61.93	90.56	119.19	331.63	618.43
名　称		单位	单价(元)	消耗量				
人工	二类人工	工日	135.00	2.824	4.545	6.489	8.964	10.733
材料	切削设备	台	—	(1.000)	(1.000)	(1.000)	(1.000)	(1.000)
	平垫铁 综合	kg	3.78	2.820	3.760	5.640	11.640	17.460
	斜垫铁 Q195～Q235 1[#]	kg	8.62	3.050	4.590	6.120	9.880	14.820
	热轧薄钢板 Q235B 综合	kg	3.97	0.200	0.450	0.450	0.650	1.000
	镀锌铁丝 ϕ2.0～4.0	kg	5.01	0.560	0.560	0.560	0.560	0.840
	低碳钢焊条 J422 ϕ3.2	kg	4.74	0.210	0.210	0.210	0.210	0.420
	黄铜板 综合	kg	50.43	0.100	0.250	0.250	0.300	0.400
	木板	m^3	1667.00	0.013	0.015	0.026	0.031	0.049
	道木	m^3	1034.00	—	—	—	—	0.006
	汽油 综合	kg	6.12	0.020	0.041	0.061	0.102	0.143
	煤油	kg	3.79	2.100	2.520	3.150	3.990	4.725
	机油 综合	kg	2.91	0.152	0.152	0.152	0.202	0.202
	黄油钙基脂	kg	9.66	0.101	0.101	0.101	0.152	0.152
	其他材料费	元	1.00	3.89	5.41	7.47	11.01	16.64
机械	载货汽车 10t	台班	476.15	—	—	—	0.210	0.350
	叉式起重机 5t	台班	409.00	0.140	0.210	0.280	—	—
	汽车式起重机 8t	台班	648.48	—	—	—	0.350	0.210
	汽车式起重机 16t	台班	875.04	—	—	—	—	0.350
	弧焊机 综合	台班	66.69	0.070	0.070	0.070	0.070	0.140

计量单位:台

定额编号				1-1-44	1-1-45	1-1-46	1-1-47	1-1-48
项目				设备重量(t 以内)				
				10	15	20	25	30
基价(元)				**3418.84**	**4825.59**	**5918.73**	**7179.29**	**8414.94**
其中	人工费(元)			2057.40	3154.68	3420.50	4308.26	5150.79
	材料费(元)			516.04	677.53	914.42	1185.61	1340.84
	机械费(元)			845.40	993.38	1583.81	1685.42	1923.31
名称		单位	单价(元)	消耗量				
人工	二类人工	工日	135.00	15.240	23.368	25.337	31.913	38.154
材料	切削设备	台	—	(1.000)	(1.000)	(1.000)	(1.000)	(1.000)
	平垫铁 综合	kg	3.78	24.150	34.500	44.840	61.660	67.270
	斜垫铁 Q195～Q235 1#	kg	8.62	22.930	32.050	43.750	58.330	65.620
	热轧薄钢板 Q235B 综合	kg	3.97	1.000	1.600	1.600	2.500	2.500
	镀锌铁丝 ϕ2.0～4.0	kg	5.01	2.670	2.670	4.000	4.500	6.000
	低碳钢焊条 J422 ϕ3.2	kg	4.74	0.420	0.420	0.420	0.525	0.525
	黄铜板 综合	kg	50.43	0.400	0.600	0.600	1.000	1.000
	木板	m^3	1667.00	0.075	0.083	0.121	0.134	0.159
	道木	m^3	1034.00	0.006	0.007	0.010	0.021	0.021
	汽油 综合	kg	6.12	0.204	0.306	0.408	0.510	0.714
	煤油	kg	3.79	7.350	9.450	12.600	14.700	17.850
	机油 综合	kg	2.91	0.253	0.303	0.303	0.354	0.505
	黄油钙基脂	kg	9.66	0.202	0.253	0.253	0.303	0.404
	其他材料费	元	1.00	24.57	32.26	43.54	56.46	63.85
机械	载货汽车 10t	台班	476.15	0.350	0.350	0.350	0.350	0.350
	汽车式起重机 8t	台班	648.48	0.560	0.700	1.050	1.050	—
	汽车式起重机 16t	台班	875.04	0.350	—	—	—	1.050
	汽车式起重机 30t	台班	1038.45	—	0.350	0.700	—	—
	汽车式起重机 50t	台班	2353.88	—	—	—	0.350	0.350
	弧焊机 综合	台班	66.69	0.140	0.140	0.140	0.210	0.210

计量单位:台

定额编号					1-1-49	1-1-50	1-1-51	1-1-52
项目					设备重量(t以内)			
					35	40	50	60
基价（元）					**10160.59**	**11853.51**	**13636.81**	**16558.38**
其中	人工费（元）				5832.95	6553.17	7450.52	8896.37
	材料费（元）				1580.47	1826.32	2099.74	2590.75
	机械费（元）				2747.17	3474.02	4086.55	5071.26
名称		单位	单价(元)		消耗量			
人工	二类人工	工日	135.00		43.207	48.542	55.189	65.899
材料	切削设备	台	—		(1.000)	(1.000)	(1.000)	(1.000)
	平垫铁 综合	kg	3.78		78.480	95.300	106.510	117.720
	斜垫铁 Q195～Q235 1#	kg	8.62		72.910	87.490	102.080	109.370
	热轧薄钢板 Q235B 综合	kg	3.97		2.500	2.500	2.500	3.000
	镀锌铁丝 ϕ2.0～4.0	kg	5.01		6.000	8.000	8.000	10.000
	低碳钢焊条 J422 ϕ3.2	kg	4.74		0.525	0.525	0.525	0.525
	黄铜板 综合	kg	50.43		1.000	1.000	1.000	1.500
	木板	m^3	1667.00		0.225	0.238	0.278	0.304
	道木	m^3	1034.00		0.025	0.025	0.028	0.275
	汽油 综合	kg	6.12		0.755	0.857	1.071	1.285
	煤油	kg	3.79		19.950	23.100	28.350	34.650
	机油 综合	kg	2.91		0.556	0.606	0.707	0.808
	黄油钙基脂	kg	9.66		0.455	0.505	0.606	0.707
	其他材料费	元	1.00		75.26	86.97	99.99	123.37
机械	载货汽车 10t	台班	476.15		0.350	0.700	0.700	0.700
	汽车式起重机 16t	台班	875.04		1.050	1.050	1.750	2.870
	汽车式起重机 50t	台班	2353.88		0.700	—	—	—
	汽车式起重机 75t	台班	3154.17		—	0.700	0.700	0.700
	弧焊机 综合	台班	66.69		0.210	0.210	0.210	0.280

五、镗　　床

计量单位:台

定额编号				1-1-53	1-1-54	1-1-55	1-1-56	1-1-57
项目				设备重量(t 以内)				
				1	3	5	7	10
基价(元)				583.40	1307.04	2120.60	3041.83	4232.00
其中	人工费(元)			445.10	1056.65	1554.66	2060.91	2937.06
	材料费(元)			76.37	159.83	234.31	317.09	540.33
	机械费(元)			61.93	90.56	331.63	663.83	754.61
名称		单位	单价(元)	消耗量				
人工	二类人工	工日	135.00	3.297	7.827	11.516	15.266	21.756
材料	切削设备	台	—	(1.000)	(1.000)	(1.000)	(1.000)	(1.000)
	平垫铁 综合	kg	3.78	2.820	5.640	11.640	13.580	24.190
	斜垫铁 Q195~Q235 1#	kg	8.62	3.060	6.120	9.880	12.350	22.930
	热轧薄钢板 Q235B 综合	kg	3.97	0.203	0.450	0.650	1.000	1.000
	镀锌铁丝 ϕ2.0~4.0	kg	5.01	0.252	0.560	0.560	0.840	2.670
	低碳钢焊条 J422 ϕ3.2	kg	4.74	0.095	0.210	0.210	0.420	0.420
	黄铜板 综合	kg	50.43	0.113	0.250	0.300	0.400	0.400
	木板	m^3	1667.00	0.012	0.026	0.031	0.049	0.075
	道木	m^3	1034.00	—	—	—	0.006	0.007
	汽油 综合	kg	6.12	0.046	0.102	0.204	0.204	0.306
	煤油	kg	3.79	1.654	3.675	4.410	5.775	12.600
	机油 综合	kg	2.91	0.091	0.202	0.303	0.303	0.404
	黄油钙基脂	kg	9.66	0.068	0.152	0.202	0.202	0.303
	其他材料费	元	1.00	3.64	7.61	11.16	15.10	25.73
机械	载货汽车 10t	台班	476.15	—	—	0.210	0.350	0.350
	叉式起重机 5t	台班	409.00	0.140	0.210	—	—	—
	汽车式起重机 8t	台班	648.48	—	—	0.350	0.280	0.420
	汽车式起重机 16t	台班	875.04	—	—	—	0.350	0.350
	弧焊机 综合	台班	66.69	0.070	0.070	0.070	0.140	0.140

计量单位:台

定额编号				1-1-58	1-1-59	1-1-60	1-1-61	1-1-62
项目				设备重量(t以内)				
				15	20	25	30	35
基价(元)				**5941.90**	**7461.37**	**8888.95**	**10285.94**	**11212.42**
其中	人工费(元)			4252.50	5423.49	6226.47	7181.87	7657.61
	材料费(元)			650.62	772.14	936.34	1119.51	1290.15
	机械费(元)			1038.78	1265.74	1726.14	1984.56	2264.66
名称		单位	单价(元)	消耗量				
人工	二类人工	工日	135.00	31.500	40.174	46.122	53.199	56.723
材料	切削设备	台	—	(1.000)	(1.000)	(1.000)	(1.000)	(1.000)
	平垫铁 综合	kg	3.78	31.050	36.630	39.230	53.160	62.010
	斜垫铁 Q195~Q235 1#	kg	8.62	27.510	28.160	36.460	43.430	54.290
	热轧薄钢板 Q235B 综合	kg	3.97	1.600	1.600	2.500	2.500	2.500
	镀锌铁丝 ϕ2.0~4.0	kg	5.01	2.670	4.000	4.500	6.000	6.000
	低碳钢焊条 J422 ϕ3.2	kg	4.74	0.420	0.420	0.525	0.525	0.525
	黄铜板 综合	kg	50.43	0.600	0.600	1.000	1.000	1.000
	木板	m^3	1667.00	0.083	0.121	0.134	0.159	0.171
	道木	m^3	1034.00	0.007	0.010	0.021	0.021	0.021
	汽油 综合	kg	6.12	0.408	0.408	0.510	0.510	0.714
	煤油	kg	3.79	15.750	19.950	23.100	26.250	29.400
	机油 综合	kg	2.91	0.505	0.505	0.606	0.808	1.010
	黄油钙基脂	kg	9.66	0.404	0.404	0.505	0.505	0.606
	石棉橡胶板 高压 δ0.5~8	kg	6.90	—	—	0.200	0.200	0.300
	其他材料费	元	1.00	30.98	36.77	44.59	53.31	61.44
机械	载货汽车 10t	台班	476.15	0.350	0.350	0.350	0.350	0.350
	汽车式起重机 8t	台班	648.48	0.770	1.120	1.120	—	—
	汽车式起重机 16t	台班	875.04	—	—	—	1.120	1.120
	汽车式起重机 30t	台班	1038.45	0.350	0.350	—	—	—
	汽车式起重机 50t	台班	2353.88	—	—	0.350	0.350	—
	汽车式起重机 75t	台班	3154.17	—	—	—	—	0.350
	弧焊机 综合	台班	66.69	0.140	0.140	0.140	0.210	0.210

计量单位:台

定额编号				1-1-63	1-1-64	1-1-65	1-1-66
项目				设备重量(t 以内)			
				40	50	60	70
基价(元)				13127.50	15742.19	18768.98	21101.63
其中	人工费(元)			8284.14	10154.30	11981.66	13716.27
	材料费(元)			1550.76	1805.27	2392.17	2622.09
	机械费(元)			3292.60	3782.62	4395.15	4763.27
名称		单位	单价(元)	消耗量			
人工	二类人工	工日	135.00	61.364	75.217	88.753	101.602
材料	切削设备	台	—	(1.000)	(1.000)	(1.000)	(1.000)
	平垫铁 综合	kg	3.78	72.320	90.400	99.440	108.480
	斜垫铁 Q195～Q235 1#	kg	8.62	66.480	77.560	88.640	99.720
	热轧薄钢板 Q235B 综合	kg	3.97	2.500	2.500	3.000	3.000
	镀锌铁丝 ϕ2.0～4.0	kg	5.01	8.000	8.000	10.000	10.000
	低碳钢焊条 J422 ϕ3.2	kg	4.74	0.525	0.525	0.525	0.525
	黄铜板 综合	kg	50.43	1.000	1.000	1.500	1.500
	木板	m^3	1667.00	0.215	0.238	0.300	0.330
	道木	m^3	1034.00	0.021	0.028	0.275	0.275
	汽油 综合	kg	6.12	0.714	1.020	1.020	1.530
	煤油	kg	3.79	34.650	42.000	50.400	58.800
	机油 综合	kg	2.91	1.313	1.515	2.020	2.020
	黄油钙基脂	kg	9.66	0.606	0.808	0.808	1.010
	石棉橡胶板 高压 δ0.5～8	kg	6.90	0.300	0.400	0.400	0.500
	铜焊粉	kg	30.17	—	—	—	0.056
	其他材料费	元	1.00	73.85	85.97	113.91	124.86
机械	载货汽车 10t	台班	476.15	0.700	0.700	0.700	0.700
	汽车式起重机 16t	台班	875.04	0.840	1.400	2.100	2.100
	汽车式起重机 30t	台班	1038.45	—	—	—	0.350
	汽车式起重机 75t	台班	3154.17	0.700	0.700	0.700	0.700
	弧焊机 综合	台班	66.69	0.245	0.245	0.245	0.315

计量单位:台

定额编号					1-1-67	1-1-68	1-1-69	1-1-70	1-1-71
项目					设备重量(t以内)				
					100	150	200	250	300
基价(元)					**28577.53**	**39826.96**	**50788.81**	**60301.40**	**69473.32**
其中	人工费(元)				19116.95	28008.86	36691.92	45076.23	53457.57
	材料费(元)				2906.52	3601.99	3984.00	4490.41	4668.46
	机械费(元)				6554.06	8216.11	10112.89	10734.76	11347.29
名称		单位	单价(元)		消耗量				
人工	二类人工	工日	135.00		141.607	207.473	271.792	333.898	395.982
材料	切削设备	台	—		(1.000)	(1.000)	(1.000)	(1.000)	(1.000)
	平垫铁 综合	kg	3.78		126.560	141.750	159.390	177.180	186.040
	斜垫铁 Q195～Q235 1[#]	kg	8.62		110.800	130.300	141.160	152.020	162.880
	热轧薄钢板 Q235B 综合	kg	3.97		3.000	4.000	4.000	6.000	6.000
	镀锌铁丝 ϕ2.0～4.0	kg	5.01		13.000	19.000	19.000	25.000	25.000
	低碳钢焊条 J422 ϕ3.2	kg	4.74		0.525	1.050	1.050	1.050	1.050
	黄铜板 综合	kg	50.43		1.500	2.000	2.000	3.200	3.200
	木板	m^3	1667.00		0.156	0.194	0.219	0.250	0.250
	道木	m^3	1034.00		0.550	0.688	0.688	0.688	0.688
	汽油 综合	kg	6.12		1.530	2.040	2.040	2.550	2.550
	煤油	kg	3.79		84.000	126.000	168.000	210.000	220.500
	机油 综合	kg	2.91		2.525	2.525	3.030	3.535	4.040
	黄油钙基脂	kg	9.66		1.010	1.515	1.515	2.020	2.020
	石棉橡胶板 高压 δ0.5～8	kg	6.90		0.500	0.600	0.600	0.800	0.800
	铜焊粉	kg	30.17		0.080	0.120	0.160	0.200	0.240
	其他材料费	元	1.00		138.41	171.52	189.71	213.83	222.31
机械	载货汽车 10t	台班	476.15		1.050	1.050	1.050	1.050	1.050
	汽车式起重机 16t	台班	875.04		2.100	3.150	3.850	4.550	5.250
	汽车式起重机 30t	台班	1038.45		2.450	3.150	2.800	2.800	2.800
	汽车式起重机 50t	台班	2353.88		—	—	0.700	0.700	0.700
	汽车式起重机 100t	台班	4718.03		0.350	0.350	0.350	0.350	0.350
	弧焊机 综合	台班	66.69		0.315	0.560	0.560	0.700	0.700

六、磨　　床

计量单位:台

定额编号				1-1-72	1-1-73	1-1-74	1-1-75	1-1-76	1-1-77
项目				设备重量(t 以内)					
				1	2	3	5	7	10
基价(元)				**653.96**	**966.40**	**1339.85**	**2063.62**	**2893.32**	**4116.16**
其中	人工费(元)			509.76	775.58	1077.44	1465.70	1934.69	2749.41
	材料费(元)			82.27	114.58	143.22	266.29	340.20	657.53
	机械费(元)			61.93	76.24	119.19	331.63	618.43	709.22
	名称	单位	单价(元)	消耗量					
人工	二类人工	工日	135.00	3.776	5.745	7.981	10.857	14.331	20.366
材料	切削设备	台	—	(1.000)	(1.000)	(1.000)	(1.000)	(1.000)	(1.000)
	平垫铁 综合	kg	3.78	2.820	3.760	5.640	13.580	17.460	34.500
	斜垫铁 Q195~Q235 1#	kg	8.62	3.060	4.590	6.120	12.350	14.800	32.100
	热轧薄钢板 Q235B 综合	kg	3.97	0.200	0.450	0.450	0.650	1.000	1.000
	镀锌铁丝 ϕ2.0~4.0	kg	5.01	0.560	0.560	0.560	0.560	2.670	2.670
	低碳钢焊条 J422 ϕ3.2	kg	4.74	0.210	0.210	0.210	0.210	0.420	0.420
	黄铜板 综合	kg	50.43	0.100	0.250	0.250	0.300	0.400	0.400
	木板	m^3	1667.00	0.013	0.015	0.018	0.031	0.036	0.075
	道木	m^3	1034.00	—	—	—	0.006	0.007	0.007
	汽油 综合	kg	6.12	0.102	0.102	0.102	0.153	0.153	0.306
	煤油	kg	3.79	2.100	2.625	3.150	3.675	5.250	10.500
	机油 综合	kg	2.91	0.152	0.202	0.202	0.202	0.303	0.606
	黄油钙基脂	kg	9.66	0.101	0.101	0.101	0.101	0.202	0.404
	其他材料费	元	1.00	3.92	5.46	6.82	12.68	16.20	31.31
机械	载货汽车 10t	台班	476.15	—	—	—	0.210	0.350	0.350
	叉式起重机 5t	台班	409.00	0.140	0.175	0.280	—	—	—
	汽车式起重机 8t	台班	648.48	—	—	—	0.350	0.210	0.350
	汽车式起重机 16t	台班	875.04	—	—	—	—	0.350	0.350
	弧焊机 综合	台班	66.69	0.070	0.070	0.070	0.070	0.140	0.140

计量单位:台

定额编号				1-1-78	1-1-79	1-1-80	1-1-81	1-1-82	1-1-83
项目				设备重量(t 以内)					
				15	20	25	30	35	40
基价(元)				**5416.07**	**7247.89**	**9154.35**	**10563.72**	**12234.76**	**14138.90**
其中	人工费(元)			3835.22	4464.99	5167.80	6029.64	6647.94	7626.56
	材料费(元)			769.04	1335.27	1618.12	1791.58	1920.86	2119.53
	机械费(元)			811.81	1447.63	2368.43	2742.50	3665.96	4392.81
名称		单位	单价(元)	消耗量					
人工	二类人工	工日	135.00	28.409	33.074	38.280	44.664	49.244	56.493
材料	切削设备	台	—	(1.000)	(1.000)	(1.000)	(1.000)	(1.000)	(1.000)
	平垫铁 综合	kg	3.78	41.400	78.480	95.300	106.510	112.120	117.720
	斜垫铁 Q195~Q235 1#	kg	8.62	36.690	72.910	87.490	94.790	102.510	109.370
	热轧薄钢板 Q235B 综合	kg	3.97	1.600	1.600	2.500	2.500	2.500	2.500
	镀锌铁丝 φ2.0~4.0	kg	5.01	2.670	4.000	4.500	6.000	6.000	8.000
	低碳钢焊条 J422 φ3.2	kg	4.74	0.420	0.420	0.525	0.525	0.525	0.525
	黄铜板 综合	kg	50.43	0.600	0.600	1.000	1.000	1.000	1.000
	木板	m^3	1667.00	0.083	0.121	0.134	0.159	0.171	0.215
	道木	m^3	1034.00	0.007	0.010	0.021	0.021	0.021	0.021
	汽油 综合	kg	6.12	0.510	0.714	1.020	1.326	1.326	1.530
	煤油	kg	3.79	13.650	16.800	21.000	23.100	26.250	31.500
	机油 综合	kg	2.91	0.808	1.010	1.212	1.515	2.020	2.525
	黄油钙基脂	kg	9.66	0.505	0.505	0.707	0.707	0.909	1.212
	其他材料费	元	1.00	36.62	63.58	77.05	85.31	91.47	100.93
机械	载货汽车 10t	台班	476.15	0.350	0.350	0.350	0.350	0.350	0.700
	汽车式起重机 8t	台班	648.48	0.420	0.840	0.840	—	—	—
	汽车式起重机 16t	台班	875.04	—	—	—	1.050	2.100	2.100
	汽车式起重机 30t	台班	1038.45	0.350	0.700	—	—	—	—
	汽车式起重机 50t	台班	2353.88	—	—	0.700	0.700	0.700	—
	汽车式起重机 75t	台班	3154.17	—	—	—	—	—	0.700
	弧焊机 综合	台班	66.69	0.140	0.140	0.140	0.140	0.210	0.210

计量单位:台

定额编号				1-1-84	1-1-85	1-1-86	1-1-87	1-1-88
项目				设备重量(t 以内)				
				50	60	70	100	150
基价(元)				**15941.93**	**19570.56**	**21357.72**	**29443.53**	**39483.83**
其中	人工费(元)			9147.60	10816.88	11778.75	16834.23	24876.99
	材料费(元)			2229.94	2726.46	2877.36	3518.53	4153.29
	机械费(元)			4564.39	6027.22	6701.61	9090.77	10453.55
名称		单位	单价(元)	消耗量				
人工	二类人工	工日	135.00	67.760	80.125	87.250	124.698	184.274
材料	切削设备	台	—	(1.000)	(1.000)	(1.000)	(1.000)	(1.000)
	平垫铁 综合	kg	3.78	123.320	134.530	140.140	156.960	173.770
	斜垫铁 Q195～Q235 1#	kg	8.62	116.660	123.950	131.240	145.820	160.410
	热轧薄钢板 Q235B 综合	kg	3.97	2.500	3.000	3.000	3.000	4.000
	铜焊粉	kg	30.17	—	—	0.056	0.080	0.120
	镀锌铁丝 ϕ2.0～4.0	kg	5.01	8.000	10.000	10.000	13.000	19.000
	低碳钢焊条 J422 ϕ3.2	kg	4.74	0.525	0.525	0.525	0.525	1.050
	黄铜板 综合	kg	50.43	1.000	1.500	1.500	1.500	2.000
	木板	m^3	1667.00	0.210	0.220	0.230	0.240	0.260
	道木	m^3	1034.00	0.025	0.275	0.275	0.550	0.688
	汽油 综合	kg	6.12	1.530	2.040	2.550	2.856	3.570
	煤油	kg	3.79	37.800	50.400	58.800	84.000	126.000
	机油 综合	kg	2.91	3.030	3.535	4.040	4.848	5.858
	黄油钙基脂	kg	9.66	1.212	1.515	2.020	2.525	3.535
	其他材料费	元	1.00	106.19	129.83	137.02	167.55	197.78
机械	载货汽车 10t	台班	476.15	0.700	0.700	0.700	1.050	1.050
	汽车式起重机 16t	台班	875.04	1.050	1.050	1.400	0.700	1.400
	汽车式起重机 30t	台班	1038.45	1.050	1.400	1.750	2.100	2.800
	汽车式起重机 50t	台班	2353.88	—	—	—	1.050	1.050
	汽车式起重机 75t	台班	3154.17	0.700	—	—	—	—
	汽车式起重机 100t	台班	4718.03	—	0.700	0.700	0.700	0.700
	弧焊机 综合	台班	66.69	0.210	0.280	0.350	0.350	0.700

七、铁床及齿轮、螺纹加工机床

计量单位:台

定额编号				1-1-89	1-1-90	1-1-91	1-1-92	1-1-93
项目				设备重量(t以内)				
				1	3	5	7	10
基价(元)				**602.06**	**1248.69**	**1835.09**	**2933.80**	**4510.17**
其中	人工费(元)			455.63	1022.22	1328.67	1860.03	2611.44
	材料费(元)			84.50	135.91	174.79	285.25	497.68
	机械费(元)			61.93	90.56	331.63	788.52	1401.05
名称		单位	单价(元)	消耗量				
人工	二类人工	工日	135.00	3.375	7.572	9.842	13.778	19.344
材料	切削设备	台	—	(1.000)	(1.000)	(1.000)	(1.000)	(1.000)
	平垫铁 综合	kg	3.78	2.820	3.760	5.640	11.640	20.700
	斜垫铁 Q195~Q235 1#	kg	8.62	3.060	4.590	6.120	9.880	18.330
	热轧薄钢板 Q235B 综合	kg	3.97	0.200	0.450	0.650	1.000	1.000
	镀锌铁丝 ϕ2.0~4.0	kg	5.01	0.560	0.560	0.560	0.840	2.670
	低碳钢焊条 J422 ϕ3.2	kg	4.74	0.210	0.210	0.210	0.420	0.420
	黄铜板 综合	kg	50.43	0.100	0.250	0.300	0.400	0.400
	木板	m^3	1667.00	0.013	0.026	0.031	0.049	0.075
	道木	m^3	1034.00	—	—	—	0.006	0.007
	汽油 综合	kg	6.12	0.102	0.102	0.153	0.204	0.306
	煤油	kg	3.79	2.625	3.150	4.200	5.250	15.750
	机油 综合	kg	2.91	0.202	0.202	0.303	0.404	0.505
	黄油钙基脂	kg	9.66	0.101	0.101	0.152	0.202	0.303
	其他材料费	元	1.00	4.02	6.47	8.32	13.58	23.70
机械	载货汽车 10t	台班	476.15	—	—	0.210	0.350	0.350
	叉式起重机 5t	台班	409.00	0.140	0.210	—	—	—
	汽车式起重机 8t	台班	648.48	—	—	0.350	—	—
	汽车式起重机 16t	台班	875.04	—	—	—	0.700	1.400
	弧焊机 综合	台班	66.69	0.070	0.070	0.070	0.140	0.140

计量单位:台

定额编号				1-1-94	1-1-95	1-1-96	1-1-97	1-1-98
项目				设备重量(t 以内)				
				15	20	25	30	35
基价(元)				**5421.66**	**6820.29**	**8065.82**	**10274.05**	**11842.21**
其中	人工费(元)			3653.37	4292.73	4916.03	5722.52	6519.42
	材料费(元)			774.91	1170.72	1339.01	1498.10	1709.16
	机械费(元)			993.38	1356.84	1810.78	3053.43	3613.63
	名称	单位	单价(元)	消耗量				
人工	二类人工	工日	135.00	27.062	31.798	36.415	42.389	48.292
材料	切削设备	台	—	(1.000)	(1.000)	(1.000)	(1.000)	(1.000)
	平垫铁 综合	kg	3.78	37.950	61.660	67.270	78.480	84.080
	斜垫铁 Q195～Q235 1[#]	kg	8.62	36.690	58.330	65.630	72.910	80.200
	热轧薄钢板 Q235B 综合	kg	3.97	1.600	1.600	2.500	2.500	2.500
	镀锌铁丝 ϕ2.0～4.0	kg	5.01	2.670	4.000	4.500	6.000	6.000
	低碳钢焊条 J422 ϕ3.2	kg	4.74	0.420	0.420	0.525	0.525	0.525
	黄铜板 综合	kg	50.43	0.600	0.600	1.000	1.000	1.000
	木板	m^3	1667.00	0.083	0.128	0.140	0.153	0.206
	道木	m^3	1034.00	0.007	0.010	0.021	0.021	0.021
	汽油 综合	kg	6.12	0.510	0.714	1.020	1.020	1.224
	煤油	kg	3.79	18.900	22.050	25.200	29.400	35.700
	机油 综合	kg	2.91	0.707	1.010	1.313	1.515	1.818
	黄油钙基脂	kg	9.66	0.404	0.606	0.808	0.808	1.010
	石棉橡胶板 高压 δ0.5～8	kg	6.90	—	—	0.200	0.300	0.400
	其他材料费	元	1.00	36.90	55.75	63.76	71.34	81.39
机械	载货汽车 10t	台班	476.15	0.350	0.350	0.350	0.350	0.350
	汽车式起重机 8t	台班	648.48	0.700	0.700	1.400	—	—
	汽车式起重机 16t	台班	875.04	—	—	—	1.400	1.400
	汽车式起重机 30t	台班	1038.45	0.350	0.700	0.700	—	—
	汽车式起重机 50t	台班	2353.88	—	—	—	0.700	—
	汽车式起重机 75t	台班	3154.17	—	—	—	—	0.700
	弧焊机 综合	台班	66.69	0.140	0.140	0.140	0.210	0.210

计量单位:台

定额编号				1-1-99	1-1-100	1-1-101	1-1-102	1-1-103
项目				设备重量(t以内)				
				50	70	100	150	200
基价(元)				**15353.31**	**20385.99**	**26550.09**	**37199.86**	**45908.65**
其中	人工费(元)			8990.06	12311.87	16539.93	24790.46	31942.89
	材料费(元)			1970.44	2271.00	2778.44	3354.49	3723.54
	机械费(元)			4392.81	5803.12	7231.72	9054.91	10242.22
名称		单位	单价(元)	消耗量				
人工	二类人工	工日	135.00	66.593	91.199	122.518	183.633	236.614
材料	切削设备	台	—	(1.000)	(1.000)	(1.000)	(1.000)	(1.000)
	平垫铁 综合	kg	3.78	91.520	102.960	114.400	125.840	143.000
	斜垫铁 Q195~Q235 1#	kg	8.62	89.280	96.720	104.160	119.040	133.920
	热轧薄钢板 Q235B 综合	kg	3.97	2.500	3.000	3.000	4.000	4.000
	镀锌铁丝 ϕ2.0~4.0	kg	5.01	8.000	10.000	13.000	16.000	19.000
	低碳钢焊条 J422 ϕ3.2	kg	4.74	0.525	0.525	0.525	1.050	1.050
	黄铜板 综合	kg	50.43	1.000	1.500	1.500	2.000	2.000
	木板	m^3	1667.00	0.253	0.150	0.156	0.188	0.219
	道木	m^3	1034.00	0.025	0.275	0.550	0.688	0.688
	汽油 综合	kg	6.12	1.530	2.040	2.550	3.060	3.570
	煤油	kg	3.79	47.250	58.800	73.500	105.000	126.000
	机油 综合	kg	2.91	2.626	3.535	4.545	5.050	5.555
	黄油钙基脂	kg	9.66	1.212	1.515	1.717	2.525	3.030
	铜焊粉	kg	30.17	—	0.056	0.080	0.120	0.160
	石棉橡胶板 高压 δ0.5~8	kg	6.90	0.400	0.500	0.800	1.000	1.200
	其他材料费	元	1.00	93.83	108.14	132.31	159.74	177.31
机械	载货汽车 10t	台班	476.15	0.700	0.700	1.050	1.050	1.050
	汽车式起重机 16t	台班	875.04	2.100	2.450	1.400	2.100	2.100
	汽车式起重机 30t	台班	1038.45	—	—	2.100	2.450	2.800
	汽车式起重机 50t	台班	2353.88	—	—	—	0.350	0.700
	汽车式起重机 75t	台班	3154.17	0.700	—	—	—	—
	汽车式起重机 100t	台班	4718.03	—	0.700	0.700	0.700	0.700
	弧焊机 综合	台班	66.69	0.210	0.350	0.350	0.700	0.700

计量单位:台

	定额编号			1-1-104	1-1-105	1-1-106	1-1-107
	项目			设备重量(t 以内)			
				250	300	400	500
	基价(元)			**53418.62**	**61526.00**	**77174.50**	**95351.09**
其中	人工费(元)			38371.32	44912.75	57587.36	72053.96
	材料费(元)			4054.82	4281.33	4907.82	5423.21
	机械费(元)			10992.48	12331.92	14679.32	17873.92
	名称	单位	单价(元)	消耗量			
人工	二类人工	工日	135.00	284.232	332.687	426.573	533.733
材料	切削设备	台	—	(1.000)	(1.000)	(1.000)	(1.000)
	平垫铁 综合	kg	3.78	154.440	160.160	165.880	171.600
	斜垫铁 Q195 ~ Q235 1#	kg	8.62	133.920	141.360	148.800	156.240
	热轧薄钢板 Q235B 综合	kg	3.97	6.000	6.000	6.000	8.000
	镀锌铁丝 ϕ2.0 ~ 4.0	kg	5.01	25.000	25.000	35.000	35.000
	低碳钢焊条 J422 ϕ3.2	kg	4.74	1.050	1.050	1.050	1.050
	黄铜板 综合	kg	50.43	3.200	3.200	3.200	4.000
	木板	m^3	1667.00	0.250	0.250	0.338	0.363
	道木	m^3	1034.00	0.688	0.688	0.825	0.963
	汽油 综合	kg	6.12	3.570	4.080	4.590	5.100
	煤油	kg	3.79	157.500	189.000	231.000	273.000
	机油 综合	kg	2.91	6.060	6.060	6.565	7.070
	黄油钙基脂	kg	9.66	3.030	3.535	4.040	4.545
	铜焊粉	kg	30.17	0.200	0.240	0.320	0.400
	石棉橡胶板 高压 δ0.5 ~ 8	kg	6.90	1.200	1.400	1.600	1.800
	其他材料费	元	1.00	193.09	203.87	233.71	258.25
机械	载货汽车 10t	台班	476.15	1.050	1.050	1.400	1.750
	汽车式起重机 16t	台班	875.04	2.100	2.800	2.800	2.800
	汽车式起重机 30t	台班	1038.45	3.500	4.200	6.300	8.400
	汽车式起重机 50t	台班	2353.88	0.700	0.700	0.700	1.050
	汽车式起重机 100t	台班	4718.03	0.700	0.700	0.700	0.700
	弧焊机 综合	台班	66.69	1.050	1.050	1.050	1.400

八、刨床、插床、拉床

计量单位:台

定额编号				1-1-108	1-1-109	1-1-110	1-1-111	1-1-112	1-1-113
项目				设备重量(t以内)					
				1	3	5	7	10	15
基价(元)				**541.83**	**1191.23**	**1917.18**	**2626.89**	**3661.54**	**5339.67**
其中	人工费(元)			397.31	968.49	1462.59	1858.28	2646.41	3867.35
	材料费(元)			82.59	132.18	191.05	286.36	410.37	626.61
	机械费(元)			61.93	90.56	263.54	482.25	604.76	845.71
名称		单位	单价(元)	消耗量					
人工	二类人工	工日	135.00	2.943	7.174	10.834	13.765	19.603	28.647
材料	切削设备	台	—	(1.000)	(1.000)	(1.000)	(1.000)	(1.000)	(1.000)
	平垫铁 综合	kg	3.78	2.820	5.820	7.760	11.640	17.460	23.850
	斜垫铁 Q195~Q235 1#	kg	8.62	3.060	4.940	7.410	9.880	14.820	22.930
	热轧薄钢板 Q235B 综合	kg	3.97	0.200	0.450	0.650	1.000	1.000	1.600
	镀锌铁丝 ϕ2.0~4.0	kg	5.01	0.560	0.560	0.560	0.840	2.640	4.000
	低碳钢焊条 J422 ϕ3.2	kg	4.74	0.210	0.210	0.210	0.420	0.420	0.420
	黄铜板 综合	kg	50.43	0.100	0.250	0.300	0.400	0.400	0.600
	木板	m^3	1667.00	0.013	0.018	0.031	0.036	0.056	0.095
	道木	m^3	1034.00	—	—	—	0.004	0.007	0.007
	汽油 综合	kg	6.12	0.153	0.204	0.255	0.306	0.510	1.020
	煤油	kg	3.79	2.100	2.625	3.150	11.550	12.600	18.900
	机油 综合	kg	2.91	0.152	0.152	0.202	0.505	0.808	1.010
	黄油钙基脂	kg	9.66	0.101	0.152	0.152	0.202	0.404	0.404
	其他材料费	元	1.00	3.93	6.29	9.10	13.64	19.54	29.84
机械	载货汽车 10t	台班	476.15	—	—	0.210	0.350	0.350	0.350
	叉式起重机 5t	台班	409.00	0.140	0.210	—	—	—	—
	汽车式起重机 8t	台班	648.48	—	—	0.245	—	—	—
	汽车式起重机 16t	台班	875.04	—	—	—	0.350	0.490	0.350
	汽车式起重机 30t	台班	1038.45	—	—	—	—	—	0.350
	弧焊机 综合	台班	66.69	0.070	0.070	0.070	0.140	0.140	0.140

计量单位:台

定额编号				1-1-114	1-1-115	1-1-116	1-1-117	1-1-118	1-1-119
项目				设备重量(t 以内)					
				20	25	35	50	70	100
基价(元)				**6917.70**	**8728.08**	**11223.70**	**14539.37**	**19479.27**	**26555.30**
其中	人工费(元)			4573.40	5262.71	6764.85	9253.17	12596.99	17818.79
	材料费(元)			760.49	960.76	1238.77	1505.92	1783.31	2294.50
	机械费(元)			1583.81	2504.61	3220.08	3780.28	5098.97	6442.01
名称		单位	单价(元)	消耗量					
人工	二类人工	工日	135.00	33.877	38.983	50.110	68.542	93.311	131.991
材料	切削设备	台	—	(1.000)	(1.000)	(1.000)	(1.000)	(1.000)	(1.000)
	平垫铁 综合	kg	3.78	33.630	39.240	50.450	57.200	62.920	74.360
	斜垫铁 Q195～Q235 1#	kg	8.62	29.160	36.460	43.750	52.080	59.520	66.960
	热轧薄钢板 Q235B 综合	kg	3.97	1.600	2.500	2.500	2.500	3.000	3.000
	铜焊粉	kg	30.17	—	—	—	—	0.056	0.080
	镀锌铁丝 ϕ2.0～4.0	kg	5.01	4.000	4.500	6.000	8.000	10.000	13.000
	低碳钢焊条 J422 ϕ3.2	kg	4.74	0.420	0.525	0.525	0.525	0.525	0.525
	黄铜板 综合	kg	50.43	0.600	1.000	1.000	1.000	1.500	1.500
	木板	m^3	1667.00	0.109	0.140	0.203	0.253	0.154	0.160
	道木	m^3	1034.00	0.010	0.014	0.014	0.028	0.275	0.550
	汽油 综合	kg	6.12	1.020	1.224	1.836	2.346	3.060	3.570
	煤油	kg	3.79	21.000	26.250	36.750	47.250	57.750	73.500
	机油 综合	kg	2.91	1.515	1.818	2.222	2.828	3.535	4.545
	黄油钙基脂	kg	9.66	0.505	0.606	0.808	1.212	1.515	1.818
	石棉橡胶板 高压 δ0.5～8	kg	6.90	—	0.150	0.200	0.300	0.300	0.400
	其他材料费	元	1.00	36.21	45.75	58.99	71.71	84.92	109.26
机械	载货汽车 10t	台班	476.15	0.350	0.350	0.700	0.700	1.050	1.050
	汽车式起重机 8t	台班	648.48	1.050	1.050	—	—	—	—
	汽车式起重机 16t	台班	875.04	—	—	1.400	1.400	2.100	2.800
	汽车式起重机 30t	台班	1038.45	0.700	—	—	—	1.050	1.750
	汽车式起重机 50t	台班	2353.88	—	0.700	0.700	—	0.700	—
	汽车式起重机 75t	台班	3154.17	—	—	—	0.700	—	—
	汽车式起重机 100t	台班	4718.03	—	—	—	—	—	0.350
	弧焊机 综合	台班	66.69	0.140	0.140	0.210	0.210	0.350	0.350

计量单位：台

定额编号				1-1-120	1-1-121	1-1-122	1-1-123	1-1-124	1-1-125
项目				设备重量(t以内)					
				150	200	250	300	350	400
基价（元）				**36514.77**	**46366.10**	**56706.18**	**65701.70**	**73519.88**	**83755.54**
其中	人工费（元）			26511.03	33933.60	40925.52	48010.32	53710.83	60934.28
	材料费（元）			2811.47	3457.83	3648.59	3947.45	4367.15	4809.26
	机械费（元）			7192.27	8974.67	12132.07	13743.93	15441.90	18012.00
名称		单位	单价(元)	消耗量					
人工	二类人工	工日	135.00	196.378	251.360	303.152	355.632	397.858	451.365
材料	切削设备	台	—	(1.000)	(1.000)	(1.000)	(1.000)	(1.000)	(1.000)
	平垫铁 综合	kg	3.78	80.080	120.120	125.840	143.000	160.160	177.320
	斜垫铁 Q195～Q235 1#	kg	8.62	74.400	111.600	119.040	133.920	148.800	163.680
	热轧薄钢板 Q235B 综合	kg	3.97	4.000	4.000	4.200	4.400	4.840	5.324
	铜焊粉	kg	30.17	0.120	0.160	0.168	0.176	0.194	0.213
	镀锌铁丝 φ2.0～4.0	kg	5.01	16.000	19.000	19.950	20.900	22.990	25.289
	低碳钢焊条 J422 φ3.2	kg	4.74	1.050	1.050	1.100	1.155	1.271	1.398
	黄铜板 综合	kg	50.43	2.000	2.000	2.100	2.200	2.420	2.662
	木板	m^3	1667.00	0.204	0.223	0.235	0.245	0.270	0.297
	道木	m^3	1034.00	0.688	0.688	0.723	0.757	0.832	0.916
	汽油 综合	kg	6.12	5.100	6.120	6.430	6.732	7.405	8.146
	煤油	kg	3.79	105.000	126.000	132.300	138.600	152.460	167.706
	机油 综合	kg	2.91	7.070	8.080	8.485	8.888	9.777	10.754
	黄油钙基脂	kg	9.66	2.424	3.030	3.182	3.333	3.666	4.033
	石棉橡胶板 高压δ0.5～8	kg	6.90	0.500	0.650	0.683	0.715	0.787	0.865
	其他材料费	元	1.00	133.88	164.66	173.74	187.97	207.96	229.01
机械	载货汽车 10t	台班	476.15	1.050	1.050	1.400	1.400	1.750	1.750
	汽车式起重机 16t	台班	875.04	2.800	4.200	4.900	6.300	8.050	9.100
	汽车式起重机 30t	台班	1038.45	2.450	1.400	2.100	2.450	2.450	2.450
	汽车式起重机 50t	台班	2353.88	—	0.700	0.700	0.700	0.700	0.700
	汽车式起重机 100t	台班	4718.03	0.350	0.350	0.700	0.700	0.700	1.050
	弧焊机 综合	台班	66.69	0.700	0.700	0.700	1.050	1.050	1.050

九、超声波加工及电加工机床

计量单位:台

定额编号				1-1-126	1-1-127	1-1-128	1-1-129	1-1-130	1-1-131
项目				设备重量(t 以内)					
				0.5	1	2	3	5	8
基价(元)				202.11	347.16	585.40	821.60	1367.40	2144.97
其中	人工费(元)			114.89	211.55	394.34	579.83	839.16	1218.24
	材料费(元)			53.92	73.68	100.50	136.90	196.61	285.60
	机械费(元)			33.30	61.93	90.56	104.87	331.63	641.13
名称		单位	单价(元)	消耗量					
人工	二类人工	工日	135.00	0.851	1.567	2.921	4.295	6.216	9.024
材料	切削设备	台	—	(1.000)	(1.000)	(1.000)	(1.000)	(1.000)	(1.000)
	平垫铁 综合	kg	3.78	1.524	2.820	3.760	5.640	7.530	13.580
	斜垫铁 Q195~Q235 1#	kg	8.62	2.358	3.060	4.590	6.120	7.640	12.350
	热轧薄钢板 Q235B 综合	kg	3.97	0.150	0.200	0.200	0.450	0.650	1.000
	镀锌铁丝 φ2.0~4.0	kg	5.01	0.420	0.560	0.560	0.560	0.840	0.840
	低碳钢焊条 J422 φ3.2	kg	4.74	0.158	0.210	0.210	0.210	0.210	0.420
	黄铜板 综合	kg	50.43	0.075	0.100	0.100	0.250	0.300	0.400
	木板	m^3	1667.00	0.007	0.009	0.013	0.015	0.031	0.036
	汽油 综合	kg	6.12	0.153	0.204	0.204	0.204	0.306	0.510
	煤油	kg	3.79	1.181	1.575	2.100	2.625	3.675	4.725
	机油 综合	kg	2.91	0.076	0.101	0.152	0.152	0.202	0.303
	黄油钙基脂	kg	9.66	0.076	0.101	0.101	0.152	0.202	0.202
	其他材料费	元	1.00	2.57	3.51	4.79	6.52	9.36	13.60
机械	载货汽车 10t	台班	476.15	—	—	—	—	0.210	0.350
	叉式起重机 5t	台班	409.00	0.070	0.140	0.210	0.245	—	—
	汽车式起重机 8t	台班	648.48	—	—	—	—	0.350	0.245
	汽车式起重机 16t	台班	875.04	—	—	—	—	—	0.350
	弧焊机 综合	台班	66.69	0.070	0.070	0.070	0.070	0.070	0.140

十、其他机床及金属材料试验机械

计量单位:台

定额编号					1-1-132	1-1-133	1-1-134	1-1-135	1-1-136
项目					设备重量(t以内)				
					1	3	5	7	9
基价(元)					592.41	1057.11	1611.38	2303.16	3029.48
其中	人工费(元)				448.74	824.58	1087.70	1388.48	1900.67
	材料费(元)				81.74	141.97	192.05	273.55	319.60
	机械费(元)				61.93	90.56	331.63	641.13	809.21
名称			单位	单价(元)	消耗量				
人工	二类人工		工日	135.00	3.324	6.108	8.057	10.285	14.079
材料	切削设备		台	—	(1.000)	(1.000)	(1.000)	(1.000)	(1.000)
	平垫铁 综合		kg	3.78	2.820	5.640	7.760	11.640	13.580
	斜垫铁 Q195~Q235 1#		kg	8.62	3.060	6.120	7.410	9.880	12.350
	热轧薄钢板 Q235B 综合		kg	3.97	0.200	0.450	0.650	1.000	1.000
	镀锌铁丝 ϕ2.0~4.0		kg	5.01	0.560	0.560	0.840	0.840	1.120
	低碳钢焊条 J422 ϕ3.2		kg	4.74	0.210	0.210	0.210	0.420	0.420
	黄铜板 综合		kg	50.43	0.100	0.250	0.300	0.400	0.400
	木板		m^3	1667.00	0.013	0.018	0.031	0.049	0.054
	汽油 综合		kg	6.12	0.020	0.061	0.102	0.143	0.184
	煤油		kg	3.79	2.100	2.940	3.150	4.200	5.250
	机油 综合		kg	2.91	0.152	0.152	0.202	0.202	0.303
	黄油钙基脂		kg	9.66	0.101	0.101	0.202	0.202	0.303
	其他材料费		元	1.00	3.89	6.76	9.15	13.03	15.22
机械	载货汽车 10t		台班	476.15	—	—	0.210	0.350	0.560
	叉式起重机 5t		台班	409.00	0.140	0.210	—	—	—
	汽车式起重机 8t		台班	648.48	—	—	0.350	0.245	0.350
	汽车式起重机 16t		台班	875.04	—	—	—	0.350	0.350
	弧焊机 综合		台班	66.69	0.070	0.070	0.070	0.140	0.140

计量单位:台

定额编号				1-1-137	1-1-138	1-1-139	1-1-140
项目				设备重量(t 以内)			
				12	15	20	25
基价(元)				3992.12	4973.95	6438.69	8008.99
其中	人工费(元)			2512.89	3115.26	3760.16	4669.38
	材料费(元)			485.85	638.34	770.81	1204.92
	机械费(元)			993.38	1220.35	1907.72	2134.69
名称		单位	单价(元)	消耗量			
人工	二类人工	工日	135.00	18.614	23.076	27.853	34.588
材料	切削设备	台	—	(1.000)	(1.000)	(1.000)	(1.000)
	平垫铁 综合	kg	3.78	20.700	31.050	34.500	62.920
	斜垫铁 Q195～Q235 1#	kg	8.62	18.350	27.520	32.100	59.520
	热轧薄钢板 Q235B 综合	kg	3.97	1.600	1.600	1.600	2.500
	镀锌铁丝 φ2.0～4.0	kg	5.01	1.800	2.400	4.000	4.500
	低碳钢焊条 J422 φ3.2	kg	4.74	0.420	0.420	0.420	0.525
	黄铜板 综合	kg	50.43	0.600	0.600	0.600	1.000
	木板	m^3	1667.00	0.086	0.094	0.121	0.134
	道木	m^3	1034.00	0.004	0.007	0.010	0.021
	汽油 综合	kg	6.12	0.245	0.306	0.408	0.510
	煤油	kg	3.79	6.825	8.400	12.600	14.700
	机油 综合	kg	2.91	0.303	0.404	0.404	0.505
	黄油钙基脂	kg	9.66	0.303	0.404	0.505	0.606
	其他材料费	元	1.00	23.14	30.40	36.71	57.38
机械	载货汽车 10t	台班	476.15	0.350	0.350	0.350	0.350
	汽车式起重机 8t	台班	648.48	0.700	1.050	1.400	1.750
	汽车式起重机 30t	台班	1038.45	0.350	0.350	—	—
	汽车式起重机 50t	台班	2353.88	—	—	0.350	0.350
	弧焊机 综合	台班	66.69	0.140	0.140	0.140	0.140

计量单位：台

定额编号				1-1-141	1-1-142	1-1-143	1-1-144
项目				设备重量(t 以内)			
				30	35	40	45
基价（元）				**9998.91**	**11551.82**	**13137.24**	**14478.04**
其中	人工费（元）			5568.48	6411.56	7297.97	8130.51
	材料费（元）			1381.67	1613.91	1752.72	1954.72
	机械费（元）			3048.76	3526.35	4086.55	4392.81
名称		单位	单价(元)	消耗量			
人工	二类人工	工日	135.00	41.248	47.493	54.059	60.226
材料	切削设备	台	—	(1.000)	(1.000)	(1.000)	(1.000)
	平垫铁 综合	kg	3.78	72.200	80.880	86.660	98.210
	斜垫铁 Q195～Q235 1#	kg	8.62	67.630	75.140	82.660	90.170
	热轧薄钢板 Q235B 综合	kg	3.97	2.500	2.500	2.500	2.500
	镀锌铁丝 ϕ2.0～4.0	kg	5.01	6.000	6.000	8.000	8.000
	低碳钢焊条 J422 ϕ3.2	kg	4.74	0.525	0.525	0.525	0.525
	黄铜板 综合	kg	50.43	1.000	1.000	1.000	1.000
	木板	m^3	1667.00	0.159	0.225	0.238	0.278
	道木	m^3	1034.00	0.021	0.025	0.025	0.028
	汽油 综合	kg	6.12	0.714	0.755	0.857	1.020
	煤油	kg	3.79	17.850	19.950	23.100	26.250
	机油 综合	kg	2.91	0.505	0.606	0.707	0.808
	黄油钙基脂	kg	9.66	0.707	0.808	0.909	1.010
	其他材料费	元	1.00	65.79	76.85	83.46	93.08
机械	载货汽车 10t	台班	476.15	0.350	0.700	0.700	0.700
	汽车式起重机 16t	台班	875.04	1.400	1.750	1.750	2.100
	汽车式起重机 50t	台班	2353.88	0.700	0.700	—	—
	汽车式起重机 75t	台班	3154.17	—	—	0.700	0.700
	弧焊机 综合	台班	66.69	0.140	0.210	0.210	0.210

十一、木 工 机 械

计量单位:台

定额编号				1-1-145	1-1-146	1-1-147	1-1-148	1-1-149	1-1-150
项目				设备重量(t 以内)					
				0.5	1	3	5	7	10
基价(元)				**240.93**	**432.25**	**1169.05**	**1785.32**	**2462.18**	**3278.59**
其中	人工费(元)			147.42	287.82	848.21	1095.93	1522.67	2129.36
	材料费(元)			60.21	82.50	173.02	247.84	304.12	421.97
	机械费(元)			33.30	61.93	147.82	441.55	635.39	727.26
名称		单位	单价(元)	消耗量					
人工	二类人工	工日	135.00	1.092	2.132	6.283	8.118	11.279	15.773
材料	切削设备	台	—	(1.000)	(1.000)	(1.000)	(1.000)	(1.000)	(1.000)
	平垫铁 综合	kg	3.78	1.580	2.032	7.760	11.640	13.580	17.460
	斜垫铁 Q195~Q235 1#	kg	8.62	2.100	3.144	7.410	9.880	12.350	14.820
	热轧薄钢板 Q235B 综合	kg	3.97	0.150	0.200	0.450	0.650	1.000	1.000
	镀锌铁丝 ϕ2.0~4.0	kg	5.01	0.420	0.560	0.560	0.840	0.840	1.800
	低碳钢焊条 J422 ϕ3.2	kg	4.74	0.158	0.210	0.210	0.210	0.420	0.420
	黄铜板 综合	kg	50.43	0.075	0.100	0.250	0.300	0.400	0.400
	木板	m^3	1667.00	0.010	0.013	0.018	0.031	0.036	0.069
	道木	m^3	1034.00	—	—	—	—	—	0.007
	汽油 综合	kg	6.12	0.077	0.102	0.153	0.204	0.306	0.306
	煤油	kg	3.79	1.969	2.625	5.250	7.350	9.450	11.550
	机油 综合	kg	2.91	0.114	0.152	0.202	0.253	0.303	0.404
	黄油钙基脂	kg	9.66	0.114	0.152	0.202	0.253	0.303	0.404
	其他材料费	元	1.00	2.87	3.93	8.24	11.80	14.48	20.09
机械	载货汽车 10t	台班	476.15	—	—	—	0.210	0.350	0.350
	叉式起重机 5t	台班	409.00	0.070	0.140	0.350	—	—	—
	汽车式起重机 16t	台班	875.04	—	—	—	0.385	0.525	0.630
	弧焊机 综合	台班	66.69	0.070	0.070	0.070	0.070	0.140	0.140

十二、跑车带锯机

计量单位:台

定额编号				1-1-151	1-1-152	1-1-153	1-1-154	1-1-155	1-1-156
项目				设备重量(t 以内)					
				3	5	7	10	15	20
基价(元)				**1860.58**	**3163.02**	**4152.22**	**5713.60**	**8239.22**	**10799.28**
其中	人工费(元)			1607.45	2509.11	3188.43	4353.21	6381.32	8295.75
	材料费(元)			162.57	242.99	481.54	663.75	1012.19	1339.30
	机械费(元)			90.56	410.92	482.25	696.64	845.71	1164.23
名称		单位	单价(元)	消耗量					
人工	二类人工	工日	135.00	11.907	18.586	23.618	32.246	47.269	61.450
材料	切削设备	台	—	(1.000)	(1.000)	(1.000)	(1.000)	(1.000)	(1.000)
	平垫铁 综合	kg	3.78	5.640	11.640	26.110	37.320	57.120	76.160
	斜垫铁 Q195~Q235 1#	kg	8.62	6.120	9.880	22.810	32.590	53.820	71.760
	热轧薄钢板 Q235B 综合	kg	3.97	0.450	0.650	1.000	1.000	1.600	2.080
	镀锌铁丝 ϕ2.0~4.0	kg	5.01	0.560	0.840	2.670	3.000	4.000	5.200
	低碳钢焊条 J422 ϕ3.2	kg	4.74	0.210	0.210	0.420	0.420	0.420	0.546
	黄铜板 综合	kg	50.43	0.250	0.300	0.400	0.400	0.600	0.780
	木板	m^3	1667.00	0.026	0.031	0.051	0.069	0.094	0.122
	道木	m^3	1034.00	—	—	—	0.007	0.010	0.013
	汽油 综合	kg	6.12	0.204	0.204	0.510	0.510	0.714	0.928
	煤油	kg	3.79	4.200	6.300	8.400	10.500	12.600	16.380
	机油 综合	kg	2.91	0.202	0.202	0.303	0.303	0.505	0.657
	黄油钙基脂	kg	9.66	0.152	0.202	0.303	0.303	0.505	0.657
	其他材料费	元	1.00	7.74	11.57	22.93	31.61	48.20	63.78
机械	载货汽车 10t	台班	476.15	—	0.210	0.350	0.350	0.350	0.350
	叉式起重机 5t	台班	409.00	0.210	—	—	—	—	—
	汽车式起重机 16t	台班	875.04	—	0.350	0.350	0.595	0.350	0.714
	汽车式起重机 30t	台班	1038.45	—	—	—	—	0.350	0.350
	弧焊机 综合	台班	66.69	0.070	0.070	0.140	0.140	0.140	0.140

十三、其他木工机械

计量单位:台

定额编号				1-1-157	1-1-158	1-1-159
项目				气动拨料器	气动踢木器	
				0.1t 以内	单面卸木	双面卸木
基价(元)				**478.76**	**805.70**	**992.72**
其中	人工费(元)			414.45	697.95	887.76
	材料费(元)			7.05	50.49	47.70
	机械费(元)			57.26	57.26	57.26
	名称	单位	单价(元)	消耗量		
人工	二类人工	工日	135.00	3.070	5.170	6.576
材料	切削设备	台	—	(1.000)	(1.000)	(1.000)
	钢板垫板	kg	3.72	—	7.000	7.000
	镀锌铁丝 ϕ2.0~4.0	kg	5.01	—	0.560	0.560
	木板	m^3	1667.00	0.001	0.007	0.007
	煤油	kg	3.79	1.000	1.500	0.800
	机油 综合	kg	2.91	0.100	0.150	0.150
	黄油钙基脂	kg	9.66	0.100	0.150	0.150
	其他材料费	元	1.00	0.34	2.40	2.27
机械	叉式起重机 5t	台班	409.00	0.140	0.140	0.140

十四、带锯机保护罩制作与安装

计量单位:个

定额编号				1-1-160	1-1-161
项目				规格	
				铁架圆形 42 英寸	铁架圆形 48 英寸
基价(元)				**1234.47**	**1409.63**
其中	人工费(元)			363.42	435.92
	材料费(元)			851.77	948.70
	机械费(元)			19.28	25.01
	名称	单位	单价(元)	消耗量	
人工	二类人工	工日	135.00	2.692	3.229
材料	角钢 Q235B 63×63×6	kg	3.97	90.000	100.000
	扁钢 Q235B 综合	kg	3.96	33.500	36.000
	六角带帽螺栓 M12×75 以内	10 套	5.52	2.000	2.000
	木螺钉 *d*6×100 以内	10 个	1.03	18.000	21.000
	合页 75 以内	副	1.72	4.000	4.000
	低碳钢焊条 J422 ϕ4.0	kg	4.74	1.350	1.620
	木板	m^3	1667.00	0.167	0.190
	其他材料费	元	1.00	40.56	45.18
机械	立式钻床 25mm	台班	5.80	0.910	1.092
	弧焊机 综合	台班	66.69	0.210	0.280

第二章
锻压设备安装

说 明

一、本章内容包括机械压力机,液压机,自动锻压机及锻机操作机,空气锤,模锻锤,自由锻锤及蒸汽锤,剪切机及弯曲校正机、锻造水压机等安装。

1. 机械压力机:包括固定台压力机、可倾压力机、传动开式压力机、闭式单(双)点压力机、闭式侧滑块压力机、单动(双动)机械压力机、切边压力机、切边机、拉伸压力机、摩擦压力机、精压机、模锻曲轴压力机、热模锻压力机、金属挤压机、冷挤压机、冲模回转头压力机和数控冲模回转压力机。

2. 液压机:包括薄板液压机、万能液压机、上移式液压机、校正压装液压机、校直液压机、手动液压机、粉末制品液压机、塑料制品液压机、金属打包液压机、粉末热压机、轮轴压装液压机、轮轴压装机、单臂油压机、电缆包覆液压机、油压机、电极挤压机、油压装配机、热切边液压机、拉伸矫正机、冷拔管机和金属挤压机。

3. 自动锻压机及锻机操作机:包括自动冷(热)镦机、自动切边机、自动搓丝机、滚丝机、滚圆机、自动冷成型机、自动卷簧机、多工位自动压力机、自动制钉机、平锻机、辊锻机、锻管机、扩孔机、锻轴机、镦轴机、镦机及镦机组、辊轧机、多工位自动锻造机、锻造操作机和无轨操作机。

4. 模锻锤:包括模锻锤,蒸汽、空气两用模锻锤,无砧模锻锤和液压模锻锤。

5. 自由锻锤及蒸汽锤:包括蒸汽空气两用自由锻锤、单臂自由锻锤和气动薄板落锤。

6. 剪切机和弯曲校正机:包括剪板机、剪切机、联合冲剪机、剪断机、切割机、拉剪机、热锯机、热剪机、滚板机、弯板机、弯曲机、弯管机、校直机、校正机、校平机、校正弯曲压力机、切断机、折边机、滚坡纹机、折弯压力机、扩口机、卷圆机、滚圆机、滚形机、整形机、扭拧机和轮缘焊渣切割机。

二、本章包括以下工作内容:

1. 机械压力机、液压机、水压机的拉紧螺栓及立柱的热装。

2. 液压机及水压机液压系统钢管的酸洗。

3. 水压机本体安装:包括底座、立柱、横梁等全部设备部件安装,润滑装置和润滑管道安装,缓冲器、充液罐等附属设备安装,分配阀、充液阀、接力电机操纵台装置安装,梯子、栏杆、基础盖板安装,立柱、横梁等主要部件安装前的精度预检,活动横梁导套的检查和刮研,分配器、充液阀、安全阀等主要阀件的试压和研磨,机体补漆,操纵台、梯子、栏杆、盖板、支撑梁、立式液罐和低压缓冲器表面刷漆。

4. 水压机本体管道安装:包括设备本体至第一个法兰以内的高低压水管、压缩空气管等本体管道安装、试压、刷漆;高压阀门试压、高压管道焊口预热和应力消除,高低压管道的酸洗,公称直径 70mm 以内的管道煨弯。

5. 锻锤砧座周围敷设油毡、沥青、沙子等防腐层以及垫木排找正时表面精修。

三、本章不包括以下工作内容,应执行其他章节有关定额或规定。

1. 机械压力机、液压机、水压机拉紧大螺栓及立柱如需热装时所需的加热材料(如硅碳棒、电阻丝、石棉布、石棉绳等)。

2. 除水压机、液压机外,其他设备的管道酸洗。

3. 锻锤试运转中,锤头和锤杆的加热以及试冲击所需的枕木。

4. 水压机工作缸、高压阀等的垫料、填料。

5. 设备所需灌注的冷却液、液压油、乳化液等。

6. 蓄势站安装及水压机与蓄势站的联动试运转。

7. 锻锤砧座垫木排的制作、防腐、干燥等。

8. 设备润滑、液压和空气压缩管路系统的管子和管路附件的加工、焊接、煨弯和阀门的研磨。

9. 设备和管路的保温。

10. 水压机管道安装中的支架、法兰、紫铜垫圈、密封垫圈等管路附件的制作,管子和焊口无损检测和机械强度试验。

工程量计算规则

一、空气锤、模锻锤、自由锻锤及蒸汽锤以“台”为计量单位，按落锤重量（“kg”或“t”）分列定额项目。

二、锻造水压机以“台”为计量单位，按水压机公称压力“t”分列定额项目。

一、机械压力机

计量单位:台

定额编号				1-2-1	1-2-2	1-2-3	1-2-4	1-2-5	1-2-6
项目				设备重量(t 以内)					
				1	3	5	7	10	15
基价(元)				**626.32**	**1306.96**	**2068.06**	**2837.23**	**3646.23**	**5228.08**
其中	人工费(元)			421.61	833.49	1313.82	1680.08	2312.28	3372.30
	材料费(元)			112.32	168.69	271.13	352.34	394.10	633.43
	机械费(元)			92.39	304.78	483.11	804.81	939.85	1222.35
名称		单位	单价(元)	消耗量					
人工	二类人工	工日	135.00	3.123	6.174	9.732	12.445	17.128	24.980
材料	锻压设备	台	—	(1.000)	(1.000)	(1.000)	(1.000)	(1.000)	(1.000)
	平垫铁 综合	kg	3.78	6.240	10.400	17.805	19.040	21.880	35.760
	斜垫铁 Q195~Q235 1#	kg	8.62	5.300	7.940	14.040	16.120	18.060	31.840
	镀锌铁丝 ϕ2.0~4.0	kg	5.01	0.650	0.800	0.800	2.000	2.000	3.000
	低碳钢焊条 J422 ϕ3.2	kg	4.74	0.263	0.263	0.263	0.263	0.263	0.525
	木板	m^3	1667.00	0.013	0.020	0.029	0.043	0.048	0.063
	道木	m^3	1034.00	—	—	—	0.021	0.021	0.041
	汽油 综合	kg	6.12	0.102	0.153	0.153	0.204	0.204	0.255
	煤油	kg	3.79	2.100	2.625	3.150	3.675	4.725	5.250
	机油 综合	kg	2.91	0.505	0.505	0.505	0.808	0.808	1.010
	黄油钙基脂	kg	9.66	0.152	0.202	0.202	0.253	0.253	0.303
	石棉橡胶板 高压 δ0.5~8	kg	6.90	—	—	—	—	—	0.200
	其他材料费	元	1.00	5.35	8.03	12.91	16.78	18.77	30.16
机械	载货汽车 10t	台班	476.15	—	—	0.210	0.350	0.350	0.350
	叉式起重机 5t	台班	409.00	0.210	0.280	0.350	—	—	—
	汽车式起重机 8t	台班	648.48	—	—	0.350	0.560	0.700	1.050
	汽车式起重机 12t	台班	748.60	—	—	—	0.350	—	—
	汽车式起重机 16t	台班	875.04	—	0.210	—	—	0.350	—
	汽车式起重机 25t	台班	996.58	—	—	—	—	—	0.350
	交流弧焊机 32kV·A	台班	92.84	0.070	0.070	0.140	0.140	0.140	0.280

计量单位：台

定额编号				1-2-7	1-2-8	1-2-9	1-2-10	1-2-11	1-2-12
项目				设备重量（t 以内）					
				20	30	40	50	70	100
基价（元）				**6377.04**	**9454.55**	**11314.27**	**13242.62**	**17598.08**	**23906.81**
其中	人工费（元）			3801.74	5706.05	6315.98	7744.28	10359.50	13981.95
	材料费（元）			974.83	1227.23	1505.78	1699.57	1901.22	2329.26
	机械费（元）			1600.47	2521.27	3492.51	3798.77	5337.36	7595.60
名称		单位	单价（元）	消耗量					
人工	二类人工	工日	135.00	28.161	42.267	46.785	57.365	76.737	103.570
材料	锻压设备	台	—	(1.000)	(1.000)	(1.000)	(1.000)	(1.000)	(1.000)
	平垫铁 综合	kg	3.78	58.080	69.040	78.080	87.320	109.600	135.560
	斜垫铁 Q195～Q235 1#	kg	8.62	49.000	61.640	72.720	76.560	98.400	113.760
	铜焊粉 气剂 301 瓶装	kg	30.17	—	—	—	—	0.056	0.080
	镀锌铁丝 ϕ2.0～4.0	kg	5.01	3.000	4.500	4.500	4.500	4.500	5.000
	低碳钢焊条 J422 ϕ3.2	kg	4.74	0.525	0.525	0.525	0.525	0.525	0.840
	木板	m^3	1667.00	0.089	0.125	0.150	0.188	0.079	0.094
	道木	m^3	1034.00	0.069	0.069	0.138	0.172	0.241	0.344
	汽油 综合	kg	6.12	0.306	0.510	1.020	1.530	2.040	2.550
	煤油	kg	3.79	8.400	11.550	14.700	16.800	21.000	26.250
	机油 综合	kg	2.91	1.515	2.020	3.030	3.030	4.040	5.050
	黄油钙基脂	kg	9.66	0.404	0.606	1.010	1.515	2.020	3.030
	红钢纸 0.2～0.5mm	kg	10.34	0.500	1.000	1.000	1.200	1.200	1.500
	石棉橡胶板 高压 δ0.5～8	kg	6.90	0.300	0.400	0.500	0.500	0.700	1.000
	其他材料费	元	1.00	46.42	58.44	71.70	80.93	90.53	110.92
机械	载货汽车 10t	台班	476.15	0.350	0.350	0.700	0.700	1.050	1.050
	汽车式起重机 8t	台班	648.48	1.050	1.050	—	—	—	—
	汽车式起重机 16t	台班	875.04	—	—	1.050	1.400	2.100	3.850
	汽车式起重机 30t	台班	1038.45	0.700	—	—	—	0.700	1.400
	汽车式起重机 50t	台班	2353.88	—	0.700	—	—	—	—
	汽车式起重机 75t	台班	3154.17	—	—	0.700	0.700	0.700	0.700
	交流弧焊机 32kV·A	台班	92.84	0.280	0.280	0.350	0.350	0.700	0.700

计量单位:台

定额编号				1-2-13	1-2-14	1-2-15	1-2-16	1-2-17	1-2-18
项目				设备重量(t 以内)					
				150	200	250	300	350	450
基价(元)				**32123.20**	**40580.27**	**49535.60**	**55957.90**	**60583.15**	**74373.23**
其中	人工费(元)			19837.71	26280.86	32761.94	37405.13	39386.12	50216.49
	材料费(元)			2779.11	3112.82	3577.91	4796.81	5265.26	6158.61
	机械费(元)			9506.38	11186.59	13195.75	13755.96	15931.77	17998.13
	名称	单位	单价(元)	消耗量					
人工	二类人工	工日	135.00	146.946	194.673	242.681	277.075	291.749	371.974
材料	锻压设备	台	—	(1.000)	(1.000)	(1.000)	(1.000)	(1.000)	(1.000)
	平垫铁 综合	kg	3.78	145.570	154.660	164.130	229.790	250.980	270.080
	斜垫铁 Q195～Q235 1#	kg	8.62	125.904	132.960	146.364	217.950	230.080	256.320
	铜焊粉 气剂 301 瓶装	kg	30.17	0.120	0.160	0.200	0.240	0.280	0.360
	镀锌铁丝 ϕ2.0～4.0	kg	5.01	5.000	5.000	5.000	5.500	5.500	5.500
	低碳钢焊条 J422 ϕ3.2	kg	4.74	0.840	0.840	0.840	1.050	1.050	1.050
	木板	m^3	1667.00	0.118	0.125	0.133	0.164	0.164	0.194
	道木	m^3	1034.00	0.516	0.688	0.859	1.031	1.203	1.547
	汽油 综合	kg	6.12	3.060	4.080	5.100	6.120	7.140	9.180
	煤油	kg	3.79	37.800	42.000	57.225	66.150	78.540	100.170
	机油 综合	kg	2.91	8.080	8.080	11.615	13.130	15.756	19.998
	黄油钙基脂	kg	9.66	4.040	5.050	6.565	7.777	9.191	11.716
	石棉橡胶板 高压 δ0.5～8	kg	6.90	1.200	1.200	1.800	2.100	2.500	3.200
	红钢纸 0.2～0.5mm	kg	10.34	1.500	1.500	2.200	2.500	3.000	3.800
	其他材料费	元	1.00	132.34	148.23	170.38	228.42	250.73	293.27
机械	载货汽车 10t	台班	476.15	1.400	1.400	1.400	1.400	1.750	1.750
	汽车式起重机 16t	台班	875.04	2.100	2.100	3.150	3.150	4.200	4.900
	汽车式起重机 30t	台班	1038.45	3.500	3.500	4.550	4.550	5.600	7.000
	汽车式起重机 50t	台班	2353.88	—	0.700	0.700	—	—	—
	汽车式起重机 75t	台班	3154.17	—	—	—	0.700	0.700	0.700
	汽车式起重机 100t	台班	4718.03	0.700	0.700	0.700	0.700	0.700	0.700
	交流弧焊机 32kV·A	台班	92.84	0.700	1.050	1.050	1.050	1.050	1.050

计量单位:台

定额编号				1-2-19	1-2-20	1-2-21	1-2-22	1-2-23
项目				设备重量(t以内)				
				550	650	750	850	950
基价(元)				**87109.63**	**99368.52**	**115950.04**	**128106.79**	**141933.88**
其中	人工费(元)			61100.60	69482.21	79455.60	89536.86	99247.14
	材料费(元)			7002.89	8221.11	9509.47	10245.52	10880.14
	机械费(元)			19006.14	21665.20	26984.97	28324.41	31806.60
名称		单位	单价(元)	消耗量				
人工	二类人工	工日	135.00	452.597	514.683	588.560	663.236	735.164
材料	锻压设备	台	—	(1.000)	(1.000)	(1.000)	(1.000)	(1.000)
	平垫铁 综合	kg	3.78	283.400	339.550	395.700	401.530	409.720
	斜垫铁 Q195~Q235 1#	kg	8.62	276.910	328.340	379.770	384.710	392.560
	铜焊粉 气剂301 瓶装	kg	30.17	0.440	0.520	0.600	0.680	0.760
	镀锌铁丝 ϕ2.0~4.0	kg	5.01	6.000	6.000	6.000	6.500	6.500
	低碳钢焊条 J422 ϕ3.2	kg	4.74	1.575	1.575	1.575	2.100	2.100
	木板	m^3	1667.00	0.231	0.231	0.269	0.344	0.344
	道木	m^3	1034.00	1.891	2.234	2.578	2.922	3.266
	汽油 综合	kg	6.12	11.220	13.260	15.300	17.340	19.380
	煤油	kg	3.79	122.850	145.005	167.370	189.630	211.995
	机油 综合	kg	2.91	24.644	28.987	33.532	37.976	42.420
	黄油钙基脂	kg	9.66	14.342	16.968	19.594	22.220	24.745
	石棉橡胶板 高压 δ0.5~8	kg	6.90	3.900	4.600	5.300	6.000	6.700
	红钢纸 0.2~0.5mm	kg	10.34	4.700	5.500	6.400	7.200	8.000
	其他材料费	元	1.00	333.47	391.48	452.83	487.88	518.10
机械	载货汽车 10t	台班	476.15	1.750	1.750	1.750	1.750	1.750
	汽车式起重机 16t	台班	875.04	4.200	4.900	7.000	7.700	7.700
	汽车式起重机 30t	台班	1038.45	9.100	10.500	11.200	11.900	12.600
	汽车式起重机 50t	台班	2353.88	0.700	—	—	—	—
	汽车式起重机 75t	台班	3154.17	—	0.700	1.050	1.050	1.400
	汽车式起重机 100t	台班	4718.03	0.700	0.700	1.050	1.050	1.400
	交流弧焊机 32kV·A	台班	92.84	1.050	1.400	1.400	1.400	1.400

二、液 压 机

计量单位:台

定额编号				1-2-24	1-2-25	1-2-26	1-2-27	1-2-28
项目				设备重量(t以内)				
				1	3	5	7	10
基价(元)				**654.70**	**1348.92**	**2112.64**	**2845.24**	**3774.06**
其中	人工费(元)			476.15	874.26	1377.81	1674.14	2372.49
	材料费(元)			114.79	169.88	251.72	366.29	461.72
	机械费(元)			63.76	304.78	483.11	804.81	939.85
名称		单位	单价(元)	消耗量				
人工	二类人工	工日	135.00	3.527	6.476	10.206	12.401	17.574
材料	锻压设备	台	—	(1.000)	(1.000)	(1.000)	(1.000)	(1.000)
	平垫铁 综合	kg	3.78	6.240	8.320	14.410	19.990	25.200
	斜垫铁 Q195~Q235 1#	kg	8.62	5.300	7.940	11.308	16.930	22.930
	镀锌铁丝 ϕ2.0~4.0	kg	5.01	0.650	0.800	0.800	2.000	2.000
	低碳钢焊条 J422 ϕ3.2	kg	4.74	0.263	0.263	0.525	0.525	0.525
	木板	m^3	1667.00	0.013	0.020	0.031	0.043	0.048
	道木	m^3	1034.00	—	—	—	0.007	0.007
	汽油 综合	kg	6.12	0.408	1.224	1.530	1.836	2.040
	煤油	kg	3.79	2.100	2.625	3.150	3.675	5.250
	机油 综合	kg	2.91	0.505	1.010	1.515	2.020	3.030
	黄油钙基脂	kg	9.66	0.202	0.303	0.404	0.505	0.606
	其他材料费	元	1.00	5.47	8.09	11.99	17.44	21.99
机械	载货汽车 10t	台班	476.15	—	—	0.210	0.350	0.350
	叉式起重机 5t	台班	409.00	0.140	0.280	0.350	—	—
	汽车式起重机 8t	台班	648.48	—	—	0.350	0.560	0.700
	汽车式起重机 12t	台班	748.60	—	—	—	0.350	—
	汽车式起重机 16t	台班	875.04	—	0.210	—	—	0.350
	交流弧焊机 32kV·A	台班	92.84	0.070	0.070	0.140	0.140	0.140

计量单位：台

定　额　编　号				1-2-29	1-2-30	1-2-31	1-2-32	1-2-33
项　　目				设备重量(t以内)				
				15	20	30	40	50
基　价　(元)				**5272.52**	**7520.88**	**10467.39**	**13936.22**	**16547.67**
其中	人工费(元)			3357.18	4439.21	6288.03	7757.78	9599.45
	材料费(元)			602.20	923.55	1297.70	2563.42	2860.29
	机械费(元)			1313.14	2158.12	2881.66	3615.02	4087.93
名　称		单位	单价(元)	消　耗　量				
人工	二类人工	工日	135.00	24.868	32.883	46.578	57.465	71.107
材料	锻压设备	台	—	(1.000)	(1.000)	(1.000)	(1.000)	(1.000)
	平垫铁 综合	kg	3.78	28.410	44.350	69.430	88.410	107.390
	斜垫铁 Q195~Q235 1#	kg	8.62	24.950	39.190	57.120	80.390	92.020
	镀锌铁丝 φ2.0~4.0	kg	5.01	3.500	3.600	5.100	5.200	6.700
	低碳钢焊条 J422 φ3.2	kg	4.74	1.050	1.050	1.050	1.050	1.050
	木板	m^3	1667.00	0.069	0.088	0.125	0.250	0.181
	道木	m^3	1034.00	0.007	0.069	0.069	0.138	0.275
	汽油 综合	kg	6.12	3.060	3.570	5.100	8.160	10.200
	煤油	kg	3.79	9.450	12.600	16.800	21.000	25.200
	机油 综合	kg	2.91	8.080	10.100	12.120	14.140	15.150
	黄油钙基脂	kg	9.66	0.808	0.808	1.010	1.212	1.515
	盐酸	kg	0.82	10.000	15.000	15.000	18.000	18.000
	石棉橡胶板 高压 δ0.5~8	kg	6.90	0.350	0.450	0.550	0.700	0.800
	碳素结构钢焊接钢管 DN15×2.8	m	4.40	0.350	0.350	—	0.630	1.300
	球阀 Q11F-16T DN15	个	17.24	0.300	0.300	0.500	—	—
	红钢纸 0.2~0.5mm	kg	10.34	0.300	0.400	0.600	0.800	0.900
	中厚钢板 综合	kg	3.71	—	—	—	150.000	160.000
	六角带帽螺栓 M12×75 以内	10套	5.52	—	—	—	0.500	0.600
	氧气	m^3	3.62	—	—	—	6.120	6.120
	乙炔气	kg	7.60	—	—	—	2.040	2.040
	球阀 Q11F-16T DN20	个	27.59	—	—	—	0.500	0.500
	其他材料费	元	1.00	28.68	43.98	61.80	122.07	136.20
机械	载货汽车 10t	台班	476.15	0.350	0.350	0.350	0.700	1.050
	汽车式起重机 8t	台班	648.48	1.190	0.490	—	—	—
	汽车式起重机 16t	台班	875.04	—	—	1.190	1.190	1.540
	汽车式起重机 25t	台班	996.58	0.350	—	—	—	—
	汽车式起重机 50t	台班	2353.88	—	0.700	0.700	—	—
	汽车式起重机 75t	台班	3154.17	—	—	—	0.700	0.700
	交流弧焊机 32kV·A	台班	92.84	0.280	0.280	0.280	0.350	0.350

计量单位:台

定额编号				1-2-34	1-2-35	1-2-36	1-2-37	1-2-38
项目				设备重量(t 以内)				
				70	100	150	200	250
基价(元)				**22465.41**	**30151.86**	**40686.52**	**50673.47**	**59699.69**
其中	人工费(元)			12773.84	16487.82	24595.38	31943.16	39327.80
	材料费(元)			3469.82	4437.58	5421.17	6380.13	7409.18
	机械费(元)			6221.75	9226.46	10669.97	12350.18	12962.71
名称		单位	单价(元)	消耗量				
人工	二类人工	工日	135.00	94.621	122.132	182.188	236.616	291.317
材料	锻压设备	台	—	(1.000)	(1.000)	(1.000)	(1.000)	(1.000)
	平垫铁 综合	kg	3.78	116.890	120.920	145.360	173.840	202.680
	斜垫铁 Q195~Q235 1#	kg	8.62	103.660	108.950	126.920	150.190	173.460
	镀锌铁丝 ϕ2.0~4.0	kg	5.01	8.300	8.900	9.000	9.700	10.400
	低碳钢焊条 J422 ϕ3.2	kg	4.74	1.575	2.100	2.100	2.100	2.625
	木板	m^3	1667.00	0.075	0.090	0.113	0.120	0.128
	道木	m^3	1034.00	0.241	0.344	0.516	0.688	0.859
	汽油 综合	kg	6.12	15.300	24.480	34.823	47.654	59.109
	煤油	kg	3.79	33.600	47.250	71.337	94.868	118.713
	机油 综合	kg	2.91	18.180	24.240	37.421	49.328	61.964
	黄油钙基脂	kg	9.66	2.020	2.828	4.282	5.686	7.121
	盐酸	kg	0.82	20.000	25.000	39.700	51.760	65.330
	石棉橡胶板 高压 δ0.5~8	kg	6.90	1.060	1.400	2.170	2.860	3.590
	碳素结构钢焊接钢管 DN15×2.8	m	4.40	1.300	—	—	—	—
	碳素结构钢焊接钢管 DN20×2.8	m	5.73	1.630	2.000	2.000	2.500	2.500
	红钢纸 0.2~0.5mm	kg	10.34	1.200	1.300	2.210	2.800	3.580
	中厚钢板 综合	kg	3.71	250.000	380.000	400.000	400.000	420.000
	铜焊粉	kg	30.17	0.056	0.080	0.120	0.160	0.200
	型钢 综合	kg	3.84	52.770	75.380	113.080	150.770	188.460
	六角带帽螺栓 M12×75 以内	10 套	5.52	1.000	1.400	1.400	1.800	1.800
	氧气	m^3	3.62	8.160	9.180	12.240	15.300	18.360
	乙炔气	kg	7.60	2.720	3.060	4.080	5.100	6.120
	球阀 Q11F-16T DN20	个	27.59	0.500	0.800	0.800	1.000	1.000
	其他材料费	元	1.00	165.23	211.31	258.15	303.82	352.82
机械	载货汽车 10t	台班	476.15	1.050	1.400	1.400	1.400	1.400
	汽车式起重机 16t	台班	875.04	1.470	2.800	2.800	2.800	3.500
	汽车式起重机 25t	台班	996.58	2.170	3.850	4.200	4.200	4.200
	汽车式起重机 50t	台班	2353.88	—	—	—	0.700	0.700
	汽车式起重机 75t	台班	3154.17	0.700	0.700	—	—	—
	汽车式起重机 100t	台班	4718.03	—	—	0.700	0.700	0.700
	交流弧焊机 32kV·A	台班	92.84	0.700	0.700	0.700	1.050	1.050

计量单位:台

定额编号				1-2-39	1-2-40	1-2-41	1-2-42
项目				设备重量(t以内)			
				350	500	700	950
基价(元)				**79110.59**	**103761.09**	**138866.41**	**178687.65**
其中	人工费(元)			52958.21	73147.73	99746.37	130654.08
	材料费(元)			9020.72	11300.95	14406.16	18064.56
	机械费(元)			17131.66	19312.41	24713.88	29969.01
名称		单位	单价(元)	消耗量			
人工	二类人工	工日	135.00	392.283	541.835	738.862	967.808
材料	锻压设备	台	—	(1.000)	(1.000)	(1.000)	(1.000)
	平垫铁 综合	kg	3.78	230.790	249.770	284.480	319.200
	斜垫铁 Q195~Q235 1#	kg	8.62	196.730	220.000	248.560	277.030
	镀锌铁丝 ϕ2.0~4.0	kg	5.01	11.100	12.000	14.400	18.000
	低碳钢焊条 J422 ϕ3.2	kg	4.74	2.625	2.625	3.150	3.150
	木板	m^3	1667.00	0.158	0.188	0.263	0.338
	道木	m^3	1034.00	1.203	1.719	2.406	3.266
	汽油 综合	kg	6.12	83.038	118.453	165.934	225.134
	煤油	kg	3.79	166.110	237.353	332.262	451.259
	机油 综合	kg	2.91	86.557	123.765	173.205	235.098
	黄油钙基脂	kg	9.66	9.959	14.231	19.917	27.038
	盐酸	kg	0.82	91.070	130.330	182.330	247.520
	石棉橡胶板 高压 δ0.5~8	kg	6.90	5.020	7.170	10.040	13.620
	红钢纸 0.2~0.5mm	kg	10.34	4.960	7.120	9.950	13.510
	中厚钢板 综合	kg	3.71	420.000	450.000	480.000	500.000
	铜焊粉	kg	30.17	0.280	0.400	0.560	0.760
	型钢 综合	kg	3.84	263.850	376.920	527.690	716.150
	碳素结构钢焊接钢管 *DN*20×2.8	m	5.73	3.000	3.000	3.500	3.500
	六角带帽螺栓 M12×75 以内	10套	5.52	2.200	2.200	2.600	2.600
	氧气	m^3	3.62	24.480	33.660	45.900	61.200
	乙炔气	kg	7.60	8.160	11.220	15.300	20.400
	球阀 Q11F-16T *DN*20	个	27.59	1.500	1.500	2.000	2.000
	其他材料费	元	1.00	429.56	538.14	686.01	860.22
机械	载货汽车 10t	台班	476.15	1.750	1.750	1.750	1.750
	汽车式起重机 16t	台班	875.04	4.550	4.550	5.250	5.600
	汽车式起重机 30t	台班	1038.45	7.000	9.100	10.500	12.600
	汽车式起重机 50t	台班	2353.88	0.700	0.700	0.700	—
	汽车式起重机 75t	台班	3154.17	—	—	—	1.400
	汽车式起重机 100t	台班	4718.03	0.700	0.700	1.400	1.400
	交流弧焊机 32kV·A	台班	92.84	1.050	1.050	1.400	1.400

三、自动锻压机及锻机操作机

计量单位:台

定额编号				1-2-43	1-2-44	1-2-45	1-2-46	1-2-47
项目				设备重量(t 以内)				
				1	3	5	7	10
基价(元)				**570.14**	**1140.88**	**1713.12**	**2631.72**	**3646.20**
其中	人工费(元)			392.31	823.10	1180.17	1443.96	2012.72
	材料费(元)			114.07	196.76	283.31	382.95	693.63
	机械费(元)			63.76	121.02	249.64	804.81	939.85
名称		单位	单价(元)	消耗量				
人工	二类人工	工日	135.00	2.906	6.097	8.742	10.696	14.909
材料	锻压设备	台	—	(1.000)	(1.000)	(1.000)	(1.000)	(1.000)
	平垫铁 综合	kg	3.78	6.240	10.560	16.630	19.660	42.270
	斜垫铁 Q195~Q235 1#	kg	8.62	5.300	9.360	14.740	18.020	36.540
	镀锌铁丝 ϕ2.0~4.0	kg	5.01	0.650	0.800	0.800	2.000	2.000
	低碳钢焊条 J422 ϕ3.2	kg	4.74	0.263	0.263	0.263	0.525	0.840
	木板	m^3	1667.00	0.014	0.030	0.035	0.058	0.080
	道木	m^3	1034.00	—	—	—	0.006	0.006
	汽油 综合	kg	6.12	0.102	0.102	0.153	0.153	0.255
	煤油	kg	3.79	2.100	2.100	3.150	3.675	6.300
	机油 综合	kg	2.91	0.505	0.505	0.505	0.808	1.010
	黄油钙基脂	kg	9.66	0.152	0.152	0.202	0.253	0.404
	其他材料费	元	1.00	5.43	9.37	13.49	18.24	33.03
机械	载货汽车 10t	台班	476.15	—	—	0.210	0.350	0.350
	叉式起重机 5t	台班	409.00	0.140	0.280	0.350	—	—
	汽车式起重机 8t	台班	648.48	—	—	—	0.560	0.700
	汽车式起重机 12t	台班	748.60	—	—	—	0.350	—
	汽车式起重机 16t	台班	875.04	—	—	—	—	0.350
	交流弧焊机 32kV·A	台班	92.84	0.070	0.070	0.070	0.140	0.140

计量单位:台

定额编号				1-2-48	1-2-49	1-2-50	1-2-51	1-2-52
项目				设备重量(t以内)				
				15	20	25	35	50
基价(元)				**5055.16**	**6665.12**	**8253.87**	**11897.31**	**15075.88**
其中	人工费(元)			3011.99	4012.88	4806.54	6522.39	8705.75
	材料费(元)			820.82	1051.77	1153.03	1582.64	1958.83
	机械费(元)			1222.35	1600.47	2294.30	3792.28	4411.30
名称		单位	单价(元)	消耗量				
人工	二类人工	工日	135.00	22.311	29.725	35.604	48.314	64.487
材料	锻压设备	台	—	(1.000)	(1.000)	(1.000)	(1.000)	(1.000)
	平垫铁 综合	kg	3.78	48.280	63.190	69.430	88.410	107.020
	斜垫铁 Q195~Q235 1#	kg	8.62	44.250	51.830	57.120	80.390	92.020
	镀锌铁丝 ϕ2.0~4.0	kg	5.01	3.000	3.000	3.000	4.500	6.500
	低碳钢焊条 J422 ϕ3.2	kg	4.74	0.840	0.840	1.050	1.050	1.050
	木板	m^3	1667.00	0.093	0.143	0.155	0.225	0.315
	道木	m^3	1034.00	0.006	0.011	0.011	0.011	0.012
	汽油 综合	kg	6.12	0.306	0.357	0.408	0.612	0.918
	煤油	kg	3.79	7.350	9.450	10.500	12.600	16.800
	机油 综合	kg	2.91	1.010	1.515	1.515	2.020	3.030
	黄油钙基脂	kg	9.66	0.505	0.505	0.707	0.909	1.515
	其他材料费	元	1.00	39.09	50.08	54.91	75.36	93.28
机械	载货汽车 10t	台班	476.15	0.350	0.350	0.350	0.700	0.700
	汽车式起重机 8t	台班	648.48	1.050	1.050	0.700	—	—
	汽车式起重机 16t	台班	875.04	—	—	—	1.400	2.100
	汽车式起重机 25t	台班	996.58	0.350	—	—	—	—
	汽车式起重机 30t	台班	1038.45	—	0.700	—	—	—
	汽车式起重机 50t	台班	2353.88	—	—	0.700	—	—
	汽车式起重机 75t	台班	3154.17	—	—	—	0.700	0.700
	交流弧焊机 32kV·A	台班	92.84	0.280	0.280	0.280	0.280	0.350

计量单位:台

定额编号				1-2-53	1-2-54	1-2-55	1-2-56
项目				设备重量(t 以内)			
				70	100	150	200
基价(元)				**20510.71**	**25906.54**	**35800.71**	**42754.13**
其中	人工费(元)			12030.66	15727.91	22568.90	27451.71
	材料费(元)			2500.53	3362.74	3815.12	4513.79
	机械费(元)			5979.52	6815.89	9416.69	10788.63
名称		单位	单价(元)	消耗量			
人工	二类人工	工日	135.00	89.116	116.503	167.177	203.346
材料	锻压设备	台	—	(1.000)	(1.000)	(1.000)	(1.000)
	平垫铁 综合	kg	3.78	137.110	184.630	195.835	224.200
	斜垫铁 Q195~Q235 1#	kg	8.62	122.560	165.480	177.110	198.580
	镀锌铁丝 ϕ2.0~4.0	kg	5.01	8.900	12.600	18.900	25.200
	低碳钢焊条 J422 ϕ3.2	kg	4.74	1.050	1.050	1.313	1.890
	木板	m^3	1667.00	0.225	0.285	0.300	0.338
	道木	m^3	1034.00	0.241	0.344	0.516	0.688
	汽油 综合	kg	6.12	1.224	1.428	2.040	2.856
	煤油	kg	3.79	23.100	31.500	42.000	58.800
	机油 综合	kg	2.91	4.040	5.050	6.060	8.888
	黄油钙基脂	kg	9.66	2.525	3.535	4.040	6.060
	铜焊粉	kg	30.17	0.056	0.080	0.120	0.160
	其他材料费	元	1.00	119.07	160.13	181.67	214.94
机械	载货汽车 10t	台班	476.15	0.700	1.050	1.400	1.400
	汽车式起重机 16t	台班	875.04	1.400	1.750	2.450	3.150
	汽车式起重机 30t	台班	1038.45	2.100	2.450	3.150	3.850
	汽车式起重机 75t	台班	3154.17	0.700	0.700	—	—
	汽车式起重机 100t	台班	4718.03	—	—	0.700	0.700
	交流弧焊机 32kV·A	台班	92.84	0.350	0.350	0.350	0.700

四、空　气　锤

计量单位：台

定额编号				1-2-57	1-2-58	1-2-59	1-2-60	1-2-61
项目				落锤重量(kg 以内)				
				150	250	400	560	750
基价（元）				**3321.18**	**4375.86**	**6926.98**	**8701.64**	**10959.95**
其中	人工费（元）			2061.05	2738.88	4407.62	5431.19	6475.68
	材料费（元）			564.72	638.74	1256.60	1561.49	1786.42
	机械费（元）			695.41	998.24	1262.76	1708.96	2697.85
	名称	单位	单价(元)	消耗量				
人工	二类人工	工日	135.00	15.267	20.288	32.649	40.231	47.968
材料	锻压设备	台	—	(1.000)	(1.000)	(1.000)	(1.000)	(1.000)
	平垫铁 综合	kg	3.78	28.410	35.740	68.665	88.770	95.460
	斜垫铁 Q195～Q235 1[#]	kg	8.62	24.950	25.518	65.668	80.940	89.830
	热轧光圆钢筋 HPB300 综合	kg	3.98	2.500	3.000	4.000	4.500	5.000
	镀锌铁丝 ϕ2.0～4.0	kg	5.01	2.000	2.670	3.000	6.000	8.000
	低碳钢焊条 J422 ϕ3.2	kg	4.74	0.630	0.630	0.735	0.840	0.840
	木板	m^3	1667.00	0.045	0.051	0.078	0.093	0.128
	道木	m^3	1034.00	0.004	0.004	0.006	0.006	0.006
	汽油 综合	kg	6.12	2.040	2.550	4.080	4.590	6.120
	煤油	kg	3.79	7.350	8.925	12.600	16.800	21.000
	汽缸油	kg	2.61	1.300	1.500	2.000	2.000	2.500
	机油 综合	kg	2.91	4.040	4.545	6.565	7.575	8.585
	黄油钙基脂	kg	9.66	2.020	2.525	3.030	3.030	3.535
	石棉橡胶板 高压 δ0.5～8	kg	6.90	2.500	3.000	6.000	8.000	8.000
	石棉编绳 ϕ11～25 烧失量24%	kg	14.05	1.400	1.600	2.200	2.500	3.000
	红钢纸 0.2～0.5mm	kg	10.34	0.130	0.160	0.180	0.200	0.250
	其他材料费	元	1.00	26.89	30.42	59.84	74.36	85.07
机械	载货汽车 10t	台班	476.15	—	0.350	0.350	0.350	0.350
	汽车式起重机 8t	台班	648.48	0.560	0.770	0.630	0.735	0.840
	汽车式起重机 16t	台班	875.04	0.350	0.350	0.350	0.350	0.350
	汽车式起重机 25t	台班	996.58	—	—	0.350	—	—
	汽车式起重机 30t	台班	1038.45	—	—	—	0.700	—
	汽车式起重机 50t	台班	2353.88	—	—	—	—	0.700
	交流弧焊机 32kV·A	台班	92.84	0.280	0.280	0.350	0.350	0.350

五、模 锻 锤

计量单位:台

定额编号				1-2-62	1-2-63	1-2-64	1-2-65	1-2-66	1-2-67
项目				落锤重量(t 以内)					
				1	2	3	5	10	16
基价(元)				**9718.14**	**15984.77**	**21659.41**	**33044.67**	**47922.02**	**68487.83**
其中	人工费(元)			6500.39	10644.35	14141.93	24282.05	36945.72	53529.66
	材料费(元)			983.91	1273.30	1852.37	2454.23	3589.95	4641.70
	机械费(元)			2233.84	4067.12	5665.11	6308.39	7386.35	10316.47
	名称	单位	单价(元)	消耗量					
人工	二类人工	工日	135.00	48.151	78.847	104.755	179.867	273.672	396.516
材料	锻压设备	台	—	(1.000)	(1.000)	(1.000)	(1.000)	(1.000)	(1.000)
	铜焊粉	kg	30.17	—	—	—	0.250	0.400	0.500
	木板	m^3	1667.00	0.050	0.065	0.073	0.118	0.164	0.194
	道木	m^3	1034.00	0.012	0.015	0.275	0.540	1.073	1.455
	汽油 综合	kg	6.12	8.160	10.200	12.240	15.300	18.360	25.500
	煤油	kg	3.79	21.000	26.250	31.500	39.900	57.750	73.500
	汽缸油	kg	2.61	2.200	2.400	3.000	3.500	4.500	6.000
	机油 综合	kg	2.91	2.020	3.030	4.040	5.050	6.565	8.080
	黄油钙基脂	kg	9.66	3.030	5.050	8.080	10.100	12.120	15.150
	石棉橡胶板 高压 δ0.5~8	kg	6.90	5.000	6.350	7.060	8.470	10.580	14.000
	油浸石棉盘根 编制 φ6~10 (450℃)	kg	15.95	2.000	2.500	3.000	3.000	5.000	8.000
	石棉编绳 φ6~10 烧失量 24%	kg	14.05	3.000	3.400	3.600	4.400	5.800	8.000
	黄砂 毛砂	m^3	136.00	0.675	0.675	1.080	1.080	1.350	1.350
	石油沥青	kg	2.67	150.000	200.000	240.000	280.000	350.000	450.000
	煤焦油	kg	0.88	30.000	45.000	50.000	65.000	85.000	120.000
	石油沥青油毡 400g	m^2	3.97	10.000	15.000	20.000	20.000	25.000	25.000
	红钢纸 0.2~0.5mm	kg	10.34	0.380	0.640	0.770	0.900	1.790	3.000
	其他材料费	元	1.00	46.85	60.63	88.21	116.87	170.95	221.03
机械	载货汽车 10t	台班	476.15	0.700	0.700	1.050	1.400	1.400	2.100
	平板拖车组 15t	台班	793.59	—	—	—	—	—	0.350
	汽车式起重机 8t	台班	648.48	1.855	3.220	3.535	4.270	5.460	7.700
	汽车式起重机 16t	台班	875.04	—	1.050	1.400	1.400	1.750	2.100
	汽车式起重机 25t	台班	996.58	0.700	—	—	—	—	—
	汽车式起重机 30t	台班	1038.45	—	0.700	—	—	—	—
	汽车式起重机 50t	台班	2353.88	—	—	0.700	0.700	0.700	—
	汽车式起重机 75t	台班	3154.17	—	—	—	—	—	0.700

六、自由锻锤及蒸汽锤

计量单位:台

定额编号				1-2-68	1-2-69	1-2-70	1-2-71
项目				落锤重量(t以内)			
				1	2	3	5
基价(元)				**8442.35**	**15335.24**	**22024.43**	**32742.43**
其中	人工费(元)			5389.61	9308.12	13885.97	21364.56
	材料费(元)			1149.62	1598.60	1998.27	2716.12
	机械费(元)			1903.12	4428.52	6140.19	8661.75
名称		单位	单价(元)	消耗量			
人工	二类人工	工日	135.00	39.923	68.949	102.859	158.256
材料	锻压设备	台	—	(1.000)	(1.000)	(1.000)	(1.000)
	热轧光圆钢筋 HPB300 综合	kg	3.98	16.000	30.000	30.000	50.000
	铜焊粉	kg	30.17	—	0.048	0.064	0.112
	镀锌铁丝 ϕ2.0～4.0	kg	5.01	0.500	0.600	0.800	0.900
	木板	m^3	1667.00	0.063	0.070	0.078	0.116
	道木	m^3	1034.00	0.096	0.199	0.275	0.527
	汽油 综合	kg	6.12	7.650	11.220	15.300	28.560
	煤油	kg	3.79	21.000	26.250	31.500	39.900
	汽缸油	kg	2.61	2.200	2.400	3.000	3.500
	机油 综合	kg	2.91	2.020	3.030	4.040	5.050
	黄油钙基脂	kg	9.66	3.030	5.050	8.080	10.100
	石棉橡胶板 高压 δ0.5～8	kg	6.90	4.230	5.620	6.350	7.760
	油浸石棉盘根 编制 ϕ6～10(450℃)	kg	15.95	2.000	2.500	3.000	3.000
	石棉编绳 ϕ6～10 烧失量 24%	kg	14.05	2.800	3.200	3.400	4.000
	黄砂 毛砂	m^3	136.00	0.675	0.675	1.080	1.080
	石油沥青	kg	2.67	150.000	200.000	240.000	280.000
	煤焦油	kg	0.88	25.000	34.000	45.000	60.000
	石油沥青油毡 400g	m^2	3.97	10.000	15.000	20.000	20.000
	红钢纸 0.2～0.5mm	kg	10.34	0.260	0.510	0.640	0.960
	其他材料费	元	1.00	54.74	76.12	95.16	129.34
机械	载货汽车 10t	台班	476.15	0.350	0.700	0.700	1.050
	汽车式起重机 8t	台班	648.48	1.645	2.870	3.395	4.480
	汽车式起重机 16t	台班	875.04	0.350	0.350	0.350	0.350
	汽车式起重机 30t	台班	1038.45	0.350	—	—	—
	汽车式起重机 50t	台班	2353.88	—	0.350	0.700	0.700
	汽车式起重机 75t	台班	3154.17	—	0.350	—	—
	汽车式起重机 100t	台班	4718.03	—	—	0.350	0.700

七、剪切机及弯曲校正机

计量单位:台

定额编号				1-2-72	1-2-73	1-2-74	1-2-75
项目				设备重量(t 以内)			
				1	3	5	7
基价(元)				572.43	1238.38	1969.46	2783.00
其中	人工费(元)			391.77	888.03	1193.81	1450.44
	材料费(元)			110.40	237.15	299.51	379.71
	机械费(元)			70.26	113.20	476.14	952.85
名称		单位	单价(元)	消耗量			
人工	二类人工	工日	135.00	2.902	6.578	8.843	10.744
材料	锻压设备	台	—	(1.000)	(1.000)	(1.000)	(1.000)
	平垫铁 综合	kg	3.78	6.240	14.360	19.158	21.120
	斜垫铁 Q195~Q235 1#	kg	8.62	5.300	13.050	16.390	19.070
	镀锌铁丝 ϕ2.0~4.0	kg	5.01	0.650	0.800	0.800	2.000
	低碳钢焊条 J422 ϕ3.2	kg	4.74	0.263	0.263	0.263	0.263
	木板	m^3	1667.00	0.013	0.026	0.031	0.050
	道木	m^3	1034.00	—	—	—	0.007
	汽油 综合	kg	6.12	0.051	0.102	0.102	0.153
	煤油	kg	3.79	2.100	2.100	3.150	3.150
	机油 综合	kg	2.91	0.152	0.152	0.202	0.253
	黄油钙基脂	kg	9.66	0.101	0.152	0.152	0.202
	其他材料费	元	1.00	5.26	11.29	14.26	18.08
机械	载货汽车 10t	台班	476.15	—	—	0.210	0.350
	叉式起重机 5t	台班	409.00	0.140	0.245	—	—
	汽车式起重机 8t	台班	648.48	—	—	0.560	0.700
	汽车式起重机 16t	台班	875.04	—	—	—	0.350
	交流弧焊机 32kV·A	台班	92.84	0.140	0.140	0.140	0.280

计量单位:台

定　额　编　号				1-2-76	1-2-77	1-2-78	1-2-79
项　　　目				设备重量(t 以内)			
				10	12	15	20
基　价 (元)				**3556.16**	**4112.58**	**4902.42**	**6219.61**
其中	人工费 (元)			1940.63	2255.04	2894.94	3497.85
	材料费 (元)			435.71	500.55	537.00	790.88
	机械费 (元)			1179.82	1356.99	1470.48	1930.88
名　称		单位	单价(元)	消　耗　量			
人工	二类人工	工日	135.00	14.375	16.704	21.444	25.910
材料	锻压设备	台	—	(1.000)	(1.000)	(1.000)	(1.000)
	平垫铁 综合	kg	3.78	24.480	26.930	28.920	36.560
	斜垫铁 Q195 ~ Q235 1#	kg	8.62	22.280	24.510	26.400	33.200
	镀锌铁丝 ϕ2.0 ~ 4.0	kg	5.01	2.000	2.500	3.000	3.000
	低碳钢焊条 J422 ϕ3.2	kg	4.74	0.263	0.329	0.525	0.525
	木板	m^3	1667.00	0.055	0.069	0.075	0.125
	道木	m^3	1034.00	0.007	0.009	0.007	0.069
	汽油 综合	kg	6.12	0.153	0.191	0.204	0.255
	煤油	kg	3.79	4.200	5.250	5.250	6.300
	机油 综合	kg	2.91	0.303	0.379	0.404	0.606
	黄油钙基脂	kg	9.66	0.253	0.316	0.253	0.455
	其他材料费	元	1.00	20.75	23.84	25.57	37.66
机械	载货汽车 10t	台班	476.15	0.350	0.350	0.350	0.350
	汽车式起重机 8t	台班	648.48	1.050	1.225	1.400	1.400
	汽车式起重机 16t	台班	875.04	0.350	—	—	—
	汽车式起重机 30t	台班	1038.45	—	0.350	0.350	—
	汽车式起重机 50t	台班	2353.88	—	—	—	0.350
	交流弧焊机 32kV·A	台班	92.84	0.280	0.350	0.350	0.350

计量单位:台

定额编号				1-2-80	1-2-81	1-2-82	1-2-83
项目				设备重量(t 以内)			
				30	40	50	70
基价(元)				**9426.53**	**12184.36**	**14278.51**	**17990.17**
其中	人工费(元)			5245.43	6794.42	8298.99	11589.21
	材料费(元)			1076.69	1252.41	1535.72	1650.90
	机械费(元)			3104.41	4137.53	4443.80	4750.06
名称		单位	单价(元)	消耗量			
人工	二类人工	工日	135.00	38.855	50.329	61.474	85.846
材料	锻压设备	台	—	(1.000)	(1.000)	(1.000)	(1.000)
	平垫铁 综合	kg	3.78	48.280	52.440	58.440	70.460
	斜垫铁 Q195~Q235 1#	kg	8.62	44.350	47.000	54.810	62.620
	镀锌铁丝 ϕ2.0~4.0	kg	5.01	4.500	4.500	5.500	5.500
	低碳钢焊条 J422 ϕ3.2	kg	4.74	0.525	0.525	0.525	0.525
	木板	m^3	1667.00	0.188	0.213	0.288	0.229
	道木	m^3	1034.00	0.069	0.138	0.172	0.241
	汽油 综合	kg	6.12	0.306	0.357	0.408	0.408
	煤油	kg	3.79	10.500	13.650	15.750	19.950
	机油 综合	kg	2.91	0.808	1.010	1.515	2.020
	黄油钙基脂	kg	9.66	0.707	1.010	1.515	2.020
	铜焊粉	kg	30.17	—	—	—	0.056
	其他材料费	元	1.00	51.27	59.64	73.13	78.61
机械	载货汽车 10t	台班	476.15	0.350	0.700	0.700	0.700
	汽车式起重机 16t	台班	875.04	1.400	1.750	2.100	2.450
	汽车式起重机 50t	台班	2353.88	0.700	—	—	—
	汽车式起重机 75t	台班	3154.17	—	0.700	0.700	0.700
	交流弧焊机 32kV·A	台班	92.84	0.700	0.700	0.700	0.700

计量单位:台

定　额　编　号				1-2-84	1-2-85	1-2-86	1-2-87
项　　目				设备重量(t 以内)			
				100	140	180	200
基　价 (元)				**25310.30**	**33209.95**	**36822.68**	**40673.00**
其中	人工费 (元)			15506.10	21593.39	24114.11	26732.43
	材料费 (元)			2115.78	2556.21	2799.30	3304.39
	机械费 (元)			7688.42	9060.35	9909.27	10636.18
名　称		单位	单价(元)	消　耗　量			
人工	二类人工	工日	135.00	114.860	159.951	178.623	198.018
材料	锻压设备	台	—	(1.000)	(1.000)	(1.000)	(1.000)
	平垫铁 综合	kg	3.78	86.330	107.390	116.890	129.870
	斜垫铁 Q195～Q235 1#	kg	8.62	77.740	92.020	103.660	115.170
	镀锌铁丝 φ2.0～4.0	kg	5.01	7.000	7.000	8.500	10.625
	低碳钢焊条 J422 φ3.2	kg	4.74	0.840	0.840	0.840	1.050
	木板	m^3	1667.00	0.289	0.305	0.305	0.381
	道木	m^3	1034.00	0.344	0.481	0.550	0.688
	汽油 综合	kg	6.12	0.510	0.510	0.510	0.638
	煤油	kg	3.79	25.200	33.600	37.800	47.250
	机油 综合	kg	2.91	4.040	6.060	6.060	7.575
	黄油钙基脂	kg	9.66	3.030	4.040	4.040	5.050
	铜焊粉	kg	30.17	0.080	0.112	0.128	0.160
	其他材料费	元	1.00	100.75	121.72	133.30	157.35
机械	载货汽车 10t	台班	476.15	1.050	1.050	1.050	1.050
	汽车式起重机 16t	台班	875.04	2.100	2.800	—	—
	汽车式起重机 30t	台班	1038.45	3.500	4.200	4.200	4.900
	汽车式起重机 50t	台班	2353.88	—	—	0.700	0.700
	汽车式起重机 100t	台班	4718.03	0.350	0.350	0.700	0.700
	交流弧焊机 32kV·A	台班	92.84	0.700	1.050	1.050	1.050

计量单位:台

定额编号				1-2-88	1-2-89	1-2-90	1-2-91	1-2-92
项目				设备重量(t以内)				
				250	300	350	400	450
基价(元)				**49652.77**	**55170.97**	**61487.01**	**67103.20**	**71413.02**
其中	人工费(元)			33196.91	37359.23	41004.36	44136.50	45827.51
	材料费(元)			3782.95	4411.91	5183.18	6128.64	7293.62
	机械费(元)			12672.91	13399.83	15299.47	16838.06	18291.89
名称		单位	单价(元)	消耗量				
人工	二类人工	工日	135.00	245.903	276.735	303.736	326.937	339.463
材料	锻压设备	台	—	(1.000)	(1.000)	(1.000)	(1.000)	(1.000)
	平垫铁 综合	kg	3.78	135.870	142.660	149.800	157.290	165.150
	斜垫铁 Q195~Q235 1#	kg	8.62	115.290	121.050	127.110	133.460	140.140
	镀锌铁丝 ϕ2.0~4.0	kg	5.01	13.281	16.602	20.752	25.940	32.425
	低碳钢焊条 J422 ϕ3.2	kg	4.74	1.313	1.641	2.051	2.563	3.204
	木板	m^3	1667.00	0.477	0.596	0.745	0.931	1.163
	道木	m^3	1034.00	0.859	1.074	1.343	1.678	2.098
	汽油 综合	kg	6.12	0.797	0.996	1.245	1.556	1.945
	煤油	kg	3.79	59.063	73.828	92.285	115.356	144.196
	机油 综合	kg	2.91	9.469	11.836	14.795	18.494	23.117
	黄油钙基脂	kg	9.66	6.313	7.891	9.863	12.329	15.411
	聚酯乙烯泡沫塑料	kg	18.62	0.859	1.074	1.343	1.678	2.098
	铜焊粉	kg	30.17	0.200	0.250	0.313	0.391	0.488
	其他材料费	元	1.00	180.14	210.09	246.82	291.84	347.32
机械	载货汽车 10t	台班	476.15	1.400	1.400	1.400	1.750	1.750
	汽车式起重机 16t	台班	875.04	2.100	2.100	2.800	3.500	3.500
	汽车式起重机 30t	台班	1038.45	4.900	5.600	6.300	7.000	8.400
	汽车式起重机 50t	台班	2353.88	0.700	0.700	—	—	—
	汽车式起重机 75t	台班	3154.17	—	—	0.700	0.700	0.700
	汽车式起重机 100t	台班	4718.03	0.700	0.700	0.700	0.700	0.700
	交流弧焊机 32kV·A	台班	92.84	1.400	1.400	1.400	1.750	1.750

八、锻造水压机

计量单位：台

定额编号				1-2-93	1-2-94	1-2-95	1-2-96
项目				公称压力(t 以内)			
				500	800	1600	2000
基价(元)				**53233.07**	**67300.01**	**120371.47**	**147080.16**
其中	人工费(元)			29119.37	35903.39	73503.59	88269.62
	材料费(元)			13779.84	18479.88	25046.35	31464.78
	机械费(元)			10333.86	12916.74	21821.53	27345.76
名称		单位	单价(元)	消耗量			
人工	二类人工	工日	135.00	215.699	265.951	544.471	653.849
材料	锻压设备	台	—	(1.000)	(1.000)	(1.000)	(1.000)
	平垫铁 综合	kg	3.78	412.310	431.020	454.150	535.220
	斜垫铁 Q195～Q235 1[#]	kg	8.62	396.700	422.420	448.130	528.490
	镀锌铁丝 ϕ2.0～4.0	kg	5.01	60.000	75.000	100.000	120.000
	低碳钢焊条 J422 ϕ3.2	kg	4.74	78.750	126.000	204.750	294.000
	木板	m^3	1667.00	0.306	0.375	0.856	1.031
	道木	m^3	1034.00	0.880	1.265	1.650	2.035
	汽油 综合	kg	6.12	12.240	15.300	22.440	30.600
	煤油	kg	3.79	73.500	89.250	126.000	189.000
	机油 综合	kg	2.91	30.300	45.450	60.600	101.000
	黄油钙基脂	kg	9.66	18.180	25.250	35.350	40.400
	钢板垫板	kg	3.72	400.000	700.000	1100.000	1200.000
	热轧光圆钢筋 HPB300 综合	kg	3.98	100.000	150.000	200.000	250.000
	热轧薄钢板 Q235B 综合	kg	3.97	5.000	5.000	5.000	10.000
	中厚钢板 综合	kg	3.71	150.000	215.000	295.000	435.000
	型钢 综合	kg	3.84	60.000	200.000	300.000	500.000
	碳素结构钢流体无缝钢管 42.5×3.5	m	19.40	6.000	8.000	12.000	15.000
	碳素结构钢流体无缝钢管 57×4	m	26.64	1.500	2.000	3.000	4.500
	碳素结构钢焊接钢管 *DN*20×2.8	m	5.73	3.000	4.000	8.000	8.000
	六角带帽螺栓 M8×75 以内	10 套	4.40	9.400	11.800	15.300	18.800
	骑马钉 20×2	kg	6.90	10.000	10.000	15.000	20.000
	紫铜电焊条 T107 ϕ3.2	kg	78.02	1.000	1.000	2.000	2.500
	碳钢气焊条 ϕ2 以内	kg	10.34	12.000	15.000	20.000	30.000
	铜焊粉 气剂 301 瓶装	kg	30.17	0.100	0.156	0.384	0.570
	黄铜板 综合	kg	50.43	1.500	2.000	2.500	2.500
	溶剂汽油 200[#]	kg	5.40	4.000	6.000	8.000	9.000

续前

定额编号				1-2-93	1-2-94	1-2-95	1-2-96
项目				公称压力(t以内)			
				500	800	1600	2000
材料	盐酸	kg	0.82	70.000	80.000	100.000	150.000
	碳酸钠(纯碱)	kg	1.64	15.090	18.000	20.000	30.000
	亚硝酸钠	kg	2.41	65.000	70.000	80.000	120.000
	氧气	m^3	3.62	122.400	153.000	204.000	255.000
	乌洛托品	kg	10.43	1.500	2.000	2.100	3.200
	乙炔气	kg	7.60	40.800	51.000	68.000	85.000
	铅油(厚漆)	kg	7.33	2.000	2.500	3.000	5.000
	调和漆	kg	11.21	13.000	32.500	50.000	70.000
	防锈漆 C53-1	kg	14.05	12.000	15.000	20.000	25.000
	银粉漆	kg	12.93	1.000	1.500	2.000	2.500
	石棉橡胶板 高压δ0.5~8	kg	6.90	8.000	10.000	15.000	22.000
	橡胶板 δ5~10	kg	5.09	15.000	18.000	30.000	40.000
	硅酸盐膨胀水泥	kg	0.43	—	181.395	362.790	483.720
	标准砖 240×115×53	千块	388.00	0.050	0.060	0.080	0.090
	石墨粉	kg	17.24	3.000	3.000	8.000	8.000
	球阀 Q11F-16T *DN*50	个	112.00	1.000	2.000	3.000	4.000
	铁砂布 0#~2#	张	1.03	40.000	50.000	60.000	80.000
	锯条(各种规格)	根	0.66	35.000	40.000	45.000	75.000
	红钢纸 0.2~0.5mm	kg	10.34	1.500	2.000	3.000	3.000
	焦炭	kg	0.71	500.000	800.000	1000.000	1200.000
	木柴	kg	0.16	180.000	200.000	250.000	380.000
	研磨膏	盒	13.79	2.000	2.000	3.000	3.000
	水	t	4.27	—	0.600	1.000	1.200
	其他材料费	元	1.00	656.18	879.99	1192.68	1498.32
机械	载货汽车 10t	台班	476.15	0.700	1.050	1.400	2.100
	汽车式起重机 16t	台班	875.04	5.807	7.473	11.172	13.769
	汽车式起重机 30t	台班	1038.45	0.350	1.050	1.050	1.050
	汽车式起重机 50t	台班	2353.88	0.700	—	0.700	0.700
	汽车式起重机 75t	台班	3154.17	—	0.350	—	—
	汽车式起重机 100t	台班	4718.03	—	—	0.350	0.700
	摇臂钻床 50mm	台班	21.52	4.200	6.300	11.200	14.000
	交流弧焊机 32kV·A	台班	92.84	18.200	21.700	43.400	48.300
	电动空气压缩机 $6m^3/min$	台班	224.45	4.200	5.600	9.800	12.600
	试压泵 60MPa	台班	23.30	4.200	5.600	9.800	12.600
	鼓风机 $18m^3/min$	台班	41.62	2.100	3.500	7.000	8.400

计量单位:台

定额编号				1-2-97	1-2-98	1-2-99	1-2-100
项目				公称压力(t以内)			
				2500	3150	6000	8000
基价(元)				**171563.17**	**235827.67**	**442631.84**	**525621.17**
其中	人工费(元)			102508.07	153616.64	327848.31	378635.99
	材料费(元)			37696.00	43921.08	54871.58	69603.10
	机械费(元)			31359.10	38289.95	59911.95	77382.08
名称		单位	单价(元)	消耗量			
人工	二类人工	工日	135.00	759.319	1137.901	2428.506	2804.711
材料	锻压设备	台	—	(1.000)	(1.000)	(1.000)	(1.000)
	平垫铁 综合	kg	3.78	617.240	629.160	645.270	672.830
	斜垫铁 Q195～Q235 1#	kg	8.62	608.150	615.500	630.000	700.580
	镀锌铁丝 ϕ2.0～4.0	kg	5.01	140.000	150.000	195.000	253.500
	低碳钢焊条 J422 ϕ3.2	kg	4.74	378.000	472.500	614.250	798.525
	木板	m^3	1667.00	1.156	1.348	1.752	2.278
	道木	m^3	1034.00	2.420	2.833	3.683	4.788
	汽油 综合	kg	6.12	36.720	40.800	53.040	68.952
	煤油	kg	3.79	252.000	294.000	382.200	496.860
	机油 综合	kg	2.91	121.200	141.400	183.820	238.966
	黄油钙基脂	kg	9.66	60.600	85.850	111.605	145.087
	钢板垫板	kg	3.72	1400.000	1600.000	2080.000	2704.000
	热轧光圆钢筋 HPB300 综合	kg	3.98	300.000	450.000	585.000	760.500
	热轧薄钢板 Q235B 综合	kg	3.97	10.000	15.000	19.500	25.350
	中厚钢板 综合	kg	3.71	555.000	675.000	877.500	1140.750
	型钢 综合	kg	3.84	600.000	700.000	910.000	1183.000
	碳素结构钢流体无缝钢管 42.5×3.5	m	19.40	18.000	20.000	26.000	33.800
	碳素结构钢流体无缝钢管 57×4	m	26.64	5.000	5.000	6.500	8.450
	碳素结构钢焊接钢管 *DN*20×2.8	m	5.73	10.000	10.000	13.000	16.900
	六角带帽螺栓 M8×75 以内	10套	4.40	21.200	23.500	30.550	39.715
	骑马钉 20×2	kg	6.90	25.000	40.000	52.000	67.600
	紫铜电焊条 T107 ϕ3.2	kg	78.02	3.000	3.500	4.550	5.915
	碳钢气焊条 ϕ2 以内	kg	10.34	35.000	40.000	52.000	67.600
	铜焊粉 气剂301 瓶装	kg	30.17	0.700	0.870	1.131	1.470
	黄铜板 综合	kg	50.43	3.000	3.000	3.900	5.070
	溶剂汽油 200#	kg	5.40	12.000	15.000	19.500	25.350
	盐酸	kg	0.82	180.000	200.000	260.000	338.000

续前

定额编号				1-2-97	1-2-98	1-2-99	1-2-100
项目				公称压力(t 以内)			
				2500	3150	6000	8000
材料	碳酸钠(纯碱)	kg	1.64	36.000	40.000	52.000	67.600
	亚硝酸钠	kg	2.41	145.000	160.000	208.000	270.400
	氧气	m^3	3.62	357.000	459.000	596.700	775.710
	乌洛托品	kg	10.43	4.000	4.000	5.200	6.760
	乙炔气	kg	7.60	119.000	153.000	198.900	258.570
	铅油(厚漆)	kg	7.33	6.000	6.000	7.800	10.140
	调和漆	kg	11.21	80.000	99.000	128.700	167.310
	防锈漆 C53-1	kg	14.05	30.000	40.000	52.000	67.600
	银粉漆	kg	12.93	3.000	3.500	4.550	5.915
	石棉橡胶板 高压 δ0.5~8	kg	6.90	26.000	28.000	36.400	47.320
	橡胶板 δ5~10	kg	5.09	40.000	45.000	58.500	76.050
	硅酸盐膨胀水泥	kg	0.43	483.720	604.650	786.045	1021.859
	标准砖 240×115×53	千块	388.00	0.100	0.100	0.130	0.169
	石墨粉	kg	17.24	10.000	10.000	13.000	16.900
	球阀 Q11F-16T *DN*50	个	112.00	4.000	5.000	6.500	8.450
	铁砂布 0#~2#	张	1.03	100.000	120.000	156.000	202.800
	锯条(各种规格)	根	0.66	80.000	80.000	104.000	135.200
	红钢纸 0.2~0.5mm	kg	10.34	3.600	4.000	5.200	6.760
	焦炭	kg	0.71	1500.000	2000.000	2600.000	3380.000
	木柴	kg	0.16	480.000	500.000	650.000	845.000
	研磨膏	盒	13.79	4.000	4.000	5.200	6.760
	水	t	4.27	1.400	1.600	2.080	2.704
	其他材料费	元	1.00	1795.05	2091.48	2612.93	3314.43
机械	载货汽车 10t	台班	476.15	2.800	2.800	3.500	3.500
	汽车式起重机 16t	台班	875.04	15.610	17.500	—	—
	汽车式起重机 30t	台班	1038.45	1.050	1.400	3.767	4.898
	汽车式起重机 50t	台班	2353.88	1.050	—	—	—
	汽车式起重机 75t	台班	3154.17	—	0.700	1.884	2.449
	汽车式起重机 100t	台班	4718.03	0.700	1.050	2.826	3.673
	摇臂钻床 50mm	台班	21.52	16.800	—	—	—
	摇臂钻床 63mm	台班	32.79	—	21.000	56.511	73.464
	电动空气压缩机 $6m^3/min$	台班	224.45	14.000	18.900	50.860	66.118
	试压泵 60MPa	台班	23.30	14.000	18.200	48.976	63.669
	鼓风机 $18m^3/min$	台班	41.62	9.800	12.600	33.907	44.079
	交流弧焊机 32kV·A	台班	92.84	56.700	77.000	207.207	269.369

第三章

铸造设备安装

说　　明

一、本章内容包括砂处理设备，造型及造芯设备，落砂及清理设备，抛丸清理室，金属型铸造设备，材料准备设备，铸铁平台等安装。

1. 砂处理设备：包括混砂机、碾砂机、松砂机、筛砂机等。

2. 造型及造芯设备：包括震压式造型机、震实式造型机、震实式制芯机、吹芯机、射芯机等。

3. 落砂及清理设备：包括震动落砂机、型芯落砂机、圆形清理滚筒、喷砂机、喷丸器、喷丸清理转台、抛丸机等。

4. 抛丸清理室：包括室体组焊、电动台车及旋转台安装、抛丸喷丸器安装、铁丸分配、输送及回收装置安装、悬挂链轨道及吊钩安装、除尘风管和铁丸输送管敷设、平台、梯子、栏杆等安装、设备单机试运转。

5. 金属型铸造设备：包括卧式冷室压铸机、立式冷室压铸机、卧式离心铸造机等。

6. 材料准备设备：包括 C246 及 C246A 球磨机、碾砂机、蜡模成型机械、生铁裂断机、涂料搅拌机等。

二、本章不包括以下工作内容：

1. 地轨安装。

2. 垫木排制作、防腐。

3. 抛丸清理室的除尘机及除尘器与风机间的风管安装。

三、抛丸清理室安装定额单位为"室"，是指除设备基础等土建工程及电气箱、开关、敷设电气管线等电气工程外，成套供应的抛丸机、回转台、斗式提升机、螺旋输送机、电动小车等设备以及框架、平台、梯子、栏杆、漏斗、漏管等金属结构件安装。设备重量是指上述全套设备加金属结构件的总重量。

工程量计算规则

一、抛丸清理室的安装,以“室”为计量单位,以室所含设备重量“t”分列定额项目。

二、铸铁平台安装,以“t”为计量单位,按方形平台或铸梁式平台的安装方式(安装在基础上或支架上)及安装时灌浆与不灌浆分列定额项目。

一、砂处理设备

计量单位:台

定额编号				1-3-1	1-3-2	1-3-3	1-3-4
项目				设备重量(t 以内)			
				2	4	6	8
基价(元)				**777.29**	**1319.11**	**1871.21**	**2454.65**
其中	人工费(元)			606.83	867.92	1184.63	1446.39
	材料费(元)			98.88	157.56	268.83	356.99
	机械费(元)			71.58	293.63	417.75	651.27
名称		单位	单价(元)	消耗量			
人工	二类人工	工日	135.00	4.495	6.429	8.775	10.714
材料	铸造设备	台	—	(1.000)	(1.000)	(1.000)	(1.000)
	平垫铁 综合	kg	3.78	4.700	7.530	17.460	19.400
	斜垫铁 Q195~Q235 1#	kg	8.62	4.590	7.640	14.810	17.290
	热轧薄钢板 Q235B 综合	kg	3.97	1.100	1.430	1.430	1.650
	镀锌铁丝 ϕ2.0~4.0	kg	5.01	0.616	0.616	0.924	0.924
	木板	m^3	1667.00	0.012	0.020	0.022	0.054
	煤油	kg	3.79	2.137	3.003	3.465	3.511
	机油 综合	kg	2.91	0.144	0.222	0.222	0.333
	黄油钙基脂	kg	9.66	0.089	0.167	0.167	0.222
	其他材料费	元	1.00	4.71	7.50	12.80	17.00
机械	载货汽车 10t	台班	476.15	—	0.140	0.210	0.210
	叉式起重机 5t	台班	409.00	0.175	—	—	—
	汽车式起重机 8t	台班	648.48	—	0.350	0.490	—
	汽车式起重机 16t	台班	875.04	—	—	—	0.630

计量单位:台

定额编号				1-3-5	1-3-6	1-3-7	1-3-8
项目				设备重量(t 以内)			
				10	12	15	20
基价(元)				**3106.03**	**3710.30**	**4553.10**	**5741.56**
其中	人工费(元)			1805.09	2138.94	2652.21	3501.23
	材料费(元)			440.75	668.63	874.04	1029.32
	机械费(元)			860.19	902.73	1026.85	1211.01
名称		单位	单价(元)	消耗量			
人工	二类人工	工日	135.00	13.371	15.844	19.646	25.935
材料	铸造设备	台	—	(1.000)	(1.000)	(1.000)	(1.000)
	平垫铁 综合	kg	3.78	25.230	41.400	48.290	59.840
	斜垫铁 Q195~Q235 1#	kg	8.62	22.230	36.690	45.860	55.040
	热轧薄钢板 Q235B 综合	kg	3.97	1.650	2.030	2.200	2.500
	镀锌铁丝 ϕ2.0~4.0	kg	5.01	1.232	1.515	2.400	3.000
	木板	m^3	1667.00	0.059	0.073	0.083	0.090
	道木	m^3	1034.00	—	—	0.062	0.069
	煤油	kg	3.79	4.620	5.683	6.825	7.350
	机油 综合	kg	2.91	0.333	0.410	0.707	0.707
	黄油钙基脂	kg	9.66	0.333	0.410	0.354	0.354
	其他材料费	元	1.00	20.99	31.84	41.62	49.02
机械	载货汽车 10t	台班	476.15	0.210	0.210	0.280	0.350
	汽车式起重机 8t	台班	648.48	0.700	0.700	0.840	1.050
	汽车式起重机 16t	台班	875.04	0.350	—	—	—
	汽车式起重机 25t	台班	996.58	—	0.350	0.350	—
	汽车式起重机 30t	台班	1038.45	—	—	—	0.350

二、造型及造芯设备

计量单位：台

定额编号				1-3-9	1-3-10	1-3-11	1-3-12	1-3-13
项目				设备重量(t以内)				
				1	2	4	6	8
基价（元）				594.43	1033.81	1965.35	2840.75	3630.86
其中	人工费（元）			414.45	783.81	1299.11	1942.38	2530.71
	材料费（元）			122.72	178.42	372.61	459.36	524.96
	机械费（元）			57.26	71.58	293.63	439.01	575.19
名称		单位	单价(元)	消耗量				
人工	二类人工	工日	135.00	3.070	5.806	9.623	14.388	18.746
材料	铸造设备	台	—	(1.000)	(1.000)	(1.000)	(1.000)	(1.000)
	平垫铁 综合	kg	3.78	2.820	5.820	20.700	27.600	31.050
	斜垫铁 Q195～Q235 1#	kg	8.62	3.060	4.940	18.300	22.800	27.500
	热轧薄钢板 Q235B 综合	kg	3.97	0.750	1.000	1.260	1.540	1.600
	镀锌铁丝 ϕ2.0～4.0	kg	5.01	0.420	0.560	0.720	1.320	1.200
	木板	m^3	1667.00	0.020	0.026	0.028	0.054	0.054
	汽油 综合	kg	6.12	0.383	0.510	0.459	0.561	1.020
	煤油	kg	3.79	2.756	3.675	4.253	6.930	8.400
	机油 综合	kg	2.91	0.152	0.202	0.273	0.333	0.404
	黄油钙基脂	kg	9.66	0.152	0.202	0.273	0.333	0.404
	橡胶板 δ5～10	kg	5.09	5.250	7.000	8.100	—	—
	其他材料费	元	1.00	5.84	8.50	17.74	21.87	25.00
机械	载货汽车 10t	台班	476.15	—	—	0.140	0.350	0.350
	叉式起重机 5t	台班	409.00	0.140	0.175	—	—	—
	汽车式起重机 8t	台班	648.48	—	—	0.350	0.420	0.630

计量单位:台

定额编号					1-3-14	1-3-15	1-3-16	1-3-17
项目					设备重量(t 以内)			
					10	15	20	25
基价(元)					**4365.73**	**5749.13**	**6856.12**	**8123.10**
其中	人工费(元)				2885.76	4075.25	4822.61	5834.70
	材料费(元)				700.79	772.19	905.53	1037.91
	机械费(元)				779.18	901.69	1127.98	1250.49
名称		单位	单价(元)		消耗量			
人工	二类人工	工日	135.00		21.376	30.187	35.723	43.220
材料	铸造设备	台	—		(1.000)	(1.000)	(1.000)	(1.000)
	平垫铁 综合	kg	3.78		34.790	37.950	44.840	48.290
	斜垫铁 Q195 ~ Q235 1#	kg	8.62		32.100	36.690	41.280	45.860
	热轧薄钢板 Q235B 综合	kg	3.97		1.600	2.000	2.000	2.500
	镀锌铁丝 φ2.0 ~ 4.0	kg	5.01		2.400	2.400	3.600	3.600
	木板	m^3	1667.00		0.075	0.083	0.103	0.134
	道木	m^3	1034.00		0.062	0.062	0.069	0.069
	汽油 综合	kg	6.12		1.020	1.020	2.040	2.040
	煤油	kg	3.79		10.500	10.500	12.600	17.850
	机油 综合	kg	2.91		0.606	0.808	1.010	1.010
	黄油钙基脂	kg	9.66		0.404	0.505	0.505	0.505
	其他材料费	元	1.00		33.37	36.77	43.12	49.42
机械	载货汽车 10t	台班	476.15		0.350	0.350	0.350	0.350
	汽车式起重机 16t	台班	875.04		0.700	0.840	0.700	0.840
	汽车式起重机 25t	台班	996.58		—	—	0.350	0.350

三、落砂及清理设备

计量单位:台

定额编号				1-3-18	1-3-19	1-3-20	1-3-21	1-3-22	1-3-23
项目				设备重量(t以内)					
				0.5	1	3	5	8	12
基价(元)				**293.36**	**597.46**	**1348.17**	**2045.73**	**3048.31**	**4218.94**
其中	人工费(元)			168.48	406.62	781.79	1134.27	1804.82	2683.53
	材料费(元)			67.62	104.95	287.05	381.66	543.61	608.56
	机械费(元)			57.26	85.89	279.33	529.80	699.88	926.85
名称		单位	单价(元)	消耗量					
人工	二类人工	工日	135.00	1.248	3.012	5.791	8.402	13.369	19.878
材料	铸造设备	台	—	(1.000)	(1.000)	(1.000)	(1.000)	(1.000)	(1.000)
	平垫铁 综合	kg	3.78	2.820	5.820	19.400	25.230	32.300	35.120
	斜垫铁 Q195～Q235 1#	kg	8.62	3.060	4.940	17.640	22.230	30.580	32.100
	热轧薄钢板 Q235B 综合	kg	3.97	0.750	1.000	1.300	1.300	1.800	3.000
	镀锌铁丝 ϕ2.0～4.0	kg	5.01	0.420	0.560	0.560	0.840	1.120	1.800
	木板	m^3	1667.00	0.011	0.014	0.018	0.031	0.054	0.063
	道木	m^3	1034.00	—	—	—	—	—	0.004
	煤油	kg	3.79	0.788	1.050	2.100	3.150	6.300	8.400
	机油 综合	kg	2.91	0.076	0.101	0.202	0.202	0.505	0.808
	黄油钙基脂	kg	9.66	0.076	0.101	0.152	0.303	0.404	0.606
	其他材料费	元	1.00	3.22	5.00	13.67	18.17	25.89	28.98
机械	载货汽车 10t	台班	476.15	—	—	—	0.350	0.350	0.350
	叉式起重机 5t	台班	409.00	0.140	0.210	0.350	—	—	—
	汽车式起重机 8t	台班	648.48	—	—	0.210	0.560	0.350	0.700
	汽车式起重机 16t	台班	875.04	—	—	—	—	0.350	0.350

四、抛丸清理室

计量单位:室

	定额编号			1-3-24	1-3-25	1-3-26	1-3-27
	项目			设备重量(t 以内)			
				5	10	15	20
	基价(元)			**4219.66**	**7799.00**	**10701.28**	**14056.18**
其中	人工费(元)			3015.09	5681.07	8115.80	11112.93
	材料费(元)			450.51	742.26	975.16	1120.42
	机械费(元)			754.06	1375.67	1610.32	1822.83
	名称	单位	单价(元)	消耗量			
人工	二类人工	工日	135.00	22.334	42.082	60.117	82.318
材料	铸造设备	台	—	(1.000)	(1.000)	(1.000)	(1.000)
	平垫铁 综合	kg	3.78	10.530	21.060	23.850	27.220
	斜垫铁 Q195 ~ Q235 1#	kg	8.62	9.880	19.750	21.576	25.200
	角钢 Q235B 63×63×6	kg	3.97	2.000	2.800	4.000	5.000
	热轧薄钢板 Q235B 综合	kg	3.97	2.000	2.800	4.000	5.000
	中厚钢板 综合	kg	3.71	4.000	7.000	10.000	10.000
	镀锌铁丝 ϕ2.0 ~ 4.0	kg	5.01	2.000	2.100	3.000	3.000
	低碳钢焊条 J422 ϕ3.2	kg	4.74	5.250	8.820	12.600	13.650
	低碳钢焊条 J422 ϕ4.0	kg	4.74	16.800	32.340	46.200	47.250
	木板	m^3	1667.00	0.020	0.034	0.048	0.061
	道木	m^3	1034.00	0.007	0.005	0.007	0.007
	汽油 综合	kg	6.12	1.530	2.142	3.060	3.570
	煤油	kg	3.79	3.150	3.675	5.250	6.300
	机油 综合	kg	2.91	1.010	1.061	1.515	1.515
	黄油钙基脂	kg	9.66	0.404	0.354	0.505	0.505
	凡士林	kg	2.67	0.500	0.490	0.700	0.800
	氧气	m^3	3.62	6.120	8.568	12.240	14.280
	乙炔气	kg	7.60	2.040	2.856	4.080	4.760
	铅油(厚漆)	kg	7.33	1.000	1.400	2.000	2.200
	调和漆	kg	11.21	0.300	0.350	0.500	0.600
	防锈漆 C53-1	kg	14.05	0.300	0.350	0.500	0.600
	黑铅粉	kg	17.00	0.500	0.700	1.000	1.200
	石棉橡胶板 高压 δ0.5 ~ 8	kg	6.90	2.000	1.540	2.200	3.400
	石棉松绳 ϕ13 ~ 19	kg	5.89	1.100	1.400	2.000	2.500
	橡胶板 δ5 ~ 10	kg	5.09	1.500	1.820	2.600	4.600
	其他材料费	元	1.00	21.25	30.03	39.58	52.58
机械	载货汽车 10t	台班	476.15	—	0.140	0.210	0.350
	汽车式起重机 16t	台班	875.04	0.595	0.910	1.050	1.190
	汽车式起重机 25t	台班	996.58	—	0.210	—	—
	汽车式起重机 30t	台班	1038.45	—	—	0.210	0.210
	弧焊机 综合	台班	66.69	3.500	4.550	5.600	5.950

计量单位：室

定额编号					1-3-28	1-3-29	1-3-30
项目					设备重量(t 以内)		
					35	40	50
基价（元）					**23964.88**	**27039.40**	**33287.58**
其中	人工费（元）				18850.05	20844.68	24470.91
	材料费（元）				1424.63	1818.73	1962.60
	机械费（元）				3690.20	4375.99	6854.07
名称			单位	单价(元)	消耗量		
人工	二类人工		工日	135.00	139.630	154.405	181.266
材料	铸造设备		台	—	(1.000)	(1.000)	(1.000)
	平垫铁 综合		kg	3.78	29.700	35.640	39.600
	斜垫铁 Q195 ~ Q235 1#		kg	8.62	27.720	30.240	32.760
	角钢 Q235B 63 × 63 × 6		kg	3.97	6.000	10.000	12.000
	热轧薄钢板 Q235B 综合		kg	3.97	7.000	14.000	16.000
	中厚钢板 综合		kg	3.71	16.000	24.000	28.000
	镀锌铁丝 ϕ2.0 ~ 4.0		kg	5.01	5.000	8.500	10.000
	低碳钢焊条 J422 ϕ3.2		kg	4.74	14.700	16.800	18.900
	低碳钢焊条 J422 ϕ4.0		kg	4.74	50.400	56.700	57.750
	木板		m^3	1667.00	0.121	0.169	0.169
	道木		m^3	1034.00	0.007	0.007	0.007
	汽油 综合		kg	6.12	4.080	6.120	8.160
	煤油		kg	3.79	8.400	21.000	23.100
	机油 综合		kg	2.91	2.020	3.535	4.040
	黄油钙基脂		kg	9.66	0.808	1.212	1.616
	凡士林		kg	2.67	1.000	1.200	1.200
	氧气		m^3	3.62	21.420	24.480	26.520
	乙炔气		kg	7.60	7.140	8.160	8.840
	铅油(厚漆)		kg	7.33	2.500	3.000	3.000
	调和漆		kg	11.21	0.750	1.000	1.200
	防锈漆 C53 - 1		kg	14.05	0.750	1.000	1.200
	黑铅粉		kg	17.00	1.500	1.600	1.600
	石棉橡胶板 高压 δ0.5 ~ 8		kg	6.90	5.500	7.000	7.300
	石棉松绳 ϕ13 ~ 19		kg	5.89	3.500	4.400	4.600
	橡胶板 δ5 ~ 10		kg	5.09	6.700	8.200	8.500
	其他材料费		元	1.00	59.48	75.81	81.62
机械	载货汽车 10t		台班	476.15	0.350	0.560	0.560
	汽车式起重机 16t		台班	875.04	2.660	2.940	4.410
	汽车式起重机 50t		台班	2353.88	0.280	—	—
	汽车式起重机 75t		台班	3154.17	—	0.280	—
	汽车式起重机 100t		台班	4718.03	—	—	0.420
	弧焊机 综合		台班	66.69	8.050	9.800	11.200

五、金属型铸造设备

计量单位:台

定额编号				1-3-31	1-3-32	1-3-33	1-3-34	1-3-35
项目				设备重量(t 以内)				
				1	3	5	7	9
基价(元)				**700.23**	**1651.04**	**2456.28**	**3158.46**	**3845.92**
其中	人工费(元)			449.82	1243.35	1713.69	2218.19	2783.70
	材料费(元)			164.52	293.17	380.59	534.01	561.38
	机械费(元)			85.89	114.52	362.00	406.26	500.84
	名称	单位	单价(元)	消耗量				
人工	二类人工	工日	135.00	3.332	9.210	12.694	16.431	20.620
材料	铸造设备	台	—	(1.000)	(1.000)	(1.000)	(1.000)	(1.000)
	平垫铁 综合	kg	3.78	2.820	7.760	11.640	13.580	20.690
	斜垫铁 Q195~Q235 1#	kg	8.62	3.060	7.410	9.880	12.350	18.350
	中厚钢板 综合	kg	3.71	20.000	31.200	40.000	60.000	45.000
	镀锌铁丝 ϕ2.0~4.0	kg	5.01	0.560	0.874	0.840	1.260	0.840
	紫铜板 综合	kg	58.27	0.100	0.156	0.200	0.300	0.200
	木板	m^3	1667.00	0.015	0.023	0.031	0.047	0.053
	汽油 综合	kg	6.12	0.102	0.159	0.306	0.459	0.714
	煤油	kg	3.79	2.310	3.604	3.150	4.725	5.250
	机油 综合	kg	2.91	0.152	0.237	0.202	0.303	0.303
	黄油钙基脂	kg	9.66	0.101	0.158	0.202	0.303	0.202
	橡胶板 δ5~10	kg	5.09	0.200	0.312	0.200	0.300	—
	其他材料费	元	1.00	7.83	13.96	18.12	25.43	26.73
机械	载货汽车 10t	台班	476.15	—	—	0.210	0.210	0.280
	叉式起重机 5t	台班	409.00	0.210	0.280	—	—	—
	汽车式起重机 12t	台班	748.60	—	—	0.350	—	—
	汽车式起重机 16t	台班	875.04	—	—	—	0.350	0.420

计量单位:台

定额编号				1-3-36	1-3-37	1-3-38	1-3-39	1-3-40
项目				设备重量(t 以内)				
				12	15	20	25	30
基价(元)				5129.34	6217.65	7935.23	9667.82	11592.26
其中	人工费(元)			3692.66	4583.52	5541.89	6873.80	7929.90
	材料费(元)			690.83	812.41	1250.70	1345.12	1588.29
	机械费(元)			745.85	821.72	1142.64	1448.90	2074.07
名称		单位	单价(元)	消耗量				
人工	二类人工	工日	135.00	27.353	33.952	41.051	50.917	58.740
材料	铸造设备	台	—	(1.000)	(1.000)	(1.000)	(1.000)	(1.000)
	平垫铁 综合	kg	3.78	24.150	31.050	56.060	61.660	72.870
	斜垫铁 Q195～Q235 1#	kg	8.62	22.930	27.520	51.040	58.330	65.620
	中厚钢板 综合	kg	3.71	50.000	50.000	60.000	60.000	60.000
	镀锌铁丝 φ2.0～4.0	kg	5.01	1.800	2.400	3.600	3.600	4.000
	紫铜板 综合	kg	58.27	0.200	0.300	0.500	0.800	0.800
	木板	m^3	1667.00	0.075	0.083	0.121	0.134	0.156
	道木	m^3	1034.00	—	0.021	0.021	0.021	0.028
	汽油 综合	kg	6.12	1.020	1.020	1.020	1.020	2.040
	煤油	kg	3.79	6.300	8.400	10.500	15.750	21.000
	机油 综合	kg	2.91	0.303	0.404	0.505	0.707	1.010
	黄油钙基脂	kg	9.66	0.202	0.303	0.303	0.404	0.404
	其他材料费	元	1.00	37.74	40.56	55.20	5.00	70.02
机械	载货汽车 10t	台班	476.15	0.280	0.350	0.350	0.350	0.350
	汽车式起重机 16t	台班	875.04	0.700	0.350	0.700	1.050	1.050
	汽车式起重机 25t	台班	996.58	—	0.350	—	—	—
	汽车式起重机 30t	台班	1038.45	—	—	0.350	0.350	—
	汽车式起重机 50t	台班	2353.88	—	—	—	—	0.420

计量单位:台

定额编号				1-3-41	1-3-42	1-3-43	1-3-44
项目				设备重量(t 以内)			
				40	45	50	55
基价(元)				**15303.80**	**17032.64**	**18682.76**	**20533.43**
其中	人工费(元)			10569.42	11459.75	12648.15	13936.59
	材料费(元)			1851.27	2077.25	2232.71	2396.38
	机械费(元)			2883.11	3495.64	3801.90	4200.46
名称		单位	单价(元)	消耗量			
人工	二类人工	工日	135.00	78.292	84.887	93.690	103.234
材料	铸造设备	台	—	(1.000)	(1.000)	(1.000)	(1.000)
	平垫铁 综合	kg	3.78	78.480	82.400	86.520	95.300
	斜垫铁 Q195~Q235 1#	kg	8.62	72.910	76.560	80.380	87.490
	中厚钢板 综合	kg	3.71	80.000	96.000	105.600	105.600
	镀锌铁丝 ϕ2.0~4.0	kg	5.01	5.000	6.000	6.600	6.600
	紫铜板 综合	kg	58.27	1.000	1.200	1.320	1.320
	木板	m^3	1667.00	0.163	0.196	0.215	0.249
	道木	m^3	1034.00	0.069	0.083	0.091	0.091
	汽油 综合	kg	6.12	2.040	2.448	2.693	3.060
	煤油	kg	3.79	26.250	31.500	34.650	34.650
	机油 综合	kg	2.91	1.212	1.454	1.600	1.600
	黄油钙基脂	kg	9.66	0.606	0.727	0.800	0.909
	其他材料费	元	1.00	81.59	91.51	98.34	107.56
机械	载货汽车 10t	台班	476.15	0.700	0.700	0.700	0.700
	汽车式起重机 16t	台班	875.04	1.400	2.100	2.450	1.400
	汽车式起重机 75t	台班	3154.17	0.420	0.420	0.420	—
	汽车式起重机 100t	台班	4718.03	—	—	—	0.560

六、材料准备设备

计量单位:台

定额编号				1-3-45	1-3-46	1-3-47	1-3-48	1-3-49
项目				设备重量(t 以内)				
				1	2	3	5	8
基价(元)				**924.25**	**1423.61**	**2046.76**	**3113.84**	**4338.77**
其中	人工费(元)			679.86	1081.89	1583.96	2352.78	3190.46
	材料费(元)			177.79	241.83	329.61	465.99	696.31
	机械费(元)			66.60	99.89	133.19	295.07	452.00
名称		单位	单价(元)	消耗量				
人工	二类人工	工日	135.00	5.036	8.014	11.733	17.428	23.633
材料	材料准备设备	台	—	(1.000)	(1.000)	(1.000)	(1.000)	(1.000)
	平垫铁 综合	kg	3.78	5.640	5.920	11.640	17.280	31.990
	斜垫铁 Q195~Q235 1#	kg	8.62	6.120	6.430	9.880	15.990	30.580
	中厚钢板 综合	kg	3.71	18.000	25.000	30.000	35.000	40.000
	镀锌铁丝 ϕ2.0~4.0	kg	5.01	1.500	2.000	2.500	3.000	3.000
	低碳钢焊条 J422 ϕ3.2	kg	4.74	0.210	0.210	0.263	0.263	0.315
	木板	m^3	1667.00	0.001	0.015	0.018	0.031	0.036
	煤油	kg	3.79	3.150	4.200	5.250	6.300	7.350
	机油 综合	kg	2.91	0.505	1.010	1.010	1.010	1.212
	黄油钙基脂	kg	9.66	0.505	0.505	0.707	1.010	1.010
	氧气	m^3	3.62	—	—	—	1.020	2.040
	乙炔气	kg	7.60	—	—	—	0.340	0.680
	其他材料费	元	1.00	8.47	11.52	15.70	22.19	33.16
机械	载货汽车 10t	台班	476.15	—	—	—	—	0.350
	叉式起重机 5t	台班	409.00	0.140	0.210	0.280	0.280	—
	汽车式起重机 12t	台班	748.60	—	—	—	0.210	0.350
	弧焊机 综合	台班	66.69	0.140	0.210	0.280	0.350	0.350

七、铸铁平台

计量单位:10t

定额编号				1-3-50	1-3-51	1-3-52	1-3-53	1-3-54
项目				方形平台			铸梁式平台	
				基础上灌浆	基础上不灌浆	支架上	基础上灌浆	基础上不灌浆
基价(元)				3490.22	2038.31	1891.93	9182.24	5821.91
其中	人工费(元)			2595.78	1515.51	1205.55	5893.16	3476.25
	材料费(元)			488.76	150.45	168.64	2592.63	1861.25
	机械费(元)			405.68	372.35	517.74	696.45	484.41
名称		单位	单价(元)	消耗量				
人工	二类人工	工日	135.00	19.228	11.226	8.930	43.653	25.750
材料	铸铁平台	t	—	(10.000)	(10.000)	(10.000)	(10.000)	(10.000)
	斜垫铁 Q195~Q235 1#	kg	8.62	—	—	—	50.000	80.000
	平垫铁 综合	kg	3.78	—	—	—	50.000	80.000
	木板	m^3	1667.00	0.273	0.080	0.070	1.106	0.465
	道木 250×200×2500	根	129.00	—	—	0.280	—	—
	煤油	kg	3.79	2.360	2.360	1.790	1.320	1.320
	机油 综合	kg	2.91	0.500	0.340	0.350	0.160	0.160
	其他材料费	元	1.00	23.27	7.16	8.03	123.46	88.63
机械	载货汽车 10t	台班	476.15	0.280	0.210	0.420	0.700	0.350
	汽车式起重机 8t	台班	648.48	0.420	0.420	0.490	0.560	0.490

第四章
起重设备安装

说　　明

一、本章内容包括工业用的起重设备安装，起重量为 0.5～400t，不同结构、不同用途的电动（手动）起重机安装。

二、本章包括以下工作内容：

1. 起重机静负荷、动负荷及超负荷试运转。

2. 必需的端梁铆接。

3. 解体供货的起重机现场组装。

三、本章不包括试运转所需重物的供应和搬运。

工程量计算规则

起重机安装按照型号规格选用子目,以“台”为计量单位,同时有主、副钩时,以主钩额定起重量为准。

一、桥式起重机

1. 电动双梁桥式起重机

计量单位:台

定额编号			1-4-1	1-4-2	1-4-3	1-4-4	1-4-5	1-4-6
项目			起重量(t 以内)					
			5		10		15/3	
			跨距(m 以内)					
			19.5	31.5	19.5	31.5	19.5	31.5
基价(元)			**9609.94**	**11102.39**	**10424.18**	**13189.13**	**11254.86**	**14487.48**
其中	人工费(元)		7757.10	8791.20	8485.16	9826.25	9086.99	10650.42
	材料费(元)		489.20	556.20	532.84	592.55	614.88	671.89
	机械费(元)		1363.64	1754.99	1406.18	2770.33	1552.99	3165.17
名称	单位	单价(元)	消耗量					
人工 二类人工	工日	135.00	57.460	65.120	62.853	72.787	67.311	78.892
材料 起重设备	台	—	(1.000)	(1.000)	(1.000)	(1.000)	(1.000)	(1.000)
中厚钢板 综合	kg	3.71	0.460	0.460	0.575	0.575	0.575	0.575
木板	m^3	1667.00	0.048	0.080	0.053	0.080	0.071	0.080
道木	m^3	1034.00	0.258	0.258	0.258	0.258	0.258	0.258
煤油	kg	3.79	7.875	8.676	11.223	12.416	15.724	17.194
机油 综合	kg	2.91	2.644	2.922	3.699	4.089	5.278	5.833
黄油钙基脂	kg	9.66	4.861	5.214	6.186	6.451	8.131	8.838
氧气	m^3	3.62	2.978	3.295	3.029	3.315	3.488	7.405
乙炔气	kg	7.60	0.992	1.099	1.010	1.105	1.163	2.468
低碳钢焊条 J422 综合	kg	4.74	4.988	5.513	5.985	6.615	7.329	7.802
其他材料费	元	1.00	14.25	16.20	15.52	17.26	17.91	19.57
机械 平板拖车组 10t	台班	731.50	0.350	0.350	0.350	0.350	0.350	0.350
汽车式起重机 16t	台班	875.04	1.050	0.700	0.700	0.700	0.700	1.050
汽车式起重机 25t	台班	996.58	—	0.700	0.350	—	0.350	—
汽车式起重机 50t	台班	2353.88	—	—	—	0.700	—	0.700
电动卷扬机-单筒慢速 50kN	台班	186.39	0.700	0.700	0.700	1.050	1.400	1.400
弧焊机 综合	台班	66.69	0.875	0.875	0.875	0.875	1.120	1.225

计量单位:台

定额编号				1-4-7	1-4-8	1-4-9	1-4-10	1-4-11	1-4-12
项目				起重量(t 以内)					
				20/5		30/5		50/10	
				跨距(m 以内)					
				19.5	31.5	19.5	31.5	19.5	31.5
基价(元)				**11483.11**	**16617.31**	**14161.52**	**17865.30**	**18987.80**	**21791.92**
其中	人工费(元)			9575.01	11332.58	10188.86	12418.52	12687.44	15940.94
	材料费(元)			654.37	734.46	712.12	811.43	1112.00	1203.96
	机械费(元)			1253.73	4550.27	3260.54	4635.35	5188.36	4647.02
名称		单位	单价(元)	消耗量					
人工	二类人工	工日	135.00	70.926	83.945	75.473	91.989	93.981	118.081
材料	起重设备	台	—	(1.000)	(1.000)	(1.000)	(1.000)	(1.000)	(1.000)
	中厚钢板 综合	kg	3.71	0.690	0.690	0.920	0.920	1.495	1.495
	木板	m^3	1667.00	0.075	0.113	0.093	0.138	0.125	0.163
	道木	m^3	1034.00	0.258	0.258	0.258	0.258	0.516	0.516
	煤油	kg	3.79	17.444	18.638	18.993	20.685	29.610	32.734
	机油 综合	kg	2.91	6.333	6.999	7.389	8.166	9.500	10.500
	黄油钙基脂	kg	9.66	9.721	10.252	10.605	11.754	12.373	12.991
	氧气	m^3	3.62	3.978	4.396	4.417	4.498	4.519	4.600
	乙炔气	kg	7.60	1.326	1.466	1.472	1.499	1.507	1.533
	低碳钢焊条 J422 综合	kg	4.74	8.022	8.075	9.083	9.324	9.482	10.479
	其他材料费	元	1.00	19.06	21.39	20.74	23.63	32.39	35.07
机械	平板拖车组 10t	台班	731.50	0.350	—	—	—	—	—
	平板拖车组 20t	台班	835.65	—	0.350	0.350	0.350	0.350	0.350
	汽车式起重机 16t	台班	875.04	0.350	0.700	—	—	—	—
	汽车式起重机 25t	台班	996.58	0.350	—	0.700	0.700	0.700	0.700
	汽车式起重机 50t	台班	2353.88	—	—	0.350	—	0.700	—
	汽车式起重机 75t	台班	3154.17	—	—	0.350	—	0.700	—
	汽车式起重机 100t	台班	4718.03	—	0.700	—	0.700	—	0.700
	电动卷扬机-单筒慢速 50kN	台班	186.39	1.400	1.400	1.400	1.400	1.400	1.400
	弧焊机 综合	台班	66.69	1.225	1.225	1.225	1.225	1.225	1.400

计量单位：台

定额编号				1-4-13	1-4-14	1-4-15	1-4-16	1-4-17	1-4-18
项目				起重量(t以内)					
				75/20		100/20		150/30	
				跨距(m以内)					
				19.5	31.5	22	31	22	31
基价(元)				**26289.59**	**31038.65**	**33694.29**	**40664.62**	**51485.33**	**60019.50**
其中	人工费(元)			19688.13	22554.18	25557.12	28189.62	39263.54	44190.77
	材料费(元)			1312.13	1433.03	1889.84	2035.96	2248.83	2422.67
	机械费(元)			5289.33	7051.44	6247.33	10439.04	9972.96	13406.06
	名称	单位	单价(元)	消耗量					
人工	二类人工	工日	135.00	145.838	167.068	189.312	208.812	290.841	327.339
材料	起重设备	台	—	(1.000)	(1.000)	(1.000)	(1.000)	(1.000)	(1.000)
	中厚钢板 综合	kg	3.71	1.955	1.955	2.070	2.070	2.530	2.530
	木板	m^3	1667.00	0.175	0.225	0.288	0.363	0.400	0.488
	道木	m^3	1034.00	0.516	0.516	0.773	0.773	0.773	0.773
	煤油	kg	3.79	40.294	44.954	49.875	51.765	56.110	57.790
	机油 综合	kg	2.91	11.855	12.587	15.554	16.020	18.887	19.454
	黄油钙基脂	kg	9.66	16.791	17.675	19.796	20.326	30.048	30.931
	氧气	m^3	3.62	6.089	6.467	9.486	9.690	12.750	13.464
	乙炔气	kg	7.60	2.030	2.155	3.162	3.230	4.250	4.488
	低碳钢焊条 J422 综合	kg	4.74	11.498	12.212	13.472	13.881	15.089	15.330
	其他材料费	元	1.00	38.22	41.74	55.04	59.30	65.50	70.56
机械	载货汽车 8t	台班	411.20	0.350	0.350	0.350	0.350	0.350	0.350
	汽车式起重机 25t	台班	996.58	0.350	0.350	0.350	0.350	0.350	0.350
	汽车式起重机 50t	台班	2353.88	0.350	0.350	0.700	1.050	1.400	1.400
	汽车式起重机 100t	台班	4718.03	0.700	1.050	0.700	1.400	1.050	1.750
	电动卷扬机－单筒慢速 50kN	台班	186.39	1.400	1.750	1.750	2.100	2.100	2.800
	平板拖车组 20t	台班	835.65	0.350	—	—	—	—	—
	平板拖车组 30t	台班	965.81	—	0.350	0.350	0.350	0.700	0.700
	弧焊机 综合	台班	66.69	1.750	1.750	2.100	2.100	2.450	2.450

计量单位:台

定额编号				1-4-19	1-4-20	1-4-21	1-4-22
项目				起重量(t 以内)			
				200/30		250/30	
				跨距(m 以内)			
				22	31	22	31
基价(元)				**63878.38**	**72903.73**	**80929.73**	**90047.69**
其中	人工费(元)			47412.14	52293.33	60050.43	67052.75
	材料费(元)			2456.33	2688.75	3004.73	3246.51
	机械费(元)			14009.91	17921.65	17874.57	19748.43
名称		单位	单价(元)	消耗量			
人工	二类人工	工日	135.00	351.201	387.358	444.818	496.687
材料	起重设备	台	—	(1.000)	(1.000)	(1.000)	(1.000)
	中厚钢板 综合	kg	3.71	2.530	2.530	2.645	2.645
	木板	m^3	1667.00	0.425	0.525	0.500	0.625
	道木	m^3	1034.00	0.773	0.773	1.031	1.031
	煤油	kg	3.79	62.344	64.221	68.579	70.639
	机油 综合	kg	2.91	22.220	22.887	25.553	26.320
	黄油钙基脂	kg	9.66	33.583	38.001	42.420	43.304
	氧气	m^3	3.62	26.143	26.928	28.234	29.080
	乙炔气	kg	7.60	8.714	8.976	9.412	9.693
	木柴	kg	0.16	14.000	14.000	20.000	20.000
	低碳钢焊条 J422 综合	kg	4.74	16.706	17.210	18.323	18.869
	其他材料费	元	1.00	71.54	78.31	87.52	94.56
机械	载货汽车 8t	台班	411.20	1.050	1.050	1.050	1.050
	平板拖车组 15t	台班	793.59	—	—	0.350	0.350
	平板拖车组 40t	台班	1071.11	0.700	0.700	0.700	0.700
	汽车式起重机 25t	台班	996.58	1.400	1.050	1.400	2.450
	汽车式起重机 50t	台班	2353.88	1.750	1.400	1.750	1.400
	汽车式起重机 100t	台班	4718.03	1.400	2.450	2.100	2.450
	电动卷扬机 - 单筒慢速 50kN	台班	186.39	2.800	3.500	4.200	4.200
	弧焊机 综合	台班	66.69	2.800	2.800	3.150	3.150

计量单位:台

定　额　编　号					1-4-23	1-4-24	1-4-25
项　　目					起重量(t以内)		
					300/50		400/80
					跨距(m以内)		
					22	31	
基　价(元)					**90888.47**	**102399.92**	**121934.12**
其中	人工费(元)				66642.62	75731.22	89177.49
	材料费(元)				3285.17	3435.93	4894.25
	机械费(元)				20960.68	23232.77	27862.38
名　称		单位	单价(元)		消　耗　量		
人工	二类人工	工日	135.00		493.649	560.972	660.574
材料	起重设备	台	—		(1.000)	(1.000)	(1.000)
	中厚钢板 综合	kg	3.71		3.450	3.450	5.750
	木板	m^3	1667.00		0.563	0.625	1.000
	道木	m^3	1034.00		1.031	1.031	1.388
	煤油	kg	3.79		74.118	77.058	81.375
	机油 综合	kg	2.91		27.775	28.609	33.330
	黄油钙基脂	kg	9.66		54.793	56.560	91.910
	氧气	m^3	3.62		29.284	30.161	33.150
	乙炔气	kg	7.60		9.761	10.054	11.050
	木柴	kg	0.16		24.000	24.000	25.000
	低碳钢焊条 J422 综合	kg	4.74		20.475	21.945	26.780
	其他材料费	元	1.00		95.68	100.08	142.55
机械	载货汽车 8t	台班	411.20		1.050	1.050	1.400
	载货汽车 15t	台班	653.04		0.700	0.700	0.700
	平板拖车组 15t	台班	793.59		0.350	0.350	0.700
	平板拖车组 40t	台班	1071.11		0.700	1.050	1.400
	汽车式起重机 25t	台班	996.58		1.400	2.450	3.500
	汽车式起重机 50t	台班	2353.88		2.100	1.750	1.400
	汽车式起重机 100t	台班	4718.03		2.450	2.800	3.500
	电动卷扬机－单筒慢速 50kN	台班	186.39		4.900	4.900	5.600
	弧焊机 综合	台班	66.69		3.500	3.850	6.510

2. 吊钩抓斗电磁铁三用桥式起重机

计量单位:台

定额编号				1-4-26	1-4-27	1-4-28	1-4-29
项目				起重量(t 以内)			
				5		10	
				跨距(m 以内)			
				19.5	31.5	19.5	31.5
基价(元)				**9657.38**	**11808.32**	**11590.48**	**13041.31**
其中	人工费(元)			7988.76	9420.57	9184.86	10428.75
	材料费(元)			554.53	644.43	638.96	715.43
	机械费(元)			1114.09	1743.32	1766.66	1897.13
名称		单位	单价(元)	消耗量			
人工	二类人工	工日	135.00	59.176	69.782	68.036	77.250
材料	起重设备	台	—	(1.000)	(1.000)	(1.000)	(1.000)
	中厚钢板 综合	kg	3.71	0.978	0.978	1.150	1.150
	木板	m^3	1667.00	0.063	0.105	0.088	0.125
	道木	m^3	1034.00	0.258	0.258	0.258	0.258
	煤油	kg	3.79	11.039	12.206	12.968	14.333
	机油 综合	kg	2.91	4.333	4.777	5.278	5.833
	黄油钙基脂	kg	9.66	7.132	7.892	9.659	9.713
	氧气	m^3	3.62	2.978	3.295	3.050	3.499
	乙炔气	kg	7.60	0.992	1.099	1.017	1.166
	低碳钢焊条 J422 综合	kg	4.74	4.494	4.967	5.492	6.017
	其他材料费	元	1.00	16.15	18.77	18.61	20.84
机械	平板拖车组 10t	台班	731.50	0.350	0.350	0.350	0.350
	汽车式起重机 8t	台班	648.48	1.050	—	—	—
	汽车式起重机 16t	台班	875.04	—	0.700	0.700	0.700
	汽车式起重机 25t	台班	996.58	—	0.700	0.700	0.700
	电动卷扬机－单筒慢速 50kN	台班	186.39	0.700	0.700	0.700	1.400
	弧焊机 综合	台班	66.69	0.700	0.700	1.050	1.050

计量单位：台

定额编号				1-4-30	1-4-31	1-4-32	1-4-33
项目				起重量(t以内)			
				15		20	
				跨距(m以内)			
				19.5	31.5	19.5	31.5
基价（元）				**12919.77**	**16237.98**	**17397.81**	**19561.34**
其中	人工费（元）			10266.48	12431.75	12131.24	14733.09
	材料费（元）			719.71	837.46	787.49	885.24
	机械费（元）			1933.58	2968.77	4479.08	3943.01
名称		单位	单价(元)	消耗量			
人工	二类人工	工日	135.00	76.048	92.087	89.861	109.134
材料	起重设备	台	—	(1.000)	(1.000)	(1.000)	(1.000)
	中厚钢板 综合	kg	3.71	1.265	1.265	1.265	1.265
	木板	m^3	1667.00	0.120	0.175	0.150	0.200
	道木	m^3	1034.00	0.258	0.258	0.258	0.258
	煤油	kg	3.79	14.583	16.131	16.144	16.144
	机油 综合	kg	2.91	5.866	6.422	6.444	6.666
	黄油钙基脂	kg	9.66	10.915	12.064	11.312	12.196
	氧气	m^3	3.62	3.397	3.601	3.570	3.876
	乙炔气	kg	7.60	1.132	1.201	1.190	1.292
	低碳钢焊条 J422 综合	kg	4.74	6.027	6.615	6.720	6.825
	其他材料费	元	1.00	20.96	24.39	22.94	25.78
机械	平板拖车组 20t	台班	835.65	0.350	0.350	0.350	0.350
	汽车式起重机 16t	台班	875.04	0.700	—	—	—
	汽车式起重机 25t	台班	996.58	0.700	0.700	—	1.050
	汽车式起重机 50t	台班	2353.88	—	0.700	0.700	—
	汽车式起重机 75t	台班	3154.17	—	—	0.700	0.700
	电动卷扬机－单筒慢速 50kN	台班	186.39	1.400	1.400	1.400	1.750
	弧焊机 综合	台班	66.69	1.050	1.050	1.050	1.050

3. 双小车吊钩桥式起重机

计量单位:台

定额编号				1-4-34	1-4-35	1-4-36	1-4-37	1-4-38	1-4-39
项目				起重量(t 以内)					
				5+5		10+10		2×50/10	2×75/10
				跨距(m 以内)					
				19.5	31.5	19.5	31.5	22	
基价(元)				**11088.13**	**12669.38**	**12099.91**	**14996.45**	**32668.39**	**37241.12**
其中	人工费(元)			9003.02	10109.21	9571.91	11457.18	22131.36	23621.63
	材料费(元)			546.68	546.68	617.42	613.35	1524.94	1591.30
	机械费(元)			1538.43	2013.49	1910.58	2925.92	9012.09	12028.19
名称		单位	单价(元)	消耗量					
人工	二类人工	工日	135.00	66.689	74.883	70.903	84.868	163.936	174.975
材料	起重设备	台	—	(1.000)	(1.000)	(1.000)	(1.000)	(1.000)	(1.000)
	中厚钢板 综合	kg	3.71	0.920	0.920	0.920	1.035	1.898	1.955
	木板	m^3	1667.00	0.050	0.050	0.080	0.068	0.250	0.275
	道木	m^3	1034.00	0.258	0.258	0.258	0.258	0.516	0.516
	煤油	kg	3.79	11.235	11.235	12.416	13.466	42.329	43.641
	机油 综合	kg	2.91	4.755	4.755	5.255	6.333	11.855	12.221
	黄油钙基脂	kg	9.66	8.404	8.404	9.288	10.075	24.887	25.629
	氧气	m^3	3.62	2.978	2.978	3.295	3.040	6.089	6.273
	乙炔气	kg	7.60	0.992	0.992	1.099	1.013	2.030	2.091
	低碳钢焊条 J422 综合	kg	4.74	4.494	4.494	4.967	5.492	10.629	12.361
	其他材料费	元	1.00	15.92	15.92	17.98	17.86	44.42	46.35
机械	载货汽车 8t	台班	411.20	0.350	0.350	0.350	0.350	0.700	0.700
	汽车式起重机 16t	台班	875.04	0.700	0.700	0.700	0.700	1.050	0.700
	汽车式起重机 25t	台班	996.58	0.350	—	0.700	—	—	—
	汽车式起重机 50t	台班	2353.88	—	0.350	—	0.700	—	0.700
	汽车式起重机 100t	台班	4718.03	—	—	—	—	1.400	1.750
	平板拖车组 10t	台班	731.50	0.350	0.350	0.350	0.350	—	—
	平板拖车组 20t	台班	835.65	—	—	—	—	0.700	0.700
	电动卷扬机-单筒慢速 50kN	台班	186.39	0.700	0.700	0.700	1.050	2.800	2.800
	弧焊机 综合	台班	66.69	0.700	0.700	1.050	1.050	1.400	1.750

计量单位:台

定额编号				1-4-40	1-4-41	1-4-42	1-4-43	1-4-44	1-4-45
项目				起重量(t以内)					
				2×100/20	2×125/25	2×150/25	2×200/40	2×250/40	2×300/50
				跨距(m以内)					
				22	25				
基价(元)				**42352.84**	**47411.93**	**54099.57**	**63261.78**	**79029.46**	**93151.97**
其中	人工费(元)			29353.46	32861.03	39138.80	47535.53	60455.97	71670.42
	材料费(元)			2052.78	2343.70	2423.97	2810.85	3334.16	3635.36
	机械费(元)			10946.60	12207.20	12536.80	12915.40	15239.33	17846.19
名称		单位	单价(元)	消耗量					
人工	二类人工	工日	135.00	217.433	243.415	289.917	352.115	447.822	530.892
材料	起重设备	台	—	(1.000)	(1.000)	(1.000)	(1.000)	(1.000)	(1.000)
	中厚钢板 综合	kg	3.71	2.875	3.335	4.600	5.175	5.405	6.325
	木板	m^3	1667.00	0.320	0.375	0.388	0.500	0.563	0.588
	道木	m^3	1034.00	0.773	0.773	0.773	0.773	1.031	1.031
	煤油	kg	3.79	49.875	57.881	59.719	64.706	70.875	78.449
	机油 综合	kg	2.91	15.554	19.554	19.998	22.998	26.331	28.886
	黄油钙基脂	kg	9.66	28.280	38.001	38.885	53.555	61.863	81.323
	氧气	m^3	3.62	12.240	20.400	25.500	27.030	29.172	30.600
	乙炔气	kg	7.60	4.080	6.800	8.500	9.010	9.724	10.200
	低碳钢焊条 J422 综合	kg	4.74	14.095	14.720	15.435	17.125	19.005	22.050
	其他材料费	元	1.00	59.79	68.26	70.60	81.87	97.11	105.88
机械	载货汽车 8t	台班	411.20	1.050	1.050	1.050	1.400	1.750	2.100
	汽车式起重机 16t	台班	875.04	1.400	1.750	2.100	1.400	1.400	1.750
	汽车式起重机 50t	台班	2353.88	0.700	1.050	1.050	1.400	1.400	1.400
	汽车式起重机 100t	台班	4718.03	1.400	1.400	1.400	1.400	1.750	2.100
	平板拖车组 40t	台班	1071.11	0.350	0.350	0.350	0.350	0.700	1.050
	电动卷扬机－单筒慢速 50kN	台班	186.39	2.800	3.500	3.500	3.500	4.200	4.900
	弧焊机 综合	台班	66.69	2.100	2.100	2.450	2.800	3.150	3.150

4. 加料及双钩挂梁桥式起重机

计量单位:台

定额编号				1-4-46	1-4-47	1-4-48	1-4-49	1-4-50	1-4-51
项目				起重量(t 以内)					
				3/10	5/20	5 + 5		20 + 20	
				跨距(m 以内)					
				16.5	19	19.5	31.5	19	28
基价(元)				**27360.96**	**33600.58**	**13496.64**	**16010.29**	**44181.39**	**53071.07**
其中	人工费(元)			20176.56	23004.27	11329.61	12703.37	32685.93	36116.55
	材料费(元)			1455.31	1564.60	549.61	650.81	2328.92	2503.79
	机械费(元)			5729.09	9031.71	1617.42	2656.11	9166.54	14450.73
名称		单位	单价(元)	消耗量					
人工	二类人工	工日	135.00	149.456	170.402	83.923	94.099	242.118	267.530
材料	起重设备	台	—	(1.000)	(1.000)	(1.000)	(1.000)	(1.000)	(1.000)
	中厚钢板 综合	kg	3.71	3.795	3.910	0.920	0.920	6.072	6.256
	木板	m^3	1667.00	0.200	0.250	0.070	0.100	0.320	0.400
	道木	m^3	1034.00	0.516	0.516	0.258	0.258	0.826	0.826
	煤油	kg	3.79	45.150	45.281	3.413	12.311	72.240	72.450
	机油 综合	kg	2.91	12.221	12.665	4.666	5.222	19.554	20.264
	黄油钙基脂	kg	9.66	24.126	25.452	8.396	9.279	38.602	40.723
	氧气	m^3	3.62	6.120	6.528	2.958	3.264	9.792	10.445
	乙炔气	kg	7.60	2.040	2.176	0.986	1.088	3.264	3.482
	低碳钢焊条 J422 综合	kg	4.74	11.498	12.600	4.410	4.935	18.397	20.160
	其他材料费	元	1.00	42.39	45.57	16.01	18.96	67.83	72.93
机械	载货汽车 8t	台班	411.20	0.350	0.350	0.350	0.350	0.560	0.560
	汽车式起重机 16t	台班	875.04	0.700	0.700	0.350	0.350	1.120	1.120
	汽车式起重机 25t	台班	996.58	—	—	0.700	—	—	—
	汽车式起重机 50t	台班	2353.88	0.350	0.350	—	0.700	0.560	0.560
	汽车式起重机 100t	台班	4718.03	0.700	1.400	—	—	1.120	2.240
	电动卷扬机-单筒慢速 50kN	台班	186.39	2.100	2.100	0.700	1.050	3.360	3.360
	平板拖车组 20t	台班	835.65	—	—	0.350	0.350	—	—
	平板拖车组 30t	台班	965.81	0.350	0.350	—	—	0.560	0.560
	弧焊机 综合	台班	66.69	1.750	1.750	0.700	1.050	2.800	2.800

二、吊钩门式起重机

计量单位:台

定额编号				1-4-52	1-4-53	1-4-54	1-4-55
项目				起重量(t 以内)			
				5		10	
				跨距(m 以内)			
				26	35	26	35
基价(元)				**18199.76**	**19698.46**	**20667.91**	**22039.61**
其中	人工费(元)			15093.68	16518.74	16675.34	17969.58
	材料费(元)			690.15	763.79	752.78	830.24
	机械费(元)			2415.93	2415.93	3239.79	3239.79
名称		单位	单价(元)	消耗量			
人工	二类人工	工日	135.00	111.805	122.361	123.521	133.108
材料	起重设备	台	—	(1.000)	(1.000)	(1.000)	(1.000)
	中厚钢板 综合	kg	3.71	0.575	0.575	0.690	0.690
	木板	m^3	1667.00	0.094	0.125	0.113	0.146
	道木	m^3	1034.00	0.258	0.258	0.258	0.258
	煤油	kg	3.79	15.724	17.194	17.325	18.559
	机油 综合	kg	2.91	5.278	5.833	6.333	6.999
	黄油钙基脂	kg	9.66	8.131	8.838	9.721	10.252
	氧气	m^3	3.62	3.488	3.703	3.978	4.396
	乙炔气	kg	7.60	1.163	1.234	1.326	1.466
	低碳钢焊条 J422 综合	kg	4.74	14.658	15.603	14.910	16.149
	其他材料费	元	1.00	20.10	22.25	21.93	24.18
机械	汽车式起重机 25t	台班	996.58	0.350	0.350	0.350	0.350
	汽车式起重机 50t	台班	2353.88	0.700	0.700	1.050	1.050
	平板拖车组 10t	台班	731.50	0.350	0.350	0.350	0.350
	弧焊机 综合	台班	66.69	2.450	2.450	2.450	2.450

计量单位:台

定额编号				1-4-56	1-4-57	1-4-58	1-4-59
项目				起重量(t 以内)			
				15/3		20/5	
				跨距(m 以内)			
				26	35	26	35
基价(元)				**22417.22**	**26047.91**	**26795.72**	**31635.92**
其中	人工费(元)			17684.06	20137.68	20611.53	23284.26
	材料费(元)			839.40	921.77	903.25	1004.73
	机械费(元)			3893.76	4988.46	5280.94	7346.93
名称		单位	单价(元)	消耗量			
人工	二类人工	工日	135.00	130.993	149.168	152.678	172.476
材料	起重设备	台	—	(1.000)	(1.000)	(1.000)	(1.000)
	中厚钢板 综合	kg	3.71	0.920	0.920	1.380	1.380
	木板	m^3	1667.00	0.140	0.173	0.151	0.190
	道木	m^3	1034.00	0.258	0.258	0.258	0.258
	煤油	kg	3.79	21.551	21.893	24.360	28.206
	机油 综合	kg	2.91	7.389	8.166	8.888	9.999
	黄油钙基脂	kg	9.66	10.605	11.754	12.373	12.991
	氧气	m^3	3.62	4.039	4.498	4.182	4.600
	乙炔气	kg	7.60	1.346	1.499	1.394	1.533
	低碳钢焊条 J422 综合	kg	4.74	17.070	18.648	18.963	20.475
	其他材料费	元	1.00	24.45	26.85	26.31	29.26
机械	载货汽车 8t	台班	411.20	0.700	0.700	0.700	0.700
	汽车式起重机 16t	台班	875.04	1.050	1.050	1.050	0.700
	汽车式起重机 25t	台班	996.58	—	—	—	0.700
	汽车式起重机 75t	台班	3154.17	0.700	—	—	—
	汽车式起重机 100t	台班	4718.03	—	0.700	0.700	1.050
	平板拖车组 20t	台班	835.65	0.350	0.350	0.700	0.700
	弧焊机 综合	台班	66.69	2.800	2.800	2.800	3.150

三、梁式起重机

计量单位:台

定额编号				1-4-60	1-4-61	1-4-62	1-4-63	1-4-64	1-4-65
起重机名称				电动梁式起重机		手动单梁起重机		电动单梁悬挂起重机	手动单梁悬挂起重机
起重机重量(t以内)				3	5	3	10	3	
跨距(m以内)				17		14		12	
基价(元)				**2625.88**	**3351.34**	**1762.18**	**2306.82**	**2454.62**	**2173.53**
其中	人工费(元)			2175.12	2705.40	1320.71	1767.29	2007.59	1731.65
	材料费(元)			166.22	195.76	156.93	175.70	162.49	157.34
	机械费(元)			284.54	450.18	284.54	363.83	284.54	284.54
名称		单位	单价(元)	消耗量					
人工	二类人工	工日	135.00	16.112	20.040	9.783	13.091	14.871	12.827
材料	起重设备	台	—	(1.000)	(1.000)	(1.000)	(1.000)	(1.000)	(1.000)
	木板	m^3	1667.00	0.010	0.019	0.004	0.006	0.008	0.005
	道木	m^3	1034.00	0.104	0.104	0.104	0.104	0.104	0.104
	煤油	kg	3.79	3.873	5.381	4.174	5.959	3.938	3.938
	机油 综合	kg	2.91	1.278	1.667	1.222	1.667	0.945	0.945
	黄油钙基脂	kg	9.66	1.944	2.651	1.944	2.651	1.989	1.989
	其他材料费	元	1.00	4.84	5.70	4.57	5.12	4.73	4.58
机械	载货汽车 8t	台班	411.20	0.140	0.350	0.140	0.140	0.140	0.140
	汽车式起重机 8t	台班	648.48	0.350	—	0.350	—	0.350	0.350
	汽车式起重机 16t	台班	875.04	—	0.350	—	0.350	—	—

计量单位:台

定额编号				1-4-66	1-4-67	1-4-68	1-4-69
起重机名称				手动双梁起重机			
起重机重量(t以内)				10		20	
跨距(m以内)				13	17	13	17
基价(元)				**2734.42**	**3489.92**	**3688.26**	**3908.66**
其中	人工费(元)			2041.20	2434.46	2648.97	2797.34
	材料费(元)			169.41	174.18	180.43	201.26
	机械费(元)			523.81	881.28	858.86	910.06
名称		单位	单价(元)	消耗量			
人工	二类人工	工日	135.00	15.120	18.033	19.622	20.721
材料	起重设备	台	—	(1.000)	(1.000)	(1.000)	(1.000)
	木板	m^3	1667.00	0.013	0.015	0.016	0.025
	道木	m^3	1034.00	0.104	0.104	0.104	0.104
	煤油	kg	3.79	5.775	5.868	6.064	7.219
	机油 综合	kg	2.91	1.078	1.111	1.778	1.778
	黄油钙基脂	kg	9.66	1.061	1.149	1.326	1.414
	其他材料费	元	1.00	4.93	5.07	5.26	5.86
机械	载货汽车 8t	台班	411.20	0.280	0.280	0.350	0.350
	平板拖车组 10t	台班	731.50	0.140	0.210	0.140	0.210
	汽车式起重机 16t	台班	875.04	0.350	0.700	0.700	0.700

四、电动壁行悬臂挂式起重机

计量单位:台

定额编号				1-4-70	1-4-71
项目				电动壁行悬臂挂式起重机(臂长6m以内)	
				起重量(t以内)	
				1	5
基价(元)				**2334.68**	**3571.81**
其中	人工费(元)			2090.75	3044.66
	材料费(元)			95.57	134.53
	机械费(元)			148.36	392.62
名称		单位	单价(元)	消耗量	
人工	二类人工	工日	135.00	15.487	22.553
材料	起重设备	台	—	(1.000)	(1.000)
	木板	m^3	1667.00	0.014	0.030
	道木	m^3	1034.00	0.041	0.041
	煤油	kg	3.79	2.231	3.426
	机油 综合	kg	2.91	1.111	1.333
	黄油钙基脂	kg	9.66	1.591	2.209
	其他材料费	元	1.00	2.78	3.92
机械	载货汽车 8t	台班	411.20	0.140	0.210
	汽车式起重机 8t	台班	648.48	0.140	—
	汽车式起重机 16t	台班	875.04	—	0.350

五、旋臂壁式起重机

计量单位：台

定额编号					1-4-72	1-4-73
项目					电动旋臂壁式起重机(臂长6m以内)	
					起重量(t以内)	
					1	5
基价（元）					**1658.65**	**2410.67**
其中	人工费（元）				1380.78	1921.73
	材料费（元）				84.12	96.32
	机械费（元）				193.75	392.62
名称			单位	单价(元)	消耗量	
人工	二类人工		工日	135.00	10.228	14.235
材料	起重设备		台	—	(1.000)	(1.000)
	木板		m^3	1667.00	0.005	0.006
	道木		m^3	1034.00	0.041	0.041
	煤油		kg	3.79	2.494	3.938
	机油 综合		kg	2.91	1.222	1.667
	黄油钙基脂		kg	9.66	1.856	2.209
	其他材料费		元	1.00	2.45	2.81
机械	载货汽车 8t		台班	411.20	0.140	0.210
	汽车式起重机 8t		台班	648.48	0.210	—
	汽车式起重机 16t		台班	875.04	—	0.350

计量单位：台

定额编号					1-4-74	1-4-75
项目					手动旋臂壁式起重机(臂长6m以内)	
					起重量(t以内)	
					0.5	3
基价（元）					**1340.89**	**1622.27**
其中	人工费（元）				1125.90	1294.92
	材料费（元）				66.63	88.21
	机械费（元）				148.36	239.14
名称			单位	单价(元)	消耗量	
人工	二类人工		工日	135.00	8.340	9.592
材料	起重设备		台	—	(1.000)	(1.000)
	木板		m^3	1667.00	0.003	0.005
	道木		m^3	1034.00	0.041	0.041
	煤油		kg	3.79	1.575	3.426
	机油 综合		kg	2.91	0.667	1.667
	黄油钙基脂		kg	9.66	0.972	1.768
	其他材料费		元	1.00	1.94	2.57
机械	载货汽车 8t		台班	411.20	0.140	0.140
	汽车式起重机 8t		台班	648.48	0.140	0.280

六、悬臂立柱式起重机

计量单位:台

定额编号				1-4-76	1-4-77
项目				电动悬臂立柱式起重机(臂长 6m 以内)	
				起重量(t 以内)	
				1	5
基价(元)				**1819.21**	**2729.01**
其中	人工费(元)			1609.07	2171.21
	材料费(元)			90.57	107.62
	机械费(元)			119.57	450.18
名称		单位	单价(元)	消耗量	
人工	二类人工	工日	135.00	11.919	16.083
材料	起重设备	台	—	(1.000)	(1.000)
	木板	m^3	1667.00	0.005	0.009
	道木	m^3	1034.00	0.041	0.041
	煤油	kg	3.79	3.281	4.463
	机油 综合	kg	2.91	1.411	1.922
	黄油钙基脂	kg	9.66	2.139	2.545
	其他材料费	元	1.00	2.64	3.13
机械	载货汽车 8t	台班	411.20	0.070	0.350
	汽车式起重机 8t	台班	648.48	0.140	—
	汽车式起重机 16t	台班	875.04	—	0.350

计量单位:台

定额编号				1-4-78	1-4-79
项目				手动悬臂立柱式起重机(臂长 6m 以内)	
				起重量(t 以内)	
				0.5	3
基价(元)				**1458.95**	**2094.67**
其中	人工费(元)			1269.68	1732.19
	材料费(元)			69.70	94.55
	机械费(元)			119.57	267.93
名称		单位	单价(元)	消耗量	
人工	二类人工	工日	135.00	9.405	12.831
材料	起重设备	台	—	(1.000)	(1.000)
	木板	m^3	1667.00	0.005	0.008
	道木	m^3	1034.00	0.041	0.041
	煤油	kg	3.79	1.365	3.281
	机油 综合	kg	2.91	0.667	1.667
	黄油钙基脂	kg	9.66	1.017	1.944
	其他材料费	元	1.00	2.03	2.75
机械	载货汽车 8t	台班	411.20	0.070	0.210
	汽车式起重机 8t	台班	648.48	0.140	0.280

七、电动葫芦

计量单位:台

定额编号				1-4-80	1-4-81
项目				起重量(t 以内)	
				2	10
基价(元)				**950.28**	**1898.60**
其中	人工费(元)			627.75	1462.19
	材料费(元)			27.09	32.14
	机械费(元)			295.44	404.27
名称		单位	单价(元)	消耗量	
人工	二类人工	工日	135.00	4.650	10.831
材料	起重设备	台	—	(1.000)	(1.000)
	木板	m^3	1667.00	0.002	0.004
	煤油	kg	3.79	1.975	2.179
	机油 综合	kg	2.91	0.935	0.989
	黄油钙基脂	kg	9.66	1.269	1.326
	其他材料费	元	1.00	1.29	1.53
机械	载货汽车 8t	台班	411.20	0.070	0.070
	电动卷扬机－单筒慢速 50kN	台班	186.39	0.700	0.700
	汽车式起重机 8t	台班	648.48	0.210	—
	汽车式起重机 16t	台班	875.04	—	0.280

八、单轨小车

计量单位:台

定额编号				1-4-82	1-4-83
项目				起重量(t 以内)	
				5	10
基价(元)				**618.33**	**733.11**
其中	人工费(元)			404.19	518.54
	材料费(元)			30.38	30.81
	机械费(元)			183.76	183.76
名称		单位	单价(元)	消耗量	
人工	二类人工	工日	135.00	2.994	3.841
材料	起重设备	台	—	(1.000)	(1.000)
	木板	m^3	1667.00	0.005	0.004
	煤油	kg	3.79	1.544	1.800
	机油 综合	kg	2.91	0.707	0.800
	黄油钙基脂	kg	9.66	1.313	1.400
	其他材料费	元	1.00	1.45	1.47
机械	汽车式起重机 16t	台班	875.04	0.210	0.210

第五章
起重机轨道安装

说 明

一、本章内容包括工业用起重输送设备的轨道安装,地轨安装。

二、本章包括以下工作内容:

1. 测量、下料、矫直、钻孔。

2. 钢轨切割、打磨、附件部件检查验收、组对、焊接(螺栓连接)。

3. 车挡制作与安装的领料、下料、调直、吊装、组对、焊接等。

三、本章不包括以下工作内容:

1. 吊车梁调整及轨道枕木干燥、加工、制作。

2. "8"字形轨道加工、制作。

3. "8"字形轨道工字钢轨的立柱、吊架、支架、辅助梁等的制作与安装。

四、轨道附属的各种垫板、联接板、压板、固定板、鱼尾板、连接螺栓、垫圈、垫板、垫片等部件配件均按随钢轨定货考虑(主材)。

工程量计算规则

一、起重机轨道安装按单根轨道长度以“m”为计量单位,按轨道的标准图号、型号、固定型式和纵、横向孔距安装部位等来分列定额子目。

二、车挡制作按施工图示尺寸,以“t”为计量单位。车挡安装以“每组 4 个”为计量单位,按每个重量“t”分列定额子目。

一、钢梁上安装轨道[钢统 1001]

计量单位:10m

定额编号				1-5-1	1-5-2	1-5-3	1-5-4	1-5-5	1-5-6
固定型式				焊接式		弯钩螺栓式			
纵向孔距 A(mm),横向孔距 B(mm)				每 750mm 焊 120mm		A=675			
轨道型号				□50×50	□60×60	24kg/m	38kg/m	43kg/m	50kg/m
基价(元)				**567.49**	**590.59**	**524.64**	**606.26**	**626.93**	**652.04**
其中	人工费(元)			415.80	437.00	408.11	477.36	494.78	513.95
	材料费(元)			22.54	23.21	3.89	5.20	5.52	6.52
	机械费(元)			129.15	130.38	112.64	123.70	126.63	131.57
	名称	单位	单价(元)	消耗量					
人工	二类人工	工日	135.00	3.080	3.237	3.023	3.536	3.665	3.807
材料	钢轨	m	—	(10.800)	(10.800)	(10.800)	(10.800)	(10.800)	(10.800)
	氧气	m^3	3.62	0.408	0.510	0.408	0.612	0.663	0.816
	乙炔气	kg	7.60	0.136	0.170	0.136	0.204	0.221	0.272
	低碳钢焊条 J422 综合	kg	4.74	4.000	4.000	0.250	0.250	0.250	0.250
	其他材料费	元	1.00	1.07	1.11	0.19	0.25	0.26	0.31
机械	平板拖车组 10t	台班	731.50	0.042	0.042	0.042	0.042	0.046	0.046
	汽车式起重机 16t	台班	875.04	0.077	0.077	0.077	0.084	0.084	0.084
	摩擦压力机 3000kN	台班	176.30	0.049	0.056	0.056	0.084	0.084	0.112
	弧焊机 综合	台班	66.69	0.336	0.336	0.070	0.070	0.070	0.070

计量单位:10m

定额编号				1-5-7	1-5-8	1-5-9	1-5-10	1-5-11	1-5-12
固定型式				压板螺栓式					
纵向孔距 A(mm),横向孔距 B(mm)				A=600,B=220				A=600,B=260	
轨道型号				38kg/m	43kg/m	QU70	QU80	QU100	QU120
基价(元)				**734.07**	**748.85**	**764.00**	**805.40**	**858.16**	**976.72**
其中	人工费(元)			525.56	540.00	553.50	587.12	606.42	718.07
	材料费(元)			42.67	43.01	44.66	45.31	55.44	57.41
	机械费(元)			165.84	165.84	165.84	172.97	196.30	201.24
	名称	单位	单价(元)	消耗量					
人工	二类人工	工日	135.00	3.893	4.000	4.100	4.349	4.492	5.319
材料	钢轨	m	—	(10.800)	(10.800)	(10.800)	(10.800)	(10.800)	(10.800)
	低碳钢焊条 J422 综合	kg	4.74	7.780	7.780	7.780	7.780	9.550	9.550
	乙炔气	kg	7.60	0.204	0.221	0.306	0.340	0.408	0.510
	氧气	m^3	3.62	0.612	0.663	0.918	1.020	1.224	1.530
	其他材料费	元	1.00	2.03	2.05	2.13	2.16	2.64	2.73
机械	汽车式起重机 16t	台班	875.04	0.084	0.084	0.084	0.084	0.091	0.091
	平板拖车组 10t	台班	731.50	0.046	0.046	0.046	0.049	0.053	0.053
	摩擦压力机 3000kN	台班	176.30	0.084	0.084	0.084	0.112	0.140	0.168
	弧焊机(综合)	台班	66.69	0.658	0.658	0.658	0.658	0.798	0.798

二、混凝土梁上安装轨道[G325]

计量单位:10m

定额编号				1-5-13	1-5-14	1-5-15	1-5-16	1-5-17
标准图号				DGL-1、2、3			DGL-4、5、6	DGL-7、8、9、10
固定型式(纵向孔距 A=600mm)				钢底板螺栓焊接式			压板螺栓式	
横向孔距 B(mm)				240 以内			240 以内	260 以内
轨道型号				□40×40	□50×50	24kg/m	24kg/m	38kg/m
基价(元)				**827.98**	**852.07**	**870.59**	**746.48**	**876.33**
其中	人工费(元)			610.20	621.81	639.09	586.17	696.87
	材料费(元)			81.51	81.51	81.51	46.73	50.03
	机械费(元)			136.27	148.75	149.99	113.58	129.43
名称		单位	单价(元)	消耗量				
人工	二类人工	工日	135.00	4.520	4.606	4.734	4.342	5.162
材料	钢轨	m	—	(10.800)	(10.800)	(10.800)	(10.800)	(10.800)
	木板	m^3	1667.00	0.020	0.020	0.020	0.020	0.020
	氧气	m^3	3.62	1.428	1.428	1.428	1.428	1.632
	乙炔气	kg	7.60	0.476	0.476	0.476	0.476	0.544
	低碳钢焊条 J422 综合	kg	4.74	7.490	7.490	7.490	0.500	0.900
	其他材料费	元	1.00	3.88	3.88	3.88	2.23	2.38
机械	汽车式起重机 16t	台班	875.04	0.070	0.077	0.077	0.077	0.084
	平板拖车组 10t	台班	731.50	0.035	0.042	0.042	0.042	0.046
	摩擦压力机 3000kN	台班	176.30	0.042	0.049	0.056	0.056	0.084
	弧焊机 综合	台班	66.69	0.630	0.630	0.630	0.084	0.112

计量单位:10m

定额编号				1-5-18	1-5-19	1-5-20	1-5-21	1-5-22
标准图号				DGL－11、12、13、14、15	DGL－16、17、18	DGL－19、20、21、22、23	DGL－24、25	DGL－26、27
固定型式(纵向孔距 A＝600mm)				弹性(分段)垫压板螺栓式				
横向孔距 B(mm)				280 以内				
轨道型号				38kg/m	43kg/m	50kg/m	QU100	QU120
基价(元)				**901.31**	**928.19**	**963.02**	**1072.28**	**1147.49**
其中	人工费(元)			721.85	741.15	770.04	860.49	928.80
	材料费(元)			50.03	54.34	55.34	57.97	59.94
	机械费(元)			129.43	132.70	137.64	153.82	158.75
名称		单位	单价(元)	消耗量				
人工	二类人工	工日	135.00	5.347	5.490	5.704	6.374	6.880
材料	钢轨	m	—	(10.800)	(10.800)	(10.800)	(10.800)	(10.800)
	木板	m^3	1667.00	0.020	0.020	0.020	0.020	0.020
	氧气	m^3	3.62	1.632	1.683	1.836	2.244	2.550
	乙炔气	kg	7.60	0.544	0.561	0.612	0.748	0.850
	低碳钢焊条 J422 综合	kg	4.74	0.900	1.700	1.700	1.700	1.700
	其他材料费	元	1.00	2.38	2.59	2.64	2.76	2.85
机械	平板拖车组 10t	台班	731.50	0.046	0.046	0.046	0.053	0.053
	汽车式起重机 16t	台班	875.04	0.084	0.084	0.084	0.091	0.091
	摩擦压力机 3000kN	台班	176.30	0.084	0.084	0.112	0.140	0.168
	弧焊机 综合	台班	66.69	0.112	0.161	0.161	0.161	0.161

三、GB110 鱼腹式混凝土梁上安装轨道

计量单位:10m

定额编号				1-5-23	1-5-24	1-5-25	1-5-26	1-5-27	1-5-28	1-5-29
标准图号 GB109				DGL－1	DGL－2	DGL－3	DGL－4	DGL－5	DGL－6	DGL－7
固定型式(纵向孔距 $A=750$mm)				弹性(分段)垫压板螺栓式		弹性(全长)垫压板螺栓式			弹性(分段)垫压板螺栓式	
横向孔距 B(mm)				230 以内				250 以内		
轨道型号				38kg/m	43kg/m	38kg/m	43kg/m	50kg/m	QU100	QU120
基价(元)				**859.55**	**869.39**	**853.76**	**879.39**	**913.26**	**1016.40**	**1078.03**
其中	人工费(元)			683.37	697.82	679.59	698.76	726.71	817.16	889.38
	材料费(元)			47.54	47.87	47.54	47.87	48.86	51.49	35.97
	机械费(元)			128.64	123.70	126.63	132.76	137.69	147.75	152.68
名称		单位	单价(元)	消耗量						
人工	二类人工	工日	135.00	5.062	5.169	5.034	5.176	5.383	6.053	6.588
材料	钢轨	m	—	(10.800)	(10.800)	(10.800)	(10.800)	(10.800)	(10.800)	(10.800)
	木板	m^3	1667.00	0.020	0.020	0.020	0.020	0.020	0.020	0.010
	氧气	m^3	3.62	1.632	1.683	1.632	1.683	1.836	2.244	2.550
	乙炔气	kg	7.60	0.544	0.561	0.544	0.561	0.612	0.748	0.850
	低碳钢焊条 J422 综合	kg	4.74	0.400	0.400	0.400	0.400	0.400	0.400	0.400
	其他材料费	元	1.00	2.26	2.28	2.26	2.28	2.33	2.45	1.71
机械	汽车式起重机 16t	台班	875.04	0.084	0.084	0.084	0.091	0.091	0.091	0.091
	平板拖车组 10t	台班	731.50	0.042	0.042	0.046	0.046	0.046	0.053	0.053
	摩擦压力机 3000kN	台班	176.30	0.112	0.084	0.084	0.084	0.112	0.140	0.168
	弧焊机 综合	台班	66.69	0.070	0.070	0.070	0.070	0.070	0.070	0.070

四、C7221 鱼腹式混凝土梁上安装轨道[C7224]

计量单位:10m

定额编号				1-5-30	1-5-31	1-5-32	1-5-33	1-5-34	1-5-35
标准图号				DGL－1、2、3	DGL－4	DGL－5、6	DGL－7	DGL－26、27	DGL－9
固定型式(纵向孔距 $A=600$mm)				弹性(分段)垫压板螺栓式			(全长)	弹性(分段)垫压板螺栓式	
横向孔距 B(mm)				250 以内	220 以内	250 以内			
轨道型号				38kg/m	43kg/m	50kg/m		QU100	QU120
基价(元)				**867.85**	**894.44**	**925.49**	**951.54**	**1031.16**	**1109.96**
其中	人工费(元)			688.23	707.40	732.51	750.74	819.05	891.27
	材料费(元)			50.19	54.34	55.34	57.04	58.29	59.94
	机械费(元)			129.43	132.70	137.64	143.76	153.82	158.75
名称		单位	单价(元)	消耗量					
人工	二类人工	工日	135.00	5.098	5.240	5.426	5.561	6.067	6.602
材料	钢轨	m	—	(10.800)	(10.800)	(10.800)	(10.800)	(10.800)	(10.800)
	木板	m^3	1667.00	0.020	0.020	0.020	0.020	0.020	0.020
	氧气	m^3	3.62	1.632	1.683	1.836	2.100	2.244	2.550
	乙炔气	kg	7.60	0.564	0.561	0.612	0.700	0.788	0.850
	低碳钢焊条 J422 综合	kg	4.74	0.900	1.700	1.700	1.700	1.700	1.700
	其他材料费	元	1.00	2.39	2.59	2.64	2.72	2.78	2.85
机械	平板拖车组 10t	台班	731.50	0.046	0.046	0.046	0.046	0.053	0.053
	汽车式起重机 16t	台班	875.04	0.084	0.084	0.084	0.091	0.091	0.091
	摩擦压力机 3000kN	台班	176.30	0.084	0.084	0.112	0.112	0.140	0.168
	弧焊机 综合	台班	66.69	0.112	0.161	0.161	0.161	0.161	0.161

五、混凝土梁上安装轨道[DJ46]

计量单位:10m

定额编号				1-5-36	1-5-37	1-5-38
标准图号				DGN-1、2	DGN-3	
固定型式(纵向孔距 $A=600$mm)				弹性(分段)垫压板螺栓式		
横向孔距 B(mm)				240 以内	260 以内	
轨道型号				38kg/m	43kg/m	QU70
基价(元)				**892.57**	**908.43**	**1069.78**
其中	人工费(元)			716.04	731.57	891.27
	材料费(元)			50.03	50.36	52.01
	机械费(元)			126.50	126.50	126.50
名称		单位	单价(元)	消耗量		
人工	二类人工	工日	135.00	5.304	5.419	6.602
材料	钢轨	m	—	(10.800)	(10.800)	(10.800)
	木板	m^3	1667.00	0.020	0.020	0.020
	氧气	m^3	3.62	1.632	1.683	1.938
	乙炔气	kg	7.60	0.544	0.561	0.646
	低碳钢焊条 J422 综合	kg	4.74	0.900	0.900	0.900
	其他材料费	元	1.00	2.38	2.40	2.48
机械	汽车式起重机 16t	台班	875.04	0.084	0.084	0.084
	平板拖车组 10t	台班	731.50	0.042	0.042	0.042
	摩擦压力机 3000kN	台班	176.30	0.084	0.084	0.084
	弧焊机 综合	台班	66.69	0.112	0.112	0.112

计量单位:10m

定额编号				1-5-39	1-5-40	1-5-41	1-5-42	1-5-43	1-5-44
标准图号				DGN-4		DGN-5		DGN-6	DGN-7
固定型式(纵向孔距 A=600mm)				弹性(分段)垫压板螺栓式					
横向孔距 B(mm)				280 以内					
轨道型号				50kg/m	QU80	50kg/m	QU80	QU100	QU120
基价(元)				**947.73**	**984.25**	**960.49**	**992.33**	**1056.38**	**1134.46**
其中	人工费(元)			765.18	795.02	774.77	802.71	851.85	923.00
	材料费(元)			51.11	52.67	51.35	53.06	53.98	55.97
	机械费(元)			131.44	136.56	134.37	136.56	150.55	155.49
	名称	单位	单价(元)	消耗量					
人工	二类人工	工日	135.00	5.668	5.889	5.739	5.946	6.310	6.837
材料	钢轨	m	—	(10.800)	(10.800)	(10.800)	(10.800)	(10.800)	(10.800)
	木板	m^3	1667.00	0.020	0.020	0.020	0.020	0.020	0.020
	氧气	m^3	3.62	1.800	2.040	1.836	2.100	2.244	2.550
	乙炔气	kg	7.60	0.600	0.680	0.612	0.700	0.748	0.850
	低碳钢焊条 J422 综合	kg	4.74	0.900	0.900	0.900	0.900	0.900	0.900
	其他材料费	元	1.00	2.43	2.51	2.45	2.53	2.57	2.67
机械	平板拖车组 10t	台班	731.50	0.042	0.049	0.046	0.049	0.053	0.053
	汽车式起重机 16t	台班	875.04	0.084	0.084	0.084	0.084	0.091	0.091
	摩擦压力机 3000kN	台班	176.30	0.112	0.112	0.112	0.112	0.140	0.168
	弧焊机 综合	台班	66.69	0.112	0.112	0.112	0.112	0.112	0.112

六、电动壁行及悬臂起重机轨道安装

计量单位:10m

定额编号				1-5-45	1-5-46	1-5-47	1-5-48	1-5-49	1-5-50
安装部位				在上部钢梁上安装侧轨		在下部混凝土梁上安装平轨		在下部混凝土梁上安装侧轨	
固定型式				角钢焊接螺栓式		⊓形钢垫板焊接式		钢垫板焊接式	
轨道型号				□50×50	□60×60	□50×50	□60×60	□50×50	□60×60
基价(元)				**728.11**	**781.41**	**881.70**	**931.56**	**882.64**	**935.48**
其中	人工费(元)			467.78	501.53	571.73	601.56	572.67	605.48
	材料费(元)			78.90	86.94	107.06	116.06	107.06	116.06
	机械费(元)			181.43	192.94	202.91	213.94	202.91	213.94
	名称	单位	单价(元)	消耗量					
人工	二类人工	工日	135.00	3.465	3.715	4.235	4.456	4.242	4.485
材料	钢轨	m	—	(10.800)	(10.800)	(10.800)	(10.800)	(10.800)	(10.800)
	木板	m^3	1667.00	0.005	0.005	0.010	0.010	0.010	0.010
	氧气	m^3	3.62	0.612	0.663	0.612	0.663	0.612	0.663
	乙炔气	kg	7.60	0.204	0.221	0.204	0.221	0.204	0.221
	低碳钢焊条 J422 综合	kg	4.74	13.300	14.850	17.200	18.940	17.200	18.940
	其他材料费	元	1.00	3.76	4.14	5.10	5.53	5.10	5.53
机械	汽车式起重机 16t	台班	875.04	0.077	0.077	0.077	0.077	0.077	0.077
	平板拖车组 10t	台班	731.50	0.042	0.042	0.042	0.042	0.042	0.042
	摩擦压力机 3000kN	台班	176.30	0.049	0.056	0.049	0.056	0.049	0.056
	弧焊机 综合	台班	66.69	1.120	1.274	1.442	1.589	1.442	1.589

七、地坪面上安装轨道

计量单位:10m

定额编号				1-5-51	1-5-52	1-5-53	1-5-54	1-5-55	1-5-56
项目				固定型式					
				预埋钢底板焊接式			预埋螺栓式		
				轨道型号					
				24kg/m	38kg/m	43kg/m	24kg/m	38kg/m	43kg/m
基价(元)				**612.84**	**727.91**	**742.68**	**535.97**	**637.41**	**671.48**
其中	人工费(元)			477.36	586.17	600.62	442.80	537.98	571.73
	材料费(元)			22.54	23.87	24.19	2.64	3.96	4.28
	机械费(元)			112.94	117.87	117.87	90.53	95.47	95.47
	名称	单位	单价(元)	消耗量					
人工	二类人工	工日	135.00	3.536	4.342	4.449	3.280	3.985	4.235
材料	钢轨	m	—	(10.800)	(10.800)	(10.800)	(10.800)	(10.800)	(10.800)
	氧气	m^3	3.62	0.408	0.612	0.663	0.408	0.612	0.663
	乙炔气	kg	7.60	0.136	0.204	0.221	0.136	0.204	0.221
	低碳钢焊条 J422 综合	kg	4.74	4.000	4.000	4.000	—	—	—
	其他材料费	元	1.00	1.07	1.14	1.15	0.13	0.19	0.20
机械	平板拖车组 10t	台班	731.50	0.042	0.042	0.042	0.042	0.042	0.042
	汽车式起重机 8t	台班	648.48	0.077	0.077	0.077	0.077	0.077	0.077
	摩擦压力机 3000kN	台班	176.30	0.056	0.084	0.084	0.056	0.084	0.084
	弧焊机 综合	台班	66.69	0.336	0.336	0.336	—	—	—

八、电动葫芦及单轨小车工字钢轨道安装

计量单位:10m

定额编号				1-5-57	1-5-58	1-5-59	1-5-60	1-5-61	1-5-62
项目				轨道型号					
				I 12.6	I 14	I 16	I 18	I 20	I 22
基价（元）				**514.12**	**553.80**	**596.66**	**632.04**	**662.23**	**730.39**
其中	人工费（元）			394.61	427.41	446.58	471.69	489.92	529.34
	材料费（元）			26.20	29.05	33.14	39.08	47.33	63.80
	机械费（元）			93.31	97.34	116.94	121.27	124.98	137.25
名称		单位	单价(元)	消耗量					
人工	二类人工	工日	135.00	2.923	3.166	3.308	3.494	3.629	3.921
材料	钢轨	m	—	(10.800)	(10.800)	(10.800)	(10.800)	(10.800)	(10.800)
	氧气	m^3	3.62	2.683	2.846	2.938	3.488	4.682	6.426
	中厚钢板 综合	kg	3.71	0.720	0.720	0.720	1.030	1.030	1.030
	乙炔气	kg	7.60	0.895	0.949	0.979	1.163	1.561	2.142
	低碳钢焊条 J422 综合	kg	4.74	1.320	1.690	2.410	2.670	2.810	3.920
	其他材料费	元	1.00	0.76	0.85	0.97	1.14	1.38	1.86
机械	汽车式起重机 8t	台班	648.48	0.070	0.070	0.077	0.077	0.077	0.077
	平板拖车组 10t	台班	731.50	0.035	0.035	0.042	0.042	0.042	0.042
	摩擦压力机 3000kN	台班	176.30	0.063	0.070	0.084	0.098	0.119	0.133
	弧焊机 综合	台班	66.69	0.168	0.210	0.322	0.350	0.350	0.497

计量单位:10m

定额编号				1-5-63	1-5-64	1-5-65	1-5-66	1-5-67
项目				轨道型号				
				I 25	I 28	I 32	I 36	I 40
基价（元）				**758.92**	**813.75**	**932.79**	**978.25**	**1068.12**
其中	人工费（元）			554.45	591.03	664.07	678.51	752.63
	材料费（元）			68.04	82.42	94.22	114.54	119.75
	机械费（元）			136.43	140.30	174.50	185.20	195.74
名称		单位	单价(元)	消耗量				
人工	二类人工	工日	135.00	4.107	4.378	4.919	5.026	5.575
材料	钢轨	m	—	(10.800)	(10.800)	(10.800)	(10.800)	(10.800)
	氧气	m^3	3.62	6.610	8.262	8.486	10.465	10.741
	中厚钢板 综合	kg	3.71	1.030	1.540	1.540	2.600	2.600
	乙炔气	kg	7.60	2.203	2.754	2.828	3.488	3.580
	低碳钢焊条 J422 综合	kg	4.74	4.550	4.950	7.080	7.840	8.550
	其他材料费	元	1.00	1.98	2.40	2.74	3.34	3.49
机械	平板拖车组 10t	台班	731.50	0.035	0.035	0.042	0.042	0.042
	汽车式起重机 8t	台班	648.48	0.070	0.070	0.077	0.077	0.077
	摩擦压力机 3000kN	台班	176.30	0.154	0.168	0.196	0.217	0.245
	弧焊机 综合	台班	66.69	0.574	0.595	0.889	0.994	1.078

计量单位:10m

定额编号				1-5-68	1-5-69	1-5-70	1-5-71
项目				轨道型号			
				I 45	I 50	I 56	I 63
基价(元)				**1221.27**	**1343.42**	**1535.60**	**1698.80**
其中	人工费(元)			841.19	932.72	1055.84	1179.09
	材料费(元)			149.50	158.38	181.89	195.27
	机械费(元)			230.58	252.32	297.87	324.44
	名称	单位	单价(元)	消耗量			
人工	二类人工	工日	135.00	6.231	6.909	7.821	8.734
材料	钢轨	m	—	(10.800)	(10.800)	(10.800)	(10.800)
	氧气	m^3	3.62	12.852	12.852	12.852	12.852
	中厚钢板 综合	kg	3.71	3.600	3.600	4.500	4.500
	乙炔气	kg	7.60	4.284	4.284	4.284	4.284
	低碳钢焊条 J422 综合	kg	4.74	11.120	12.940	17.050	19.790
	其他材料费	元	1.00	4.35	4.61	5.30	5.69
机械	平板拖车组 10t	台班	731.50	0.049	0.053	0.053	0.053
	汽车式起重机 8t	台班	648.48	0.084	0.091	0.091	0.091
	摩擦压力机 3000kN	台班	176.30	0.266	0.294	0.322	0.343
	弧焊机 综合	台班	66.69	1.400	1.540	2.149	2.492

九、悬挂工字钢轨道及"8"字形轨道安装

计量单位:10m

定额编号				1-5-72	1-5-73	1-5-74	1-5-75	1-5-76	1-5-77
项目				悬挂输送链钢轨安装				单梁悬挂起重机钢轨安装	
				轨道型号					
				I 10	I 12.6	I 14	I 16		I 18
基价(元)				**585.40**	**600.06**	**637.12**	**677.71**	**548.79**	**592.32**
其中	人工费(元)			470.61	481.28	510.17	528.39	399.47	432.14
	材料费(元)			25.82	26.71	29.61	33.78	33.78	39.84
	机械费(元)			88.97	92.07	97.34	115.54	115.54	120.34
	名称	单位	单价(元)	消耗量					
人工	二类人工	工日	135.00	3.486	3.565	3.779	3.914	2.959	3.201
材料	钢轨	m	—	(10.800)	(10.800)	(10.800)	(10.800)	(10.800)	(10.800)
	中厚钢板 综合	kg	3.71	0.720	0.720	0.720	0.720	0.720	1.030
	氧气	m^3	3.62	2.683	2.683	2.846	2.938	2.938	3.488
	乙炔气	kg	7.60	0.895	0.895	0.949	0.979	0.979	1.163
	低碳钢焊条 J422 综合	kg	4.74	1.140	1.320	1.690	2.410	2.410	2.670
	其他材料费	元	1.00	1.23	1.27	1.41	1.61	1.61	1.90
机械	摩擦压力机 3000kN	台班	176.30	0.049	0.056	0.070	0.084	0.084	0.098
	弧焊机 综合	台班	66.69	0.140	0.168	0.210	0.301	0.301	0.336
	平板拖车组 10t	台班	731.50	0.035	0.035	0.035	0.042	0.042	0.042
	汽车式起重机 8t	台班	648.48	0.070	0.070	0.070	0.077	0.077	0.077

计量单位:10m

定额编号				1-5-78	1-5-79	1-5-80	1-5-81	1-5-82	1-5-83
项目				单梁悬挂起重机钢轨安装					
				轨道型号					
				I 20	I 22	I 25	I 28	I 32	I 36
基价(元)				**615.09**	**685.95**	**736.86**	**803.43**	**908.46**	**969.72**
其中	人工费(元)			441.86	486.00	513.95	560.12	630.45	660.29
	材料费(元)			48.25	65.04	69.36	84.02	96.05	116.76
	机械费(元)			124.98	134.91	153.55	159.29	181.96	192.67
名称		单位	单价(元)	消耗量					
人工	二类人工	工日	135.00	3.273	3.600	3.807	4.149	4.670	4.891
材料	钢轨	m	—	(10.800)	(10.800)	(10.800)	(10.800)	(10.800)	(10.800)
	中厚钢板 综合	kg	3.71	1.030	1.030	1.030	1.540	1.540	2.600
	氧气	m^3	3.62	4.682	6.426	6.610	8.262	8.486	10.465
	乙炔气	kg	7.60	1.561	2.142	2.203	2.754	2.828	3.488
	低碳钢焊条 J422 综合	kg	4.74	2.810	3.920	4.550	4.950	7.080	7.840
	其他材料费	元	1.00	2.30	3.10	3.30	4.00	4.57	5.56
机械	平板拖车组 10t	台班	731.50	0.042	0.042	0.046	0.046	0.046	0.046
	汽车式起重机 8t	台班	648.48	0.077	0.077	0.084	0.084	0.084	0.084
	摩擦压力机 3000kN	台班	176.30	0.119	0.133	0.154	0.168	0.196	0.217
	弧焊机 综合	台班	66.69	0.350	0.462	0.574	0.623	0.889	0.994

计量单位:10m

定额编号				1-5-84	1-5-85	1-5-86	1-5-87
项目				单梁悬挂起重机钢轨安装		浇铸“8”字形轨道安装	
				轨道型号			
				I 40	I 45	单排	双排
基价(元)				**1059.04**	**1217.18**	**443.88**	**620.35**
其中	人工费(元)			731.57	841.19	344.52	512.06
	材料费(元)			122.07	152.41	6.71	13.31
	机械费(元)			205.40	223.58	92.65	94.98
名称		单位	单价(元)	消耗量			
人工	二类人工	工日	135.00	5.419	6.231	2.552	3.793
材料	钢轨	m	—	(10.800)	(10.800)	(10.800)	(10.800)
	中厚钢板 综合	kg	3.71	2.600	3.600	0.520	1.030
	氧气	m^3	3.62	10.741	12.852	0.602	1.193
	乙炔气	kg	7.60	3.580	4.284	0.201	0.398
	低碳钢焊条 J422 综合	kg	4.74	8.550	11.120	0.160	0.320
	其他材料费	元	1.00	5.81	7.26	0.32	0.63
机械	汽车式起重机 8t	台班	648.48	0.084	0.084	0.084	0.084
	平板拖车组 10t	台班	731.50	0.049	0.049	0.049	0.049
	摩擦压力机 3000kN	台班	176.30	0.245	0.266	—	—
	弧焊机 综合	台班	66.69	1.078	1.295	0.035	0.070

十、车挡制作与安装

定额编号				1-5-88	1-5-89	1-5-90	1-5-91	1-5-92	1-5-93
项目				车挡安装(每组4个)					车挡制作
				每个单重(t)					
				0.1	0.25	0.65	1	1.5	
计量单位				组					t
基价(元)				681.51	874.02	1078.36	1252.57	1477.06	2288.22
其中	人工费(元)			586.71	779.22	956.34	1104.98	1299.78	1732.46
	材料费(元)			35.01	35.01	35.01	35.01	35.01	357.40
	机械费(元)			59.79	59.79	87.01	112.58	142.27	198.36
名称		单位	单价(元)	消耗量					
人工	二类人工	工日	135.00	4.346	5.772	7.084	8.185	9.628	12.833
材料	钢材	t	—	—	—	—	—	—	(1.100)
	木板	m^3	1667.00	0.020	0.020	0.020	0.020	0.020	—
	氧气	m^3	3.62	—	—	—	—	—	5.661
	乙炔气	kg	7.60	—	—	—	—	—	1.887
	橡胶板 δ5~10	kg	5.09	—	—	—	—	—	41.580
	低碳钢焊条 J422 综合	kg	4.74	—	—	—	—	—	19.810
	其他材料费	元	1.00	1.67	1.67	1.67	1.67	1.67	17.02
机械	载货汽车 8t	台班	411.20	0.035	0.035	0.046	0.053	0.070	—
	汽车式起重机 8t	台班	648.48	0.070	0.070	0.105	0.140	0.175	—
	立式钻床 35mm	台班	9.30	—	—	—	—	—	0.595
	剪板机 20×2000	台班	122.84	—	—	—	—	—	0.042
	弧焊机 综合	台班	66.69	—	—	—	—	—	2.814

第六章
输送设备安装

说 明

一、本章内容包括斗式提升机，刮板输送机，板(裙)式输送机，悬挂输送机，固定式胶带输送机，螺旋式输送机，皮带秤等设备安装。

二、本章包括以下工作内容：

设备本体(机头、机尾、机架、漏斗)、外壳、轨道、托辊、拉紧装置、传动装置、制动装置、附属平台梯子栏杆等的组对安装、敷设及接头。

三、本章不包括以下工作内容：

1. 钢制外壳、刮板、漏斗制作。

2. 平台、梯子、栏杆制作。

3. 输送带接头的疲劳性试验、震动频率检测试验、滚筒无损检测、安全保护装置灵敏可靠性试验等特殊试验。

四、固定式胶带输送机输送长度小于10m的，执行相应的安装定额子目，基价乘以系数0.7。

工程量计算规则

一、斗式提升机以“台”为计量单位,按提升机型号及提升高度分列定额子目。

二、刮板输送机以“台”为计量单位,按输送机长度除以驱动装置组数及槽宽分列定额子目。

刮板输送机定额单位是按一组驱动装置计算的。超过一组时,按输送长度除以驱动装置组数(即m/组),以所得数来选用相应子目。

例如:某刮板输送机,宽为420mm,输送长度为250m,其中共有四组驱动装置,则以250m除以4组等于62.5m/组,应选用定额“420mm宽以内,80m/组以内”的子目,现该机有四组驱动装置,因此将该子目的定额乘以4.0,即得该台刮板输送机的费用。

三、板式(裙式)输送机以“台”为计量单位,按链轮中心距和链板宽度分列定额子目。

四、悬挂输送机以“台”为计量单位,按驱动装置、转向装置、拉紧装置和重量分列定额子目。

五、固定式胶带输送机以“台”为计量单位,按带宽和输送长度分列定额子目。

六、螺旋式输送机以“台”为计量单位,按公称直径和机身长度分列定额子目。

七、皮带秤以“台”为计量单位,按带宽分列定额子目。

一、斗式提升机

计量单位:台

定额编号				1-6-1	1-6-2	1-6-3	1-6-4	1-6-5	1-6-6
项目				胶带式(D160、D250)			胶带式(D350、D450)		
				公称高度(m 以内)					
				12	22	32	12	22	32
基价(元)				**2464.52**	**3418.22**	**4555.80**	**3092.42**	**4348.52**	**5902.87**
其中	人工费(元)			2096.82	2919.92	3786.62	2639.52	3671.33	4992.57
	材料费(元)			119.00	128.76	189.37	140.62	157.71	227.28
	机械费(元)			248.70	369.54	579.81	312.28	519.48	683.02
名称		单位	单价(元)	消耗量					
人工	二类人工	工日	135.00	15.532	21.629	28.049	19.552	27.195	36.982
材料	输送设备	台	—	(1.000)	(1.000)	(1.000)	(1.000)	(1.000)	(1.000)
	平垫铁 综合	kg	3.78	3.920	4.560	8.480	3.920	4.560	8.480
	斜垫铁 综合	kg	8.62	4.460	4.460	8.160	4.460	4.460	8.160
	热轧薄钢板 Q235B 综合	kg	3.97	0.500	0.600	0.700	0.550	0.650	0.750
	木板	m^3	1667.00	0.010	0.011	0.014	0.016	0.021	0.028
	道木	m^3	1034.00	0.005	0.005	0.005	0.005	0.005	0.005
	煤油	kg	3.79	4.810	5.601	6.392	6.325	6.945	7.907
	机油 综合	kg	2.91	0.619	0.774	0.866	0.928	1.039	1.175
	黄油钙基脂	kg	9.66	1.348	1.438	1.630	1.685	1.888	2.192
	低碳钢焊条 J422 综合	kg	4.74	0.672	0.777	0.882	0.777	0.882	0.987
	其他材料费	元	1.00	5.67	6.13	9.02	6.70	7.51	10.82
机械	载货汽车 8t	台班	411.20	—	—	0.210	—	0.210	0.280
	叉式起重机 5t	台班	409.00	0.280	0.420	0.490	0.280	0.420	0.490
	汽车式起重机 16t	台班	875.04	0.140	0.210	—	0.210	0.280	—
	汽车式起重机 25t	台班	996.58	—	—	0.280	—	—	0.350
	弧焊机 综合	台班	66.69	0.175	0.210	0.210	0.210	0.245	0.280

计量单位:台

定额编号				1-6-7	1-6-8	1-6-9	1-6-10	1-6-11	1-6-12
项目				链式(ZL25、ZL35)			链式(ZL45、ZL60)		
				公称高度(m 以内)					
				12	22	32	12	22	32
基价(元)				**2901.04**	**3991.08**	**5413.23**	**3437.36**	**5041.86**	**6699.53**
其中	人工费(元)			2651.94	3647.03	4756.19	3139.02	4513.05	5964.71
	材料费(元)			114.92	148.62	210.21	164.16	185.78	259.21
	机械费(元)			134.18	195.43	446.83	134.18	343.03	475.61
名称		单位	单价(元)	消耗量					
人工	二类人工	工日	135.00	19.644	27.015	35.231	23.252	33.430	44.183
材料	输送设备	台	—	(1.000)	(1.000)	(1.000)	(1.000)	(1.000)	(1.000)
	平垫铁 综合	kg	3.78	3.920	4.560	8.480	3.920	4.560	8.480
	斜垫铁 综合	kg	8.62	4.460	4.460	8.160	4.460	4.460	8.160
	热轧薄钢板 Q235B 综合	kg	3.97	0.500	0.600	0.700	0.550	0.600	0.750
	木板	m^3	1667.00	0.004	0.018	0.021	0.024	0.031	0.040
	道木	m^3	1034.00	0.005	0.005	0.005	0.005	0.005	0.005
	煤油	kg	3.79	5.535	6.325	7.116	7.393	7.854	8.764
	机油 综合	kg	2.91	0.742	0.835	0.990	1.132	1.182	1.330
	黄油钙基脂	kg	9.66	1.630	1.855	2.135	2.135	2.529	2.866
	低碳钢焊条 J422 综合	kg	4.74	0.735	0.840	0.924	0.798	0.924	1.029
	其他材料费	元	1.00	5.47	7.08	10.01	7.82	8.85	12.34
机械	载货汽车 8t	台班	411.20	—	—	0.210	—	0.210	0.280
	汽车式起重机 16t	台班	875.04	0.140	0.210	—	0.140	0.280	—
	汽车式起重机 25t	台班	996.58	—	—	0.350	—	—	0.350
	弧焊机 综合	台班	66.69	0.175	0.175	0.175	0.175	0.175	0.175

二、刮板输送机

计量单位：台

定额编号				1-6-13	1-6-14	1-6-15	1-6-16	1-6-17	1-6-18
项目				槽宽420mm以内			槽宽530mm以内		
				输送机长度/驱动装置组数(m/组)					
				30	50	80	50	80	120
基价(元)				**5023.07**	**8222.90**	**11454.76**	**9295.95**	**12930.60**	**17023.71**
其中	人工费(元)			4045.95	6628.91	9297.59	7700.00	10546.34	13300.34
	材料费(元)			782.00	1120.93	1627.83	1132.01	1642.38	2970.28
	机械费(元)			195.12	473.06	529.34	463.94	741.88	753.09
名称		单位	单价(元)	消耗量					
人工	二类人工	工日	135.00	29.970	49.103	68.871	57.037	78.121	98.521
材料	输送设备	台	—	(1.000)	(1.000)	(1.000)	(1.000)	(1.000)	(1.000)
	平垫铁 综合	kg	3.78	54.744	78.542	114.240	78.542	114.240	161.840
	斜垫铁 综合	kg	8.62	54.281	77.878	113.278	77.878	113.278	160.473
	热轧薄钢板 Q235B 综合	kg	3.97	0.700	0.900	1.100	0.900	1.100	160.480
	木板	m^3	1667.00	0.005	0.015	0.033	0.015	0.033	0.051
	煤油	kg	3.79	7.051	7.841	8.895	9.040	10.240	11.438
	机油 综合	kg	2.91	1.330	1.763	2.196	1.955	2.518	3.081
	黄油钙基脂	kg	9.66	2.416	3.091	3.652	3.551	4.349	5.146
	低碳钢焊条 J422 综合	kg	4.74	1.029	1.281	1.533	1.491	1.764	2.037
	其他材料费	元	1.00	37.24	53.38	77.52	53.91	78.21	141.44
机械	载货汽车 8t	台班	411.20	—	0.140	0.280	0.210	0.350	0.700
	叉式起重机 5t	台班	409.00	0.420	0.210	—	0.210	—	—
	汽车式起重机 16t	台班	875.04	—	0.350	0.420	0.280	0.630	—
	汽车式起重机 25t	台班	996.58	—	—	—	—	—	0.420
	弧焊机 综合	台班	66.69	0.350	0.350	0.700	0.700	0.700	0.700

计量单位:台

定额编号				1-6-19	1-6-20	1-6-21	1-6-22	1-6-23	1-6-24
项目				槽宽 620mm 以内				槽宽 800mm 以内	
				输送机长度/驱动装置组数(m/组)					
				80	120	170	250	170	250
基价(元)				**14146.90**	**18562.22**	**23555.08**	**31917.49**	**26858.36**	**34977.91**
其中	人工费(元)			12189.02	15858.72	19827.05	27083.70	22446.86	29774.93
	材料费(元)			1669.87	2406.15	3371.71	4100.71	3402.48	4179.96
	机械费(元)			288.01	297.35	356.32	733.08	1009.02	1023.02
名称		单位	单价(元)	消耗量					
人工	二类人工	工日	135.00	90.289	117.472	146.867	200.620	166.273	220.555
材料	输送设备	台	—	(1.000)	(1.000)	(1.000)	(1.000)	(1.000)	(1.000)
	平垫铁 综合	kg	3.78	114.240	161.840	221.344	257.040	221.344	257.040
	斜垫铁 综合	kg	8.62	113.278	160.473	219.480	254.881	219.480	254.881
	热轧薄钢板 Q235B 综合	kg	3.97	1.100	1.300	1.500	1.800	1.500	1.800
	木板	m^3	1667.00	0.040	0.098	0.199	0.335	0.204	0.366
	煤油	kg	3.79	11.781	13.098	14.416	16.459	16.512	18.831
	机油 综合	kg	2.91	2.932	3.557	4.169	5.128	4.782	5.871
	黄油钙基脂	kg	9.66	4.988	5.887	6.786	8.191	7.786	9.315
	低碳钢焊条 J422 综合	kg	4.74	2.037	2.352	2.646	3.108	2.982	3.486
	其他材料费	元	1.00	79.52	114.58	160.56	195.27	162.02	199.05
机械	载货汽车 8t	台班	411.20	0.140	0.140	0.210	0.210	0.280	0.280
	汽车式起重机 16t	台班	875.04	0.210	0.210	—	—	—	—
	汽车式起重机 25t	台班	996.58	—	—	0.210	—	—	—
	汽车式起重机 50t	台班	2353.88	—	—	—	0.245	0.350	0.350
	弧焊机 综合	台班	66.69	0.700	0.840	0.910	1.050	1.050	1.260

三、板(裙)式输送机

计量单位:台

定额编号				1-6-25	1-6-26	1-6-27	1-6-28
项目				链板宽度(mm 以内)			
				800		1000	1200
				链轮中心距(m 以内)			
				6	10	3	5
基价(元)				**2159.55**	**2709.21**	**2036.18**	**2493.83**
其中	人工费(元)			1707.89	2121.53	1578.29	1939.14
	材料费(元)			265.60	343.12	293.93	332.72
	机械费(元)			186.06	244.56	163.96	221.97
名称		单位	单价(元)	消耗量			
人工	二类人工	工日	135.00	12.651	15.715	11.691	14.364
材料	输送设备	台	—	(1.000)	(1.000)	(1.000)	(1.000)
	平垫铁 综合	kg	3.78	12.728	16.964	14.840	15.009
	斜垫铁 综合	kg	8.62	12.244	16.332	14.288	15.300
	热轧薄钢板 Q235B 综合	kg	3.97	1.100	1.600	1.000	1.160
	木板	m^3	1667.00	0.016	0.020	0.015	0.026
	煤油	kg	3.79	7.947	8.776	7.485	8.407
	机油 综合	kg	2.91	2.369	2.574	2.586	3.031
	黄油钙基脂	kg	9.66	2.247	2.247	2.472	2.697
	氧气	m^3	3.62	0.612	1.224	0.408	0.612
	乙炔气	kg	7.60	0.204	0.408	0.136	0.204
	低碳钢焊条 J422 综合	kg	4.74	1.218	2.573	1.985	2.069
	其他材料费	元	1.00	12.65	16.34	14.00	15.84
机械	叉式起重机 5t	台班	409.00	0.350	0.420	0.280	0.350
	弧焊机 综合	台班	66.69	0.350	0.700	0.350	0.595
	电动卷扬机-单筒慢速 50kN	台班	186.39	0.105	0.140	0.140	0.210

计量单位:台

定额编号				1-6-29	1-6-30	1-6-31	1-6-32	1-6-33
项目				链板宽度 1500mm 以内		链板宽度 1800mm 以内	链板宽度 2400mm 以内	
				链轮中心距(m 以内)				
				10	15	12	5	12
基价(元)				**5231.66**	**8253.63**	**9186.52**	**7248.70**	**10436.75**
其中	人工费(元)			4396.68	7002.86	7605.09	6520.50	8664.71
	材料费(元)			593.24	834.94	1182.34	416.15	1238.75
	机械费(元)			241.74	415.83	399.09	312.05	533.29
名称		单位	单价(元)	消耗量				
人工	二类人工	工日	135.00	32.568	51.873	56.334	48.300	64.183
材料	输送设备	台	—	(1.000)	(1.000)	(1.000)	(1.000)	(1.000)
	平垫铁 综合	kg	3.78	16.960	18.024	18.024	14.842	19.088
	斜垫铁 综合	kg	8.62	18.881	20.059	20.059	16.520	21.237
	热轧薄钢板 Q235B 综合	kg	3.97	1.650	2.170	3.050	2.160	3.150
	木板	m^3	1667.00	0.120	0.210	0.404	0.014	0.408
	煤油	kg	3.79	10.595	14.126	16.261	14.931	19.002
	机油 综合	kg	2.91	4.157	4.899	5.351	5.246	6.205
	黄油钙基脂	kg	9.66	2.921	3.596	4.270	4.450	4.675
	氧气	m^3	3.62	1.020	1.836	1.836	1.020	2.040
	乙炔气	kg	7.60	0.340	0.612	0.612	0.340	0.680
	低碳钢焊条 J422 综合	kg	4.74	9.450	17.220	14.700	9.450	17.745
	其他材料费	元	1.00	28.25	39.76	56.30	19.82	58.99
机械	载货汽车 8t	台班	411.20	—	0.210	0.210	—	0.280
	叉式起重机 5t	台班	409.00	0.210	0.210	—	0.350	—
	汽车式起重机 16t	台班	875.04	—	—	0.175	—	0.280
	电动卷扬机-单筒慢速 50kN	台班	186.39	0.210	0.280	0.140	0.280	0.140
	弧焊机 综合	台班	66.69	1.750	2.870	2.002	1.750	2.205

四、悬挂输送机

计量单位:台

定额编号				1-6-34	1-6-35	1-6-36	1-6-37	1-6-38	1-6-39
项目				驱动装置			转向装置		
				重量(kg 以内)					
				200	700	1500	150	220	320
基价(元)				**323.34**	**500.46**	**728.08**	**160.14**	**217.74**	**288.25**
其中	人工费(元)			241.52	365.85	515.70	95.72	122.18	148.50
	材料费(元)			30.81	54.97	49.38	13.41	15.92	18.43
	机械费(元)			51.01	79.64	163.00	51.01	79.64	121.32
名称		单位	单价(元)	消耗量					
人工	二类人工	工日	135.00	1.789	2.710	3.820	0.709	0.905	1.100
材料	输送设备	台	—	(1.000)	(1.000)	(1.000)	(1.000)	(1.000)	(1.000)
	热轧薄钢板 Q235B 综合	kg	3.97	4.000	9.120	6.000	1.500	1.800	2.100
	木板	m^3	1667.00	0.001	0.001	0.004	0.001	0.001	0.001
	煤油	kg	3.79	1.977	2.636	3.294	0.198	0.264	0.330
	机油 综合	kg	2.91	0.217	0.247	0.031	0.031	0.043	0.056
	黄油钙基脂	kg	9.66	0.225	0.225	0.225	0.281	0.304	0.326
	低碳钢焊条 J422 综合	kg	4.74	0.315	0.336	0.378	0.336	0.483	0.630
	其他材料费	元	1.00	1.47	2.62	2.35	0.64	0.76	0.88
机械	叉式起重机 5t	台班	409.00	0.070	0.140	0.280	0.070	0.140	0.210
	电动卷扬机-单筒慢速 50kN	台班	186.39	0.070	0.070	0.210	0.070	0.070	0.140
	弧焊机 综合	台班	66.69	0.140	0.140	0.140	0.140	0.140	0.140

计量单位:台

定额编号				1-6-40	1-6-41	1-6-42
项目				拉紧装置 重量(kg 以内)		
				200	500	1000
基价(元)				**201.18**	**323.41**	**486.52**
其中	人工费(元)			136.22	222.89	363.02
	材料费(元)			13.95	20.88	30.81
	机械费(元)			51.01	79.64	92.69
名称		单位	单价(元)	消耗量		
人工	二类人工	工日	135.00	1.009	1.651	2.689
材料	输送设备	台	—	(1.000)	(1.000)	(1.000)
	热轧薄钢板 Q235B 综合	kg	3.97	1.200	2.000	2.400
	木板	m^3	1667.00	0.001	0.001	0.003
	煤油	kg	3.79	0.527	0.791	1.581
	机油 综合	kg	2.91	0.062	0.124	0.247
	黄油钙基脂	kg	9.66	0.337	0.562	0.674
	低碳钢焊条 J422 综合	kg	4.74	0.300	0.315	0.336
	其他材料费	元	1.00	0.66	0.99	1.47
机械	叉式起重机 5t	台班	409.00	0.070	0.140	0.140
	弧焊机 综合	台班	66.69	0.140	0.140	0.140
	电动卷扬机-单筒慢速 50kN	台班	186.39	0.070	0.070	0.140

计量单位:台

定额编号				1-6-43	1-6-44	1-6-45	1-6-46	1-6-47
项目				链条安装 分类及节距(mm 以内)				试运转
				链片式(100)	链片式(160)	链板式	链环式	
基价(元)				**2905.10**	**2238.14**	**3617.14**	**4134.74**	**300.01**
其中	人工费(元)			2220.62	1684.13	2773.98	3032.78	243.68
	材料费(元)			642.80	512.33	772.85	1031.65	56.33
	机械费(元)			41.68	41.68	70.31	70.31	—
名称		单位	单价(元)	消耗量				
人工	二类人工	工日	135.00	16.449	12.475	20.548	22.465	1.805
材料	输送设备	台	—	(1.000)	(1.000)	(1.000)	(1.000)	(1.000)
	木板	m^3	1667.00	0.001	0.001	0.004	0.006	—
	煤油	kg	3.79	49.416	39.533	59.299	79.065	3.690
	机油 综合	kg	2.91	5.568	3.712	5.568	7.424	1.929
	黄油钙基脂	kg	9.66	42.136	33.709	50.563	67.418	3.371
	其他材料费	元	1.00	30.61	24.40	36.80	49.13	4.17
机械	叉式起重机 5t	台班	409.00	0.070	0.070	0.140	0.140	—
	电动卷扬机-单筒慢速 50kN	台班	186.39	0.070	0.070	0.070	0.070	—

五、固定式胶带输送机

计量单位:台

定额编号				1-6-48	1-6-49	1-6-50	1-6-51
项目				带宽 650mm 以内			
				输送长度(m 以内)			
				20	50	80	110
基价(元)				**4159.51**	**6019.29**	**8737.30**	**10195.23**
其中	人工费(元)			3401.19	4975.83	7325.24	8602.20
	材料费(元)			616.41	736.10	901.44	1019.60
	机械费(元)			141.91	307.36	510.62	573.43
名称		单位	单价(元)	消耗量			
人工	二类人工	工日	135.00	25.194	36.858	54.261	63.720
材料	输送设备	台	—	(1.000)	(1.000)	(1.000)	(1.000)
	平垫铁 综合	kg	3.78	26.180	29.751	33.320	36.890
	斜垫铁 综合	kg	8.62	25.964	29.501	33.044	36.580
	热轧薄钢板 Q235B 综合	kg	3.97	2.500	3.240	5.000	6.270
	木板	m^3	1667.00	0.019	0.026	0.034	0.043
	道木	m^3	1034.00	0.011	0.011	0.011	0.011
	煤油	kg	3.79	9.883	13.836	18.844	24.247
	橡胶溶剂 120#	kg	6.42	4.040	4.040	7.630	7.630
	机油 综合	kg	2.91	2.648	3.588	4.330	5.339
	黄油钙基脂	kg	9.66	5.900	9.270	11.518	13.629
	氧气	m^3	3.62	6.548	7.058	7.640	8.140
	乙炔气	kg	7.60	2.183	2.353	2.547	2.713
	生胶	kg	17.59	0.690	0.690	1.300	1.300
	熟胶	kg	12.93	0.930	0.930	1.750	1.750
	低碳钢焊条 J422 综合	kg	4.74	3.959	4.379	4.862	5.208
	其他材料费	元	1.00	29.35	35.05	42.93	48.55
机械	载货汽车 8t	台班	411.20	—	0.140	0.210	0.280
	叉式起重机 5t	台班	409.00	0.210	0.140	0.210	0.210
	汽车式起重机 16t	台班	875.04	—	0.140	0.280	—
	汽车式起重机 25t	台班	996.58	—	—	—	0.280
	弧焊机 综合	台班	66.69	0.840	1.050	1.400	1.400

计量单位:台

定额编号				1-6-52	1-6-53	1-6-54
项目				带宽 650mm 以内		
				输送长度(m 以内)		
				150	200	250
基价(元)				**12275.37**	**14778.54**	**18078.66**
其中	人工费(元)			10413.23	12521.39	15351.26
	材料费(元)			1231.29	1504.57	1715.65
	机械费(元)			630.85	752.58	1011.75
名称		单位	单价(元)	消耗量		
人工	二类人工	工日	135.00	77.135	92.751	113.713
材料	输送设备	台	—	(1.000)	(1.000)	(1.000)
	平垫铁 综合	kg	3.78	41.650	47.589	53.548
	斜垫铁 综合	kg	8.62	41.300	47.187	53.100
	热轧薄钢板 Q235B 综合	kg	3.97	8.070	10.720	13.480
	木板	m^3	1667.00	0.054	0.071	0.079
	道木	m^3	1034.00	0.011	0.011	0.011
	煤油	kg	3.79	31.890	42.959	54.555
	橡胶溶剂 120#	kg	6.42	11.440	15.250	15.250
	机油 综合	kg	2.91	6.768	8.865	11.061
	黄油钙基脂	kg	9.66	16.619	21.023	25.563
	氧气	m^3	3.62	9.078	10.220	11.108
	乙炔气	kg	7.60	3.026	3.407	3.703
	生胶	kg	17.59	1.950	2.600	2.600
	熟胶	kg	12.93	2.630	3.500	3.500
	低碳钢焊条 J422 综合	kg	4.74	5.712	6.437	7.193
	其他材料费	元	1.00	58.63	71.65	81.70
机械	载货汽车 8t	台班	411.20	0.350	0.350	0.560
	叉式起重机 5t	台班	409.00	0.280	0.350	0.420
	汽车式起重机 25t	台班	996.58	0.280	0.350	0.490
	弧焊机 综合	台班	66.69	1.400	1.750	1.820

计量单位:台

定额编号					1-6-55	1-6-56	1-6-57	1-6-58
项目					带宽 1000mm 以内			
					输送长度(m 以内)			
					20	50	80	110
基价 (元)					**5647.88**	**7903.50**	**11035.34**	**13503.21**
其中	人工费(元)				4354.70	6409.94	9246.69	11526.44
	材料费(元)				847.26	1017.01	1277.17	1423.40
	机械费(元)				445.92	476.55	511.48	553.37
名称		单位	单价(元)		消耗量			
人工	二类人工	工日	135.00		32.257	47.481	68.494	85.381
材料	输送设备	台	—		(1.000)	(1.000)	(1.000)	(1.000)
	平垫铁 综合	kg	3.78		30.936	34.510	37.810	41.654
	斜垫铁 综合	kg	8.62		30.678	34.221	37.760	41.280
	热轧薄钢板 Q235B 综合	kg	3.97		4.050	5.850	7.850	9.850
	木板	m^3	1667.00		0.020	0.029	0.038	0.048
	道木	m^3	1034.00		0.011	0.011	0.011	0.011
	煤油	kg	3.79		11.201	16.604	23.324	30.045
	橡胶溶剂 120#	kg	6.42		10.150	10.150	19.250	19.250
	机油 综合	kg	2.91		3.446	4.547	5.784	7.108
	黄油钙基脂	kg	9.66		10.506	14.214	17.821	21.080
	氧气	m^3	3.62		7.895	13.280	14.321	15.320
	乙炔气	kg	7.60		2.632	4.427	4.774	5.107
	生胶	kg	17.59		2.380	2.380	3.150	3.150
	熟胶	kg	12.93		1.660	1.660	4.500	4.500
	低碳钢焊条 J422 综合	kg	4.74		7.109	7.707	8.306	8.904
	其他材料费	元	1.00		40.35	48.43	60.82	67.78
机械	载货汽车 8t	台班	411.20		0.140	0.140	0.210	0.210
	叉式起重机 5t	台班	409.00		0.140	0.140	0.140	0.140
	汽车式起重机 16t	台班	875.04		0.245	0.280	—	—
	汽车式起重机 25t	台班	996.58		—	—	0.245	0.280
	弧焊机 综合	台班	66.69		1.750	1.750	1.855	1.960

计量单位:台

定额编号				1-6-59	1-6-60	1-6-61
项目				带宽 1000mm 以内		
				输送长度(m 以内)		
				150	200	250
基价(元)				**16869.41**	**20555.72**	**24898.99**
其中	人工费(元)			14123.16	16633.62	20667.15
	材料费(元)			1746.09	2161.52	2447.92
	机械费(元)			1000.16	1760.58	1783.92
名称		单位	单价(元)	消耗量		
人工	二类人工	工日	135.00	104.616	123.212	153.090
材料	输送设备	台	—	(1.000)	(1.000)	(1.000)
	平垫铁 综合	kg	3.78	46.091	52.361	58.314
	斜垫铁 综合	kg	8.62	46.020	51.920	57.820
	热轧薄钢板 Q235B 综合	kg	3.97	12.750	16.650	21.060
	木板	m^3	1667.00	0.061	0.084	0.103
	道木	m^3	1034.00	0.011	0.011	0.011
	煤油	kg	3.79	39.407	52.578	67.601
	橡胶溶剂 120#	kg	6.42	28.880	38.500	38.500
	机油 综合	kg	2.91	8.982	11.736	14.637
	黄油钙基脂	kg	9.66	25.709	32.506	39.585
	氧气	m^3	3.62	16.646	19.788	21.461
	乙炔气	kg	7.60	5.549	6.596	7.153
	生胶	kg	17.59	4.730	6.300	6.300
	熟胶	kg	12.93	6.750	9.000	9.000
	低碳钢焊条 J422 综合	kg	4.74	9.744	10.983	12.285
	其他材料费	元	1.00	83.15	102.93	116.57
机械	载货汽车 8t	台班	411.20	0.280	0.560	0.560
	叉式起重机 5t	台班	409.00	0.210	0.700	0.700
	汽车式起重机 50t	台班	2353.88	0.280	—	—
	汽车式起重机 75t	台班	3154.17	—	0.350	0.350
	弧焊机 综合	台班	66.69	2.100	2.100	2.450

计量单位:台

定额编号			1-6-62	1-6-63	1-6-64	1-6-65
项目			带宽 1400mm 以内			
			输送长度(m 以内)			
			20	50	80	110
基价(元)			**7787.89**	**10703.33**	**15004.96**	**18008.46**
其中	人工费(元)		5772.74	8405.91	12153.78	14698.80
	材料费(元)		1219.00	1460.97	1916.29	2130.68
	机械费(元)		796.15	836.45	934.89	1178.98
名称	单位	单价(元)	消耗量			
人工 二类人工	工日	135.00	42.761	62.266	90.028	108.880
材料 输送设备	台	—	(1.000)	(1.000)	(1.000)	(1.000)
平垫铁 综合	kg	3.78	36.720	42.840	48.960	55.080
斜垫铁 综合	kg	8.62	38.520	44.940	51.360	57.780
热轧薄钢板 Q235B 综合	kg	3.97	5.500	8.410	11.710	14.120
木板	m^3	1667.00	0.024	0.034	0.043	0.054
道木	m^3	1034.00	0.011	0.011	0.011	0.011
煤油	kg	3.79	15.154	20.571	28.859	37.029
橡胶溶剂 120#	kg	6.42	21.700	21.700	41.000	41.000
机油 综合	kg	2.91	4.702	6.069	6.966	9.317
黄油钙基脂	kg	9.66	17.753	20.293	25.506	30.226
氧气	m^3	3.62	10.098	20.604	22.950	24.602
乙炔气	kg	7.60	3.366	6.868	7.650	8.201
生胶	kg	17.59	3.550	3.550	5.750	5.750
熟胶	kg	12.93	5.150	5.150	9.800	9.800
低碳钢焊条 J422 综合	kg	4.74	9.240	11.361	12.527	13.419
其他材料费	元	1.00	58.05	69.57	91.25	101.46
机械 载货汽车 8t	台班	411.20	0.140	0.140	0.210	0.210
叉式起重机 5t	台班	409.00	0.910	0.980	1.050	1.260
汽车式起重机 16t	台班	875.04	0.280	0.280	—	—
汽车式起重机 25t	台班	996.58	—	—	0.280	0.420
弧焊机 综合	台班	66.69	1.820	1.995	2.100	2.380

计量单位:台

定额编号					1-6-66	1-6-67	1-6-68
项目					带宽 1400mm 以内		
					输送长度(m 以内)		
					150	200	250
基价(元)					**22510.75**	**27043.59**	**32687.83**
其中	人工费(元)				17978.22	21613.23	26767.26
	材料费(元)				2688.11	3305.91	3782.12
	机械费(元)				1844.42	2124.45	2138.45
名称		单位	单价(元)		消耗量		
人工	二类人工	工日	135.00		133.172	160.098	198.276
材料	输送设备	台	—		(1.000)	(1.000)	(1.000)
	平垫铁 综合	kg	3.78		63.240	73.440	83.640
	斜垫铁 综合	kg	8.62		66.340	77.040	87.740
	热轧薄钢板 Q235B 综合	kg	3.97		18.200	24.200	30.310
	木板	m^3	1667.00		0.071	0.094	0.119
	道木	m^3	1034.00		0.011	0.011	0.011
	煤油	kg	3.79		48.625	52.578	83.677
	橡胶溶剂 120#	kg	6.42		61.500	82.000	82.000
	机油 综合	kg	2.91		11.754	15.342	19.035
	黄油钙基脂	kg	9.66		36.855	46.518	56.631
	氧气	m^3	3.62		27.030	30.600	34.109
	乙炔气	kg	7.60		9.010	10.200	11.370
	生胶	kg	17.59		8.630	11.500	11.500
	熟胶	kg	12.93		14.700	19.600	19.600
	低碳钢焊条 J422 综合	kg	4.74		14.700	16.653	18.533
	其他材料费	元	1.00		128.01	157.42	180.10
机械	载货汽车 8t	台班	411.20		0.280	0.560	0.560
	叉式起重机 5t	台班	409.00		1.400	0.700	0.700
	汽车式起重机 50t	台班	2353.88		0.420	—	—
	汽车式起重机 75t	台班	3154.17		—	0.455	0.455
	弧焊机 综合	台班	66.69		2.520	2.590	2.800

计量单位:台

定额编号				1-6-69	1-6-70	1-6-71	1-6-72
项目				带宽 1600mm 以内			
				输送长度(m 以内)			
				20	50	80	110
基价(元)				12104.62	15938.46	21756.80	25868.12
其中	人工费(元)			8673.75	12029.18	16633.08	19953.41
	材料费(元)			1987.43	2337.16	2962.49	3282.77
	机械费(元)			1443.44	1572.12	2161.23	2631.94
名称		单位	单价(元)	消耗量			
人工	二类人工	工日	135.00	64.250	89.105	123.208	147.803
材料	输送设备	台	—	(1.000)	(1.000)	(1.000)	(1.000)
	平垫铁 综合	kg	3.78	75.902	86.254	93.500	106.950
	斜垫铁 综合	kg	8.62	82.280	93.511	104.722	115.940
	热轧薄钢板 Q235B 综合	kg	3.97	7.150	10.930	15.200	18.000
	木板	m^3	1667.00	0.031	0.044	0.055	0.070
	道木	m^3	1034.00	0.014	0.014	0.014	0.014
	煤油	kg	3.79	19.766	26.355	38.215	48.757
	橡胶溶剂 120#	kg	6.42	28.200	28.200	53.000	53.000
	机油 综合	kg	2.91	6.124	8.042	9.279	12.373
	黄油钙基脂	kg	9.66	23.034	26.405	33.709	39.327
	氧气	m^3	3.62	13.158	26.826	29.886	31.620
	乙炔气	kg	7.60	4.386	8.942	9.962	10.540
	生胶	kg	17.59	4.620	4.620	7.500	7.500
	熟胶	kg	12.93	6.700	6.700	13.000	13.000
	低碳钢焊条 J422 综合	kg	4.74	12.012	14.805	16.275	17.850
	其他材料费	元	1.00	94.64	111.29	141.07	156.32
机械	载货汽车 8t	台班	411.20	0.210	0.280	0.350	0.420
	叉式起重机 5t	台班	409.00	2.100	2.310	2.450	2.800
	汽车式起重机 25t	台班	996.58	0.350	0.350	—	—
	汽车式起重机 50t	台班	2353.88	—	—	0.350	—
	汽车式起重机 75t	台班	3154.17	—	—	—	0.350
	弧焊机 综合	台班	66.69	2.240	2.450	2.870	3.150

计量单位:台

定额编号				1-6-73	1-6-74	1-6-75
项目				带宽 1600mm 以内		
				输送长度(m 以内)		
				150	200	250
基价(元)				**31431.76**	**38772.15**	**45986.94**
其中	人工费(元)			24163.65	29428.79	35410.10
	材料费(元)			4056.11	4925.58	5604.27
	机械费(元)			3212.00	4417.78	4972.57
名称		单位	单价(元)	消耗量		
人工	二类人工	工日	135.00	178.990	217.991	262.297
材料	输送设备	台	—	(1.000)	(1.000)	(1.000)
	平垫铁 综合	kg	3.78	120.749	138.012	155.234
	斜垫铁 综合	kg	8.62	130.888	149.600	168.300
	热轧薄钢板 Q235B 综合	kg	3.97	24.000	32.000	39.000
	木板	m^3	1667.00	0.093	0.123	0.150
	道木	m^3	1034.00	0.014	0.014	0.014
	煤油	kg	3.79	63.252	68.523	109.373
	橡胶溶剂 120#	kg	6.42	80.000	107.000	107.000
	机油 综合	kg	2.91	15.466	19.796	24.745
	黄油钙基脂	kg	9.66	48.316	60.676	74.159
	氧气	m^3	3.62	35.700	39.780	44.880
	乙炔气	kg	7.60	11.900	13.260	14.960
	生胶	kg	17.59	11.000	15.000	15.000
	熟胶	kg	12.93	19.000	25.500	26.000
	低碳钢焊条 J422 综合	kg	4.74	18.900	22.050	24.150
	其他材料费	元	1.00	193.15	234.55	266.87
机械	载货汽车 8t	台班	411.20	0.700	0.700	1.050
	叉式起重机 5t	台班	409.00	2.800	3.010	3.150
	汽车式起重机 75t	台班	3154.17	0.490	—	—
	汽车式起重机 100t	台班	4718.03	—	0.560	0.630
	弧焊机 综合	台班	66.69	3.500	3.850	4.200

计量单位：台

定额编号				1-6-76	1-6-77	1-6-78	1-6-79	1-6-80
项目				带宽2000mm以内				
				输送长度(m以内)				
				20	100	150	250	500
基价（元）				**13310.72**	**28601.05**	**33310.55**	**47823.40**	**59562.62**
其中	人工费（元）			9521.82	22636.53	26037.72	37884.11	46924.11
	材料费（元）			2170.58	3425.40	4246.43	5556.81	7456.75
	机械费（元）			1618.32	2539.12	3026.40	4382.48	5181.76
	名称	单位	单价(元)	消耗量				
人工	二类人工	工日	135.00	70.532	167.678	192.872	280.623	347.586
材料	输送设备	台	—	(1.000)	(1.000)	(1.000)	(1.000)	(1.000)
	平垫铁 综合	kg	3.78	87.933	117.301	134.550	151.800	255.313
	斜垫铁 综合	kg	8.62	97.240	127.160	145.864	164.563	276.760
	热轧薄钢板 Q235B 综合	kg	3.97	7.150	18.000	24.000	39.000	45.100
	木板	m^3	1667.00	0.031	0.070	0.093	0.150	0.200
	道木	m^3	1034.00	0.014	0.014	0.014	0.014	0.015
	橡胶溶剂 120#	kg	6.42	28.200	53.000	80.000	107.000	113.500
	煤油	kg	3.79	19.766	48.757	63.252	109.373	113.076
	机油 综合	kg	2.91	6.124	12.373	15.466	24.745	27.979
	黄油钙基脂	kg	9.66	23.034	39.327	48.316	74.159	83.905
	氧气	m^3	3.62	13.158	31.620	35.700	44.880	51.090
	乙炔气	kg	7.60	4.386	10.540	11.900	14.960	17.030
	生胶	kg	17.59	4.620	7.500	11.000	15.000	18.500
	熟胶	kg	12.93	6.700	13.000	19.000	26.000	30.500
	低碳钢焊条 J422 综合	kg	4.74	12.012	17.850	18.900	24.150	29.460
	其他材料费	元	1.00	103.36	163.11	202.21	264.61	355.08
机械	叉式起重机 5t	台班	409.00	2.100	2.800	2.800	3.150	3.500
	载货汽车 8t	台班	411.20	0.350	0.560	0.840	1.120	1.400
	汽车式起重机 16t	台班	875.04	0.490	—	—	—	—
	汽车式起重机 25t	台班	996.58	—	0.910	1.260	—	—
	汽车式起重机 50t	台班	2353.88	—	—	—	0.980	1.190
	弧焊机 综合	台班	66.69	2.800	3.850	4.200	4.900	5.600

六、螺旋式输送机

计量单位:台

定额编号				1-6-81	1-6-82	1-6-83	1-6-84
项目				公称直径 300mm 以内			
				机身长度(m 以内)			
				6	11	16	21
基价(元)				**1007.06**	**1302.42**	**1723.69**	**2206.86**
其中	人工费(元)			794.34	1009.67	1312.88	1610.28
	材料费(元)			133.08	169.09	209.84	349.27
	机械费(元)			79.64	123.66	200.97	247.31
名称		单位	单价(元)	消耗量			
人工	二类人工	工日	135.00	5.884	7.479	9.725	11.928
材料	输送设备	台	—	(1.000)	(1.000)	(1.000)	(1.000)
	平垫铁 综合	kg	3.78	6.840	9.120	11.423	21.202
	斜垫铁 综合	kg	8.62	6.696	8.928	11.160	21.413
	热轧薄钢板 Q235B 综合	kg	3.97	0.280	0.410	0.600	0.780
	木板	m^3	1667.00	0.006	0.006	0.008	0.008
	煤油	kg	3.79	3.663	4.454	5.232	6.023
	机油 综合	kg	2.91	0.532	0.606	0.712	0.810
	黄油钙基脂	kg	9.66	1.494	1.641	1.820	2.011
	低碳钢焊条 J422 综合	kg	4.74	0.462	0.735	1.113	1.449
	其他材料费	元	1.00	6.34	8.05	9.99	16.63
机械	叉式起重机 5t	台班	409.00	0.140	0.210	0.350	0.420
	弧焊机 综合	台班	66.69	0.140	0.175	0.280	0.350
	电动卷扬机-单筒慢速 50kN	台班	186.39	0.070	0.140	0.210	0.280

计量单位:台

定额编号				1-6-85	1-6-86	1-6-87	1-6-88
项目				公称直径600mm以内			
				机身长度(m以内)			
				8	14	20	26
基价(元)				**1636.13**	**2077.08**	**2638.00**	**3285.43**
其中	人工费(元)			1342.17	1666.98	2106.95	2555.28
	材料费(元)			172.64	216.14	259.78	407.86
	机械费(元)			121.32	193.96	271.27	322.29
名称		单位	单价(元)	消耗量			
人工	二类人工	工日	135.00	9.942	12.348	15.607	18.928
材料	输送设备	台	—	(1.000)	(1.000)	(1.000)	(1.000)
	平垫铁 综合	kg	3.78	6.840	9.120	11.423	21.202
	斜垫铁 综合	kg	8.62	6.696	8.928	11.160	21.413
	热轧薄钢板 Q235B 综合	kg	3.97	0.450	0.630	0.870	1.110
	木板	m^3	1667.00	0.021	0.024	0.026	0.029
	煤油	kg	3.79	4.679	5.680	6.682	7.815
	机油 综合	kg	2.91	0.742	0.854	1.002	1.151
	黄油钙基脂	kg	9.66	2.192	2.393	2.674	2.944
	低碳钢焊条 J422 综合	kg	4.74	0.630	1.008	1.512	2.016
	其他材料费	元	1.00	8.22	10.29	12.37	19.42
机械	叉式起重机 5t	台班	409.00	0.210	0.350	0.490	0.560
	弧焊机 综合	台班	66.69	0.140	0.175	0.280	0.420
	电动卷扬机-单筒慢速 50kN	台班	186.39	0.140	0.210	0.280	0.350

七、皮带秤安装

计量单位:台

定额编号				1-6-89	1-6-90	1-6-91
项目				带宽(mm 以内)		
				650	1000	1400
基价(元)				**899.49**	**1133.56**	**1373.71**
其中	人工费(元)			806.63	1002.65	1207.17
	材料费(元)			50.23	59.65	61.98
	机械费(元)			42.63	71.26	104.56
名称		单位	单价(元)	消耗量		
人工	二类人工	工日	135.00	5.975	7.427	8.942
材料	皮带秤	台	—	(1.000)	(1.000)	(1.000)
	热轧薄钢板 Q235B 综合	kg	3.97	0.500	0.600	0.600
	低碳钢焊条 J422 ϕ4.0	kg	4.74	0.378	0.504	0.630
	木板	m^3	1667.00	0.004	0.005	0.006
	煤油	kg	3.79	3.953	4.612	4.612
	机油 综合	kg	2.91	0.309	0.433	0.433
	黄油钙基脂	kg	9.66	1.573	1.798	1.798
	破布	kg	6.90	1.050	1.260	1.260
	其他材料费	元	1.00	1.46	1.74	1.81
机械	叉式起重机 5t	台班	409.00	0.070	0.140	0.210
	弧焊机 综合	台班	66.69	0.210	0.210	0.280

第七章

风 机 安 装

说　明

一、本章内容包括离心式通(引)风机、轴流通风机、回转式鼓风机、离心式鼓风机的安装,离心式通(引)风机、轴流通风机、回转式鼓风机、离心式鼓风机的拆装检查。

1. 离心式通(引)风机安装:包括中低压离心通风机、排尘离心通风机、耐腐蚀离心通风机、防爆离心通风机、高压离心通风机、锅炉离心通风机、抽烟通风机、多翼式离心通风机、硫黄鼓风机、恒温冷暖风机、暖风机、低噪音离心通风机、低噪音屋顶离心通风机的安装。

2. 轴流通风机安装:包括工业用轴流通风机、冷却塔轴流通风机、防爆轴流通风机、可调轴流通风机、屋顶轴流通风机、隔爆型轴流式局部扇风机的安装。

3. 离心式鼓风机、回转式鼓风机(罗茨鼓风机、HGY 型鼓风机、叶式鼓风机)安装。

4. 离心式通(引)风机、轴流通风机、离心式鼓风机、回转式鼓风机的拆装检查。

二、本章包括以下工作内容:

1. 风机安装。

(1)风机本体、底座、电动机、联轴节及与本体联体的附件、管道、润滑冷却装置等的清洗、刮研、组装、调试。

(2)联轴器、皮带、减振器及安全防护罩安装。

2. 风机拆装检查。

设备本体及部件以及第一个阀门以内的管道等拆卸、清洗、检查、刮研、换油、调间隙及调配重、找正、找平、找中心、记录、组装复原。

三、本章不包括以下工作内容,应执行其他章节有关定额或规定。

1. 风机安装。

(1)风机底座、防护罩、键、减振器的制作。

(2)电动机的抽芯检查、干燥、配线、调试。

2. 风机拆装检查。

(1)设备本体的整(解)体安装。

(2)电动机安装及拆装、检查、调整、试验。

(3)设备本体以外的各种管道的检查、试验等工作。

四、塑料风机及耐酸陶瓷风机按离心式通(引)风机定额执行。

工程量计算规则

一、风机安装以“台”为计量单位,以设备重量“t”分列定额子目。

二、直联式风机按风机本体及电动机、变速器和底座的总重量计算。

三、非直联式风机,以风机本体和底座的总重量计算,不包括电动机重量,但电动机的安装已包括在定额内。

一、风机安装

1. 离心式通(引)风机

计量单位:台

定额编号				1-7-1	1-7-2	1-7-3	1-7-4	1-7-5
项目				设备重量(t 以内)				
				0.3	0.5	1.1	1.5	2.2
基价(元)				**494.94**	**599.38**	**1002.51**	**1436.47**	**1885.04**
其中	人工费(元)			358.29	447.66	780.03	1041.53	1431.27
	材料费(元)			103.35	118.42	155.88	323.68	349.21
	机械费(元)			33.30	33.30	66.60	71.26	104.56
名称		单位	单价(元)	消耗量				
人工	二类人工	工日	135.00	2.654	3.316	5.778	7.715	10.602
材料	风机设备	台	—	(1.000)	(1.000)	(1.000)	(1.000)	(1.000)
	平垫铁 综合	kg	3.78	4.710	4.710	6.280	18.463	18.463
	斜垫铁 综合	kg	8.62	4.692	4.692	6.256	17.480	17.480
	热轧薄钢板 Q235B 综合	kg	3.97	0.300	0.300	0.400	0.600	0.600
	紫铜板 δ0.25~0.5	kg	58.27	0.100	0.200	0.300	0.400	0.500
	木板	m^3	1667.00	0.006	0.008	0.009	0.012	0.015
	煤油	kg	3.79	2.888	4.331	5.775	6.320	8.663
	机油 综合	kg	2.91	0.824	0.824	1.237	1.850	2.473
	黄油钙基脂	kg	9.66	0.247	0.247	0.371	0.506	0.619
	氧气	m^3	3.62	1.020	1.020	1.020	1.360	1.530
	乙炔气	kg	7.60	0.340	0.340	0.340	0.453	0.510
	石棉橡胶板 高压 δ0.5~8	kg	6.90	0.300	0.300	0.400	0.500	0.600
	低碳钢焊条 J422 综合	kg	4.74	0.210	0.210	0.315	0.433	0.525
	其他材料费	元	1.00	3.01	3.45	4.54	9.43	10.17
机械	弧焊机 综合	台班	66.69	0.070	0.070	0.140	0.210	0.280
	叉式起重机 5t	台班	409.00	0.070	0.070	0.140	0.140	0.210

计量单位:台

定额编号				1-7-6	1-7-7	1-7-8	1-7-9
项目				设备重量(t 以内)			
				3	5	7	10
基价(元)				**2466.11**	**3208.03**	**5061.41**	**6112.39**
其中	人工费(元)			1959.26	2484.14	3923.91	4825.17
	材料费(元)			378.33	562.07	741.23	888.62
	机械费(元)			128.52	161.82	396.27	398.60
名称		单位	单价(元)	消耗量			
人工	二类人工	工日	135.00	14.513	18.401	29.066	35.742
材料	风机设备	台	—	(1.000)	(1.000)	(1.000)	(1.000)
	平垫铁 综合	kg	3.78	18.463	30.772	42.373	50.005
	斜垫铁 综合	kg	8.62	17.480	27.968	38.512	46.020
	热轧薄钢板 Q235B 综合	kg	3.97	1.000	1.500	2.000	3.000
	紫铜板 δ0.25~0.5	kg	58.27	0.600	0.700	0.800	0.800
	木板	m^3	1667.00	0.015	0.019	0.029	0.031
	道木	m^3	1034.00	0.011	0.014	0.014	0.021
	煤油	kg	3.79	8.663	10.106	11.550	14.438
	机油 综合	kg	2.91	2.473	4.122	4.946	6.595
	黄油钙基脂	kg	9.66	0.990	1.237	1.485	1.856
	氧气	m^3	3.62	2.040	3.060	3.060	4.080
	乙炔气	kg	7.60	0.680	1.020	1.020	1.360
	石棉橡胶板 高压 δ0.5~8	kg	6.90	1.000	1.500	2.000	3.000
	低碳钢焊条 J422 综合	kg	4.74	0.525	0.840	1.050	1.575
	其他材料费	元	1.00	11.02	16.37	21.59	25.88
机械	叉式起重机 5t	台班	409.00	0.280	0.350	—	—
	汽车式起重机 16t	台班	875.04	—	—	0.350	0.350
	弧焊机 综合	台班	66.69	0.210	0.280	0.350	0.385
	载货汽车 10t	台班	476.15	—	—	0.140	0.140

计量单位:台

定额编号				1-7-10	1-7-11	1-7-12	1-7-13
项目				设备重量(t 以内)			
				15	20	30	40
基价(元)				**7516.63**	**8865.97**	**10394.90**	**11608.12**
其中	人工费(元)			5936.90	6643.49	6971.67	7668.68
	材料费(元)			1111.49	1406.80	2211.68	2522.83
	机械费(元)			468.24	815.68	1211.55	1416.61
名称		单位	单价(元)	消耗量			
人工	二类人工	工日	135.00	43.977	49.211	51.642	56.805
材料	风机设备	台	—	(1.000)	(1.000)	(1.000)	(1.000)
	平垫铁 综合	kg	3.78	64.025	78.751	139.810	150.720
	斜垫铁 综合	kg	8.62	57.024	73.240	123.970	138.300
	热轧薄钢板 Q235B 综合	kg	3.97	3.500	4.000	4.500	5.000
	紫铜板 δ0.25~0.5	kg	58.27	1.200	1.500	2.000	2.500
	木板	m^3	1667.00	0.033	0.035	0.037	0.040
	道木	m^3	1034.00	0.025	0.028	0.031	0.035
	煤油	kg	3.79	17.325	23.100	34.650	51.975
	机油 综合	kg	2.91	8.244	9.893	12.861	16.718
	黄油钙基脂	kg	9.66	2.475	3.712	4.324	4.961
	氧气	m^3	3.62	6.120	9.180	9.680	10.200
	乙炔气	kg	7.60	2.040	3.060	4.080	5.100
	石棉橡胶板 高压 δ0.5~8	kg	6.90	3.000	4.000	5.000	5.500
	低碳钢焊条 J422 综合	kg	4.74	1.890	2.100	2.310	2.510
	其他材料费	元	1.00	32.37	40.97	64.42	73.48
机械	平板拖车组 40t	台班	1071.11	—	—	0.175	0.210
	载货汽车 15t	台班	653.04	0.140	0.175	—	—
	汽车式起重机 25t	台班	996.58	0.350	0.175	—	—
	汽车式起重机 50t	台班	2353.88	—	0.210	0.420	0.490
	弧焊机 综合	台班	66.69	0.420	0.490	0.532	0.574

2. 轴流通风机

计量单位:台

定额编号				1-7-14	1-7-15	1-7-16	1-7-17	1-7-18
项目				设备重量(t 以内)				
				0.2	0.5	1	2	3
基价(元)				**359.72**	**478.63**	**709.00**	**1266.63**	**1694.31**
其中	人工费(元)			238.82	353.57	521.91	905.85	1268.06
	材料费(元)			87.60	91.76	125.16	294.18	302.39
	机械费(元)			33.30	33.30	61.93	66.60	123.86
名称		单位	单价(元)	消耗量				
人工	二类人工	工日	135.00	1.769	2.619	3.866	6.710	9.393
材料	风机设备	台	—	(1.000)	(1.000)	(1.000)	(1.000)	(1.000)
	平垫铁 综合	kg	3.78	4.710	4.710	6.280	18.460	18.460
	斜垫铁 综合	kg	8.62	4.692	4.692	6.256	17.480	17.480
	热轧薄钢板 Q235B 综合	kg	3.97	0.300	0.300	0.500	0.800	1.000
	木板	m^3	1667.00	0.006	0.006	0.010	0.010	0.010
	煤油	kg	3.79	1.444	2.166	2.888	5.775	7.219
	机油 综合	kg	2.91	0.495	0.495	0.824	1.237	1.649
	黄油钙基脂	kg	9.66	0.147	0.282	0.371	0.495	0.495
	氧气	m^3	3.62	1.020	1.020	1.020	2.040	2.040
	乙炔气	kg	7.60	0.340	0.340	0.340	0.680	0.680
	低碳钢焊条 J422 综合	kg	4.74	0.210	0.210	0.420	0.525	0.630
	其他材料费	元	1.00	2.55	2.67	3.65	8.57	8.81
机械	叉式起重机 5t	台班	409.00	0.070	0.070	0.140	0.140	0.280
	弧焊机 综合	台班	66.69	0.070	0.070	0.070	0.140	0.140

计量单位:台

定额编号				1-7-19	1-7-20	1-7-21	1-7-22
项目				设备重量(t 以内)			
				5	8	10	15
基价(元)				**3156.79**	**4817.50**	**5945.46**	**7962.65**
其中	人工费(元)			2506.82	3832.65	4683.56	6135.08
	材料费(元)			492.82	687.47	827.76	1189.60
	机械费(元)			157.15	297.38	434.14	637.97
名称		单位	单价(元)	消耗量			
人工	二类人工	工日	135.00	18.569	28.390	34.693	45.445
材料	风机设备	台	—	(1.000)	(1.000)	(1.000)	(1.000)
	平垫铁 综合	kg	3.78	30.772	42.373	50.005	73.853
	斜垫铁 综合	kg	8.62	28.000	38.512	46.020	65.712
	热轧薄钢板 Q235B 综合	kg	3.97	1.000	1.500	2.000	3.000
	木板	m^3	1667.00	0.014	0.023	0.028	0.044
	道木	m^3	1034.00	0.014	0.021	0.021	0.028
	煤油	kg	3.79	8.663	11.550	14.438	18.769
	机油 综合	kg	2.91	3.298	4.946	6.595	8.244
	黄油钙基脂	kg	9.66	0.619	1.237	1.485	2.475
	氧气	m^3	3.62	3.060	4.080	6.120	9.180
	乙炔气	kg	7.60	1.020	1.360	2.040	3.060
	石棉橡胶板 高压 δ0.5~8	kg	6.90	1.500	1.800	2.000	2.500
	低碳钢焊条 J422 综合	kg	4.74	0.300	0.350	0.400	0.500
	其他材料费	元	1.00	14.35	20.02	24.11	34.65
机械	叉式起重机 5t	台班	409.00	0.350	—	—	—
	载货汽车 15t	台班	653.04	—	—	—	0.140
	汽车式起重机 16t	台班	875.04	—	0.245	—	—
	汽车式起重机 25t	台班	996.58	—	—	0.350	0.525
	弧焊机 综合	台班	66.69	0.210	0.245	0.280	0.350
	载货汽车 10t	台班	476.15	—	0.140	0.140	—

计量单位:台

定额编号				1-7-23	1-7-24	1-7-25	1-7-26	1-7-27	1-7-28
项目				设备重量(t 以内)					
				20	30	40	50	60	70
基价(元)				**10909.66**	**13043.04**	**15968.88**	**19475.23**	**23752.58**	**28072.24**
其中	人工费(元)			7497.63	9026.78	10921.91	12359.12	14676.26	16471.35
	材料费(元)			1368.44	1597.95	2091.87	2483.80	3002.56	3668.45
	机械费(元)			2043.59	2418.31	2955.10	4632.31	6073.76	7932.44
	名称	单位	单价(元)	消耗量					
人工	二类人工	工日	135.00	55.538	66.865	80.903	91.549	108.713	122.010
材料	风机设备	台	—	(1.000)	(1.000)	(1.000)	(1.000)	(1.000)	(1.000)
	平垫铁 综合	kg	3.78	80.598	89.829	127.358	139.868	162.024	202.844
	斜垫铁 综合	kg	8.62	75.230	80.696	103.530	127.448	161.400	200.900
	热轧薄钢板 Q235B 综合	kg	3.97	4.000	5.000	5.000	6.000	7.000	7.000
	木板	m^3	1667.00	0.044	0.075	0.088	0.115	0.115	0.125
	道木	m^3	1034.00	0.041	0.055	0.083	0.110	0.138	0.206
	煤油	kg	3.79	21.656	28.875	36.094	43.313	50.531	57.750
	机油 综合	kg	2.91	9.893	12.366	14.839	16.488	20.610	24.732
	黄油钙基脂	kg	9.66	3.712	4.330	4.949	5.568	6.186	7.424
	氧气	m^3	3.62	9.180	12.240	18.360	18.360	24.480	24.480
	乙炔气	kg	7.60	3.060	4.080	6.120	6.120	8.160	8.160
	石棉橡胶板 高压 $\delta 0.5 \sim 8$	kg	6.90	3.000	3.200	3.500	3.800	4.000	4.500
	低碳钢焊条 J422 综合	kg	4.74	4.200	6.300	8.400	10.500	12.600	14.700
	其他材料费	元	1.00	39.86	46.54	60.93	72.34	87.45	106.85
机械	弧焊机 综合	台班	66.69	0.560	0.700	0.840	1.050	1.400	1.610
	载货汽车 15t	台班	653.04	0.175	—	—	—	—	—
	汽车式起重机 25t	台班	996.58	0.210	0.210	0.210	0.210	0.210	0.350
	汽车式起重机 50t	台班	2353.88	0.700	0.840	1.050	—	—	—
	汽车式起重机 100t	台班	4718.03	—	—	—	0.770	1.050	1.400
	平板拖车组 20t	台班	835.65	—	0.175	0.210	0.350	—	—
	平板拖车组 30t	台班	965.81	—	—	—	—	0.350	0.350
	平板拖车组 60t	台班	1360.78	—	—	—	0.280	0.315	0.350
	激光轴对中仪	台班	111.00	0.315	0.350	0.385	0.420	0.455	0.511

3. 回转式鼓风机

计量单位:台

定额编号				1-7-29	1-7-30	1-7-31	1-7-32
项目				设备重量(t以内)			
				0.5	1	2	3
基价(元)				919.37	1321.46	1741.77	2098.70
其中	人工费(元)			722.52	1040.72	1374.71	1700.87
	材料费(元)			134.92	214.14	271.83	297.94
	机械费(元)			61.93	66.60	95.23	99.89
名称		单位	单价(元)	消耗量			
人工	二类人工	工日	135.00	5.352	7.709	10.183	12.599
材料	风机设备	台	—	(1.000)	(1.000)	(1.000)	(1.000)
	平垫铁 综合	kg	3.78	6.280	13.565	16.956	16.956
	斜垫铁 综合	kg	8.62	6.256	9.952	12.440	12.440
	热轧薄钢板 Q235B 综合	kg	3.97	0.400	0.500	0.800	0.800
	木板	m^3	1667.00	0.006	0.010	0.015	0.024
	煤油	kg	3.79	5.775	6.641	8.374	9.818
	机油 综合	kg	2.91	0.824	1.237	1.649	1.649
	黄油钙基脂	kg	9.66	0.619	0.990	1.237	1.237
	氧气	m^3	3.62	1.020	1.020	1.020	1.530
	乙炔气	kg	7.60	0.340	0.340	0.340	0.510
	石棉橡胶板 高压 δ0.5~8	kg	6.90	0.500	0.700	1.000	1.000
	低碳钢焊条 J422 综合	kg	4.74	0.368	0.578	0.578	0.945
	其他材料费	元	1.00	3.93	6.24	7.92	8.68
机械	叉式起重机 5t	台班	409.00	0.140	0.140	0.210	0.210
	弧焊机 综合	台班	66.69	0.070	0.140	0.140	0.210

计量单位:台

定额编号				1-7-33	1-7-34	1-7-35	1-7-36
项目				设备重量(t 以内)			
				5	8	12	15
基价(元)				**3030.77**	**4430.03**	**5721.09**	**7998.17**
其中	人工费(元)			2285.15	3409.56	4408.97	5948.37
	材料费(元)			400.04	428.83	631.76	1309.01
	机械费(元)			345.58	591.64	680.36	740.79
名称		单位	单价(元)	消耗量			
人工	二类人工	工日	135.00	16.927	25.256	32.659	44.062
材料	风机设备	台	—	(1.000)	(1.000)	(1.000)	(1.000)
	平垫铁 综合	kg	3.78	20.310	20.310	36.926	87.920
	斜垫铁 综合	kg	8.62	19.250	19.250	31.170	80.760
	热轧薄钢板 Q235B 综合	kg	3.97	1.000	1.000	1.800	2.300
	木板	m^3	1667.00	0.028	0.031	0.034	0.038
	煤油	kg	3.79	11.550	14.438	15.881	18.769
	机油 综合	kg	2.91	2.061	2.473	3.298	4.122
	黄油钙基脂	kg	9.66	1.671	1.856	2.227	2.475
	氧气	m^3	3.62	2.040	3.060	4.080	5.100
	乙炔气	kg	7.60	0.680	1.020	1.360	1.700
	石棉橡胶板 高压 δ0.5~8	kg	6.90	1.500	1.500	1.800	2.400
	低碳钢焊条 J422 综合	kg	4.74	1.313	1.890	2.625	3.150
	其他材料费	元	1.00	11.65	12.49	18.40	38.13
机械	叉式起重机 5t	台班	409.00	0.350	—	—	—
	汽车式起重机 16t	台班	875.04	0.210	0.350	0.350	—
	汽车式起重机 25t	台班	996.58	—	0.175	0.210	0.560
	载货汽车 10t	台班	476.15	—	0.140	—	—
	载货汽车 15t	台班	653.04	—	—	0.175	0.175
	弧焊机 综合	台班	66.69	0.280	0.315	0.350	0.560
	激光轴对中仪	台班	111.00	—	0.210	0.245	0.280

4. 离心式鼓风机

(1)离心式鼓风机(带变速器)

计量单位:台

定额编号				1-7-37	1-7-38	1-7-39	1-7-40	1-7-41
项目				设备重量(t以内)				
				0.5	1	3	5	7
基价(元)				**1485.10**	**2118.56**	**3182.66**	**6109.83**	**8017.40**
其中	人工费(元)			1113.48	1676.30	2485.62	5045.09	6448.82
	材料费(元)			276.39	347.03	468.38	543.07	876.12
	机械费(元)			95.23	95.23	228.66	521.67	692.46
名称		单位	单价(元)	消耗量				
人工	二类人工	工日	135.00	8.248	12.417	18.412	37.371	47.769
材料	风机设备	台	—	(1.000)	(1.000)	(1.000)	(1.000)	(1.000)
	平垫铁 综合	kg	3.78	5.652	10.362	18.463	23.079	46.158
	斜垫铁 综合	kg	8.62	4.692	8.602	17.480	21.240	41.952
	热轧薄钢板 Q235B 综合	kg	3.97	0.200	0.300	0.300	0.300	0.300
	紫铜板 δ0.25~0.5	kg	58.27	0.206	0.206	0.206	0.206	0.206
	木板	m^3	1667.00	0.018	0.018	0.018	0.018	0.036
	道木	m^3	1034.00	0.041	0.041	0.041	0.041	0.055
	煤油	kg	3.79	15.366	16.741	18.116	19.491	21.656
	机油 综合	kg	2.91	2.473	2.473	2.473	2.473	2.515
	黄油钙基脂	kg	9.66	0.619	0.619	0.619	0.990	1.361
	氧气	m^3	3.62	1.000	1.000	1.000	1.020	1.020
	乙炔气	kg	7.60	0.340	0.340	0.340	0.340	0.340
	石棉橡胶板 高压 δ0.5~8	kg	6.90	1.200	1.200	1.200	1.200	1.200
	青壳纸 δ0.1~1.0	kg	4.31	0.300	0.400	0.400	0.400	0.500
	研磨膏	盒	13.79	1.200	2.000	2.000	3.000	3.000
	铜丝布 16目	m	42.07	0.300	0.300	0.400	0.400	0.400
	低碳钢焊条 J422 综合	kg	4.74	1.050	1.050	1.313	1.313	1.470
	其他材料费	元	1.00	8.05	10.11	13.64	15.82	25.52
机械	叉式起重机 5t	台班	409.00	0.210	0.210	0.231	0.350	—
	载货汽车 10t	台班	476.15	—	—	—	—	0.210
	汽车式起重机 16t	台班	875.04	—	—	0.140	—	—
	汽车式起重机 25t	台班	996.58	—	—	—	0.350	0.560
	电动空气压缩机 $6m^3$/min	台班	224.45	—	—	—	0.070	0.070
	弧焊机 综合	台班	66.69	0.140	0.140	0.175	0.210	0.280

计量单位:台

定额编号				1-7-42	1-7-43	1-7-44	1-7-45
项目				设备重量(t以内)			
				10	15	20	25
基价(元)				**10909.42**	**14272.48**	**17369.47**	**19231.63**
其中	人工费(元)			9053.64	12086.69	14277.33	14981.09
	材料费(元)			1053.14	1431.49	1831.47	2720.54
	机械费(元)			802.64	754.30	1260.67	1530.00
	名称	单位	单价(元)	消耗量			
人工	二类人工	工日	135.00	67.064	89.531	105.758	110.971
材料	风机设备	台	—	(1.000)	(1.000)	(1.000)	(1.000)
	平垫铁 综合	kg	3.78	50.005	69.030	85.550	154.739
	斜垫铁 综合	kg	8.62	46.020	64.168	79.036	137.432
	热轧薄钢板 Q235B 综合	kg	3.97	0.400	0.600	0.600	0.600
	紫铜板 δ0.25～0.5	kg	58.27	0.210	0.210	0.260	0.260
	木板	m^3	1667.00	0.064	0.083	0.099	0.125
	道木	m^3	1034.00	0.066	0.083	0.110	0.117
	煤油	kg	3.79	33.062	43.313	62.081	66.413
	机油 综合	kg	2.91	3.298	3.710	4.946	6.595
	黄油钙基脂	kg	9.66	1.608	1.856	2.475	3.093
	氧气	m^3	3.62	3.570	7.140	9.180	9.180
	乙炔气	kg	7.60	1.190	2.380	3.060	3.060
	石棉橡胶板 高压 δ0.5～8	kg	6.90	1.200	1.500	2.500	3.000
	青壳纸 δ0.1～1.0	kg	4.31	0.500	1.500	2.000	2.500
	研磨膏	盒	13.79	3.000	3.000	4.000	4.000
	铜丝布 16 目	m	42.07	0.400	0.500	0.600	0.800
	低碳钢焊条 J422 综合	kg	4.74	1.470	4.410	8.610	9.975
	其他材料费	元	1.00	30.67	41.69	53.34	79.24
机械	汽车式起重机 16t	台班	875.04	0.350	—	—	—
	汽车式起重机 25t	台班	996.58	0.350	0.525	—	—
	汽车式起重机 50t	台班	2353.88	—	—	0.420	0.525
	载货汽车 10t	台班	476.15	0.161	—	—	—
	载货汽车 15t	台班	653.04	—	0.175	0.196	0.224
	电动空气压缩机 $6m^3/min$	台班	224.45	0.070	0.070	0.070	0.070
	弧焊机 综合	台班	66.69	0.420	1.050	1.400	1.400
	激光轴对中仪	台班	111.00	0.245	0.280	0.315	0.350

(2)离心式鼓风机(不带变速器)

计量单位:台

定额编号				1-7-46	1-7-47	1-7-48	1-7-49	1-7-50
项目				设备重量(t 以内)				
				0.5	1.0	2.0	3.0	5.0
基价(元)				1118.81	1700.87	2000.57	2754.92	5458.11
其中	人工费(元)			934.07	1445.31	1732.46	2333.07	4713.93
	材料费(元)			107.10	175.06	187.61	310.91	565.59
	机械费(元)			77.64	80.50	80.50	110.94	178.59
	名称	单位	单价(元)	消耗量				
人工	二类人工	工日	135.00	6.919	10.706	12.833	17.282	34.918
材料	风机设备	台	—	(1.000)	(1.000)	(1.000)	(1.000)	(1.000)
	平垫铁 综合	kg	3.78	5.652	10.362	10.362	18.463	26.926
	斜垫铁 综合	kg	8.62	4.692	8.602	8.602	17.480	24.472
	热轧薄钢板 Q235B 综合	kg	3.97	0.160	0.160	0.210	0.260	0.420
	紫铜板 δ0.25~0.5	kg	58.27	—	—	—	—	0.100
	木板	m^3	1667.00	0.003	0.006	0.010	0.015	0.015
	道木	m^3	1034.00	—	—	—	—	0.041
	煤油	kg	3.79	7.074	7.941	8.663	9.384	19.491
	机油 综合	kg	2.91	0.412	0.907	1.154	1.319	3.298
	黄油钙基脂	kg	9.66	0.371	0.791	0.941	1.127	1.521
	氧气	m^3	3.62	—	—	—	—	0.398
	乙炔气	kg	7.60	—	—	—	—	0.133
	石棉橡胶板 高压 δ0.5~8	kg	6.90	0.500	0.600	0.660	0.300	1.200
	青壳纸 δ0.1~1.0	kg	4.31	—	—	—	—	0.400
	研磨膏	盒	13.79	—	—	—	—	2.000
	铜丝布	m	42.07	—	—	—	—	0.400
	低碳钢焊条 J422 综合	kg	4.74	0.315	0.315	0.315	0.630	1.365
	其他材料费	元	1.00	3.12	5.10	5.46	9.06	16.47
机械	叉式起重机 5t	台班	409.00	0.140	0.147	0.147	0.210	0.364
	电动空气压缩机 $6m^3/min$	台班	224.45	0.070	0.070	0.070	0.070	0.070
	弧焊机 综合	台班	66.69	0.070	0.070	0.070	0.140	0.210

计量单位:台

定额编号				1-7-51	1-7-52	1-7-53	1-7-54	1-7-55
项目				设备重量(t以内)				
				7.0	10	15	20	30
基价(元)				**6841.10**	**9741.33**	**12462.99**	**16671.57**	**20143.02**
其中	人工费(元)			5674.19	8196.66	10455.89	12772.76	15110.42
	材料费(元)			759.60	957.68	1225.61	2628.51	3387.62
	机械费(元)			407.31	586.99	781.49	1270.30	1644.98
名称		单位	单价(元)	消耗量				
人工	二类人工	工日	135.00	42.031	60.716	77.451	94.613	111.929
材料	风机设备	台	—	(1.000)	(1.000)	(1.000)	(1.000)	(1.000)
	平垫铁 综合	kg	3.78	36.542	46.158	54.698	153.434	200.097
	斜垫铁 综合	kg	8.62	33.212	42.480	50.054	147.707	188.720
	热轧薄钢板 Q235B 综合	kg	3.97	0.420	0.520	1.200	1.620	3.000
	紫铜板 δ0.25~0.5	kg	58.27	0.150	0.150	0.500	0.500	0.500
	木板	m^3	1667.00	0.038	0.063	0.075	0.100	0.125
	道木	m^3	1034.00	0.055	0.061	0.091	0.111	0.138
	煤油	kg	3.79	20.934	27.431	43.601	52.264	64.969
	机油 综合	kg	2.91	3.710	4.287	3.298	4.122	8.244
	黄油钙基脂	kg	9.66	1.521	1.521	1.856	1.980	2.475
	氧气	m^3	3.62	0.408	0.408	1.530	3.366	6.120
	乙炔气	kg	7.60	0.136	0.136	0.510	0.300	2.040
	石棉橡胶板 高压 δ0.5~8	kg	6.90	1.200	1.200	1.500	1.500	1.500
	青壳纸 δ0.1~1.0	kg	4.31	0.500	0.500	1.000	1.500	2.500
	研磨膏	盒	13.79	3.000	3.000	3.000	4.000	5.000
	铜丝布	m	42.07	0.400	0.400	0.500	0.600	1.000
	低碳钢焊条 J422 综合	kg	4.74	1.365	1.680	4.095	8.610	10.500
	其他材料费	元	1.00	22.12	27.89	35.70	76.56	98.67
机械	叉式起重机 5t	台班	409.00	—	0.350	0.350	—	—
	汽车式起重机 16t	台班	875.04	0.350	0.350	—	—	—
	汽车式起重机 25t	台班	996.58	—	—	0.455	—	—
	汽车式起重机 50t	台班	2353.88	—	—	—	0.420	0.490
	平板拖车组 40t	台班	1071.11	—	—	—	—	0.175
	载货汽车 10t	台班	476.15	0.140	0.140	—	—	—
	载货汽车 15t	台班	653.04	—	—	0.140	0.175	—
	电动空气压缩机 $6m^3/min$	台班	224.45	0.070	0.070	0.070	0.070	0.350
	弧焊机 综合	台班	66.69	0.280	0.420	0.700	1.750	2.800
	激光轴对中仪	台班	111.00	—	0.245	0.280	0.315	0.350

计量单位:台

定额编号				1-7-56	1-7-57	1-7-58	1-7-59
项目				设备重量(t以内)			
				40	60	90	120
基价(元)				**22258.99**	**30732.86**	**50767.73**	**63636.60**
其中	人工费(元)			16578.14	21721.64	32691.06	40978.58
	材料费(元)			3656.14	4489.59	5020.45	5651.55
	机械费(元)			2024.71	4521.63	13056.22	17006.47
名称		单位	单价(元)	消耗量			
人工	二类人工	工日	135.00	122.801	160.901	242.156	303.545
材料	风机设备	台	—	(1.000)	(1.000)	(1.000)	(1.000)
	平垫铁 综合	kg	3.78	212.452	271.296	291.392	311.488
	斜垫铁 综合	kg	8.62	192.300	239.112	256.824	274.536
	热轧薄钢板 Q235B 综合	kg	3.97	5.000	6.000	8.000	10.000
	紫铜板 δ0.25~0.5	kg	58.27	1.000	1.200	1.800	2.000
	木板	m^3	1667.00	0.150	0.163	0.188	0.250
	道木	m^3	1034.00	0.138	0.151	0.165	0.179
	煤油	kg	3.79	72.188	86.625	115.500	145.819
	机油 综合	kg	2.91	8.244	9.893	12.366	16.488
	黄油钙基脂	kg	9.66	3.712	4.330	4.949	6.186
	氧气	m^3	3.62	12.240	18.360	24.480	30.600
	乙炔气	kg	7.60	4.080	6.120	8.160	10.200
	石棉橡胶板 高压 δ0.5~8	kg	6.90	2.500	3.000	4.000	5.000
	青壳纸 δ0.1~1.0	kg	4.31	3.000	3.500	4.000	5.000
	研磨膏	盒	13.79	5.000	6.000	6.000	7.000
	铜丝布	m	42.07	1.200	1.200	1.400	2.000
	低碳钢焊条 J422 综合	kg	4.74	12.600	14.700	16.800	21.000
	其他材料费	元	1.00	106.49	130.76	146.23	164.61
机械	平板拖车组 40t	台班	1071.11	0.210	—	—	—
	平板拖车组 60t	台班	1360.78	—	0.315	0.350	0.560
	汽车式起重机 25t	台班	996.58	0.210	0.210	0.700	1.400
	汽车式起重机 50t	台班	2353.88	0.525	—	—	—
	汽车式起重机 100t	台班	4718.03	—	0.700	—	—
	汽车式起重机 120t	台班	7930.10	—	—	1.400	1.750
	电动空气压缩机 $6m^3$/min	台班	224.45	0.350	0.700	1.050	1.400
	弧焊机 综合	台班	66.69	3.500	5.600	7.000	8.400
	激光轴对中仪	台班	111.00	0.385	0.455	0.700	0.875

二、风机拆装检查

1. 离心式通(引)风机

计量单位:台

定额编号				1-7-60	1-7-61	1-7-62	1-7-63	1-7-64	1-7-65
项目				设备重量(t 以内)					
				0.3	0.5	0.8	1.1	1.5	2.2
基价(元)				**117.01**	**184.83**	**283.35**	**371.29**	**501.91**	**725.16**
其中	人工费(元)			105.30	169.70	263.39	345.33	471.15	678.78
	材料费(元)			11.71	15.13	19.96	25.96	30.76	46.38
	机械费(元)			—	—	—	—	—	—
	名称	单位	单价(元)	消耗量					
人工	二类人工	工日	135.00	0.780	1.257	1.951	2.558	3.490	5.028
材料	紫铜板 δ0.25~0.5	kg	58.27	0.020	0.030	0.040	0.050	0.050	0.100
	煤油	kg	3.79	1.000	1.000	1.200	1.600	2.000	2.500
	机油 综合	kg	2.91	0.200	0.300	0.400	0.500	0.800	1.000
	黄油钙基脂	kg	9.66	0.200	0.300	0.400	0.400	0.500	0.700
	铁砂布 0#~2#	张	1.03	1.000	1.000	1.000	1.500	1.500	2.000
	研磨膏	盒	13.79	0.100	0.200	0.300	0.500	0.500	1.000
	密封胶	支	5.86	0.200	0.200	0.300	0.300	0.500	0.500
	其他材料费	元	1.00	0.66	0.86	1.13	1.47	1.74	2.63

计量单位:台

定额编号				1-7-66	1-7-67	1-7-68	1-7-69	1-7-70	1-7-71
项目				设备重量(t 以内)					
				3	5	7	10	15	20
基价(元)				**997.77**	**1527.29**	**2135.01**	**3030.33**	**4120.28**	**5372.17**
其中	人工费(元)			942.17	1451.25	2036.48	2586.60	3558.06	4693.28
	材料费(元)			55.60	76.04	98.53	137.47	194.70	260.33
	机械费(元)			—	—	—	306.26	367.52	418.56
	名称	单位	单价(元)	消耗量					
人工	二类人工	工日	135.00	6.979	10.750	15.085	19.160	26.356	34.765
材料	紫铜板 δ0.25~0.5	kg	58.27	0.150	0.250	0.350	0.500	0.750	1.000
	煤油	kg	3.79	3.000	5.000	7.000	10.000	15.000	20.000
	机油 综合	kg	2.91	1.500	2.000	3.000	4.000	6.000	8.000
	黄油钙基脂	kg	9.66	0.800	1.000	1.400	2.000	3.000	4.000
	密封胶	支	5.86	0.750	1.000	1.000	1.000	1.500	2.000
	铁砂布 0#~2#	张	1.03	2.000	3.000	4.000	5.000	7.000	10.000
	研磨膏	盒	13.79	1.000	1.000	1.000	1.500	1.500	2.000
	其他材料费	元	1.00	3.15	4.30	5.58	7.78	11.02	14.74
机械	汽车式起重机 16t	台班	875.04	—	—	—	0.350	0.420	—
	汽车式起重机 25t	台班	996.58	—	—	—	—	—	0.420

2. 轴流通风机

计量单位：台

定额编号				1-7-72	1-7-73	1-7-74	1-7-75	1-7-76	1-7-77
项目				设备重量(t以内)					
				0.2	0.5	1	1.5	2	3
基价（元）				**107.33**	**201.22**	**365.84**	**544.35**	**761.98**	**1063.73**
其中	人工费（元）			95.31	184.14	343.04	514.49	717.80	1003.59
	材料费（元）			12.02	17.08	22.80	29.86	44.18	60.14
	机械费（元）			—	—	—	—	—	—
	名称	单位	单价(元)	消耗量					
人工	二类人工	工日	135.00	0.706	1.364	2.541	3.811	5.317	7.434
材料	紫铜板 δ0.25～0.5	kg	58.27	0.020	0.030	0.040	0.050	0.100	0.200
	煤油	kg	3.79	1.000	1.500	2.000	3.000	4.000	5.000
	机油 综合	kg	2.91	0.300	0.400	0.400	0.500	0.800	1.200
	黄油钙基脂	kg	9.66	0.200	0.300	0.400	0.500	0.600	0.900
	铁砂布 0#～2#	张	1.03	1.000	2.000	2.000	3.000	4.000	4.000
	研磨膏	盒	13.79	0.100	0.100	0.200	0.200	0.400	0.500
	密封胶	支	5.86	0.200	0.200	0.300	0.300	0.500	0.500
	其他材料费	元	1.00	0.68	0.97	1.29	1.69	2.50	3.40

计量单位：台

定额编号				1-7-78	1-7-79	1-7-80	1-7-81	1-7-82	1-7-83
项目				设备重量(t以内)					
				4	5	6	8	10	15
基价（元）				**1299.70**	**1594.42**	**1889.16**	**2261.32**	**3201.67**	**4397.04**
其中	人工费（元）			1219.59	1499.04	1778.49	2140.56	2750.36	3842.78
	材料费（元）			80.11	95.38	110.67	120.76	145.05	186.74
	机械费（元）			—	—	—	—	306.26	367.52
	名称	单位	单价(元)	消耗量					
人工	二类人工	工日	135.00	9.034	11.104	13.174	15.856	20.373	28.465
材料	紫铜板 δ0.25～0.5	kg	58.27	0.300	0.300	0.300	0.400	0.500	0.600
	煤油	kg	3.79	6.000	8.000	10.000	10.000	12.000	15.000
	机油 综合	kg	2.91	1.600	2.000	2.500	3.000	3.500	4.000
	密封胶	支	5.86	0.500	0.500	0.750	0.800	1.000	1.000
	黄油钙基脂	kg	9.66	1.200	1.500	1.800	2.000	2.500	3.000
	铁砂布 0#～2#	张	1.03	5.000	5.000	6.000	6.000	8.000	10.000
	研磨膏	盒	13.79	0.800	1.000	1.000	1.000	1.000	2.000
	其他材料费	元	1.00	4.53	5.40	6.26	6.84	8.21	10.57
机械	汽车式起重机 16t	台班	875.04	—	—	—	—	0.350	0.420

计量单位:台

定额编号				1-7-84	1-7-85	1-7-86	1-7-87	1-7-88	1-7-89
项目				设备重量(t 以内)					
				20	30	40	50	60	70
基价(元)				**5197.81**	**5951.59**	**7698.70**	**8938.64**	**10669.98**	**12401.36**
其中	人工费(元)			4573.26	5144.85	6707.48	7780.86	9337.01	10893.15
	材料费(元)			275.75	388.18	502.90	634.58	740.00	880.36
	机械费(元)			348.80	418.56	488.32	523.20	592.97	627.85
	名称	单位	单价(元)	消耗量					
人工	二类人工	工日	135.00	33.876	38.110	49.685	57.636	69.163	80.690
材料	紫铜板 δ0.25~0.5	kg	58.27	1.000	1.200	1.500	1.800	2.000	2.500
	煤油	kg	3.79	20.000	35.000	45.000	60.000	70.000	80.000
	机油 综合	kg	2.91	8.000	12.000	16.000	20.000	24.000	30.000
	黄油钙基脂	kg	9.66	4.000	6.000	8.000	10.000	12.000	15.000
	密封胶	支	5.86	1.250	1.500	2.000	2.000	2.000	2.000
	铁砂布 0#~2#	张	1.03	15.000	20.000	25.000	30.000	35.000	40.000
	研磨膏	盒	13.79	3.000	3.000	4.000	5.000	6.000	7.000
	其他材料费	元	1.00	15.61	21.97	28.47	35.92	41.89	49.83
机械	汽车式起重机 25t	台班	996.58	0.350	0.420	0.490	0.525	0.595	0.630

3. 回转式鼓风机

计量单位:台

定额编号				1-7-90	1-7-91	1-7-92	1-7-93
项目				设备重量(t 以内)			
				0.5	1	2	3
基价(元)				**199.95**	**368.73**	**672.91**	**1005.18**
其中	人工费(元)			184.82	344.93	628.29	948.65
	材料费(元)			15.13	23.80	44.62	56.53
	机械费(元)			—	—	—	—
	名称	单位	单价(元)	消耗量			
人工	二类人工	工日	135.00	1.369	2.555	4.654	7.027
材料	紫铜板 δ0.25~0.5	kg	58.27	0.020	0.050	0.100	0.150
	煤油	kg	3.79	1.500	2.000	4.000	5.000
	机油 综合	kg	2.91	0.300	0.500	0.800	1.200
	黄油钙基脂	kg	9.66	0.200	0.300	0.500	0.600
	铁砂布 0#~2#	张	1.03	2.000	3.000	4.000	5.000
	研磨膏	盒	13.79	0.100	0.200	0.500	0.600
	密封胶	支	5.86	0.200	0.300	0.500	0.500
	其他材料费	元	1.00	0.86	1.35	2.53	3.20

计量单位:台

定额编号					1-7-94	1-7-95	1-7-96	1-7-97
项目					设备重量(t以内)			
					5	8	12	15
基价(元)					**1619.09**	**2456.41**	**3160.20**	**4196.47**
其中	人工费(元)				1539.95	2340.77	2679.62	3609.77
	材料费(元)				79.14	115.64	174.32	219.18
	机械费(元)				—	—	306.26	367.52
名称		单位	单价(元)		消耗量			
人工	二类人工	工日	135.00		11.407	17.339	19.849	26.739
材料	紫铜板 δ0.25~0.5	kg	58.27		0.250	0.400	0.600	0.750
	煤油	kg	3.79		6.000	10.000	15.000	20.000
	机油 综合	kg	2.91		2.000	3.000	4.000	5.000
	黄油钙基脂	kg	9.66		1.000	1.500	2.000	3.000
	铁砂布 0#~2#	张	1.03		5.000	6.000	8.000	10.000
	研磨膏	盒	13.79		1.000	1.000	2.000	2.000
	密封胶	支	5.86		0.500	0.800	1.000	1.000
	其他材料费	元	1.00		4.48	6.55	9.87	12.41
机械	汽车式起重机 16t	台班	875.04		—	—	0.350	0.420

4. 离心式鼓风机

(1)离心式鼓风机(带变速器)

计量单位:台

定额编号				1-7-98	1-7-99	1-7-100	1-7-101	1-7-102
项目				设备重量(t以内)				
				0.5	1	3	5	7
基价(元)				**743.42**	**1205.68**	**1983.63**	**3008.49**	**4157.65**
其中	人工费(元)			691.88	1152.90	1922.00	2929.77	4047.98
	材料费(元)			51.54	52.78	61.63	78.72	109.67
	机械费(元)			—	—	—	—	—
名称		单位	单价(元)	消耗量				
人工	二类人工	工日	135.00	5.125	8.540	14.237	21.702	29.985
材料	紫铜板 δ0.25~0.5	kg	58.27	0.250	0.250	0.250	0.250	0.350
	煤油	kg	3.79	3.000	3.000	3.000	5.000	7.000
	机油 综合	kg	2.91	1.500	1.500	2.000	2.000	3.000
	黄油钙基脂	kg	9.66	1.000	1.000	1.000	1.200	1.500
	铁砂布 0#~2#	张	1.03	—	—	—	5.000	8.000
	密封胶	支	5.86	0.300	0.500	0.500	0.750	0.750
	研磨膏	盒	13.79	0.500	0.500	1.000	1.000	1.500
	其他材料费	元	1.00	2.92	2.99	3.49	4.46	6.21

计量单位:台

定额编号				1-7-103	1-7-104	1-7-105	1-7-106
项目				设备重量(t 以内)			
				10	15	20	25
基价(元)				**5347.06**	**6520.36**	**8502.27**	**9805.74**
其中	人工费(元)			4832.73	5859.54	7754.67	8919.99
	材料费(元)			150.24	227.71	325.07	389.57
	机械费(元)			364.09	433.11	422.53	496.18
	名称	单位	单价(元)	消耗量			
人工	二类人工	工日	135.00	35.798	43.404	57.442	66.074
材料	紫铜板 δ0.25~0.5	kg	58.27	0.500	0.750	1.000	1.250
	煤油	kg	3.79	10.000	15.000	24.000	30.000
	机油 综合	kg	2.91	4.000	6.000	10.000	13.000
	黄油钙基脂	kg	9.66	2.000	3.000	4.000	5.000
	铁砂布 0#~2#	张	1.03	10.000	20.000	25.000	30.000
	密封胶	支	5.86	1.000	1.000	1.500	1.500
	研磨膏	盒	13.79	2.000	3.000	4.000	4.000
	其他材料费	元	1.00	8.50	12.89	18.40	22.05
机械	汽车式起重机 16t	台班	875.04	0.385	0.455	—	—
	汽车式起重机 25t	台班	996.58	—	—	0.385	0.455
	激光轴对中仪	台班	111.00	0.245	0.315	0.350	0.385

(2)离心式鼓风机(不带变速器)

计量单位:台

定额编号				1-7-107	1-7-108	1-7-109	1-7-110	1-7-111	1-7-112
项目				设备重量(t 以内)					
				0.5	1.0	2.0	3.0	4.0	5.0
基价(元)				**329.34**	**625.31**	**1071.73**	**1503.54**	**1987.83**	**2349.44**
其中	人工费(元)			314.15	601.97	1033.83	1446.12	1910.66	2264.09
	材料费(元)			15.19	23.34	37.90	57.42	77.17	85.35
	机械费(元)			—	—	—	—	—	—
	名称	单位	单价(元)	消耗量					
人工	二类人工	工日	135.00	2.327	4.459	7.658	10.712	14.153	16.771
材料	紫铜板 δ0.25~0.5	kg	58.27	0.030	0.050	0.100	0.150	0.250	0.250
	煤油	kg	3.79	1.000	1.600	2.500	4.000	5.000	6.000
	机油 综合	kg	2.91	0.300	0.400	1.000	1.200	2.000	2.000
	黄油钙基脂	kg	9.66	0.200	0.300	0.600	0.900	1.200	1.500
	铁砂布 0#~2#	张	1.03	2.000	3.000	3.000	4.000	5.000	6.000
	研磨膏	盒	13.79	0.200	0.300	0.500	0.800	1.000	1.000
	密封胶	支	5.86	0.200	0.300	0.300	0.500	0.500	0.500
	其他材料费	元	1.00	0.86	1.32	2.15	3.25	4.37	4.83

计量单位:台

定额编号				1-7-113	1-7-114	1-7-115	1-7-116	1-7-117
项目				设备重量(t以内)				
				7.0	10	15	20	30
基价(元)				**3783.33**	**4649.71**	**6229.05**	**7670.14**	**9630.04**
其中	人工费(元)			3670.92	4155.03	5627.34	7001.51	8800.92
	材料费(元)			112.41	161.22	203.11	284.86	375.59
	机械费(元)			—	333.46	398.60	383.77	453.53
名称		单位	单价(元)	消耗量				
人工	二类人工	工日	135.00	27.192	30.778	41.684	51.863	65.192
材料	紫铜板 δ0.25~0.5	kg	58.27	0.350	0.500	0.750	0.800	1.200
	煤油	kg	3.79	8.000	12.000	16.000	25.000	35.000
	密封胶	支	5.86	0.500	1.000	1.000	2.000	2.000
	机油 综合	kg	2.91	2.800	4.000	5.000	8.000	12.000
	黄油钙基脂	kg	9.66	1.800	2.500	3.000	4.000	5.000
	铁砂布 0#~2#	张	1.03	6.000	8.000	10.000	12.000	15.000
	研磨膏	盒	13.79	1.500	2.000	2.000	3.000	3.000
	其他材料费	元	1.00	6.36	9.13	11.50	16.12	21.26
机械	汽车式起重机 16t	台班	875.04	—	0.350	0.420	—	—
	汽车式起重机 25t	台班	996.58	—	—	—	0.350	0.420
	激光轴对中仪	台班	111.00	—	0.245	0.280	0.315	0.315

计量单位:台

定额编号				1-7-118	1-7-119	1-7-120	1-7-121
项目				设备重量(t以内)			
				40	60	90	120
基价(元)				**10929.87**	**13928.68**	**18225.03**	**24241.28**
其中	人工费(元)			9887.13	12619.13	16647.26	22130.01
	材料费(元)			515.57	704.85	887.76	1209.71
	机械费(元)			527.17	604.70	690.01	901.56
名称		单位	单价(元)	消耗量			
人工	二类人工	工日	135.00	73.238	93.475	123.313	163.926
材料	紫铜板 δ0.25~0.5	kg	58.27	1.800	2.000	2.500	3.000
	煤油	kg	3.79	50.000	80.000	100.000	150.000
	机油 综合	kg	2.91	16.000	25.000	30.000	40.000
	黄油钙基脂	kg	9.66	6.000	6.000	9.000	12.000
	密封胶	支	5.86	2.000	2.500	2.500	3.000
	铁砂布 0#~2#	张	1.03	20.000	30.000	40.000	50.000
	研磨膏	盒	13.79	4.000	5.000	6.000	7.000
	其他材料费	元	1.00	29.18	39.90	50.25	68.47
机械	汽车式起重机 25t	台班	996.58	0.490	0.560	0.630	—
	汽车式起重机 50t	台班	2353.88	—	—	—	0.350
	激光轴对中仪	台班	111.00	0.350	0.420	0.560	0.700

第八章
泵 安 装

说　　明

一、本章内容包括离心泵、旋涡泵、电动往复泵、柱塞泵、蒸汽往复泵、计量泵、螺杆泵及齿轮油泵、真空泵、屏蔽泵的安装与拆装检查及乙二醇泵的安装。

1. 离心式泵的安装与拆装检查。

(1)单级离心水泵、离心式耐腐蚀泵、多级离心泵、锅炉给水泵、冷凝水泵、热循环泵。

(2)离心油泵。

(3)离心式杂质泵。

(4)离心式深水泵、深井泵。

(5)DB 型高硅铁离心泵。

(6)蒸汽离心泵。

2. 旋涡泵的安装与拆装检查。

3. 往复泵的安装与拆装检查。

(1)电动往复泵:一般电动往复泵、高压柱塞泵(3～4 柱塞)、电动往复泵、高压柱塞泵(6～24 柱塞)。

(2)蒸汽往复泵:一般蒸汽往复泵、蒸汽往复油泵。

(3)计量泵。

4. 转子泵的安装与拆装检查。

(1)螺杆泵。

(2)齿轮油泵。

5. 真空泵的安装与拆装检查。

6. 屏蔽泵(轴流泵与螺旋泵)的安装与拆装检查。

7. 乙二醇泵的安装。

二、本章包括以下工作内容:

1. 泵的安装:包括设备开箱检验、基础处理、垫铁设置、泵设备本体及附件(底座、电动机、联轴器、皮带等)吊装就位、找平找正、垫铁点焊、单机试车、配合检查验收。

2. 泵的拆装检查:包括设备本体及部件以及第一个阀门以内的管道等拆卸、清洗、检查、刮研、换油、调间隙、找正、找平、找中心、记录、组装复原、配合检查验收。

3. 设备本体与本体联体的附件、管道、滤网、润滑冷却装置的清洗、组装。

4. 离心式深水泵的泵体吸水管、滤水网安装及扬水管与平面的垂直度测量。

5. 联轴器、皮带安装。

三、本章不包括以下工作内容:

1. 底座、联轴器、键的制作。

2. 泵排水管道组对安装。

3. 电动机的检查、干燥、配线、调试等。

4. 试运转时所需排水的附加工程(如修筑水沟、接排水管等)。

5. 设备本体以外的各种管道的检查、试验等工作。

6. 减振器、减振台的安装。

四、相关说明。

1. 潜水排污泵。

(1)固定自耦式潜水排污泵安装,采用膨胀螺栓固定在污水池(集水坑底部)。

(2)移动式潜水排污泵安装,是直接放置在污水池(集水坑)底部。

2. 高速泵安装按离心式油泵安装子目人工、机械乘以系数 1.2,拆装检查时按离心式油泵拆检子目乘以系数 2.0。

3. 深水泵橡胶轴与连接吸水管的螺栓按设备带有考虑。

4. 乙二醇泵的拆装检查执行单级离心泵拆装检查的相应定额子目。

工程量计算规则

一、泵安装以“台”为计量单位,以设备重量“t”分列定额子目。DB 型高硅铁离心泵以“台”为计量单位,按不同的设备型号分列定额子目。

二、直联式泵按泵本体、电动机以及底座的总重量。

三、非直联式泵按泵本体及底座的总重量计算。不包括电动机重量,但包括电动机的安装。

四、离心式深水泵按本体、电动机、底座及吸水管的总重量计算。

一、泵类设备安装

1. 离　心　泵

(1)单级离心水泵及离心式耐腐蚀泵

计量单位:台

定额编号				1-8-1	1-8-2	1-8-3	1-8-4	1-8-5	1-8-6
项目				设备重量(t 以内)					
				0.2	0.5	1.0	3.0	5.0	8.0
基价(元)				**382.14**	**537.10**	**721.90**	**1455.58**	**2236.17**	**3067.93**
其中	人工费(元)			267.71	413.64	537.98	1144.94	1540.76	2193.35
	材料费(元)			81.13	90.16	121.99	182.12	270.48	378.32
	机械费(元)			33.30	33.30	61.93	128.52	424.93	496.26
名称		单位	单价(元)	消耗量					
人工	二类人工	工日	135.00	1.983	3.064	3.985	8.481	11.413	16.247
材料	泵类设备	台	—	(1.000)	(1.000)	(1.000)	(1.000)	(1.000)	(1.000)
	平垫铁 综合	kg	3.78	4.500	4.500	5.625	8.460	14.160	19.320
	斜垫铁 综合	kg	8.62	4.464	4.464	5.580	7.500	12.600	17.150
	热轧薄钢板 Q235B 综合	kg	3.97	0.200	0.300	0.400	0.450	0.500	0.600
	木板	m^3	1667.00	0.003	0.006	0.009	0.019	0.025	0.040
	煤油	kg	3.79	0.560	0.788	0.945	1.890	2.625	3.570
	机油 综合	kg	2.91	0.410	0.606	0.859	1.364	1.515	1.818
	黄油钙基脂	kg	9.66	0.150	0.202	0.556	0.909	0.909	1.303
	氧气	m^3	3.62	0.133	0.204	0.204	0.408	0.510	0.673
	乙炔气	kg	7.60	0.045	0.068	0.068	0.136	0.170	0.224
	砂纸	张	0.52	2.000	2.000	4.000	5.000	6.000	7.000
	紫铜板 综合	kg	58.27	0.050	0.060	0.150	0.200	0.250	0.400
	金属滤网	m^2	15.95	0.063	0.065	0.068	0.070	0.090	0.100
	石棉板衬垫	kg	51.72	0.125	0.130	0.135	0.140	0.180	0.200
	低碳钢焊条 J422 综合	kg	4.74	0.100	0.126	0.189	0.357	0.441	0.620
	其他材料费	元	1.00	2.36	2.63	3.55	5.30	7.88	11.02
机械	载货汽车 10t	台班	476.15	—	—	—	—	0.210	0.350
	叉式起重机 5t	台班	409.00	0.070	0.070	0.140	0.280	—	—
	汽车式起重机 16t	台班	875.04	—	—	—	—	0.350	0.350
	弧焊机 综合	台班	66.69	0.070	0.070	0.070	0.210	0.280	0.350

计量单位:台

定额编号			1-8-7	1-8-8	1-8-9	1-8-10
项目			设备重量(t 以内)			
			12	17	23	30
基价(元)			**3993.51**	**5189.74**	**7542.97**	**9195.46**
其中	人工费(元)		2826.63	3313.04	4312.17	5013.90
	材料费(元)		502.26	863.27	957.20	1122.82
	机械费(元)		664.62	1013.43	2273.60	3058.74
名称	单位	单价(元)	消耗量			
人工 二类人工	工日	135.00	20.938	24.541	31.942	37.140
材料 泵类设备	台	—	(1.000)	(1.000)	(1.000)	(1.000)
平垫铁 综合	kg	3.78	24.840	49.720	54.240	63.280
斜垫铁 综合	kg	8.62	22.050	44.440	48.480	56.560
热轧薄钢板 Q235B 综合	kg	3.97	0.700	0.760	0.800	0.900
木板	m^3	1667.00	0.056	0.076	0.088	0.100
道木	m^3	1034.00	0.010	0.010	0.012	0.017
煤油	kg	3.79	4.095	4.830	5.040	5.460
机油 综合	kg	2.91	2.172	2.525	2.727	2.929
黄油钙基脂	kg	9.66	1.535	1.697	1.737	1.778
氧气	m^3	3.62	0.673	0.673	1.020	1.530
乙炔气	kg	7.60	0.224	0.224	0.340	0.510
石棉板衬垫	kg	51.72	0.240	0.300	0.360	0.400
紫铜板 综合	kg	58.27	0.600	0.950	1.100	1.500
金属滤网	m^2	15.95	0.120	0.150	0.180	0.200
砂纸	张	0.52	8.000	9.000	10.000	10.000
低碳钢焊条 J422 综合	kg	4.74	0.620	0.620	0.683	0.683
其他材料费	元	1.00	14.63	25.14	27.88	32.70
机械 平板拖车组 20t	台班	835.65	0.350	0.350	—	—
平板拖车组 40t	台班	1071.11	—	—	0.490	0.700
汽车式起重机 25t	台班	996.58	0.350	0.700	—	—
汽车式起重机 50t	台班	2353.88	—	—	0.700	—
汽车式起重机 75t	台班	3154.17	—	—	—	0.700
弧焊机 综合	台班	66.69	0.350	0.350	0.350	0.350
激光轴对中仪	台班	111.00	—	—	0.700	0.700

(2)小型潜水排污泵

计量单位:台

定额编号				1-8-11	1-8-12
项目				固定自耦式	移动式
				设备重量(t 以内)	
				0.5	
基价(元)				**101.32**	**33.28**
其中	人工费(元)			78.57	19.31
	材料费(元)			9.92	2.64
	机械费(元)			12.83	11.33
名称		单位	单价(元)	消耗量	
人工	二类人工	工日	135.00	0.582	0.143
材料	泵类设备	台	—	(1.000)	(1.000)
	热轧薄钢板 Q235B 综合	kg	3.97	0.080	—
	镀锌圆钢 $\phi16$	m	7.38	0.330	0.330
	金属膨胀螺栓 M16	套	1.34	4.120	—
	其他材料费	元	1.00	1.65	0.20
机械	载货汽车 4t	台班	369.21	0.030	0.030
	其他机械费	元	1.00	1.75	0.25

(3)多级离心泵

计量单位:台

定额编号				1-8-13	1-8-14	1-8-15	1-8-16	1-8-17
项目				设备重量(t以内)				
				0.3	0.5	1.0	3.0	5.0
基价(元)				798.43	584.90	751.76	1497.80	2790.81
其中	人工费(元)			339.26	452.66	562.14	1185.98	1899.99
	材料费(元)			87.90	94.27	123.02	183.30	356.69
	机械费(元)			371.27	37.97	66.60	128.52	534.13
名称		单位	单价(元)	消耗量				
人工	二类人工	工日	135.00	2.513	3.353	4.164	8.785	14.074
材料	泵类设备	台	—	(1.000)	(1.000)	(1.000)	(1.000)	(1.000)
	平垫铁 综合	kg	3.78	4.500	4.500	5.625	8.460	19.320
	斜垫铁 综合	kg	8.62	4.464	4.464	5.580	7.500	17.150
	热轧薄钢板 Q235B 综合	kg	3.97	0.120	0.160	0.200	0.260	0.400
	木板	m^3	1667.00	0.004	0.006	0.009	0.016	0.030
	煤油	kg	3.79	1.300	1.418	1.733	3.150	4.410
	机油 综合	kg	2.91	0.600	0.859	0.980	1.485	1.970
	黄油钙基脂	kg	9.66	0.200	0.232	0.404	0.717	1.101
	氧气	m^3	3.62	0.204	0.275	0.347	0.765	0.765
	乙炔气	kg	7.60	0.068	0.092	0.115	0.255	0.255
	金属滤网	m^2	15.95	0.063	0.065	0.068	0.070	0.090
	砂纸	张	0.52	2.000	2.000	4.000	5.000	6.000
	紫铜板 综合	kg	58.27	0.050	0.060	0.120	0.200	0.250
	石棉板衬垫	kg	51.72	0.125	0.125	0.130	0.135	0.180
	低碳钢焊条 J422 综合	kg	4.74	0.300	0.326	0.410	0.714	0.735
	道木	m^3	1034.00	—	—	—	—	0.004
	其他材料费	元	1.00	2.56	2.75	3.58	5.34	10.39
机械	叉式起重机 5t	台班	409.00	0.070	0.070	0.140	0.280	—
	弧焊机 综合	台班	66.69	0.140	0.140	0.140	0.210	0.280
	载货汽车 10t	台班	476.15	0.700	—	—	—	0.350
	汽车式起重机 25t	台班	996.58	—	—	—	—	0.350

计量单位:台

定额编号				1-8-18	1-8-19	1-8-20	1-8-21	1-8-22
项目				设备重量(t 以内)				
				8.0	10	15	20	25
基价(元)				**3636.32**	**5477.03**	**6641.41**	**9615.33**	**11636.80**
其中	人工费(元)			2629.67	4086.32	5023.08	6426.14	7445.12
	材料费(元)			467.85	766.66	907.02	1018.86	1287.85
	机械费(元)			538.80	624.05	711.31	2170.33	2903.83
名称		单位	单价(元)	消耗量				
人工	二类人工	工日	135.00	19.479	30.269	37.208	47.601	55.149
材料	泵类设备	台	—	(1.000)	(1.000)	(1.000)	(1.000)	(1.000)
	平垫铁 综合	kg	3.78	24.840	45.200	49.720	54.240	67.800
	斜垫铁 综合	kg	8.62	22.050	40.400	44.440	48.480	60.600
	热轧薄钢板 Q235B 综合	kg	3.97	0.450	0.800	1.200	1.600	2.000
	木板	m^3	1667.00	0.035	0.038	0.044	0.050	0.063
	煤油	kg	3.79	5.880	10.500	15.750	21.000	26.250
	机油 综合	kg	2.91	2.828	3.030	3.535	4.040	6.060
	黄油钙基脂	kg	9.66	1.869	2.020	2.222	2.525	2.828
	氧气	m^3	3.62	1.530	3.060	6.120	6.450	6.840
	乙炔气	kg	7.60	0.510	1.020	2.040	2.150	2.280
	金属滤网	m^2	15.95	0.100	0.120	0.150	0.200	0.220
	砂纸	张	0.52	7.000	8.000	9.000	10.000	10.000
	紫铜板 综合	kg	58.27	0.400	0.600	0.950	1.100	2.000
	石棉板衬垫	kg	51.72	0.200	0.240	0.300	0.360	0.040
	低碳钢焊条 J422 综合	kg	4.74	1.050	1.680	2.100	2.625	3.360
	道木	m^3	1034.00	0.008	0.010	0.014	0.017	0.028
	其他材料费	元	1.00	13.63	22.33	26.42	29.68	37.51
机械	弧焊机 综合	台班	66.69	0.350	0.700	1.050	1.050	1.400
	平板拖车组 20t	台班	835.65	—	—	0.350	—	—
	平板拖车组 40t	台班	1071.11	—	—	—	0.350	0.490
	载货汽车 10t	台班	476.15	0.350	—	—	—	—
	载货汽车 15t	台班	653.04	—	0.350	—	—	—
	汽车式起重机 25t	台班	996.58	0.350	0.350	0.350	—	—
	汽车式起重机 50t	台班	2353.88	—	—	—	0.700	—
	汽车式起重机 75t	台班	3154.17	—	—	—	—	0.700
	激光轴对中仪	台班	111.00	—	—	—	0.700	0.700

(4)锅炉给水泵、冷凝水泵、热循环水泵

计量单位:台

定额编号				1-8-23	1-8-24	1-8-25	1-8-26
项目				设备重量(t以内)			
				0.5	1.0	3.5	5.0
基　价　(元)				**595.02**	**749.68**	**1650.11**	**2404.59**
其中	人工费(元)			456.03	572.94	1359.05	1686.15
	材料费(元)			105.69	114.81	157.87	288.84
	机械费(元)			33.30	61.93	133.19	429.60
名称		单位	单价(元)	消耗量			
人工	二类人工	工日	135.00	3.378	4.244	10.067	12.490
材料	泵类设备	台	—	(1.000)	(1.000)	(1.000)	(1.000)
	平垫铁 综合	kg	3.78	5.625	5.625	7.050	16.560
	斜垫铁 综合	kg	8.62	5.580	5.580	6.250	14.700
	热轧薄钢板 Q235B 综合	kg	3.97	0.080	0.120	0.180	0.190
	木板	m^3	1667.00	0.006	0.009	0.019	0.025
	煤油	kg	3.79	1.103	1.197	1.785	2.100
	机油 综合	kg	2.91	0.970	1.212	1.818	2.071
	黄油钙基脂	kg	9.66	0.131	0.222	0.303	0.404
	氧气	m^3	3.62	0.275	0.347	0.561	0.765
	乙炔气	kg	7.60	0.092	0.115	0.187	0.255
	石棉板衬垫	kg	51.72	0.125	0.130	0.135	0.140
	金属滤网	m^2	15.95	0.063	0.065	0.068	0.070
	紫铜板 综合	kg	58.27	0.050	0.060	0.150	0.200
	砂纸	张	0.52	2.000	2.000	4.000	5.000
	低碳钢焊条 J422 综合	kg	4.74	0.326	0.420	0.641	0.735
	其他材料费	元	1.00	3.08	3.34	4.60	8.41
机械	叉式起重机 5t	台班	409.00	0.070	0.140	0.280	—
	载货汽车 10t	台班	476.15	—	—	—	0.210
	汽车式起重机 16t	台班	875.04	—	—	—	0.350
	弧焊机 综合	台班	66.69	0.070	0.070	0.280	0.350

计量单位:台

定额编号				1-8-27	1-8-28	1-8-29	1-8-30	1-8-31
项目				设备重量(t 以内)				
				7.0	10	15	20	25
基价(元)				2648.25	4139.80	5206.96	9133.67	10862.70
其中	人工费(元)			1917.41	2928.56	3697.25	6141.29	6951.29
	材料费(元)			301.24	610.53	821.75	923.09	1131.96
	机械费(元)			429.60	600.71	687.96	2069.29	2779.45
名称		单位	单价(元)	消耗量				
人工	二类人工	工日	135.00	14.203	21.693	27.387	45.491	51.491
材料	泵类设备	台	—	(1.000)	(1.000)	(1.000)	(1.000)	(1.000)
	平垫铁 综合	kg	3.78	16.560	36.160	49.720	54.240	67.800
	斜垫铁 综合	kg	8.62	14.700	32.320	44.440	48.480	60.600
	热轧薄钢板 Q235B 综合	kg	3.97	0.250	0.300	0.400	0.450	0.530
	木板	m^3	1667.00	0.025	0.038	0.038	0.040	0.050
	煤油	kg	3.79	3.150	3.675	5.250	5.430	6.230
	机油 综合	kg	2.91	2.424	3.030	3.535	3.920	4.380
	黄油钙基脂	kg	9.66	0.505	0.808	1.010	1.100	1.370
	氧气	m^3	3.62	0.765	3.060	6.120	6.450	6.840
	乙炔气	kg	7.60	0.255	1.020	2.040	3.140	4.130
	石棉板衬垫	kg	51.72	0.180	0.200	0.240	0.300	0.360
	金属滤网	m^2	15.95	0.090	0.100	0.120	0.150	0.200
	紫铜板 综合	kg	58.27	0.250	0.400	0.600	0.950	1.100
	砂纸	张	0.52	6.000	7.000	8.000	9.000	10.000
	低碳钢焊条 J422 综合	kg	4.74	0.735	0.840	1.050	1.270	1.480
	道木	m^3	1034.00	—	0.020	0.025	0.030	0.030
	其他材料费	元	1.00	8.77	17.78	23.93	26.89	32.97
机械	弧焊机 综合	台班	66.69	0.350	0.350	0.700	0.700	0.700
	汽车式起重机 16t	台班	875.04	0.350	—	—	—	—
	汽车式起重机 25t	台班	996.58	—	0.350	0.350	—	—
	汽车式起重机 50t	台班	2353.88	—	—	—	0.700	—
	汽车式起重机 75t	台班	3154.17	—	—	—	—	0.700
	平板拖车组 20t	台班	835.65	—	—	0.350	—	—
	平板拖车组 40t	台班	1071.11	—	—	—	0.350	0.490
	载货汽车 10t	台班	476.15	0.210	—	—	—	—
	载货汽车 15t	台班	653.04	—	0.350	—	—	—

(5)离心式油泵

计量单位:台

定额编号				1-8-32	1-8-33	1-8-34	1-8-35	1-8-36
项目				设备重量(t以内)				
				0.5	1.0	3.0	5.0	7.0
基价(元)				**707.92**	**1000.11**	**2206.72**	**3202.36**	**3775.68**
其中	人工费(元)			550.53	794.61	1887.30	2450.39	2989.85
	材料费(元)			124.09	143.57	186.23	322.37	356.23
	机械费(元)			33.30	61.93	133.19	429.60	429.60
名称		单位	单价(元)	消耗量				
人工	二类人工	工日	135.00	4.078	5.886	13.980	18.151	22.147
材料	泵类设备	台	—	(1.000)	(1.000)	(1.000)	(1.000)	(1.000)
	平垫铁 综合	kg	3.78	5.625	5.625	7.050	16.560	16.560
	斜垫铁 综合	kg	8.62	5.580	5.580	6.250	14.700	14.700
	热轧薄钢板 Q235B 综合	kg	3.97	0.180	0.200	0.230	0.260	0.320
	紫铜电焊条 T107 ϕ3.2	kg	78.02	0.100	0.160	0.200	0.220	0.260
	铜焊粉 气剂 301 瓶装	kg	30.17	0.050	0.080	0.100	0.110	0.130
	木板	m^3	1667.00	0.006	0.008	0.011	0.014	0.019
	煤油	kg	3.79	1.680	2.562	2.940	3.675	4.410
	机油 综合	kg	2.91	0.879	1.212	1.515	1.919	2.424
	黄油钙基脂	kg	9.66	0.465	0.707	1.656	2.091	2.666
	氧气	m^3	3.62	0.224	0.388	0.520	0.612	0.877
	乙炔气	kg	7.60	0.074	0.130	0.173	0.204	0.293
	聚酯乙烯泡沫塑料	kg	18.62	0.022	0.055	0.110	0.165	0.220
	青壳纸 δ0.1~1.0	kg	4.31	0.840	0.980	1.100	1.500	1.800
	砂纸	张	0.52	2.000	2.000	4.000	5.000	6.000
	金属滤网	m^2	15.95	0.063	0.065	0.068	0.070	0.090
	紫铜板 综合	kg	58.27	0.050	0.060	0.150	0.200	0.250
	石棉板衬垫	kg	51.72	0.125	0.130	0.135	0.140	0.180
	低碳钢焊条 J422 综合	kg	4.74	0.179	0.210	0.420	0.672	0.882
	其他材料费	元	1.00	3.61	4.18	5.42	9.39	10.38
机械	叉式起重机 5t	台班	409.00	0.070	0.140	0.280	—	—
	载货汽车 10t	台班	476.15	—	—	—	0.210	0.210
	汽车式起重机 16t	台班	875.04	—	—	—	0.350	0.350
	弧焊机 综合	台班	66.69	0.070	0.070	0.280	0.350	0.350

计量单位:台

定额编号					1-8-37	1-8-38	1-8-39	1-8-40
项目					设备重量(t 以内)			
					10	15	20	25
基价(元)					**5499.31**	**6612.88**	**8932.51**	**10861.23**
其中	人工费(元)				3886.52	4625.78	5347.62	6279.26
	材料费(元)				1012.08	1308.47	1524.94	1802.52
	机械费(元)				600.71	678.63	2059.95	2779.45
名称		单位	单价(元)		消耗量			
人工	二类人工	工日	135.00		28.789	34.265	39.612	46.513
材料	泵类设备	台	—		(1.000)	(1.000)	(1.000)	(1.000)
	平垫铁 综合	kg	3.78		36.160	49.720	54.240	67.800
	斜垫铁 综合	kg	8.62		32.320	44.440	48.480	60.600
	热轧薄钢板 Q235B 综合	kg	3.97		0.400	0.440	0.480	0.540
	紫铜电焊条 T107 ϕ3.2	kg	78.02		0.300	0.340	0.380	0.420
	铜焊粉 气剂 301 瓶装	kg	30.17		0.150	0.170	0.220	0.280
	木板	m^3	1667.00		0.250	0.310	0.380	0.440
	煤油	kg	3.79		4.620	4.800	5.600	0.680
	机油 综合	kg	2.91		3.150	3.850	4.120	4.860
	黄油钙基脂	kg	9.66		3.160	3.890	4.150	4.620
	氧气	m^3	3.62		0.972	1.020	1.440	1.800
	乙炔气	kg	7.60		0.345	0.422	0.560	0.670
	聚酯乙烯泡沫塑料	kg	18.62		0.305	0.379	0.402	0.530
	青壳纸 δ0.1~1.0	kg	4.31		2.000	2.200	2.400	2.600
	砂纸	张	0.52		7.000	8.000	9.000	10.000
	金属滤网	m^2	15.95		0.100	0.120	0.150	0.200
	紫铜板 综合	kg	58.27		0.400	0.600	0.950	1.100
	石棉板衬垫	kg	51.72		0.200	0.240	0.300	0.360
	低碳钢焊条 J422 综合	kg	4.74		0.954	1.120	1.560	1.980
	其他材料费	元	1.00		29.48	38.11	44.42	52.50
机械	载货汽车 15t	台班	653.04		0.350	—	—	—
	平板拖车组 20t	台班	835.65		—	0.350	—	—
	平板拖车组 40t	台班	1071.11		—	—	0.350	0.490
	汽车式起重机 25t	台班	996.58		0.350	0.350	—	—
	汽车式起重机 50t	台班	2353.88		—	—	0.700	—
	汽车式起重机 75t	台班	3154.17		—	—	—	0.700
	弧焊机 综合	台班	66.69		0.350	0.560	0.560	0.700

(6)离心式杂质泵

计量单位:台

定额编号				1-8-41	1-8-42	1-8-43	1-8-44
项目				设备重量(t以内)			
				0.5	1.0	3.0	5.0
基价(元)				**640.50**	**858.51**	**1385.94**	**2744.64**
其中	人工费(元)			503.15	679.86	1105.38	1980.32
	材料费(元)			104.05	116.72	156.70	334.72
	机械费(元)			33.30	61.93	123.86	429.60
名称		单位	单价(元)	消耗量			
人工	二类人工	工日	135.00	3.727	5.036	8.188	14.669
材料	泵类设备	台	—	(1.000)	(1.000)	(1.000)	(1.000)
	平垫铁 综合	kg	3.78	5.625	5.625	7.050	19.320
	斜垫铁 综合	kg	8.62	5.580	5.580	6.250	17.150
	热轧薄钢板 Q235B 综合	kg	3.97	0.170	0.190	0.380	0.480
	木板	m^3	1667.00	0.005	0.008	0.015	0.026
	煤油	kg	3.79	0.840	1.575	2.258	2.993
	机油 综合	kg	2.91	1.061	1.465	2.020	2.424
	黄油钙基脂	kg	9.66	0.303	0.505	0.808	1.010
	氧气	m^3	3.62	0.184	0.214	0.459	0.765
	乙炔气	kg	7.60	0.061	0.071	0.153	0.255
	砂纸	张	0.52	2.000	2.000	4.000	5.000
	金属滤网	m^2	15.95	0.063	0.065	0.068	0.070
	紫铜板 综合	kg	58.27	0.050	0.060	0.150	0.200
	石棉板衬垫	kg	51.72	0.125	0.130	0.135	0.140
	低碳钢焊条 J422 综合	kg	4.74	0.189	0.242	0.242	0.714
	其他材料费	元	1.00	3.03	3.40	4.56	9.75
机械	叉式起重机 5t	台班	409.00	0.070	0.140	0.280	—
	载货汽车 10t	台班	476.15	—	—	—	0.210
	汽车式起重机 16t	台班	875.04	—	—	—	0.350
	弧焊机 综合	台班	66.69	0.070	0.070	0.140	0.350

计量单位:台

定额编号				1-8-45	1-8-46	1-8-47
项目				设备重量(t 以内)		
				10	15	20
基价(元)				**3992.42**	**6410.58**	**9934.59**
其中	人工费(元)			2762.78	4798.98	6683.58
	材料费(元)			628.93	923.64	1104.02
	机械费(元)			600.71	687.96	2146.99
名称		单位	单价(元)	消耗量		
人工	二类人工	工日	135.00	20.465	35.548	49.508
材料	泵类设备	台	—	(1.000)	(1.000)	(1.000)
	平垫铁 综合	kg	3.78	36.160	49.720	52.240
	斜垫铁 综合	kg	8.62	32.320	44.440	48.480
	热轧薄钢板 Q235B 综合	kg	3.97	0.660	1.600	2.400
	木板	m^3	1667.00	0.056	0.088	0.125
	煤油	kg	3.79	3.675	10.500	16.800
	机油 综合	kg	2.91	2.828	3.636	5.050
	黄油钙基脂	kg	9.66	1.515	1.818	2.020
	氧气	m^3	3.62	0.867	3.060	6.120
	乙炔气	kg	7.60	0.289	1.020	2.040
	砂纸	张	0.52	8.000	9.000	10.000
	金属滤网	m^2	15.95	0.120	0.150	0.200
	紫铜板 综合	kg	58.27	0.600	0.950	1.100
	石棉板衬垫	kg	51.72	0.240	0.300	0.360
	低碳钢焊条 J422 综合	kg	4.74	0.798	1.680	2.520
	其他材料费	元	1.00	18.32	26.90	32.16
机械	载货汽车 15t	台班	653.04	0.350	—	—
	平板拖车组 20t	台班	835.65	—	0.350	—
	平板拖车组 40t	台班	1071.11	—	—	0.350
	汽车式起重机 25t	台班	996.58	0.350	0.350	—
	汽车式起重机 50t	台班	2353.88	—	—	0.700
	弧焊机 综合	台班	66.69	0.350	0.700	0.700
	激光轴对中仪	台班	111.00	—	—	0.700

(7)离心式深水泵

计量单位:台

定额编号				1-8-48	1-8-49	1-8-50	1-8-51	1-8-52
项目				设备重量(t以内)				
				1.0	2.0	4.0	6.0	8.0
基价(元)				2057.98	2380.62	3478.35	4278.22	5248.53
其中	人工费(元)			1786.73	2068.20	2783.57	3501.50	4356.72
	材料费(元)			118.76	159.93	269.85	347.12	438.87
	机械费(元)			152.49	152.49	424.93	429.60	452.94
	名称	单位	单价(元)	消耗量				
人工	二类人工	工日	135.00	13.235	15.320	20.619	25.937	32.272
材料	泵类设备	台	—	(1.000)	(1.000)	(1.000)	(1.000)	(1.000)
	平垫铁 综合	kg	3.78	5.625	8.460	16.560	19.320	22.080
	斜垫铁 综合	kg	8.62	5.580	7.500	14.700	17.150	19.600
	热轧薄钢板 Q235B 综合	kg	3.97	0.160	0.190	0.260	0.330	2.000
	木板	m^3	1667.00	0.004	0.006	0.008	0.009	0.013
	煤油	kg	3.79	3.413	3.780	4.200	4.883	6.300
	机油 综合	kg	2.91	1.111	1.212	1.566	2.071	3.535
	黄油钙基脂	kg	9.66	0.717	0.818	1.111	1.515	1.818
	氧气	m^3	3.62	0.275	0.275	0.479	0.898	1.530
	乙炔气	kg	7.60	0.092	0.092	0.160	0.299	0.510
	砂纸	张	0.52	2.000	4.000	5.000	8.000	9.000
	金属滤网	m^2	15.95	0.065	0.068	0.070	0.120	0.150
	紫铜板 综合	kg	58.27	0.060	0.150	0.200	0.600	0.950
	石棉板衬垫	kg	51.72	0.130	0.135	0.140	0.240	0.300
	低碳钢焊条 J422 综合	kg	4.74	0.326	0.326	0.326	0.357	1.050
	其他材料费	元	1.00	3.46	4.66	7.86	10.11	12.78
机械	载货汽车 10t	台班	476.15	—	—	0.210	0.210	0.210
	叉式起重机 5t	台班	409.00	0.350	0.350	—	—	—
	汽车式起重机 16t	台班	875.04	—	—	0.350	0.350	0.350
	弧焊机 综合	台班	66.69	0.140	0.140	0.280	0.350	0.700

(8) DB 型高硅铁离心泵

计量单位:台

定额编号				1-8-53	1-8-54	1-8-55	1-8-56	1-8-57	1-8-58
项目				设备型号					
				DB25G－41	DB50G－40	DB65－40	DBG80－60	DBG100－35	DB150－35
基价(元)				717.74	925.33	1120.17	1283.62	1963.06	2362.01
其中	人工费(元)			432.00	638.69	824.18	973.62	1228.91	1598.54
	材料费(元)			119.25	120.15	129.50	143.51	304.55	333.87
	机械费(元)			166.49	166.49	166.49	166.49	429.60	429.60
	名称	单位	单价(元)	消耗量					
人工	二类人工	工日	135.00	3.200	4.731	6.105	7.212	9.103	11.841
材料	泵类设备	台	—	(1.000)	(1.000)	(1.000)	(1.000)	(1.000)	(1.000)
	平垫铁 综合	kg	3.78	5.625	5.625	5.625	5.625	16.560	16.560
	斜垫铁 综合	kg	8.62	5.580	5.580	5.580	5.580	14.700	14.700
	木板	m^3	1667.00	0.006	0.006	0.006	0.008	0.008	0.008
	煤油	kg	3.79	1.050	1.050	1.050	1.575	2.100	3.150
	机油 综合	kg	2.91	0.303	0.303	0.303	0.505	1.010	1.010
	黄油钙基脂	kg	9.66	0.202	0.202	0.202	0.303	0.505	0.505
	氧气	m^3	3.62	2.550	2.550	2.550	3.060	3.060	3.060
	乙炔气	kg	7.60	0.850	0.850	0.850	1.000	1.020	1.020
	砂纸	张	0.52	2.000	2.000	4.000	5.000	8.000	9.000
	金属滤网	m^2	15.95	0.063	0.065	0.068	0.070	0.120	0.150
	紫铜板 综合	kg	58.27	0.050	0.060	0.150	0.200	0.600	0.950
	石棉板衬垫	kg	51.72	0.125	0.130	0.135	0.140	0.240	0.300
	低碳钢焊条 J422 综合	kg	4.74	0.525	0.525	1.050	1.050	1.050	1.050
	其他材料费	元	1.00	3.47	3.50	3.77	4.18	8.87	9.72
机械	叉式起重机 5t	台班	409.00	0.350	0.350	0.350	0.350	—	—
	汽车式起重机 16t	台班	875.04	—	—	—	—	0.350	0.350
	载货汽车 10t	台班	476.15	—	—	—	—	0.210	0.210
	弧焊机 综合	台班	66.69	0.350	0.350	0.350	0.350	0.350	0.350

(9)蒸汽离心泵

计量单位:台

定额编号				1-8-59	1-8-60	1-8-61	1-8-62	1-8-63	1-8-64
项目				设备重量(t 以内)					
				0.5	1.0	3.0	5.0	7.0	10
基价(元)				**770.13**	**1096.46**	**2231.35**	**3486.14**	**4458.41**	**6620.58**
其中	人工费(元)			640.98	824.18	1829.12	2723.09	3604.23	5249.48
	材料费(元)			91.18	115.13	178.48	333.45	401.24	723.71
	机械费(元)			37.97	157.15	223.75	429.60	452.94	647.39
	名称	单位	单价(元)	消耗量					
人工	二类人工	工日	135.00	4.748	6.105	13.549	20.171	26.698	38.885
材料	泵类设备	台	—	(1.000)	(1.000)	(1.000)	(1.000)	(1.000)	(1.000)
	平垫铁 综合	kg	3.78	4.500	4.500	7.050	16.560	16.560	36.160
	斜垫铁 综合	kg	8.62	4.464	4.464	6.250	14.700	14.700	32.320
	热轧薄钢板 Q235B 综合	kg	3.97	0.350	0.450	0.600	0.750	0.850	1.150
	木板	m^3	1667.00	0.009	0.018	0.028	0.036	0.044	0.069
	道木	m^3	1034.00	—	—	—	0.014	0.021	0.023
	煤油	kg	3.79	0.315	0.630	1.575	2.100	2.625	3.360
	机油 综合	kg	2.91	0.202	0.404	1.212	1.515	2.020	2.525
	黄油钙基脂	kg	9.66	—	0.202	0.455	0.758	1.061	1.515
	氧气	m^3	3.62	0.245	0.612	0.918	1.224	1.836	2.448
	乙炔气	kg	7.60	0.082	0.204	0.306	0.408	0.612	0.816
	青壳纸 δ0.1~1.0	kg	4.31	0.100	0.100	0.300	0.500	0.700	1.000
	砂纸	张	0.52	2.000	2.000	4.000	5.000	8.000	9.000
	金属滤网	m^2	15.95	0.063	0.065	0.068	0.070	0.120	0.150
	紫铜板 综合	kg	58.27	0.050	0.060	0.150	0.200	0.600	0.950
	石棉板衬垫	kg	51.72	0.125	0.130	0.135	0.140	0.240	0.300
	低碳钢焊条 J422 综合	kg	4.74	0.315	0.525	0.840	1.050	1.680	2.520
	其他材料费	元	1.00	2.66	3.35	5.20	9.71	11.69	21.08
机械	叉式起重机 5t	台班	409.00	0.070	0.350	0.490	—	—	—
	载货汽车 10t	台班	476.15	—	—	—	0.210	0.210	—
	载货汽车 15t	台班	653.04	—	—	—	—	—	0.350
	汽车式起重机 16t	台班	875.04	—	—	—	0.350	0.350	—
	汽车式起重机 25t	台班	996.58	—	—	—	—	—	0.350
	弧焊机 综合	台班	66.69	0.140	0.210	0.350	0.350	0.700	1.050

2. 旋 涡 泵

计量单位:台

定额编号				1-8-65	1-8-66	1-8-67	1-8-68	1-8-69	1-8-70
项目				设备重量(t 以内)					
				0.2	0.5	1.0	2.0	3.0	5.0
基价(元)				**478.44**	**624.29**	**991.02**	**1261.51**	**1601.80**	**2375.33**
其中	人工费(元)			360.18	497.88	718.07	929.48	1217.97	1556.28
	材料费(元)			84.96	93.11	120.46	165.54	217.34	389.45
	机械费(元)			33.30	33.30	152.49	166.49	166.49	429.60
名称		单位	单价(元)	消耗量					
人工	二类人工	工日	135.00	2.668	3.688	5.319	6.885	9.022	11.528
材料	泵类设备	台	—	(1.000)	(1.000)	(1.000)	(1.000)	(1.000)	(1.000)
	平垫铁 综合	kg	3.78	4.500	4.500	5.625	8.460	8.460	19.320
	斜垫铁 综合	kg	8.62	4.464	4.464	5.580	7.500	7.500	17.150
	木板	m^3	1667.00	0.004	0.006	0.008	0.009	0.011	0.013
	煤油	kg	3.79	0.872	1.260	1.470	2.100	3.150	4.200
	机油 综合	kg	2.91	0.455	0.657	0.758	1.010	1.515	2.020
	黄油钙基脂	kg	9.66	0.303	0.404	0.505	0.808	1.212	1.515
	氧气	m^3	3.62	0.122	0.184	0.245	1.020	2.040	3.060
	乙炔气	kg	7.60	0.041	0.061	0.082	0.340	0.680	1.020
	砂纸	张	0.52	2.000	2.000	4.000	5.000	8.000	9.000
	金属滤网	m^2	15.95	0.063	0.065	0.068	0.070	0.120	0.150
	紫铜板 综合	kg	58.27	0.050	0.060	0.150	0.200	0.600	0.950
	石棉板衬垫	kg	51.72	0.125	0.130	0.135	0.140	0.240	0.300
	低碳钢焊条 J422 综合	kg	4.74	0.126	0.189	0.252	0.315	0.420	0.500
	其他材料费	元	1.00	2.47	2.71	3.51	4.82	6.33	11.34
机械	叉式起重机 5t	台班	409.00	0.070	0.070	0.350	0.350	0.350	—
	汽车式起重机 16t	台班	875.04	—	—	—	—	—	0.350
	弧焊机 综合	台班	66.69	0.070	0.070	0.140	0.350	0.350	0.350
	载货汽车 10t	台班	476.15	—	—	—	—	—	0.210

3. 电动往复泵

计量单位：台

定额编号				1-8-71	1-8-72	1-8-73	1-8-74	1-8-75	1-8-76
项目				设备重量(t 以内)					
				0.5	0.7	1.0	3.0	5.0	7.0
基价（元）				**949.87**	**1118.35**	**1528.89**	**2499.02**	**3539.77**	**5174.07**
其中	人工费（元）			816.62	979.70	1244.84	2119.10	2765.61	4356.86
	材料费（元）			99.95	105.35	136.23	160.84	344.56	387.61
	机械费（元）			33.30	33.30	147.82	219.08	429.60	429.60
名称		单位	单价(元)	消耗量					
人工	二类人工	工日	135.00	6.049	7.257	9.221	15.697	20.486	32.273
材料	泵类设备	台	—	(1.000)	(1.000)	(1.000)	(1.000)	(1.000)	(1.000)
	平垫铁 综合	kg	3.78	4.500	4.500	5.625	7.050	19.320	19.320
	斜垫铁 综合	kg	8.62	4.464	4.464	5.580	6.250	17.150	17.150
	热轧薄钢板 Q235B 综合	kg	3.97	0.300	0.300	0.400	0.400	0.500	0.500
	木板	m^3	1667.00	0.005	0.006	0.008	0.010	0.010	0.014
	煤油	kg	3.79	2.940	3.308	3.675	4.200	5.250	6.300
	机油 综合	kg	2.91	1.010	1.162	1.333	1.515	1.515	2.020
	黄油钙基脂	kg	9.66	0.465	0.525	0.889	1.010	1.010	1.515
	氧气	m^3	3.62	0.184	0.214	0.275	0.357	0.408	0.459
	乙炔气	kg	7.60	0.061	0.071	0.092	0.119	0.136	0.153
	砂纸	张	0.52	2.000	2.000	4.000	5.000	8.000	9.000
	金属滤网	m^2	15.95	0.063	0.065	0.068	0.070	0.120	0.150
	紫铜板 综合	kg	58.27	0.050	0.060	0.150	0.200	0.600	0.950
	石棉板衬垫	kg	51.72	0.125	0.130	0.135	0.140	0.240	0.300
	低碳钢焊条 J422 综合	kg	4.74	0.189	0.210	0.210	0.525	1.050	1.050
	其他材料费	元	1.00	2.91	3.07	3.97	4.68	10.04	11.29
机械	叉式起重机 5t	台班	409.00	0.070	0.070	0.350	0.490	—	—
	载货汽车 10t	台班	476.15	—	—	—	—	0.210	0.210
	汽车式起重机 16t	台班	875.04	—	—	—	—	0.350	0.350
	弧焊机 综合	台班	66.69	0.070	0.070	0.070	0.280	0.350	0.350

4.柱 塞 泵

(1)高压柱塞泵(3~4柱塞)

计量单位:台

定额编号				1-8-77	1-8-78	1-8-79	1-8-80
项目				设备重量(t以内)			
				1.0	2.5	5.0	8.0
基价(元)				**1282.40**	**2370.55**	**3035.89**	**4283.89**
其中	人工费(元)			1055.16	2047.41	2330.78	3483.00
	材料费(元)			146.64	185.28	275.51	347.95
	机械费(元)			80.60	137.86	429.60	452.94
名称		单位	单价(元)	消耗量			
人工	二类人工	工日	135.00	7.816	15.166	17.265	25.800
材料	泵类设备	台	—	(1.000)	(1.000)	(1.000)	(1.000)
	平垫铁 综合	kg	3.78	5.625	7.050	16.560	16.560
	斜垫铁 综合	kg	8.62	5.580	6.250	14.700	14.700
	热轧薄钢板 Q235B 综合	kg	3.97	0.200	0.200	0.350	0.350
	木板	m^3	1667.00	0.003	0.006	0.010	0.013
	煤油	kg	3.79	8.400	11.550	0.140	13.650
	机油 综合	kg	2.91	1.010	1.414	1.616	1.818
	黄油钙基脂	kg	9.66	1.010	1.515	2.020	2.222
	氧气	m^3	3.62	1.020	1.020	1.224	1.530
	乙炔气	kg	7.60	0.340	0.340	0.408	0.510
	砂纸	张	0.52	2.000	2.000	4.000	5.000
	金属滤网	m^2	15.95	0.063	0.065	0.068	0.070
	紫铜板 综合	kg	58.27	0.050	0.060	0.150	0.200
	石棉板衬垫	kg	51.72	0.125	0.130	0.135	0.140
	低碳钢焊条 J422 综合	kg	4.74	1.050	1.575	1.890	3.150
	其他材料费	元	1.00	4.27	5.40	8.02	10.13
机械	载货汽车 10t	台班	476.15	—	—	0.210	0.210
	叉式起重机 5t	台班	409.00	0.140	0.280	—	—
	汽车式起重机 16t	台班	875.04	—	—	0.350	0.350
	弧焊机 综合	台班	66.69	0.350	0.350	0.350	0.700

计量单位:台

定额编号				1-8-81	1-8-82	1-8-83	1-8-84
项目				设备重量(t 以内)			
				10.0	16.0	25.5	35.0
基价(元)				**5258.21**	**8985.31**	**12801.18**	**16518.41**
其中	人工费(元)			3794.18	6302.88	8755.56	11069.06
	材料费(元)			770.22	1025.10	1266.17	2582.87
	机械费(元)			693.81	1657.33	2779.45	2866.48
名称		单位	单价(元)	消耗量			
人工	二类人工	工日	135.00	28.105	46.688	64.856	81.993
材料	泵类设备	台	—	(1.000)	(1.000)	(1.000)	(1.000)
	平垫铁 综合	kg	3.78	36.160	49.720	63.280	165.120
	斜垫铁 综合	kg	8.62	32.320	44.440	56.560	147.520
	热轧薄钢板 Q235B 综合	kg	3.97	0.400	0.500	0.800	0.800
	中厚钢板 综合	kg	3.71	14.000	16.000	22.000	25.000
	木板	m^3	1667.00	0.013	0.019	0.025	0.025
	道木	m^3	1034.00	0.083	0.110	0.110	0.165
	煤油	kg	3.79	14.700	16.800	21.000	25.200
	机油 综合	kg	2.91	2.020	3.030	5.050	6.060
	黄油钙基脂	kg	9.66	2.222	2.525	3.030	3.535
	氧气	m^3	3.62	1.530	2.040	2.040	2.550
	乙炔气	kg	7.60	0.510	0.680	0.680	0.850
	橡胶板 $\delta 5\sim10$	kg	5.09	1.600	2.000	2.500	3.000
	砂纸	张	0.52	8.000	9.000	10.000	15.000
	金属滤网	m^2	15.95	0.120	0.150	0.200	0.250
	紫铜板 综合	kg	58.27	0.600	0.950	1.100	1.150
	石棉板衬垫	kg	51.72	0.240	0.300	0.360	0.420
	低碳钢焊条 J422 综合	kg	4.74	3.675	4.200	4.725	5.250
	其他材料费	元	1.00	22.43	29.86	36.88	75.23
机械	载货汽车 15t	台班	653.04	0.350	—	—	—
	平板拖车组 20t	台班	835.65	—	0.350	—	—
	平板拖车组 40t	台班	1071.11	—	—	0.490	0.490
	汽车式起重机 25t	台班	996.58	0.420	—	—	—
	汽车式起重机 50t	台班	2353.88	—	0.560	—	—
	汽车式起重机 75t	台班	3154.17	—	—	0.700	0.700
	弧焊机 综合	台班	66.69	0.700	0.700	0.700	0.840
	激光轴对中仪	台班	111.00	—	—	—	0.700

(2)高压柱塞泵(6~24 柱塞)

计量单位:台

定额编号				1-8-85	1-8-86	1-8-87	1-8-88
项目				设备重量(t 以内)			
				5.0	10	15	18
基价(元)				**3878.52**	**6197.63**	**9404.20**	**11816.74**
其中	人工费(元)			2974.46	4749.30	7318.08	8534.03
	材料费(元)			451.12	760.37	1026.01	1112.38
	机械费(元)			452.94	687.96	1060.11	2170.33
名称		单位	单价(元)	消耗量			
人工	二类人工	工日	135.00	22.033	35.180	54.208	63.215
材料	泵类设备	台	—	(1.000)	(1.000)	(1.000)	(1.000)
	平垫铁 综合	kg	3.78	19.320	36.160	49.720	54.240
	斜垫铁 综合	kg	8.62	17.150	32.320	44.440	48.480
	热轧薄钢板 Q235B 综合	kg	3.97	0.500	0.800	1.000	1.000
	木板	m^3	1667.00	0.035	0.053	0.075	0.085
	道木	m^3	1034.00	0.058	0.085	0.087	0.087
	煤油	kg	3.79	10.500	12.600	18.900	21.000
	机油 综合	kg	2.91	1.515	1.818	2.525	3.030
	黄油钙基脂	kg	9.66	0.505	0.505	0.606	0.606
	氧气	m^3	3.62	2.040	2.550	3.570	4.080
	乙炔气	kg	7.60	0.680	0.850	1.190	1.360
	青壳纸 δ0.1~1.0	kg	4.31	0.200	0.250	0.350	0.400
	砂纸	张	0.52	4.000	6.000	9.000	9.000
	金属滤网	m^2	15.95	0.068	0.120	0.150	0.150
	紫铜板 综合	kg	58.27	0.150	0.600	0.950	0.950
	石棉板衬垫	kg	51.72	0.135	0.240	0.300	0.300
	低碳钢焊条 J422 综合	kg	4.74	3.255	3.465	4.200	4.725
	其他材料费	元	1.00	13.14	22.15	29.88	32.40
机械	载货汽车 10t	台班	476.15	0.210	—	—	—
	平板拖车组 20t	台班	835.65	—	0.350	0.350	—
	平板拖车组 40t	台班	1071.11	—	—	—	0.350
	汽车式起重机 16t	台班	875.04	0.350	—	—	—
	汽车式起重机 25t	台班	996.58	—	0.350	0.700	—
	汽车式起重机 50t	台班	2353.88	—	—	—	0.700
	弧焊机 综合	台班	66.69	0.700	0.700	1.050	1.050
	激光轴对中仪	台班	111.00	—	—	—	0.700

5. 蒸汽往复泵

计量单位:台

定额编号				1-8-89	1-8-90	1-8-91	1-8-92	1-8-93
项目				设备重量(t以内)				
				0.5	1.0	3.0	5.0	7.0
基价(元)				**897.49**	**1190.81**	**1802.93**	**2628.14**	**3975.00**
其中	人工费(元)			732.24	991.71	1461.92	1846.53	3095.01
	材料费(元)			131.95	137.17	179.19	352.01	450.39
	机械费(元)			33.30	61.93	161.82	429.60	429.60
名称		单位	单价(元)	消耗量				
人工	二类人工	工日	135.00	5.424	7.346	10.829	13.678	22.926
材料	泵类设备	台	—	(1.000)	(1.000)	(1.000)	(1.000)	(1.000)
	平垫铁 综合	kg	3.78	6.750	6.750	7.875	22.080	24.840
	斜垫铁 综合	kg	8.62	6.696	6.696	7.812	19.600	22.050
	热轧薄钢板 Q235B 综合	kg	3.97	0.400	0.400	0.400	0.400	0.600
	木板	m^3	1667.00	0.005	0.005	0.010	0.010	0.023
	道木	m^3	1034.00	—	—	—	—	0.003
	煤油	kg	3.79	3.045	3.308	4.043	4.358	6.300
	机油 综合	kg	2.91	1.061	1.192	1.717	1.919	2.222
	黄油钙基脂	kg	9.66	0.505	0.596	0.758	0.808	1.212
	氧气	m^3	3.62	0.510	0.816	1.224	1.530	2.040
	乙炔气	kg	7.60	0.170	0.272	0.408	0.510	0.680
	砂纸	张	0.52	2.000	2.000	5.000	5.000	6.000
	金属滤网	m^2	15.95	0.065	0.070	0.068	0.120	0.150
	紫铜板 综合	kg	58.27	0.050	0.060	0.200	0.300	0.600
	石棉板衬垫	kg	51.72	0.125	0.130	0.140	0.160	0.240
	低碳钢焊条 J422 综合	kg	4.74	0.179	0.179	0.179	0.315	0.420
	其他材料费	元	1.00	3.84	4.00	5.22	10.25	13.12
机械	载货汽车 10t	台班	476.15	—	—	—	0.210	0.210
	叉式起重机 5t	台班	409.00	0.070	0.140	0.350	—	—
	汽车式起重机 16t	台班	875.04	—	—	—	0.350	0.350
	弧焊机 综合	台班	66.69	0.070	0.070	0.280	0.350	0.350

计量单位:台

定额编号				1-8-94	1-8-95	1-8-96	1-8-97	1-8-98
项目				设备重量(t 以内)				
				10	15	20	25	30
基价(元)				**5937.60**	**7572.24**	**11298.72**	**13045.79**	**16138.13**
其中	人工费(元)			4491.86	6028.43	8119.04	9694.76	11955.33
	材料费(元)			845.03	879.19	1056.03	1204.04	1862.52
	机械费(元)			600.71	664.62	2123.65	2146.99	2320.28
名称		单位	单价(元)	消耗量				
人工	二类人工	工日	135.00	33.273	44.655	60.141	71.813	88.558
材料	泵类设备	台	—	(1.000)	(1.000)	(1.000)	(1.000)	(1.000)
	平垫铁 综合	kg	3.78	54.240	54.240	63.280	67.800	115.584
	斜垫铁 综合	kg	8.62	48.480	48.480	56.560	60.600	103.264
	热轧薄钢板 Q235B 综合	kg	3.97	0.800	1.200	1.500	1.500	2.200
	木板	m^3	1667.00	0.025	0.031	0.044	0.069	0.081
	道木	m^3	1034.00	0.004	0.004	0.007	0.011	0.014
	煤油	kg	3.79	8.400	10.500	15.750	21.000	26.250
	机油 综合	kg	2.91	3.030	3.535	4.040	5.050	10.100
	黄油钙基脂	kg	9.66	1.515	2.020	2.020	3.030	4.040
	氧气	m^3	3.62	2.244	2.652	3.060	3.468	3.672
	乙炔气	kg	7.60	0.748	0.884	1.020	1.156	1.224
	砂纸	张	0.52	8.000	10.000	12.000	14.000	16.000
	金属滤网	m^2	15.95	0.150	0.200	0.220	0.250	0.280
	紫铜板 综合	kg	58.27	0.950	1.000	1.200	1.300	1.500
	石棉板衬垫	kg	51.72	0.300	0.300	0.320	0.340	0.380
	低碳钢焊条 J422 综合	kg	4.74	0.420	0.420	1.260	1.785	2.667
	其他材料费	元	1.00	24.61	25.61	30.76	35.07	54.25
机械	汽车式起重机 25t	台班	996.58	0.350	0.350	—	—	—
	汽车式起重机 50t	台班	2353.88	—	—	0.700	0.700	0.700
	载货汽车 15t	台班	653.04	0.350	—	—	—	—
	平板拖车组 20t	台班	835.65	—	0.350	—	—	—
	平板拖车组 40t	台班	1071.11	—	—	0.350	0.350	0.490
	弧焊机 综合	台班	66.69	0.350	0.350	0.350	0.700	1.050
	激光轴对中仪	台班	111.00	—	—	0.700	0.700	0.700

6.计 量 泵

计量单位:台

定额编号				1-8-99	1-8-100	1-8-101	1-8-102
项目				设备重量(t以内)			
				0.2	0.4	0.7	1.0
基价(元)				**560.10**	**778.12**	**1100.65**	**1345.89**
其中	人工费(元)			421.20	632.75	950.40	1112.40
	材料费(元)			100.93	107.40	112.28	166.89
	机械费(元)			37.97	37.97	37.97	66.60
名称		单位	单价(元)	消耗量			
人工	二类人工	工日	135.00	3.120	4.687	7.040	8.240
材料	泵类设备	台	—	(1.000)	(1.000)	(1.000)	(1.000)
	平垫铁 综合	kg	3.78	4.500	4.500	4.500	7.875
	斜垫铁 综合	kg	8.62	4.464	4.464	4.464	7.812
	热轧薄钢板 Q235B 综合	kg	3.97	0.500	0.500	0.500	0.600
	木板	m^3	1667.00	0.006	0.008	0.008	0.008
	煤油	kg	3.79	1.050	1.050	1.575	2.100
	机油 综合	kg	2.91	0.202	0.202	0.303	0.404
	黄油钙基脂	kg	9.66	0.101	0.101	0.303	0.505
	氧气	m^3	3.62	2.040	2.040	2.040	3.060
	乙炔气	kg	7.60	0.680	0.680	0.680	1.020
	砂纸	张	0.52	2.000	4.000	4.000	4.000
	金属滤网	m^2	15.95	0.063	0.065	0.065	0.065
	紫铜板 综合	kg	58.27	0.050	0.060	0.060	0.060
	石棉板衬垫	kg	51.72	0.125	0.150	0.150	0.150
	低碳钢焊条 J422 综合	kg	4.74	0.210	0.210	0.315	0.420
	其他材料费	元	1.00	2.94	3.13	3.27	4.86
机械	叉式起重机 5t	台班	409.00	0.070	0.070	0.070	0.140
	弧焊机 综合	台班	66.69	0.140	0.140	0.140	0.140

7. 螺杆泵及齿轮油泵

计量单位:台

定额编号				1-8-103	1-8-104	1-8-105	1-8-106
项目				螺杆泵			
				设备重量(t 以内)			
				0.5	1.0	3.0	5.0
基价(元)				**972.99**	**1322.85**	**2454.03**	**3824.84**
其中	人工费(元)			830.52	1088.64	2116.80	3046.55
	材料费(元)			99.84	162.95	199.37	348.69
	机械费(元)			42.63	71.26	137.86	429.60
名称		单位	单价(元)	消耗量			
人工	二类人工	工日	135.00	6.152	8.064	15.680	22.567
材料	泵类设备	台	—	(1.000)	(1.000)	(1.000)	(1.000)
	平垫铁 综合	kg	3.78	4.500	7.875	9.000	22.080
	斜垫铁 综合	kg	8.62	4.464	7.812	8.928	19.600
	热轧薄钢板 Q235B 综合	kg	3.97	0.300	0.300	0.300	0.400
	木板	m^3	1667.00	0.005	0.009	0.014	0.015
	煤油	kg	3.79	1.050	1.050	1.575	2.100
	机油 综合	kg	2.91	1.010	1.010	1.515	1.515
	黄油钙基脂	kg	9.66	0.202	0.303	0.303	0.404
	氧气	m^3	3.62	2.040	3.060	3.060	3.060
	乙炔气	kg	7.60	0.063	1.020	1.020	1.020
	青壳纸 δ0.1～1.0	kg	4.31	0.100	0.200	0.300	0.400
	砂纸	张	0.52	4.000	4.000	5.000	5.000
	金属滤网	m^2	15.95	0.063	0.065	0.070	0.070
	紫铜板 综合	kg	58.27	0.050	0.060	0.200	0.150
	石棉板衬垫	kg	51.72	0.150	0.150	0.150	0.150
	低碳钢焊条 J422 综合	kg	4.74	0.210	0.210	0.315	0.525
	其他材料费	元	1.00	2.91	4.75	5.81	10.16
机械	叉式起重机 5t	台班	409.00	0.070	0.140	0.280	—
	载货汽车 10t	台班	476.15	—	—	—	0.210
	汽车式起重机 16t	台班	875.04	—	—	—	0.350
	弧焊机 综合	台班	66.69	0.210	0.210	0.350	0.350

计量单位:台

定额编号				1-8-107	1-8-108	1-8-109	1-8-110
项目				螺杆泵		齿轮油泵	
				设备重量(t以内)			
				7.0	10	0.5	1.0
基价(元)				**5630.91**	**7398.25**	**485.69**	**629.01**
其中	人工费(元)			4777.11	6083.78	267.44	364.10
	材料费(元)			424.20	713.76	180.28	226.94
	机械费(元)			429.60	600.71	37.97	37.97
名称		单位	单价(元)	消耗量			
人工	二类人工	工日	135.00	35.386	45.065	1.981	2.697
材料	泵类设备	台	—	(1.000)	(1.000)	(1.000)	(1.000)
	平垫铁 综合	kg	3.78	22.840	45.200	4.500	7.875
	斜垫铁 综合	kg	8.62	22.050	40.400	4.464	7.812
	热轧薄钢板 Q235B 综合	kg	3.97	0.500	0.700	0.200	0.200
	紫铜电焊条 T107 ϕ3.2	kg	78.02	—	—	0.100	0.100
	铜焊粉 气剂301 瓶装	kg	30.17	—	—	0.050	0.050
	木板	m^3	1667.00	0.018	0.019	0.050	0.050
	煤油	kg	3.79	3.150	5.250	0.500	0.788
	机油 综合	kg	2.91	2.020	2.020	0.440	0.606
	黄油钙基脂	kg	9.66	0.404	0.505	0.202	0.202
	氧气	m^3	3.62	4.080	4.080	1.020	1.020
	乙炔气	kg	7.60	1.360	1.360	0.063	0.340
	青壳纸 δ0.1~1.0	kg	4.31	0.400	0.400	0.400	0.400
	砂纸	张	0.52	6.000	9.000	4.000	4.000
	金属滤网	m^2	15.95	0.120	0.150	0.065	0.065
	紫铜板 综合	kg	58.27	0.600	0.950	0.060	0.060
	石棉板衬垫	kg	51.72	0.240	0.300	0.150	0.150
	低碳钢焊条 J422 综合	kg	4.74	0.525	0.840	0.147	0.147
	其他材料费	元	1.00	12.36	20.79	5.25	6.61
机械	叉式起重机 5t	台班	409.00	—	—	0.070	0.070
	汽车式起重机 16t	台班	875.04	0.350	—	—	—
	汽车式起重机 25t	台班	996.58	—	0.350	—	—
	载货汽车 10t	台班	476.15	0.210	—	—	—
	载货汽车 15t	台班	653.04	—	0.350	—	—
	弧焊机 综合	台班	66.69	0.350	0.350	0.140	0.140

8. 真 空 泵

计量单位:台

定额编号				1-8-111	1-8-112	1-8-113	1-8-114
项目				设备重量(t 以内)			
				0.2	0.5	1.0	2.0
基价(元)				**530.87**	**661.80**	**889.72**	**1319.89**
其中	人工费(元)			412.83	539.46	686.75	1069.61
	材料费(元)			84.74	89.04	141.04	155.05
	机械费(元)			33.30	33.30	61.93	95.23
名称		单位	单价(元)	消耗量			
人工	二类人工	工日	135.00	3.058	3.996	5.087	7.923
材料	泵类设备	台	—	(1.000)	(1.000)	(1.000)	(1.000)
	平垫铁 综合	kg	3.78	4.500	4.516	7.875	8.460
	斜垫铁 综合	kg	8.62	4.464	4.464	7.812	7.500
	热轧薄钢板 Q235B 综合	kg	3.97	—	—	—	0.200
	木板	m^3	1667.00	0.005	0.005	0.009	0.014
	煤油	kg	3.79	0.670	0.840	1.050	1.365
	机油 综合	kg	2.91	0.580	0.606	0.707	0.909
	黄油钙基脂	kg	9.66	0.123	0.152	0.202	0.303
	氧气	m^3	3.62	0.104	0.122	0.184	0.214
	乙炔气	kg	7.60	0.041	0.041	0.061	0.071
	青壳纸 δ0.1~1.0	kg	4.31	0.100	0.100	0.100	0.100
	砂纸	张	0.52	2.000	4.000	4.000	5.000
	金属滤网	m^2	15.95	0.063	0.065	0.065	0.070
	紫铜板 综合	kg	58.27	0.050	0.060	0.060	0.080
	石棉板衬垫	kg	51.72	0.125	0.150	0.150	0.150
	低碳钢焊条 J422 综合	kg	4.74	0.103	0.126	0.189	0.242
	其他材料费	元	1.00	2.47	2.59	4.11	4.52
机械	叉式起重机 5t	台班	409.00	0.070	0.070	0.140	0.210
	弧焊机 综合	台班	66.69	0.070	0.070	0.070	0.140

计量单位:台

定额编号					1-8-115	1-8-116	1-8-117
项目					设备重量(t 以内)		
					3.5	5.0	7.0
基价(元)					**2267.92**	**3251.35**	**4155.87**
其中	人工费(元)				1902.96	2457.14	3258.23
	材料费(元)				203.14	364.61	458.71
	机械费(元)				161.82	429.60	438.93
名称			单位	单价(元)	消耗量		
人工	二类人工		工日	135.00	14.096	18.201	24.135
材料	泵类设备		台	—	(1.000)	(1.000)	(1.000)
	平垫铁 综合		kg	3.78	9.000	22.080	24.840
	斜垫铁 综合		kg	8.62	8.928	19.600	22.050
	热轧薄钢板 Q235B 综合		kg	3.97	0.300	0.300	0.500
	木板		m^3	1667.00	0.019	0.020	0.025
	煤油		kg	3.79	3.150	5.250	7.350
	机油 综合		kg	2.91	1.515	2.020	3.030
	黄油钙基脂		kg	9.66	0.808	1.212	1.818
	氧气		m^3	3.62	0.510	0.714	0.918
	乙炔气		kg	7.60	0.170	0.238	0.306
	青壳纸 δ0.1～1.0		kg	4.31	0.200	0.200	0.200
	砂纸		张	0.52	8.000	9.000	10.000
	金属滤网		m^2	15.95	0.120	0.120	0.120
	紫铜板 综合		kg	58.27	0.090	0.150	0.600
	石棉板衬垫		kg	51.72	0.240	0.135	0.240
	低碳钢焊条 J422 综合		kg	4.74	0.315	0.420	0.525
	其他材料费		元	1.00	5.92	10.62	13.36
机械	载货汽车 10t		台班	476.15	—	0.210	0.210
	叉式起重机 5t		台班	409.00	0.350	—	—
	汽车式起重机 16t		台班	875.04	—	0.350	0.350
	弧焊机 综合		台班	66.69	0.280	0.350	0.490

9. 屏 蔽 泵

计量单位:台

定额编号				1-8-118	1-8-119	1-8-120	1-8-121
项目				设备重量(t 以内)			
				0.3	0.5	0.7	1.0
基价(元)				632.12	785.21	963.01	1074.37
其中	人工费(元)			497.07	621.00	776.39	829.17
	材料费(元)			92.42	130.91	134.65	193.23
	机械费(元)			42.63	33.30	51.97	51.97
名称		单位	单价(元)	消耗量			
人工	二类人工	工日	135.00	3.682	4.600	5.751	6.142
材料	泵类设备	台	—	(1.000)	(1.000)	(1.000)	(1.000)
	平垫铁 综合	kg	3.78	4.500	4.500	4.500	7.875
	斜垫铁 综合	kg	8.62	4.464	4.464	4.464	7.812
	热轧薄钢板 Q235B 综合	kg	3.97	0.500	0.500	0.500	0.600
	木板	m^3	1667.00	0.006	0.006	0.008	0.008
	煤油	kg	3.79	0.525	1.050	1.050	2.100
	机油 综合	kg	2.91	0.202	0.202	0.303	0.707
	黄油钙基脂	kg	9.66	0.101	0.202	0.202	0.505
	氧气	m^3	3.62	1.020	1.020	1.020	2.040
	乙炔气	kg	7.60	0.340	0.340	0.340	0.680
	砂纸	张	0.52	2.000	4.000	4.000	4.000
	金属滤网	m^2	15.95	0.063	0.065	0.065	0.065
	紫铜板 综合	kg	58.27	0.050	0.600	0.600	0.600
	石棉板衬垫	kg	51.72	0.125	0.150	0.150	0.150
	低碳钢焊条 J422 综合	kg	4.74	0.210	0.210	0.210	0.315
	其他材料费	元	1.00	2.69	3.81	3.92	5.63
机械	叉式起重机 5t	台班	409.00	0.070	0.070	0.070	0.070
	弧焊机 综合	台班	66.69	0.210	0.070	0.350	0.350

10. 乙二醇泵

计量单位:台

定额编号				1-8-122	1-8-123	1-8-124	1-8-125
项目				乙二醇泵			
				设备重量(t)			
				≤0.2	≤0.5	≤1.0	≤3.0
基价(元)				**349.60**	**450.70**	**715.82**	**1339.61**
其中	人工费(元)			235.17	327.24	531.90	1028.97
	材料费(元)			81.13	90.16	121.99	182.12
	机械费(元)			33.30	33.30	61.93	128.52
名称		单位	单价(元)	消耗量			
人工	二类人工	工日	135.00	1.742	2.424	3.940	7.622
材料	泵类设备	台	—	(1.000)	(1.000)	(1.000)	(1.000)
	平垫铁 综合	kg	3.78	4.500	4.500	5.625	8.460
	斜垫铁 综合	kg	8.62	4.464	4.464	5.580	7.500
	热轧薄钢板 Q235B 综合	kg	3.97	0.200	0.300	0.400	0.450
	木板	m^3	1667.00	0.003	0.006	0.009	0.019
	煤油	kg	3.79	0.560	0.788	0.945	1.890
	机油 综合	kg	2.91	0.410	0.606	0.859	1.364
	黄油钙基脂	kg	9.66	0.150	0.202	0.556	0.909
	氧气	m^3	3.62	0.133	0.204	0.204	0.408
	乙炔气	kg	7.60	0.045	0.068	0.068	0.136
	砂纸	张	0.52	2.000	2.000	4.000	5.000
	紫铜板 综合	kg	58.27	0.050	0.060	0.150	0.200
	金属滤网	m^2	15.95	0.063	0.065	0.068	0.070
	石棉板衬垫	kg	51.72	0.125	0.130	0.135	0.140
	低碳钢焊条 J422 综合	kg	4.74	0.100	0.126	0.189	0.357
	其他材料费	元	1.00	2.36	2.63	3.55	5.30
机械	叉式起重机 5t	台班	409.00	0.070	0.070	0.140	0.280
	弧焊机 综合	台班	66.69	0.070	0.070	0.070	0.210

二、泵拆装检查

1.离 心 泵

(1)单级离心泵及离心式耐腐蚀泵

计量单位:台

定额编号				1-8-126	1-8-127	1-8-128	1-8-129
项目				设备重量(t 以内)			
				0.5	1.0	3.0	5.0
基价(元)				**318.31**	**629.69**	**1237.82**	**1956.03**
其中	人工费(元)			300.24	600.62	1166.54	1588.14
	材料费(元)			18.07	29.07	71.28	95.53
	机械费(元)			—	—	—	272.36
名称		单位	单价(元)	消耗量			
人工	二类人工	工日	135.00	2.224	4.449	8.641	11.764
材料	紫铜板 δ0.25~0.5	kg	58.27	0.050	0.050	0.200	0.250
	煤油	kg	3.79	1.200	1.500	3.000	5.000
	机油 综合	kg	2.91	0.200	0.400	1.200	2.000
	黄油钙基脂	kg	9.66	0.200	0.500	1.000	1.600
	石棉橡胶板 高压δ0.5~8	kg	6.90	0.500	1.000	2.000	2.500
	铁砂布 0#~2#	张	1.03	1.000	2.000	4.000	5.000
	研磨膏	盒	13.79	0.200	0.300	1.000	1.000
	其他材料费	元	1.00	0.86	1.38	3.39	4.55
机械	汽车式起重机 8t	台班	648.48	—	—	—	0.420

计量单位:台

定额编号				1-8-130	1-8-131	1-8-132	1-8-133	1-8-134
项目				设备重量(t 以内)				
				8.0	12	17	23	30
基价(元)				**3186.18**	**4190.29**	**5603.62**	**7302.23**	**9015.55**
其中	人工费(元)			2592.95	3245.54	4238.87	5607.50	6872.31
	材料费(元)			139.29	179.09	248.58	299.52	399.22
	机械费(元)			453.94	765.66	1116.17	1395.21	1744.02
名称		单位	单价(元)	消耗量				
人工	二类人工	工日	135.00	19.207	24.041	31.399	41.537	50.906
材料	紫铜板 δ0.25~0.5	kg	58.27	0.400	0.600	0.950	1.100	1.500
	煤油	kg	3.79	8.000	12.000	18.000	25.000	36.000
	机油 综合	kg	2.91	3.200	4.000	5.000	6.000	8.000
	黄油钙基脂	kg	9.66	2.400	3.200	4.000	4.500	5.000
	石棉橡胶板 高压δ0.5~8	kg	6.90	3.000	3.000	3.500	4.000	4.500
	铁砂布 0#~2#	张	1.03	5.000	6.000	8.000	10.000	12.000
	研磨膏	盒	13.79	1.500	1.500	2.000	2.000	3.000
	其他材料费	元	1.00	6.63	8.53	11.84	14.26	19.01
机械	汽车式起重机 8t	台班	648.48	0.700	—	—	—	—
	汽车式起重机 16t	台班	875.04	—	0.875	—	—	—
	汽车式起重机 25t	台班	996.58	—	—	1.120	1.400	1.750

(2)多级离心泵

计量单位:台

定额编号				1-8-135	1-8-136	1-8-137	1-8-138
项目				设备重量(t以内)			
				0.5	1.0	3.0	5.0
基价(元)				**386.91**	**757.70**	**1757.05**	**2604.26**
其中	人工费(元)			369.63	727.65	1692.09	2229.12
	材料费(元)			17.28	30.05	64.96	102.78
	机械费(元)			—	—	—	272.36
	名称	单位	单价(元)	消耗量			
人工	二类人工	工日	135.00	2.738	5.390	12.534	16.512
材料	紫铜板 δ0.25~0.5	kg	58.27	0.050	0.050	0.150	0.300
	煤油	kg	3.79	1.000	2.000	4.000	6.000
	机油 综合	kg	2.91	0.200	0.400	1.200	2.400
	黄油钙基脂	kg	9.66	0.200	0.400	1.000	1.500
	石棉橡胶板 高压δ0.5~8	kg	6.90	0.500	1.000	2.000	2.500
	铁砂布 0#~2#	张	1.03	1.000	2.000	4.000	5.000
	研磨膏	盒	13.79	0.200	0.300	0.500	1.000
	其他材料费	元	1.00	0.82	1.43	3.09	4.89
机械	汽车式起重机 8t	台班	648.48	—	—	—	0.420

计量单位:台

定额编号				1-8-139	1-8-140	1-8-141	1-8-142	1-8-143
项目				设备重量(t以内)				
				8.0	10	15	20	25
基价(元)				**3519.24**	**4593.61**	**5915.11**	**7721.21**	**10488.46**
其中	人工费(元)			2956.77	3672.95	4648.86	6052.19	8396.87
	材料费(元)			108.53	155.00	219.84	273.81	347.57
	机械费(元)			453.94	765.66	1046.41	1395.21	1744.02
	名称	单位	单价(元)	消耗量				
人工	二类人工	工日	135.00	21.902	27.207	34.436	44.831	62.199
材料	紫铜板 δ0.25~0.5	kg	58.27	0.050	0.500	0.750	1.000	0.900
	煤油	kg	3.79	8.000	10.000	16.000	20.000	30.000
	机油 综合	kg	2.91	3.200	4.000	6.000	8.000	12.000
	黄油钙基脂	kg	9.66	1.800	2.000	2.500	3.000	4.000
	石棉橡胶板 高压δ0.5~8	kg	6.90	3.000	3.000	4.000	5.000	5.000
	铁砂布 0#~2#	张	1.03	6.000	8.000	8.000	12.000	15.000
	研磨膏	盒	13.79	1.200	1.500	2.000	2.000	3.000
	其他材料费	元	1.00	5.17	7.38	10.47	13.04	16.55
机械	汽车式起重机 8t	台班	648.48	0.700	—	—	—	—
	汽车式起重机 16t	台班	875.04	—	0.875	—	—	—
	汽车式起重机 25t	台班	996.58	—	—	1.050	1.400	1.750

(3)锅炉给水泵、冷凝水泵、热循环水泵

计量单位:台

定额编号				1-8-144	1-8-145	1-8-146
项目				设备重量(t以内)		
				0.5	1.0	3.5
基价(元)				**539.15**	**1043.37**	**1866.75**
其中	人工费(元)			519.75	1010.61	1790.24
	材料费(元)			19.40	32.76	76.51
	机械费(元)			—	—	—
名称		单位	单价(元)	消耗量		
人工	二类人工	工日	135.00	3.850	7.486	13.261
材料	紫铜板 δ0.25~0.5	kg	58.27	0.030	0.050	0.200
	煤油	kg	3.79	1.000	2.000	4.000
	机油 综合	kg	2.91	0.200	0.400	1.600
	黄油钙基脂	kg	9.66	0.200	0.400	1.200
	石棉橡胶板 高压 δ0.5~8	kg	6.90	0.500	1.000	1.500
	铁砂布 0#~2#	张	1.03	2.000	2.000	4.000
	青壳纸 δ0.1~1.0	kg	4.31	0.500	0.600	1.000
	研磨膏	盒	13.79	0.200	0.300	0.800
	其他材料费	元	1.00	0.92	1.56	3.64

计量单位:台

定额编号				1-8-147	1-8-148	1-8-149	1-8-150	1-8-151	1-8-152
项目				设备重量(t以内)					
				5.0	7.0	10	15	20	25
基价(元)				**3485.66**	**4456.67**	**5760.39**	**6775.57**	**7527.39**	**8298.45**
其中	人工费(元)			3118.50	3967.38	4822.07	5630.58	6023.30	6436.40
	材料费(元)			94.80	126.14	172.66	226.20	279.03	330.73
	机械费(元)			272.36	363.15	765.66	918.79	1225.06	1531.32
名称		单位	单价(元)	消耗量					
人工	二类人工	工日	135.00	23.100	29.388	35.719	41.708	44.617	47.677
材料	紫铜板 δ0.25~0.5	kg	58.27	0.250	0.350	0.500	0.700	0.900	1.200
	煤油	kg	3.79	6.000	8.000	12.000	16.000	18.000	20.000
	机油 综合	kg	2.91	2.000	3.000	4.000	6.000	8.000	10.000
	黄油钙基脂	kg	9.66	1.600	2.000	2.500	3.000	3.500	4.000
	石棉橡胶板 高压 δ0.5~8	kg	6.90	2.000	2.500	3.000	3.500	4.000	4.500
	铁砂布 0#~2#	张	1.03	4.000	5.000	6.000	7.000	8.000	9.000
	青壳纸 δ0.1~1.0	kg	4.31	—	1.200	1.500	2.000	2.500	3.000
	研磨膏	盒	13.79	1.000	1.000	1.500	2.000	3.000	3.500
	其他材料费	元	1.00	4.51	6.01	8.22	10.77	13.29	15.75
机械	汽车式起重机 8t	台班	648.48	0.420	0.560	—	—	—	—
	汽车式起重机 16t	台班	875.04	—	—	0.875	1.050	1.400	1.750

(4)离心式油泵

计量单位:台

定额编号				1-8-153	1-8-154	1-8-155	1-8-156	1-8-157
项目				设备重量(t以内)				
				0.5	1.0	3.0	5.0	7.0
基价(元)				**484.30**	**965.36**	**1894.76**	**3399.82**	**4484.40**
其中	人工费(元)			467.78	935.55	1842.21	3037.64	3915.41
	材料费(元)			16.52	29.81	52.55	89.82	115.05
	机械费(元)			—	—	—	272.36	453.94
名称		单位	单价(元)	消耗量				
人工	二类人工	工日	135.00	3.465	6.930	13.646	22.501	29.003
材料	紫铜板 δ0.25~0.5	kg	58.27	0.030	0.050	0.150	0.250	0.350
	煤油	kg	3.79	1.000	1.500	3.000	5.000	8.000
	机油 综合	kg	2.91	0.350	0.500	1.000	2.000	3.000
	黄油钙基脂	kg	9.66	0.200	0.400	0.800	1.500	1.800
	石棉橡胶板 高压 δ0.5~8	kg	6.90	0.500	1.000	1.500	2.000	2.000
	铁砂布 0#~2#	张	1.03	1.000	2.000	2.000	4.000	5.000
	研磨膏	盒	13.79	0.200	0.400	0.500	1.000	1.000
	其他材料费	元	1.00	0.79	1.42	2.50	4.28	5.48
机械	汽车式起重机 8t	台班	648.48	—	—	—	0.420	0.700

计量单位:台

定额编号				1-8-158	1-8-159	1-8-160	1-8-161
项目				设备重量(t以内)			
				10.0	15.0	20.0	25.0
基价(元)				**5459.77**	**6317.89**	**7842.33**	**8683.85**
其中	人工费(元)			4559.90	5232.20	6254.28	6722.06
	材料费(元)			134.21	166.90	192.84	217.77
	机械费(元)			765.66	918.79	1395.21	1744.02
名称		单位	单价(元)	消耗量			
人工	二类人工	工日	135.00	33.777	38.757	46.328	49.793
材料	紫铜板 δ0.25~0.5	kg	58.27	0.450	0.500	0.550	0.600
	煤油	kg	3.79	10.000	12.000	14.000	16.000
	机油 综合	kg	2.91	4.000	5.000	5.500	6.000
	黄油钙基脂	kg	9.66	2.000	2.300	2.800	3.200
	石棉橡胶板 高压 δ0.5~8	kg	6.90	2.000	3.000	4.000	5.000
	铁砂布 0#~2#	张	1.03	5.000	6.000	7.000	8.000
	研磨膏	盒	13.79	1.000	1.500	1.500	1.500
	其他材料费	元	1.00	6.39	7.95	9.18	10.37
机械	汽车式起重机 16t	台班	875.04	0.875	1.050	—	—
	汽车式起重机 25t	台班	996.58	—	—	1.400	1.750

(5)离心式杂质泵

计量单位:台

定额编号				1-8-162	1-8-163	1-8-164	1-8-165
项目				设备重量(t 以内)			
				0.5	1.0	3.0	5.0
基价(元)				**558.89**	**1102.26**	**1771.78**	**3892.49**
其中	人工费(元)			542.84	1074.20	1732.46	3534.30
	材料费(元)			16.05	28.06	39.32	85.83
	机械费(元)			—	—	—	272.36
	名称	单位	单价(元)	消耗量			
人工	二类人工	工日	135.00	4.021	7.957	12.833	26.180
材料	紫铜板 δ0.25~0.5	kg	58.27	0.030	0.050	0.100	0.250
	煤油	kg	3.79	1.000	1.500	2.000	5.000
	机油 综合	kg	2.91	0.200	0.400	0.800	2.000
	黄油钙基脂	kg	9.66	0.200	0.400	0.500	1.000
	石棉橡胶板 高压 δ0.5~8	kg	6.90	0.500	1.000	1.200	2.000
	铁砂布 0#~2#	张	1.03	1.000	2.000	3.000	5.000
	研磨膏	盒	13.79	0.200	0.300	0.400	1.000
	其他材料费	元	1.00	0.76	1.34	1.87	4.09
机械	汽车式起重机 8t	台班	648.48	—	—	—	0.420

计量单位:台

定额编号				1-8-166	1-8-167	1-8-168
项目				设备重量(t 以内)		
				10	15	20
基价(元)				**5541.70**	**6488.36**	**9106.52**
其中	人工费(元)			4775.90	5532.44	7432.43
	材料费(元)			153.27	190.26	278.88
	机械费(元)			612.53	765.66	1395.21
	名称	单位	单价(元)	消耗量		
人工	二类人工	工日	135.00	35.377	40.981	55.055
材料	紫铜板 δ0.25~0.5	kg	58.27	0.500	0.450	1.000
	煤油	kg	3.79	10.000	15.000	20.000
	机油 综合	kg	2.91	4.000	6.000	8.000
	黄油钙基脂	kg	9.66	2.400	2.500	3.000
	石棉橡胶板 高压 δ0.5~8	kg	6.90	2.500	3.000	4.000
	铁砂布 0#~2#	张	1.03	6.000	8.000	10.000
	研磨膏	盒	13.79	1.500	2.000	3.000
	其他材料费	元	1.00	7.30	9.06	13.28
机械	汽车式起重机 16t	台班	875.04	0.700	0.875	—
	汽车式起重机 25t	台班	996.58	—	—	1.400

(6)离心式深水泵

计量单位:台

定额编号				1-8-169	1-8-170	1-8-171	1-8-172	1-8-173
项目				设备重量(t以内)				
				1.0	2.0	4.0	6.0	8.0
基价(元)				**839.15**	**978.84**	**1444.16**	**2271.09**	**3154.29**
其中	人工费(元)			819.99	947.16	1397.52	1749.87	2507.49
	材料费(元)			19.16	31.68	46.64	67.28	79.38
	机械费(元)			—	—	—	453.94	567.42
名称		单位	单价(元)	消耗量				
人工	二类人工	工日	135.00	6.074	7.016	10.352	12.962	18.574
材料	煤油	kg	3.79	2.000	3.000	5.000	8.000	10.000
	机油 综合	kg	2.91	0.800	1.200	2.000	3.000	4.000
	黄油钙基脂	kg	9.66	0.400	0.800	1.000	1.200	1.200
	石棉橡胶板 高压δ0.5~8	kg	6.90	0.500	0.800	1.000	1.500	1.500
	铁砂布 0#~2#	张	1.03	1.000	2.000	3.000	3.000	4.000
	其他材料费	元	1.00	0.91	1.51	2.22	3.20	3.78
机械	汽车式起重机 8t	台班	648.48	—	—	—	0.700	0.875

(7)DB型高硅铁离心泵

计量单位:台

定额编号				1-8-174	1-8-175	1-8-176	1-8-177	1-8-178	1-8-179
项目				设备型号					
				DB25G-41	DB50G-40	DB65-40	DBG80-60	DBG100-35	DB150-35
基价(元)				**163.48**	**229.09**	**290.95**	**347.51**	**426.23**	**531.29**
其中	人工费(元)			144.32	207.90	259.88	311.85	381.11	496.67
	材料费(元)			19.16	21.19	31.07	35.66	45.12	34.62
	机械费(元)			—	—	—	—	—	—
名称		单位	单价(元)	消耗量					
人工	二类人工	工日	135.00	1.069	1.540	1.925	2.310	2.823	3.679
材料	煤油	kg	3.79	2.000	2.000	3.000	4.000	5.000	0.450
	机油 综合	kg	2.91	0.800	0.800	1.000	1.200	1.500	2.000
	黄油钙基脂	kg	9.66	0.400	0.600	0.800	0.800	1.000	1.600
	石棉橡胶板 高压δ0.5~8	kg	6.90	0.500	0.500	0.800	0.800	1.000	1.000
	铁砂布 0#~2#	张	1.03	1.000	1.000	2.000	2.000	3.000	3.000
	其他材料费	元	1.00	0.91	1.01	1.48	1.70	2.15	1.65

(8)蒸汽离心泵

计量单位:台

定额编号				1-8-180	1-8-181	1-8-182	1-8-183	1-8-184	1-8-185
项目				设备重量(t 以内)					
				0.5	1.0	3.0	5.0	7.0	10
基价(元)				**593.23**	**1123.28**	**2360.06**	**3701.96**	**4783.66**	**5779.22**
其中	人工费(元)			565.92	1068.39	2240.73	3280.23	4227.26	4931.82
	材料费(元)			27.31	54.89	119.33	149.37	193.25	234.87
	机械费(元)			—	—	—	272.36	363.15	612.53
	名称	单位	单价(元)	消耗量					
人工	二类人工	工日	135.00	4.192	7.914	16.598	24.298	31.313	36.532
材料	煤油	kg	3.79	1.000	3.000	5.000	7.000	10.000	12.000
	机油 综合	kg	2.91	0.200	0.400	1.200	2.000	3.000	3.000
	二硫化钼	kg	77.59	0.200	0.400	1.000	1.200	1.500	1.800
	石棉橡胶板 高压 δ0.5~8	kg	6.90	0.500	0.800	1.000	1.200	1.500	2.000
	铁砂布 0#~2#	张	1.03	0.500	1.000	1.500	2.000	2.000	3.000
	青壳纸 δ0.1~1.0	kg	4.31	0.500	0.500	1.200	1.500	2.000	3.000
	其他材料费	元	1.00	1.30	2.61	5.68	7.11	9.20	11.18
机械	汽车式起重机 8t	台班	648.48	—	—	—	0.420	0.560	—
	汽车式起重机 16t	台班	875.04	—	—	—	—	—	0.700

2.旋 涡 泵

计量单位:台

定额编号				1-8-186	1-8-187	1-8-188	1-8-189	1-8-190	1-8-191
项目				设备重量(t 以内)					
				0.2	0.5	1.0	2.0	3.0	5.0
基价(元)				**124.89**	**415.81**	**793.75**	**1452.88**	**1997.48**	**3341.39**
其中	人工费(元)			115.56	404.19	773.82	1420.61	1951.97	2910.60
	材料费(元)			9.33	11.62	19.93	32.27	45.51	67.64
	机械费(元)			—	—	—	—	—	363.15
	名称	单位	单价(元)	消耗量					
人工	二类人工	工日	135.00	0.856	2.994	5.732	10.523	14.459	21.560
材料	煤油	kg	3.79	0.500	1.000	1.500	2.000	3.000	5.000
	机油 综合	kg	2.91	0.200	0.300	0.400	0.800	1.200	2.000
	黄油钙基脂	kg	9.66	0.200	0.200	0.400	0.800	1.200	1.500
	石棉橡胶板 高压 δ0.5~8	kg	6.90	0.300	0.300	0.500	0.800	1.000	1.200
	铁砂布 0#~2#	张	1.03	1.000	1.000	2.000	2.000	3.000	3.000
	研磨膏	盒	13.79	0.100	0.100	0.200	0.400	0.500	1.000
	其他材料费	元	1.00	0.44	0.55	0.95	1.54	2.17	3.22
机械	汽车式起重机 8t	台班	648.48	—	—	—	—	—	0.560

3. 电动往复泵

计量单位：台

定额编号				1-8-192	1-8-193	1-8-194	1-8-195	1-8-196	1-8-197
项目				设备重量(t 以内)					
				0.5	0.7	1.0	3.0	5.0	7.0
基价（元）				**744.42**	**1001.24**	**1300.22**	**2807.68**	**3930.89**	**4765.83**
其中	人工费（元）			727.65	975.92	1264.68	2725.79	3540.11	4244.67
	材料费（元）			16.77	25.32	35.54	81.89	118.42	158.01
	机械费（元）			—	—	—	—	272.36	363.15
	名称	单位	单价(元)	消耗量					
人工	二类人工	工日	135.00	5.390	7.229	9.368	20.191	26.223	31.442
材料	紫铜板 δ0.25～0.5	kg	58.27	0.050	0.070	0.100	0.300	0.500	0.700
	煤油	kg	3.79	1.000	1.500	2.000	5.000	8.000	10.000
	机油 综合	kg	2.91	0.300	0.500	0.600	1.500	2.500	3.500
	黄油钙基脂	kg	9.66	0.200	0.300	0.500	0.800	1.200	1.500
	石棉橡胶板 高压 δ0.5～8	kg	6.90	0.200	0.300	0.400	1.200	1.500	2.000
	铁砂布 0#～2#	张	1.03	1.000	2.000	2.000	3.000	5.000	6.000
	青壳纸 δ0.1～1.0	kg	4.31	0.300	0.400	0.500	1.000	1.200	1.500
	研磨膏	盒	13.79	0.200	0.300	0.500	1.000	1.000	1.500
	其他材料费	元	1.00	0.80	1.21	1.69	3.90	5.64	7.52
机械	汽车式起重机 8t	台班	648.48	—	—	—	—	0.420	0.560

4. 柱 塞 泵

(1)高压柱塞泵(3～4 柱塞)

计量单位：台

定额编号				1-8-198	1-8-199	1-8-200	1-8-201
项目				设备重量(t 以内)			
				1.0	2.5	5.0	8.0
基价（元）				**1415.54**	**2671.39**	**4099.68**	**6217.64**
其中	人工费（元）			1386.05	2604.56	3736.40	5740.34
	材料费（元）			29.49	66.83	90.92	114.15
	机械费（元）			—	—	272.36	363.15
	名称	单位	单价(元)	消耗量			
人工	二类人工	工日	135.00	10.267	19.293	27.677	42.521
材料	紫铜板 δ0.25～0.5	kg	58.27	0.050	0.200	0.300	0.400
	煤油	kg	3.79	2.000	4.000	6.000	8.000
	机油 综合	kg	2.91	0.400	1.000	2.000	3.200
	黄油钙基脂	kg	9.66	0.300	0.800	1.200	1.500
	石棉橡胶板 高压 δ0.5～8	kg	6.90	0.500	1.000	1.000	1.000
	铁砂布 0#～2#	张	1.03	1.000	2.000	3.000	4.000
	青壳纸 δ0.1～1.0	kg	4.31	0.500	0.800	1.200	1.500
	研磨膏	盒	13.79	0.500	1.000	1.000	1.000
	其他材料费	元	1.00	1.40	3.18	4.33	5.44
机械	汽车式起重机 8t	台班	648.48	—	—	0.420	0.560

计量单位:台

定额编号				1-8-202	1-8-203	1-8-204	1-8-205
项目				设备重量(t 以内)			
				10.0	16	25.5	35.0
基价(元)				**7329.27**	**10060.75**	**12578.46**	**14933.53**
其中	人工费(元)			6560.46	9072.54	10856.97	12785.85
	材料费(元)			156.28	222.55	326.28	403.66
	机械费(元)			612.53	765.66	1395.21	1744.02
名称		单位	单价(元)	消耗量			
人工	二类人工	工日	135.00	48.596	67.204	80.422	94.710
材料	紫铜板 δ0.25~0.5	kg	58.27	0.500	0.800	1.200	1.500
	煤油	kg	3.79	10.000	16.000	25.000	35.000
	机油 综合	kg	2.91	4.000	6.000	10.000	12.000
	黄油钙基脂	kg	9.66	2.000	2.500	3.000	3.500
	石棉橡胶板 高压 δ0.5~8	kg	6.90	2.500	3.000	4.000	4.500
	铁砂布 0# ~2#	张	1.03	5.000	6.000	8.000	10.000
	青壳纸 δ0.1~1.0	kg	4.31	1.800	2.000	2.500	3.000
	研磨膏	盒	13.79	1.500	2.000	3.000	3.000
	其他材料费	元	1.00	7.44	10.60	15.54	19.22
机械	汽车式起重机 16t	台班	875.04	0.700	0.875	—	—
	汽车式起重机 25t	台班	996.58	—	—	1.400	1.750

(2)高压高速柱塞泵(6~24 柱塞)

计量单位:台

定额编号				1-8-206	1-8-207	1-8-208	1-8-209
项目				设备重量(t 以内)			
				5.0	10	15	18
基价(元)				**4645.77**	**7777.25**	**10518.05**	**12717.26**
其中	人工费(元)			4186.89	6843.42	9216.86	11087.96
	材料费(元)			95.73	137.54	185.02	234.09
	机械费(元)			363.15	796.29	1116.17	1395.21
名称		单位	单价(元)	消耗量			
人工	二类人工	工日	135.00	31.014	50.692	68.273	82.133
材料	紫铜板 δ0.25~0.5	kg	58.27	0.400	0.500	0.750	0.900
	煤油	kg	3.79	5.000	10.000	15.000	20.000
	机油 综合	kg	2.91	2.000	4.000	6.000	8.000
	黄油钙基脂	kg	9.66	1.000	1.500	1.800	1.800
	石棉橡胶板 高压 δ0.5~8	kg	6.90	1.500	1.800	1.800	2.000
	铁砂布 0# ~2#	张	1.03	4.000	5.000	1.200	6.000
	青壳纸 δ0.1~1.0	kg	4.31	1.200	1.500	1.500	1.500
	研磨膏	盒	13.79	1.000	1.000	1.500	2.000
	其他材料费	元	1.00	4.56	6.55	8.81	11.15
机械	汽车式起重机 8t	台班	648.48	0.560	—	—	—
	汽车式起重机 16t	台班	875.04	—	0.910	—	—
	汽车式起重机 25t	台班	996.58	—	—	1.120	1.400

5. 蒸汽往复泵

计量单位：台

定额编号				1-8-210	1-8-211	1-8-212	1-8-213	1-8-214	1-8-215
项目				设备重量(t以内)					
				0.5	1.0	1.5	3.0	5.0	7.0
基价(元)				**761.76**	**1168.61**	**1537.32**	**2725.34**	**3793.54**	**5322.98**
其中	人工费(元)			727.65	1108.76	1443.69	2581.47	3320.60	4695.03
	材料费(元)			34.11	59.85	93.63	143.87	200.58	264.80
	机械费(元)			—	—	—	—	272.36	363.15
名称		单位	单价(元)	消耗量					
人工	二类人工	工日	135.00	5.390	8.213	10.694	19.122	24.597	34.778
材料	紫铜板 δ0.25～0.5	kg	58.27	0.050	0.050	0.100	0.200	0.300	0.400
	煤油	kg	3.79	1.000	2.000	3.000	4.000	5.000	8.000
	机油 综合	kg	2.91	0.300	0.400	0.800	1.200	2.000	2.800
	二硫化钼	kg	77.59	0.200	0.400	0.600	1.000	1.500	2.000
	石棉橡胶板 高压δ0.5～8	kg	6.90	0.500	0.600	0.800	1.000	1.200	1.400
	铁砂布 0#～2#	张	1.03	1.000	2.000	3.000	4.000	5.000	6.000
	青壳纸 δ0.1～1.0	kg	4.31	0.500	0.600	0.800	1.000	1.200	1.300
	研磨膏	盒	13.79	0.200	0.400	0.800	1.000	1.000	1.000
	其他材料费	元	1.00	1.62	2.85	4.46	6.85	9.55	12.61
机械	汽车式起重机 8t	台班	648.48	—	—	—	—	0.420	0.560

计量单位：台

定额编号				1-8-216	1-8-217	1-8-218	1-8-219	1-8-220
项目				设备重量(t以内)				
				10	15	20	25	30
基价(元)				**7447.72**	**10284.67**	**12592.46**	**13952.54**	**15869.40**
其中	人工费(元)			6548.85	8980.07	10856.97	12035.12	13455.72
	材料费(元)			286.34	385.81	479.80	522.21	669.66
	机械费(元)			612.53	918.79	1255.69	1395.21	1744.02
名称		单位	单价(元)	消耗量				
人工	二类人工	工日	135.00	48.510	66.519	80.422	89.149	99.672
材料	紫铜板 δ0.25～0.5	kg	58.27	0.500	0.800	1.000	1.200	1.500
	煤油	kg	3.79	10.000	15.000	20.000	25.000	30.000
	机油 综合	kg	2.91	4.000	6.000	8.000	10.000	12.000
	二硫化钼	kg	77.59	2.000	2.500	3.000	3.000	4.000
	石棉橡胶板 高压δ0.5～8	kg	6.90	1.500	2.000	2.200	2.500	3.000
	铁砂布 0#～2#	张	1.03	8.000	10.000	15.000	16.000	18.000
	青壳纸 δ0.1～1.0	kg	4.31	1.500	1.800	2.000	2.200	2.500
	研磨膏	盒	13.79	1.000	1.500	2.000	2.000	3.000
	其他材料费	元	1.00	13.64	18.37	22.85	24.87	31.89
机械	汽车式起重机 16t	台班	875.04	0.700	1.050	—	—	—
	汽车式起重机 25t	台班	996.58	—	—	1.260	1.400	1.750

6. 计　量　泵

计量单位:台

定额编号				1-8-221	1-8-222	1-8-223	1-8-224
项目				设备重量(t 以内)			
				0.2	0.4	0.7	1.0
基价(元)				**149.24**	**288.77**	**389.08**	**438.98**
其中	人工费(元)			138.65	277.16	369.63	415.80
	材料费(元)			10.59	11.61	19.45	23.18
	机械费(元)			—	—	—	—
名称		单位	单价(元)	消耗量			
人工	二类人工	工日	135.00	1.027	2.053	2.738	3.080
材料	煤油	kg	3.79	1.000	1.000	1.500	2.000
	机油 综合	kg	2.91	0.200	0.200	0.500	0.600
	黄油钙基脂	kg	9.66	0.200	0.300	0.500	0.500
	铁砂布 0# ~2#	张	1.03	1.000	1.000	1.000	1.000
	研磨膏	盒	13.79	0.200	0.200	0.400	0.500
	其他材料费	元	1.00	0.50	0.55	0.93	1.10

7. 螺杆泵及齿轮油泵

计量单位:台

定额编号				1-8-225	1-8-226	1-8-227	1-8-228
项目				螺杆泵			
				设备重量(t 以内)			
				0.5	1.0	3.0	5.0
基价(元)				**221.99**	**303.67**	**972.44**	**1830.13**
其中	人工费(元)			207.90	277.16	692.96	1386.05
	材料费(元)			14.09	26.51	52.51	80.93
	机械费(元)			—	—	226.97	363.15
名称		单位	单价(元)	消耗量			
人工	二类人工	工日	135.00	1.540	2.053	5.133	10.267
材料	紫铜板 δ0.25~0.5	kg	58.27	0.030	0.050	0.150	0.250
	煤油	kg	3.79	1.000	2.000	3.000	5.000
	机油 综合	kg	2.91	0.300	0.400	1.200	2.000
	黄油钙基脂	kg	9.66	0.200	0.400	1.200	1.500
	铁砂布 0# ~2#	张	1.03	1.000	2.000	3.000	5.000
	青壳纸 δ0.1~1.0	kg	4.31	0.300	0.500	0.800	1.000
	研磨膏	盒	13.79	0.200	0.400	0.600	1.000
	其他材料费	元	1.00	0.67	1.26	2.50	3.85
机械	汽车式起重机 8t	台班	648.48	—	—	0.350	0.560

计量单位：台

定额编号				1-8-229	1-8-230	1-8-231	1-8-232
项目				螺杆泵		齿轮油泵	
				设备重量(t以内)			
				7.0	10	0.5	1.0
基价(元)				**2086.83**	**3056.89**	**166.96**	**186.41**
其中	人工费(元)			1617.03	2309.99	127.04	144.32
	材料费(元)			106.65	134.37	39.92	42.09
	机械费(元)			363.15	612.53	—	—
	名称	单位	单价(元)	消耗量			
人工	二类人工	工日	135.00	11.978	17.111	0.941	1.069
材料	紫铜板δ0.25~0.5	kg	58.27	0.350	0.500	0.500	0.500
	煤油	kg	3.79	8.000	10.000	1.000	1.000
	机油 综合	kg	2.91	3.200	4.000	0.200	0.200
	黄油钙基脂	kg	9.66	2.000	2.500	0.150	0.200
	铁砂布0#~2#	张	1.03	4.000	6.000	0.800	1.000
	青壳纸δ0.1~1.0	kg	4.31	1.000	1.200	0.200	0.200
	研磨膏	盒	13.79	1.000	1.000	0.100	0.200
	其他材料费	元	1.00	5.08	6.40	1.90	2.00
机械	汽车式起重机8t	台班	648.48	0.560	—	—	—
	汽车式起重机16t	台班	875.04	—	0.700	—	—

8.真　空　泵

计量单位：台

定额编号				1-8-233	1-8-234	1-8-235	1-8-236	1-8-237	1-8-238
项目				真空泵					螺杆泵
				设备重量(t以内)					
				0.5	1.0	2.0	3.5	5.0	7.0
基价(元)				**502.84**	**769.88**	**1242.44**	**2371.96**	**3356.18**	**4437.72**
其中	人工费(元)			485.06	739.26	1195.43	2298.51	2997.27	3961.71
	材料费(元)			17.78	30.62	47.01	73.45	86.55	112.86
	机械费(元)			—	—	—	—	272.36	363.15
	名称	单位	单价(元)	消耗量					
人工	二类人工	工日	135.00	3.593	5.476	8.855	17.026	22.202	29.346
材料	紫铜板δ0.25~0.5	kg	58.27	0.030	0.050	0.100	0.200	0.300	0.400
	煤油	kg	3.79	1.000	2.000	3.000	4.000	5.000	7.000
	机油 综合	kg	2.91	0.300	0.400	0.600	1.000	1.500	2.000
	黄油钙基脂	kg	9.66	0.200	0.400	0.800	1.000	1.200	1.500
	合成树脂密封胶	kg	26.45	0.100	0.200	0.300	0.400	0.400	0.500
	铁砂布0#~2#	张	1.03	1.000	2.000	2.000	3.000	4.000	5.000
	青壳纸δ0.1~1.0	kg	4.31	0.500	0.500	0.600	2.000	1.000	1.200
	研磨膏	盒	13.79	0.200	0.300	0.400	0.600	0.800	1.000
	其他材料费	元	1.00	0.85	1.46	2.24	3.50	4.12	5.37
机械	汽车式起重机8t	台班	648.48	—	—	—	—	0.420	0.560

9. 屏 蔽 泵

计量单位:台

定 额 编 号				1-8-239	1-8-240	1-8-241	1-8-242
项 目				设备重量(t 以内)			
				0. 3	0. 5	0. 7	1. 0
基 价 (元)				**98. 96**	**141. 75**	**168. 15**	**198. 06**
其中	人 工 费 (元)			92. 34	132. 84	155. 93	184. 82
	材 料 费 (元)			6. 62	8. 91	12. 22	13. 24
	机 械 费 (元)			—	—	—	—
名 称		单位	单价(元)	消 耗 量			
人工	二类人工	工日	135. 00	0. 684	0. 984	1. 155	1. 369
材料	煤油	kg	3. 79	1. 000	1. 500	2. 000	2. 000
	机油 综合	kg	2. 91	0. 200	0. 300	0. 400	0. 400
	黄油钙基脂	kg	9. 66	0. 200	0. 200	0. 300	0. 400
	其他材料费	元	1. 00	0. 32	0. 42	0. 58	0. 63

第九章

压缩机安装

说　　明

一、本章内容包括活塞式 L、Z 型压缩机，活塞式 V、W、S 型压缩机，活塞式 V、W、S 型制冷压缩机的整体安装，活塞式 2D(2M)、4D(4M)型对称平衡式压缩机解体安装，活塞式 H 型中间直联同步压缩机解体安装，回转式螺杆压缩机整体安装，离心式压缩机整体安装，离心式压缩机解体安装，离心式压缩机拆装检查。

二、本章包括以下工作内容：

1. 设备本体及与主机本体联体的附属设备、附属成品管道、冷却系统、润滑系统以及支架、防护罩等附件的安装。

2. 与主机在同一底座上的电动机安装。

3. 空负荷试车。

三、本章不包括以下工作内容：

1. 除与主机在同一底座上的电动机已包括安装外，其他类型解体安装的压缩机，均不包括电动机、汽轮机及其他动力机械的安装。

2. 与主机本体联体的各级出入口第一个法兰外的各种管道、空气干燥设备及净化设备、油水分离设备、废油回收设备、自控系统、仪表系统安装以及支架、沟槽、防护罩等的制作加工。

3. 介质的充灌。

4. 主机本体循环油(按设备带有考虑)。

5. 电动机拆装检查及配线、接线等电气工程。

6. 负荷试车及联动试车。

四、关于下列各项费用的规定。

1. 本章原动机是按电动机驱动考虑，如为汽轮机驱动则相应定额人工乘以系数 1.14。

2. 活塞式 V、W、S 型压缩机的安装是按单级压缩机考虑的，安装同类型双级压缩机时，按相应子目人工乘以系数 1.40。

3. 解体安装的压缩机需在无负荷试运转后检查、回装及调整时，按相应解体安装子目人工、机械乘以系数 1.15。

工程量计算规则

一、压缩机安装以“台”为计量单位,按机组重量“t”分列定额子目。

二、整体安装压缩机的设备重量,按同一底座上的压缩机本体、电动机、仪表盘及附件、底座等总重量计算。

三、解体安装压缩机按压缩机本体、附件、底座及随本体到货附属设备的总重量计算,不包括电动机、汽轮机及其他动力机械的重量。电动机、汽轮机及其他动力机械的安装按相应项目另行计算。

四、DMH 型对称平衡式压缩机[包括活塞式 2D(2M)型对称平衡式压缩机、活塞式 4D(4M)型对称平衡式压缩机、活塞式 H 型中间直联同步压缩机]的重量,按压缩机本体、随本体到货的附属设备的总重量计算,不包括附属设备的安装,附属设备的安装按相应项目另行计算。

一、活塞式压缩机组安装

1. 活塞式 L 型及 Z 型 2 列压缩机整体安装

计量单位：台

				1-9-1	1-9-2	1-9-3	1-9-4	1-9-5	1-9-6
定额编号				1-9-1	1-9-2	1-9-3	1-9-4	1-9-5	1-9-6
项目				机组重量(t 以内)					
				1	3	5	8	10	15
基价（元）				2173.09	3076.41	4090.34	5782.86	7275.87	10483.75
其中	人工费（元）			1620.27	2223.32	2974.19	4220.24	5100.98	7820.96
	材料费（元）			266.24	463.13	637.12	877.79	1159.05	1373.76
	机械费（元）			286.58	389.96	479.03	684.83	1015.84	1289.03
	名称	单位	单价(元)	消耗量					
人工	二类人工	工日	135.00	12.002	16.469	22.031	31.261	37.785	57.933
材料	压缩机设备	台	—	(1.000)	(1.000)	(1.000)	(1.000)	(1.000)	(1.000)
	塑料管 综合	m	12.93	1.500	2.500	3.500	4.500	5.500	6.500
	平垫铁 综合	kg	3.78	12.240	17.440	23.400	32.040	47.080	59.480
	斜垫铁 综合	kg	8.62	11.054	15.518	21.046	28.805	46.210	58.320
	紫铜板 δ0.08～0.2	kg	58.27	0.050	0.050	0.100	0.150	0.200	0.200
	木板	m^3	1667.00	0.013	0.018	0.018	0.038	0.038	0.038
	道木	m^3	1034.00	—	—	0.015	0.018	0.025	0.028
	煤油	kg	3.79	5.534	9.684	11.067	13.834	16.601	19.367
	机油 综合	kg	2.91	0.396	0.949	1.107	1.266	1.582	1.740
	黄油钙基脂	kg	9.66	0.227	0.341	0.455	0.568	0.568	0.909
	氧气	m^3	3.62	1.020	1.020	2.040	2.040	2.040	3.060
	乙炔气	kg	7.60	0.340	0.340	0.680	0.680	0.680	1.020
	金属滤网	m^2	15.95	0.500	0.800	1.000	1.100	1.200	1.400
	石棉板衬垫	kg	51.72	0.220	1.580	2.230	3.200	3.400	3.400
	密封胶	支	5.86	2.000	4.000	6.000	8.000	10.000	12.000
	砂纸	张	0.52	5.000	8.000	10.000	12.000	14.000	16.000
	铜丝布	m	42.07	0.010	0.020	0.030	0.040	0.040	0.050
	不锈钢板 综合	kg	15.09	0.050	0.080	0.100	0.120	0.140	0.160
	低碳钢焊条 J422 综合	kg	4.74	0.546	0.630	0.798	0.819	1.134	1.134
	其他材料费	元	1.00	12.68	22.05	30.34	41.80	55.19	65.42
机械	叉式起重机 5t	台班	409.00	0.210	0.350	—	—	—	—
	平板拖车组 20t	台班	835.65	—	—	—	—	—	0.350
	载货汽车 10t	台班	476.15	—	—	0.210	0.350	—	—
	载货汽车 15t	台班	653.04	—	—	—	—	0.350	—
	汽车式起重机 8t	台班	648.48	0.210	0.210	0.350	—	—	—
	汽车式起重机 16t	台班	875.04	—	—	—	0.350	—	—
	汽车式起重机 25t	台班	996.58	—	—	—	—	0.490	0.700
	弧焊机 综合	台班	66.69	0.140	0.280	0.350	0.420	0.560	0.560
	真空滤油机 6000L/h	台班	262.72	0.210	0.350	0.490	0.700	0.700	0.700
	激光轴对中仪	台班	111.00	—	—	—	—	0.700	0.700

计量单位:台

定额编号				1-9-7	1-9-8	1-9-9	1-9-10	1-9-11	1-9-12
项目				机组重量(t 以内)					
				双重整机 15	20	25	30	40	50
基价(元)				**15150.86**	**14857.79**	**18228.19**	**20897.68**	**28103.80**	**33505.76**
其中	人工费(元)			11060.82	10009.58	12835.94	14619.02	19632.65	22740.89
	材料费(元)			2190.90	2032.24	2576.28	2828.77	3350.21	3925.15
	机械费(元)			1899.14	2815.97	2815.97	3449.89	5120.94	6839.72
	名称	单位	单价(元)	消耗量					
人工	二类人工	工日	135.00	81.932	74.145	95.081	108.289	145.427	168.451
材料	压缩机设备	台	—	(1.000)	(1.000)	(1.000)	(1.000)	(1.000)	(1.000)
	塑料管 综合	m	12.93	8.500	9.500	10.500	11.000	13.000	15.000
	平垫铁 综合	kg	3.78	90.240	87.720	124.760	137.160	161.800	192.720
	斜垫铁 综合	kg	8.62	87.012	84.780	120.055	132.166	155.330	185.079
	紫铜板 δ0.08~0.2	kg	58.27	0.400	0.200	0.300	0.300	0.400	0.500
	木板	m^3	1667.00	0.050	0.100	0.100	0.125	0.150	0.200
	道木	m^3	1034.00	0.040	0.041	0.041	0.041	0.041	0.041
	煤油	kg	3.79	39.525	22.134	23.517	24.901	27.668	30.434
	机油 综合	kg	2.91	3.133	2.215	2.531	2.689	3.006	3.322
	黄油钙基脂	kg	9.66	1.688	1.136	1.364	1.364	1.591	1.591
	氧气	m^3	3.62	6.120	3.060	4.080	4.080	4.080	4.080
	乙炔气	kg	7.60	2.040	1.020	1.360	1.360	1.360	1.360
	金属滤网	m^2	15.95	1.800	2.000	2.200	2.400	2.600	2.800
	石棉板衬垫	kg	51.72	6.980	4.300	4.600	4.900	6.800	7.200
	密封胶	支	5.86	16.000	18.000	20.000	22.000	24.000	26.000
	砂纸	张	0.52	19.000	21.000	23.000	24.000	26.000	28.000
	不锈钢板 综合	kg	15.09	0.200	0.250	0.300	0.350	0.400	0.500
	低碳钢焊条 J422 综合	kg	4.74	1.300	2.268	3.318	3.318	3.318	3.318
	石棉橡胶板 高压 δ0.5~8	kg	6.90	3.200	3.500	4.000	4.530	4.800	6.200
	其他材料费	元	1.00	104.33	96.77	122.68	134.70	159.53	186.91
机械	平板拖车组 20t	台班	835.65	0.700	—	—	—	—	—
	平板拖车组 30t	台班	965.81	—	0.700	0.700	—	—	—
	平板拖车组 40t	台班	1071.11	—	—	—	0.700	0.700	0.700
	汽车式起重机 25t	台班	996.58	0.700	—	—	—	—	—
	汽车式起重机 50t	台班	2353.88	—	0.700	0.700	—	0.700	—
	汽车式起重机 75t	台班	3154.17	—	—	—	0.700	0.700	—
	汽车式起重机 120t	台班	7930.10	—	—	—	—	—	0.700
	弧焊机 综合	台班	66.69	1.400	0.700	0.700	0.700	1.050	1.400
	真空滤油机 6000L/h	台班	262.72	1.400	1.400	1.400	1.400	1.400	1.400
	激光轴对中仪	台班	111.00	1.400	0.700	0.700	0.700	0.700	0.700

2. 活塞式 Z 型 3 列压缩机整体安装

计量单位：台

定额编号				1-9-13	1-9-14	1-9-15	1-9-16	1-9-17	1-9-18
项目				机组重量(t以内)					
				1	3	5	8	10	15
基价(元)				**3590.24**	**5679.85**	**6567.70**	**8756.21**	**10594.71**	**14129.80**
其中	人工费(元)			2823.53	4529.66	5105.97	6361.47	7400.43	9822.87
	材料费(元)			385.26	670.03	892.50	1619.71	2096.72	2620.36
	机械费(元)			381.45	480.16	569.23	775.03	1097.56	1686.57
	名称	单位	单价(元)	消耗量					
人工	二类人工	工日	135.00	20.915	33.553	37.822	47.122	54.818	72.762
材料	压缩机设备	台	—	(1.000)	(1.000)	(1.000)	(1.000)	(1.000)	(1.000)
	塑料管 综合	m	12.93	1.500	2.500	3.500	4.500	5.500	6.500
	平垫铁 综合	kg	3.78	12.240	23.400	32.040	47.560	71.880	90.240
	斜垫铁 综合	kg	8.62	11.054	21.046	28.805	36.564	70.430	87.012
	紫铜板 δ0.08～0.2	kg	58.27	0.010	0.020	0.030	0.045	0.075	0.100
	木板	m^3	1667.00	0.006	0.008	0.011	0.012	0.012	0.015
	道木	m^3	1034.00	0.019	0.019	0.019	0.444	0.444	0.610
	煤油	kg	3.79	11.858	15.810	19.763	25.691	31.620	41.501
	黄油钙基脂	kg	9.66	0.338	0.506	0.675	0.844	0.844	1.350
	机油 综合	kg	2.91	1.175	2.350	3.524	4.112	4.699	7.049
	氧气	m^3	3.62	3.672	5.202	5.202	7.038	7.038	8.874
	乙炔气	kg	7.60	1.224	1.734	1.734	2.346	2.346	2.958
	铁砂布 0#～2#	张	1.03	10.000	15.000	15.000	18.000	18.000	21.000
	青壳纸 δ0.1～1.0	张	0.86	0.750	0.750	1.500	1.500	3.000	3.000
	金属滤网	m^2	15.95	0.500	0.800	1.000	1.100	1.200	1.400
	石棉板衬垫	kg	51.72	1.200	2.700	3.800	4.900	5.200	5.500
	密封胶	支	5.86	2.000	4.000	6.000	8.000	10.000	12.000
	砂纸	张	0.52	5.000	8.000	10.000	12.000	14.000	16.000
	不锈钢板 综合	kg	15.09	0.050	0.080	0.100	0.120	0.140	0.160
	低碳钢焊条 J422 综合	kg	4.74	1.151	0.173	0.173	0.250	0.277	0.277
	其他材料费	元	1.00	18.35	31.91	42.50	77.13	99.84	124.78
机械	叉式起重机 5t	台班	409.00	0.210	0.350	—	—	—	—
	平板拖车组 20t	台班	835.65	—	—	—	—	—	0.700
	载货汽车 15t	台班	653.04	—	—	—	—	0.350	—
	载货汽车 10t	台班	476.15	—	—	0.210	0.350	—	—
	汽车式起重机 8t	台班	648.48	0.210	0.210	0.350	—	—	—
	汽车式起重机 16t	台班	875.04	—	—	—	0.350	—	—
	汽车式起重机 25t	台班	996.58	—	—	—	—	0.490	0.700
	电动空气压缩机 $6m^3$/min	台班	224.45	0.350	0.350	0.350	0.350	0.700	0.700
	试压泵 60MPa	台班	23.30	0.700	0.700	0.700	0.700	0.700	0.700
	弧焊机 综合	台班	66.69	0.140	0.210	0.280	0.350	0.350	0.700
	真空滤油机 6000L/h	台班	262.72	0.210	0.350	0.490	0.700	0.700	0.700

3. 活塞式 V、W、S 型压缩机整体安装

计量单位:台

定额编号				1-9-19	1-9-20	1-9-21	1-9-22	1-9-23	1-9-24
机组形式				V 型					
汽缸数量(个)				2			4		
缸径(mm)/机组重量(t)				70/0.5	100/0.8	125/1.0	70/0.8	100/1.0	125/1.5
基价(元)				**1056.20**	**1123.72**	**1315.24**	**1144.69**	**1317.88**	**1594.43**
其中	人工费(元)			500.31	550.26	621.41	582.53	632.21	767.34
	材料费(元)			292.01	309.58	429.95	298.28	399.09	540.51
	机械费(元)			263.88	263.88	263.88	263.88	286.58	286.58
	名称	单位	单价(元)	消耗量					
人工	二类人工	工日	135.00	3.706	4.076	4.603	4.315	4.683	5.684
材料	压缩机设备	台	—	(1.000)	(1.000)	(1.000)	(1.000)	(1.000)	(1.000)
	塑料管 综合	m	12.93	1.500	1.500	1.500	1.500	1.500	1.500
	平垫铁 综合	kg	3.78	12.240	12.240	18.360	12.560	18.360	24.480
	斜垫铁 综合	kg	8.62	11.054	11.054	16.582	11.054	16.582	22.110
	木板	m^3	1667.00	0.003	0.004	0.021	0.003	0.004	0.021
	机油 综合	kg	2.91	0.119	0.158	0.158	0.158	0.237	0.316
	黄油钙基脂	kg	9.66	0.512	0.568	0.682	0.512	0.716	0.853
	橡胶盘根 低压	kg	40.73	0.100	0.200	0.300	0.200	0.500	0.700
	金属滤网	m^2	15.95	0.500	0.500	0.500	0.500	0.500	0.500
	石棉板衬垫	kg	51.72	1.500	1.700	1.900	1.500	1.700	2.200
	密封胶	支	5.86	2.000	2.000	2.000	2.000	2.000	2.000
	砂纸	张	0.52	5.000	5.000	5.000	5.000	5.000	5.000
	紫铜板 δ0.08~0.2	kg	58.27	0.020	0.020	0.020	0.030	0.030	0.030
	不锈钢板 综合	kg	15.09	0.050	0.050	0.050	0.050	0.050	0.050
	低碳钢焊条 J422 综合	kg	4.74	0.210	0.210	0.210	0.210	0.210	0.210
	其他材料费	元	1.00	13.91	14.74	20.47	14.20	19.00	25.74
机械	叉式起重机 5t	台班	409.00	0.210	0.210	0.210	0.210	0.210	0.210
	汽车式起重机 8t	台班	648.48	0.175	0.175	0.175	0.175	0.210	0.210
	弧焊机 综合	台班	66.69	0.140	0.140	0.140	0.140	0.140	0.140
	真空滤油机 6000L/h	台班	262.72	0.210	0.210	0.210	0.210	0.210	0.210

计量单位:台

定额编号				1-9-25	1-9-26	1-9-27	1-9-28	1-9-29	1-9-30
机组形式				W 型			S 型		
汽缸数量(个)				6			8		
缸径(mm)/机组重量(t)				70/1.2	100/1.5	125/2.0	70/1.5	100/2.0	125/2.5
基价(元)				**1324.91**	**1716.36**	**1856.56**	**1597.08**	**1885.65**	**2243.92**
其中	人工费(元)			626.54	861.30	960.66	866.97	970.25	1200.15
	材料费(元)			411.79	568.48	604.65	443.53	624.15	747.85
	机械费(元)			286.58	286.58	291.25	286.58	291.25	295.92
名称		单位	单价(元)	消耗量					
人工	二类人工	工日	135.00	4.641	6.380	7.116	6.422	7.187	8.890
材料	压缩机设备	台	—	(1.000)	(1.000)	(1.000)	(1.000)	(1.000)	(1.000)
	塑料管 综合	m	12.93	1.500	1.500	1.500	1.500	1.500	1.500
	平垫铁 综合	kg	3.78	12.240	24.480	24.480	18.360	24.480	30.600
	斜垫铁 综合	kg	8.62	16.582	22.109	22.109	16.582	22.109	27.636
	木板	m^3	1667.00	0.010	0.020	0.025	0.011	0.023	0.025
	机油 综合	kg	2.91	0.316	0.515	0.594	0.396	0.633	0.791
	黄油钙基脂	kg	9.66	0.626	0.853	1.023	0.682	0.909	1.136
	橡胶盘根 低压	kg	40.73	0.500	1.000	1.200	0.600	1.000	1.500
	金属滤网	m^2	15.95	0.500	0.500	0.500	0.500	0.500	0.500
	石棉板衬垫	kg	51.72	2.200	2.500	2.800	2.200	3.400	3.800
	密封胶	支	5.86	2.000	2.000	2.000	2.000	2.000	2.000
	砂纸	张	0.52	5.000	5.000	5.000	5.000	5.000	5.000
	不锈钢板 综合	kg	15.09	0.050	0.050	0.050	0.050	0.050	0.050
	紫铜板 δ0.08~0.2	kg	58.27	0.030	0.030	0.040	0.040	0.040	0.040
	低碳钢焊条 J422 综合	kg	4.74	0.210	0.210	0.210	0.210	0.210	0.210
	其他材料费	元	1.00	19.61	27.07	28.79	21.12	29.72	35.61
机械	汽车式起重机 8t	台班	648.48	0.210	0.210	0.210	0.210	0.210	0.210
	叉式起重机 5t	台班	409.00	0.210	0.210	0.210	0.210	0.210	0.210
	弧焊机 综合	台班	66.69	0.140	0.140	0.210	0.140	0.210	0.280
	真空滤油机 6000L/h	台班	262.72	0.210	0.210	0.210	0.210	0.210	0.210

4. 活塞式 V、W、S 型制冷压缩机整体安装

计量单位:台

定额编号				1-9-31	1-9-32	1-9-33	1-9-34	1-9-35	1-9-36
机组形式				V 型					
汽缸数量(个)				2					
缸径(mm)/机组重量(t)				100/0.5	100/0.8	100/1.0	125/2.0	170/3.0	200/5.0
基价(元)				**1818.19**	**2014.21**	**2242.59**	**2623.46**	**3414.50**	**5202.15**
其中	人工费(元)			1266.03	1462.05	1605.69	1684.94	2239.79	3679.56
	材料费(元)			288.28	288.28	368.35	594.68	789.42	1043.56
	机械费(元)			263.88	263.88	268.55	343.84	385.29	479.03
名称		单位	单价(元)	消耗量					
人工	二类人工	工日	135.00	9.378	10.830	11.894	12.481	16.591	27.256
材料	压缩机设备	台	—	(1.000)	(1.000)	(1.000)	(1.000)	(1.000)	(1.000)
	塑料管 综合	m	12.93	1.500	1.500	1.500	1.500	2.500	3.500
	平垫铁 综合	kg	3.78	12.240	12.240	18.360	24.480	26.460	40.680
	斜垫铁 综合	kg	8.62	11.054	11.054	16.582	22.109	23.809	36.564
	紫铜板 δ0.08~0.2	kg	58.27	0.020	0.020	0.020	0.020	0.030	0.040
	木板	m^3	1667.00	0.008	0.008	0.010	0.013	0.036	0.044
	机油 综合	kg	2.91	0.158	0.175	0.209	0.237	0.475	0.633
	黄油钙基脂	kg	9.66	0.568	0.568	0.568	0.568	0.818	0.909
	橡胶盘根 低压	kg	40.73	0.300	0.300	0.350	0.350	0.500	0.800
	密封胶	支	5.86	2.000	2.000	2.000	2.000	4.000	6.000
	金属滤网	m^2	15.95	0.500	0.500	0.500	0.500	0.800	1.000
	石棉板衬垫	kg	51.72	1.100	1.100	1.100	3.800	5.400	5.800
	砂纸	张	0.52	5.000	5.000	5.000	5.000	8.000	10.000
	不锈钢板 综合	kg	15.09	0.050	0.050	0.050	0.050	0.080	0.100
	低碳钢焊条 J422 综合	kg	4.74	0.210	0.200	0.200	0.210	0.420	0.630
	其他材料费	元	1.00	13.73	13.73	17.54	28.32	37.59	49.69
机械	叉式起重机 5t	台班	409.00	0.210	0.210	0.210	0.350	0.350	—
	汽车式起重机 8t	台班	648.48	0.175	0.175	0.175	0.210	0.210	0.350
	载货汽车 10t	台班	476.15	—	—	—	—	—	0.210
	弧焊机 综合	台班	66.69	0.140	0.140	0.210	0.140	0.210	0.350
	真空滤油机 6000L/h	台班	262.72	0.210	0.210	0.210	0.210	0.350	0.490

计量单位:台

定额编号				1-9-37	1-9-38	1-9-39	1-9-40
机组形式				V 型			
汽缸数量(个)				4			
缸径(mm)/机组重量(t)				100/0.75	125/2.0	170/4.0	200/6.0
基价(元)				**2108.81**	**3055.04**	**4177.53**	**6277.74**
其中	人工费(元)			1494.32	2194.16	2962.71	4555.85
	材料费(元)			350.61	517.04	861.64	1163.56
	机械费(元)			263.88	343.84	353.18	558.33
名称		单位	单价(元)	消耗量			
人工	二类人工	工日	135.00	11.069	16.253	21.946	33.747
材料	压缩机设备	台	—	(1.000)	(1.000)	(1.000)	(1.000)
	塑料管 综合	m	12.93	1.500	1.500	2.500	2.500
	平垫铁 综合	kg	3.78	12.240	24.480	25.920	46.800
	斜垫铁 综合	kg	8.62	11.054	22.109	23.278	42.091
	紫铜板 δ0.08~0.2	kg	58.27	0.020	0.030	0.030	0.040
	木板	m^3	1667.00	0.010	0.018	0.039	0.050
	机油 综合	kg	2.91	0.237	0.515	1.028	0.712
	黄油钙基脂	kg	9.66	0.682	0.966	1.159	0.909
	橡胶盘根 低压	kg	40.73	0.500	0.500	0.800	1.000
	密封胶	支	5.86	2.000	2.000	4.000	4.000
	金属滤网	m^2	15.95	0.500	0.500	0.800	0.800
	石棉板衬垫	kg	51.72	2.000	2.000	6.430	6.850
	砂纸	张	0.52	5.000	5.000	8.000	8.000
	不锈钢板 综合	kg	15.09	0.050	0.050	0.080	0.080
	低碳钢焊条 J422 综合	kg	4.74	0.210	0.100	0.420	0.630
	其他材料费	元	1.00	16.70	24.62	41.03	55.41
机械	叉式起重机 5t	台班	409.00	0.210	0.350	0.350	—
	汽车式起重机 8t	台班	648.48	0.175	0.210	0.210	—
	汽车式起重机 16t	台班	875.04	—	—	—	0.350
	载货汽车 10t	台班	476.15	—	—	—	0.210
	弧焊机 综合	台班	66.69	0.140	0.140	0.280	0.350
	真空滤油机 6000L/h	台班	262.72	0.210	0.210	0.210	0.490

计量单位:台

定额编号				1-9-41	1-9-42	1-9-43	1-9-44
机组形式				W 型			
汽缸数量(个)				6			
缸径(mm)/机组重量(t)				100/1.0	125/2.5	170/5.0	200/8.0
基价(元)				**2646.94**	**3784.44**	**5148.67**	**7428.08**
其中	人工费(元)			1853.15	2530.58	3457.22	5425.65
	材料费(元)			470.43	868.57	1145.76	1322.27
	机械费(元)			323.36	385.29	545.69	680.16
名称		单位	单价(元)	消耗量			
人工	二类人工	工日	135.00	13.727	18.745	25.609	40.190
材料	压缩机设备	台	—	(1.000)	(1.000)	(1.000)	(1.000)
	塑料管 综合	m	12.93	1.500	1.500	3.500	4.500
	平垫铁 综合	kg	3.78	18.360	32.040	40.680	49.320
	斜垫铁 综合	kg	8.62	16.582	28.805	36.564	38.796
	紫铜板 δ0.08~0.2	kg	58.27	0.020	0.030	0.030	0.060
	木板	m^3	1667.00	0.020	0.020	0.045	0.063
	机油 综合	kg	2.91	0.515	0.949	1.266	0.791
	黄油钙基脂	kg	9.66	0.795	0.966	1.375	0.909
	橡胶盘根 低压	kg	40.73	0.600	1.000	1.000	1.500
	密封胶	支	5.86	2.000	2.000	6.000	8.000
	金属滤网	m^2	15.95	0.500	0.800	1.000	1.100
	石棉板衬垫	kg	51.72	2.400	6.200	7.400	8.200
	砂纸	张	0.52	5.000	5.000	10.000	12.000
	不锈钢板 综合	kg	15.09	0.050	0.050	0.100	0.120
	低碳钢焊条 J422 综合	kg	4.74	0.210	0.420	0.420	0.630
	其他材料费	元	1.00	22.40	41.36	54.56	62.97
机械	叉式起重机 5t	台班	409.00	0.210	0.350	—	—
	汽车式起重机 8t	台班	648.48	0.210	0.210	0.350	—
	汽车式起重机 16t	台班	875.04	—	—	—	0.350
	载货汽车 10t	台班	476.15	—	—	0.350	0.350
	弧焊机 综合	台班	66.69	0.140	0.210	0.350	0.350
	真空滤油机 6000L/h	台班	262.72	0.350	0.350	0.490	0.700

计量单位:台

定额编号				1-9-45	1-9-46	1-9-47	1-9-48
机组形式				S型			
汽缸数量(个)				8			
缸径(mm)/机组重量(t)				100/1.5	125/3.0	170/6.0	200/10.0
基价(元)				**2765.61**	**4271.35**	**5834.09**	**9053.72**
其中	人工费(元)			2064.02	3072.06	3922.02	6147.50
	材料费(元)			551.19	945.51	1353.74	2018.30
	机械费(元)			150.40	253.78	558.33	887.92
名称		单位	单价(元)	消耗量			
人工	二类人工	工日	135.00	15.289	22.756	29.052	45.537
材料	压缩机设备	台	—	(1.000)	(1.000)	(1.000)	(1.000)
	塑料管 综合	m	12.93	1.500	1.500	3.500	5.500
	平垫铁 综合	kg	3.78	21.420	32.040	46.800	84.280
	斜垫铁 综合	kg	8.62	19.345	28.805	42.091	81.983
	紫铜板 δ0.08~0.2	kg	58.27	0.030	0.030	0.030	0.080
	木板	m^3	1667.00	0.013	0.021	0.054	0.088
	机油 综合	kg	2.91	0.633	1.187	1.424	0.949
	黄油钙基脂	kg	9.66	1.080	1.375	1.421	1.023
	橡胶盘根 低压	kg	40.73	0.800	2.000	2.300	2.000
	金属滤网	m^2	15.95	0.500	0.500	1.000	1.000
	密封胶	支	5.86	2.000	2.000	6.000	10.000
	石棉板衬垫	kg	51.72	3.200	6.800	8.530	9.540
	砂纸	张	0.52	5.000	5.000	10.000	14.000
	不锈钢板 综合	kg	15.09	0.050	0.050	0.100	0.140
	低碳钢焊条 J422 综合	kg	4.74	0.210	0.420	0.420	0.630
	其他材料费	元	1.00	26.25	45.02	64.46	96.11
机械	叉式起重机 5t	台班	409.00	0.210	0.350	—	—
	载货汽车 10t	台班	476.15	—	—	0.210	—
	载货汽车 15t	台班	653.04	—	—	—	0.350
	汽车式起重机 16t	台班	875.04	—	—	0.350	0.490
	弧焊机 综合	台班	66.69	0.140	0.280	0.350	0.700
	真空滤油机 6000L/h	台班	262.72	0.210	0.350	0.490	0.700

5. 活塞式 2D(2M)型对称平衡式压缩机解体安装

计量单位:台

定额编号				1-9-49	1-9-50	1-9-51	1-9-52	1-9-53
项目				机组重量(t 以内)				
				5	8	15	20	30
基价(元)				9286.76	12365.86	18192.89	22517.12	28796.04
其中	人工费(元)			5549.99	8030.21	13169.79	15773.40	19233.32
	材料费(元)			2338.17	2559.63	3093.94	4218.58	5563.99
	机械费(元)			1398.60	1776.02	1929.16	2525.14	3998.73
名称		单位	单价(元)	消耗量				
人工	二类人工	工日	135.00	41.111	59.483	97.554	116.840	142.469
材料	压缩机设备	台	—	(1.000)	(1.000)	(1.000)	(1.000)	(1.000)
	塑料管 综合	m	12.93	3.500	4.500	5.500	6.500	8.500
	平垫铁 综合	kg	3.78	129.580	132.100	147.880	213.080	264.640
	斜垫铁 综合	kg	8.62	120.989	123.221	137.887	193.471	240.422
	紫铜板 δ0.08~0.2	kg	58.27	0.030	0.040	0.080	0.100	0.150
	木板	m^3	1667.00	0.040	0.050	0.090	0.100	0.160
	道木	m^3	1034.00	0.025	0.025	0.025	0.025	0.041
	煤油	kg	3.79	21.080	25.191	47.232	62.977	94.465
	机油 综合	kg	2.91	2.506	2.506	4.699	6.265	9.398
	黄油钙基脂	kg	9.66	1.800	2.700	3.375	4.500	6.750
	氧气	m^3	3.62	4.590	4.590	7.038	7.038	10.710
	乙炔气	kg	7.60	1.530	1.530	2.346	2.346	3.570
	铁砂布 $0^{\#}$~$2^{\#}$	张	1.03	5.000	8.000	15.000	20.000	30.000
	青壳纸 δ0.1~1.0	张	0.86	1.000	1.000	2.000	2.000	2.000
	金属滤网	m^2	15.95	1.000	1.200	1.400	1.800	2.200
	石棉板衬垫	kg	51.72	5.400	7.290	8.950	12.300	17.600
	密封胶	支	5.86	6.000	8.000	10.000	14.000	16.000
	砂纸	张	0.52	12.000	14.000	16.000	18.000	20.000
	不锈钢板 综合	kg	15.09	0.200	0.220	0.260	0.300	0.350
	低碳钢焊条 J422 综合	kg	4.74	3.000	4.000	5.000	5.000	10.000
	其他材料费	元	1.00	173.20	189.60	229.18	312.49	412.15
机械	汽车式起重机 8t	台班	648.48	1.260	—	—	—	—
	汽车式起重机 16t	台班	875.04	—	1.260	—	—	—
	汽车式起重机 25t	台班	996.58	—	—	1.260	0.700	—
	汽车式起重机 50t	台班	2353.88	—	—	—	0.350	0.700
	汽车式起重机 75t	台班	3154.17	—	—	—	—	0.350
	电动空气压缩机 $6m^3$/min	台班	224.45	0.350	0.350	0.350	0.700	1.050
	平板拖车组 20t	台班	835.65	—	—	—	0.700	—
	平板拖车组 40t	台班	1071.11	—	—	—	—	0.700
	载货汽车 10t	台班	476.15	0.700	0.700	0.700	—	—
	真空滤油机 6000L/h	台班	262.72	0.350	0.700	0.700	0.700	0.700
	激光轴对中仪	台班	111.00	0.700	0.700	0.700	0.700	0.700

6. 活塞式4D(4M)型对称平衡式压缩机解体安装

计量单位:台

定额编号				1-9-54	1-9-55	1-9-56
项目				机组重量(t以内)		
				20	30	40
基价(元)				**35766.62**	**39049.51**	**44610.50**
其中	人工费(元)			27486.00	29251.13	30280.50
	材料费(元)			4857.66	6210.60	7682.79
	机械费(元)			3422.96	3587.78	6647.21
名称		单位	单价(元)	消耗量		
人工	二类人工	工日	135.00	203.600	216.675	224.300
材料	压缩机设备	台	—	(1.000)	(1.000)	(1.000)
	塑料管 综合	m	12.93	6.500	8.500	8.500
	平垫铁 综合	kg	3.78	256.080	299.440	335.440
	斜垫铁 综合	kg	8.62	232.310	271.219	304.243
	紫铜板 δ0.08~0.2	kg	58.27	0.200	0.300	0.400
	木板	m^3	1667.00	0.100	0.150	0.210
	道木	m^3	1034.00	0.028	0.041	0.041
	煤油	kg	3.79	61.923	88.273	114.623
	黄油钙基脂	kg	9.66	4.500	6.750	9.000
	机油 综合	kg	2.91	7.832	9.790	11.748
	氧气	m^3	3.62	12.240	18.360	18.360
	乙炔气	kg	7.60	4.080	6.120	6.120
	铁砂布 0#~2#	张	1.03	23.000	33.000	33.000
	青壳纸 δ0.1~1.0	张	0.86	4.000	4.000	5.000
	金属滤网	m^2	15.95	1.800	2.200	2.200
	密封胶	支	5.86	14.000	16.000	16.000
	石棉板衬垫	kg	51.72	13.230	21.540	34.320
	砂纸	张	0.52	18.000	20.000	20.000
	不锈钢板 综合	kg	15.09	0.300	0.350	0.350
	低碳钢焊条 J422 综合	kg	4.74	5.000	5.000	15.000
	其他材料费	元	1.00	359.83	460.04	569.10
机械	平板拖车组 20t	台班	835.65	0.700	—	—
	平板拖车组 40t	台班	1071.11	—	0.700	1.050
	汽车式起重机 25t	台班	996.58	1.400	1.400	0.700
	汽车式起重机 50t	台班	2353.88	0.350	0.350	1.750
	电动空气压缩机 6m^3/min	台班	224.45	0.700	0.700	1.050
	试压泵 60MPa	台班	23.30	0.700	0.700	1.050
	真空滤油机 6000L/h	台班	262.72	1.400	1.400	1.400
	激光轴对中仪	台班	111.00	0.700	0.700	0.700

计量单位:台

定额编号				1-9-57	1-9-58	1-9-59	1-9-60
项目				机组重量(t以内)			
				50	80	120	150
基价(元)				**54581.36**	**69821.98**	**84216.71**	**102959.95**
其中	人工费(元)			38947.64	50720.45	63140.04	72372.56
	材料费(元)			8108.56	10298.85	11741.99	18809.97
	机械费(元)			7525.16	8802.68	9334.68	11777.42
	名称	单位	单价(元)	消耗量			
人工	二类人工	工日	135.00	288.501	375.707	467.704	536.093
材料	压缩机设备	台	—	(1.000)	(1.000)	(1.000)	(1.000)
	塑料管 综合	m	12.93	10.500	12.500	14.000	16.000
	平垫铁 综合	kg	3.78	335.440	440.280	482.240	520.400
	斜垫铁 综合	kg	8.62	304.243	416.179	434.842	468.256
	紫铜板 δ0.08~0.2	kg	58.27	0.500	0.800	1.000	1.500
	木板	m^3	1667.00	0.225	0.260	0.300	3.500
	道木	m^3	1034.00	0.075	0.075	0.105	0.105
	煤油	kg	3.79	131.750	171.275	197.625	223.975
	黄油钙基脂	kg	9.66	9.000	11.250	13.500	15.750
	机油 综合	kg	2.91	14.097	20.363	21.929	25.062
	乙炔气	kg	7.60	8.160	8.160	8.160	8.160
	氧气	m^3	3.62	24.480	24.480	24.480	24.480
	铁砂布 0#~2#	张	1.03	33.000	43.000	53.000	62.000
	青壳纸 δ0.1~1.0	张	0.86	6.000	8.000	10.000	12.000
	金属滤网	m^2	15.95	2.600	2.800	3.000	3.200
	密封胶	支	5.86	18.000	22.000	26.000	26.000
	石棉板衬垫	kg	51.72	37.650	43.210	56.700	67.400
	砂纸	张	0.52	22.000	24.000	26.000	26.000
	不锈钢板 综合	kg	15.09	0.400	0.450	0.500	0.550
	低碳钢焊条 J422 综合	kg	4.74	15.000	25.000	30.000	35.000
	其他材料费	元	1.00	600.63	762.88	869.78	1393.33
机械	汽车式起重机 25t	台班	996.58	0.700	0.700	0.700	0.700
	汽车式起重机 50t	台班	2353.88	2.100	0.700	0.700	0.700
	汽车式起重机 75t	台班	3154.17	—	1.400	1.400	2.100
	平板拖车组 40t	台班	1071.11	1.050	1.050	1.400	1.400
	电动空气压缩机 $6m^3/min$	台班	224.45	1.400	2.100	2.800	3.500
	真空滤油机 6000L/h	台班	262.72	1.400	1.400	1.400	1.400
	激光轴对中仪	台班	111.00	0.700	0.700	0.700	1.400

7. 活塞式 H 型中间直联同步压缩机解体安装

计量单位:台

定额编号				1-9-61	1-9-62	1-9-63
项目				机组重量(t 以内)		
				20	40	55
基价(元)				**33814.65**	**42205.14**	**57704.32**
其中	人工费(元)			26764.16	33341.22	40183.70
	材料费(元)			3771.67	5213.89	9587.00
	机械费(元)			3278.82	3650.03	7933.62
名称		单位	单价(元)	消耗量		
人工	二类人工	工日	135.00	198.253	246.972	297.657
材料	压缩机设备	台	—	(1.000)	(1.000)	(1.000)
	塑料管 综合	m	12.93	6.500	8.500	10.500
	平垫铁 综合	kg	3.78	171.360	192.080	439.680
	斜垫铁 综合	kg	8.62	158.458	178.063	408.369
	紫铜板 δ0.08~0.2	kg	58.27	0.200	0.400	0.550
	木板	m^3	1667.00	0.100	0.210	0.225
	道木	m^3	1034.00	0.028	0.041	0.080
	煤油	kg	3.79	59.288	109.353	144.925
	黄油钙基脂	kg	9.66	2.250	3.375	24.750
	氧气	m^3	3.62	8.160	12.240	12.240
	乙炔气	kg	7.60	2.723	4.080	4.080
	机油 综合	kg	2.91	7.832	11.748	17.230
	铁砂布 $0^{\#}$~$2^{\#}$	张	1.03	24.000	35.000	38.000
	青壳纸 δ0.1~1.0	张	0.86	2.000	5.000	6.000
	金属滤网	m^2	15.95	1.800	2.000	2.500
	石棉板衬垫	kg	51.72	13.400	23.800	35.800
	砂纸	张	0.52	18.000	20.000	24.000
	密封胶	支	5.86	14.000	16.000	18.000
	不锈钢板 综合	kg	15.09	0.300	0.400	0.450
	低碳钢焊条 J422 综合	kg	4.74	5.000	15.000	20.000
	其他材料费	元	1.00	279.38	386.21	710.15
机械	平板拖车组 40t	台班	1071.11	—	0.700	0.700
	载货汽车 15t	台班	653.04	0.700	—	—
	汽车式起重机 25t	台班	996.58	1.400	1.400	1.400
	汽车式起重机 50t	台班	2353.88	0.350	0.350	0.700
	汽车式起重机 100t	台班	4718.03	—	—	0.700
	电动空气压缩机 $6m^3/min$	台班	224.45	0.700	1.050	1.750
	真空滤油机 6000L/h	台班	262.72	1.400	1.400	1.400
	激光轴对中仪	台班	111.00	0.700	0.700	0.700

计量单位:台

定额编号				1-9-64	1-9-65	1-9-66
项目				机组重量(t 以内)		
				80	120	160
基价(元)				**69510.71**	**85513.46**	**97529.20**
其中	人工费(元)			51514.11	64424.97	73845.00
	材料费(元)			12912.15	15846.93	18285.52
	机械费(元)			5084.45	5241.56	5398.68
名称		单位	单价(元)	消耗量		
人工	二类人工	工日	135.00	381.586	477.222	547.000
材料	压缩机设备	台	—	(1.000)	(1.000)	(1.000)
	塑料管 综合	m	12.93	12.500	14.500	16.500
	平垫铁 综合	kg	3.78	535.280	657.640	732.040
	斜垫铁 综合	kg	8.62	493.661	611.781	678.912
	紫铜板 δ0.08~0.2	kg	58.27	0.600	1.200	1.600
	木板	m^3	1667.00	0.240	0.300	0.360
	道木	m^3	1034.00	0.080	0.120	0.170
	煤油	kg	3.79	223.975	289.850	342.550
	机油 综合	kg	2.91	20.363	23.495	28.194
	黄油钙基脂	kg	9.66	27.000	27.000	27.000
	氧气	m^3	3.62	26.520	30.600	53.040
	乙炔气	kg	7.60	9.180	10.200	14.280
	铁砂布 0#~2#	张	1.03	38.000	48.000	48.000
	青壳纸 δ0.1~1.0	张	0.86	8.000	10.000	12.000
	金属滤网	m^2	15.95	3.000	3.500	4.000
	石棉板衬垫	kg	51.72	64.500	78.400	94.300
	密封胶	支	5.86	20.000	22.000	24.000
	砂纸	张	0.52	26.000	28.000	30.000
	不锈钢板 综合	kg	15.09	0.500	0.600	0.800
	低碳钢焊条 J422 综合	kg	4.74	20.000	20.000	25.000
	其他材料费	元	1.00	956.46	1173.85	1354.48
机械	平板拖车组 40t	台班	1071.11	1.050	1.050	1.050
	汽车式起重机 25t	台班	996.58	1.400	1.400	1.400
	汽车式起重机 50t	台班	2353.88	0.700	0.700	0.700
	电动空气压缩机 $6m^3/min$	台班	224.45	2.100	2.800	3.500
	真空滤油机 6000L/h	台班	262.72	1.400	1.400	1.400
	激光轴对中仪	台班	111.00	0.700	0.700	0.700

二、回转式螺杆压缩机整体安装

计量单位:台

定额编号				1-9-67	1-9-68	1-9-69
项目				机组重量(t 以内)		
				1	3	5
基价(元)				**2181.35**	**3286.53**	**4186.89**
其中	人工费(元)			1413.99	2178.50	2629.80
	材料费(元)			351.14	554.26	718.22
	机械费(元)			416.22	553.77	838.87
	名称	单位	单价(元)	消耗量		
人工	二类人工	工日	135.00	10.474	16.137	19.480
材料	压缩机设备	台	—	(1.000)	(1.000)	(1.000)
	塑料管 综合	m	12.93	1.500	2.500	3.500
	平垫铁 综合	kg	3.78	18.360	32.040	40.680
	斜垫铁 综合	kg	8.62	16.582	28.805	36.564
	木板	m^3	1667.00	0.008	0.008	0.013
	煤油	kg	3.79	4.150	8.300	10.804
	机油 综合	kg	2.91	0.316	0.791	0.791
	黄油钙基脂	kg	9.66	0.227	0.455	0.568
	氧气	m^3	3.62	1.020	1.020	1.020
	乙炔气	kg	7.60	2.000	0.340	0.340
	密封胶	支	5.86	2.000	4.000	6.000
	金属滤网	m^2	15.95	0.500	0.600	1.000
	石棉板衬垫	kg	51.72	0.480	0.520	0.580
	紫铜板 δ0.08~0.2	kg	58.27	0.030	0.030	0.040
	砂纸	张	0.52	5.000	6.000	10.000
	不锈钢板 综合	kg	15.09	0.050	0.080	0.100
	低碳钢焊条 J422 综合	kg	4.74	0.420	0.504	0.630
	其他材料费	元	1.00	16.72	26.39	34.20
机械	载货汽车 10t	台班	476.15	—	—	0.210
	叉式起重机 5t	台班	409.00	0.210	0.350	—
	汽车式起重机 8t	台班	648.48	0.350	0.350	0.700
	弧焊机 综合	台班	66.69	0.140	0.210	0.350
	真空滤油机 6000L/h	台班	262.72	0.210	0.350	0.700
	激光轴对中仪	台班	111.00	0.350	0.700	0.700

计量单位:台

定额编号				1-9-70	1-9-71	1-9-72	1-9-73
项目				机组重量(t 以内)			
				8	10	15	20
基价(元)				**5762.52**	**7515.14**	**9603.90**	**13880.05**
其中	人工费(元)			4149.50	5067.09	6344.73	9268.70
	材料费(元)			855.16	1482.43	1668.32	1905.57
	机械费(元)			757.86	965.62	1590.85	2705.78
	名称	单位	单价(元)	消耗量			
人工	二类人工	工日	135.00	30.737	37.534	46.998	68.657
材料	压缩机设备	台	—	(1.000)	(1.000)	(1.000)	(1.000)
	塑料管 综合	m	12.93	4.500	5.500	6.500	7.500
	平垫铁 综合	kg	3.78	49.320	84.280	90.240	102.640
	斜垫铁 综合	kg	8.62	38.796	81.983	87.012	99.123
	木板	m^3	1667.00	0.019	0.021	0.039	0.038
	道木	m^3	1034.00	0.005	0.008	0.008	0.008
	煤油	kg	3.79	13.834	16.601	19.367	22.134
	机油 综合	kg	2.91	0.949	1.187	1.187	1.187
	黄油钙基脂	kg	9.66	0.909	0.909	1.023	1.136
	氧气	m^3	3.62	1.530	2.040	2.550	3.060
	乙炔气	kg	7.60	0.510	0.680	0.850	1.020
	铜丝布	m	42.07	0.030	0.030	0.030	0.030
	金属滤网	m^2	15.95	1.100	1.200	1.400	1.400
	石棉板衬垫	kg	51.72	0.850	1.650	2.340	3.240
	密封胶	支	5.86	8.000	10.000	12.000	12.000
	紫铜板 δ0.08~0.2	kg	58.27	0.060	0.080	0.100	0.120
	砂纸	张	0.52	12.000	14.000	16.000	16.000
	不锈钢板 综合	kg	15.09	0.120	0.140	0.160	0.160
	低碳钢焊条 J422 综合	kg	4.74	0.840	1.281	1.365	1.575
	其他材料费	元	1.00	40.72	70.59	79.44	90.74
机械	汽车式起重机 16t	台班	875.04	0.350	0.490	—	—
	汽车式起重机 25t	台班	996.58	—	—	0.700	—
	汽车式起重机 50t	台班	2353.88	—	—	—	0.700
	平板拖车组 20t	台班	835.65	—	—	0.700	—
	平板拖车组 40t	台班	1071.11	—	—	—	0.700
	载货汽车 10t	台班	476.15	0.350	—	—	—
	载货汽车 15t	台班	653.04	—	0.350	—	—
	真空滤油机 6000L/h	台班	262.72	0.700	0.700	0.700	0.700
	弧焊机 综合	台班	66.69	0.350	0.700	0.700	0.700
	激光轴对中仪	台班	111.00	0.700	0.700	0.700	0.700

三、离心式压缩机安装

1. 离心式压缩机整体安装

计量单位：台

定额编号				1-9-74	1-9-75	1-9-76	1-9-77	1-9-78
项目				电动机驱动				
				机组重量(t以内)				
				5	10	20	30	40
基价（元）				**5860.49**	**10253.83**	**19698.23**	**28707.84**	**35153.94**
其中	人工费（元）			3878.28	7391.66	13674.83	19268.69	23654.30
	材料费（元）			1393.00	2055.03	3317.62	5989.26	8026.41
	机械费（元）			589.21	807.14	2705.78	3449.89	3473.23
名称		单位	单价(元)	消耗量				
人工	二类人工	工日	135.00	28.728	54.753	101.295	142.731	175.217
材料	压缩机设备	台	—	(1.000)	(1.000)	(1.000)	(1.000)	(1.000)
	塑料管 综合	m	12.93	3.500	4.500	5.500	11.000	13.000
	平垫铁 综合	kg	3.78	48.840	58.720	95.600	251.880	325.640
	斜垫铁 综合	kg	8.62	46.699	56.578	92.645	235.514	304.807
	中厚钢板 综合	kg	3.71	1.250	2.500	5.000	7.500	10.000
	紫铜板 δ0.08～0.2	kg	58.27	0.030	0.050	0.100	0.150	0.200
	木板	m^3	1667.00	0.058	0.100	0.180	0.263	0.335
	道木	m^3	1034.00	0.010	0.015	0.021	0.021	0.021
	煤油	kg	3.79	13.834	24.901	41.501	62.252	83.003
	机油 综合	kg	2.91	1.582	3.164	6.328	9.492	12.656
	黄油钙基脂	kg	9.66	0.227	0.455	0.909	1.136	1.364
	二硫化钼	kg	77.59	0.750	1.500	3.000	4.500	6.000
	氧气	m^3	3.62	0.510	1.020	1.530	2.040	2.040
	乙炔气	kg	7.60	0.170	0.340	0.520	0.680	0.680
	耐油橡胶板	kg	11.21	1.250	2.000	4.000	7.500	10.000
	青壳纸 δ0.1～1.0	kg	4.31	0.250	0.500	1.000	1.500	2.000
	金属滤网	m^2	15.95	1.000	1.300	1.500	2.400	2.800
	石棉板衬垫	kg	51.72	7.430	12.430	18.650	22.540	34.760
	密封胶	支	5.86	6.000	10.000	16.000	20.000	24.000
	砂纸	张	0.52	10.000	14.000	16.000	24.000	26.000
	不锈钢板 综合	kg	15.09	0.100	0.200	0.300	0.350	0.400
	铜丝布	m	42.07	0.050	0.100	0.200	0.300	0.400
	低碳钢焊条 J422 综合	kg	4.74	0.210	0.630	0.630	0.945	1.260
	其他材料费	元	1.00	66.33	97.86	157.98	285.20	382.21
机械	载货汽车 15t	台班	653.04	0.210	0.350	—	—	—
	平板拖车组 40t	台班	1071.11	—	—	0.700	0.700	0.700
	汽车式起重机 8t	台班	648.48	0.350	—	—	—	—
	汽车式起重机 25t	台班	996.58	—	0.350	—	—	—
	汽车式起重机 50t	台班	2353.88	—	—	0.700	—	—
	汽车式起重机 75t	台班	3154.17	—	—	—	0.700	0.700
	弧焊机 综合	台班	66.69	0.280	0.350	0.700	0.700	1.050
	真空滤油机 6000L/h	台班	262.72	0.490	0.490	0.700	1.400	1.400
	激光轴对中仪	台班	111.00	0.700	0.700	0.700	0.700	0.700

计量单位:台

定额编号				1-9-79	1-9-80	1-9-81
项目				电动机驱动		
				机组重量(t 以内)		
				50	70	100
基价(元)				**44519.10**	**51949.11**	**60239.02**
其中	人工费(元)			29090.61	37826.33	43304.76
	材料费(元)			9203.22	11057.97	13869.45
	机械费(元)			6225.27	3064.81	3064.81
名称		单位	单价(元)	消耗量		
人工	二类人工	工日	135.00	215.486	280.195	320.776
材料	压缩机设备	台	—	(1.000)	(1.000)	(1.000)
	塑料管 综合	m	12.93	15.000	19.000	24.000
	平垫铁 综合	kg	3.78	341.640	387.520	467.760
	斜垫铁 综合	kg	8.62	320.213	363.115	438.005
	中厚钢板 综合	kg	3.71	12.500	17.500	19.860
	紫铜板 δ0.08~0.2	kg	58.27	0.250	0.350	1.800
	木板	m^3	1667.00	0.386	0.440	0.541
	道木	m^3	1034.00	0.024	0.041	0.048
	煤油	kg	3.79	103.753	145.254	207.506
	机油 综合	kg	2.91	15.820	22.148	31.640
	黄油钙基脂	kg	9.66	1.591	2.727	3.182
	二硫化钼	kg	77.59	7.500	10.500	15.000
	氧气	m^3	3.62	3.060	4.080	5.100
	乙炔气	kg	7.60	1.020	1.360	1.700
	耐油橡胶板	kg	11.21	12.500	17.500	25.000
	青壳纸 δ0.1~1.0	kg	4.31	2.500	3.500	5.000
	铜丝布	m	42.07	0.500	0.700	1.000
	金属滤网	m^2	15.95	2.800	3.000	4.000
	石棉板衬垫	kg	51.72	45.200	55.400	67.420
	密封胶	支	5.86	26.000	28.000	32.000
	砂纸	张	0.52	28.000	30.000	36.000
	不锈钢板 综合	kg	15.09	0.500	0.600	0.800
	低碳钢焊条 J422 综合	kg	4.74	1.260	1.260	1.575
	其他材料费	元	1.00	438.25	526.57	660.45
机械	平板拖车组 60t	台班	1360.78	0.700	—	—
	汽车式起重机 50t	台班	2353.88	1.050	1.050	1.050
	汽车式起重机 75t	台班	3154.17	0.700	—	—
	弧焊机 综合	台班	66.69	1.050	1.050	1.050
	真空滤油机 6000L/h	台班	262.72	1.400	1.400	1.400
	激光轴对中仪	台班	111.00	1.400	1.400	1.400

2. 离心式压缩机解体安装

计量单位:台

定额编号				1-9-82	1-9-83	1-9-84	1-9-85
项目				机组重量(t以内)			
				10	20	30	40
基价(元)				**12860.91**	**19983.32**	**33374.47**	**43251.62**
其中	人工费(元)			11084.99	17134.07	28244.16	35397.95
	材料费(元)			1397.18	1816.19	3166.66	4062.73
	机械费(元)			378.74	1033.06	1963.65	3790.94
	名称	单位	单价(元)	消耗量			
人工	二类人工	工日	135.00	82.111	126.919	209.216	262.207
材料	压缩机设备	台	—	(1.000)	(1.000)	(1.000)	(1.000)
	塑料管 综合	m	12.93	6.000	6.500	6.500	8.500
	平垫铁 综合	kg	3.78	23.920	26.440	89.880	109.640
	斜垫铁 综合	kg	8.62	21.264	23.496	86.906	106.663
	紫铜板 δ0.08~0.2	kg	58.27	0.200	0.200	0.400	0.400
	木板	m^3	1667.00	0.100	0.100	0.200	0.200
	道木	m^3	1034.00	0.020	0.032	0.032	0.032
	煤油	kg	3.79	23.715	39.525	59.288	79.050
	机油 综合	kg	2.91	3.133	6.265	9.398	12.531
	黄油钙基脂	kg	9.66	1.800	2.700	4.500	5.850
	氧气	m^3	3.62	9.180	9.180	12.240	12.240
	乙炔气	kg	7.60	3.060	3.060	4.080	4.080
	耐酸石棉橡胶板 综合	kg	11.21	2.000	4.000	7.500	10.000
	铁砂布 0#~2#	张	1.03	12.000	23.000	33.000	33.000
	青壳纸 δ0.1~1.0	张	0.86	3.000	5.000	5.000	5.000
	金属滤网	m^2	15.95	1.500	2.000	2.000	2.500
	石棉板衬垫	kg	51.72	9.440	13.400	15.600	23.800
	密封胶	支	5.86	8.000	12.000	18.000	22.000
	砂纸	张	0.52	6.000	8.000	9.000	10.000
	不锈钢板 综合	kg	15.09	0.400	0.400	0.450	0.450
	低碳钢焊条 J422 综合	kg	4.74	0.400	0.600	0.900	1.200
	其他材料费	元	1.00	66.53	86.49	150.79	193.46
机械	载货汽车 8t	台班	411.20	0.350	0.350	0.350	—
	载货汽车 15t	台班	653.04	—	—	0.350	0.700
	汽车式起重机 8t	台班	648.48	—	0.350	0.700	0.700
	汽车式起重机 16t	台班	875.04	—	—	—	1.050
	汽车式起重机 25t	台班	996.58	—	0.350	—	—
	汽车式起重机 50t	台班	2353.88	—	—	0.350	0.700
	电动空气压缩机 $6m^3/min$	台班	224.45	0.700	1.050	1.050	1.050
	激光轴对中仪	台班	111.00	0.700	0.700	0.700	0.700

计量单位:台

定额编号				1-9-86	1-9-87	1-9-88	1-9-89	1-9-90
项目				机组重量(t 以内)				
				50	70	90	120	165
基价(元)				**49717.26**	**62973.37**	**80347.32**	**95136.65**	**107212.55**
其中	人工费(元)			41835.42	51140.16	62020.89	71603.06	78241.28
	材料费(元)			3879.93	6365.56	8941.89	10689.32	12667.26
	机械费(元)			4001.91	5467.65	9384.54	12844.27	16304.01
名称		单位	单价(元)	消耗量				
人工	二类人工	工日	135.00	309.892	378.816	459.414	530.393	579.565
材料	压缩机设备	台	—	(1.000)	(1.000)	(1.000)	(1.000)	(1.000)
	塑料管 综合	m	12.93	10.500	10.500	12.500	14.500	16.500
	平垫铁 综合	kg	3.78	125.640	135.520	163.760	179.760	195.760
	斜垫铁 综合	kg	8.62	122.069	131.947	158.407	173.813	189.218
	紫铜板 δ0.08~0.2	kg	58.27	0.400	0.600	0.800	0.800	0.800
	木板	m^3	1667.00	0.300	0.400	0.500	0.650	0.800
	道木	m^3	1034.00	0.075	0.080	0.105	0.130	0.175
	煤油	kg	3.79	131.750	184.450	237.150	289.850	368.900
	机油 综合	kg	2.91	15.664	21.929	28.194	37.592	46.991
	黄油钙基脂	kg	9.66	11.250	15.750	20.250	24.750	31.500
	氧气	m^3	3.62	12.240	18.360	24.480	36.720	48.960
	乙炔气	kg	7.60	4.080	4.000	8.160	12.240	16.320
	耐酸石棉橡胶板 综合	kg	11.21	22.000	25.000	27.000	29.000	30.000
	铁砂布 0#~2#	张	1.03	50.000	70.000	90.000	100.000	120.000
	青壳纸 δ0.1~1.0	张	0.86	2.800	3.000	3.200	3.500	4.000
	金属滤网	m^2	15.95	2.500	3.000	3.000	3.500	4.000
	石棉板衬垫	kg	51.72	3.280	35.800	64.500	78.400	94.300
	砂纸	张	0.52	12.000	14.000	18.000	22.000	26.000
	密封胶	支	5.86	24.000	28.000	32.000	36.000	40.000
	不锈钢板 综合	kg	15.09	0.500	0.500	0.600	0.600	0.800
	低碳钢焊条 J422 综合	kg	4.74	8.000	10.000	14.000	22.000	24.000
	其他材料费	元	1.00	184.76	303.12	425.80	509.02	603.20
机械	载货汽车 8t	台班	411.20	0.700	0.700	1.050	1.050	1.050
	汽车式起重机 8t	台班	648.48	0.700	0.700	1.050	1.050	1.050
	汽车式起重机 75t	台班	3154.17	0.700	—	—	—	—
	汽车式起重机 100t	台班	4718.03	—	0.700	1.400	2.100	2.800
	电动空气压缩机 $6m^3$/min	台班	224.45	1.400	1.750	2.100	2.800	3.500
	真空滤油机 6000L/h	台班	262.72	1.400	1.400	1.400	1.400	1.400
	平板拖车组 20t	台班	835.65	0.350	0.700	—	—	—
	平板拖车组 40t	台班	1071.11	—	—	0.700	0.700	0.700
	激光轴对中仪	台班	111.00	0.700	0.700	0.700	0.700	0.700

四、离心式压缩机拆装检查

计量单位:台

定额编号				1-9-91	1-9-92	1-9-93	1-9-94	1-9-95
项目				设备重量(t以内)				
				5	10	20	30	40
基价(元)				**5009.16**	**9288.52**	**15941.69**	**21399.30**	**29798.58**
其中	人工费(元)			4037.31	7688.52	13387.68	18326.39	22413.51
	材料费(元)			213.25	297.24	383.49	553.59	716.51
	机械费(元)			758.60	1302.76	2170.52	2519.32	6668.56
名称		单位	单价(元)	消耗量				
人工	二类人工	工日	135.00	29.906	56.952	99.168	135.751	166.026
材料	紫铜板 δ0.08~0.2	kg	58.27	0.080	0.080	0.100	0.300	0.400
	煤油	kg	3.79	15.810	23.715	31.620	47.430	63.240
	机油 综合	kg	2.91	1.880	2.819	4.073	5.639	7.518
	黄油钙基脂	kg	9.66	2.250	3.375	4.500	5.625	6.750
	石棉橡胶板 高压 δ0.5~8	kg	6.90	5.000	7.500	10.000	15.000	20.000
	铁砂布 0#~2#	张	1.03	6.000	9.000	12.000	18.000	24.000
	青壳纸 δ0.1~1.0	kg	4.31	1.000	1.500	2.000	3.000	4.000
	密封胶	支	5.86	8.000	10.000	12.000	14.000	16.000
	研磨膏	盒	13.79	1.000	1.000	1.000	2.000	2.000
	其他材料费	元	1.00	15.80	22.02	28.41	41.01	65.14
机械	汽车式起重机 8t	台班	648.48	1.050	—	—	—	—
	汽车式起重机 16t	台班	875.04	—	1.400	—	—	—
	汽车式起重机 25t	台班	996.58	—	—	2.100	2.450	—
	汽车式起重机 50t	台班	2353.88	—	—	—	—	2.800
	激光轴对中仪	台班	111.00	0.700	0.700	0.700	0.700	0.700

计量单位:台

定额编号				1-9-96	1-9-97	1-9-98
项目				设备重量(t 以内)		
				50	70	100
基价(元)				**31257.33**	**34906.01**	**40894.40**
其中	人工费(元)			23799.42	25568.06	29984.85
	材料费(元)			789.35	1021.67	1416.33
	机械费(元)			6668.56	8316.28	9493.22
名称		单位	单价(元)	消耗量		
人工	二类人工	工日	135.00	176.292	189.393	222.110
材料	紫铜板 δ0.08~0.2	kg	58.27	0.500	0.650	1.000
	煤油	kg	3.79	60.000	78.000	120.000
	机油 综合	kg	2.91	12.000	15.600	24.000
	黄油钙基脂	kg	9.66	7.000	8.000	10.000
	石棉橡胶板 高压 δ0.5~8	kg	6.90	25.000	37.500	50.000
	铁砂布 0#~2#	张	1.03	30.000	39.000	60.000
	青壳纸 δ0.1~1.0	kg	4.31	8.200	7.500	10.000
	密封胶	支	5.86	18.000	20.000	24.000
	研磨膏	盒	13.79	2.000	3.000	3.000
	其他材料费	元	1.00	58.47	75.68	104.91
机械	汽车式起重机 50t	台班	2353.88	2.800	3.500	4.000
	激光轴对中仪	台班	111.00	0.700	0.700	0.700

第十章
工业炉设备安装

说　　明

一、本章定额适用范围如下：

1. 电弧炼钢炉。

2. 无芯工频感应电炉：包括熔铁、熔铜、熔锌等熔炼电炉。

3. 电阻炉、真空炉、高频及中频感应炉。

4. 冲天炉：包括长腰三节炉、移动式直线曲线炉胆热风冲天炉、燃重油冲天炉、一般冲天炉及冲天炉加料机构等。

5. 加热炉及热处理炉包括：

(1)按形式分为：室式、台车式、推杆式、反射式、链式、贯通式、环形式、传送式、箱式、槽式、开隙式、井式(整体组合)、坩埚式等。

(2)按燃料分为：电、天然气、煤气、重油、煤粉、煤块等。

6. 解体结构井式热处理炉：包括电阻炉、天然气炉、煤气炉、重油炉、煤粉炉等。

二、本章定额包括下列工作内容：

1. 无芯工频感应电炉的水冷管道、油压系统、油箱、油压操纵台等安装以及油压系统的配管、刷漆。

2. 电阻炉、真空炉以及高频、中频感应炉的水冷系统、润滑系统、传动装置、真空机组、安全防护装置等安装。

3. 冲天炉本体和前炉安装。

4. 冲天炉加料机构的轨道、加料车、卷扬装置等安装。

5. 加热炉及热处理炉的炉门升降机构、轨道、炉箅、喷嘴、台车、液压装置、拉杆或推杆装置、传动装置、装料、卸料装置等安装。

三、本章定额不包括下列工作内容：

1. 各类工业炉安装均不包括炉体内衬砌筑。

2. 电阻炉电阻丝的安装。

3. 热工仪表系统的安装、调试。

4. 风机系统的安装、试运转。

5. 液压泵房站的安装。

6. 阀门的研磨、试压。

7. 台车的组立、装配。

8. 冲天炉出渣轨道的安装。

9. 解体结构井式热处理炉的平台安装。

10. 设备二次灌浆。

11. 烘炉。

四、无芯工频感应电炉安装是按每一炉组为两台炉子考虑，如每一炉组为一台炉子时，则相应定额乘以系数 0.6。

五、冲天炉的加料机构，按各类形式综合考虑，已包括在冲天炉安装内。

六、加热炉及热处理炉，如为整体结构(炉体已组装并有内衬砌体)，则定额人工乘以系数 0.7。计算设备重量时应包括内衬砌体的重量。如为解体结构(炉体是金属构件，需现场组合安装，无内衬砌体)，则定额不变。计算设备重量时不包括内衬砌体的重量。

工程量计算规则

一、电弧炼钢炉、电阻炉、真空炉、高频及中频感应炉、加热炉及热处理炉安装以“台”为计量单位,按设备重量“t”选用定额项目。

二、无芯工频感应电炉安装以“组”为计量单位,按设备重量“t”选用定额项目。每一炉组按二台炉子考虑。

三、冲天炉安装以“台”为计量单位,按设备熔化率(t/h)选用项目。冲天炉的出渣轨道安装,可套用本册第五章第七节“地坪面上安装轨道”的相应项目。

四、加热炉及热处理炉在计算重量时,如为整体结构(炉体已组装并有内衬砌体),应包括内衬砌体的重量,如为解体结构(炉体为金属结构件,需要现场组合安装,无内衬砌体)时,则不包括内衬砌体的重量。炉窑砌筑执行相关专业定额项目。

一、电弧炼钢炉

计量单位:台

定额编号				1-10-1	1-10-2	1-10-3	1-10-4	1-10-5
项目				设备重量(t)				
				0.5	1.5	3.0	5.0	10.0
基价(元)				**2249.30**	**4028.99**	**6400.28**	**9468.96**	**13793.20**
其中	人工费(元)			968.49	2031.75	3591.41	4822.88	7679.88
	材料费(元)			645.27	1022.69	1536.31	2144.36	2600.33
	机械费(元)			635.54	974.55	1272.56	2501.72	3512.99
	名称	单位	单价(元)	消耗量				
人工	二类人工	工日	135.00	7.174	15.050	26.603	35.725	56.888
材料	工业炉设备	台	—	(1.000)	(1.000)	(1.000)	(1.000)	(1.000)
	平垫铁 综合	kg	3.78	5.640	7.530	15.500	39.280	42.100
	斜垫铁 Q195～Q235 1#	kg	8.62	5.100	6.120	15.290	35.200	37.160
	角钢 Q235B 63×63×6	kg	3.97	5.000	8.000	12.000	15.000	20.000
	中厚钢板 综合	kg	3.71	50.000	70.000	80.000	90.000	100.000
	镀锌铁丝 ϕ2.0～4.0	kg	5.01	3.000	5.000	7.000	10.000	10.000
	低碳钢焊条 J422 ϕ4.0	kg	4.74	7.466	15.509	23.100	36.750	57.750
	碳钢气焊条 ϕ2 以内	kg	10.34	0.300	0.500	1.200	2.000	2.500
	木板	m^3	1667.00	0.030	0.050	0.070	0.090	0.110
	道木	m^3	1034.00	0.079	0.105	0.155	0.191	0.237
	煤油	kg	3.79	3.150	5.250	13.650	21.000	26.250
	机油 综合	kg	2.91	1.530	2.040	4.080	5.100	8.160
	黄油钙基脂	kg	9.66	0.500	0.800	1.500	2.000	3.000
	氧气	m^3	3.62	6.375	18.870	32.640	40.800	51.000
	乙炔气	kg	7.60	2.125	6.290	10.880	13.600	17.000
	石棉板 1.6～2×500～800	kg	5.17	2.000	4.000	5.000	7.000	10.000
	石棉橡胶板 高压 δ0.5～8	kg	6.90	3.000	5.000	8.000	10.000	12.000
	四氟乙烯塑料薄膜	kg	336.00	0.200	0.300	0.400	0.400	0.500
	其他材料费	元	1.00	30.73	48.70	73.16	102.11	123.83
机械	载货汽车 10t	台班	476.15	—	—	—	0.280	0.350
	叉式起重机 5t	台班	409.00	0.210	0.210	0.560	0.700	0.840
	汽车式起重机 8t	台班	648.48	0.490	0.840	1.050	2.450	3.360
	汽车式起重机 12t	台班	748.60	0.210	0.210	0.210	0.210	—
	汽车式起重机 16t	台班	875.04	—	—	—	—	0.280
	弧焊机 综合	台班	66.69	1.120	2.800	3.080	5.040	8.680

二、无芯工频感应电炉

计量单位:台

定额编号				1-10-6	1-10-7	1-10-8	1-10-9	1-10-10	1-10-11
项目				设备重量(t)					
				0.75	1.5	3.0	5.0	10.0	20.0
基价(元)				**3652.50**	**4896.42**	**7684.34**	**11175.45**	**20156.22**	**29792.05**
其中	人工费(元)			1872.32	2578.37	4332.83	6264.27	11135.88	18330.84
	材料费(元)			910.14	1241.16	1785.06	2686.90	4282.83	5968.45
	机械费(元)			870.04	1076.89	1566.45	2224.28	4737.51	5492.76
	名称	单位	单价(元)	消耗量					
人工	二类人工	工日	135.00	13.869	19.099	32.095	46.402	82.488	135.784
材料	工业炉设备	炉组	—	(1.000)	(1.000)	(1.000)	(1.000)	(1.000)	(1.000)
	平垫铁 综合	kg	3.78	11.170	13.970	21.880	50.880	88.500	103.330
	斜垫铁 Q195~Q235 1#	kg	8.62	12.200	15.100	21.280	49.160	85.660	97.940
	中厚钢板 综合	kg	3.71	6.000	10.000	14.000	22.000	36.000	62.000
	紫铜电焊条 T107 $\phi3.2$	kg	78.02	—	—	—	0.600	0.900	1.000
	镀锌铁丝 $\phi2.0\sim4.0$	kg	5.01	3.000	3.000	6.000	7.000	8.000	10.000
	低碳钢焊条 J422 $\phi3.2$	kg	4.74	5.250	5.817	4.725	4.200	4.200	5.250
	低碳钢焊条 J422 $\phi4.0$	kg	4.74	2.909	7.350	17.934	16.901	34.818	46.725
	碳钢气焊条 $\phi2$ 以内	kg	10.34	1.000	1.000	1.500	1.500	2.000	3.000
	铜焊粉 气剂 301 瓶装	kg	30.17	—	—	—	0.300	0.500	0.800
	板枋材	m^3	2069.00	—	—	—	—	—	0.080
	木板	m^3	1667.00	0.010	0.015	0.025	0.030	0.040	0.063
	道木	m^3	1034.00	0.052	0.055	0.080	0.141	0.187	0.454
	汽油 综合	kg	6.12	0.200	0.220	0.240	0.280	0.350	1.000
	煤油	kg	3.79	2.100	5.250	6.300	10.500	10.500	14.700
	机油 综合	kg	2.91	0.510	1.020	1.530	2.040	2.040	4.080
	油漆溶剂油	kg	3.79	0.650	0.720	0.800	0.900	1.050	2.000
	黄油钙基脂	kg	9.66	0.500	0.500	1.000	1.500	1.500	2.000
	氧气	m^3	3.62	3.570	4.080	8.160	9.180	16.320	20.400
	乙炔气	kg	7.60	1.190	1.360	2.720	3.060	5.440	6.800
	调和漆	kg	11.21	1.800	2.000	2.200	2.500	3.000	4.000
	防锈漆 C53-1	kg	14.05	2.000	2.400	2.640	3.000	3.600	5.000
	石棉板 $1.6\sim2\times500\sim800$	kg	5.17	3.000	4.000	5.000	7.000	10.000	15.000
	石棉水泥板 $\delta20$	m^2	31.21	—	—	2.000	3.400	—	—
	石棉水泥板 $\delta25$	m^2	31.21	—	—	—	—	7.600	12.000
	石棉橡胶板 高压 $\delta0.5\sim8$	kg	6.90	1.000	1.000	1.500	1.500	2.500	4.000
	普通石棉布	kg	26.29	14.000	18.400	26.000	32.800	56.000	72.000
	四氟乙烯塑料薄膜	kg	336.00	0.250	0.500	0.500	0.750	0.750	1.000
	其他材料费	元	1.00	43.34	59.10	85.00	127.95	203.94	284.21
机械	载货汽车 10t	台班	476.15	0.700	0.700	1.050	1.050	1.750	2.100
	叉式起重机 5t	台班	409.00	0.140	0.140	0.140	0.350	1.400	1.610
	汽车式起重机 8t	台班	648.48	0.245	0.420	0.630	1.260	3.500	3.850
	汽车式起重机 12t	台班	748.60	0.210	0.210	0.210	0.210	—	—
	汽车式起重机 16t	台班	875.04	—	—	—	—	0.280	—
	汽车式起重机 20t	台班	942.85	—	—	—	—	—	0.280
	弧焊机 综合	台班	66.69	2.450	3.850	6.650	9.100	12.250	16.100

三、电阻炉、真空炉、高频及中频感应炉

计量单位:台

定额编号				1-10-12	1-10-13	1-10-14	1-10-15
项目				设备重量(t)			
				1.0	2.0	4.0	7.0
基价(元)				**1237.88**	**1798.37**	**2362.16**	**3908.05**
其中	人工费(元)			859.82	1365.80	1819.40	2652.62
	材料费(元)			194.58	249.09	283.07	433.35
	机械费(元)			183.48	183.48	259.69	822.08
名称		单位	单价(元)	消耗量			
人工	二类人工	工日	135.00	6.369	10.117	13.477	19.649
材料	工业炉设备	台	—	(1.000)	(1.000)	(1.000)	(1.000)
	平垫铁 综合	kg	3.78	2.820	3.760	5.640	8.640
	斜垫铁 Q195～Q235 1#	kg	8.62	3.060	4.590	2.550	8.000
	中厚钢板 综合	kg	3.71	3.200	3.600	6.120	4.200
	镀锌铁丝 ϕ2.0～4.0	kg	5.01	2.000	2.200	4.000	6.000
	低碳钢焊条 J422 ϕ4.0	kg	4.74	0.630	0.945	0.945	1.260
	碳钢气焊条 ϕ2 以内	kg	10.34	0.700	1.000	1.200	1.600
	木板	m^3	1667.00	0.005	0.006	0.007	0.009
	道木	m^3	1034.00	0.065	0.080	0.093	0.140
	煤油	kg	3.79	2.100	2.625	3.150	3.885
	机油 综合	kg	2.91	0.510	0.714	0.765	0.918
	黄油钙基脂	kg	9.66	0.210	0.220	0.300	0.500
	真空泵油	kg	10.78	0.500	0.650	0.700	0.800
	氧气	m^3	3.62	1.224	1.530	1.836	2.448
	丙酮	kg	8.16	0.200	0.200	0.200	0.300
	乙炔气	kg	7.60	0.408	0.510	0.612	0.816
	聚酯乙烯泡沫塑料	kg	18.62	0.200	0.200	0.250	0.300
	石棉橡胶板 高压 δ0.5～8	kg	6.90	0.600	0.800	0.950	1.800
	四氟乙烯塑料薄膜	kg	336.00	0.020	0.030	0.030	0.050
	其他材料费	元	1.00	9.27	11.86	13.48	20.64
机械	载货汽车 10t	台班	476.15	—	—	—	0.280
	叉式起重机 5t	台班	409.00	0.070	0.070	0.140	0.140
	汽车式起重机 8t	台班	648.48	0.210	0.210	—	0.560
	汽车式起重机 16t	台班	875.04	—	—	0.210	0.280
	弧焊机 综合	台班	66.69	0.280	0.280	0.280	0.350

计量单位:台

定额编号				1-10-16	1-10-17	1-10-18
项目				设备重量(t)		
				10.0	15.0	20.0
基价(元)				**4987.88**	**6217.01**	**7759.90**
其中	人工费(元)			3533.22	4378.19	5156.19
	材料费(元)			541.79	700.80	922.55
	机械费(元)			912.87	1138.02	1681.16
	名称	单位	单价(元)	消耗量		
人工	二类人工	工日	135.00	26.172	32.431	38.194
材料	工业炉设备	台	—	(1.000)	(1.000)	(1.000)
	平垫铁 综合	kg	3.78	12.520	21.950	25.000
	斜垫铁 Q195~Q235 1#	kg	8.62	11.510	18.332	22.500
	中厚钢板 综合	kg	3.71	4.200	5.600	5.600
	镀锌铁丝 ϕ2.0~4.0	kg	5.01	6.600	6.600	6.600
	低碳钢焊条 J422 ϕ4.0	kg	4.74	1.575	2.205	2.520
	碳钢气焊条 ϕ2 以内	kg	10.34	1.800	2.000	2.400
	板枋材	m^3	2069.00	—	—	0.060
	木板	m^3	1667.00	0.009	0.011	0.011
	道木	m^3	1034.00	0.162	0.190	0.207
	煤油	kg	3.79	4.725	5.250	5.775
	机油 综合	kg	2.91	1.224	1.530	1.734
	黄油钙基脂	kg	9.66	0.600	0.600	0.660
	真空泵油	kg	10.78	1.000	1.300	1.500
	氧气	m^3	3.62	2.754	3.060	3.672
	丙酮	kg	8.16	0.350	0.350	0.400
	乙炔气	kg	7.60	0.918	1.020	1.224
	聚酯乙烯泡沫塑料	kg	18.62	0.300	0.350	0.350
	石棉橡胶板 高压 δ0.5~8	kg	6.90	2.200	3.000	4.000
	四氟乙烯塑料薄膜	kg	336.00	0.100	0.100	0.100
	其他材料费	元	1.00	25.80	33.37	43.93
机械	载货汽车 10t	台班	476.15	0.280	0.350	0.280
	叉式起重机 5t	台班	409.00	0.140	0.210	0.210
	汽车式起重机 8t	台班	648.48	0.700	0.770	0.700
	汽车式起重机 16t	台班	875.04	0.280	—	0.700
	汽车式起重机 25t	台班	996.58	—	0.350	0.350
	弧焊机 综合	台班	66.69	0.350	0.560	0.700

四、冲 天 炉

计量单位:台

定额编号				1-10-19	1-10-20	1-10-21	1-10-22	1-10-23
项目				熔化率(t/h 以内)				
				1.5	3.0	5.0	10.0	15.0
基价(元)				**4060.67**	**5647.65**	**8150.61**	**14430.21**	**17898.11**
其中	人工费(元)			2139.08	3181.82	4506.98	8719.25	10908.41
	材料费(元)			726.73	995.22	1506.77	2201.20	2561.24
	机械费(元)			1194.86	1470.61	2136.86	3509.76	4428.46
名称		单位	单价(元)	消耗量				
人工	二类人工	工日	135.00	15.845	23.569	33.385	64.587	80.803
材料	工业炉设备	台	—	(1.000)	(1.000)	(1.000)	(1.000)	(1.000)
	平垫铁 综合	kg	3.78	5.800	8.820	11.640	17.460	19.400
	斜垫铁 Q195~Q235 1#	kg	8.62	5.200	6.573	9.880	14.820	17.280
	角钢 Q235B 63×63×6	kg	3.97	8.000	12.000	15.000	15.000	20.000
	中厚钢板 综合	kg	3.71	30.000	35.000	65.000	75.000	100.000
	钢丝绳 φ15.5	m	7.33	—	—	1.250	1.920	—
	钢丝绳 φ20	m	10.68	—	—	—	—	2.330
	镀锌铁丝 φ2.0~4.0	kg	5.01	10.000	10.000	12.000	12.000	12.000
	低碳钢焊条 J422 φ4.0	kg	4.74	16.800	23.100	31.500	44.100	68.250
	碳钢气焊条 φ2 以内	kg	10.34	0.500	0.500	1.000	1.000	1.500
	板枋材	m^3	2069.00	—	—	0.060	0.080	0.090
	木板	m^3	1667.00	0.009	0.010	0.014	0.150	0.023
	道木	m^3	1034.00	0.077	0.080	0.116	0.177	0.227
	煤油	kg	3.79	2.100	4.200	5.250	8.400	8.400
	机油 综合	kg	2.91	0.510	1.020	1.020	2.040	2.040
	黄油钙基脂	kg	9.66	0.500	0.500	1.000	1.000	1.000
	氧气	m^3	3.62	8.160	12.240	20.400	30.600	35.700
	乙炔气	kg	7.60	2.720	4.080	6.800	10.200	11.900
	石棉板 1.6~2×500~800	kg	5.17	20.000	35.000	35.000	45.000	60.000
	石棉橡胶板 高压 δ0.5~8	kg	6.90	5.000	10.000	10.000	15.000	20.000
	四氟乙烯塑料薄膜	kg	336.00	0.150	0.200	0.300	0.300	0.500
	其他材料费	元	1.00	34.61	47.39	71.75	104.82	121.96
机械	载货汽车 10t	台班	476.15	0.210	0.280	0.350	0.700	0.840
	汽车式起重机 8t	台班	648.48	1.050	1.050	1.960	2.800	3.430
	汽车式起重机 12t	台班	748.60	0.210	—	—	—	—
	汽车式起重机 16t	台班	875.04	—	0.350	—	—	—
	汽车式起重机 25t	台班	996.58	—	—	0.280	—	—
	汽车式起重机 50t	台班	2353.88	—	—	—	0.350	—
	汽车式起重机 75t	台班	3154.17	—	—	—	—	0.350
	弧焊机 综合	台班	66.69	3.850	5.250	6.300	8.050	10.500

五、加热炉及热处理炉

计量单位:台

定额编号				1-10-24	1-10-25	1-10-26	1-10-27	1-10-28	1-10-29
项目				设备重量(t 以内)					
				1.0	3.0	5.0	7.0	9.0	12.0
基价(元)				**1547.16**	**3151.28**	**4505.15**	**6058.24**	**7299.10**	**9271.44**
其中	人工费(元)			974.84	1939.68	2911.28	3969.54	4888.49	6376.59
	材料费(元)			420.83	581.55	728.55	876.06	1038.45	1179.36
	机械费(元)			151.49	630.05	865.32	1212.64	1372.16	1715.49
	名称	单位	单价(元)	消耗量					
人工	二类人工	工日	135.00	7.221	14.368	21.565	29.404	36.211	47.234
材料	工业炉设备	台	—	(1.000)	(1.000)	(1.000)	(1.000)	(1.000)	(1.000)
	平垫铁 综合	kg	3.78	9.410	11.290	13.440	15.360	19.800	23.760
	斜垫铁 Q195~Q235 1#	kg	8.62	7.640	9.170	11.656	12.560	17.630	20.160
	角钢 Q235B 63×63×6	kg	3.97	8.000	10.000	11.000	12.000	13.000	15.000
	中厚钢板 综合	kg	3.71	21.000	26.200	29.700	33.100	36.700	40.250
	镀锌铁丝 ϕ2.0~4.0	kg	5.01	1.000	2.000	4.000	6.000	6.000	6.000
	低碳钢焊条 J422 ϕ4.0	kg	4.74	10.500	15.750	19.950	24.150	28.350	33.600
	碳钢气焊条 ϕ2 以内	kg	10.34	—	0.600	0.700	0.800	0.900	1.000
	木板	m^3	1667.00	0.007	0.011	0.015	0.021	0.027	0.034
	道木	m^3	1034.00	0.046	0.055	0.072	0.100	0.106	0.117
	煤油	kg	3.79	1.050	2.100	2.415	2.940	3.465	4.200
	机油 综合	kg	2.91	0.510	0.612	0.816	1.020	1.224	1.428
	黄油钙基脂	kg	9.66	0.200	0.200	0.400	0.600	0.600	0.600
	氧气	m^3	3.62	3.060	5.100	7.140	9.180	11.220	14.280
	乙炔气	kg	7.60	1.020	1.700	2.380	3.060	3.740	4.760
	石棉板 1.6~2×500~800	kg	5.17	2.000	2.400	2.900	3.400	3.900	4.400
	石棉橡胶板 高压 δ0.5~8	kg	6.90	0.800	0.940	1.320	1.680	2.430	2.800
	四氟乙烯塑料薄膜	kg	336.00	0.100	0.200	0.250	0.300	0.350	0.350
	其他材料费	元	1.00	20.04	27.69	34.69	41.72	49.45	56.16
机械	载货汽车 10t	台班	476.15	—	—	—	0.210	0.210	0.280
	汽车式起重机 8t	台班	648.48	—	0.630	0.840	1.050	1.260	1.470
	汽车式起重机 12t	台班	748.60	0.140	0.140	0.210	—	—	—
	汽车式起重机 16t	台班	875.04	—	—	—	0.280	0.280	—
	汽车式起重机 25t	台班	996.58	—	—	—	—	—	0.350
	弧焊机 综合	台班	66.69	0.700	1.750	2.450	2.800	3.150	4.200

计量单位:台

定额编号				1-10-30	1-10-31	1-10-32	1-10-33	1-10-34	1-10-35
项目				设备重量(t以内)					
				15.0	20.0	25.0	30.0	40.0	50.0
基价(元)				**11148.17**	**14443.42**	**18163.08**	**21478.11**	**27223.26**	**33321.85**
其中	人工费(元)			7906.95	10477.62	12772.08	15153.48	19870.65	23986.53
	材料费(元)			1360.39	1768.71	2247.62	2538.87	2787.21	3274.74
	机械费(元)			1880.83	2197.09	3143.38	3785.76	4565.40	6060.58
名称		单位	单价(元)	消耗量					
人工	二类人工	工日	135.00	58.570	77.612	94.608	112.248	147.190	177.678
材料	工业炉设备	台	—	(1.000)	(1.000)	(1.000)	(1.000)	(1.000)	(1.000)
	平垫铁 综合	kg	3.78	27.170	29.110	51.740	62.090	70.400	80.960
	斜垫铁 Q195～Q235 1#	kg	8.62	22.230	24.700	45.860	55.040	60.800	70.000
	角钢 Q235B 63×63×6	kg	3.97	17.000	19.000	22.000	25.000	28.000	31.000
	中厚钢板 综合	kg	3.71	47.600	52.100	56.600	62.000	65.500	72.000
	镀锌铁丝 ϕ2.0～4.0	kg	5.01	6.000	6.000	6.000	6.000	6.000	7.500
	低碳钢焊条 J422 ϕ4.0	kg	4.74	38.850	46.200	53.550	60.900	70.350	79.800
	碳钢气焊条 ϕ2 以内	kg	10.34	1.100	1.300	1.500	1.700	2.000	2.300
	板枋材	m^3	2069.00	—	0.080	0.080	0.080	0.090	0.100
	木板	m^3	1667.00	0.040	0.048	0.057	0.067	0.080	0.093
	道木	m^3	1034.00	0.140	0.192	0.249	0.274	0.234	0.370
	煤油	kg	3.79	4.935	6.825	8.400	9.975	12.600	15.225
	机油 综合	kg	2.91	1.632	2.040	2.448	2.856	3.468	4.080
	黄油钙基脂	kg	9.66	0.600	0.600	0.700	0.700	0.700	0.800
	氧气	m^3	3.62	17.340	22.440	27.540	32.640	39.780	46.920
	乙炔气	kg	7.60	5.780	7.480	9.180	10.880	13.260	15.640
	石棉板 1.6～2×500～800	kg	5.17	4.900	5.400	5.900	6.400	6.900	7.400
	石棉橡胶板 高压 δ0.5～8	kg	6.90	3.550	4.560	5.520	6.480	7.440	9.100
	四氟乙烯塑料薄膜	kg	336.00	0.400	0.450	0.450	0.450	0.500	0.500
	其他材料费	元	1.00	64.78	84.22	107.03	120.90	132.72	155.94
机械	载货汽车 10t	台班	476.15	0.280	0.280	0.280	0.350	0.420	0.560
	汽车式起重机 16t	台班	875.04	1.225	1.400	1.400	2.016	2.170	2.695
	汽车式起重机 25t	台班	996.58	0.350	0.420	—	—	—	—
	汽车式起重机 50t	台班	2353.88	—	—	0.560	0.560	—	—
	汽车式起重机 75t	台班	3154.17	—	—	—	—	0.560	—
	汽车式起重机 100t	台班	4718.03	—	—	—	—	—	0.560
	弧焊机 综合	台班	66.69	4.900	6.300	7.000	8.050	10.500	11.900

计量单位:台

定额编号				1-10-36	1-10-37	1-10-38	1-10-39
项目				设备重量(t 以内)			
				65.0	80.0	100.0	150.0
基价(元)				41332.77	49784.30	60697.36	80291.48
其中	人工费(元)			30487.32	36050.54	43065.68	56851.61
	材料费(元)			3755.73	4089.71	4580.45	5321.19
	机械费(元)			7089.72	9644.05	13051.23	18118.68
名称		单位	单价(元)	消耗量			
人工	二类人工	工日	135.00	225.832	267.041	319.005	421.123
材料	工业炉设备	台	—	(1.000)	(1.000)	(1.000)	(1.000)
	平垫铁 综合	kg	3.78	92.500	96.100	106.500	120.380
	斜垫铁 Q195~Q235 1#	kg	8.62	81.000	85.600	95.000	106.880
	角钢 Q235B 63×63×6	kg	3.97	35.000	39.000	44.000	55.000
	中厚钢板 综合	kg	3.71	77.000	83.000	91.000	105.000
	镀锌铁丝 ϕ2.0~4.0	kg	5.01	7.500	7.500	7.500	7.500
	低碳钢焊条 J422 ϕ4.0	kg	4.74	90.300	100.800	111.300	132.300
	碳钢气焊条 ϕ2 以内	kg	10.34	2.700	3.100	3.600	4.500
	板枋材	m^3	2069.00	0.140	0.140	0.160	0.180
	木板	m^3	1667.00	0.106	0.119	0.132	0.169
	道木	m^3	1034.00	0.420	0.473	0.568	0.633
	煤油	kg	3.79	18.375	21.525	24.675	28.875
	机油 综合	kg	2.91	4.896	5.712	6.120	7.344
	黄油钙基脂	kg	9.66	0.800	0.800	0.800	0.800
	氧气	m^3	3.62	56.100	65.280	75.480	95.880
	乙炔气	kg	7.60	18.700	21.760	25.160	31.960
	石棉板 1.6~2×500~800	kg	5.17	7.900	8.300	8.700	9.500
	石棉橡胶板 高压 δ0.5~8	kg	6.90	9.360	10.320	10.800	12.240
	四氟乙烯塑料薄膜	kg	336.00	0.500	0.550	0.550	0.600
	其他材料费	元	1.00	178.84	194.75	218.12	253.39
机械	载货汽车 10t	台班	476.15	0.700	0.840	0.980	1.050
	汽车式起重机 16t	台班	875.04	2.800	2.940	4.060	5.740
	汽车式起重机 100t	台班	4718.03	0.700	—	—	—
	汽车式起重机 120t	台班	7930.10	—	0.700	0.980	1.400
	弧焊机 综合	台班	66.69	15.050	16.800	18.900	22.400

六、解体结构井式热处理炉

计量单位:台

定额编号				1-10-40	1-10-41	1-10-42	1-10-43	1-10-44
项目				设备重量(t 以内)				
				10.0	15.0	25.0	35.0	50.0
基价(元)				**8403.11**	**12146.64**	**19785.32**	**27167.73**	**36958.55**
其中	人工费(元)			6293.30	9118.85	14713.92	20089.89	26824.64
	材料费(元)			1034.78	1626.73	2289.30	2928.52	3681.54
	机械费(元)			1075.03	1401.06	2782.10	4149.32	6452.37
名称		单位	单价(元)	消耗量				
人工	二类人工	工日	135.00	46.617	67.547	108.992	148.814	198.701
材料	工业炉设备	台	—	(1.000)	(1.000)	(1.000)	(1.000)	(1.000)
	平垫铁 综合	kg	3.78	11.640	13.580	17.460	19.400	23.560
	斜垫铁 Q195～Q235 1#	kg	8.62	9.880	12.350	14.820	17.290	19.700
	角钢 Q235B 63×63×6	kg	3.97	10.000	15.000	25.000	30.000	40.000
	中厚钢板 综合	kg	3.71	35.000	50.000	60.000	75.000	75.000
	镀锌铁丝 ϕ2.0～4.0	kg	5.01	8.000	8.000	8.000	10.000	16.000
	低碳钢焊条 J422 ϕ4.0	kg	4.74	17.850	25.200	39.900	52.500	63.000
	碳钢气焊条 ϕ2 以内	kg	10.34	0.500	1.000	3.000	5.000	7.000
	板枋材	m^3	2069.00	—	0.060	0.080	0.080	0.100
	木板	m^3	1667.00	0.008	0.012	0.012	0.012	0.014
	道木	m^3	1034.00	0.112	0.161	0.249	0.264	0.382
	煤油	kg	3.79	5.250	8.400	10.500	13.650	15.750
	机油 综合	kg	2.91	1.530	2.040	2.550	3.060	3.570
	黄油钙基脂	kg	9.66	1.000	1.500	1.500	2.000	3.000
	氧气	m^3	3.62	14.280	20.400	51.000	67.320	83.640
	乙炔气	kg	7.60	4.760	6.800	17.000	22.440	27.880
	石棉板 1.6～2×500～800	kg	5.17	20.000	35.000	35.000	50.000	60.000
	石棉橡胶板 高压 δ0.5～8	kg	6.90	5.000	8.000	10.000	15.000	20.000
	四氟乙烯塑料薄膜	kg	336.00	0.500	0.750	1.000	1.500	2.000
	其他材料费	元	1.00	49.28	77.46	109.01	139.45	175.31
机械	载货汽车 10t	台班	476.15	0.350	0.350	0.560	0.560	0.700
	汽车式起重机 16t	台班	875.04	0.718	0.665	1.078	1.645	2.205
	汽车式起重机 25t	台班	996.58	—	0.280	—	—	—
	汽车式起重机 50t	台班	2353.88	—	—	0.420	—	—
	汽车式起重机 75t	台班	3154.17	—	—	—	0.560	—
	汽车式起重机 100t	台班	4718.03	—	—	—	—	0.700
	弧焊机 综合	台班	66.69	4.200	5.600	8.750	10.150	13.300

第十一章
制冷设备安装

说　　明

一、本章定额适用范围如下：

1. 制冷机组：包括活塞式冷水机组、螺杆式冷水机组、离心式冷水机组、热泵机组、溴化锂吸收式制冷机。

2. 制冰设备：包括快速制冰设备、盐水制冰设备。

3. 冷风机：包括落地式冷风机、吊顶式冷风机。

4. 制冷机械配套附属设备：包括冷凝器、蒸发器、贮液器、分离器、过滤器、冷却器、玻璃钢冷却塔、集油器、油视镜、紧急泄氨器等。

5. 制冷容器单体试密与排污。

二、本章定额包括下列工作内容：

1. 设备整体、解体安装。

2. 设备带有的电动机、附件、零件等安装。

3. 制冷机械附属设备整体安装，随设备带有与设备联体固定的配件（放油阀、放水阀、安全阀、压力表、水位表）等安装。

4. 制冷容器单体气密试验（包括装拆空气压缩机本体及联接试验用的管道、装拆盲板、通气、检查、放气等）与排污。

三、本章定额不包括下列工作内容：

1. 与设备本体非同一底座的各种设备、起动装置与仪表盘、柜等的安装、调试。

2. 电动机及其他动力机械的拆装检查、配管、配线、调试。

3. 非设备带有的支架、沟槽、防护罩等的制作安装。

4. 设备保温及油漆。

5. 加制冷剂、制冷系统调试。

四、计算工程量时应注意下列事项：

1. 溴化锂吸收式制冷机、制冰设备和冷风机等按设备的总重量计算。

2. 制冷机械配套附属设备按设备的类型分别以面积（m^2）、容积（m^3）、直径（mm 或 m）、处理水量（m^3/h）等作为项目规格时，按设计要求（或实物）的规格，选用相应范围内的项目。

五、除溴化锂吸收式制冷机、离心式冷水机组、螺杆式冷水机组外，其他制冷机组均按同一底座，并带有减振装置的整体安装方法考虑的。如制冷机组解体安装，可套用相应的空气压缩机安装定额。减振装置若由施工单位提供，可按设计选用的规格计取材料费。

六、各类热泵冷（热）水机组定额按直接安装在橡胶隔振垫基础上考虑，橡胶隔振垫另执行相应子目。

七、制冷机组安装定额中，已包括施工单位配合制造厂试车的工作内容。

八、制冷容器的单体气密试验与排污定额是按试一次考虑的。如“技术规范”或“设计要求”需要多次连续试验时，则第二次的试验按第一次相应定额乘以调整系数 0.9。第三次及其以上的试验，定额从第三次起每次均按第一次的相应定额乘以系数 0.75。

工程量计算规则

一、螺杆式冷水机组、离心式冷水机组、热泵机组安装以“台”为计量单位,按制冷量“kW”选用定额项目。

二、活塞式冷水机组、溴化锂吸收式制冷机、双工况制冷机组安装以“台”为计量单位,按设备重量“t”选用定额项目。

三、制冰设备安装以“台”为计量单位,按设备类别、名称、型号及重量“t”选用定额项目。

四、冷风机安装以“台”为计量单位,按设备名称、冷却面积及重量“t”选用定额项目。

五、立式、卧式管壳式冷凝器,蒸发器,淋水式冷凝器,蒸发式冷凝器,立式蒸发器、中间冷却器、空气分离器均以“台”为计量单位,按设备名称、冷却或蒸发面积“m^2”及重量“t”选用定额项目。

六、立式低压循环储液器和卧式高压储液器(排液桶)以“台”为计量单位,按设备名称、容积“m^3”和重量“t”选用定额项目。

七、氨油分离器、氨液分离器、氨气过滤器、氨液过滤器安装以“台”为计量单位、按设备名称、直径“mm”和重量“t”选用定额项目。

八、玻璃钢冷却塔以“台”为计量单位,按设备处理水量“m^3/h”选用定额项目。

九、集油器、油视镜、紧急泄氨器以“台”或“支”为计量单位,按设备名称和设备直径“mm”选用定额项目。

十、制冷容器单体试密与排污以“次/台”为计量单位,按设备容量“m^3”选用定额项目。

十一、制冷机组、制冰设备和冷风机的设备重量按同一底座上的主机、电动机、附属设备及底座的总重量计算。

一、活塞式冷水机组

计量单位:台

定额编号				1-11-1	1-11-2	1-11-3	1-11-4
项目				设备重量(t以内)			
				0.3	0.5	0.8	1
基价(元)				**532.72**	**655.46**	**798.62**	**929.87**
其中	人工费(元)			490.05	612.63	754.52	885.47
	材料费(元)			15.30	15.46	16.73	17.03
	机械费(元)			27.37	27.37	27.37	27.37
名称		单位	单价(元)	消耗量			
人工	二类人工	工日	135.00	3.630	4.538	5.589	6.559
材料	制冷设备	台	—	(1.000)	(1.000)	(1.000)	(1.000)
	中厚钢板 综合	kg	3.71	2.000	2.000	2.000	2.000
	低碳钢焊条 J422 ϕ4.0	kg	4.74	0.150	0.150	0.200	0.200
	氧气	m^3	3.62	0.300	0.300	0.300	0.300
	乙炔气	kg	7.60	0.100	0.100	0.100	0.100
	镀锌铁丝 ϕ2.0~4.0	kg	5.01	0.300	0.300	0.300	0.300
	煤油	kg	3.79	0.500	0.500	0.600	0.600
	机油 综合	kg	2.91	0.100	0.150	0.200	0.300
	黄油	kg	9.05	0.100	0.100	0.150	0.150
	其他材料费	元	1.00	0.73	0.74	0.80	0.81
机械	弧焊机 综合	台班	66.69	0.070	0.070	0.070	0.070
	汽车式起重机 8t	台班	648.48	0.035	0.035	0.035	0.035

计量单位:台

定额编号				1-11-5	1-11-6	1-11-7	1-11-8
项目				设备重量(t 以内)			
				1.5	2	2.5	3
基价(元)				**1094.85**	**1376.90**	**1666.21**	**1871.84**
其中	人工费(元)			1048.01	1320.84	1595.84	1788.62
	材料费(元)			19.47	19.62	24.85	26.28
	机械费(元)			27.37	36.44	45.52	56.94
	名称	单位	单价(元)	消耗量			
人工	二类人工	工日	135.00	7.763	9.784	11.821	13.249
材料	制冷设备	台	—	(1.000)	(1.000)	(1.000)	(1.000)
	中厚钢板 综合	kg	3.71	2.000	2.000	3.000	3.000
	低碳钢焊条 J422 φ4.0	kg	4.74	0.200	0.200	0.200	0.250
	氧气	m^3	3.62	0.360	0.360	0.420	0.420
	乙炔气	kg	7.60	0.120	0.120	0.140	0.140
	镀锌铁丝 φ2.0~4.0	kg	5.01	0.300	0.300	0.300	0.300
	煤油	kg	3.79	0.800	0.800	1.000	1.100
	机油 综合	kg	2.91	0.400	0.450	0.500	0.600
	黄油	kg	9.05	0.250	0.250	0.250	0.300
	其他材料费	元	1.00	0.93	0.93	1.18	1.25
机械	弧焊机 综合	台班	66.69	0.070	0.070	0.070	0.105
	汽车式起重机 8t	台班	648.48	0.035	0.049	0.063	0.077

计量单位:台

定额编号				1-11-9	1-11-10	1-11-11	1-11-12	1-11-13
项目				设备重量(t 以内)				
				4	5	6	8	10
基价(元)				**2426.41**	**2966.34**	**3480.30**	**4502.21**	**5163.82**
其中	人工费(元)			2324.97	2840.40	3137.00	4138.97	4673.84
	材料费(元)			28.55	34.89	36.57	45.31	49.54
	机械费(元)			72.89	91.05	306.73	317.93	440.44
	名称	单位	单价(元)	消耗量				
人工	二类人工	工日	135.00	17.222	21.040	23.237	30.659	34.621
材料	制冷设备	台	—	(1.000)	(1.000)	(1.000)	(1.000)	(1.000)
	中厚钢板 综合	kg	3.71	3.000	4.000	4.000	6.000	6.000
	低碳钢焊条 J422 φ4.0	kg	4.74	0.250	0.250	0.250	0.300	0.300
	氧气	m^3	3.62	0.600	0.600	0.750	0.750	0.900
	乙炔气	kg	7.60	0.200	0.200	0.250	0.250	0.300
	镀锌铁丝 φ2.0~4.0	kg	5.01	0.300	0.300	0.300	0.300	0.300
	煤油	kg	3.79	1.300	1.600	1.700	1.800	2.500
	机油 综合	kg	2.91	0.700	0.800	0.900	1.000	1.000
	黄油	kg	9.05	0.300	0.400	0.400	0.400	0.450
	其他材料费	元	1.00	1.36	1.66	1.74	2.16	2.36
机械	弧焊机 综合	台班	66.69	0.140	0.140	0.175	0.175	0.175
	汽车式起重机 8t	台班	648.48	0.098	0.126	0.455	—	—
	汽车式起重机 16t	台班	875.04	—	—	—	0.350	0.490

二、螺杆式冷水机组

计量单位：台

定额编号				1-11-14	1-11-15	1-11-16	1-11-17
项目				制冷量(kW 以内)			
				240	350	600	900
基价（元）				**1593.43**	**1782.87**	**2040.22**	**2904.73**
其中	人工费（元）			1463.00	1644.44	1880.69	2550.02
	材料费（元）			94.89	97.56	114.44	120.54
	机械费（元）			35.54	40.87	45.09	234.17
名称		单位	单价(元)	消耗量			
人工	二类人工	工日	135.00	10.837	12.181	13.931	18.889
材料	制冷设备	台	—	(1.000)	(1.000)	(1.000)	(1.000)
	钩头成对斜垫铁 Q195～Q235 1#	kg	6.03	7.860	7.860	9.430	9.430
	平垫铁 综合	kg	3.78	5.080	5.080	6.090	6.090
	镀锌铁丝	kg	6.55	0.600	0.750	0.900	1.300
	电焊条	kg	4.31	0.480	0.530	0.570	0.660
	汽油 综合	kg	6.12	1.500	1.660	1.870	2.000
	机油 综合	kg	2.91	0.500	0.500	0.500	0.550
	黄油	kg	9.05	0.400	0.440	0.480	0.620
	石棉橡胶板 中压 δ0.6～8	kg	5.86	0.600	0.600	0.600	0.700
	其他材料费	元	1.00	4.52	4.65	5.45	5.74
机械	弧焊机 综合	台班	66.69	0.240	0.240	0.250	0.310
	汽车式起重机 16t	台班	875.04	—	—	—	0.120
	电动卷扬机－单筒慢速 30kN	台班	177.60	0.110	0.140	0.160	0.380
	电动卷扬机－单筒慢速 50kN	台班	186.39	—	—	—	0.220

计量单位:台

定额编号				1-11-18	1-11-19	1-11-20
项目				制冷量(kW 以内)		
				1200	1800	2300
基价(元)				3590.37	4938.45	6192.16
其中	人工费(元)			3084.75	4067.15	5157.14
	材料费(元)			124.57	282.43	331.78
	机械费(元)			381.05	588.87	703.24
名称		单位	单价(元)	消耗量		
人工	二类人工	工日	135.00	22.850	30.127	38.201
材料	制冷设备	台	—	(1.000)	(1.000)	(1.000)
	钩头成对斜垫铁 Q195 ~ Q235 1#	kg	6.03	9.430	—	—
	钩头成对斜垫铁 Q195 ~ Q235 2#	kg	6.03	—	21.180	23.830
	平垫铁 综合	kg	3.78	6.090	15.480	17.410
	斜垫铁 综合	kg	8.62	—	4.080	6.120
	镀锌铁丝	kg	6.55	1.650	2.080	2.600
	电焊条	kg	4.31	0.730	1.220	1.260
	汽油 综合	kg	6.12	2.000	2.000	2.250
	机油 综合	kg	2.91	0.600	0.750	0.750
	黄油	kg	9.05	0.710	0.800	0.850
	石棉橡胶板 中压 δ0.6 ~ 8	kg	5.86	0.750	1.200	1.300
	其他材料费	元	1.00	5.93	13.45	15.80
机械	弧焊机 综合	台班	66.69	0.350	0.610	0.630
	汽车式起重机 16t	台班	875.04	0.250	0.420	0.530
	电动卷扬机 - 单筒慢速 30kN	台班	177.60	0.520	0.650	0.650
	电动卷扬机 - 单筒慢速 50kN	台班	186.39	0.250	0.350	0.440

三、离心式冷水机组

计量单位:台

定额编号				1-11-21	1-11-22	1-11-23	1-11-24
项目				制冷量(kW 以内)			
				350	600	900	1200
基价(元)				**1722.16**	**2005.27**	**2736.45**	**3317.83**
其中	人工费(元)			1563.98	1836.00	2523.69	2937.74
	材料费(元)			123.53	129.29	167.45	171.54
	机械费(元)			34.65	39.98	45.31	208.55
名称		单位	单价(元)	消耗量			
人工	二类人工	工日	135.00	11.585	13.600	18.694	21.761
材料	制冷设备	台	—	(1.000)	(1.000)	(1.000)	(1.000)
	钩头成对斜垫铁 Q195～Q235 1#	kg	6.03	4.720	4.720	6.288	6.288
	平垫铁 综合	kg	3.78	6.090	6.090	8.120	8.120
	斜垫铁 综合	kg	8.62	4.590	4.590	6.120	6.120
	中厚钢板 综合	kg	3.79	0.800	0.950	1.250	1.450
	镀锌铁丝	kg	6.55	1.200	1.200	1.500	1.500
	电焊条	kg	4.31	0.200	0.200	0.200	0.200
	汽油 综合	kg	6.12	1.200	1.500	1.500	1.600
	机油 综合	kg	2.91	0.500	0.800	1.000	1.200
	黄油	kg	9.05	0.150	0.200	0.200	0.220
	石棉橡胶板 中压 δ0.6～8	kg	5.86	0.800	1.100	1.500	1.800
	其他材料费	元	1.00	5.88	6.16	7.97	8.17
机械	汽车式起重机 16t	台班	875.04	—	—	—	0.120
	弧焊机 综合	台班	66.69	0.200	0.200	0.200	0.220
	电动卷扬机－单筒慢速 30kN	台班	177.60	0.120	0.150	0.180	0.280
	电动卷扬机－单筒慢速 50kN	台班	186.39	—	—	—	0.210

计量单位:台

定额编号				1-11-25	1-11-26	1-11-27	1-11-28
项目				制冷量(kW 以内)			
				1500	1800	2300	3000
基价(元)				**3834.11**	**4381.83**	**5633.27**	**6491.61**
其中	人工费(元)			3269.84	3666.33	4795.74	5368.55
	材料费(元)			178.33	253.48	309.96	370.78
	机械费(元)			385.94	462.02	527.57	752.28
名称		单位	单价(元)	消耗量			
人工	二类人工	工日	135.00	24.221	27.158	35.524	39.767
材料	制冷设备	台	—	(1.000)	(1.000)	(1.000)	(1.000)
	钩头成对斜垫铁 Q195～Q235 1#	kg	6.03	6.288	—	—	—
	钩头成对斜垫铁 Q195～Q235 2#	kg	6.03	—	10.590	10.590	13.240
	平垫铁 综合	kg	3.78	8.120	7.740	7.740	9.680
	斜垫铁 综合	kg	8.62	6.120	10.840	10.840	13.550
	中厚钢板 综合	kg	3.79	1.650	2.000	2.500	3.200
	镀锌铁丝	kg	6.55	1.800	2.000	2.000	2.000
	电焊条	kg	4.31	0.300	0.400	0.600	0.600
	枕木	m^3	2457.00	—	—	0.018	0.018
	汽油 综合	kg	6.12	1.700	1.800	2.000	2.300
	机油 综合	kg	2.91	1.400	1.600	2.000	2.500
	黄油	kg	9.05	0.260	0.300	0.400	0.500
	石棉橡胶板 中压 $\delta0.6 \sim 8$	kg	5.86	2.100	2.400	3.000	3.750
	其他材料费	元	1.00	8.49	12.07	14.76	17.66
机械	汽车式起重机 16t	台班	875.04	0.300	0.360	0.420	—
	汽车式起重机 25t	台班	996.58	—	—	—	0.540
	弧焊机 综合	台班	66.69	0.220	0.250	0.250	0.250
	电动卷扬机－单筒慢速 30kN	台班	177.60	0.350	0.440	0.440	0.650
	电动卷扬机－单筒慢速 50kN	台班	186.39	0.250	0.280	0.350	0.440

四、热泵机组

计量单位:台

定额编号				1-11-29	1-11-30	1-11-31	1-11-32	1-11-33	1-11-34
项目				制冷量(kW 以内)					
				10	20	35	60	120	180
基价(元)				**264.81**	**376.72**	**423.42**	**454.03**	**518.63**	**620.33**
其中	人工费(元)			258.93	362.07	405.27	429.44	482.09	552.96
	材料费(元)			5.88	11.10	14.60	19.26	27.66	32.75
	机械费(元)			—	3.55	3.55	5.33	8.88	34.62
名称		单位	单价(元)	消耗量					
人工	二类人工	工日	135.00	1.918	2.682	3.002	3.181	3.571	4.096
材料	制冷设备	台	—	(1.000)	(1.000)	(1.000)	(1.000)	(1.000)	(1.000)
	汽油 综合	kg	6.12	0.460	0.750	0.950	1.300	1.600	1.700
	机油 综合	kg	2.91	0.050	0.080	0.120	0.200	0.350	0.450
	黄油	kg	9.05	0.130	0.260	0.350	0.500	0.550	0.630
	石棉橡胶板 中压 δ0.6~8	kg	5.86	0.250	0.580	0.780	0.900	1.800	2.350
	其他材料费	元	1.00	0.28	0.53	0.70	0.92	1.32	1.56
机械	电动卷扬机-单筒慢速 30kN	台班	177.60	—	0.020	0.020	0.030	0.050	0.090
	电动卷扬机-单筒慢速 50kN	台班	186.39	—	—	—	—	—	0.100

计量单位:台

定额编号				1-11-35	1-11-36	1-11-37	1-11-38	1-11-39	1-11-40
项目				制冷量(kW 以内)					
				240	300	350	480	600	700
基价(元)				**749.24**	**1049.53**	**1245.68**	**1666.95**	**1958.69**	**2215.26**
其中	人工费(元)			672.30	780.57	960.53	1310.85	1556.69	1759.32
	材料费(元)			35.04	39.27	40.90	46.31	52.42	63.41
	机械费(元)			41.90	229.69	244.25	309.79	349.58	392.53
名称		单位	单价(元)	消耗量					
人工	二类人工	工日	135.00	4.980	5.782	7.115	9.710	11.531	13.032
材料	制冷设备	台	—	(1.000)	(1.000)	(1.000)	(1.000)	(1.000)	(1.000)
	汽油 综合	kg	6.12	1.800	2.150	2.280	2.650	3.400	4.400
	机油 综合	kg	2.91	0.550	0.660	0.720	0.850	0.970	1.150
	黄油	kg	9.05	0.700	0.750	0.750	0.800	0.800	0.900
	石棉橡胶板 中压 δ0.6~8	kg	5.86	2.460	2.650	2.750	3.100	3.250	3.750
	其他材料费	元	1.00	1.67	1.87	1.95	2.21	2.50	3.02
机械	汽车式起重机 16t	台班	875.04	—	0.200	0.200	0.220	—	—
	汽车式起重机 25t	台班	996.58	—	—	—	—	0.220	0.250
	电动卷扬机-单筒慢速 30kN	台班	177.60	0.110	0.140	0.180	0.440	0.440	0.440
	电动卷扬机-单筒慢速 50kN	台班	186.39	0.120	0.160	0.200	0.210	0.280	0.350

五、溴化锂吸收式制冷机

计量单位:台

	定额编号			1-11-41	1-11-42	1-11-43	1-11-44
	项目			设备重量(t 以内)			
				5	8	10	15
	基价(元)			**3073.99**	**4639.92**	**5556.09**	**7716.68**
其中	人工费(元)			2130.98	3110.27	3690.90	5368.95
	材料费(元)			620.56	772.44	903.99	1072.64
	机械费(元)			322.45	757.21	961.20	1275.09
	名称	单位	单价(元)	消耗量			
人工	二类人工	工日	135.00	15.785	23.039	27.340	39.770
材料	制冷设备	台	—	(1.000)	(1.000)	(1.000)	(1.000)
	平垫铁 综合	kg	3.78	25.700	29.570	36.300	45.280
	斜垫铁 Q195~Q235 1#	kg	8.62	22.310	27.460	31.920	39.040
	钢丝绳 ϕ14.1~15	kg	6.45	—	—	—	1.250
	镀锌铁丝 ϕ2.0~4.0	kg	5.01	2.200	2.200	2.200	2.200
	圆钉 ϕ5 以内	kg	4.74	0.050	0.050	0.050	0.100
	低碳钢焊条 J422 ϕ2.5	kg	4.74	0.650	0.650	0.650	0.650
	碳钢气焊条 ϕ2 以内	kg	10.34	0.200	0.200	0.200	0.200
	木板	m^3	1667.00	0.013	0.017	0.032	0.044
	道木	m^3	1034.00	0.041	0.062	0.062	0.077
	汽油 综合	kg	6.12	12.240	15.000	18.360	20.400
	煤油	kg	3.79	1.500	2.000	2.000	2.000
	机油 综合	kg	2.91	1.010	1.520	2.020	2.530
	黄油钙基脂	kg	9.66	0.270	0.270	0.270	0.270
	氧气	m^3	3.62	0.520	0.520	1.071	1.071
	乙炔气	kg	7.60	0.173	0.173	0.357	0.357
	白漆	kg	8.62	0.100	0.100	0.100	0.100
	石棉橡胶板 高压 δ0.5~8	kg	6.90	4.000	5.000	6.000	6.500
	橡胶盘根 低压	kg	40.73	0.500	0.600	0.700	0.800
	铁砂布 0#~2#	张	1.03	3.000	4.000	4.000	4.000
	塑料布	kg	18.10	4.410	5.790	5.790	5.790
	其他材料费	元	1.00	29.55	36.78	43.05	51.08
机械	载货汽车 10t	台班	476.15	0.140	0.210	0.210	0.280
	汽车式起重机 8t	台班	648.48	0.070	0.350	0.420	0.490
	汽车式起重机 16t	台班	875.04	0.140	0.350	0.490	—
	汽车式起重机 25t	台班	996.58	—	—	—	0.630
	电动空气压缩机 6m^3/min	台班	224.45	0.350	0.490	0.630	0.770
	弧焊机 综合	台班	66.69	0.140	0.210	0.280	0.350

计量单位：台

定额编号				1-11-45	1-11-46	1-11-47
项目				设备重量(t 以内)		
				20	25	30
基价（元）				**9922.50**	**12000.10**	**13823.36**
其中	人工费（元）			6312.74	7437.56	8228.52
	材料费（元）			1308.16	1557.34	1941.47
	机械费（元）			2301.60	3005.20	3653.37
名称		单位	单价(元)	消耗量		
人工	二类人工	工日	135.00	46.761	55.093	60.952
材料	制冷设备	台	—	(1.000)	(1.000)	(1.000)
	平垫铁 综合	kg	3.78	50.920	60.370	83.000
	斜垫铁 Q195～Q235 1#	kg	8.62	44.920	56.760	75.600
	钢丝绳 ϕ14.1～15	kg	6.45	1.920	—	—
	钢丝绳 ϕ16～18.5	kg	6.45	—	2.080	2.080
	镀锌铁丝 ϕ2.0～4.0	kg	5.01	2.200	2.200	2.200
	圆钉 ϕ5 以内	kg	4.74	0.100	0.150	0.150
	低碳钢焊条 J422 ϕ2.5	kg	4.74	0.650	0.960	1.280
	碳钢气焊条 ϕ2 以内	kg	10.34	0.300	0.400	0.500
	木板	m^3	1667.00	0.054	0.060	0.085
	道木	m^3	1034.00	0.116	0.152	0.173
	汽油 综合	kg	6.12	22.440	25.500	28.560
	煤油	kg	3.79	3.000	3.000	3.000
	机油 综合	kg	2.91	2.730	2.830	3.030
	黄油钙基脂	kg	9.66	0.300	0.300	0.300
	氧气	m^3	3.62	1.071	1.071	1.612
	乙炔气	kg	7.60	0.357	0.357	0.541
	白漆	kg	8.62	0.300	0.300	0.400
	石棉橡胶板 高压 δ0.5～8	kg	6.90	6.500	7.000	7.500
	橡胶盘根 低压	kg	40.73	1.000	1.200	1.400
	铁砂布 0#～2#	张	1.03	5.000	5.000	5.000
	塑料布	kg	18.10	9.210	10.200	11.130
	其他材料费	元	1.00	62.29	74.16	92.45
机械	载货汽车 10t	台班	476.15	0.350	0.560	0.700
	汽车式起重机 8t	台班	648.48	1.400	1.610	1.750
	汽车式起重机 30t	台班	1038.45	0.700	1.120	—
	汽车式起重机 50t	台班	2353.88	—	—	0.700
	电动空气压缩机 $6m^3/min$	台班	224.45	1.750	1.750	1.750
	弧焊机 综合	台班	66.69	1.610	2.079	2.170

六、蓄冷(蓄热)设备:双工况制冷机组

计量单位:台

定额编号				1-11-48	1-11-49	1-11-50	1-11-51	1-11-52	1-11-53
项目				双工况制冷机组					
				设备重量(t以内)					
				1	2	3	5	8	10
基价(元)				**917.76**	**1425.58**	**1723.88**	**2670.29**	**4075.39**	**4844.20**
其中	人工费(元)			871.29	1366.88	1639.31	2543.54	3711.96	4353.75
	材料费(元)			19.10	22.26	27.63	35.70	45.50	50.01
	机械费(元)			27.37	36.44	56.94	91.05	317.93	440.44
名称		单位	单价(元)	消耗量					
人工	二类人工	工日	135.00	6.454	10.125	12.143	18.841	27.496	32.250
材料	制冷设备	台	—	(1.000)	(1.000)	(1.000)	(1.000)	(1.000)	(1.000)
	中厚钢板 综合	kg	3.71	2.000	2.000	3.000	4.000	6.000	6.000
	低碳钢焊条 J422 ϕ4.0	kg	4.74	0.200	0.200	0.200	0.250	0.300	0.300
	氧气	m^3	3.62	0.300	0.360	0.420	0.600	0.750	0.900
	乙炔气	kg	7.60	0.100	0.120	0.140	0.200	0.250	0.300
	镀锌铁丝 ϕ2.0~4.0	kg	5.01	0.300	0.300	0.300	0.300	0.300	0.300
	煤油	kg	3.79	1.000	1.500	1.500	2.000	2.000	2.500
	机油 综合	kg	2.91	0.300	0.400	0.600	0.700	0.800	1.000
	黄油	kg	9.05	0.200	0.250	0.300	0.350	0.400	0.500
	其他材料费	元	1.00	0.91	1.06	1.32	1.70	2.17	2.38
机械	弧焊机 综合	台班	66.69	0.070	0.070	0.105	0.140	0.175	0.175
	汽车式起重机 8t	台班	648.48	0.035	0.049	0.077	0.126	—	—
	汽车式起重机 16t	台班	875.04	—	—	—	—	0.350	0.490

七、制冰设备

计量单位:台

定额编号				1-11-54	1-11-55	1-11-56	1-11-57	1-11-58	1-11-59
设备类别				快速制冰设备	盐水制冰设备				
设备型号及名称				AJP 15/24	倒冰架		加水器	冰桶	单层制冰池盖
设备重量(t以内)				6.5	0.5	1.0		0.05	0.03
基价(元)				**10196.58**	**652.75**	**800.70**	**929.31**	**31.01**	**167.01**
其中	人工费(元)			8723.97	441.72	578.88	717.80	16.07	28.49
	材料费(元)			593.53	115.80	126.59	125.62	14.94	138.52
	机械费(元)			879.08	95.23	95.23	85.89	—	—
名称		单位	单价(元)	消耗量					
人工	二类人工	工日	135.00	64.622	3.272	4.288	5.317	0.119	0.211
材料	制冷设备	台	—	(1.000)	(1.000)	(1.000)	(1.000)	(1.000)	(1.000)
	平垫铁 综合	kg	3.78	12.240	5.820	5.820	5.820	—	—
	斜垫铁 Q195～Q235 1#	kg	8.62	10.380	4.940	4.940	4.940	—	—
	镀锌铁丝 ϕ2.0～4.0	kg	5.01	3.000	1.500	1.500	1.500	—	—
	圆钉 ϕ5以内	kg	4.74	0.040	—	0.020	0.020	—	—
	铁件 综合	kg	6.90	—	—	—	—	—	0.330
	木螺钉 $d6\times100$以内	10个	1.03	—	—	—	—	—	2.600
	低碳钢焊条 J422 ϕ4.0	kg	4.74	4.520	0.150	0.150	0.150	—	—
	碳钢气焊条 ϕ2以内	kg	10.34	1.900	—	—	—	—	—
	木板	m^3	1667.00	0.029	0.010	0.010	0.010	—	0.068
	道木	m^3	1034.00	0.068	—	0.008	0.008	—	—
	汽油 综合	kg	6.12	6.120	0.510	0.820	0.510	0.102	—
	煤油	kg	3.79	8.000	1.000	1.000	1.000	—	—
	机油 综合	kg	2.91	0.505	0.101	0.101	0.101	—	—
	黄油钙基脂	kg	9.66	0.505	—	—	0.101	—	—
	白漆	kg	8.62	0.480	0.080	0.080	0.080	0.080	0.080
	石棉橡胶板 高压 δ0.5～8	kg	6.90	1.500	—	—	—	—	—
	油浸石棉绳	kg	8.15	0.500	—	—	—	—	—
	铁砂布 0#～2#	张	1.03	18.000	2.000	2.000	2.000	2.000	2.000
	塑料布	kg	18.10	7.920	0.600	0.600	0.600	0.600	0.600
	其他材料费	元	1.00	28.26	5.51	6.03	5.98	0.71	6.60
机械	载货汽车 10t	台班	476.15	0.350	—	—	—	—	—
	叉式起重机 5t	台班	409.00	—	0.210	0.210	0.210	—	—
	汽车式起重机 16t	台班	875.04	0.700	—	—	—	—	—
	弧焊机 综合	台班	66.69	1.498	0.140	0.140	—	—	—

计量单位:台

定额编号				1-11-60	1-11-61	1-11-62	1-11-63	1-11-64
设备类别				盐水制冰设备				
设备型号及名称				双层制冰池盖	冰池盖	盐水搅拌器		
设备重量(t 以内)				0.03	包镀锌铁皮	0.1	0.2	0.3
基价(元)				**175.35**	**179.67**	**259.13**	**327.89**	**436.58**
其中	人工费(元)			35.10	98.01	154.17	199.94	291.47
	材料费(元)			140.25	81.66	66.99	75.67	78.51
	机械费(元)			—	—	37.97	52.28	66.60
名称		单位	单价(元)	消耗量				
人工	二类人工	工日	135.00	0.260	0.726	1.142	1.481	2.159
材料	制冷设备	台	—	(1.000)	(1.000)	(1.000)	(1.000)	(1.000)
	平垫铁 综合	kg	3.78	—	—	2.820	2.820	2.820
	斜垫铁 Q195~Q235 1#	kg	8.62	—	—	3.060	3.060	3.060
	镀锌薄钢板 综合	kg	4.46	—	13.000	—	—	—
	铁件 综合	kg	6.90	0.330	—	—	—	—
	木螺钉 $d6\times100$ 以内	10 个	1.03	4.200	6.000	—	—	—
	镀锌铁丝 $\phi2.0\sim4.0$	kg	5.01	—	—	—	1.100	1.100
	低碳钢焊条 J422 $\phi4.0$	kg	4.74	—	—	0.210	0.210	0.210
	木板	m^3	1667.00	0.068	—	0.001	0.001	0.001
	道木	m^3	1034.00	—	—	0.002	0.002	0.002
	汽油 综合	kg	6.12	—	—	0.525	0.525	0.735
	煤油	kg	3.79	—	—	1.000	1.000	1.000
	机油 综合	kg	2.91	—	—	0.202	0.212	0.313
	黄油钙基脂	kg	9.66	—	—	—	0.212	0.313
	白漆	kg	8.62	0.080	0.080	0.080	0.080	0.080
	石棉橡胶板 高压 $\delta0.5\sim8$	kg	6.90	—	—	0.120	0.220	0.240
	铁砂布 0#~2#	张	1.03	2.000	2.000	2.000	2.000	2.000
	塑料布	kg	18.10	0.600	0.600	0.600	0.600	0.600
	其他材料费	元	1.00	6.68	3.89	3.19	3.60	3.74
机械	叉式起重机 5t	台班	409.00	—	—	0.070	0.105	0.140
	弧焊机 综合	台班	66.69	—	—	0.140	0.140	0.140

八、冷 风 机

计量单位:台

定额编号				1-11-65	1-11-66	1-11-67	1-11-68	1-11-69
设备名称				落地式冷风机				
冷却面积(m^2)				100	150	200	250	300
设备重量(t以内)				1.0	1.5	2	2.5	3
基 价 (元)				**840.11**	**996.12**	**1253.97**	**1548.65**	**1774.85**
其中	人工费(元)			659.07	769.50	979.83	1208.25	1346.09
	材料费(元)			114.44	131.39	150.28	187.91	238.31
	机械费(元)			66.60	95.23	123.86	152.49	190.45
	名称	单位	单价(元)	消耗量				
人工	二类人工	工日	135.00	4.882	5.700	7.258	8.950	9.971
材料	冷风机	台	—	(1.000)	(1.000)	(1.000)	(1.000)	(1.000)
	平垫铁 综合	kg	3.78	5.800	5.800	5.800	5.800	10.300
	斜垫铁 Q195~Q235 1#	kg	8.62	5.200	5.200	5.200	5.200	7.860
	热轧薄钢板 Q235B 综合	kg	3.97	0.800	1.000	1.000	1.400	1.400
	圆钉 ϕ5 以内	kg	4.74	0.050	0.050	0.050	0.100	0.100
	低碳钢焊条 J422 ϕ4.0	kg	4.74	0.210	0.210	0.210	0.210	0.420
	木板	m^3	1667.00	0.002	0.005	0.006	0.008	0.009
	道木	m^3	1034.00	0.010	0.020	0.030	0.041	0.041
	汽油 综合	kg	6.12	0.410	0.410	0.610	0.610	0.820
	煤油	kg	3.79	1.000	1.000	1.500	1.500	1.500
	冷冻机油	kg	9.48	0.300	0.300	0.500	0.500	0.800
	机油 综合	kg	2.91	0.100	0.100	0.100	0.100	0.200
	黄油钙基脂	kg	9.66	0.303	0.303	0.404	0.404	0.505
	白漆	kg	8.62	0.080	0.080	0.080	0.100	0.100
	铁砂布 0#~2#	张	1.03	2.000	2.000	2.000	3.000	3.000
	塑料布	kg	18.10	0.500	0.500	0.500	1.500	1.500
	其他材料费	元	1.00	5.45	6.26	7.16	8.95	11.35
机械	叉式起重机 5t	台班	409.00	0.140	0.210	0.280	0.350	0.420
	弧焊机 综合	台班	66.69	0.140	0.140	0.140	0.140	0.280

计量单位:台

定额编号				1-11-70	1-11-71	1-11-72	1-11-73	1-11-74	1-11-75
设备名称				落地式冷风机			吊顶式冷风机		
冷却面积(m^2)				350	400	500	100	150	200
设备重量(t 以内)				3.5	4.5	5.5	1	1.5	2
基价(元)				**1902.08**	**2128.99**	**2409.36**	**1234.88**	**1591.33**	**1773.89**
其中	人工费(元)			1416.15	1563.84	1613.79	970.11	1278.99	1410.48
	材料费(元)			241.72	248.82	328.06	84.62	86.80	92.48
	机械费(元)			244.21	316.33	467.51	180.15	225.54	270.93
	名称	单位	单价(元)	消耗量					
人工	二类人工	工日	135.00	10.490	11.584	11.954	7.186	9.474	10.448
材料	制冷设备	台	—	(1.000)	(1.000)	(1.000)	(1.000)	(1.000)	(1.000)
	平垫铁 综合	kg	3.78	10.300	10.300	13.010	—	—	—
	斜垫铁 Q195~Q235 1#	kg	8.62	7.860	7.860	11.430	—	—	—
	热轧薄钢板 Q235B 综合	kg	3.97	1.800	1.800	2.400	—	—	—
	圆钉 ϕ5 以内	kg	4.74	0.100	0.100	0.100	—	—	—
	低碳钢焊条 J422 ϕ4.0	kg	4.74	0.420	0.420	0.420	0.320	0.320	0.380
	木板	m^3	1667.00	0.010	0.012	0.015	0.004	0.004	0.005
	道木	m^3	1034.00	0.041	0.041	0.062	0.010	0.010	0.010
	汽油 综合	kg	6.12	0.820	1.020	1.220	0.306	0.408	0.612
	煤油	kg	3.79	1.500	1.500	1.500	1.000	1.000	1.000
	冷冻机油	kg	9.48	0.800	1.000	1.200	0.150	0.200	0.300
	机油 综合	kg	2.91	0.200	0.303	0.404	0.101	0.101	0.202
	黄油钙基脂	kg	9.66	0.505	0.505	0.707	0.505	0.606	0.707
	双头螺栓带螺母 M16×100~125	套	3.53	—	—	—	8.000	8.000	8.000
	白漆	kg	8.62	0.100	0.100	0.100	0.080	0.080	0.080
	铁砂布 0#~2#	张	1.03	3.000	3.000	3.000	—	—	—
	镀锌铁丝 ϕ2.0~4.0	kg	5.01	—	—	—	2.000	2.000	2.000
	塑料布	kg	18.10	1.500	1.500	1.500	0.600	0.600	0.600
	其他材料费	元	1.00	11.51	11.85	15.62	4.03	4.13	4.40
机械	载货汽车 10t	台班	476.15	0.140	0.140	0.210	0.140	0.140	0.140
	汽车式起重机 8t	台班	648.48	0.245	0.385	—	0.175	0.245	0.315
	汽车式起重机 16t	台班	875.04	—	—	0.420	—	—	—
	弧焊机 综合	台班	66.69	0.280	—	—	—	—	—

九、冷凝器及蒸发器

1. 立式管壳式冷凝器

计量单位:台

				1-11-76	1-11-77	1-11-78	1-11-79	1-11-80
定额编号				1-11-76	1-11-77	1-11-78	1-11-79	1-11-80
项目				设备冷却面积(m^2 以内)				
				50	75	100	125	150
				设备重量(t 以内)				
				3	4	5	6	7
基价(元)				**1571.68**	**2027.68**	**2451.00**	**2611.10**	**2933.81**
其中	人工费(元)			1212.57	1456.11	1711.26	1740.29	1929.02
	材料费(元)			206.62	218.54	230.30	262.12	273.60
	机械费(元)			152.49	353.03	509.44	608.69	731.19
	名称	单位	单价(元)	消耗量				
人工	二类人工	工日	135.00	8.982	10.786	12.676	12.891	14.289
材料	冷凝器及蒸发器	台	—	(1.000)	(1.000)	(1.000)	(1.000)	(1.000)
	平垫铁 综合	kg	3.78	5.800	5.800	5.800	5.800	5.800
	斜垫铁 Q195~Q235 1#	kg	8.62	5.200	5.200	5.200	5.200	5.200
	热轧薄钢板 Q235B 综合	kg	3.97	1.400	1.800	2.300	2.500	3.000
	镀锌铁丝 ϕ2.0~4.0	kg	5.01	1.330	1.500	2.000	2.400	2.670
	圆钉 ϕ5 以内	kg	4.74	0.040	0.040	0.040	0.060	0.060
	低碳钢焊条 J422 ϕ4.0	kg	4.74	0.210	0.210	0.210	0.310	0.310
	木板	m^3	1667.00	0.010	0.013	0.015	0.017	0.021
	道木	m^3	1034.00	0.041	0.041	0.041	0.062	0.062
	汽油 综合	kg	6.12	0.510	0.714	0.816	0.918	1.020
	煤油	kg	3.79	1.500	1.500	1.500	1.500	1.500
	机油 综合	kg	2.91	0.303	0.404	0.505	0.808	0.808
	黄油钙基脂	kg	9.66	0.131	0.162	0.202	0.242	0.273
	白漆	kg	8.62	0.080	0.080	0.080	0.080	0.080
	石棉橡胶板 高压 δ0.5~8	kg	6.90	1.800	2.100	2.400	2.400	2.400
	铁砂布 0#~2#	张	1.03	3.000	3.000	3.000	3.000	3.000
	塑料布	kg	18.10	1.680	1.680	1.680	1.680	1.680
	其他材料费	元	1.00	9.84	10.41	10.97	12.48	13.03
机械	载货汽车 10t	台班	476.15	—	0.140	0.140	0.210	0.210
	叉式起重机 5t	台班	409.00	0.350	—	—	—	—
	汽车式起重机 8t	台班	648.48	—	0.420	—	—	—
	汽车式起重机 16t	台班	875.04	—	—	0.490	0.560	0.700
	弧焊机 综合	台班	66.69	0.140	0.210	0.210	0.280	0.280

计量单位:台

定额编号				1-11-81	1-11-82	1-11-83	1-11-84
项目				设备冷却面积(m^2 以内)			
				200	250	350	450
				设备重量(t 以内)			
				9	11	13	15
基价(元)				**3370.81**	**3991.37**	**4641.02**	**5292.54**
其中	人工费(元)			2147.18	2749.68	3017.25	3569.67
	材料费(元)			308.68	342.33	410.49	445.21
	机械费(元)			914.95	899.36	1213.28	1277.66
名称		单位	单价(元)	消耗量			
人工	二类人工	工日	135.00	15.905	20.368	22.350	26.442
材料	冷凝器及蒸发器	台	—	(1.000)	(1.000)	(1.000)	(1.000)
	平垫铁 综合	kg	3.78	5.800	5.800	8.820	8.820
	斜垫铁 Q195~Q235 1#	kg	8.62	5.200	5.200	6.573	6.573
	热轧薄钢板 Q235B 综合	kg	3.97	3.000	4.000	4.000	4.600
	镀锌铁丝 ϕ2.0~4.0	kg	5.01	2.670	4.000	4.000	4.600
	圆钉 ϕ5 以内	kg	4.74	—	0.080	0.080	0.100
	低碳钢焊条 J422 ϕ4.0	kg	4.74	0.310	0.420	0.420	0.520
	木板	m^3	1667.00	0.025	0.031	0.036	0.045
	道木	m^3	1034.00	0.062	0.071	0.071	0.077
	汽油 综合	kg	6.12	1.224	1.326	1.530	1.836
	煤油	kg	3.79	1.500	1.500	1.500	1.500
	机油 综合	kg	2.91	0.808	0.808	0.808	1.010
	黄油钙基脂	kg	9.66	0.273	0.333	0.333	0.404
	白漆	kg	8.62	0.100	0.100	0.100	0.100
	石棉橡胶板 高压 δ0.5~8	kg	6.90	3.200	3.200	3.600	4.000
	铁砂布 0#~2#	张	1.03	3.000	3.000	3.000	3.000
	塑料布	kg	18.10	2.790	2.790	4.410	4.410
	其他材料费	元	1.00	14.70	16.30	19.55	21.20
机械	载货汽车 10t	台班	476.15	0.210	0.280	0.280	0.350
	汽车式起重机 16t	台班	875.04	0.910	0.490	0.490	0.490
	汽车式起重机 25t	台班	996.58	—	0.315	0.630	—
	汽车式起重机 30t	台班	1038.45	—	—	—	0.630
	弧焊机 综合	台班	66.69	0.280	0.350	0.350	0.420

2. 卧式管壳式冷凝器及卧式蒸发器

计量单位：台

定额编号				1-11-85	1-11-86	1-11-87	1-11-88	1-11-89
项目				设备冷却面积(m^2 以内)				
				20	30	60	80	100
				设备重量(t 以内)				
				1	2	3	4	5
基价（元）				**933.96**	**1082.57**	**1394.56**	**1835.19**	**2194.73**
其中	人工费（元）			679.19	765.86	1010.48	1261.58	1507.41
	材料费（元）			159.54	192.85	231.59	265.98	300.39
	机械费（元）			95.23	123.86	152.49	307.63	386.93
	名称	单位	单价(元)	消耗量				
人工	二类人工	工日	135.00	5.031	5.673	7.485	9.345	11.166
材料	冷凝器及蒸发器	台	—	(1.000)	(1.000)	(1.000)	(1.000)	(1.000)
	平垫铁 综合	kg	3.78	2.820	3.760	5.800	5.800	5.800
	斜垫铁 Q195～Q235 1#	kg	8.62	3.060	4.590	5.200	5.200	5.200
	热轧薄钢板 Q235B 综合	kg	3.97	0.800	1.000	1.400	1.800	2.300
	镀锌铁丝 ϕ2.0～4.0	kg	5.01	0.800	1.200	1.200	1.200	1.600
	圆钉 ϕ5 以内	kg	4.74	0.030	0.030	0.030	0.030	0.030
	低碳钢焊条 J422 ϕ4.0	kg	4.74	0.210	0.210	0.210	0.420	0.420
	木板	m^3	1667.00	0.001	0.006	0.008	0.011	0.014
	道木	m^3	1034.00	0.027	0.030	0.041	0.041	0.041
	汽油 综合	kg	6.12	0.510	0.612	0.612	0.714	0.816
	煤油	kg	3.79	2.500	2.500	2.500	3.000	3.000
	机油 综合	kg	2.91	0.202	0.202	0.303	0.404	0.505
	黄油钙基脂	kg	9.66	0.088	0.101	0.101	0.101	0.121
	铅油(厚漆)	kg	7.33	0.340	0.340	0.600	0.700	0.800
	白漆	kg	8.62	0.160	0.160	0.160	0.160	0.180
	石棉橡胶板 高压 δ0.5～8	kg	6.90	1.200	1.200	1.500	1.800	1.800
	耐酸橡胶板 δ3	kg	11.21	0.300	0.300	0.600	0.600	0.750
	铁砂布 0#～2#	张	1.03	6.000	6.000	6.000	6.000	6.000
	塑料布	kg	18.10	2.280	2.280	2.280	3.360	4.470
	其他材料费	元	1.00	7.60	9.18	11.03	12.67	14.30
机械	载货汽车 10t	台班	476.15	—	—	—	0.140	0.140
	叉式起重机 5t	台班	409.00	0.210	0.280	0.350	—	—
	汽车式起重机 8t	台班	648.48	—	—	—	0.350	—
	汽车式起重机 16t	台班	875.04	—	—	—	—	0.350
	弧焊机 综合	台班	66.69	0.140	0.140	0.140	0.210	0.210

计量单位:台

定额编号				1-11-90	1-11-91	1-11-92	1-11-93
项目				设备冷却面积(m^2 以内)			
				120	140	180	200
				设备重量(t 以内)			
				6	8	9	12
基价(元)				**2494.96**	**2932.55**	**3317.24**	**3774.00**
其中	人工费(元)			1708.97	1888.25	2206.98	2352.38
	材料费(元)			333.14	374.36	379.07	470.37
	机械费(元)			452.85	669.94	731.19	951.25
名称		单位	单价(元)	消耗量			
人工	二类人工	工日	135.00	12.659	13.987	16.348	17.425
材料	冷凝器及蒸发器	台	—	(1.000)	(1.000)	(1.000)	(1.000)
	平垫铁 综合	kg	3.78	5.800	7.760	7.760	7.760
	斜垫铁 Q195~Q235 1#	kg	8.62	5.200	7.410	7.410	7.410
	热轧薄钢板 Q235B 综合	kg	3.97	2.300	3.000	3.000	4.000
	镀锌铁丝 ϕ2.0~4.0	kg	5.01	1.600	1.600	1.600	1.600
	圆钉 ϕ5 以内	kg	4.74	0.030	0.030	0.030	0.060
	低碳钢焊条 J422 ϕ4.0	kg	4.74	0.420	0.420	0.420	0.420
	木板	m^3	1667.00	0.018	0.023	0.023	0.033
	道木	m^3	1034.00	0.062	0.062	0.062	0.077
	汽油 综合	kg	6.12	0.816	0.816	0.816	1.020
	煤油	kg	3.79	3.000	3.000	3.000	3.000
	机油 综合	kg	2.91	0.505	0.505	0.505	0.505
	黄油钙基脂	kg	9.66	0.121	0.121	0.121	0.121
	铅油(厚漆)	kg	7.33	0.900	0.900	1.000	1.000
	白漆	kg	8.62	0.180	0.180	0.180	0.180
	石棉橡胶板 高压 δ0.5~8	kg	6.90	2.100	2.100	2.400	2.400
	耐酸橡胶板 δ3	kg	11.21	0.750	0.900	1.050	1.050
	铁砂布 0#~2#	张	1.03	6.000	6.000	6.000	6.000
	塑料布	kg	18.10	4.470	4.470	4.470	7.200
	其他材料费	元	1.00	15.86	17.83	18.05	22.40
机械	载货汽车 10t	台班	476.15	0.140	0.210	0.210	0.280
	汽车式起重机 16t	台班	875.04	0.420	0.630	0.700	0.350
	汽车式起重机 25t	台班	996.58	—	—	—	0.490
	弧焊机 综合	台班	66.69	0.280	0.280	0.280	0.350

3. 淋水式冷凝器

计量单位:台

定额编号				1-11-94	1-11-95	1-11-96	1-11-97	1-11-98
项目				设备冷却面积(m^2 以内)				
				30	45	60	75	90
				设备重量(t 以内)				
				1.5	2	2.5	3.5	4
基价（元）				**1145.41**	**1348.06**	**1691.00**	**1936.14**	**2245.46**
其中	人工费（元）			840.11	972.68	1227.96	1421.01	1591.65
	材料费（元）			200.74	242.19	296.55	320.01	380.05
	机械费（元）			104.56	133.19	166.49	195.12	273.76
名称		单位	单价(元)	消耗量				
人工	二类人工	工日	135.00	6.223	7.205	9.096	10.526	11.790
材料	冷凝器及蒸发器	台	—	(1.000)	(1.000)	(1.000)	(1.000)	(1.000)
	平垫铁 综合	kg	3.78	5.780	8.680	11.580	11.580	14.520
	斜垫铁 Q195～Q235 1#	kg	8.62	6.270	9.410	12.000	12.000	16.386
	镀锌铁丝 ϕ2.0～4.0	kg	5.01	2.000	2.000	2.000	2.000	2.000
	圆钉 ϕ5 以内	kg	4.74	0.060	0.090	0.130	0.130	0.160
	低碳钢焊条 J422 ϕ4.0	kg	4.74	0.420	0.420	0.630	0.630	0.630
	木板	m^3	1667.00	0.004	0.004	0.006	0.006	0.008
	道木	m^3	1034.00	0.030	0.030	0.041	0.041	0.041
	汽油 综合	kg	6.12	0.510	0.612	0.714	0.714	0.820
	煤油	kg	3.79	2.500	2.500	2.500	2.500	2.500
	机油 综合	kg	2.91	0.303	0.303	0.505	0.505	0.505
	黄油钙基脂	kg	9.66	0.202	0.202	0.202	0.202	0.202
	白漆	kg	8.62	0.160	0.160	0.160	0.180	0.180
	石棉橡胶板 高压 δ0.5～8	kg	6.90	0.300	0.400	0.600	0.900	1.500
	铁砂布 0#～2#	张	1.03	5.000	5.000	5.000	5.000	5.000
	塑料布	kg	18.10	2.280	2.280	2.280	3.390	3.390
	其他材料费	元	1.00	9.56	11.53	14.12	15.24	18.10
机械	载货汽车 10t	台班	476.15	—	—	—	—	0.140
	叉式起重机 5t	台班	409.00	0.210	0.280	0.350	0.420	—
	汽车式起重机 16t	台班	875.04	—	—	—	—	0.210
	弧焊机 综合	台班	66.69	0.280	0.280	0.350	0.350	0.350

4. 蒸发式冷凝器

计量单位:台

定额编号				1-11-99	1-11-100	1-11-101	1-11-102
项目				设备冷却面积(m^2 以内)			
				20	40	80	100
				设备重量(t 以内)			
				1	1.7	2.5	3
基价(元)				**1340.47**	**1646.84**	**2173.51**	**2261.00**
其中	人工费(元)			974.70	1209.06	1570.46	1617.57
	材料费(元)			270.54	309.26	441.23	452.98
	机械费(元)			95.23	128.52	161.82	190.45
名称		单位	单价(元)	消耗量			
人工	二类人工	工日	135.00	7.220	8.956	11.633	11.982
材料	冷凝器及蒸发器	台	—	(1.000)	(1.000)	(1.000)	(1.000)
	平垫铁 综合	kg	3.78	2.820	3.760	5.600	5.600
	斜垫铁 Q195~Q235 1#	kg	8.62	3.060	4.590	5.716	5.716
	热轧薄钢板 Q235B 综合	kg	3.97	0.800	1.000	1.400	1.400
	镀锌铁丝 ϕ2.0~4.0	kg	5.01	2.000	2.000	2.000	2.000
	圆钉 ϕ5 以内	kg	4.74	0.040	0.040	0.060	0.060
	低碳钢焊条 J422 ϕ4.0	kg	4.74	0.210	0.320	0.320	0.420
	木板	m^3	1667.00	0.003	0.006	0.010	0.010
	道木	m^3	1034.00	0.027	0.030	0.041	0.041
	汽油 综合	kg	6.12	1.020	1.530	2.040	2.550
	煤油	kg	3.79	10.500	10.500	11.000	11.000
	机油 综合	kg	2.91	0.306	0.306	0.510	0.510
	黄油钙基脂	kg	9.66	0.306	0.306	0.306	0.306
	白漆	kg	8.62	0.560	0.560	0.560	0.560
	石棉橡胶板 高压 δ0.5~8	kg	6.90	1.100	2.200	3.400	4.500
	铁砂布 0#~2#	张	1.03	15.000	15.000	16.000	16.000
	塑料布	kg	18.10	5.280	5.280	9.390	9.390
	其他材料费	元	1.00	12.88	14.73	21.01	21.57
机械	叉式起重机 5t	台班	409.00	0.210	0.280	0.350	0.420
	弧焊机 综合	台班	66.69	0.140	0.210	0.280	0.280

计量单位：台

定额编号			1-11-103	1-11-104	1-11-105
项目			设备冷却面积（m^2 以内）		
			150	200	250
			设备重量（t 以内）		
			4	6	7
基价（元）			**2580.95**	**3081.91**	**3393.46**
其中 人工费（元）			1789.29	2045.52	2266.79
材料费（元）			487.27	545.54	586.82
机械费（元）			304.39	490.85	539.85
名称	单位	单价（元）	消耗量		
人工 二类人工	工日	135.00	13.254	15.152	16.791
材料 冷凝器及蒸发器	台	—	(1.000)	(1.000)	(1.000)
平垫铁 综合	kg	3.78	5.800	5.800	8.820
斜垫铁 Q195～Q235 1#	kg	8.62	5.200	5.200	6.573
热轧薄钢板 Q235B 综合	kg	3.97	1.800	2.300	3.000
镀锌铁丝 ϕ2.0～4.0	kg	5.01	2.000	3.000	3.000
圆钉 ϕ5 以内	kg	4.74	0.080	0.080	0.090
低碳钢焊条 J422 ϕ4.0	kg	4.74	0.530	0.530	0.530
木板	m^3	1667.00	0.013	0.017	0.021
道木	m^3	1034.00	0.041	0.062	0.062
汽油 综合	kg	6.12	3.060	3.060	3.570
煤油	kg	3.79	11.500	11.500	11.500
机油 综合	kg	2.91	0.510	0.510	0.510
黄油钙基脂	kg	9.66	0.304	0.306	0.306
白漆	kg	8.62	0.660	0.660	0.660
石棉橡胶板 高压 δ0.5～8	kg	6.90	4.500	4.500	5.000
铁砂布 0#～2#	张	1.03	17.000	17.000	17.000
塑料布	kg	18.10	10.620	11.730	11.730
其他材料费	元	1.00	23.20	25.98	27.94
机械 载货汽车 10t	台班	476.15	0.140	0.210	0.210
汽车式起重机 16t	台班	875.04	0.245	0.420	0.476
弧焊机 综合	台班	66.69	0.350	0.350	0.350

5. 立式蒸发器

计量单位:台

定额编号				1-11-106	1-11-107	1-11-108	1-11-109
项目				设备冷却面积(m^2 以内)			
				20	40	60	90
				设备重量(t 以内)			
				1.5	3	4	5
基价(元)				**830.44**	**1139.98**	**1456.53**	**1670.10**
其中	人工费(元)			529.88	725.49	866.43	997.38
	材料费(元)			176.70	262.00	269.09	281.12
	机械费(元)			123.86	152.49	321.01	391.60
	名称	单位	单价(元)	消耗量			
人工	二类人工	工日	135.00	3.925	5.374	6.418	7.388
材料	冷凝器及蒸发器	台	—	(1.000)	(1.000)	(1.000)	(1.000)
	平垫铁 综合	kg	3.78	3.760	5.800	5.800	5.800
	斜垫铁 Q195 ~ Q235 1#	kg	8.62	4.590	5.200	5.200	5.200
	热轧薄钢板 Q235B 综合	kg	3.97	1.000	1.400	1.800	2.300
	镀锌铁丝 ϕ2.0 ~ 4.0	kg	5.01	1.100	1.100	1.100	1.100
	圆钉 ϕ5 以内	kg	4.74	0.020	0.025	0.025	0.030
	低碳钢焊条 J422 ϕ4.0	kg	4.74	0.210	0.210	0.210	0.210
	木板	m^3	1667.00	0.005	0.008	0.010	0.015
	道木	m^3	1034.00	0.030	0.041	0.041	0.041
	汽油 综合	kg	6.12	0.612	0.612	0.816	0.816
	煤油	kg	3.79	2.500	2.500	2.500	2.500
	机油 综合	kg	2.91	0.505	0.505	0.707	0.707
	黄油钙基脂	kg	9.66	0.110	0.110	0.110	0.110
	白漆	kg	8.62	0.160	0.180	0.180	0.180
	石棉橡胶板 高压 δ0.5 ~ 8	kg	6.90	0.150	0.250	0.250	0.410
	铁砂布 0# ~ 2#	张	1.03	5.000	5.000	5.000	5.000
	塑料布	kg	18.10	2.280	5.010	5.010	5.010
	其他材料费	元	1.00	8.41	12.48	12.81	13.39
机械	载货汽车 10t	台班	476.15	—	—	0.140	0.140
	叉式起重机 5t	台班	409.00	0.280	0.350	—	—
	汽车式起重机 16t	台班	875.04	—	—	0.280	0.350
	弧焊机 综合	台班	66.69	0.140	0.140	0.140	0.280

计量单位:台

定额编号				1-11-110	1-11-111	1-11-112	1-11-113
项目				设备冷却面积(m^2 以内)			
				120	160	180	240
				设备重量(t 以内)			
				6	8	9	12
基价(元)				**1939.28**	**2367.75**	**2575.16**	**3159.09**
其中	人工费(元)			1169.37	1401.03	1481.22	1895.27
	材料费(元)			317.06	353.36	358.08	390.84
	机械费(元)			452.85	613.36	735.86	872.98
名称		单位	单价(元)	消耗量			
人工	二类人工	工日	135.00	8.662	10.378	10.972	14.039
材料	冷凝器及蒸发器	台	—	(1.000)	(1.000)	(1.000)	(1.000)
	平垫铁 综合	kg	3.78	5.800	8.820	8.820	8.820
	斜垫铁 Q195～Q235 1#	kg	8.62	5.200	6.573	6.573	6.573
	热轧薄钢板 Q235B 综合	kg	3.97	2.300	3.000	3.000	4.000
	镀锌铁丝 ϕ2.0～4.0	kg	5.01	1.650	2.200	2.200	2.200
	圆钉 ϕ5 以内	kg	4.74	0.035	0.040	0.040	0.050
	低碳钢焊条 J422 ϕ4.0	kg	4.74	0.210	0.210	0.210	0.210
	木板	m^3	1667.00	0.018	0.021	0.023	0.030
	道木	m^3	1034.00	0.062	0.062	0.062	0.077
	汽油 综合	kg	6.12	1.224	1.224	1.224	1.224
	煤油	kg	3.79	2.500	2.500	2.500	2.500
	机油 综合	kg	2.91	1.010	1.010	1.010	1.010
	黄油钙基脂	kg	9.66	0.172	0.172	0.172	0.172
	白漆	kg	8.62	0.180	0.180	0.180	0.180
	石棉橡胶板 高压 δ0.5～8	kg	6.90	0.520	0.630	0.800	0.800
	铁砂布 0#～2#	张	1.03	5.000	5.000	5.000	5.000
	塑料布	kg	18.10	5.010	5.010	5.010	5.010
	其他材料费	元	1.00	15.10	16.83	17.05	18.61
机械	载货汽车 10t	台班	476.15	0.140	0.210	0.210	0.280
	汽车式起重机 16t	台班	875.04	0.420	0.560	0.700	0.420
	弧焊机 综合	台班	66.69	0.280	0.350	0.350	0.350
	汽车式起重机 25t	台班	996.58	—	—	—	0.350

十、立式低压循环贮液器和卧式高压贮液器(排液桶)

计量单位:台

定额编号				1-11-114	1-11-115	1-11-116	1-11-117	1-11-118
项目				立式低压循环贮液器				卧式高压贮液器(排液桶)
				设备容积(m^3 以内)				
				1.6	2.5	3.5	5.0	1.0
				设备重量(t 以内)				
				1	1.5	2	3	0.7
基价(元)				**1092.24**	**1293.32**	**1606.10**	**2126.01**	**692.79**
其中	人工费(元)			865.22	1022.22	1286.01	1721.25	439.97
	材料费(元)			160.42	171.21	191.57	242.94	157.59
	机械费(元)			66.60	99.89	128.52	161.82	95.23
	名称	单位	单价(元)	消耗量				
人工	二类人工	工日	135.00	6.409	7.572	9.526	12.750	3.259
材料	立式低压循环贮液器	台	—	(1.000)	(1.000)	(1.000)	(1.000)	—
	卧式高压贮液器(排液桶)	台	—	—	—	—	—	(1.000)
	平垫铁 综合	kg	3.78	2.820	2.820	3.760	5.800	2.820
	斜垫铁 Q195~Q235 1#	kg	8.62	3.060	3.060	4.590	5.200	3.060
	热轧薄钢板 Q235B 综合	kg	3.97	0.800	1.000	1.000	1.200	0.800
	镀锌铁丝 ϕ2.0~4.0	kg	5.01	1.500	1.500	1.500	1.500	1.100
	圆钉 ϕ5 以内	kg	4.74	0.030	0.030	0.030	0.030	0.020
	低碳钢焊条 J422 ϕ4.0	kg	4.74	0.210	0.210	0.210	0.210	0.210
	木板	m^3	1667.00	0.003	0.006	0.007	0.008	0.001
	道木	m^3	1034.00	0.027	0.030	0.030	0.041	0.027
	煤油	kg	3.79	2.500	2.500	2.500	2.500	2.500
	机油 综合	kg	2.91	0.202	0.202	0.303	0.303	0.200
	黄油钙基脂	kg	9.66	0.253	0.253	0.253	0.302	0.210
	白漆	kg	8.62	1.160	1.160	1.160	1.180	1.160
	石棉橡胶板 高压 δ0.5~8	kg	6.90	0.300	0.500	0.600	0.800	0.300
	铁砂布 0#~2#	张	1.03	5.000	5.000	5.000	5.000	5.000
	塑料布	kg	18.10	2.280	2.280	2.280	3.390	2.280
	汽油 综合	kg	6.12	—	—	—	—	0.510
	其他材料费	元	1.00	7.64	8.15	9.12	11.57	7.50
机械	叉式起重机 5t	台班	409.00	0.140	0.210	0.280	0.350	0.210
	弧焊机 综合	台班	66.69	0.140	0.210	0.210	0.280	0.140

计量单位:台

定额编号				1-11-119	1-11-120	1-11-121	1-11-122
项目				卧式高压贮液器(排液桶)			
				设备容积(m^3 以内)			
				1.5	2.0	3.0	5.0
				设备重量(t 以内)			
				1	1.5	2	2.5
基价(元)				**893.43**	**997.38**	**1177.72**	**1418.83**
其中	人工费(元)			609.80	672.71	804.74	963.90
	材料费(元)			159.77	172.18	191.86	245.18
	机械费(元)			123.86	152.49	181.12	209.75
名称		单位	单价(元)	消耗量			
人工	二类人工	工日	135.00	4.517	4.983	5.961	7.140
材料	卧式高压贮液器(排液桶)	台	—	(1.000)	(1.000)	(1.000)	(1.000)
	平垫铁 综合	kg	3.78	2.820	2.820	3.760	5.800
	斜垫铁 Q195～Q235 1#	kg	8.62	3.060	3.060	4.590	5.200
	热轧薄钢板 Q235B 综合	kg	3.97	0.800	1.000	1.000	1.400
	镀锌铁丝 ϕ2.0～4.0	kg	5.01	1.100	1.100	1.100	1.100
	圆钉 ϕ5 以内	kg	4.74	0.020	0.020	0.030	0.030
	低碳钢焊条 J422 ϕ4.0	kg	4.74	0.210	0.210	0.210	0.210
	木板	m^3	1667.00	0.001	0.005	0.006	0.008
	道木	m^3	1034.00	0.027	0.030	0.030	0.041
	煤油	kg	3.79	2.500	2.500	2.500	2.500
	机油 综合	kg	2.91	0.200	0.200	0.300	0.300
	黄油钙基脂	kg	9.66	0.210	0.210	0.210	0.210
	白漆	kg	8.62	1.160	1.160	1.160	1.180
	石棉橡胶板 高压 δ0.5～8	kg	6.90	0.600	0.600	0.600	0.600
	铁砂布 0#～2#	张	1.03	5.000	5.000	5.000	5.000
	塑料布	kg	18.10	2.280	2.280	2.280	3.390
	汽油 综合	kg	6.12	0.510	0.714	0.714	0.918
	其他材料费	元	1.00	7.61	8.20	9.14	11.68
机械	叉式起重机 5t	台班	409.00	0.280	0.350	0.420	0.490
	弧焊机 综合	台班	66.69	0.140	0.140	0.140	0.140

十一、分 离 器

1. 氨油分离器

计量单位:台

定额编号				1-11-123	1-11-124	1-11-125	1-11-126	1-11-127	1-11-128
项目				设备直径(mm 以内)					
				325	500	700	800	1000	1200
				设备重量(t 以内)					
				0.15	0.3	0.6	1.2	1.75	2
基价(元)				304.25	475.04	673.88	912.52	1036.01	1167.25
其中	人工费(元)			190.49	311.04	473.99	663.93	757.22	887.63
	材料费(元)			75.79	97.40	104.66	139.05	140.62	141.45
	机械费(元)			37.97	66.60	95.23	109.54	138.17	138.17
名称		单位	单价(元)	消耗量					
人工	二类人工	工日	135.00	1.411	2.304	3.511	4.918	5.609	6.575
材料	分离器	台	—	(1.000)	(1.000)	(1.000)	(1.000)	(1.000)	(1.000)
	平垫铁 综合	kg	3.78	1.410	2.820	2.820	2.820	2.820	2.820
	斜垫铁 Q195～Q235 1#	kg	8.62	2.040	3.060	3.060	3.060	3.060	3.060
	热轧薄钢板 Q235B 综合	kg	3.97	0.400	0.400	0.800	0.800	1.000	1.200
	镀锌铁丝 ϕ2.0～4.0	kg	5.01	1.100	1.100	1.650	1.650	1.650	1.650
	低碳钢焊条 J422 ϕ4.0	kg	4.74	0.210	0.210	0.210	0.210	0.210	0.210
	木板	m^3	1667.00	0.001	0.001	0.001	0.004	0.004	0.004
	道木	m^3	1034.00	0.027	0.027	0.027	0.030	0.030	0.030
	煤油	kg	3.79	0.500	1.000	1.000	1.500	1.500	1.500
	机油 综合	kg	2.91	0.202	0.202	0.202	0.202	0.202	0.202
	黄油钙基脂	kg	9.66	0.202	0.212	0.212	0.212	0.212	0.212
	白漆	kg	8.62	0.050	0.050	0.080	0.080	0.080	0.080
	石棉橡胶板 高压 δ0.5～8	kg	6.90	0.300	0.300	0.400	0.400	0.500	0.500
	铁砂布 0#～2#	张	1.03	1.000	2.000	2.000	3.000	3.000	3.000
	塑料布	kg	18.10	0.200	0.390	0.480	1.680	1.680	1.680
	其他材料费	元	1.00	3.61	4.64	4.98	6.62	6.70	6.74
机械	叉式起重机 5t	台班	409.00	0.070	0.140	0.210	0.245	0.315	0.315
	弧焊机 综合	台班	66.69	0.140	0.140	0.140	0.140	0.140	0.140

2. 氨液分离器

计量单位:台

定额编号				1-11-129	1-11-130	1-11-131	1-11-132	1-11-133	1-11-134
项目				设备直径(mm 以内)					
				500	600	800	1000	1200	1400
				设备重量(t 以内)					
				0.3	0.4	0.6	0.7	1	1.2
基价(元)				**440.26**	**546.39**	**688.09**	**807.33**	**949.36**	**1009.96**
其中	人工费(元)			313.61	389.88	498.02	597.24	719.15	764.51
	材料费(元)			93.35	108.90	128.14	129.18	134.98	135.91
	机械费(元)			33.30	47.61	61.93	80.91	95.23	109.54
	名称	单位	单价(元)	消耗量					
人工	二类人工	工日	135.00	2.323	2.888	3.689	4.424	5.327	5.663
材料	分离器	台	—	(1.000)	(1.000)	(1.000)	(1.000)	(1.000)	(1.000)
	平垫铁 综合	kg	3.78	1.410	2.820	3.760	3.760	3.760	3.760
	斜垫铁 Q195 ~ Q235 1#	kg	8.62	2.040	3.060	4.590	4.590	4.590	4.590
	热轧薄钢板 Q235B 综合	kg	3.97	0.400	0.400	0.800	0.800	0.800	0.800
	镀锌铁丝 ϕ2.0 ~ 4.0	kg	5.01	0.800	0.800	0.800	0.800	1.100	1.100
	双头螺栓 M16 × 150	个	3.85	4.000	4.000	4.000	4.000	4.000	4.000
	低碳钢焊条 J422 ϕ4.0	kg	4.74	0.210	0.210	0.210	0.210	0.210	0.210
	木板	m^3	1667.00	—	—	—	—	0.002	0.002
	煤油	kg	3.79	1.500	1.500	1.500	1.500	1.500	1.500
	机油 综合	kg	2.91	0.101	0.101	0.101	0.202	0.202	0.202
	黄油钙基脂	kg	9.66	0.182	0.182	0.182	0.182	0.182	0.202
	白漆	kg	8.62	0.080	0.080	0.080	0.080	0.080	0.080
	石棉橡胶板 高压 δ0.5 ~ 8	kg	6.90	0.300	0.400	0.400	0.500	0.600	0.700
	铁砂布 0# ~ 2#	张	1.03	3.000	3.000	3.000	3.000	3.000	3.000
	塑料布	kg	18.10	1.680	1.680	1.680	1.680	1.680	1.680
	其他材料费	元	1.00	4.45	5.19	6.10	6.15	6.43	6.47
机械	叉式起重机 5t	台班	409.00	0.070	0.105	0.140	0.175	0.210	0.245
	弧焊机 综合	台班	66.69	0.070	0.070	0.070	0.140	0.140	0.140

3. 空气分离器

计量单位:台

定额编号				1-11-135	1-11-136
项目				冷却面积(m^2 以内)	
				0.45	1.82
				设备重量(t 以内)	
				0.06	0.13
基价(元)				**198.09**	**240.31**
其中	人工费(元)			118.26	159.30
	材料费(元)			70.49	71.67
	机械费(元)			9.34	9.34
	名称	单位	单价(元)	消耗量	
人工	二类人工	工日	135.00	0.876	1.180
材料	分离器	台	—	(1.000)	(1.000)
	平垫铁 综合	kg	3.78	1.410	1.410
	斜垫铁 Q195 ~ Q235 1#	kg	8.62	2.040	2.040
	热轧薄钢板 Q235B 综合	kg	3.97	0.200	0.400
	低碳钢焊条 J422 ϕ4.0	kg	4.74	0.105	0.105
	木板	m^3	1667.00	0.001	0.001
	煤油	kg	3.79	1.500	1.500
	白漆	kg	8.62	0.080	0.080
	石棉橡胶板 高压 δ0.5 ~ 8	kg	6.90	0.200	0.250
	铁砂布 0# ~ 2#	张	1.03	3.000	3.000
	塑料布	kg	18.10	1.680	1.680
	其他材料费	元	1.00	3.36	3.41
机械	弧焊机 综合	台班	66.69	0.140	0.140

十二、过　滤　器

1. 氨气过滤器

计量单位：台

定　额　编　号				1-11-137	1-11-138	1-11-139
项　　目				设备直径(mm 以内)		
				100	200	300
				设备重量(t 以内)		
				0.1	0.2	0.5
基　价（元）				**132.09**	**220.24**	**360.72**
其中	人工费（元）			108.27	181.44	299.70
	材料费（元）			23.82	38.80	61.02
	机械费（元）			—	—	—
名　称		单位	单价(元)	消　耗　量		
人工	二类人工	工日	135.00	0.802	1.344	2.220
材料	过滤器	台	—	(1.000)	(1.000)	(1.000)
	镀锌铁丝 φ2.0~4.0	kg	5.01	0.800	0.800	0.800
	汽油 综合	kg	6.12	0.501	1.002	2.040
	煤油	kg	3.79	1.000	1.000	1.500
	冷冻机油	kg	9.48	0.200	0.250	0.250
	机油 综合	kg	2.91	0.101	0.101	0.101
	黄油钙基脂	kg	9.66	0.101	0.404	0.606
	白漆	kg	8.62	0.050	0.050	0.080
	石棉橡胶板 高压 δ0.5~8	kg	6.90	0.500	1.000	2.000
	铁砂布 0#~2#	张	1.03	2.000	2.000	2.000
	塑料布	kg	18.10	0.150	0.390	0.600
	其他材料费	元	1.00	1.13	1.85	2.91

2. 氨液过滤器

计量单位:台

定额编号				1-11-140	1-11-141	1-11-142
项目				设备直径(mm 以内)		
				25	50	100
				设备重量(t 以内)		
				0.025		0.05
基价(元)				**72.24**	**159.14**	**218.60**
其中	人工费(元)			60.21	142.16	160.92
	材料费(元)			12.03	16.98	57.68
	机械费(元)			—	—	—
	名称	单位	单价(元)	消耗量		
人工	二类人工	工日	135.00	0.446	1.053	1.192
材料	过滤器	台	—	(1.000)	(1.000)	(1.000)
	汽油 综合	kg	6.12	0.204	0.510	1.020
	煤油	kg	3.79	0.500	0.500	0.500
	冷冻机油	kg	9.48	0.100	0.150	0.200
	机油 综合	kg	2.91	0.101	0.101	0.101
	黄油钙基脂	kg	9.66	0.051	0.152	0.354
	白漆	kg	8.62	0.050	0.050	0.050
	石棉橡胶板 高压 δ0.5~8	kg	6.90	0.200	0.400	1.200
	铁砂布 0#~2#	张	1.03	2.000	2.000	2.000
	塑料布	kg	18.10	0.150	0.150	1.680
	其他材料费	元	1.00	0.57	0.81	2.75

十三、中间冷却器

计量单位:台

定额编号				1-11-143	1-11-144	1-11-145	1-11-146	1-11-147	1-11-148
项目				设备冷却面积(m^2 以内)					
				2	3.5	5	8	10	16
				设备重量(t 以内)					
				0.5	0.6	1	1.6	2	3
基价(元)				**542.96**	**614.28**	**804.89**	**1013.03**	**1238.75**	**1725.56**
其中	人工费(元)			360.59	415.13	584.15	712.26	902.88	1135.89
	材料费(元)			120.44	122.91	125.51	191.23	212.01	248.71
	机械费(元)			61.93	76.24	95.23	109.54	123.86	340.96
名称		单位	单价(元)	消耗量					
人工	二类人工	工日	135.00	2.671	3.075	4.327	5.276	6.688	8.414
材料	中间冷却器	台	—	(1.000)	(1.000)	(1.000)	(1.000)	(1.000)	(1.000)
	平垫铁 综合	kg	3.78	2.820	2.820	2.820	2.820	3.760	5.800
	斜垫铁 Q195～Q235 1#	kg	8.62	3.060	3.060	3.060	3.060	4.590	5.200
	热轧薄钢板 Q235B 综合	kg	3.97	0.800	0.800	0.800	1.000	1.000	1.200
	镀锌铁丝 ϕ2.0～4.0	kg	5.01	1.100	1.100	1.100	1.650	1.650	2.000
	低碳钢焊条 J422 ϕ4.0	kg	4.74	0.105	0.105	0.210	0.210	0.210	0.420
	木板	m^3	1667.00	0.001	0.001	0.001	0.005	0.006	0.008
	道木	m^3	1034.00	—	—	—	0.030	0.030	0.041
	煤油	kg	3.79	2.500	2.500	2.500	2.500	2.500	2.500
	机油 综合	kg	2.91	0.202	0.303	0.505	0.505	0.505	0.606
	黄油钙基脂	kg	9.66	0.212	0.212	0.212	0.111	0.111	0.111
	白漆	kg	8.62	0.160	0.160	0.160	0.180	0.180	0.180
	石棉橡胶板 高压 δ0.5～8	kg	6.90	1.000	1.300	1.500	1.800	2.000	2.500
	铁砂布 0#～2#	张	1.03	5.000	5.000	5.000	5.000	5.000	5.000
	塑料布	kg	18.10	2.280	2.280	2.280	3.390	3.390	3.390
	其他材料费	元	1.00	5.74	5.85	5.98	9.11	10.10	11.84
机械	载货汽车 10t	台班	476.15	—	—	—	—	—	0.210
	叉式起重机 5t	台班	409.00	0.140	0.175	0.210	0.245	0.280	—
	汽车式起重机 8t	台班	648.48	—	—	—	—	—	0.350
	弧焊机 综合	台班	66.69	0.070	0.070	0.140	0.140	0.140	0.210

十四、玻璃钢冷却塔

计量单位:台

定额编号				1-11-149	1-11-150	1-11-151	1-11-152	1-11-153
项目				设备处理水量(m^3/h 以内)				
				30	50	70	100	150
基价(元)				**1259.11**	**1443.53**	**1757.86**	**1982.11**	**2240.02**
其中	人工费(元)			864.95	939.06	1059.48	1158.17	1349.19
	材料费(元)			261.58	341.26	437.88	494.82	531.08
	机械费(元)			132.58	163.21	260.50	329.12	359.75
名称		单位	单价(元)	消耗量				
人工	二类人工	工日	135.00	6.407	6.956	7.848	8.579	9.994
材料	玻璃钢冷却塔	台	—	(1.000)	(1.000)	(1.000)	(1.000)	(1.000)
	平垫铁 综合	kg	3.78	5.800	5.800	8.820	8.820	8.820
	斜垫铁 Q195 ~ Q235 1#	kg	8.62	7.860	7.860	9.880	9.880	9.880
	热轧薄钢板 Q235B 综合	kg	3.97	0.200	0.400	0.800	0.800	1.000
	镀锌铁丝 ϕ2.0 ~ 4.0	kg	5.01	3.700	3.700	3.700	4.800	4.800
	低碳钢焊条 J422 ϕ4.0	kg	4.74	0.210	0.210	0.260	0.260	0.320
	木板	m^3	1667.00	0.002	0.002	0.003	0.006	0.006
	道木	m^3	1034.00	0.027	0.027	0.027	0.027	0.030
	汽油 综合	kg	6.12	0.306	0.408	0.510	0.714	1.224
	煤油	kg	3.79	1.500	2.000	2.000	3.000	6.000
	机油 综合	kg	2.91	0.101	0.101	0.101	0.101	0.101
	黄油钙基脂	kg	9.66	0.576	0.576	0.576	0.576	0.576
	405 号树脂胶	kg	31.72	1.000	1.500	2.000	2.500	3.000
	白漆	kg	8.62	0.100	0.100	0.200	0.300	0.300
	石棉橡胶板 高压 δ0.5 ~ 8	kg	6.90	1.200	1.400	1.400	1.600	1.600
	铁砂布 0# ~ 2#	张	1.03	3.000	4.000	4.000	5.000	5.000
	塑料布	kg	18.10	2.790	5.790	8.130	9.210	9.210
	其他材料费	元	1.00	12.46	16.25	20.85	23.56	25.29
机械	载货汽车 10t	台班	476.15	0.140	0.140	0.280	0.350	0.350
	汽车式起重机 16t	台班	875.04	0.070	0.105	0.140	0.175	0.210
	弧焊机 综合	台班	66.69	0.070	0.070	0.070	0.140	0.140

计量单位:台

定额编号				1-11-154	1-11-155	1-11-156	1-11-157
项目				设备处理水量(m^3/h 以内)			
				250	300	500	700
基价(元)				**3355.95**	**4461.07**	**5254.19**	**5790.75**
其中	人工费(元)			1872.99	2292.17	2464.70	2860.52
	材料费(元)			783.62	1106.01	1532.77	1642.88
	机械费(元)			699.34	1062.89	1256.72	1287.35
名称		单位	单价(元)	消耗量			
人工	二类人工	工日	135.00	13.874	16.979	18.257	21.189
材料	玻璃钢冷却塔	台	—	(1.000)	(1.000)	(1.000)	(1.000)
	平垫铁 综合	kg	3.78	11.640	14.820	15.800	15.800
	斜垫铁 Q195～Q235 1#	kg	8.62	8.572	11.430	11.430	11.430
	热轧薄钢板 Q235B 综合	kg	3.97	1.400	1.800	1.800	4.000
	镀锌铁丝 ϕ2.0～4.0	kg	5.01	4.800	4.800	5.550	7.400
	低碳钢焊条 J422 ϕ4.0	kg	4.74	0.320	0.420	0.420	0.630
	木板	m^3	1667.00	0.008	0.017	0.017	0.017
	道木	m^3	1034.00	0.041	0.041	0.041	0.062
	汽油 综合	kg	6.12	2.040	2.550	3.570	5.100
	煤油	kg	3.79	6.000	9.000	12.000	17.000
	机油 综合	kg	2.91	0.202	0.202	0.303	0.303
	黄油钙基脂	kg	9.66	0.576	0.576	0.576	0.646
	405 号树脂胶	kg	31.72	4.000	5.000	6.000	7.000
	白漆	kg	8.62	0.600	0.900	1.500	1.500
	石棉橡胶板 高压 δ0.5～8	kg	6.90	1.800	2.000	2.500	3.000
	草袋	个	3.62	1.500	5.000	5.000	5.000
	铁砂布 0#～2#	张	1.03	10.000	15.000	23.000	23.000
	塑料布	kg	18.10	18.420	27.630	46.000	46.000
	水	t	4.27	1.540	5.900	5.900	5.900
	其他材料费	元	1.00	37.32	52.67	72.99	78.23
机械	载货汽车 10t	台班	476.15	0.420	0.560	0.700	0.700
	汽车式起重机 16t	台班	875.04	0.560	0.490	0.630	0.665
	汽车式起重机 25t	台班	996.58	—	0.350	0.350	0.350
	弧焊机 综合	台班	66.69	0.140	0.280	0.350	0.350

十五、集油器、油视镜、紧急泄氨器

定额编号				1-11-158	1-11-159	1-11-160	1-11-161	1-11-162	1-11-163
项目				集油器			油视镜		紧急泄氨器
				设备直径(mm 以内)					
				219	325	500	50	100	108
计量单位				台			支		台
基价(元)				**147.81**	**186.96**	**252.57**	**110.22**	**151.42**	**123.52**
其中	人工费(元)			94.91	134.06	199.67	93.83	130.68	104.36
	材料费(元)			48.23	48.23	48.23	16.39	20.74	19.16
	机械费(元)			4.67	4.67	4.67	—	—	—
	名称	单位	单价(元)	消耗量					
人工	二类人工	工日	135.00	0.703	0.993	1.479	0.695	0.968	0.773
材料	集油器	台	—	(1.000)	(1.000)	(1.000)	—	—	—
	油视镜	支	—	—	—	—	(1.000)	(1.000)	—
	紧急泄氨器	台	—	—	—	—	—	—	(1.000)
	平垫铁 综合	kg	3.78	2.820	2.820	2.820	—	—	—
	斜垫铁 Q195～Q235 1#	kg	8.62	3.060	3.060	3.060	—	—	—
	热轧薄钢板 Q235B 综合	kg	3.97	0.200	0.200	0.200	—	—	—
	铁件 综合	kg	6.90	—	—	—	1.200	1.500	1.750
	双头螺栓带螺母 M10×30	套	0.47	—	—	—	8.000	8.000	2.000
	低碳钢焊条 J422 ϕ4.0	kg	4.74	0.105	0.105	0.105	—	—	—
	木板	m^3	1667.00	0.001	0.001	0.001	—	—	0.001
	煤油	kg	3.79	0.500	0.500	0.500	0.500	0.500	0.500
	机油 综合	kg	2.91	0.202	0.202	0.202	0.101	0.101	0.101
	石棉橡胶板 高压 δ0.5～8	kg	6.90	0.500	0.500	0.500	0.200	0.500	0.200
	其他材料费	元	1.00	2.30	2.30	2.30	0.78	0.99	0.91
机械	弧焊机 综合	台班	66.69	0.070	0.070	0.070	—	—	—

十六、制冷容器单体试密与排污

计量单位:次/台

定额编号				1-11-164	1-11-165	1-11-166
项目				设备容量(m^3 以内)		
				1	3	5
基价(元)				**332.92**	**495.30**	**661.85**
其中	人工费(元)			235.85	313.07	393.93
	材料费(元)			13.84	20.45	27.58
	机械费(元)			83.23	161.78	240.34
名称		单位	单价(元)	消耗量		
人工	二类人工	工日	135.00	1.747	2.319	2.918
材料	镀锌铁丝 φ2.0~4.0	kg	5.01	0.200	0.200	0.200
	低碳钢焊条 J422 φ4.0	kg	4.74	0.050	0.070	0.100
	碳钢气焊条 φ2 以内	kg	10.34	0.010	0.010	0.010
	黄油钙基脂	kg	9.66	0.250	0.400	0.500
	氧气	m^3	3.62	0.306	0.428	0.734
	铅油(厚漆)	kg	7.33	0.100	0.150	0.200
	石棉橡胶板 高压 δ0.5~8	kg	6.90	0.240	0.540	0.960
	乙炔气	kg	7.60	0.102	0.143	0.245
	六角带帽螺栓 M12×50	套	0.52	4.000	4.000	4.000
	碳素结构钢流体无缝钢管 22×2	m	6.90	0.200	0.200	0.200
	碳素结构钢流体无缝钢管 25×2	m	8.43	0.200	—	—
	碳素结构钢流体无缝钢管 38×2.25	m	16.29	—	0.200	—
	碳素结构钢流体无缝钢管 57×3	m	18.97	—	—	0.200
	其他材料费	元	1.00	0.66	0.97	1.31
机械	弧焊机 综合	台班	66.69	0.070	0.070	0.070
	电动空气压缩机 $6m^3/min$	台班	224.45	0.350	0.700	1.050

第十二章
其他机械安装及设备灌浆

说　　明

一、本章定额适用范围如下：

1. 润滑油处理设备：包括压力滤油机、润滑油再生机组、油沉淀箱。

2. 制氧设备：包括膨胀机、空气分馏塔及小型制氧机械配套附属设备(洗涤塔、干燥器、碱水拌和器、纯化器、加热炉、加热器、储氧器、充氧台)。

3. 其他机械：包括柴油机、柴油发电机组、电动机及电动发电机组、空气压缩机配套的储气罐、乙炔发生器及其附属设备、水压机附属的蓄势罐。

4. 设备灌浆：包括地脚螺栓孔灌浆、设备底座与基础间灌浆。

二、本章定额包括下列工作内容：

1. 设备整体、解体安装。

2. 整体安装的空气分馏塔包括本体及本体第一个法兰内的管道、阀门安装，与本体联体的仪表、转换开关安装，清洗、调整、气密试验。

3. 设备带有的电动机安装，主机与电动机组装联轴器或皮带机。

4. 储气罐本体及与本体联体的安全阀、压力表等附件安装，气密试验。

5. 乙炔发生器本体及与本体联体的安全阀、压力表、水位表等附件安装，附属设备安装、气密试验或试漏。

6. 水压机蓄势罐本体及底座安装；与本体联体的附件安装，酸洗、试压。

三、本章定额不包括下列工作内容：

1. 各种设备本体制作以及设备本体第一个法兰以外的管道、附件安装。

2. 平台、梯子、栏杆等金属构件制作、安装(随设备到货的平台、梯子、栏杆的安装除外)。

3. 空气分馏塔安装前的设备、阀门脱脂、试压，冷箱外的设备安装，阀门研磨、结构、管件、吊耳临时支撑的制作。

4. 其他机械安装不包括刮研工作，与设备本体非同一底座的各种设备、起动装置、仪表盘、柜等的安装、调试。

5. 小型制氧设备及其附属设备的试压、脱脂、阀门研磨，稀有气体及液氧或液氮的制取系统安装。

6. 电动机及其他动力机械的拆装检查、配管、配线、调试。

四、计算工程量时应注意下列事项：

1. 乙炔发生器附属设备、水压机蓄水罐、小型制氧机械配套附属设备及解体安装空气分馏塔等设备重量的计算应将设备本体及与设备联体的阀门、管道、支架、平台、梯子、保护罩等的重量计算在内。

2. 乙炔发生器附属设备是按“密闭性设备”考虑的。如为“非密闭性设备”时，则相应定额的人工、机械乘以系数0.8。

3. 润滑处理设备、膨胀机、柴油机、电动机及电动发动机组等设备重量的计算方法：在同一底座上的机组按整体总重量计算，非同一底座上的机组按主机、辅机及底座的总重量计算。

4. 柴油发电机组定额的设备重量，按机组的总重量计算。

5. 以“型号”作为项目时，应按设计要求的型号执行相同的项目。新旧型号可以互换。相近似的型号，如实物的重量相差在10%以内时，可以执行该定额。

6. 当实际灌浆材料与本标准中材料不一致时，根据设计选用的特殊灌浆材料，替换本标准中相应材料，其他消耗量不变。

7. 本册所有设备地脚螺栓灌浆、设备底座与基础间灌浆套用本章相应子目。

工程量计算规则

一、润滑油处理设备以“台”为计量单位,按设备名称、型号及重量“t”选用定额项目。

二、膨胀机以“台”为计量单位,按设备重量“t”选用定额项目。

三、柴油机、柴油发电机组、电动机及电动发电机组以“台”为计量单位,按设备名称和重量“t”选用定额项目。大型电机安装以“t”为计量单位。

四、储气罐以“台”为计量单位,按设备容量“m^3”选用定额项目。

五、乙炔发生器以“台”为计量单位,按设备规格“m^3/h”选用定额项目。

六、乙炔发生器附属设备以“台”为计量单位,按设备重量“t”选用定额项目。

七、水压机蓄水罐以“台”为计量单位,按设备重量“t”选用定额目。

八、小型整体安装空气分馏塔以“台”为计量单位,按设备型号规格选用定额项目。

九、小型制氧附属设备中,洗涤塔、加热炉、加热器、储氧器及充氧台以“台”为计量单位,干燥器和碱水拌和器以“组”为计量单位,纯化器以“套”为计量单位,以上附属设备均按设备名称及型号选用定额项目。

十、地脚螺栓孔灌浆、设备底座与基础间灌浆,以“m^3”为计量单位,按一台备灌浆体积“m^3”选用定额项目。

十一、设备减振台座安装以“座”为计量单位,按台座重量“t”选用定额项目。

十二、座浆垫板安装以“墩”为计量单位,按座浆垫板安装面积“mm^2”先用定额项目。

十三、减振器、隔振垫安装以及零星小型金属结构件制作与安装执行本定额第十三册《通用项目和措施项目工程》的相应定额。

一、润滑油处理设备

计量单位：台

定额编号				1-12-1	1-12-2	1-12-3	1-12-4	1-12-5
设备名称				压力滤油机			润滑油再生机组	油沉淀箱
设备型号				LY－50	LY－100	LY－150	CY－120	—
设备重量(t 以内)				0.2	0.23	0.25	0.25	0.2
基　价（元）				**521.00**	**571.94**	**611.52**	**749.80**	**463.93**
其中	人工费（元）			377.87	419.58	448.07	582.26	320.49
	材料费（元）			95.52	96.16	98.66	102.75	95.83
	机械费（元）			47.61	56.20	64.79	64.79	47.61
	名称	单位	单价(元)	消耗量				
人工	二类人工	工日	135.00	2.799	3.108	3.319	4.313	2.374
材料	润滑油处理设备	台	—	(1.000)	(1.000)	(1.000)	(1.000)	(1.000)
	平垫铁 综合	kg	3.78	1.936	1.936	1.936	1.936	1.936
	斜垫铁 Q195～Q235 1#	kg	8.62	3.708	3.708	3.708	3.708	3.708
	热轧薄钢板 Q235B 综合	kg	3.97	0.400	0.400	0.400	0.400	0.400
	镀锌铁丝 ϕ2.0～4.0	kg	5.01	1.100	1.100	1.100	1.100	1.100
	低碳钢焊条 J422 ϕ4.0	kg	4.74	0.105	0.105	0.105	0.105	0.105
	木板	m^3	1667.00	0.004	0.004	0.004	0.005	0.004
	道木	m^3	1034.00	0.008	0.008	0.008	0.008	0.008
	汽油 综合	kg	6.12	0.510	0.610	0.710	0.710	0.510
	煤油	kg	3.79	1.000	1.000	1.000	1.000	1.000
	机油 综合	kg	2.91	0.202	0.202	0.303	0.303	0.303
	黄油钙基脂	kg	9.66	0.202	0.202	0.202	0.202	0.202
	白漆	kg	8.62	0.080	0.080	0.080	0.080	0.080
	石棉橡胶板 高压 δ0.5～8	kg	6.90	0.200	0.200	0.240	0.240	0.200
	草袋	个	3.62	0.500	0.500	0.500	1.000	0.500
	铁砂布 0#～2#	张	1.03	2.000	2.000	2.000	2.000	2.000
	塑料布	kg	18.10	0.600	0.600	0.600	0.600	0.600
	水	t	4.27	0.680	0.680	0.960	1.060	0.680
	其他材料费	元	1.00	4.55	4.58	4.70	4.89	4.56
机械	叉式起重机 5t	台班	409.00	0.105	0.126	0.147	0.147	0.105
	弧焊机 综合	台班	66.69	0.070	0.070	0.070	0.070	0.070

二、膨 胀 机

计量单位:台

定 额 编 号				1-12-6	1-12-7	1-12-8	1-12-9	1-12-10
项 目				设备重量(t 以内)				
				1	1.5	2.5	3.5	4.5
基 价 (元)				**3439.07**	**3871.21**	**4484.67**	**5853.92**	**6906.09**
其中	人工费(元)			2275.29	2596.59	3051.27	4204.71	5054.94
	材料费(元)			576.90	659.11	743.86	902.64	1071.25
	机械费(元)			586.88	615.51	689.54	746.57	779.90
	名 称	单位	单价(元)	消 耗 量				
人工	二类人工	工日	135.00	16.854	19.234	22.602	31.146	37.444
材料	膨胀机	台	—	(1.000)	(1.000)	(1.000)	(1.000)	(1.000)
	斜垫铁 Q195~Q235 1#	kg	8.62	12.770	12.770	12.770	17.820	21.380
	平垫铁 综合	kg	3.78	14.820	14.820	14.820	22.680	22.680
	热轧薄钢板 Q235B 综合	kg	3.97	2.000	2.500	3.500	4.500	5.500
	中厚钢板 综合	kg	3.71	4.500	6.000	7.000	8.000	10.000
	圆钉 ϕ5 以内	kg	4.74	0.050	0.050	0.050	0.050	0.050
	低碳钢焊条 J422 ϕ3.2	kg	4.74	0.840	1.050	1.050	1.575	2.100
	紫铜板 δ0.08~0.2	kg	58.27	0.100	0.100	0.110	0.130	0.150
	铅板 δ3	kg	19.83	0.300	0.300	0.500	0.500	0.800
	木板	m^3	1667.00	0.010	0.018	0.018	0.022	0.026
	道木	m^3	1034.00	0.077	0.080	0.080	0.091	0.149
	汽油 综合	kg	6.12	5.100	5.100	6.120	7.140	7.140
	煤油	kg	3.79	5.250	8.400	10.500	12.600	14.700
	机油 综合	kg	2.91	1.515	1.515	1.515	1.717	1.717
	汽轮机油	kg	9.91	3.000	5.000	6.000	7.000	8.000
	四氯化碳	kg	6.90	6.000	8.000	10.000	12.000	14.000
	氧气	m^3	3.62	1.561	1.765	2.081	2.601	3.121
	甘油	kg	9.83	0.200	0.200	0.350	0.350	0.400
	乙炔气	kg	7.60	0.520	0.589	0.694	0.867	1.040
	合成树脂密封胶	kg	26.45	2.000	2.000	2.000	2.000	2.000
	白漆	kg	8.62	0.080	0.080	0.100	0.100	0.100
	石棉橡胶板 高压 δ0.5~8	kg	6.90	3.060	4.000	5.000	6.000	7.000
	铁砂布 0#~2#	张	1.03	3.000	3.000	3.000	3.000	3.000
	塑料布	kg	18.10	1.680	1.680	2.790	2.790	2.790
	其他材料费	元	1.00	27.47	31.39	35.42	42.98	51.01
机械	载货汽车 10t	台班	476.15	—	—	—	0.350	0.420
	叉式起重机 5t	台班	409.00	0.350	0.420	0.490	—	—
	汽车式起重机 8t	台班	648.48	0.140	0.140	0.210	0.350	0.350
	汽车式起重机 16t	台班	875.04	0.350	0.350	0.350	0.350	0.350
	弧焊机 综合	台班	66.69	0.700	0.700	0.700	0.700	0.700

三、柴 油 机

计量单位:台

定额编号				1-12-11	1-12-12	1-12-13	1-12-14	1-12-15
项目				设备重量(t以内)				
				0.5	1	1.5	2	2.5
基价(元)				**835.46**	**1183.39**	**1519.47**	**1853.79**	**2105.13**
其中	人工费(元)			535.14	754.79	834.57	1040.72	1164.38
	材料费(元)			238.39	275.88	429.53	442.31	537.33
	机械费(元)			61.93	152.72	255.37	370.76	403.42
名称		单位	单价(元)	消耗量				
人工	二类人工	工日	135.00	3.964	5.591	6.182	7.709	8.625
材料	柴油机	台	—	(1.000)	(1.000)	(1.000)	(1.000)	(1.000)
	平垫铁 综合	kg	3.78	3.760	3.760	5.640	5.640	11.640
	斜垫铁 Q195~Q235 1#	kg	8.62	4.590	4.590	6.120	6.120	9.880
	镀锌铁丝 ϕ2.0~4.0	kg	5.01	2.000	2.000	3.000	3.000	3.000
	圆钉 ϕ5 以内	kg	4.74	0.020	0.022	0.027	0.034	0.041
	低碳钢焊条 J422 ϕ4.0	kg	4.74	0.158	0.158	0.242	0.242	0.242
	木板	m^3	1667.00	0.008	0.010	0.013	0.015	0.019
	道木	m^3	1034.00	0.008	0.008	0.030	0.038	0.040
	煤油	kg	3.79	1.964	2.079	2.310	2.436	2.678
	柴油	kg	5.09	18.260	24.480	42.540	42.540	47.580
	机油 综合	kg	2.91	0.566	0.586	0.606	0.626	0.646
	黄油钙基脂	kg	9.66	0.202	0.202	0.202	0.202	0.202
	铅油(厚漆)	kg	7.33	0.050	0.050	0.050	0.050	0.050
	白漆	kg	8.62	0.080	0.080	0.080	0.080	0.080
	聚酯乙烯泡沫塑料	kg	18.62	0.121	0.132	0.132	0.132	0.132
	铁砂布 0#~2#	张	1.03	3.000	3.000	3.000	3.000	3.000
	塑料布	kg	18.10	1.680	1.680	1.680	1.680	1.680
	其他材料费	元	1.00	11.35	13.14	20.45	21.06	25.59
机械	叉式起重机 5t	台班	409.00	0.140	0.140	0.280	0.350	0.420
	汽车式起重机 8t	台班	648.48	—	0.140	0.210	0.315	0.350
	弧焊机 综合	台班	66.69	0.070	0.070	0.070	0.350	0.070

计量单位:台

定额编号				1-12-16	1-12-17	1-12-18	1-12-19	1-12-20
项目				设备重量(t 以内)				
				3	3.5	4	4.5	5
基价(元)				**2368.71**	**2674.86**	**2936.48**	**3311.75**	**3540.48**
其中	人工费(元)			1307.21	1505.93	1652.94	1826.69	1963.58
	材料费(元)			643.77	729.78	761.00	897.16	932.97
	机械费(元)			417.73	439.15	522.54	587.90	643.93
名称		单位	单价(元)	消耗量				
人工	二类人工	工日	135.00	9.683	11.155	12.244	13.531	14.545
材料	柴油机	台	—	(1.000)	(1.000)	(1.000)	(1.000)	(1.000)
	平垫铁 综合	kg	3.78	15.520	15.520	15.520	21.340	21.340
	斜垫铁 Q195~Q235 1#	kg	8.62	14.820	14.820	14.820	19.760	19.760
	镀锌铁丝 ϕ2.0~4.0	kg	5.01	3.000	3.000	3.000	4.000	4.000
	圆钉 ϕ5 以内	kg	4.74	0.047	0.054	0.061	0.067	0.067
	低碳钢焊条 J422 ϕ4.0	kg	4.74	0.323	0.323	0.323	0.323	0.323
	木板	m^3	1667.00	0.021	0.025	0.028	0.030	0.034
	道木	m^3	1034.00	0.041	0.041	0.041	0.041	0.041
	煤油	kg	3.79	3.000	3.500	3.500	4.000	4.500
	柴油	kg	5.09	51.000	65.400	70.200	75.200	80.200
	机油 综合	kg	2.91	0.657	0.667	0.687	0.707	0.737
	黄油钙基脂	kg	9.66	0.202	0.202	0.202	0.202	0.202
	铅油(厚漆)	kg	7.33	0.050	0.050	0.050	0.050	0.050
	白漆	kg	8.62	0.100	0.100	0.100	0.100	0.100
	聚酯乙烯泡沫塑料	kg	18.62	0.154	0.154	0.165	0.165	0.165
	铁砂布 0#~2#	张	1.03	3.000	3.000	3.000	3.000	3.000
	塑料布	kg	18.10	2.790	2.790	2.790	4.410	4.410
	其他材料费	元	1.00	30.66	34.75	36.24	42.72	44.43
机械	载货汽车 10t	台班	476.15	—	0.140	0.210	0.280	0.350
	叉式起重机 5t	台班	409.00	0.455	—	—	—	—
	汽车式起重机 8t	台班	648.48	0.350	0.560	0.630	0.665	0.700
	弧焊机 综合	台班	66.69	0.070	0.140	0.210	0.350	0.350

四、柴油发电机组

计量单位:台

定额编号				1-12-21	1-12-22	1-12-23	1-12-24	1-12-25	1-12-26
项目				设备重量(t 以内)					
				2	2.5	3.5	4.5	5.5	13
基价(元)				**1734.13**	**2038.07**	**2682.62**	**3362.64**	**4047.39**	**8601.18**
其中	人工费(元)			1213.92	1351.35	1744.34	2139.75	2517.21	5935.41
	材料费(元)			367.49	459.98	537.53	691.36	850.16	1514.44
	机械费(元)			152.72	226.74	400.75	531.53	680.02	1151.33
	名称	单位	单价(元)	消耗量					
人工	二类人工	工日	135.00	8.992	10.010	12.921	15.850	18.646	43.966
材料	柴油发电机组	台	—	(1.000)	(1.000)	(1.000)	(1.000)	(1.000)	(1.000)
	平垫铁 综合	kg	3.78	5.640	5.640	7.530	15.520	21.340	32.340
	斜垫铁 Q195~Q235 1#	kg	8.62	6.120	6.120	9.170	14.820	19.760	28.220
	镀锌铁丝 φ2.0~4.0	kg	5.01	2.000	3.000	3.000	4.000	4.000	4.000
	圆钉 φ5 以内	kg	4.74	0.034	0.040	0.054	0.067	0.080	0.135
	低碳钢焊条 J422 φ4.0	kg	4.74	0.242	0.242	0.326	0.326	0.410	1.040
	木板	m^3	1667.00	0.015	0.020	0.025	0.030	0.038	0.084
	道木	m^3	1034.00	0.030	0.040	0.040	0.041	0.062	0.087
	汽油 综合	kg	6.12	—	—	—	—	—	0.204
	煤油	kg	3.79	3.320	3.450	3.700	3.960	4.220	6.400
	柴油	kg	5.09	31.080	43.620	45.600	55.800	65.400	98.500
	机油 综合	kg	2.91	0.586	0.606	0.646	0.667	0.707	22.018
	黄油钙基脂	kg	9.66	0.202	0.202	0.202	0.202	0.303	0.303
	重铬酸钾 98%	kg	16.55	—	—	—	—	—	5.250
	铅油(厚漆)	kg	7.33	0.050	0.050	0.050	0.050	0.050	0.050
	白漆	kg	8.62	0.080	0.080	0.100	0.100	0.100	0.100
	聚酯乙烯泡沫塑料	kg	18.62	0.143	0.143	0.154	0.165	0.176	0.220
	铅粉石棉绳 φ6 250℃	kg	13.97	—	—	—	—	—	0.250
	塑料布	kg	18.10	1.680	1.680	2.790	2.790	2.790	4.410
	橡胶板 δ5~10	kg	5.09	—	—	—	—	—	0.100
	麻丝	kg	2.76	—	—	—	—	—	0.100
	木柴	kg	0.16	—	—	—	—	—	17.500
	煤	t	603.00	—	—	—	—	—	0.080
	其他材料费	元	1.00	17.50	21.90	25.60	32.92	40.48	72.12
机械	载货汽车 10t	台班	476.15	—	—	0.210	0.350	0.350	0.350
	叉式起重机 5t	台班	409.00	0.140	0.210	0.280	0.420	—	—
	汽车式起重机 8t	台班	648.48	0.140	0.210	0.280	—	—	—
	汽车式起重机 16t	台班	875.04	—	—	—	0.210	0.560	0.700
	汽车式起重机 25t	台班	996.58	—	—	—	—	—	0.350
	弧焊机 综合	台班	66.69	0.070	0.070	0.070	0.140	0.350	0.350

五、电动机及电动发电机组

计量单位:台

定额编号				1-12-27	1-12-28	1-12-29	1-12-30	1-12-31
项目				设备重量(t 以内)				
				0.5	1	3	5	7
基价(元)				**578.17**	**766.34**	**1566.79**	**2476.35**	**3282.69**
其中	人工费(元)			233.82	355.32	869.13	1433.30	1997.60
	材料费(元)			153.44	174.72	315.84	524.28	525.89
	机械费(元)			190.91	236.30	381.82	518.77	759.20
名称		单位	单价(元)	消耗量				
人工	二类人工	工日	135.00	1.732	2.632	6.438	10.617	14.797
材料	电动机及电动发电机组	台	—	(1.000)	(1.000)	(1.000)	(1.000)	(1.000)
	平垫铁 综合	kg	3.78	3.760	3.760	11.640	21.340	21.340
	斜垫铁 Q195~Q235 1#	kg	8.62	4.590	4.590	9.880	19.760	19.760
	镀锌铁丝 φ2.0~4.0	kg	5.01	2.000	2.000	2.500	3.000	3.000
	圆钉 φ5 以内	kg	4.74	0.012	0.012	0.015	0.024	0.350
	低碳钢焊条 J422 φ4.0	kg	4.74	0.210	0.210	0.370	0.420	0.420
	木板	m^3	1667.00	0.013	0.013	0.025	0.025	0.025
	道木	m^3	1034.00	0.010	0.010	0.041	0.062	0.062
	煤油	kg	3.79	3.000	3.000	3.300	4.000	4.000
	机油 综合	kg	2.91	0.606	0.606	0.808	0.960	0.960
	黄油钙基脂	kg	9.66	0.202	0.202	0.404	0.505	0.505
	白漆	kg	8.62	0.080	0.100	0.100	0.240	0.240
	铁砂布 0#~2#	张	1.03	3.000	3.000	3.000	9.000	9.000
	塑料布	kg	18.10	1.680	2.790	2.790	5.040	5.040
	其他材料费	元	1.00	7.31	8.32	15.04	24.97	25.04
机械	载货汽车 10t	台班	476.15	—	—	—	0.140	0.210
	汽车式起重机 8t	台班	648.48	0.280	0.350	0.560	—	—
	汽车式起重机 16t	台班	875.04	—	—	—	0.490	0.700
	弧焊机 综合	台班	66.69	0.140	0.140	0.280	0.350	0.700

定额编号				1-12-32	1-12-33	1-12-34	1-12-35
项目				设备重量(t以内)			大型电机
				10	20	30	
计量单位				台			t
基价(元)				**4521.21**	**7836.32**	**11650.91**	**538.18**
其中	人工费(元)			2670.98	5017.14	7164.86	227.75
	材料费(元)			740.51	1174.68	1685.37	160.81
	机械费(元)			1109.72	1644.50	2800.68	149.62
名称		单位	单价(元)	消耗量			
人工	二类人工	工日	135.00	19.785	37.164	53.073	1.687
材料	电动机及电动发电机组	台	—	(1.000)	(1.000)	(1.000)	(1.000)
	平垫铁 综合	kg	3.78	34.500	48.290	78.480	—
	斜垫铁 Q195～Q235 1#	kg	8.62	32.100	45.860	72.910	—
	镀锌铁丝 ϕ2.0～4.0	kg	5.01	4.000	5.000	5.000	—
	圆钉 ϕ5 以内	kg	4.74	0.075	0.100	0.110	—
	低碳钢焊条 J422 ϕ4.0	kg	4.74	0.630	0.840	0.950	0.050
	木板	m^3	1667.00	0.050	0.075	0.075	—
	道木	m^3	1034.00	0.062	0.097	0.154	—
	煤油	kg	3.79	4.000	6.000	7.000	—
	机油 综合	kg	2.91	1.111	1.313	1.313	0.160
	黄油钙基脂	kg	9.66	0.657	0.808	0.808	—
	白漆	kg	8.62	0.240	0.560	0.800	—
	铁砂布 0#～2#	张	1.03	9.000	21.000	3.000	—
	塑料布	kg	18.10	5.040	11.760	16.800	—
	钢丝绳 ϕ14.1～15	kg	6.45	—	1.920	—	—
	钢丝绳 ϕ19～21.5	kg	6.45	—	—	2.080	—
	氧气	m^3	3.62	—	—	—	0.120
	乙炔气	kg	7.60	—	—	—	0.040
	钢板垫板	kg	3.72	—	—	—	40.000
	紫铜板 综合	kg	58.27	—	—	—	0.050
	其他材料费	元	1.00	35.26	55.94	80.26	7.66
机械	载货汽车 10t	台班	476.15	0.350	0.350	0.700	0.070
	汽车式起重机 8t	台班	648.48	0.910	1.050	1.120	0.175
	汽车式起重机 16t	台班	875.04	0.350	—	—	—
	汽车式起重机 30t	台班	1038.45	—	0.700	—	—
	汽车式起重机 50t	台班	2353.88	—	—	0.700	—
	弧焊机 综合	台班	66.69	0.700	1.050	1.400	0.042

六、储 气 罐

计量单位:台

定额编号				1-12-36	1-12-37	1-12-38	1-12-39	1-12-40	1-12-41	1-12-42
项目				设备容量(m^3 以内)						
				1	2	3	5	8	11	15
基价(元)				**826.04**	**1183.52**	**1514.46**	**2195.86**	**2639.94**	**3353.88**	**4181.25**
其中	人工费(元)			412.02	668.66	892.62	1374.17	1619.06	2097.36	2816.24
	材料费(元)			161.25	182.43	194.15	300.16	332.90	425.61	455.69
	机械费(元)			252.77	332.43	427.69	521.53	687.98	830.91	909.32
	名称	单位	单价(元)	消耗量						
人工	二类人工	工日	135.00	3.052	4.953	6.612	10.179	11.993	15.536	20.861
材料	储气罐	台	—	(1.000)	(1.000)	(1.000)	(1.000)	(1.000)	(1.000)	(1.000)
	平垫铁 综合	kg	3.78	2.820	2.820	2.820	8.820	8.820	11.640	11.640
	斜垫铁 Q195~Q235 1#	kg	8.62	3.060	3.060	3.060	6.573	6.573	7.860	7.860
	中厚钢板 综合	kg	3.71	0.900	3.060	1.150	2.000	3.000	4.000	5.000
	六角带帽螺栓 M20×80 以内	10 套	19.72	0.540	0.600	0.690	1.000	1.200	1.400	1.600
	镀锌铁丝 ϕ2.0~4.0	kg	5.01	1.980	2.200	2.530	3.300	4.400	4.950	5.500
	低碳钢焊条 J422 ϕ4.0	kg	4.74	0.540	0.600	0.690	1.170	1.420	1.790	2.210
	木板	m^3	1667.00	0.001	0.001	0.001	0.001	0.003	0.003	0.004
	道木	m^3	1034.00	0.038	0.042	0.048	0.060	0.065	0.079	0.081
	煤油	kg	3.79	1.890	2.100	2.415	2.700	3.000	3.500	4.000
	氧气	m^3	3.62	1.065	1.183	1.360	1.499	1.765	2.030	2.489
	乙炔气	kg	7.60	0.358	0.398	0.458	0.500	0.592	0.673	0.826
	白漆	kg	8.62	0.072	0.080	0.092	0.100	0.100	0.100	0.100
	石棉橡胶板 高压 δ0.5~8	kg	6.90	0.666	0.740	0.851	1.310	2.110	3.140	4.270
	铁砂布 0#~2#	张	1.03	2.700	3.000	3.450	3.000	3.000	3.000	3.000
	塑料布	kg	18.10	1.512	1.680	1.932	2.790	2.790	4.410	4.410
	其他材料费	元	1.00	7.68	8.69	9.25	14.29	15.85	20.27	21.70
机械	载货汽车 10t	台班	476.15	0.210	0.280	0.350	0.350	0.350	0.350	0.350
	汽车式起重机 8t	台班	648.48	0.140	0.140	0.175	—	—	—	—
	汽车式起重机 16t	台班	875.04	—	—	—	0.210	0.350	0.490	—
	汽车式起重机 25t	台班	996.58	—	—	—	—	—	—	0.490
	弧焊机 综合	台班	66.69	0.105	0.140	0.210	0.210	0.280	0.280	0.280
	电动空气压缩机 $6m^3/min$	台班	224.45	0.245	0.441	0.595	0.700	0.875	0.966	1.050

七、乙炔发生器

计量单位：台

定额编号				1-12-43	1-12-44	1-12-45	1-12-46	1-12-47
项目				设备规格(m^3/h 以内)				
				5	10	20	40	80
基价（元）				**1492.65**	**2002.13**	**2665.00**	**3272.17**	**4226.91**
其中	人工费（元）			891.14	1129.68	1530.90	1831.68	2542.59
	材料费（元）			132.04	226.76	299.67	380.32	431.74
	机械费（元）			469.47	645.69	834.43	1060.17	1252.58
名称		单位	单价(元)	消耗量				
人工	二类人工	工日	135.00	6.601	8.368	11.340	13.568	18.834
材料	乙炔发生器	台	—	(1.000)	(1.000)	(1.000)	(1.000)	(1.000)
	平垫铁 综合	kg	3.78	5.800	10.300	11.640	11.640	13.580
	斜垫铁 Q195～Q235 1#	kg	8.62	5.200	7.860	9.880	9.880	12.350
	钢板垫板	kg	3.72	1.500	1.800	2.000	2.500	2.800
	圆钉 ϕ5 以内	kg	4.74	0.011	0.013	0.016	0.017	0.023
	低碳钢焊条 J422 ϕ4.0	kg	4.74	0.320	0.420	0.740	0.840	1.050
	木板	m^3	1667.00	0.001	0.001	0.001	0.003	0.004
	道木	m^3	1034.00	—	0.008	0.008	0.027	0.030
	煤油	kg	3.79	2.500	2.500	3.000	4.000	4.500
	机油 综合	kg	2.91	0.100	0.150	0.180	0.200	0.250
	氧气	m^3	3.62	1.244	1.663	2.917	3.325	4.162
	乙炔气	kg	7.60	0.418	0.551	0.969	1.663	1.387
	铅油(厚漆)	kg	7.33	0.100	0.150	0.200	0.250	0.300
	白漆	kg	8.62	0.080	0.080	0.100	0.100	0.100
	石棉橡胶板 高压 δ0.5～8	kg	6.90	0.960	2.640	3.970	4.740	5.350
	石棉编绳 ϕ6～10 烧失量 24%	kg	14.05	0.200	0.250	0.300	0.400	0.500
	橡胶板 δ5	m^2	44.83	0.200	0.300	0.400	0.500	0.600
	铁砂布 0#～2#	张	1.03	2.000	3.000	3.000	3.000	3.000
	塑料布	kg	18.10	0.600	1.680	2.790	4.410	4.410
	其他材料费	元	1.00	6.29	10.80	14.27	18.11	20.56
机械	载货汽车 10t	台班	476.15	0.140	0.210	0.280	0.350	0.350
	汽车式起重机 16t	台班	875.04	0.315	0.455	0.595	0.770	0.945
	弧焊机 综合	台班	66.69	0.140	0.210	0.350	0.350	0.350
	电动空气压缩机 $6m^3$/min	台班	224.45	0.525	0.595	0.700	0.875	1.050

八、乙炔发生器附属设备

计量单位:台

定额编号				1-12-48	1-12-49	1-12-50	1-12-51	1-12-52
项目				设备(t 以内)				
				0.3	0.5	0.8	1.0	1.5
基价(元)				**651.48**	**1037.91**	**1482.56**	**1754.55**	**2350.79**
其中	人工费(元)			368.55	533.93	820.40	955.26	1353.51
	材料费(元)			76.87	113.12	164.34	216.80	250.32
	机械费(元)			206.06	390.86	497.82	582.49	746.96
	名称	单位	单价(元)	消耗量				
人工	二类人工	工日	135.00	2.730	3.955	6.077	7.076	10.026
材料	乙炔发生器附属设备	台	—	(1.000)	(1.000)	(1.000)	(1.000)	(1.000)
	平垫铁 综合	kg	3.78	2.820	2.820	4.700	4.700	5.640
	斜垫铁 Q195~Q235 1#	kg	8.62	3.060	3.060	4.590	4.590	6.120
	钢板垫板	kg	3.72	1.500	3.000	3.500	4.000	5.000
	圆钉 ϕ5 以内	kg	4.74	—	0.010	0.013	0.015	0.017
	低碳钢焊条 J422 ϕ4.0	kg	4.74	0.210	0.530	0.840	1.050	1.580
	木板	m^3	1667.00	0.001	0.001	0.001	0.003	0.003
	道木	m^3	1034.00	—	—	—	0.008	0.008
	煤油	kg	3.79	1.200	1.800	1.900	2.100	2.300
	机油 综合	kg	2.91	0.200	0.300	0.400	0.600	0.800
	氧气	m^3	3.62	0.102	0.204	0.316	0.520	0.836
	乙炔气	kg	7.60	0.031	0.071	0.102	0.173	0.275
	铅油(厚漆)	kg	7.33	0.600	0.800	1.000	1.200	1.500
	白漆	kg	8.62	0.080	0.080	0.100	0.100	0.100
	石棉橡胶板 高压 δ0.5~8	kg	6.90	0.200	0.300	0.400	0.500	0.800
	石棉编绳 ϕ6~10 烧失量 24%	kg	14.05	0.200	0.300	0.400	0.500	0.600
	铁砂布 0#~2#	张	1.03	2.000	3.000	3.000	3.000	3.000
	塑料布	kg	18.10	0.600	1.680	2.790	4.410	4.410
	其他材料费	元	1.00	3.66	5.39	7.83	10.32	11.92
机械	载货汽车 10t	台班	476.15	0.140	0.140	0.210	0.210	0.350
	汽车式起重机 8t	台班	648.48	0.140	0.350	0.420	0.490	0.595
	电动空气压缩机 $6m^3$/min	台班	224.45	0.175	0.350	0.455	0.630	0.700
	弧焊机 综合	台班	66.69	0.140	0.280	0.350	0.350	0.560

九、水压机蓄势罐

计量单位:台

定额编号				1-12-53	1-12-54	1-12-55	1-12-56	1-12-57	1-12-58
项目				设备重量(t以内)					
				10	15	20	30	40	55
基价(元)				**5253.70**	**7526.04**	**9219.11**	**13506.26**	**17480.78**	**22061.02**
其中	人工费(元)			3518.91	4597.16	6109.70	8434.67	10669.32	14574.06
	材料费(元)			660.06	1079.55	1183.14	1768.39	1990.07	2235.54
	机械费(元)			1074.73	1849.33	1926.27	3303.20	4821.39	5251.42
	名称	单位	单价(元)	消耗量					
人工	二类人工	工日	135.00	26.066	34.053	45.257	62.479	79.032	107.956
材料	水压机蓄势罐	台	—	(1.000)	(1.000)	(1.000)	(1.000)	(1.000)	(1.000)
	平垫铁 综合	kg	3.78	7.530	15.520	15.520	41.400	41.400	41.400
	斜垫铁 Q195～Q235 1#	kg	8.62	6.120	9.880	9.880	36.690	36.690	36.690
	钢板垫板	kg	3.72	50.000	55.000	65.000	80.000	90.000	100.000
	镀锌铁丝 ϕ2.0～4.0	kg	5.01	4.000	5.000	6.000	6.500	7.000	7.500
	低碳钢焊条 J422 ϕ4.0	kg	4.74	2.630	3.150	3.360	3.680	3.940	4.460
	木板	m^3	1667.00	0.031	0.036	0.046	0.073	0.111	0.139
	道木	m^3	1034.00	0.187	0.452	0.485	0.571	0.669	0.776
	煤油	kg	3.79	3.000	3.300	3.500	4.000	4.500	5.500
	盐酸	kg	0.82	18.000	22.000	24.000	26.000	28.000	30.000
	氧气	m^3	3.62	2.601	3.121	3.386	3.641	3.907	4.162
	乙炔气	kg	7.60	0.867	1.040	1.132	1.214	1.306	1.387
	白漆	kg	8.62	0.080	0.100	0.100	0.100	0.100	0.100
	生石灰	kg	0.30	8.000	10.000	12.000	13.000	14.000	15.000
	铁砂布 0#～2#	张	1.03	8.000	8.000	8.000	8.000	8.000	10.000
	塑料布	kg	18.10	1.680	2.790	2.790	4.410	4.410	5.790
	其他材料费	元	1.00	31.43	51.41	56.34	84.21	94.77	106.45
机械	载货汽车 10t	台班	476.15	0.350	0.350	0.350	0.350	0.700	0.700
	汽车式起重机 16t	台班	875.04	0.840	1.050	0.910	1.050	1.295	1.435
	汽车式起重机 25t	台班	996.58	—	0.630	—	—	—	—
	汽车式起重机 30t	台班	1038.45	—	—	0.700	—	—	—
	汽车式起重机 50t	台班	2353.88	—	—	—	0.840	0.350	—
	汽车式起重机 75t	台班	3154.17	—	—	—	—	0.700	1.050
	弧焊机 综合	台班	66.69	1.050	0.434	0.700	0.700	0.700	1.050
	电动空气压缩机 $6m^3$/min	台班	224.45	0.350	0.350	0.700	0.700	1.050	1.050
	试压泵 60MPa	台班	23.30	1.050	1.225	1.400	1.575	1.750	1.925

十、小型空气分馏塔

计量单位:台

定额编号					1-12-59	1-12-60	1-12-61
项目					型号规格		
					FL-50/200	140/660-1	FL-300/300
基价(元)					**7872.84**	**10635.12**	**15865.41**
其中	人工费(元)				5512.19	7179.98	10554.30
	材料费(元)				1539.57	2216.55	3525.71
	机械费(元)				821.08	1238.59	1785.40
名称			单位	单价(元)	消耗量		
人工	二类人工		工日	135.00	40.831	53.185	78.180
材料	小型空气分馏塔		台	—	(1.000)	(1.000)	(1.000)
	平垫铁 综合		kg	3.78	9.880	14.820	19.760
	斜垫铁 Q195~Q235 1#		kg	8.62	11.640	17.460	21.340
	钢板垫板		kg	3.72	15.000	21.000	35.000
	型钢 综合		kg	3.84	52.000	103.000	170.000
	镀锌铁丝 ϕ2.0~4.0		kg	5.01	3.000	5.000	10.000
	低碳钢焊条 J422 ϕ4.0		kg	4.74	3.150	4.200	5.250
	紫铜电焊条 T107 ϕ3.2		kg	78.02	0.350	0.600	1.100
	焊锡		kg	103.00	1.100	1.600	2.700
	碳钢气焊条		kg	10.34	2.000	2.500	4.000
	锌 99.99%		kg	22.10	0.220	0.320	0.550
	木板		m^3	1667.00	0.031	0.043	0.063
	道木		m^3	1034.00	0.454	0.562	0.707
	煤油		kg	3.79	5.000	6.000	6.500
	黄油钙基脂		kg	9.66	0.300	0.400	0.800
	四氯化碳		kg	6.90	15.000	20.000	50.000
	氧气		m^3	3.62	12.485	15.606	31.212
	酒精 工业用 99.5%		kg	7.07	10.000	14.000	30.000
	甘油		kg	9.83	0.500	0.700	1.000
	乙炔气		kg	7.60	4.162	5.202	10.404
	白漆		kg	8.62	0.080	0.100	0.100
	低温密封膏		kg	21.55	1.200	1.400	2.600
	铁砂布 0#~2#		张	1.03	8.000	10.000	15.000
	锯条(各种规格)		根	0.66	6.000	8.000	15.000
	肥皂		块	3.28	2.500	4.000	6.000
	塑料布		kg	18.10	1.680	2.790	4.410
	水		t	4.27	0.170	2.770	3.420
	其他材料费		元	1.00	73.31	105.55	167.89
机械	载货汽车 10t		台班	476.15	0.210	0.350	0.490
	汽车式起重机 8t		台班	648.48	0.350	0.700	1.050
	汽车式起重机 16t		台班	875.04	0.350	0.420	—
	汽车式起重机 25t		台班	996.58	—	—	0.560
	弧焊机 综合		台班	66.69	1.050	1.400	1.750
	电动空气压缩机 6m^3/min		台班	224.45	0.525	0.700	0.875

十一、小型制氧机械附属设备

定额编号				1-12-62	1-12-63	1-12-64	1-12-65	1-12-66
项目				名称及型号				
				洗涤塔,XT－90	干燥器(170×2),碱水拌和器(1.6)	纯化器,HXK－300/59 HX－1800/15	加热炉(器),1.55型JR－13 JR－100	储氧器或充氧台,501－1 GC－24
计量单位				台	组	套	台	
基价（元）				**2558.98**	**1766.75**	**3809.27**	**878.27**	**859.98**
其中	人工费（元）			1699.79	1213.38	2393.15	336.02	564.44
	材料费（元）			351.05	386.59	688.86	159.99	159.36
	机械费（元）			508.14	166.78	727.26	382.26	136.18
	名称	单位	单价(元)	消耗量				
人工	二类人工	工日	135.00	12.591	8.988	17.727	2.489	4.181
材料	小型制氧机附属设备	台	—	(1.000)	(1.000)	(1.000)	(1.000)	(1.000)
	平垫铁 综合	kg	3.78	10.300	10.300	17.460	5.800	—
	斜垫铁 Q195～Q235 1#	kg	8.62	6.573	6.573	12.350	5.200	—
	钢板垫板	kg	3.72	5.000	5.600	10.500	—	—
	镀锌铁丝 ϕ2.0～4.0	kg	5.01	4.000	3.000	5.000	3.000	8.000
	低碳钢焊条 J422 ϕ4.0	kg	4.74	0.300	0.300	0.700	0.300	—
	木板	m^3	1667.00	0.016	0.018	0.040	0.013	0.013
	道木	m^3	1034.00	0.105	0.080	0.166	—	—
	煤油	kg	3.79	2.500	4.500	3.500	2.000	1.500
	机油 综合	kg	2.91	0.404	0.404	0.505	0.202	—
	黄油钙基脂	kg	9.66	0.202	0.202	0.303	0.202	—
	四氯化碳	kg	6.90	—	5.000	8.000	—	8.000
	氧气	m^3	3.62	—	—	—	—	2.040
	甘油	kg	9.83	—	—	—	—	0.300
	乙炔气	kg	7.60	—	—	—	—	0.683
	白漆	kg	8.62	0.080	0.080	0.100	0.080	0.080
	石棉橡胶板 高压 δ0.5～8	kg	6.90	4.590	4.080	5.610	3.060	—
	铁砂布 0#～2#	张	1.03	2.000	3.000	3.000	3.000	2.000
	塑料布	kg	18.10	0.600	1.680	2.790	0.600	0.600
	水	t	4.27	1.300	1.300	2.770	0.380	—
	其他材料费	元	1.00	16.72	18.41	32.80	7.62	7.59
机械	载货汽车 10t	台班	476.15	0.280	0.140	0.350	0.140	—
	汽车式起重机 8t	台班	648.48	0.560	0.140	—	—	0.210
	汽车式起重机 16t	台班	875.04	—	—	0.630	0.350	—
	弧焊机 综合	台班	66.69	0.175	0.140	0.140	0.140	—

十二、地脚螺栓孔灌浆

计量单位:m^3

定额编号					1-12-67	1-12-68	1-12-69	1-12-70	1-12-71
项目					一台设备的灌浆体积(m^3 以内)				
					0.03	0.05	0.10	0.30	>0.30
基价(元)					**982.31**	**880.52**	**759.97**	**675.59**	**572.59**
其中	人工费(元)				614.52	512.73	392.18	307.80	204.80
	材料费(元)				367.79	367.79	367.79	367.79	367.79
	机械费(元)				—	—	—	—	—
名称			单位	单价(元)	消耗量				
人工	二类人工		工日	135.00	4.552	3.798	2.905	2.280	1.517
材料	复合硅酸盐水泥 P·C 32.5R 综合		kg	0.32	438.000	438.000	438.000	438.000	438.000
	黄砂 毛砂		m^3	136.00	0.690	0.690	0.690	0.690	0.690
	碎石 综合		m^3	153.00	0.760	0.760	0.760	0.760	0.760
	其他材料费		元	1.00	17.51	17.51	17.51	17.51	17.51

十三、设备底座与基础间灌浆

计量单位:m^3

定额编号					1-12-72	1-12-73	1-12-74	1-12-75	1-12-76
项目					一台设备的灌浆体积(m^3 以内)				
					0.03	0.05	0.10	0.30	>0.30
基价(元)					**1348.20**	**1193.81**	**1036.99**	**888.93**	**756.09**
其中	人工费(元)				840.38	703.49	564.17	433.62	300.78
	材料费(元)				507.82	490.32	472.82	455.31	455.31
	机械费(元)				—	—	—	—	—
名称			单位	单价(元)	消耗量				
人工	二类人工		工日	135.00	6.225	5.211	4.179	3.212	2.228
材料	木板		m^3	1667.00	0.080	0.070	0.060	0.050	0.050
	复合硅酸盐水泥 P·C 32.5R 综合		kg	0.32	438.000	438.000	438.000	438.000	438.000
	黄砂 毛砂		m^3	136.00	0.690	0.690	0.690	0.690	0.690
	碎石 综合		m^3	153.00	0.760	0.760	0.760	0.760	0.760
	其他材料费		元	1.00	24.18	23.35	22.52	21.68	21.68

十四、设备减振台座

计量单位:座

定额编号				1-12-77	1-12-78	1-12-79	1-12-80	1-12-81
项目				台座重量(t以内)				
				0.1	0.2	0.3	0.5	1
基价(元)				**54.96**	**106.66**	**146.95**	**195.95**	**325.37**
其中	人工费(元)			37.67	74.93	100.31	133.52	245.97
	材料费(元)			2.97	3.10	3.69	5.17	7.82
	机械费(元)			14.32	28.63	42.95	57.26	71.58
名称		单位	单价(元)	消耗量				
人工	二类人工	工日	135.00	0.279	0.555	0.743	0.989	1.822
材料	设备减振台座	台	—	(1.000)	(1.000)	(1.000)	(1.000)	(1.000)
	中厚钢板 综合	kg	3.71	0.600	0.600	0.700	1.000	1.600
	煤油	kg	3.79	0.160	0.192	0.240	0.320	0.400
	其他材料费	元	1.00	0.14	0.15	0.18	0.25	0.37
机械	叉式起重机 5t	台班	409.00	0.035	0.070	0.105	0.140	0.175

十五、座浆垫板

计量单位:墩

定额编号				1-12-82	1-12-83	1-12-84	1-12-85	1-12-86
项目				座浆垫板安装面积(mm^2)				
				150×80	200×100	280×160	360×180	500×220
基价(元)				**29.60**	**34.34**	**40.71**	**55.57**	**62.59**
其中	人工费(元)			11.61	16.20	22.28	32.40	36.99
	材料费(元)			2.02	2.17	2.46	2.86	3.31
	机械费(元)			15.97	15.97	15.97	20.31	22.29
名称		单位	单价(元)	消耗量				
人工	二类人工	工日	135.00	0.086	0.120	0.165	0.240	0.274
材料	无收缩水泥	kg	—	(1.580)	(2.630)	(4.290)	(6.040)	(9.200)
	型钢 综合	kg	3.84	0.460	0.500	0.570	0.670	0.770
	氧气	m^3	3.62	0.022	0.022	0.022	0.022	0.030
	乙炔气	m^3	8.90	0.008	0.008	0.008	0.008	0.010
	其他材料费	元	1.00	0.10	0.10	0.12	0.14	0.16
机械	载货汽车 10t	台班	476.15	0.007	0.007	0.007	0.007	0.007
	电动空气压缩机 $10m^3$/min	台班	394.85	0.032	0.032	0.032	0.043	0.048